U0295692

"十二五"国家重点图书
船舶与海洋出版工程

深水半潜式钻井平台
关键技术研究

谢 彬 杨建民 主编

上海交通大学出版社
SHANGHAI JIAO TONG UNIVERSITY PRESS

内容提要

　　本书是国家 863 计划课题"3 000 米水深半潜式钻井平台关键技术研究"的研究成果汇编。该课题由中海石油研究中心牵头,联合国内知名高校、造船企业和研究所,采用产、学、研、用相结合的方式开展技术攻关,突破了 36 项关键技术,部分成果达到国际先进水平。本书集中反映了该课题在深水半潜式平台关键技术研究方面的成果,对从事海洋工程技术研究的科研和技术人员有很高的参考价值。

图书在版编目(CIP)数据

深水半潜式钻井平台关键技术研究 / 谢彬,杨建民
主编. —上海:上海交通大学出版社, 2013
ISBN 978 - 7 - 313 - 10456 - 4

Ⅰ. ①深… Ⅱ. ①谢… ②杨… Ⅲ. ①海上平台—海
上钻进—研究 Ⅳ. ①TE52

中国版本图书馆 CIP 数据核字(2013)第 246768 号

深水半潜式钻井平台关键技术研究

主　　编:谢　彬　杨建民			
出版发行:上海交通大学出版社	地　　址:上海市番禺路 951 号		
邮政编码:200030	电　　话:021 - 64071208		
出 版 人:韩建民			
印　　制:上海万卷印刷有限公司	经　　销:全国新华书店		
开　　本:787 mm×1092 mm　1/16	印　　张:30.00		
字　　数:651 千字			
版　　次:2014 年 4 月第 1 版	印　　次:2014 年 4 月第 1 次印刷		
书　　号:ISBN 978 - 7 - 313 - 10456 - 4/ TE			
定　　价:150.00 元			

编 委 会

序

中国南海蕴藏着极为丰富的油气资源,约占中国油气总资源量的1/3,其中70%蕴藏于深水区域。但中国南海海洋环境条件十分恶劣,夏季台风频繁,冬季季风不断,使中国南海深水油气的勘探和开发面临许多挑战,为了解决南海深水油气田开发所急需的装备问题,自2006年1月起中国海洋石油总公司开始启动我国第一座深水半潜式钻井平台的研究工作。深水半潜式钻井平台作为一种可重复使用的移动式钻井装置,以其性能优良、抗风浪能力强、甲板面积和装载量大、适应水深范围广等优点广泛应用于世界各个海域,它将是今后数十年海上石油勘探钻井最具有发展前途的装备。多年来深水半潜式钻井平台的设计与建造技术一直由国外几个发达国家垄断,我国在这方面基本上处于空白状态,为打破国外的技术垄断,研制具有自主知识产权的深水半潜式钻井平台技术对我国海洋工程技术的发展具有重要的现实意义,对我国海洋油气工业迈进深水具有重要的战略意义。在国家科技部支持下,国家863计划课题"3 000米水深半潜式钻井平台关键技术研究"于2006年正式立项,由中海石油研究中心牵头,联合国内知名高校、造船企业和研究所,成立课题攻关团队。采用产、学、研、用相结合的方式开展技术攻关,经过四年的不懈努力,课题组圆满完成课题任务,顺利通过国家科技部验收,课题组被国家科技部评为"十一五"国家科技计划执行优秀团队。

"3 000米水深半潜式钻井平台关键技术研究"课题以海洋石油"981"建造工程为依托,以解决平台设计与建造中的关键问题为目标,研究与实际应用相结合,通过攻关,突破了36项关键技术,部分研究成果达到国际先进水平。本书收录几十篇课题论文的内容,集中反映了课题在深水半潜式钻井平台关键技术研究方面所获得的主要成果,对于从事海洋工程技术研究的科研和技术人员有很高的参考价值。

目前我国已经建成"海洋石油981"钻井平台和"海洋石油201"深水铺管起重船等顶级深海装备,随着大型深水勘探和开发装备的陆续投入使用,使中国在深海油气开采装备上取得了跨越式发展。南海深水油气田的开发将极大地推动我国海洋工程技术的科技进步,希望本书的出版能使广大的海洋工程研究和技术人员从中获益。

目 录

1 综述 ·········· 1

1.1 3 000 米水深半潜式钻井平台关键技术综述 ·········· 1

1.2 深海半潜式钻井平台的发展 ·········· 6

1.3 南海环境和深水平台 ·········· 12

1.4 海洋工程中极端环境事件的研究进展 ·········· 19

1.5 半潜式平台水动力性能研究综述 ·········· 24

1.6 深水半潜式钻井平台锚泊定位系统简述 ·········· 35

1.7 半潜式平台水动力性能及运动响应研究综述 ·········· 42

2 环境载荷研究 ·········· 51

2.1 梯度风作用下 HYSY-981 半潜式平台风载荷与表面风压分布研究 ····· 51

2.2 HYSY-981 半潜式平台井架风压数值模拟与风洞实验 ·········· 58

2.3 南海内孤立波演化模型及其应用 ·········· 67

2.4 深水半潜式钻井平台关键部位的波浪载荷敏感性分析 ·········· 71

3 平台水动力性能分析 ·········· 81

3.1 水动力分析在海洋结构物设计中的应用 ·········· 81

3.2 3 000 米水深半潜式钻井平台的运动性能研究 ·········· 90

3.3 深水半潜式平台运动响应预报方法的对比分析 ·········· 97

3.4 两种典型深水半潜式钻井平台运动特性和波浪载荷的计算分析 ····· 104

3.5 半潜式平台垂向运动低频响应特性 ·········· 110

3.6 风浪作用下 HYSY-981 半潜式平台动力响应的数值模拟 ·········· 118

3.7 深吃水半潜式平台垂荡响应数值分析 ·········· 131

4 平台结构强度分析 ·········· 141

4.1 深水半潜式钻井平台总体强度计算技术研究 ·········· 141

4.2 深水半潜式钻井平台总体强度分析 ·········· 146

4.3 深水半潜式钻井平台波浪载荷预报与结构强度评估 ·········· 154

4.4　深水半潜式钻井平台典型节点强度研究 ································ 162
4.5　深水半潜式钻井平台节点疲劳寿命谱分析研究 ··················· 168
4.6　深水半潜式钻井平台典型节点谱疲劳分析 ························· 177
4.7　深水半潜式钻井平台简化疲劳分析 ································ 185
4.8　半潜式平台关键点的疲劳可靠性分析 ······························ 195
4.9　深水半潜式钻井平台冗余强度评估 ································ 200

5　立管涡激振动分析与实验 ··· 207
5.1　深海柔性立管涡激振动经验模型建立及应用 ····················· 207
5.2　亚临界雷诺数下圆柱受迫振动的数值研究 ························· 216
5.3　采用改进尾流振子模型的柔性海洋立管的涡激振动响应分析 ····· 226
5.4　细长柔性立管涡激振动响应形式影响参数研究 ··················· 235
5.5　三根附属控制杆对海洋立管涡激振动抑制作用的实验研究 ········· 243
5.6　柔性立管涡激振动实验的数据分析 ································ 252
5.7　质量比对柔性立管涡激振动影响的实验研究 ····················· 261
5.8　大长细比柔性杆件涡激振动实验 ································· 269
5.9　基于光纤光栅传感器的细长柔性立管涡激振动实验 ··············· 278

6　平台定位技术 ·· 287
6.1　吃水对半潜式钻井平台系泊张力的影响 ···························· 287
6.2　深水悬链锚泊系统静力分析 ······································ 296
6.3　弹性悬链线方程参数变换法及其工程应用 ························· 303
6.4　深水悬链锚泊线阻尼计算 ·· 308
6.5　深水复合锚泊线动力特性比较分析 ································ 321
6.6　深海半潜式平台锚泊系统等效水深截断模型试验设计 ············· 333
6.7　深海半潜式平台码头系泊方案分析 ································ 346

7　平台钻井技术 ·· 357
7.1　深海半潜式钻井平台钻机配置浅析 ································ 357
7.2　深水半潜式钻井平台钻井设备配置方案探讨 ····················· 369
7.3　深水钻井过程中钻具和钻材用量研究 ······························ 374
7.4　深水钻井平台钻机大钩载荷计算方法 ······························ 380
7.5　浮式钻井装置钻柱运动补偿系统研究 ······························ 388

8　平台设计与建造技术 ··· 395
8.1　3 000 米水深半潜式钻井平台三维虚拟仿真设计 ··················· 395
8.2　深水半潜式钻井平台甲板可变载荷及相关储存空间设计方法 ········· 399

8.3　深海半潜式钻井平台的总布置 ·· 407

8.4　深海半潜式钻井平台的重量控制 ·· 413

8.5　动力定位 DP‐3 在钻井平台上的设计与应用 ······················ 423

8.6　深水半潜式钻井平台振动噪声预报全频域方法 ······················ 434

8.7　焊接工艺对 EQ56 高强钢接头性能的影响 ·························· 446

8.8　海洋平台用 EQ70 高强钢焊接性研究 ······························ 451

8.9　深水半潜式钻井平台生活楼整体吊装方案 ·························· 456

索引 ·· 468

1 综 述

1.1 3 000 米水深半潜式钻井平台
关键技术综述

1.1.1 引言

海上深水油气田的开发依赖深水海洋工程装备,3 000 m 深水半潜式钻井平台是实施海上深水油气田的开发必备装备之一。我国南海蕴藏着丰富的油气资源,目前在我国南海深水已有了重大的油气发现。为提高我国深水油气的开发能力,开展深水半潜式钻井平台的研究和开发是非常有必要的。

几十年来,世界上海洋工程技术装备一直在发展,随着向深海进军,海洋工程技术装备更是趋向大型化,更注重其安全性与经济性。一些造船大国在建造高技术、高性能船舶的同时,同步开发并建造海洋工程技术装备,多种类型的深海钻井平台,拥有量越来越多,设计与建造水平也越来越高。目前国外海洋油气钻探与开采装置已由原先 10～25 m 水深的座底式钻井平台发展到当今的水深 3 000 m 的深水半潜式钻井平台。

半潜式钻井平台作为一种可重复使用的移动式钻井装置,以其性能优良、抗风浪能力强、甲板面积和装载量大、适应水深范围大等优点成为国外研究的热点之一,它将是今后数十年海上石油勘探钻井最具有发展前途的设备。随着水深越大,离岸越远,该型平台更能充分显示其优越性,因此,半潜式钻井平台被称誉为 21 世纪海洋开发最关键的设备,其在浮式海洋石油钻井装置中所占的比例也越来越高。相关的统计还表明:世界上目前正在使用的钻井平台约为 580 座,其中自升式钻井平台 380座,半潜式钻井平台 160 座,钻井船 40 艘。这些平台大部分是 20 世纪 80 年代建造。目前最新型的第六代深水半潜式钻井平台工作水深已超过 3 000 m,钻井深度为9 000～12 000 m,甲板可变载荷为 7 000～10 000 t,而且作业自动化、智能化程度高,并且配备动力定位、双井架系统等先进设备,能够胜任在恶劣的海洋环境条件下钻探工作。

由于深水半潜式钻井平台设计、建造的技术和资金的密集,目前世界上仅少数国家,如美国、瑞典、荷兰和挪威等国,具有设计、建造深水半潜式钻井平台的能力。我国目前尚没有深海平台的应用,其中导管架平台的应用仅限于 200 m 水深以内,设计建造过 300 m 水深以内的第二代的半潜式钻井平台。大连造船新厂建造了 Bingo9000 半潜式钻井平台主体结构,但主要技术与图纸是从国外引进的。

我国深水油气田的开发处于前期勘探时期,受深水钻井装备的限制发展速度较慢。要加速发展我国深水油气田的开发,就必须充分吸收和消化国外深水半潜式钻井平台关键技术,借鉴深水半潜式钻井平台设计、制造等方面国外成功的经验,在此基础上研制适应我国深水油气田环境的半潜式钻井平台。为此中海油联合国内知名高校和研究院、所,首先研究了目前在国外比较流行的几种深水半潜式钻井平台,对深水半潜式钻井平台设计和建造的关键技术和难点进行了研究和探讨,为申请和开展国家863项目"深水半潜式钻井平台关键技术"打下一个良好的基础。由中海石油研究中心牵头的国家863项目组集合了国内知名高校和院、所的优势研究资源,基于前期的研究成果,分专题对深水半潜式钻井平台关键技术进行了研究和攻关。经过一年多的研究实践获得了许多有价值的成果,也对深水半潜式钻井平台设计和建造要解决的关键技术问题和技术难点有了更加深入的认识。根据深水半潜式钻井平台设计和建造的要求,深水半潜式钻井平台关键技术主要涉及以下几个方面:总体设计技术、系统集成技术、平台定位技术、总体性能分析技术、结构强度与疲劳寿命分析技术,以及平台建造技术、模型试验技术等。

1.1.2　总体设计技术

总体设计是对深水半潜式钻井平台的综合性规划,是一个非常重要的阶段,该阶段的工作基本确定了平台的各项性能指标、主要功能和总费用。所涉及的关键技术主要有:设计标准的选用;海洋环境条件和海洋工程地质条件的分析和研究,以确立平台自存、操作和连接工况的设计环境条件;平台主要功能、主要性能指标和主要设备参数的论证和确定;平台远离基岸作业需要更大甲板空间和可变载荷,最大的可变载荷的论证确定;平台定位和锚泊形式的选择与研究确定;主要设备配置方案的拟定等。

平台总体方案设计在总体设计中占有较大的份额,是深水半潜式钻井平台设计必须解决的关键技术之一,在总体方案设计中要确定平台的船型与主尺度、结构形式和总布置,其中平台的总布置涉及平台各系统设计的方方面面,是一个工艺流程确立、功能区块划分、系统布置规划、设备参数落实、结构设计协调等综合设计过程。平台的总布置作为深水半潜式钻井平台要解决的关键技术涵盖多个关键技术点,如可变载荷的分类与布置、双井架系统、隔水管存放方式、机舱数目与布置等。

总体设计确立了深水半潜式钻井平台的诸项设计目标,各项目标的实现要通过深入的研究,采用计算分析、模型实验和对比研究等技术手段,去解决各个相关的关键技术问题,以达到总体设计的最终要求。

1.1.3　系统集成技术

系统集成技术是将深水半潜式钻井平台的各个独立的系统集成到相互关联、统一和协调的系统之中,成为一个整体,使它们能够精确、高效地发挥作用,同时也便于统一的控制与管理。按照系统的功能整个深水半潜式钻井平台系统可以划分为五大系统:钻井系统、公用电力和电站系统、动力定位系统、压载系统、安全和防护系统,其中各大系统又由多个子系统构成。系统集成需要解决各系统之间的相互关联与操作,各类设备、子系统间的接口,以及多厂商、多协议和面向各种应用的体系结构等问题。系统集成技术所涉及的关键技术主要有:钻井系统集成技术、公用电力和电站系统集成技术、DP-3动力定位系统集成技术、压载系统集成技术、安全和防护系统集成技术。

钻井系统集成是对八个关键子系统进行集成设计并优化,以满足深水半潜式钻井作业流程的需求。八个关键子系统包括:钻井模块系统、管材处理系统、BOP与采油树处理系统、升沉运动补偿系统、水下器具系统、高低压泥浆系统、泥浆配置及净化系统、泥浆材料存储及输送系统。钻井系统集成要求在有限的甲板面积和空间内,按照钻井工艺流程完成所有设备的优化布置,并实现自动高效的钻井作业。所包含的关键技术主要有:作业流程优化技术,钻井系统设备和水下设备优化配置技术,管汇系统优化布置技术,管材处理自动化技术,高效、安全的BOP与采油树处理技术,钻井管柱的升沉运动补偿技术,水下器具设计与BOP控制技术,高低压泥浆系统设备配置与泥浆存储、输送、分配技术,泥浆配置与净化系统的集成设计技术、泥浆材料存储及输送系统集成技术。其中钻井管柱的升沉运动补偿技术是一个技术难点,要通过计算分析来选择合适补偿装置,以保证钻井作业的安全。

公用电力和电站系统集成是对半潜式钻井平台公用电力和电站系统的设备进行合理配置,以及系统的布置优化,并进行相关辅助系统的集成设计。主要关键技术有:半潜式钻井平台电站配置技术,该技术能保证在最恶劣的情况下使用六台发电机满足DP3的要求;动力装置、配电板设备选型技术;电站系统的布置技术。通过对公用电力和电站系统集成技术的研究,实现半潜式钻井平台公用电力和电站系统的一体化集成设计和优化。

DP-3动力定位系统集成是对动力定位控制系统、动力定位系统冗余和推进控制器系统的一体化集成设计和优化。动力定位控制系统接收计算机根据平台的数学模型和姿态控制输出控制信号,进而操作全回转推进器克服环境变化的力量,使平台保持选定的航向和位置。根据IMO DP3的要求,动力定位系统冗余设计有冗余的主DP系统和非冗余的后备DP系统,并配有手动的单手柄操作系统。推进控制器系统的设计可独立手动操作每一台全回转推进器,也可接受来自DP的控制信号实现对推进器的自动控制。DP-3动力定位系统将三个子系统集成在一起完成平台位置控制,并具有动力定位系统冗余,使平台的定位实现了高效、自动和安全。DP-3动力定位系统关键技术包括:动力定位控制系统集成与设备配置技术、动力定位系统冗余集成与设备配置技术、推进控制器系统集成与设备配置技术、动力定位能力分析技术。动力定位能力分析技术是DP-3动力定位系统集成的基础。

压载系统集成是通过平台压载工况的压载配置研究与计算分析,进行压载系统的配置,以及系统和布置的优化设计和集成。压载系统集成要解决的关键技术问题包括:平台各种工况的压载配置、压载水舱的优化布置、压载系统优化、压载系统的规范化设计、压载泵及相关设备的配置选型、压载泵舱的布置优化、压载系统计算分析技术。半潜式钻井平台的沉浮作业与压载调平要通过压载系统来完成,它关系到平台功能实现和平台安全,因此压载系统的集成技术与其他集成技术同样重要。

安全和防护系统由集成中央控制系统、电站管理系统(PMS)、平台监控系统(VMS)、安全关断系统(包括火气探测系统(F&G)和应急关断系统(ESD))、隔水管监视系统、钻井监控系统构成。其中集成中央控制系统是一个模块化的分布式监控系统,用于实现对平台各主要系统运行状态的集中监视,并根据需要实施必要的控制。电站管理系统(PMS)用于实现对平台主电站的自动控制和自动起动备用机组、自动并车、负荷分配、优先卸载以及重载询问功能,并与动力定位系统密切配合,既确保能提供足够的电力满足动力定位的需求,又控制全船负荷以避免主电站过载而导致电网失效、解列。平台监控系统(VMS)对平台各主要机械系统、平台姿态、HVAC、电力系统等进行监控,在出现各类非正常情况或故障进行报警,并根据需要对重要设备和阀门进行遥控操作。安全关断系统通过火气探测系统(F&G)对火灾或气体泄漏的报警和确认,并根据预设的逻辑执行风闸、防火门的关闭,启动消防系统等;应急关断系统(ESD)可手动和自动执行对平台各级关断,隔离和限制各类灾害以保护人员、维护平台安全。隔水管监视系统在钻井时监视隔水管的张力、相对平台的夹角等参数,根据需要监视隔水管在水下的形状,给出超限报警以保障钻井作业的安全。并将上述信息传给 DP 系统,作为 DP 控制的输入参数。钻井监控系统对钻井工艺系统各参数进行监视,可对必要的设备进行自动或手动控制,以保障钻井系统的正常运行。该系统通常相对独立,由钻井设备厂商成套提供。安全和防护系统是利用计算机网络技术建立各系统之间的联系,通过信息搜集、逻辑判断、指令输出与接收实现对各系统的控制与管理。安全和防护系统集成所涉及的主要关键技术包括:信息处理技术、各执行系统的监控技术、系统软硬件的配置技术等。

1.1.4 平台定位技术

深水半潜式钻井平台的定位方式包括锚泊定位、动力定位和组合定位三种方式。在不同的环境条件和水深下,合理选择定位方式对于平台的位移控制和降低燃油消耗起决定性作用。平台的定位方式的选择是建立在平台定位能力分析的基础上,通过定位能力分析,可以确定锚泊与动力定位组合的适用水深及平衡点,锚泊定位与动力定位所需要的环境条件,以及锚泊定位与动力定位设备的选型与配置。平台定位所涉及的关键技术包括:锚泊定位、动力定位和组合定位水深适应性和经济性分析技术,三种定位方式所需系统的设计技术,以及平台定位系统等效模拟技术。

1.1.5 总体性能分析技术

总体性能分析是对深水半潜式钻井平台的水动力性能与运动性能进行预报,采用数值模拟的方法,计算平台在不同装载条件和海况条件下,平台的固有运动周期、最大短期运动响应幅值、气隙等,通过对计算结果的分析对平台总体性能是否能达到设计要求作出判断。为获得较为准确的计算结果,考虑到平台系统是一个系统,以及二阶波浪力的影响,还要进行平台系统的非线性耦合分析。目前某些船级社已开发出进行非线性耦合分析的软件,如挪威船级社的 DeepC,法国 BV 船级社的 HydroSTAR,但由于影响参数的选取因素众多,计算结果虽能达到一定精度,但仍然有许多没有解决的问题。深水半潜式钻井平台总体性能的分析要进一步获得准确的结果还要解决以下难点:在风、浪、流联合作用下,系泊、立管与浮体的耦合效应;二阶波浪力的计算与低频慢漂运动的预报;各种非线性因素对平台运动与载荷响应影响的比较;非线性水动力计算数值的稳定性分析、立管涡激振动特性与抑制等。

1.1.6 结构强度与疲劳寿命分析技术

结构强度与疲劳寿命分析是应用数值分析的方法,考虑不同的载荷组合工况,对深水半潜式钻井平台进行结构应力分析与疲劳寿命分析,并按照规范对平台结构强度和疲劳寿命进行校核。立管属细长构件它们的损伤机理与浮体结构有比较明显的差异,因此结构强度和疲劳寿命分析方法也不同。

结构强度分析所涉及的主要关键技术有:波浪载荷的传递技术、总体结构建模技术、子模型结构分析技术、强度评估的规范适应性分析。平台结构疲劳强度分析基于疲劳累积损伤原理,在此基础上产生了各种疲劳分析方法,如全概率疲劳寿命计算方法、谱疲劳分析方法等。理论上采用不同的疲劳寿命分析方法应当获得相同的结果,但是往往所得到差异较大的计算结果,这可能与热点的选取以及应力传递函数的计算精度关系很大。因此要获得较为准确的疲劳寿命计算结果必须要解决的问题包括:疲劳热点的分析、应力函数的计算分析、S-N 疲劳曲线的适应性分析。在波浪和流的联合作用下,钻井立管或隔水管将产生涡激疲劳,钻井立管或隔水管疲劳寿命评估技术要解决流固耦合以及平台和立管耦合作用机理,因此也是平台的关键技术难点。

1.1.7 其他关键技术

深水半潜式钻井平台的设计建造是一项投资巨大、多种技术综合应用的复杂工程,所涉及的关键技术很多,每一项关键技术要包含多个关键技术难点。除以上所述关键技术外,平台建造技术与深水模型试验技术也是必须研究的关键技术。平台建造技术也包含多项关键技术环节,掌握了这些关键技术环节,对于提高建造质量、生产效率和降低成本有积极的意义。数值计算结果必须通过模型试验来验证,因此平台深水模型试验是确定平台主尺度、验证动力定位设计的必要技术手段,深水模型试验技术也是必须研究和掌握的关键技术。

1.1.8 结论

深水半潜式钻井平台关键技术研究对于打破国外在深水技术领域的垄断、形成具有自主知识产权的核心技术有重要的意义。国家 863"深水半潜式钻井平台关键技术"项目组集合了国内著名院、所和高校分专题对上述关键技术开展了研究,并结合实际工程项目,理论研究与成果应用相结合,使研究成果得到及时应用,迅速转化生产力。相信经过广大研究人员不懈地努力,以及国家科技部、中海油等有关部门的大力支持,一定能够突破关键技术难点,全面掌握深水半潜式钻井平台的关键技术。

参考文献

[1] 刘海霞.深海半潜式钻井平台的总布置[J].中国海洋平台,2007,22(3):7-11.
[2] 赵建亭.深海半潜式钻井平台钻机配置浅析[J].船舶,2006(4):37-45.

1.2　深海半潜式钻井平台的发展

1.2.1　引言

海洋占地球表面积 70.9%,平均深度约为 3 730 m,90% 以上的水深为 200~6 000 m,大量海域面积的资源尚待开发,尤其是石油、天然气等重要经济、战略物资,以解决社会发展面临的巨大能源压力。据地质学家预测,海底石油天然气总储量为 1 000~2 500 亿 t。

海洋油气勘探开发通常按水深区分:500 m 以内为常规水深,500~1 500 m 为深水,超过 1 500 m 为超深水。由于大量的油气资源在更深水域中被发现,国际上海洋油气资源的开发已从近海向深海发展。目前海洋油气钻井工作水深达 3 051 m,海底采油水深达 2 196 m,海洋勘探井深达 9 210 m,海洋采气井深达 7 393 m,海洋采油井深达 7 089 m。2001 年在超过 1 000 m 水深海域的探井数多达 130 口[1]。这些数据正在随技术的发展进一步提高。

坐底式平台、重力式平台、导管架平台、自升式平台等主要作业于浅海区域,随着油气勘探开发日益向深海推进,张力腿平台也显示出其局限性,钻井船和半潜式平台成为主要选择。半潜式平台在波浪中的运动响应、对恶劣海况的适应性、自持力等方面有一定的优越性,在深海油气开发中承担着至关重要的角色[2, 3]。

1.2.2　半潜式平台技术特点分析

半潜式平台自 20 世纪 60 年代初出现以来,得到了较大的发展和应用,近期发展情况如表 1.2.1 所示[4]。

表 1.2.1　世界半潜式钻井平台数量

年　份	1996	1997	1998	2000	2002
数　量	132	147	165	170	175

在分析研究文献[5]所辑录的多艘半潜式钻井平台基础上,列出第五代、第六代深海半潜式钻井平台典型技术参数(见表 1.2.2)。

现就新一代深海半潜式钻井平台的主要技术特点和发展趋势说明如下[5, 6, 7]。

1) 工作水深显著增加

1998 年新建和在建的 19 艘半潜式平台中,17 艘工作水深超过 1 524 m(5 000 ft);

表 1.2.2 深海半潜式钻井平台技术参数

平台名称	建造年份	改装年份	入级	作业海域	最大作业水深 (ft)	最大钻井深度 (ft)	拖航吃水 (ft)	作业吃水 (ft)	平台长 (ft)	平台宽 (ft)	可变载荷 (t)	井架 (ft)	大钩载荷 (kips)	总功率 (hp)	最大航速 (kn)	推进器 (hp)	定位方式
Mitsubishi MD503	1982	1998	ABS	巴西	3 937	29 520	22	66	343	220	3 283	40×40	1 000	7 800	7	2×3 000	常规锚泊
CS 45	1999		DNV	北海	5 000	30 000	32	77	386	229	5 800	84×36	1 300	44 000	11	8×4 350	动力定位
Odyssey	1988	1999	ABS	墨西哥湾	5 500	30 000	26	80	390	233	7 835	40×40	1 800	18 120	12	4×2 700	常规锚泊
Victory	1973	2002	ABS		7 000	35 000	41.5	74.5	324	327	5 500	48×46	2 000	12 940	4		常规锚泊
Trendsetter	1986	1997	ABS	英国西海岸	7 500	30 000	29	80	370	255	6 014	40×40	2 000	20 000	7	2×7 000	常规锚泊
Modified Enhanced Pacesetter	1981	1999	DNV	巴西	7 500	30 000	23	60	417	233	5 500		1 500	50 400	6	4×32004 ×4 800	动力定位
Aker H - 3.2 Mod	1988	2000	DNV		7 500	30 000	26	75	320	238	6 600	50×50	2 000	53 083	10	8×4 000	动力定位
Development driller	2004		ABS	墨西哥湾	7 500	37 500	26.9	49.2	324	258	7 716	52×57	3 000	40 766	8	8×4 300	动力定位
Ensco 7500	2000		ABS	墨西哥湾	8 000	35 000	23	60	240	248	8 000	40×46	1 928	30 000	8.3	8×3 000	动力定位
Sedco Express	2001		ABS	西非	8 500	25 000	29.5	65.5	349	226	11 464	167×39	2 057	35 700	10	4×9 383	动力定位
EVA - 4000 TM	1982	1998	ABS	巴西	8 900	30 000	32.3	79	341.62	328.3	5 500	40×40	1 928	43 000	6	6×5 000	动力定位
Bingo 9000	2002		DNV	加拿大	10 000	30 000	39.4	77.9	397	279	7 400	40×40	2 000	61 200	7	6×7 375	动力定位
IHI - RBF Exploration	2001		ABS	墨西哥湾	10 000	30 000	28.9	75.5	396	255.9	8 000	48×48	2 000	56 323	7.5	8×7 345	动力定位

2002 年末现有和在建的 175 艘半潜式平台中,31 艘工作水深超过 1 829 m(6 000 ft),16 艘工作水深超过 2 286 m(7 500 ft),其中 IHI - RBF Exploration,Deepwater Horizon,Eirik Raude(Bingo 9000 系列)工作水深达 3 048 m (10 000 ft)。

未来 20 年内,工作水深达 4 000~5 000 m 的半潜式平台有望出现。

2)适应更恶劣海域

半潜式平台仅少数立柱暴露在波浪环境中,抗风暴能力强,稳性等安全性能良好。大部分深海半潜式平台能生存于百年一遇的海况条件,适应风速达 51.4~61.7 m/s(100~120 kn),波高达 16~32 m,流速达 1.0~2.1 m/s(2~4 kn)。

半潜式平台在波浪中的运动响应较小,钻井作业稳定性好,在作业海况下其运动幅值可为升沉±1 m,摇摆±2°,漂移为水深的 1/20。

随着动力配置能力的增大和动力定位技术的新发展,半潜式平台进一步适应更深海域的恶劣海况,甚至可望达到全球全天候的工作能力。

3)可变载荷增大

采用先进的材料和优良的设计,半潜式平台自重相对减轻,可变载荷不断增大,以适应更大的工作水深和钻深。

平台可变载荷与总排水量的比值,南海 2 号为 0.127,Sedco 602 型为 0.15,DSS20 型为 0.175,新型半潜平台将超过 0.2。甲板可变载荷(含立柱内可变载荷)将达万吨,平台自持能力增强。同时甲板空间增大,钻井等作业安全可靠性提高。

4)外形结构简化,采用高强度钢

半潜式平台外形结构趋于简化,立柱和撑杆节点的形式简化、数目减少。立柱从早期的 8 立柱、6 立柱、5 立柱等发展为 6 立柱、4 立柱,现多为圆立柱或者圆角方立柱。斜撑数目从 14~20 根大幅降低,以至减为 2~4 根横撑,并最终取消各种形式的撑杆和节点。下浮体趋向采用简单箱形,平台甲板主体也为规则箱形结构,且甲板结构出现层高 1~2 m 的双层底。

2001 年建成的深海半潜平台 Bingo 9000,结构组成包括箱形上甲板结构、6 个圆角方立柱、2 个箱形浮体、立柱底部 2 组 K 字形水平撑共 6 根、垂向斜撑 4 组共 8 根。更新式的半潜平台,结构组成包括箱形上甲板结构、4 或 6 个圆角方立柱、2 个箱形浮体、立柱底部 2 根水平横撑。2004 年建成的深海半潜平台 BP SSEDHOSE,结构组成包括箱形上甲板结构、4 个圆角方立柱、4 个箱形浮体(口形),完全取消了撑杆和节点。新一代半潜平台的典型外形如图 1.2.1 和图 1.2.2 所示。

新型半潜平台的立柱数目减少了,但立柱横截面积的增大提高了平台稳性。撑杆、K 型和 X 型等节点的减少以至取消,降低了焊接、建造工艺难度,减少了疲劳破坏,提高了平台寿命。口形浮体的出现提高了强度,增大了平台装载量,但导致航行阻力增大,故一般置于大型驳船上拖航移位。

平台建造正越来越多地使用高强度钢。在过去 10 年里,高强度钢($\sigma_s = 420 \sim 460$ MPa)的使用占海上工程结构钢的 25%~50%,目前正进一步普及化。甚高强度钢($\sigma_s = 700 \sim 827$ MPa)已用于建造平台的重要结构,超高强度钢($\sigma_s \geqslant 1\ 000$ MPa)可望投入实际应用。

图 1.2.1　六立柱半潜平台　　图 1.2.2　四立柱半潜平台置于驳船上拖航

采用强度高、韧性好、可焊性好的高强度和甚高强度钢,以减轻平台钢结构自重,提高可变载荷与平台钢结构自重比,提高总排水量与平台钢结构自重比。如平台总排水量与钢结构自重的比值,DSS20 型为 2.82,PETROBAS XⅧ 为 3.6,新型半潜平台将超过 4.0。

5) 装备先进化

深海半潜式平台装备了新一代的钻井设备、动力定位设备和电力设备,监测报警、救生消防、通信联络等设备及辅助设施和居住条件也在增强与改善,平台作业的自动化、效率、安全性和舒适性等都有显著提高。

超深井海洋钻机具有更大的提升能力和钻深能力,钻深达 10 700~11 430 m,电动绞车功率达 3 729~5 369 kW(5 000~7 200 hp),1 537 mm(60.5 in)大通径转盘与之配套使用。液缸升降型钻机、全静液传动钻机、全自动控制钻机成为海上石油钻井装备发展的重要方向。

新一代的顶驱系统以交流变频驱动取代 AC - SCR - DC 驱动,静液驱动的比率有所提高,并出现了短尺寸紧凑型组合顶驱。变频电驱动、大功率的高压泥浆泵得到应用,并发展了一种特轻型泥浆泵,该泵为静液驱动、无曲轴、无连杆、可调排量与压力型。防喷器组工作压力更大,闸板 BOP 封井工作压力达 138 MPa,环形(万能)BOP 达 69 MPa。BOP 尺寸和重量进一步降低,配置更安全。并发展了高压旋转BOP,以及适应深水的特殊水下设备控制系统。

深海半潜平台配备大功率的主动力系统和高精度的动力定位系统(DPS - 3),动力定位采用先进的局部声呐定位系统和差分全球定位系统(DGPS)等。

电力设备有单机功率达 3 800 kW、性能优越、寿命长的柴油发电机组和 800 kW以上变频机组,单机功率大于 300 kW、性能优良、运转可靠、启动便捷的应急发电机组等。

6) 多功能化,系列化

深海半潜式平台的造价较高,如 BP SSEDHOSE 造价为 4.4 亿美元。最大限度地利用平台在实际运营中受到的关注,许多平台具有钻井、修井、采油、生产处理等多重功能。配有双井系统的平台,可同时进行钻修井作业,钻井平台上增加油、气、水生产处理装置及相应的立管系统、动力系统、辅助生产系统、生产控制中心等,即成为生产平台。平台利用率的提高降低了深海油气勘探开发的成本。

部分平台具有一定的批量性,如 Amethyst 系列 6 艘;Bingo 9000 系列 4 艘;Sedco Express,West Venture 系列 3 艘;Development Driller,Odyssey,Sedco 700,Victory 等系列各 2 艘。小批量的系列化开发,缩短了设计、建造周期,降低了设计、建造成本,利于技术的稳步发展。

1.2.3　新式半潜平台 GlobalSantaFe(GSF) Development Driller I,II 介绍[8,9]

半潜式钻井平台 GlobalSantaFe Development Driller 系列共两艘(见图 1.2.3),由 Friede & Goldman 设计、PPL Shipyard 承建,于 2004 年交付,作业海域为墨西哥湾和巴西海域,入级符号 ABS A1,AMS,CDS,DPS‐2。

1) 平台主参数

(1) 主尺度。

作业水深:　　　　　2 286 m (7 500 ft);

钻井深度:　　　　　11 430 m (37 500 ft);

平台总长×总宽:　　115.70 m×90.40 m;

浮体长×宽×高:　　98.82 m×20.12 m×8.54 m;

立柱长×宽×高:　　15.86 m×15.86 m×18.86 m;

箱型甲板长×宽×高:74.42 m×74.42 m×8.6 m;

基线至主甲板高:　　36.0 m;

钻台长×宽:　　　　17.1 m×23.5 m;

基线至钻台高:　　　45.7 m;

井架长×宽×高:　　15.85 m×17.37 m×69.49 m;

作业状态:　　　　　吃水 20.0 m;

　　　　　　　　　　排水量 46 500 t;

自存状态:　　　　　吃水 15.0 m;

　　　　　　　　　　排水量 40 900 t;

拖航状态:　　　　　吃水 8.3 m;

　　　　　　　　　　排水量 32 800 t;

图 1.2.3　GSF Development Driller 半潜平台

最大甲板可变载荷:7 000 t。

(2) 储存能力。

泥浆:	1 088 m³;	钻井水:	2 304 m³;
备用泥浆:	1 892 m³;	燃油:	3 226 m³;
盐水:	774 m³;	泥浆原料:	5 200 袋;
基油:	721 m³;	重晶石/土粉:	295 m³;
饮用水:	755 m³;	水泥:	480 m³。

2) 平台特点

(1) Development Driller 平台结构组成为双浮体、4 圆角方立柱、4 杆形横撑和上层甲板结构。考虑到一横撑损毁时的平台安全性,首尾立柱底部各设 2 横撑。上层甲板结构为 8.6 m 高的箱形体,含 1.7 m 高的双层底,可设管线,并有利于结构强度。平台采用高强度钢,主船体用钢为 AH36 和 EH36,局部更高。全部钢材重 15 000 t,空船重 28 000 t。

(2) 充分利用立柱内空间,布置有备用泥浆舱、绞车舱、饮用水舱、污油舱等。隔水管立放于甲板,与卧式放置相比节省甲板面积,明显提高作业效率。

(3) 钻井系统、推进系统、锚绞机均为交流变频电驱动,控制、维修更方便、高效。采用主动式升沉补偿系统,钻柱的升沉补偿由绞车自身完成,能随波浪响应,可实现恒速下管。

双联井架主辅钻井系统:主系统钻井,辅系统接管,以减少停工时间、提高作业效率。相应的大井口槽(42.7 m×8.5 m,140 ft×28 ft)对结构要求较高。主系统大钩载荷 907 t(1 000 st),液压绞车功率 5 220 kW(7 000 hp),顶驱载荷 907 t(1 000 st),主转盘 1 537 mm(60.5 in)。辅系统大钩载荷 454 t(500 st),液压绞车功率 3 356 kW(4 500 hp),顶驱载荷 454 t(500 st),转盘 1 257 mm(49.5 in)。

隔水管张紧系统:6 组张紧器、12 根张紧索,单个张紧器补偿能力 113.4 t(250 kips)。

4 台泥浆泵三用一备,功率 1 641 kW(2 200 hp),额定工作压力 51.7 MPa(7 500 psi)。

配有多种起重处理设备以适应不同需要。2 台甲板起重机分别位于左右舷,静载负荷 150 t×21.6 m,动载负荷 100 t×21.6 m。1 台折臂式起重机用于管子处理系统,负荷为 10 t×35 m,15 t×25 m。1 台隔水管龙门起重机,负荷为 40 t。2 台 BOP 龙门起重机,承载为 100 t。

(4) 双系统定位:动力定位 DPS - 2 辅以 8/12/16 点锚泊定位。

动力定位配有 8 套 3 200 kW 吊舱推进器,具有专门优化的倾斜角度,最小化的易损件,低维修率,简单的水下安装方式,具有更高的效率。锚绞车装备于平台主甲板,部分锚链由抛锚作业辅船提供。平台经受百年一遇的墨西哥湾飓风时,用 12/16 点锚泊定位,仍可实现安全定位。双定位系统提高了平台正常作业的可靠性。动力定位耗能多,精度高,用于钻井作业;锚泊定位耗能少,精度低,可靠性高,用于生产、修井作业等。

(5) 8 台主发电机 3 800 kW,11 kV,60 Hz。1 台应急发电机 1 450 kW,480 V,60 Hz。

2 套 11 kV 中压主配电板,30 套 480 V 低压配电板和应急配电板。

平台自动化、网络化程度高,全船综合系统 I/O 约 12 000 点。

(6) 采用新的建造工艺,根据平台功能分块,不同区块可同时施工,缩短了建设周期。GSF Development Driller I 的建造、调试约为 25 个月,船体用时仅占 20%。上下体连接时,用压载水调节法取代浮吊吊重法,提高了精度。

1.2.4　结语

（1）良好的平台设计是多种矛盾因素相互平衡、综合协调的结果。例如高强度钢材料使用过多不利于疲劳、板稳定性、刚度、腐蚀等方面。动力定位系统各精度过高,平台对恶劣风浪缺乏一定的实时应变,为避免与甲板上浪而损失相当的吃水,且推进器功率需增大,影响平台的经济性。

（2）由于深水或超深水勘探作业费用巨大,目前有能力（无论是资金或技术实力）进行深海石油勘探开发的公司主要有 BP,Shell,Exxon,Mobil Chevron,Texaco,Petrobras 等大石油公司。近年来,各大石油公司在深海领域的投资不断增加。2001 年全球在深海的石油开发投资超过 110 亿美元,尚不包括勘探及评价投资;2003 年现有深海油田及新项目的投资超过 150 亿美元。可见,向海洋和深海要油气,发展新一代以半潜平台为代表的移动式钻采装置是世界油气工业发展必不可少的重要一环。

（3）目前我国油气勘探开发集中在浅海、近海区域,深海开发技术能力与国际水平差距较大,尤其是动力定位钻井船和深海半潜式钻井平台的研制。自 1984 年国内自行研制的半潜式钻井平台"勘探三号"投入使用后,该领域的技术研究工作未见实质性进展。为了解决当前经济发展面临的能源危机,我国正在大力发展深海勘探技术,现已专门立项进行新型半潜式钻井平台的研制,旨在完成目标平台（钻井作业水深为 2 500～3 000 m,钻井深度为 9 000～10 000 m）的初步设计和建造方案,这将在一定程度上促进我国深海勘探开发的技术进步。

参考文献

［1］　廖谟圣. 三论我国海洋石油工业技术装备之国产化[J]. 中国海洋平台,2004,19(4)：1-7.
［2］　Robert E. Randall. 海洋工程基础[M]. 包丛喜,译. 上海：上海交通大学出版社,2002.
［3］　安国亭,卢佩琼. 海洋石油开发工艺与设备[M]. 天津：天津大学出版社,2001.
［4］　廖谟圣. 国外超深水钻采平台的发展给我们的启迪[J]. 中国海洋平台,2003,18(5)：1-5.
［5］　半潜式钻井平台主要性能参数[R]. 中国船舶工业第 708 研究所档案信息中心,2005.
［6］　张阳春等. 石油钻采设备——第三轮国内外技术发展水平跟踪与分析[M]. 北京：中国石油和石油化工设备工业协会钻采机械专业委员会,2000.
［7］　当前世界上大型、先进的半潜式钻井平台[J]. 中国海洋平台,2002,17(3)：46.
［8］　新型多功能半潜式钻井平台研制——技术考察总结汇报[R]. 中国船舶工业第 708 研究所,2005.

1.3　南海环境和深水平台

1.3.1　引言

为满足日益增长的能源需求,海洋石油、天然气开发受到国内外工程界的重视。

我国南海油气资源丰富,经过 30 多年的努力,我国海洋工程关注的重点正由 300 m 的浅海走向 3 000 m 的深水,拟自主创新地设计深水平台。但深水平台是否安全,依赖于对环境参数的确定,其中热带气旋和海洋内波是南海环境中需要特别考虑的两个重要因素。同时,深水平台的概念设计及其优化依赖于我们对各种平台动力响应的认识。本文主要讨论南海特殊环境和平台响应的研究进展。

2007 年 IPCC 评估报告[1]肯定了气候变化及其影响程度。以往的海洋平台设计中,极值参数的估计往往忽视了气候变化的非平衡过程的影响。为此,有必要对西太平洋和南海台风发生频率和强度变化的趋势进行分析。根据西太平洋和我国南海 60 年资料进行统计分析,表明在气候变化的背景下,台风和强台风发生的频次增加;以 PDI 指数为表征的热带气旋的强度很可能在缓慢增加,并导致风载和波浪载荷的相应增加;因此,非平稳过程对若干年一遇的极值风速参数的影响不可忽视,并应在设计规范中予以考虑。中国南海海域广泛存在内波活动,它们对海洋平台的安全有严重威胁[2-4]。本文分析了南海内孤立波产生的物理机制,发生规律和内波特征参数,这是计算海洋平台内波载荷的前提。在设计深水平台(如半潜式平台,FPSO 等)时,以往都是完全依靠软件分析动力响应。我们发现,在排水量给定的条件下,立柱和浮筒的质量配置对平台的动力响应(如垂荡)有重要影响,我们给出了理论公式,与 WAMIT 计算结果一致,表明在给定平台排水量的情况下,质量配置因子 ϕ 增大,平台固有周期增大,垂荡运动振幅传递函数 RAO 幅值相应减小。这一规律的认识为平台概念设计和结构优化提供了理论和方法。

1.3.2 南海特殊环境——热带气旋和海洋内波

1) 热带气旋频次及强度变化

热带气旋是发生在热带海洋上的强烈天气系统。当其最大风速大于 32.7 m/s 和 41.3 m/s 时,分别称为台风和强台风。本文根据收集到的 1945—2007 年经过西北太平洋的热带气旋数据,分别对西北太平洋和南海地区共 63 年台风、强台风的频次和强度变化规律进行了统计分析。

根据统计,西北太平洋年平均发生 13.6 个台风和 9 个强台风,从 20 世纪 50 年代到 20 世纪末,台风和强台风的频次明显增加。若把 63 年的数据段分为 1945—1977 年和 1978—2007 年两段,可得台风由每年平均发生 11.5 个上升到 16 个,强台风由 7 个上升到 11 个,台风和强台风在 30 年间发生的个数分别增加了 39% 和 57%。对于南海地区平均每年发生 4.3 个台风和 2.4 个强台风。由于南海地区相对于广阔的西北太平洋来说是小样本,所以其频次变化波动性较强,但仍表现出了缓慢的增长趋势。若像西北太平洋地区一样把数据分成两段对发生频次求平均值,可得台风由平均每年 4 个上升到 5 个,强台风由 2.4 个上升到 3 个。台风和强台风在 30 年间发生的个数都增加了 25% 左右。

至于热带气旋强度的变化。Kerry Emanuel[5]认为用其最大风速及持续时间表征其强度不一定是最合适的,因此定义热带气旋的总能量耗散系数 PDI:

$$PDI = \int_0^{\tau} V_{\max}^3 \mathrm{d}t \qquad (1)$$

式中：$V_{\max}$ 为热带气旋的最大风速，τ 为热带气旋从发生到消亡的持续时间。

　　本文利用已有的数据，用每个热带气旋每隔 6 h 的最大风速值的立方对时间积分，得到每个热带气旋的能量耗散系数，再将每年所有热带气旋的 PDI 相加，作为这一年的总热带气旋能量耗散系数来表征该年热带气旋的强度，分别计算了西北太平洋(见图 1.3.1)和南海(见图 1.3.2)地区的 PDI。如图 1.3.1 所示，从 20 世纪 70 年代起西北太平洋的 PDI 明显增强，到 20 世纪末的 PDI 值为 20 世纪 70 年代的两倍左右。图 1.3.2 显示南海地区的 PDI 在波动过程中的缓慢上升趋势，从 20 世纪 70 年代到 20 世纪末上升了约 1.3 倍。

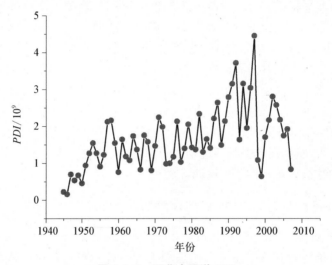

图 1.3.1　西北太平洋 PDI

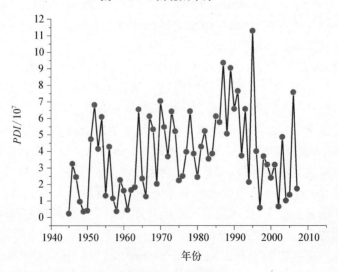

图 1.3.2　南海 PDI

2）南海内波特征

南海的潮流分布和复杂地形是决定南海内波状况的两个关键因素。内潮被认为是南海内孤立波生成的主要驱动机制,内潮波在传播过程中受到地形等各种环境因素影响发生变形,并最终分裂成孤立子群。根据南海地形,东部菲律宾以北,台湾岛以南,有巴士、巴林唐和巴布延海峡,那里的海底有一高耸的海脊。我们通过数值模拟结果表明,当潮汐发生往复运动时,确实可以在此海域产生内波和孤立波群,并向南海北部传播,其主要参数与实际观测一致[6]。

鉴于内波流场是对海洋结构物作用的关键环境要素,而对其研究相对较薄弱,因此开展对内波流场特性分析很有必要。结合目前中国南海内波观测资料和一些数值模拟结果表明[6,7,8],南海内波及其波致流场具有下列特征:

（1）南海北部区域是内波的高发区,其发源地在吕宋海峡中巴坦岛、富加岛和巴布延岛附近;通常以孤立内波的形式出现,东沙岛附近海域内波出现最频繁,且传播方向以西向为主;由于夏季海洋层化明显,以 4—9 月为高峰期,1—3 月和 11—12 月为低峰期,在每个月里以 16—19 日为高峰期,与潮流在该时期较强烈有关。

（2）南海内孤立波振幅一般在几十米甚至上百米量级,最大振幅 170 m,波致流达 2.5 m/s 的内波在南海也已经被观测到[9]。数值模拟发现[6],东沙岛以东海域,内波波幅可达 100 m 以上,东沙岛以西则一般衰减为 70 m 量级,大致符合观测事实。

（3）内波诱导的流场的水平速度沿水深分布几乎均匀,但在跃层上下速度存在剪切。因此,海洋内波的作用最终表现为带有剪切的流速分布,并对平台产生整体推移或扭转,可能导致平台破坏。

1.3.3　质量配置对半潜式平台动力学特性的影响

半潜式平台已发展到第六代,作业于超深水海域,其形式也趋于简洁化,大体上有四柱、六柱或八柱式;单浮箱或双浮箱式。不同平台结构形式在波浪中的运动性能不同,垂荡 RAO 是衡量深海半潜式钻井平台优劣的关键水动力性能指标,它们主要由平台的作业环境、船型、主尺度所决定。根据给定深水平台总排水量的原则,对半潜式平台的立柱和浮筒形式,尤其是质量配置进行设计,使平台的水动力性能得到优化。

1）问题描述和控制方程

本文在选择半潜式平台结构形式和主尺度时,采用圆形截面立柱,浮筒两端为半圆（直径与浮筒宽相同）。其简化模型和选用坐标系如图 1.3.3～图 1.3.4 所示。

置于等深度、无旋、不可压缩波浪环境中的半潜式平台,在线性入射波作用下平台运动响应的方程为

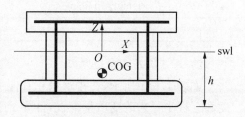

图 1.3.3　半潜式平台的简化模型及其坐标系

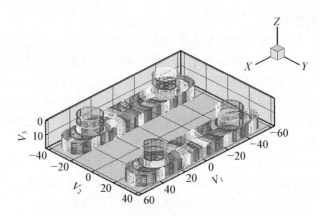

图 1.3.4   目标半潜式平台湿表面模型

$$(\boldsymbol{M}+\boldsymbol{M}_{\mathrm{a}})\frac{\partial^2 x_{\mathrm{G}}}{\partial t^2}+\boldsymbol{B}\frac{\partial x_{\mathrm{G}}}{\partial t}+\boldsymbol{K}x_{\mathrm{G}}=f \tag{2}$$

式中：t 为时间；x_{G} 为平台六个自由度上的运动位移；外力 f 由平台的直接湿表面压力积分计算求得；$\boldsymbol{M}$,$\boldsymbol{K}$ 分别为质量矩阵和刚度矩阵；$\boldsymbol{M}_{\mathrm{a}}$ 和 $\boldsymbol{B}$ 分别为附加质量矩阵和阻尼矩阵。

表 1.3.1 给出了半潜式平台水线以下主尺度参数。

表 1.3.1   平台主尺度参数

浮箱长/m	114.07
浮箱宽/m	20.12
总宽/m	78.68
柱间距/m	70.0
吃水/m	19.0
排水量/m³	46 128.3
水深/m	3 000
立柱半径/m/浮箱高/m	9.0/7.88
	8.0/8.54
	7.5/8.81

2）垂荡运动响应（RAO）

如表 1.3.1 所示，在排水量和其他主尺度参数一定前提下，我们通过改变浮箱高度和立柱半径来改变质量配置，计算了平台的固有频率和垂荡幅度。

图 1.3.5 所示为三种情况下的垂荡 RAO 随波浪周期的变化曲线。浮箱高度 7.88 m 时，RAO 幅值已超过了 3.5，大约在入射波浪周期 23 s 处取得；浮箱高度增加到 8.54 m 时，RAO 幅值不到 2.5，约在 26 s 处达到最大幅值；而浮箱高度增到

8.81 m时,*RAO* 幅值更小,且在 28 s 处取得。这说明较高浮箱情形下垂荡 *RAO* 幅值不仅较小,并且最大 *RAO* 幅值响应频率远离常见波浪频率。表明了在排水量一定前提下,立柱与浮箱的不同质量配置可以在很大程度上影响着垂荡 *RAO* 幅值,并使其响应发生明显频移现象。因此,在实际设计平台时,在满足其他工程要求的前提下,尽量增加浮箱高度和减小立柱半径,则可以相当程度的降低垂荡 *RAO* 幅值并且避开常见波浪周期,达到提高运动性能的目的。

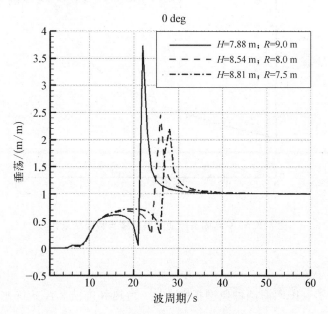

图 1.3.5 浮箱与立柱不同质量配置下的垂荡 *RAO*

另一方面,半潜式平台立柱与浮筒不同质量配置因子 ϕ 与其固有频率之间的关系(见图 1.3.6)经过详细推导,为如下公式:

$$\omega = \sqrt{\frac{g}{l}}\left[\frac{1}{1+(1+\kappa)\dfrac{\phi}{1-\phi}}\right]^{\frac{1}{2}} \tag{3}$$

式中:l 为立柱的吃水深度;κ 为附加质量系数;g 为重力加速度;ϕ 为半潜式平台下浮筒的排水体积 V_p 与总排水体积 V 之比,即为

$$\phi = \frac{V_p}{V} \tag{4}$$

由式(4)的定义可知 $0<\phi<1$。根据式(3)可得出 ϕ 与固有周期的关系曲线如图 1.3.6 中的实线所示,表明平台固有周期随着 ϕ 的增加单调增加。对应表 1.3.1 立柱半径与浮筒高度三种不同质量配置 9.0/7.88、8.0/8.54 和 7.5/8.81(ϕ 分别为 0.75,0.82 和 0.84)情形下的垂荡 *RAO* 最大幅值对应的入射波浪周期见图 1.3.6 中的离散点,我们发现,所给出的理论公式关系曲线与 WAMIT 计算结果(见图 1.3.5)

基本吻合,这表明式(3)预测立柱与浮筒不同质量配置对半潜式平台固有周期的影响规律是非常合理的。

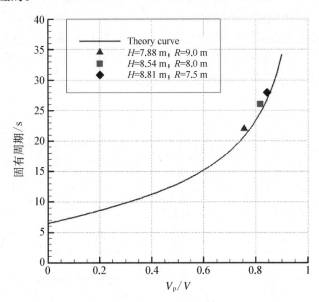

图 1.3.6 φ 与固有周期关系曲线与数值结果比较

1.3.4 结语

本文分析了我国南海两种典型特殊环境:台风和内波和浮式深水平台概念设计问题。

通过对西北太平洋 1945—2007 年共 63 年的热带气旋资料统计分析,发现西北太平洋的热带气旋活动明显增强,具体表现为台风,强台风发生频次的增加和 *PDI* 的明显增加。而南海地区相对于整个西北太平洋来说是小样本,其热带气旋活动在波动中显示出缓慢上升趋势。我国南海尤其南海北部内孤立波频发,传播以西向为主,时间分布上夏季为高峰期,内波流场水平速度几乎均匀,但跃层上下存在速度剪切,可对海洋平台产生推移和扭转。

在海洋平台动力响应方面,研究发现平台固有周期随着质量配置因子 φ 的增加而增加,而垂荡 *RAO* 幅值相应减小,理论结果与数值计算结果吻合良好,得到的最佳参数组合可为浮式深水平台概念设计和选型优化提供依据。

参考文献

[1] IPCC. 气候变化 2007:综合报告[R]. ISBN 92 - 9169 - 522 - X,瑞士,日内瓦:IPCC,2007.

[2] Cai S Q, Long X M, Gan Z J. A method to estimate the forces exerted by internal solitons on cylindrical piles[J]. Ocean Engineering,2003,30:673 - 689.

[3] Osborne A R, Burch T L. Internal solitons in the Andaman Sea[J]. Science,1980,208:451 - 460.

［4］ Ebbesmeyer C C，Coomes C A，Hamilton R C，et al. New observation on internal wave (solitons) in the South China Sea using an acoustic Doppler current profiler［A］. In：Marine Technology Society 91 Proceedings［C］. New Orleans，1991：165－175.

［5］ Kerry Emanuel. Increasing destructiveness of tropical cyclones over past 30 years［J］. Nature，2005，436(4)：686－688.

［6］ 李家春.海洋工程中极端环境事件的研究进展［C］.中国海洋工程学会，第十三届中国海洋(岸)工程学术讨论会论文集，南京：海洋出版社，2007.

［7］ 方欣华，杜涛. 海洋内波基础和中国海内波［M］.青岛：中国海洋大学出版社，2005.

［8］ 李家春.水面下的波浪——海洋内波［J］.力学与实践，2005，27：1－5.

［9］ 海面下的巨浪——内波［P/OL］. http：//www.nsc.gov.tw/nat/，2007－11－30.

1.4 海洋工程中极端环境事件的研究进展

1.4.1 引言

由于经济快速发展，对能源需求急剧增长。我国低渗和稠油油田占有相当比例，依靠提高石油采收率仅能使年产量维持在1亿8千万吨左右，远不能满足消费的需求，到2010年进口总量将占年总需求量的50％。然而，我国海洋油气资源丰富，储量达275亿吨，开发海洋是应对石油资源不足，确保我国能源安全的重要途径。我国海洋石油工业从20世纪60年代起步，2005年产量已达4 000万吨，并能自主开发水深200～300 m左右的油田。拟设计3 000 m水深半潜式平台，环境参数和结构响应始终是海洋工程中平台设计的核心科学问题。海洋深水区，风急浪高，极端环境事件常有发生，并导致海洋结构物的倾覆、扭转、位移和破坏，所以，这是海洋工程的前沿课题。

近年来，全球变暖的研究有了新的进展。2007年，国际政府间气候变化小组(IPCC)发布了第四次研究报告，结论是：全球变暖已是不争的事实，人类活动的影响占主导地位。全球变暖的后果是扰动了地球的大气环流形势，从而改变全球气候冷暖和降水分布，还可能影响生物多样性。这种全局性的气候变化使随机事件变成一种非平稳的随机过程，不仅其平均值发生改变，同时方差也增大了，因此，极端环境事件的频率和强度也相应增加，对它的研究是海洋工程的重大需求。

最近，海洋工程的设计规范由国际标准化组织(ISO)进行修订，设计规范中最不确定的因素就是随机发生的环境参数，因此，如果不考虑极端环境事件的因素，就会使结构的安全与寿命得不到保证。

近年来人们最关心三方面的海洋环境的极端事件，它们是：畸形波的发生机制和描述，风暴下的巨浪预报和内潮波的产生与传播。

1.4.2 畸形波的产生和描述

所谓"畸形波"(Freak)指的是在较平静的海况下偶尔发生的大波。一般来说，其波高为有义波高的两倍以上。由于波高大,因此,波浪载荷也急剧增加,可导致结构破坏。人们认为,ringing 就是由畸形波激发的。

畸形波产生的原因有多种解释:波-波或波-流相互作用,如远方传来的涌浪叠加,波浪与海流的逆向作用;由于海底地形导致的波浪折射和聚焦,当外海波浪传到等深线成凹形的浅水区时,时有发生。有人认为畸形波是单峰大波,我们认为用波群来解释和描述畸形波有一定合理性。所谓"波群",指的是连续发生的大波事件,在窄谱的条件下,可以由两个频率和波数相近的波叠加而成,从而形成"波包"。以往的Fourier 分析虽然可以得到各种频率成分所占能量的比例,但是,没有规定各种成分出现的先后次序。在波浪谱相同时,有的可以出现波群,有的则没有,因此,我们可以定义"groupness"来定量描述谱窗平均的波能时间序列偏离平均波能的方差:

$$GF = \frac{\sqrt{\frac{1}{T_R}\int_0^{T_R}\left[E_s(t) - \overline{E_s(t)}\right]^2 \mathrm{d}t}}{\overline{E_s}} \tag{1}$$

$$E_s(t) = \frac{1}{T_p}\int_{-\infty}^{\infty}\eta^2(t+\tau)W(\tau)\mathrm{d}\tau \tag{2}$$

$$W(\tau) = \begin{cases} 1 - \dfrac{\tau}{T_p}, & |\tau| < T_p \\ 0, & |\tau| < T_p \end{cases} \tag{3}$$

式中:$E_s(t)$ 是谱窗平均(瞬时光滑)的波能时间序列(SIWEH);$W(\tau)$ 是 Bartlet 谱窗光滑函数;T_R 为时间序列记录长度;T_p 为谱峰周期。从它的物理意义来看,表明该物理量可以很好地描述连续出现大波的波群现象[9]。

如果这种波包是不稳定的,就会使波高不断增加,导致大波和波破碎。这就是著名的 Benjamin-Feir 不稳定性。在海上由于有风的存在,Bliven,Huang & Long[2] 的实验认为风会抑制 B - F 不稳定性。然而,Li,Hui & Donelan[10] 等进行理论分析,导出了相应的非线性 Schrodinger 方程:

$$\mathrm{i}\frac{\partial A}{\partial t} + \mu\frac{\partial^2 A}{\partial \xi^2} = q|A|^2 A$$

$$\xi = \varepsilon(x - c_g t),\ \tau = \varepsilon^2 t \tag{4}$$

式中:ε 为波陡;c_g 为群速度。从 $\frac{1}{2}\omega a_0^2 k^2$ 无量纲化的侧带不稳定增长率,研究有风条件下的稳定性发现:在弱风时,B - F 不稳定性依然增长,在强风时,B - J 不稳定性抑制,并为加拿大风水槽实验证实。同时,还表明下侧带的增长率大于上侧带的增长率,不仅解释了成长过程中风浪谱峰下移现象,而且,在弱风条件下,由于边带不稳定可以导致波群能量的集聚,波群高度增加,从而产生畸形波,乃至发生波破碎。

畸形波是典型的非线性、非平稳过程，因此，不能用 Fourier 分析，可以用小波分析和 Hilbert-Huang 变换进行数据分析。后者采用本征模函数（IMF）进行分解（EMD），可以很好地描述振幅和频率随时间变化的现象[8]。可以用数值或实验方法产生畸形波，并用时域分析计算结构的载荷[29]。

1.4.3 风暴下的巨浪预报

近年来，灾难性的热带风暴时有发生，如 2005 年美国墨西哥湾的 Katrina 和 Rita 两个 5 级飓风导致新奥尔良淹没，众多石油平台和输油管线破坏，一度石油工业停产。在我国出现了强台风和超强台风的等级，如 2006 年南海的珍珠台风也对海洋工程设施造成严重威胁。

台风或飓风是发生在热带海域的大气漩涡，由于其风速大，并携带大量水汽，可以造成严重灾害，如结构破坏，房屋倒塌，风暴潮和暴雨造成洪水和滑坡、泥石流灾害。热带气旋发生在纬度 5° 以上的热带地区海面，海面温度 26℃ 以上，有上升流和强扰动。热带气旋预报最大困难是路径和强度突变[3,12,17]，在全球变暖背景下，热带气旋的强度是否增加和如何计算 50 年一遇的风速仍然是一个有争议的问题。

风浪预报已经从经验走向数值预报。除了由风区和风时预报风浪参数外，已经出现第三代风浪谱预报模式[14]：

$$\frac{\partial F}{\partial t} + (\boldsymbol{U} + \boldsymbol{C}_{\mathrm{g}}) \cdot \nabla F = N_{\mathrm{input}} + N_{\mathrm{inter}} + N_{\mathrm{dis}}$$

式中：F 是风浪谱；U 是流速；C_{g} 是群速度；右端项是风生浪的能量输入，波波相互作用的能量交换和由于摩擦和破碎的能量耗散。

我们特别关注风暴下的风浪预报，利用 WAM 模式模拟了 8909 台风浪的风场、波高场和波谱场[11]。台风的压力场和风场取为

$$p = p_{\infty} - \frac{p_{\infty} - p_c}{\sqrt{1 + C_{\mathrm{f}} \left(\dfrac{r}{L(\theta)}\right)^2}}$$

$$v_{\theta} = -fr + \sqrt{fr^2 + 4r \left| \frac{\partial p}{\partial r} \right| / \rho}$$

$$v_r = -\frac{v_{\theta} \partial p / \partial \theta}{r \partial p / \partial r}$$

右边的源汇项为

（1）波能增长率

$$\beta = \mathrm{Max} \left\{ 0, \ 0.25 \frac{\rho_{\mathrm{a}}}{\rho_{\mathrm{w}}} \left(28 \frac{U_*}{C} \cos\theta - 1 \right) \right\} \omega$$

（2）底部摩擦

$$S_{bf} = -c \frac{k}{\sinh 2kd} F$$

（3）波浪破碎

$$S_{br} = -c\bar{\omega} \left(\frac{\omega}{\bar{\omega}} \right)^n \left(\frac{\alpha}{\alpha_{pm}} \right)^m F,$$

式中：$c = -3.33 \times 10^{-5}$，$m = n = 2.0$，$\alpha_{pm} = 4.57$。

最近，Tracey 等利用 SWAN 风浪预报模式分析了 Katrina 飓风引起的巨浪[13]，它与 WAM 的区别是，本模式用波作用量密度作为因变量，可以应用于近岸区。同时，风生浪能量输入与波耗散与前者不同。对于风能输入可以采用 Komen，Jassen 和修正 Jassen 模型，非线性相互作用包括了四阶项，耗散项包括了由于在表面产生白帽的能量消耗，风速数据来自 NARR，GFS，FNL。模拟结果与 11 个 NBDC（国家浮标数据中心）的观测比较表明：NARR 分辨率较高，在峰值附近，NARR 低估风速值；FNL 和 GFS 高估风速值。用 NARR 数据给出较低的有意义波高和较小的平均周期。用修正的 Janssen 公式可以在 $0.04 \sim 0.5$ Hz 频率范围内很好地预测有义波高和平均周期。

预报模式中，波浪破碎的参数化尚有改进余地。Banner[1] 最近研究波浪破碎是一种阈值过程，当能量增长超过阈值就会发生破碎，否则就是回流（recurrent）过程。他还获得了破浪耗散的公式为

$$S_{br} = bc^5 / g\Lambda(c)$$

式中：c 为相速度；$\Lambda(c)$ 为白帽长度。

1.4.4　内潮波的产生与传播

大气中由于温度和水汽含量的不同，海洋中则由于压力、温度、盐度的差异导致密度层结，所以在海洋中有温跃层存在。在密度稳定分层的介质中，会产生介质内部的体波，称为内波。内波广泛存在于大气和海洋中，对于介质的混合，能量和物质的输送，光波、声波的传播都会有影响。对于海洋工程而言，我们主要关注非线性长内波或内潮的产生与传播[4,7]。由于它携带巨大的能量，可以导致海洋结构物的破坏。

一般说来，由于密度差小于水表面上大气和水的密度差，因此，恢复力小，只要有小的扰动，就能掀起"轩然大波"。它的周期长，频率低，波长长。内波的特征频率为 Vasala-Brunt 频率，对于连续分层的介质，内波有不同的模态，群速度与相速度方向正交。

南海北部，东沙群岛是内波的频发地区[18]。按照南海的地形，在东部菲律宾以北，台湾岛以南，有巴士、巴林唐和巴布延海峡，那里的海底有一高耸的海脊。当每天潮汐发生往复运动时，就会产生内波。我们用有限体积法计算势流方程，自由面和固壁条件依旧，两侧采用辐射条件。模拟结果表明，在潮汐发生往复运动时，确实可以产生内波和孤立波群，主要参数，如波幅，波速，最大流速。单峰历时等与实际观察一致，如表 1.4.1 所示。

表 1.4.1 内波计算和实测结果比较

	模 拟 值	观 测 值
最大波幅/m	110	100
单峰历时/min	18	18.3
波速/(m·s^{-1})	1.81	1.9
最大流速/(m·s^{-1})	0.9	0.9

为了估计远离海峡的内波参数,我们进一步计算了内波在不平地形上的传播和演化过程。主要的方程采用推广的 KdV 方程:

$$\eta_t + c_0\eta_x + c_1\eta\eta_x + 3c_5\eta^2\eta_x + c_2\eta_{(3x)} + \gamma\eta + f\eta\mid\eta\mid - \frac{1}{2}\varepsilon\eta_{(2x)} = 0$$

通过改变系数分析了非线性、高阶非线性、频散、变浅、摩擦和耗散等因素的影响,确定了这些系数的可能范围,进一步模拟了南海和苏禄海内波的传播,发现在东沙群岛以东洋面,内波波幅可达 100 m 以上,而在东沙群岛以西,内波波幅一般衰减为 70 m 量级,大致符合观测事实。

为了计算内波载荷,我们首先分析内波流场的特征是:界面上下存在速度剪切,并为观测事实证实;流场的水平速度相对均匀,并远大于垂向速度;根据水深比,波形可以发生下凹和上凸的转换等。相对于内波波长而言,海洋结构物可以视为小尺度物体,因此,Morison 公式适用,并且由于 Kc 数大,相当于单向流的情况,黏性力占主导地位[5]。我们计算了 Spar 和半潜式平台的结果,表明与表面波相比,内波载荷是不可忽视的[16]。

1.4.5 结语

本文综述了海洋工程中极端环境事件的研究进展,用波群的观点来认识和描述畸形波,研究在风暴条件下的巨浪预报方法,分析在我国南海内潮发生和传播的规律。对于在风、浪、流作用下结构的流体载荷和动力响应,包括:ringing 激振、Mathieu 型不稳定和涡激振动(VIV)等流固耦合问题,在工程设计时必须予以关注。通过工程界、力学界、海洋界等科学家的共同努力,人类必将深化对环境、结构及其相互作用的认识,从而设计出经济、安全、可靠的海洋工程设施,为增加我国海洋石油天然气生产作出贡献。

参考文献

[1] Banner M L. Recent progress on understanding and modeling ocean wave breaking[J]. New Trends in Fluid Mechanics Research. eds. Zhuang F G & Li J C, 2007: 16 - 22.

[2] Bliven I F et al. Experimental study on the influence of wind on sideband instability[J]. J Fluid Mech., 1986, 162: 237 - 250.

[3] Chan JCL. The physics of tropical cyclone motion[J]. Ann. Fluid Mech., 2005, 37:

99 - 128.

[4]　Garrett C，Kunze E. Internal tide generation in the deep ocean[J]. Ann. Rev. Fluid Mech.，2007，39：57 - 87.

[5]　Cheng Y L，Li J C，An L S. Stokes 5th oeder wavesand its action on cylinderic pipes[C]. Proc. of ISOPE. 2006，3：459 - 466.

[6]　Global Ocean Associates. Oceanic internal waves and solitons[C]. 2002.

[7]　Helfrish K R，Melville W K. Long nonlinear internal waves[J]. Ann. Rev. Fluid Mech.，2006，38：395 - 425.

[8]　Huang N E，Shen Z，Long S R. A new view of nonlinear water waves：the Hilbert spectrum [J]. Ann. Rev. Fluid Mech.，1999，31：417 - 458.

[9]　Kao J C，Lin J M. Computer simulatio of ocean wave grouping[C]. Proc. of the 7th Congress of APRD - IAHR. 1990：339 - 343.

[10]　Li J C，Hui W H，Donelan M. Effects of velocity shear on the stability of surface deep water wave train. in Nonlinear Water Waves[M]. Springer，1988.

[11]　Li J C，et al. On typhoon wave evolution，in Tropical cyclone disasters[C]. in Tropical Cyclone Disasters. eds. By Lighthill J，Zheng Z M. 1992：393 - 403.

[12]　Li J C，Kwok Y K，Fung JCH. Vortex dynamics in the studies of looping in tropical cyclonetracks[J]. Fluid Dynamics Res.，1997，21：57 - 71.

[13]　Tracey T，et al. Analysis of high seas generated by Hurricane Katrina[C]. Proc. ISOPE 2007，(3)：1777 - 1784.

[14]　Tucker M J，Pitt E G. Waves in Ocean Engineering[M]. Elsvier，2001.

[15]　Veritas D N，et al. New DNV recommended practice DNV - RP - C205：Environmental conditions and environmental loads[C]. Proc. of ISOPE，2006.

[16]　Zhang H Q，Li J C. Wave loading on floating platforms by internal solitary waves[C]. in New Trends in Fluid Mechanics Research. eds. Zhuang F G，Li J C. 2007：304 - 307.

[17]　陈联寿,徐祥德,罗哲贤,王继志.热带气旋动力学引论[M].北京：气象出版社,2002.

[18]　方欣华,杜涛.海洋内波基础和中国海内波[M].青岛：中国海洋大学出版社,2005.

[19]　董艳秋.深海采油平台波浪载荷及响应[M].天津：天津大学出版社,2005.

1.5　半潜式平台水动力性能研究综述

1.5.1　引言

　　半潜式海洋平台从 20 世纪 60 年代初出现以来,在海洋石油勘探开发中一直得到广泛应用[1]。其优点是[1-3]：适用工作水深广,最新型的深水半潜式平台(第六代)的工作水深已超过 3 000 m,钻井深度超过 12 000 m；抗风浪能力强,适应恶劣海况,甚至大部分深海半潜式平台能适应百年一遇的极端海况；甲板面积和装载量大；转移安装方便；相对于立柱式平台(Spar)与张力腿平台(TLP),半潜式平台初期投资较少。随着国内外油气勘探开发向深水和超深水海域拓展,以及超级飓风等极端海况的频繁出现,半潜式平台的工程应用也面临深海恶劣海况的严峻挑战,如何准确预报和改善平台水动力性能,提高其生存能力和作业效率,备受国际海洋工程界重视。本文就目前国际上普遍关注的半潜式平台水动力性能与设计优化问题的研究与进展情况进行综述。

1.5.2　半潜式平台简介

半潜式平台通常由上部甲板、立柱、浮箱,以及立柱之间或者浮箱之间的横撑构件所组成,如图 1.5.1 所示。同时平台还通过锚链、立管与海底相连。

图 1.5.1　半潜式平台

自出现以来,半潜式平台的结构形式历经多次演变,外形趋向简单。巨大的浮箱提供拖航和作业时所需的浮力。一般有双浮箱和环形浮箱两种形式,内设舱室,可装载油、压载水、系泊等设备。

立柱连接浮箱和上部甲板。作业时,浮箱和部分立柱沉入水中,大大减小了水线面面积及波浪作用在平台上的载荷,其较大的水线面惯性矩提供了平台作业时所需的稳性。为考虑破舱稳性和经济性,立柱的数目一般为 4~8 个,内设舱室,可装压载水和作业设备。立柱截面一般为圆形或矩形。近来新造的半潜式平台多采用方形截面,使得建造更加简便,排水量和舱容增大。立柱的布置应尽量使平台具有较好横稳性和纵稳性。

上部甲板是设备存放、人员居住和工作的主要场所。主要的钻井器材和材料都堆放在甲板上,甲板中间开有月池,便于钻井采油。上部甲板有框架型和箱型两种形式。框架型甲板由承载甲板及其余甲板组成,箱型甲板则包括具有双层底的下甲板结构、一层或多层中间甲板和一层主甲板[4]。

1.5.3　半潜式平台水动力性能研究热点

1) 垂荡运动性能与新概念设计

半潜式平台虽有很多显著优点,但也有明显不足之处,即垂向运动往往比较大,这是造成干采油树系统不能在半潜式平台上应用的原因之一,从而使整个作业成本和维护成本居高不下。因此减小平台的垂向运动是半潜式平台设计中的一个重要方面。

通过增加平台的吃水来减小平台的垂向运动是有效途径之一。Bindingsbø 等人[5]在 2002 年提出：常规半潜式平台的吃水为 20～25 m，如果将吃水增加到 40 m，平台的运动将会显著减小。对比吃水 21 m、排水量 45 000 t 与吃水 40 m、排水量 65 000 t 的两个半潜式平台，发现后者的垂荡和纵摇 RAO 值较前者明显减小，如图 1.5.2 所示，平均减小约 50%。

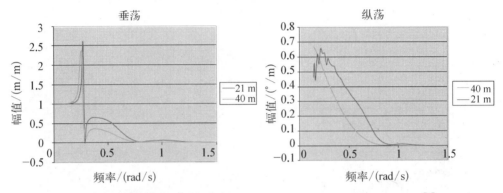

图 1.5.2　深吃水半潜式平台与常规半潜式平台垂荡和纵摇 RAO 对比[5]

增加平台自身的附加质量和阻尼系数同样是一种行之有效的方法。Cermelli 等人[6]考虑在半潜式平台的立柱底部添加垂荡板来改善平台的垂向运动，如图 1.5.3 所示。

图 1.5.3　Cermelli 等人的设计图[6]

图 1.5.4　Murray 等人的设计[7]

Murray 等人[7]于 2007 年提出了相似的设计方案，不同的是他们在半潜式平台中央设置一个导管架中心井，在中心井下端设置一个垂荡板，这样的设计还可以很好地保护导缆孔，如图 1.5.4 所示。

Chakrabarti 等人[8] 在 2006 年提出一种采用桁架式浮箱结构(truss-pontoon)的半潜式平台(TSP)概念,如图 1.5.5 所示。它与常规半潜式平台不同的是改变了浮箱的形式,与桁架式 Spar(Truss Spar)一样设置了垂荡板。这样很好地利用了垂荡板产生的附加质量和分离流阻尼,能显著地减小垂荡激励力。同时 TSP 保持着常规半潜式平台的优点,譬如有很大的甲板面积和装载能力。Srinivasan 等人[9] 对 TSP 概念进行模型试验验证,发现 TSP 只在固有周期附近才有非常窄的垂荡 RAO 峰值带宽,而在两侧 RAO 会急剧下降,如图 1.5.6 所示。此外 TSP 不仅能有效减小垂荡 RAO,同时能使纵摇值在恶劣海况下只是常规半潜式平台的一半。因此如果 TSP 垂荡固有周期可设计为远离波浪能量峰值区域,TSP 诸多方面就能类似 TLP,同时还不需要张紧缆索。又如 TSP 像 TLP 一样能使用干采油树系统,同时具有很大的甲板面积、有效载荷,安装制造像常规半潜式平台一样方便,则它将会受到工业界的欢迎。

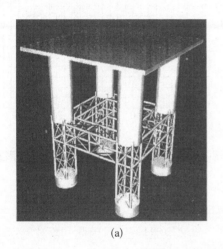
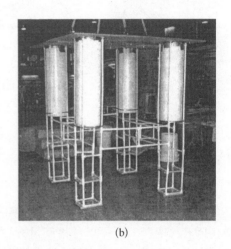

(a)   (b)

图 1.5.5 Chakrabarti 等人的设计[8]

(a) 概念原型   (b) 1:50 比例模型

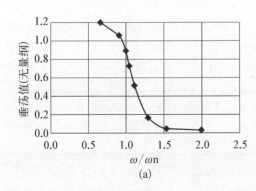
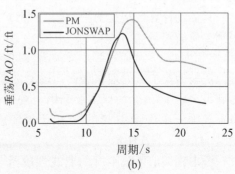

(a)   (b)

图 1.5.6 TSP 的垂荡 RAO[9]

(a) 规则波   (b) 随机波

此外,Mansour 和 Huang[10] 在 2007 年提出一种新型半潜式平台概念,如图 1.5.7 所示,称之为 H 形浮箱平台。这种平台区别于常规平台之处是除了两个平行的主浮箱外,还有两个连接主浮箱的副浮箱。将其与相似的常规半潜式平台一起使用 WAMIT 程序计算 *RAO* 值,比较可以得出 H 形浮箱半潜式平台在波浪周期小于 15 s 时垂荡 *RAO* 值明显小于相似的常规半潜式平台,如图 1.5.8 所示。同时除了在 15 s 附近的几乎整个周期范围,新型平台的纵摇 *RAO* 值都小于常规半潜式平台,而在 15 s 附近的纵摇 *RAO* 值也处在可以接受的范围内。

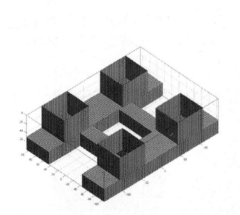

图 1.5.7   Mansour 和 Huang 的设计[10]

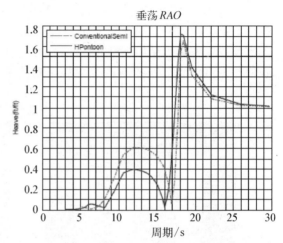

图 1.5.8   H 形浮箱半潜式平台与常规半潜式平台垂荡 *RAO* 对比[10]

2) 低频运动性能

常规半潜式平台横摇和纵摇固有周期在 40～60 s 之间,采用锚泊定位时的纵荡和横荡固有周期在 100～200 s 之间,均远离一般波浪能量范围,因此一阶波频运动较小。而在频率相近的二阶低频波浪力作用下,不仅会产生大幅度的低频慢漂纵荡和横荡运动,也会产生显著的低频慢漂纵摇和横摇运动,并进而影响到平台的气隙性能,因此需要特别关注。

具体的计算方法有两种:① 全 QTF 法,即通过基于绕射/辐射理论的数值计算得到二阶波浪慢漂力的 QTF 矩阵;② Newman 近似法,即假定当系统自然频率很小时,差频力 QTF 可通过平均波浪力(对角线上的平方传递函数)进行近似。Newman 近似法较为简单且处理水平面运动时的精度较高,但在处理垂直面运动时精度就不能满足要求了,这个时候需要采用全 QTF 方法来计算二阶力。通过模型试验表明深海不规则波中慢漂引起的纵摇运动显著,和波频部分的纵摇运动在同一个量级上[11],如图 1.5.9 所示。

考虑到锚泊系统刚度的非线性以及与流体的相互作用会对平台水动力产生影响,2001 年 Sarker 和 Taylor[12] 以圆柱为研究对象,引入一种新的高阶传递函数方程来分析低频纵荡、纵摇和垂荡运动。结果显示锚泊系统的非线性动力作用会对浮体的低频慢漂力以及运动响应产生很大的影响,响应增加部分和常规方法得到的二阶

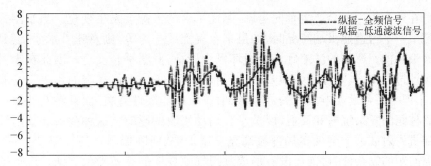

图 1.5.9 纵摇运动时历曲线[11]

力在量级上相当,尤其在高海况环境下会产生更为显著的影响。这是由于锚泊系统非线性刚度产生的高阶力会对最终的平台运动响应产生显著影响的缘故。他们的工作是以完全对称的圆柱体为研究对象,虽然这不是一种具体的平台形式,但是对于半潜式平台而言这类低频响应是非常需要关注的。

大幅度的低频纵荡运动对平台的正常作业会产生不利影响。与船舶减摇水舱的原理相似,采用液柱减振器(Liquid Column Vibration Absorber, LCVA)可以较好地减小纵向运动。2000 年 Chatterjee 等人[13]将 LCVA 这一概念应用到半潜式平台上,如图 1.5.10 和图 1.5.11 所示。在频域中应用 Morison 公式和线性波浪理论计算平台的水动力响应,对比安装 LCVA 前后情况,计算结果

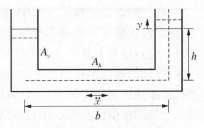

图 1.5.10 液柱减振器[13]

显示当波浪周期在 10~20 s 之内时,LCVA 能显著减小平台的纵荡运动。设计合理的 LCVA 能在仅增加10%质量的情况下使纵荡 *RAO* 减小 40%,除此之外,这种装置具有安装简便、几乎不用维修、费用低廉、能用于储存的优点,而且半潜式平台的浮箱、立柱结构特别适合安装此类装置。

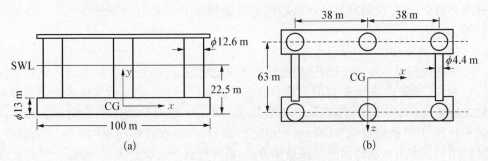

图 1.5.11 安装 LCVA 的半潜式平台[13]

(a) 正视图 (b) 俯视图

3) 气隙性能

气隙(air gap)是指海洋平台甲板底部与水面之间的垂向间隙。对于半潜式平台,一方面,海上波浪透过立柱传播到平台甲板之下使得水面出现起伏;另一方面,平

台自身在外力作用下会产生垂向运动,因此平台的气隙会发生变化。当半潜式平台尤其是生产平台遭遇极端海况时,如果平台气隙减小为零,则意味着水面接触甲板,产生波浪砰击。严重的波浪砰击会损坏平台甲板,威胁平台安全。因此在半潜式平台的设计过程中,气隙性能必须要准确预报和慎重考虑。但气隙的预报又是非常复杂的,不但与平台运动响应有关,还与入射波浪的非线性有关,而且涉及波浪在多个平台立柱间的复杂绕射和反射,以及平台运动兴波的影响。这种绕射和辐射波浪叠加在随机入射波浪上会使得局部波高显著增加,从而降低平台的气隙[14]。因此,鉴于气隙问题的复杂性,目前还没有形成预报气隙性能的有效数值方法。现行数值预报方法多是基于一阶线性分析或二阶非线性分析[15-19]。在对气隙问题进行的二阶分析计算中,平台甲板下方的波浪不仅包括一阶和二阶入射波,还包括一阶和二阶绕射波,而二阶绕射波对于气隙的影响往往体现在平台中心处以及靠近立柱处等重要位置。研究表明[15],应用二阶非线性分析方法计算气隙性能的效果明显优于一阶方法,所得出的甲板下方最大波峰值较一阶方法高 20%。

在气隙性能的数值预报中,较为常用的程序有 WAMIT,可进行二阶计算分析。但在大波陡情况下气隙问题的非线性效应非常显著,常用的数值模型和程序即使考虑到二阶,也并不是完全非线性的[17],这往往会低估平台甲板下方的波高峰值,使得气隙性能的数值预报偏于危险,给实际应用带来隐患。因此,目前要准确预报气隙性能,还必须借助模型试验。当然,数值计算能够准确预报甲板下方最大波浪出现的位置,给物理模型试验确定相对波高测量仪的安放位置提供参考依据。Kazemi 等人[14] 2006 年在纽卡斯尔大学的水池中对 GVA4000 型半潜式平台做过模型试验,试验表明:出现气隙最小值的地方靠近立柱处,此外需要特别关注的是浮箱上方的两立柱中间处,此区域会出现除立柱处外波高的最大值,这表明这个区域内的波浪和结构物之间的相互影响显著。对于深水和超深水半潜式平台,实验室受水池尺度限制往往需要进行平台和截断水深锚泊系统的模型试验,Stansberg[11] 就截断水深试验对气隙性能的影响进行了研究,对比 335 m 全水深和 167.5 m 截断水深的气隙试验结果发现两者符合良好,说明通过截断水深模型试验预报实际全水深平台的气隙性能是可行的。

4)涡激运动

以往人们对 Spar 的涡激运动进行了大量的研究工作,近来研究人员意识到不仅仅是 Spar,半潜式平台和 TLP 同样也存在这方面的问题。而且像半潜式平台这种多柱式的结构在流中的运动较 Spar 更为复杂。Waals 等人[20] 将不同几何形状的半潜式平台和 TLP 模型放在平稳的水流中进行试验、分析在流作用下的平台运动响应。试验结果表明流引起的涡激运动是显著的,需要在设计时充分考虑,否则会对立管和系泊系统造成很大的影响,而且不同几何形状的平台会呈现出很大差异的运动响应。

5)基于水动力性能的参数优化

半潜式平台的水动力性能往往受到平台质量特性和几何参数的影响,例如像立柱的尺寸、跨度、吃水以及浮箱的尺寸等。同时系泊系统也会影响平台响应。这些参数往往是互相影响的,因此在设计中如何确定这些参数是一个非常复杂的过程。

2007 年 Aubault 等人[21]引入了遗传算法来协助进行半潜式平台的设计工作。由于遗传算法的整体搜索策略和优化搜索方法在计算时不依赖于梯度信息或其他辅助知识,而只需要影响搜索方向的目标函数和相应的适应度函数,所以提供了一种求解复杂系统问题的通用框架,它不依赖于问题的具体领域,对问题的种类有很强的鲁棒性。

Aubault 等人[21]以 Minifloat III 半潜式平台为研究对象,在优化过程中,遗传算法以拖航和作业要求以及垂荡固有周期为限制条件,共考虑了八个变量,分别是:立柱边长、浮箱边长、垂荡板尺寸、作业吃水、拖航吃水、立柱中心间距、气隙以及作业时的压载重量,目标是达到成本最小化。但结果显示这样会产生一个问题:最终作业吃水会很小,从而造成垂荡 RAO 非常大。因此需进一步给定限制条件。比如限制平台的吃水使得垂荡 RAO 达到一定的幅值。吃水深度确定后可以很容易使用遗传算法得到其余的参数。当然这种优化方法还有改进之处,首先它没有很好地融合水动力计算模块,其次考虑的水动力条件较少,没有将立管和锚泊系统一起考虑进去,这些都值得进一步研究解决。

优化过程中选用的参数可以有多种不同的组合。Birk 和 Clauss[22] 2001 年以某型半潜式平台的垂荡运动为考虑对象,改变平台的几何参数进行优化设计研究,如图 1.5.12 所示。其中考虑的参数为:① 与立柱连接处浮箱截面面积与浮箱中间部分的截面面积之比 A_{pm}/A_{cm};② 浮箱宽与高之比 B_p/T_p;③ 浮箱中心线到水线面的垂直距离 d_p;④ 浮箱排水体积与平台排水体积之比 V_p/∇;⑤ 立柱浮心到水面距离与立柱高度之比 ξ_{cc}。增加 d_p 可以减小垂荡运动的激励力。而 A_{pm}/A_{cm} 增加和改变立柱形状使得 V_p/∇ 减小,都能扩大这种效应。优化的结果使半潜式平台因垂荡运动过大而停工的时间由 27.2% 减少到 17.2%,也就是说减少了 37%,可见效果是显著的。

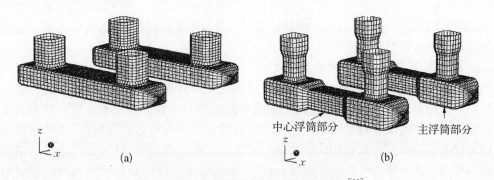

中心浮筒部分   主浮筒部分

(a)   (b)

图 1.5.12 Birk 和 Clauss 优化前后的设计[22]

(a) 初始设计平均停机时间 $P_d=27.2\%$ (b) 优化设计平均停机时间 $P_d=17.2\%$

1.5.4 半潜式平台水动力性能分析方法研究

类似于其他浮式海洋平台,除了与半潜式平台结构型式特点息息相关的许多水动力性能问题备受关注之外,如何更好、更准确地预报半潜式平台在海洋环境作用下的水动力响应也是研究人员关注的重要问题。

半潜式平台的水下部分主要是立柱、浮箱和横撑构件这类柱体结构,结合这种结构型式的特点,数值预报方法可以是基于 Morison 理论和势流理论。两者各有特点:Morison 理论忽略频率对水动力系数的影响,可以考虑黏性力的作用,而势流理论能考虑立柱和浮箱之间的相互作用,以及波浪绕射和辐射效应。Söylemez 和 Atlar[23]胡对两种方法进行过比较研究,通过与实验结果的对比分析,发现在主要频率范围内两者符合良好,但在低频部分两者相差甚大。目前普遍采用的数值预报方法是以三维势流理论为主,包括频域计算分析或时域计算分析,并辅以 Morison 理论进行黏性修正。

频域计算分析可得到平台附加质量和阻尼系数、一阶和二阶波浪力及运动响应的频率传递函数等水动力参数,组成频域下的水动力参数数据库[24],并可结合频谱分析对特定海况下的波浪诱导运动与载荷的统计值进行预报。在此基础上,为了预报半潜式平台在实际风、浪、流海洋环境作用下的水动力响应,还需进行时域计算分析。关于频域和时域计算结果的有效性,Clauss 等人[25]以 GVA 4000 半潜式平台为对象进行了数值计算和模型试验研究,表明就常规波浪诱导运动与载荷的预报而言,频域和时域计算结果及试验结果均符合良好,但在考虑非线性波浪后,时域计算结果与试验结果符合更好。

在计算平台水动力响应时,需要考虑半潜式平台、锚泊系统和立管的耦合动力作用,这已经成为共识,也是正在努力的目标。2004 年 Roveri[26]详细阐述了如何建立考虑平台主体、锚泊系统和立管系统相互作用的半潜式平台耦合分析数值模型,包括平台体水动力计算模型以及所有管线(锚链和立管)的有限元模型,在非线性的时域动力分析过程应用了 Prosim 程序,最终耦合分析结果包括平台运动时历及所有锚链和立管的响应。由于耦合分析需要将所有锚链和立管划分为大量的有限元在每一个时间步同时进行完全积分计算,在深水和超深水条件下,这些有限元的数量是如此巨大,其所耗费的计算量使得完全耦合计算在现阶段还难以付诸实用,所以目前仍普遍采用部分耦合的混合方法[27]。

黄祥鹿等[28]提出了一种锚泊浮式结构波浪上运动的频域算法,该方法将平台主体和锚泊系统在频域中耦合求解。假设浮体的运动方程为线性的,波浪干扰力以及锚泊系统所提供的力为非线性,其中锚泊系统的动力计算采用摄动方法。该方法可以给出平台在波浪上包括波频运动和二阶慢漂运动在内的运动响应,以及系泊载荷的一阶和二阶响应。大量的计算结果与模型试验值对比说明,这一方法所得的结果是可靠的。由于整个计算是在频域内进行,所得结果只能以频率响应函数或谱的形式给出。对于时域内的统计值,如最大值等,无法直接得到,必须借助非线性系统概率分布的理论来求得。

Lowa 和 Langleyb[29]于 2006 年提出了在时域和频域中对浮式平台进行综合分析的方法。他们认为浮式平台和立管以及锚链之间存在着显著的非线性效应使得深水浮式平台的动力分析非常复杂,而且平台拖曳力、慢漂力也产生显著的非线性效应,因而通常采取时域计算方法,但是这样计算量巨大,需要辅之以高效的线性化的频域分析方法。因此,开发出了一种平台主体、立管和锚链在时域和频域中都耦合的数值模型,系统中的每个组成部分都包含一阶和二阶运动,分析表明:将立管和锚链拖曳力线性化是一种很好的简化方法。

现在多数时域方法计算绕射和辐射力都是从线性频域分析开始,将频域结果通过傅里叶变换转化到时域。而 Sen[30] 于 2002 年提出的方法则是直接在时域中计算瞬时入射波,然后叠加上平台绕射和辐射效应,以及 Morison 力和锚链力这些非线性力的作用。应用这种方法,以三浮箱三立柱和两浮箱四立柱两种形式半潜式平台为例进行了时域数值计算研究,表明该方法可用于模拟大波浪和大结构的相互作用,可全面考虑入射波浪中的非线性效应,并可假定绕射和辐射波与入射波相比是小量,从而将其线性化。

1.5.5 结语

我国南海深水油气田的勘探开发已经拉开序幕,第一艘 3 000 m 深水半潜式钻井平台已经在上海外高桥船厂开工建造,对半潜式平台等深海平台的科学技术研究正在全国蓬勃开展。在半潜式平台水动力性能研究方面,除了常规水动力性能预报以及数值和试验预报方法的研究之外,还应特别关注与平台结构形式特点密切相关的各种特殊水动力问题,如:

(1)以往对半潜式平台的低频水动力分析多关注水平方向,而事实上半潜式平台垂向运动同样存在着低频响应。这需要进一步研究。

(2)对半潜式平台进行参数优化,可以尝试多种横撑的形式例如圆柱形、翼形等。同时可以改变横撑的垂向位置分析对平台运动性能的变化。

(3)重点关注半潜式平台的涡激运动,这方面国外的研究结果较少。

全面了解这些研究的国内外现状,着重结合我国南海深水海域的特殊海洋环境和对深水半潜平台的需求,深入开展水动力性能等各方面研究,则将有助于为我国今后自主设计和工程应用提供有效的技术支持。

参考文献

[1] 刘海霞.深海半潜式钻井平台的发展[J].船舶,2007,3:6-10.

[2] 奚立康.深水半潜式钻井平台设计、建造关键技术探讨[J].船艇,2007,2:30-32.

[3] 王世圣,谢彬,曾恒一,等.3 000 米深水半潜式钻井平台运动性能研究[J].中国海上油气,2007,8:277-281.

[4] 陈新权,谭家华.基于遗传算法的超深水半潜式平台优化[J].中国海洋平台,2006,21(6):24-27.

[5] Bindingsbø A U, Bjørset A. Deep draft semi-submersible[A]. 21st International Conference on Offshore Mechanics and Artic Engineering[C]. Oslo, Norway, OMAE 2002-28369.

[6] Cermelli C A, Roddier D G, Busso C C. A novel concept of minimal floating platform for marginal field development[A]. Proceedings of the Fourteenth (2004) International Offshore and Polar Engineering Conference[C]. Toulon, France, ISOPE, 2004, 538-545.

[7] Murray J, Tahar A, Yang C K. Hydrodynamics of Dry Tree Semisubmersibles [A].

Proceedings of the Eeventeenth（2007）International Offshore and Polar Engineering Conference[C]. Lisbon, Portugal, ISOPE, 2007, JSC - 491.

[8]　Chakrabarti S, Barnett J, Kanchi H, et al. Design analysis of a truss pontoon semi-submersible concept in deep water[J]. Ocean Engineering, 2007, 34: 621 - 629.

[9]　Srinivasan N, Chakrabarti S, Radha R. Response Analysis of a Truss-Pontoon Semisubmersible With Heave Plates [A]. 24th International Conference on Offshore Mechanics and Arctic Engineering[C]. ASME 2006, 128: 100 - 107.

[10]　Mansour A M, Huang E W. H-shaped pontoon deepwater floating production semisubmersible [A]. Proceedings of the 26th International Conference on Offshore Mechanics and Arctic Engineering[C]. California, USA, OMAE 2007 - 29385.

[11]　Stansberg C T. Slow-drift pitch motions and air-gap observed from model testing with moored semisubmersibles[A]. Proceedings of the 26th International Conference on Offshore Mechanics and Arctic Engineering[C]. California, USA, OMAE 2007 - 29536.

[12]　Sarkar A, Taylor R E. Low-frequency responses of nonlinearly moored vessels in random waves: coupled surge, pitch and heave motions[J]. Journal of Fluids and Structures, 2001, 15: 133 - 150.

[13]　Chatterjee P K, Jain R, Sengupta S. Reduction of wave-induced surge response of semisubmersible platforms by liquid column vibration absorbers(LCVA)[A]. Proceedings of ETCE/OMAE 2000 Joint Conference Energy for the New Millennium[C]. New Orleans, USA, OMAE 2000 - 4160.

[14]　Kazemi S, Incecik A. Experimental study of air gap response and wave impact forces ofa semi-submersible drilling unit[A]. 25th International Conference on Offshore Mechanics and Arctic Engineering[C]. Hamburg, Germany, OMAE 2006 - 92083.

[15]　Sweetman B, Winterstein S R, Cornell C A. Airgap analysis of floating structures: first- and second-order transfer functions from system identification[J]. Applied Ocean Research, 2002, 24: 107 - 118.

[16]　Sweetman B, Winterstein S R, Meling T S. Airgap Prediction from Second-Order Diffraction and Stokes Theory[A]. International Journal of Offshore and Polar Engineering[C]. Palo Alto, United State. ISOPE 2002, 12: 184 - 188.

[17]　Simos A N, Fujarra A L C, Sparano J V, et al. Experimental evaluation of the dynamic air gap of a large-volume semi-submersible platform[A]. 25th International Conference on Offshore Mechanics and Arctic Engineering[C]. Hamburg, Germany, OMAE 2006 - 92352.

[18]　Manuel L, Winterstein S R. Reliability-based predictions of a design air gap for floating offshore structures[A]. 8th ASCE Specialty Conference on Probabilistic Mechanics and Structural Reliability[C]. PMC 2000 - 343.

[19]　Manuel L, Winterstein S R. Air gap response of floating structures under random waves: analytical predictions based on linear and nonlinear diffraction[A]. Proceedings of the 18th International Conference on Offshore Mechanics and Arctic Engineering[C]. Newfoundland, Canada, OMAE 1999 - 6041.

[20]　Waals O J, Phadke A C, Bultema S. Flow induced motions of multi column floaters[A]. Proceedings of the 26th International Conference on Offshore Mechanics and Arctic Engineering[C]. California, USA, OMAE 2007 - 29539.

[21] Aubaul A，Cermelli C，Roddier D. Parametric optimization of a semi-submersible platform with heave plates［A］. Proceedings of the 26th International Conference on Offshore Mechanics and Arctic Engineering［C］. California，USA，OMAE 2007 - 29391.

[22] Birk L，Clauss G F. Automated hull optimisation of offshore structures based on rational seakeeping criteria［A］. Proceedings of the Eleventh（2001）International Offshore and Polar Engineering Conference［C］. Stavanger，Norway，ISOPE 2001：382 - 389.

[23] Söylemez M，Atlar M. A Comparative Study of Two Practical Methods for Estimating the Hydrodynamic Loads and Motions of a Semi-Submersible［J］. Journal of Offshore Mechanics and Arctic Engineering，2000，122：57 - 65.

[24] 张威. 深海半潜式钻井平台水动力性能分析［D］. 上海交通大学硕士学位论文，2006.

[25] Clauss G F，Schmittner C E，Stutz K. Freak Wave Impact on Semisubmersibles Time-domain Analysis of Motions and Forces［A］. Proceedings of the Thirteenth（2003）International Offshore and Polar Engineering Conference［C］. 2003，JSC - 371.

[26] Roveri F E. Coupled motion analysis of a semi-submersible platform in campos basin［A］. 23rd International Conference on Offshore Mechanics and Arctic Engineering［C］. Vancouver，British Columbia，Canada，OMAE 2004 - 51120.

[27] Senra S F，Correa F N，Jacob B P，et al. Towards the Integration of Analysis and Design of Mooring Systems and Risers，Part I：Studies on a Semisubmersible Platform — paper［A］. 21st International Conference on Offshore Mechanics and Artic Engineering［C］. Oslo，Norway，OMAE 2002 - 28046.

[28] 黄祥鹿，陈小红，范菊. 锚泊浮式结构波浪上运动的频域算法［J］. 上海交通大学学报，2001，35（10）：1471 - 1477.

[29] Lowa Y M，Langleyb R S. Time and frequency domain coupled analysis of deepwater floating production systems［J］. Applied Ocean Research 2006，28：371 - 385.

[30] Sen D. Time-domain simulation of motions of large structures in nonlinear waves［A］. 21st International Conference on Offshore Mechanics and Artic Engineering［C］. Oslo，Norway. OMAE 2002 - 28033.

1.6 深水半潜式钻井平台锚泊定位系统简述

1.6.1 概述

虽然近些年动力定位（DP）技术在深水半潜式钻井平台上得到了广泛的应用，其自动推进调节来保持船位、快速就位和撤离井位等优势，在深水和超深水①领域备受青睐，但锚泊定位系统仍然在半潜式钻井平台的定位系统中担当重要的角色。首先，从经济上看，无论是初期投资还是使用和维护费用，与动力定位相比锚泊定位系统均

---

① 根据 2002 年世界石油大会对海洋勘探开发水深的划分，400 m 以内为常规水深，400～1 500 m 为深水，1 500 m 以上为超深水。

具有明显的优势,尤其是在钻(建)井周期较长、天气和海况恶劣(比如台风、寒潮频发季节)的条件下进行作业,采用锚泊定位系统或锚泊定位系统加 DP 辅助定位模式,其作业成本和停工时间将会大幅度降低,这也是多年来锚泊定位系统始终得到广泛应用的主要原因。此外,动力定位系统的操纵和日常维护检查的技术要求比锚泊定位系统更为严格甚至苛刻。

锚泊定位系统的配置,取决于钻井平台的大小和形状、工作水深、所受环境(风、浪、流)载荷以及水下设备所决定的钻井平台容许水平偏移,它不仅关系到保证平台正常作业的定位能力,也直接关系到平台的许多重要因素,如可变载荷、电站配置等。因此,对锚泊定位系统尤其是深水条件下半潜式钻井平台的锚泊定位系统进行研究仍是必不可少的。

20 世纪 80 年代初期,出现了第三代半潜式钻井平台,由于多为常规作业水深,所采用的锚泊定位系统一般都是单一锚链或者钢丝绳系统,相应的设备也较简单。随着第四代、第五代半潜式钻井平台的相继推出,到现阶段第六代正式服役,作业水深不断增加,并已进入了深水和超深水,锚泊定位系统不断面临新的技术挑战。深水半潜式钻井平台配置的锚泊定位系统更加复杂。以下将通过对布锚方式、锚泊系统主要设备型式及抛/起锚方式等方面的介绍,对深水半潜式钻井平台的锚泊系统进行简要说明。

1.6.2   锚索布置形式

对半潜式钻井平台来说,从第一代的出现到如今推出的第六代,经历了一个从最初的多边形、多立柱和支撑、多浮箱到现在的矩形或正方形、六立柱或四立柱、双船体

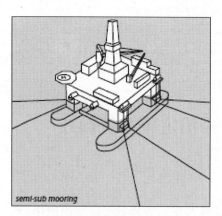

图 1.6.1   典型的深水半潜式钻井平台模型

的逐步演变和改进过程,图 1.6.1 为典型的第六代深水半潜式钻井平台模型。半潜式钻井平台锚索布置形式通常分为常规型和抗风(流)型两种,可以根据作业海域环境条件和气候特征作出选择。由于首向和侧向暴露面积近似相同,作用在半潜式平台上的环境载荷在各个方向上差别不是很大,因此半潜式钻井平台的锚索一般采用常规型布置形式,即呈辐射状对称。但是当某一方向的风浪或海流占有明显优势时,亦可采用抗风(流)型即不对称锚索布置形式,将锚集中布置在上风或上流方向,用来抗衡来自主导风浪或海流的作用力。这种锚索布置形式在实际中也得到不少成功的应用。

图 1.6.2 所示为几种典型的锚索布置形式,其中常规型是 8 点 30°～60°[见图 1.6.2(a)]和 8 点对称[见图 1.6.2(b)]。某些海域,风或流来自预期的方向时,则可以采用如图 1.6.2(g)所示的不对称布置形式。当半潜式钻井平台附近有管系、航道或者海上建筑物时,有时使用如图(h)所示的不对称布置形式。

近年来,随着深水半潜式钻井平台扩展至深水和超深水海域作业,由于全球环境的不断恶化,海上飓风及强热带风暴等灾害性天气的频繁出现,对于锚泊定位系统的可靠性及安全性提出了更高的要求。因此,有些新建或者改造的深水半潜式钻井平台已经采用了 12 点[见图 1.6.2(i)]甚至 16 点锚泊定位的形式。它综合了常规型和抗风(流)型锚索布置形式的特点,将 12 个锚集中布置在平台四个角对角线方向(承载最大环境作用力),在预期的最恶劣气候环境和海况条件下提供在各个方向大致相同的水平恢复力。

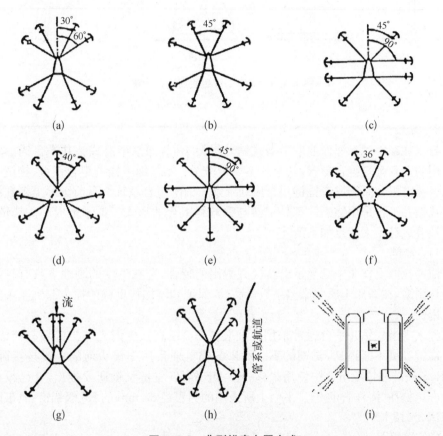

图 1.6.2　典型锚索布置方式

(a) 8 点 30°～60°　(b) 8 点对称　(c) 8 点 45°～90°　(d) 9 点对称　(e) 10 点 45°～90°
(f) 10 点对称　(g) 不对称布锚　(h) 不对称布锚　(i) 深水半潜式钻井平台 12 点布锚

1.6.3　锚泊定位系统的主要设备型式

1) 锚

半潜式钻井平台的锚泊定位系统采用的锚一般为拖曳式大抓力锚。早期用得较多的有 DANFORTH 锚、LWT 锚等。随着海洋工程的发展,新型的抓力更大的锚不断出现,如 FLIPPER DELTA 锚、BRUCE - TS 锚、Stevpris 系列锚等。与普通大抓力锚相比,这些锚的抓重比更大,如 Stevpris MK6 锚在淤泥中的抓重比可达约 44,在中等硬度的黏土中抓重比可达约 60,在硬土中可达约 80。大抓重比拖曳锚的开发,推动了深水半潜式钻井平台锚泊定位的配套技术。图 1.6.3 为目前常用的几种大抓力锚形式。

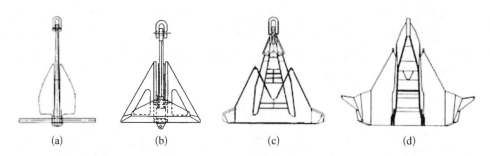

图 1.6.3　海洋工程装置用大抓力锚

(a) LWT　(b) FLIPPER DELTA　(c) Stevpris　(d) Bruce FFTS

2) 锚索

与以往在常规水深作业的半潜式钻井平台不同,深水半潜式钻井平台锚泊定位所采用的锚索都是组合形式,其形式主要可分为:钢丝绳—锚链组合系统、锚链—钢丝绳—锚链组合系统或者锚链—合成纤维索—锚链组合系统。目前国际上多数深水半潜式钻井平台采用锚索的都是锚链与钢丝绳组合的形式。锚索组成中的锚链、钢丝绳及合成纤维索特点如下所述。

(1) 锚链。

锚链在海上作业中已显示出其经久耐用的特性,它在适度的刚性下具有较好弹性并且耐磨,在海床土质中摩擦系数最高,为保证和增加拖曳锚的抓力起到至关重要的作用。

深水半潜式钻井平台通常采用石油装置(R)级高强度闪光焊接链环有档锚链。随着锚链等级不断提高,早期的 R3 和 R3S 锚链通常用作锚头前的一段连接卧链;R4,R4S 锚链在锚缆组合中使用最多;近一年来 R5 锚链又被研发推出,并已投入批量生产。如在"海洋石油 981"平台上所采用的为直径 84 mm 的 R5 级锚链,其破断负荷高达 8 418 kN。

(2) 钢丝绳。

用于锚泊定位的钢丝绳典型结构类型如图 1.6.4 所示。海洋工程装置通常采用精炼梨钢(IPS)和高级精炼梨钢(EIPS),单股钢丝绳芯(IWRC)的 6 股、8 股圆股钢丝绳,这种类型的钢丝绳受力时会产生扭矩。

为达到防扭的目的,防扭转型式(螺旋股型式和多股型式)的钢丝绳得以应用,这种结构类型的钢丝绳都通过几层钢丝(或几束钢丝)进行反向缠绕。由于这种类型的钢丝绳受力时不会产生很大的扭矩,因此对于永久式锚泊定位系统是很具吸引力的。

(3) 合成纤维索。

由于缺乏长期使用的经历,合成纤维索一直没有被广泛应用于平台锚泊系统。

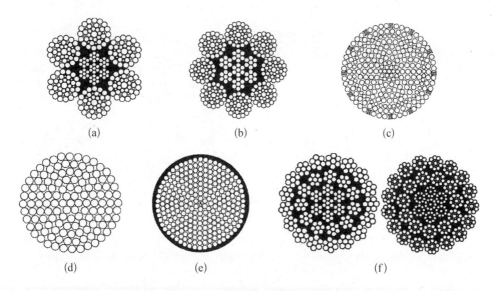

图 1.6.4 钢丝绳典型结构类型

(a) 6 股钢丝绳 (b) 8 股钢丝绳 (c) 无护套带锌填充螺旋股镀锌钢丝绳
(d) 无护套螺旋股钢丝绳 (e) 有护套螺旋股钢丝绳 (f) 多股型钢丝绳

关于高性能合成材料做成的各种锚索的认识尚处于研究阶段。近年来,已经有移动式钻井平台开始使用合成纤维索作为锚索。合成索由于其自身在强度相当的前提下具有重量轻的优点,在防腐蚀方面目前国际上先进的合成索生产厂也有了有效的解决措施,随着进一步的研究和使用经历,合成纤维索有可能在将来得到广泛的应用。

3) 锚机/绞车

锚机/绞车的用途是放出和回收链(缆)时控制其运动速度,锚泊时预紧和调节链(缆)张力。深水半潜式钻井平台的锚泊定位系统配备什么类型的锚机或锚绞车,需要综合考虑锚索的类型、抛/起锚方式及平台重量控制及布置空间等方面的要求,目前主要的类型有卧式锚机、锚绞车及组合锚机。

卧式锚机(见图 1.6.5)通常为组合形式,有双联、三联和四联组合锚机,即两台、三台或四台锚机串联在一起,被同一套动力装置分别驱动。链轮的转动是由原动力如液压马达或电动马达带动齿轮减速装置,驱动长轴,通过离合器与链轮装

图 1.6.5 卧式锚机

置啮合来实现。当链轮转动时,锚链通过链轮上的链环槽被拉出或放入锚链舱。一旦锚链被收紧并且受力,由止链器掣住锚链或者带式刹车掣住链轮毂。卧式锚机主要适用于链锚绞车可以分为滚筒式锚绞车(见图 1.6.6)和牵引式绞车(或称摩擦滚筒绞车)(见图 1.6.7),适用于缆-链系统。

图1.6.6 滚筒式锚绞车

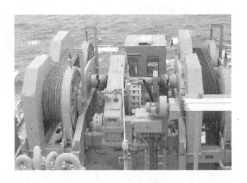

图1.6.7 牵引式绞车

滚筒式锚绞车的滚筒表面设置钢丝绳槽以控制第一层钢丝绳的位置,且配置排缆器,其主要缺点是随着锚索直径及长度的增加,绞车的尺寸会非常大,同时各层钢丝绳的工作负荷、支持负荷和速度都是不同的,内层拉力大速度慢,外层则相反。

牵引式绞车由两个平行的带槽滚筒组成,钢丝绳在两个滚筒上绕几圈(典型的情况为6~8圈),钢丝绳与滚筒间的摩擦提供钢丝绳的拉力和支持力,而通过摩擦滚筒的钢丝绳贮存在专用的储绳卷车(见图1.6.8)上,从而解决了滚筒式锚绞车因钢丝绳层次不同导致拉力和速度变化的问题。

组合锚机实际上是卧式锚机和绞车(滚筒式或牵引式)的组合,图1.6.9所示为带有滚筒式绞车的组合锚机,图1.6.10所示为设置牵引式绞车的组合锚机。

图1.6.8 储绳卷车

图1.6.9 设置滚筒式绞车的组合锚机

图1.6.10 设置牵引式绞车的组合锚机

4) 导向轮

导向轮用于改变链(缆)的运动方向,根据锚索类型及所配置的锚机类型的不同,可分为导链器、导缆器及导索器。导链器(见图1.6.11)用于锚链;导缆器(见图1.6.12)则用于钢丝绳;导索器(见图1.6.13)既能用于锚链又能用于钢丝绳。

图 1.6.11 导链器

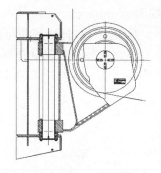

图 1.6.12 导缆器

图 1.6.13 导索器

1.6.4 布锚方式

布锚方式取决于平台设置的锚机类型(卧式锚机、锚绞车、组合锚机)、拖船的功能及操作者的判断。目前,深水半潜式钻井平台常用的布锚方式有两种:常规抛锚及预抛锚方式。

1) 常规抛锚方式

设置组合锚机的平台,锚泊定位所需的所有锚索(钢丝绳和锚链)全部存放在平台上。与单一锚链或单一钢缆抛锚方式相同。抛锚时,拖船携锚连带锚链加钢缆,拖至预定锚点将锚下放到海床上,然后平台锚机收锚索使锚啮入泥底。全部锚抛好后,进行锚抓力试验,再调整平台位置并放松锚索至预张力。回收时,平台先放松锚索,由拖船将锚拔出后,再回收锚索,直到锚头放在锚架上。

优点:在不同的作业水深下,可通过组合锚机调节锚索的长度实现定位。在初始定位及回收时拖船只需要进行简单的抛/起锚作业即可。

缺点:对于锚泊设备要求较高,需要配备重量较大的组合锚机,全部设备需要占用相当大的立柱空间或甲板空间。

2) 预抛锚方式

设置卧式锚机及链-缆-链锚索或锚绞车及缆-链系统的平台,锚泊定位所需的部分锚索(钢丝绳、锚链)存放在拖船上。在平台到达井位前,拖船在井场预先将所有锚抛在设定的锚位,当平台到达后,拖船将预抛锚的锚索与平台自带的锚索进行对接,然后,平台锚机或锚绞车将锚索收紧,完成常规抛锚方式的相关程序即可实现定位。结束作业时,拖船将预抛锚的锚索与平台自带锚索脱开即可。

优点:平台所配备的锚泊设备简单,一般只需要配备卧式锚机或锚绞车,平台上保留用于与预抛锚部分相连接的锚链或钢丝绳。

缺点:当平台经常在不同水深海域作业时,需要根据水深情况预先确定预抛锚部分的锚索长度。尤其在深水情况下,大量的锚索需要由平台拖船来存放,因此对拖船的要求较高。

1.6.5 抛/起锚的辅助工具

对于在深水海域作业的半潜式钻井平台,配备一些专用的辅助工具是非常必要的,如用于抛/起锚作业的捞锚圈(Permanent chain Chaser,见图 1.6.14),它套在锚链上,平常用短索吊挂在舷侧。抛/起锚前,拖船拖缆与其相连,将其滑移(拖曳)至锚头位置并套住锚,再实施相关的作业步骤。在锚链损坏断开或捞锚圈钢缆断裂等情况下,可以用 J 型捞链钩("J" chain Chaser,见图 1.6.15)或四爪捞链钩(Grapnel,见图 1.6.16)来打捞锚链。

图 1.6.14　捞锚圈　　　　图 1.6.15　J 型捞链钩　　　　图 1.6.16　四爪捞链钩

1.6.6　结论

与以往常规作业水深的半潜式钻井平台锚泊定位系统相比,深水半潜式钻井平台的锚泊定位系统形式更加多样,设备也更加复杂。在锚泊定位系统的设计中,必须综合考虑平台的布锚方式、重量控制、作业空间以及配套服务的拖船性能等因素,同时需要兼顾成本控制和可操作性。

当前,深水半潜式钻井平台的锚泊定位系统设备,基本都依赖于进口,国内配套能力严重不足。因此,随着深海装备业的不断发展,相关的配套设备制造设计能力亟待开发和提升。

参考文献

[1]　API RP 2SK, Recommended Practice for Design and Analysis of Stationkeeping Systems for Floating Structure[M], 3rd Edition, 2005.
[2]　API RP 2SM, Recommended Practice for Design, Manufacturing, and Maintenance of Synthetic Fiber Ropes for Offshore Mooring[M], 1st Edition, 2001.
[3]　API 2F, Specification for Mooring Chain[M], 6th Edition, 1997.
[4]　DNV, Offshore Standard Dnv-os-E301 Position Mooring[S], 2008.

1.7　半潜式平台水动力性能及运动响应研究综述

1.7.1　引言

半潜式海洋平台 20 世纪 60 年代最早用于近海的石油钻井,之后一直在海洋石油领域发挥着海洋工程基础设施的重要作用。目前我国南海深水已有了重大的油气发现,为提高我国深水油气的开发能力,开展深水半潜式钻井平台的研究和开发是非常有必要的。半潜式钻井平台具有性能优良、抗风浪能力强、甲板面积大和装载量大、适应水深范围广等优点,因而成为实施海上深水油气田开发的必备装备之一[1]。

半潜式钻井平台发展历程经过了六代的发展[2, 3]:第一代半潜式平台(1971 年之前)作业水深为 90~180 m,采用系泊定位;第二代半潜式平台(1971—1980)以 Bulford Dolphin,Ocean Baroness,Noble Therald Martin 等为代表,作业水深 180~600 m,钻深能力以 6 096 m 和 7 620 m 两种为主,采用系泊定位;第三代半潜式平台(1981—1984)以 Sedco 714,Atwood Hunter,Atwood Eagle,Atwood Falcon 等为代表,作业水深为 450~1 500 m,钻深以 7 620 m 为主,采用系泊定位;第四代半潜式平台(1984—1998)以 Jack Bates,Noble Amos Runner,Noble Paul Romano,Noble Max Smith 为代表,其作业水深达 1 000~2 000 m,钻深以 7 620 m(25 000 ft)和 9 144 m(30 000 ft)为主,系泊定位为主,采用推进器辅助定位;第五代半潜式平台(1998—2005)以 Ocean Rover,Sedco Energy,Sedco Express 为代表,其作业水深达 1 800~3 600 m,钻深能力为 7 620~11 430 m,采用动力定位为主,系泊定位为辅的定位方式,能适应更加恶劣的海洋环境;第六代半潜式平台(2004 年至今),是目前世界上最先进的半潜式钻井平台,如 Scarabeo 9,Aker H - 6e,GVA 7500,MSC DSS21 等,作业水深达 2 550~3 600 m,钻深大于 9 144 m(30 000 ft),采用 DP - 3 动力定位,船体结构更为优化,可变载荷更大,能适应极其恶劣的海洋环境,采用了双井口作业方式,据相关资料介绍,双井口钻井作业可以节省 21%~70% 的时间[4]。

我国现有的半潜式钻井平台有 5 艘。其中,中国海洋石油总公司拥有 3 艘:"南海 2 号"、"南海 5 号"和"南海 6 号";中国石油化工集团拥有 2 艘:"勘探 3 号"和"勘探 4 号"。这些钻井平台的工作水深均小于 600 m,距现在世界主流的第五、六代半潜式平台(2 500~3 000 m 水深)的差距很大[3, 6]。

目前我国南海深水区域已有重大的油气发现,但受深水钻井装备的限制,开发进展缓慢。中国海洋石油总公司正在研制 HYSY981 半潜式钻井平台,该平台最大作业水深 3 000 m,最大钻井深度 10 000 m,配备 DP - 3 动力定位系统,属于第 6 代半潜式平台。

截至 2002 年,全世界拥有的半潜式平台 175 艘,并开始出现工作水深 3 048 m(10 000 ft)的半潜平台 2 艘。据最新统计,包括正在建造或改造的 41 艘新一代平台,全世界拥有半潜式平台共 208 艘。工作水深超过 3 048 m 的有 29 艘,其中 2 艘已投入钻井,2 艘在升级改造中,25 艘在建,最大作业水深达到 3 657 m,钻井深度达到 15 240 m[5]。

深水半潜式平台的设计主要依靠以 Friede & Goldman,GVA,Aker,Reading&Bates,Bingo,MSC 等欧美公司,而半潜式平台的建造中心已移向亚洲。2005 年 12 月底包括正在建造或升级改造中的工作水深 10 000 ft 以上的平台 16 艘中,有 12 艘是由亚洲船厂承担的,其中新加坡 5 艘、韩国 4 艘、中国 3 艘,另 4 艘分别为挪威 Aker 公司船厂建造的 2 艘,俄罗斯船厂升级改造的 2 艘。欧美公司掌握着深水半潜式平台的设计的核心技术,且平台钻井等设备装置则更加依赖于美国公司[5]。半潜式平台水动力性能和系泊系统运动响应分析技术是半潜式平台设计中需要突破的核心技术之一。

1.7.2   水动力性能研究

1) 黏性效应和势流效应

半潜式海洋平台等海洋结构物周边的介质是海水,属于黏性流体。海洋结构水动力研究根据流体与结构的作用力中黏性效应和势流效应的重要程度,分为两种研究方式:① 考虑理想流体,认为流体不可压缩,满足质量守恒,无黏性,忽略黏性效应,满足 Laplace 方程,属于势流理论;② 当流体的黏性效应比较明显时,流体作为实际流体处理,满足纳维-斯托克斯方程(Navier-Stokes 方程,N-S 方程)。求解 Laplace 边值问题的有效数值方法是格林函数法,计算实际流体绕流的基本方法是求解纳维-斯托克斯方程[6]。

对于半潜式平台的水动力学热点问题主要有波浪荷载计算、浮体运动响应(一阶运动及二阶运动)、抨击、上浪等。基于雷诺平均维纳-斯托克斯方程(RANS)的计算流体力学(CFD)预报船体在波浪中的总体响应的研究还很有限,人们采用黏流等非势流理论,主要研究的甲板上浪和液舱晃动等伴随薄面重入、渗气和破碎等强非线性局部冲击问题[7]。Beck(2004)[8]对当前浮体耐波性计算的各种方法进行了总结,指出"完全基于黏性的三维水动力问题十分复杂,以目前计算机的处理和存储能力难以实际求解这个问题"。对浮体的波浪荷载计算、浮体运动响应等整体水动力性能研究的主要方法是基于势流理论。

2) 半潜式平台水动力性能研究的方式

Hooft(1971)[9]假设半潜式平台可以分为几部分,其尺寸相对于波长足够小,各部分之间的水动力载荷互不影响。半潜式平台水动力性能研究的方法主要有三种:基于 Morison 公式计算,基于二维势流理论和基于三维势流理论[5]。

(1) 根据 Hooft(1971)[9]提出的假定,基于 Morison 公式。该公式可用于确定尺寸小于波长五分之一的小尺度构件上的波浪载荷,一些普通截面形状的附加质量系数和阻尼系数也已通过实验等方法得到。早期的学者亦用 Morison 公式计算半潜式平台的运动。

(2) 根据 Hooft(1971)[9]提出的假定,基于二维势流理论。认为平台的下浮体和立柱属于细长体,引入船舶水动力计算中的切片理论(strip theory)[10],根据势流理论计算构件截面的附加质量和阻尼,再通过积分求得构件整体上的水动力系数和波浪载荷。图 1.7.1 给出了半潜式平台切片理论分析的示意图。

(3) 基于三维势流理论。根据三维源汇分布理论,采用面元方法,根据格林函数数值方法求解

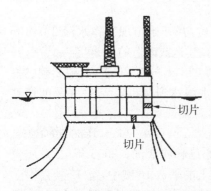

图 1.7.1   半潜式平台切片理论分析示意[11]

速度势,从而计算浮式平台在波浪中受到的载荷。对小尺寸构件仍然采用 Morison 方程计算。需要注意的是,在平台固有周期附近,由于黏性占主要作用,而势流理论忽略黏性的影响,因此此区域的结果会有所偏大。有两种方式来解决该问题:① 通过经验或者试验结果人为输入运动的黏性阻尼;② 用 Morison 公式计算模拟浮体运动的黏性阻尼。

基于三维势流理论的商业软件较多,主要有麻省理工学院开发的 WAMIT 软件,英国 Century Dynamics 公司开发的 AQWA 软件,Garrison 教授开发的 MORA 程序,MARIN 开发的 Diffrac 程序和法国船级社陈晓波等开发的 HydroStar 软件。

3) 半潜式平台的耐波性

衡量浮体耐波性优劣的主要指标有:横摇、纵摇和垂荡运动的幅值、周期和加速度,首底砰击、甲板上浪的概率,以及波浪载荷和砰击引起的动态载荷等。浮体耐波性的预报手段主要是通过模型试验、理论分析、数值计算。耐波性主要的影响因素是浮体的主尺度,载重配置,系泊系统布置(对二阶慢漂运动影响显著),减摇装置的设置等。改善浮体的耐波性,集中在浮体主尺度优化[5, 12-14]、系泊系统优化设计[15, 16] 等。在 Mossmaritime Octabuoy 系列半潜式生产平台(见图 1.7.2)设计中,考虑变水线面的方式可以改变浮体横摇、纵摇和垂荡的固有周期,从而在一定程度上减小了发生连续共振的可能;另外深吃水的设计特点可以提高浮体垂荡的周期,从而进一步避开波浪的能量集中区。

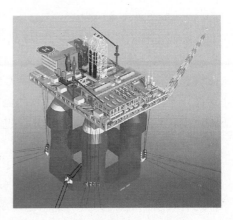

图 1.7.2　**Octabuoy Classic** 半潜式生产平台

浮体的耐波性的主要体现参数是浮体的固有周期和幅度响应因子(RAO)。自由浮体由于在水平自由度(横荡、纵荡和艏摇)上没有回复力,故运动周期是无穷大,而在竖直面上的三个自由度(垂荡、横摇和纵摇)上存在回复力,故自由浮体存在固有周期。

无耦合自由浮体固有周期的计算公式为

$$T_{ni} = 2\pi \sqrt{\frac{M_{ii} + A_{ii}}{C_{ii}}} \tag{1}$$

式中:M_{ii} 是浮体第 i 个自由度的质量或惯性矩;A_{ii} 是附加质量或惯性矩;C_{ii} 是解耦后的回复力刚度。

常用的四种浮式平台有张力腿(TLP)、立柱式(spar)、半潜式(semisubmerisble)和浮式生产储运轮(FPSO)。它们的固有周期常设计在波浪的常见周期之外,表 1.7.1 给出了三种浮体型式六自由度的固有周期。其中水平方向自由度运动存在固有周期是由于系泊系统的刚度提供了完成周期性运动的回复力。

表 1.7.1　深水浮体平台的典型固有周期　　　　　　　　　单位：s

	TLP	spar	semis	FPSO
纵荡（surge）	>100	>100	>100	>100
横荡（sway）	>100	>100	>100	>100
垂荡（heave）	<5	20～35	20～50	5～12
横摇（roll）	<5	50～90	30～60	5～30
纵摇（pitch）	<5	50～90	30～60	5～30
艏摇（yaw）	>100	>100	>100	>100

4）二阶波浪力问题

随着工程对船舶或海洋工程构造物受力或运动预报的要求日益增高，线性化的模型就越益显出不足之处[17]。波浪对海洋工程构造物的作用力包括两部分：① 一阶线性波浪力；② 二阶非线性波浪力，分为定常力成分、和频成分以及差频成分。浮式海洋平台在波浪力作用下的运动通常考虑四部分：① 跟随波浪特征频率一致的波频运动；② 波浪频率差频效应引起的低频慢漂运动；③ 波浪和频效应引起的高频弹振（springing）运动；④ 二阶波浪力中的定常力作用下的漂移运动。许多观察表明，在规则波作用下系泊半潜式平台除了产生与波浪频率一致的摇荡运动外，还伴之有浮体平均位置的偏移，这种偏移是二阶定常力作用的结果；如在不规则波作用下，则伴之有长周期的漂移运动，这一运动的是由于不规则波各成分的差频效应产生的。

Charkabarti(1987)[18]总结得出慢漂是两种形式产生的。其一，如果一个浮体（比如一艘船），受到海啸（seiche 或 groundswell，周期约为 25～120 s）的作用，其纵荡运动在固有周期附近由于阻尼较小而变得很大[20]，并指明如此长周期小波幅的海啸在自然界是可能存在的[18]；其二，慢漂是由于不规则波中的相邻频率成分的差频效应引起的。

二阶波浪力会随着波浪非线性强度的增大而显著增加，但其在量级上还是远小于一阶波浪力。系泊式半潜式平台会在水平方向上（纵荡、横荡、艏摇）产生较大的慢漂运动，是因为浮体自身在水平方向上几乎没有回复力，其回复力的来源主要是系泊系统，二阶慢漂力的作用频率容易与系泊系统的水平方向的运动模态发生共振；半潜式平台在竖直方向上（垂荡、横摇、纵摇）具有较大的水静回复力，二阶慢漂波浪力在量级上远小于浮体自身的回复力，且竖直方向各模态的自振周期（20～50 s）均有效地避开了一阶波浪力周期范围（3～20 s）和二阶慢漂波浪力的周期（>100 s），因此二阶慢漂运动在竖直方向的各模态中不显著，但小水线面的浮体也可能发生在垂荡、横摇和纵摇的慢漂运动，原因是小水线面浮体自身的回复力刚度较小[19]。半潜式平台在二阶波浪力中的定常力作用下，特别是同时承受较大的风、流的联合作用时，会产生较大的固定倾斜，从而威胁到平台的稳性。弹振现象常出现在张力腿平台中，在半潜式平台中不常见。

系泊浮体的低频慢漂运动主要集中在系统共振频率的附近,因为它主要受系泊系统的固有频率控制。运动的幅度主要受系泊系统的刚度影响,另外也很大程度上受到了系统阻尼的影响,因此准确的评估系统的慢漂阻尼对计算慢漂运动非常关键[20]。浮体二阶慢漂运动的预报的关键技术如下所述。

(1) 准确计算浮体的二阶波浪力,由于二阶波浪力在幅值上明显小于一阶波浪力,其准确计算对浮体的慢漂运动预报比较关键。

(2) 系泊系统的回复刚度非线性,包括系泊线材料非线性和悬链线大变形非线性。系泊缆索的动力方程是一形式复杂的时变的强非线性方程[21]。

(3) 水动力阻尼的准确评估,目前评估低频运动的方法还不成熟,特别是对阻尼的评估,而阻尼可以分成三个成分:浮体的黏性阻尼、波浪的慢漂阻尼和系泊系统阻尼。黏性阻尼的计算方法已经建立,通常在总的水动力阻尼中予以考虑,而慢漂阻尼和系泊系统阻尼因为过于复杂不好评估而被忽视。最近的研究表明,忽略部分阻尼或者低估阻尼,将会使得慢漂运动的幅值严重高估[22]。

平均慢漂力和力矩(二阶定常力)的计算常采用的方法是动量守恒法和压力积分法。Marou 在 1960 年根据动量守恒方程,得到了规则波中波浪对浮体三个平动自由度的平均力的表达式,其中只需要知道一阶速度势。Marou(1960)[22] 根据平均力的表达式,在浮体自由漂浮、无流、无航速的情况下,推导出横荡方向漂移平均力的计算公式:

$$\overline{F_2} = \frac{\rho g}{4} [\zeta_a^2 + A_R^2 - A_T^2] \tag{2}$$

式中:ζ_a 是入射波波幅;A_R 是散射波波幅;A_T 是透射波波幅。Marou 同时根据 A_R 必然小于 ζ_a,得出了 $\overline{F_2}$ 一定小于 $(\rho g/2)\zeta_a^2$ 的结论。

Newman(1967)[23] 根据流体的角动量守恒推导了相似的公式,用于计算平均波浪漂移艏摇力矩。Pinkster 和 Van Oortmerssen (1977)[24] 利用压力积分法获取了平均波浪力和力矩。其计算表达式为

$$\overline{F_i} = \frac{\rho g \zeta_a^2}{2} \int_{L_1} \sin^2(\theta + \beta) n_i \mathrm{d}l \tag{3}$$

式中:$i = 1, 2, 6$ 分别对应 x, y 和绕 z 轴转动。

Faltinsen 和 Zhao(1989)[25] 证明,如果存在缓变的激励力作用在浮体上,那么相应地也应该存在缓变的波浪慢漂阻尼。Zhao 和 Faltinsen(1988)[26] 证明,缓变的波浪慢漂阻尼对运动的标准差影响很小,而对极值却影响显著。波浪慢漂阻尼的缓变性是慢漂运动准确评估中的挑战,特别是用频域方法预估慢漂运动的准确性很难确保。

1.7.3 系泊系统运动响应分析

系泊系统的运动响应分析方法可分为频域和时域分析方法,无耦合分析方法和

耦合分析方法。以下比较了各类分析方法的优缺点。

1) 频域分析与时域分析的比较

频域分析的优点：直接把握响应的统计特性，辐射解可直接用于确定水动力载荷，比时域方法节省计算资源、省时、高效。频域分析的缺点：无法直接考虑非线性因素（系泊系统、波浪载荷等各非线性因素需要做线性化处理），计算结果与实际情况相差较大；极值响应需要通过响应谱的概率方法来预报；尽管在计算的响应量中保留了相位信息，但在后续设计中提取相位信息更为困难。

时域分析的优点：可以直接处理非线性因素，响应极值可以容易地从响应数据中提取，对所有的量的相位可以容易获取。时域分析的缺点是：① 为掌握运动响应的统计特性，需要相当大的计算代价；② 需要与辐射解比较来校验 Morison 公式系数，或者为了要在时域上处理，需要对软件做一定的修正。

2) 解耦分析与耦合分析的比较

解耦分析是将系泊系统的浮体和系泊线分开，分别计算响应，如图 1.7.3 所示。把浮体的运动作为系泊线和立管的上部边界条件，计算系泊线在波浪和海流的作用下的运动；同样系泊线的荷载和回复刚度作用在浮体运动上，计算浮体的运动。

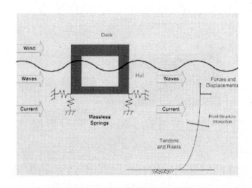

图 1.7.3　解耦分析示意图

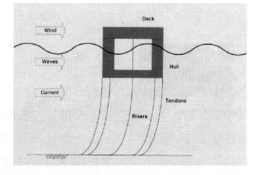

图 1.7.4　耦合分析示意图

耦合分析（见图 1.7.4）是考虑浮体和系泊之间的耦合性，在计算运动控制方程时，同时考虑浮体的运动和系泊线及立管的运动。传统的浮体运动和系泊线和立管的载荷效应是分为两步计算的[27]：第一步，根据势流理论计算浮体的运动，其中系泊线和立管模拟成线性回复力，这一般是线性频域求解过程，或者是较为成熟的解耦时域分析过程；第二步，把第一步的浮体运动作为系泊线和立管系统的边界运动条件，计算系泊系统的动力载荷。传统的分步计算法的缺点在于[27]：① 海流作用在立管和系泊线上的平均载荷没有考虑；② 来自系泊系统的低频运动阻尼无法在过于简化的方法中考虑，而系泊系统阻尼对慢漂运动的预测很关键；③ 系泊线的运动（比如张力腿平台的张力腱）不影响浮体的波频运动。耦合方法在模拟中的每一步同时计算浮体和细长体结构的响应，即考虑了浮体和细长体的耦合作用，从而克服了分步计算法的局限性。

3) 商业软件

有关整体运动响应分析的商业软件比较丰富，主要有 AQWA，MORA，SESAM/

DeepC,WINPOST,HARP,MOSES 和 Ariane 等。系泊系统和立管的分析程序有 Orcaflex,DYNFLOAT，Flexcom 3D,GMOOR,DMOOR,MIMOSA,REFLEX 和 Shear7 等。

4）浮体运动简化分析方法

API RP 2SK[20]附录 C 部分给出了估算环境作用力和浮体运动的简化方法,并指出如果在设计早期缺乏详细资料且没有超出方法的适用范围,这些简化方法可用于系泊系统的初步设计。

波浪引起的波频运动与系泊系统的刚度是相对独立的,当然浮体的固有周期处在波浪能量集中范围内除外。因此,在波频运动的简化计算中可以不考虑系泊系统的影响。平均慢漂力的确定是通过数值计算或模型试验,而简化的计算方法是根据 API RP 2SK[20]规范给出的平均慢漂力设计曲线图来估算,但对排水量超过 30 000 t 的钻井船或半潜式钻井平台不建议采用。因此,有必要发展适合大吨位半潜式平台的简化分析方法。

1.7.4 结语

本文首先回顾了半潜式平台的发展历史,比较了我国与世界的差距;然后,分析了半潜式平台相关的水动力理论和方法、浮体耐波性、二阶波浪力的研究等;之后,比较了浮体运动分析方法中的频域和时域方法、解耦和耦合分析方法,简单介绍了水动力和系泊系统运动分析常用的商业软件;最后,简单探讨了浮体运动的简化分析方法。

参考文献

[1] 王世圣,谢彬,曾恒一,等. 3 000 米深水半潜式钻井平台运动性能研究[J].中国海上油气,2007,19(4)：277-280,284.

[2] Chakrabarti S. Handbook of Offshore Engineering (2 volume set)[M]. Access Online via Elsevier 2005.

[3] 栾苏,韩成才,王维旭,等.半潜式海洋钻井平台的发展[J].石油矿场机械,2008,37(11)：90-93.

[4] 赵建亭.深海半潜式钻井平台钻机配置浅析[J].船舶,2006(4)：37-38.

[5] 陈新权.深海半潜式平台初步设计中的若干关键问题研究[D].上海：上海交通大学,2007.

[6] 王言英.格林函数与维纳-斯托克斯方程及其在船舶与海洋工程中的应用[M].北京：国防工业出版社,2006.

[7] 戴遗山,段文洋.船舶在波浪中运动的势流理论[M].北京：国防工业出版社,2008.

[8] Beck R, Reed A. Modern seakeeping calculations for ships[C]. 23rd symposium on naval hydrodynamics. 2001.

[9] Hooft J P. A Mathematical Method of Determining Hydrodynamic Induced Forces on a Semisubmersible[R]. 1971.

[10] Newmann J N. 船舶流体动力学[M].周树国,译.北京：人民交通出版社,1986.

[11] Faltinsen O M. Sea loads on ships and offshore structures[M]. New York：Cambridge

University Press，1990.

[12] Haslum K. Design the Trosvik Bingo 3000[J]. The Naval Architect，March 1981.

[13] Penney P W，Riiser R M. Preliminary Design of Semi-Submersibles[J]. North East Coast Institute of Engineers & Shipbuilders，1984，49－69.

[14] Horton E E，McCammon L B，Murtha Paulling J R. Optimization of Stable Platform Characteristics[C]. Offshore Technology Conference，Dallas，Texas，1972.

[15] Smith T M，Chen M C，Radwan Λ M. Systematic Data for the Preliminary Design of Mooring Systems[A]. Proceedings of the Fourth International Offshore Mechanics and Arctic Engineering Symposium[C]. Dalls，Texas，1985.

[16] 黄祥鹿，陈小红，范菊. 系泊浮式结构波浪上运动的频域算法[J]. 上海交通大学学报，2001，35(10)：1470－1476.

[17] 刘应中，缪国平. 船舶在波浪上的运动理论[M]. 上海：上海交通大学出版社，1987.

[18] Charkabarti S K. Hydrodynamics of Offshore Structures[M]. Computational Mechanics Publications，Springer-Verlag Berlin，1987.

[19] Wilson B W. Mooring forces and motions of floating structures in irregular waves[A]. Proceedings of International Conference on Structural Safety and reliability[C]. Munich，West Germany，1977，317－347.

[20] API RP 2SK. Recommended Practice for Design and Analysis of station keeping system for floating stucture[M]. Third Edition，2005.

[21] 肖越. 系泊系统时域非线性计算分析[D]. 大连：大连理工大学，2005.

[22] Maruo H. The drift of a body floating in waves[J]. J. Ship. Res.，4(3)：1－10.

[23] Newman J N. The drift force and moment on ships in waves[J]. J. Ship Res.，11(1)：51－60.

[24] Pinkster J A，Oortmerssen G. Computation of the first- and second-order wave forces on oscillating bodies in regular waves[C]. In Proc. Second Int. Conf. Numerical Ship Hydrodynamics，Berkeley University Extension Publications，University of California，Berkeley 1977，136－156.

[25] Faltinsen O M，Zhao R. Slow-drift motions of a moored two-dimensional body in irregular waves[J]. J. Ship Res.，1989，33(2)：93－106.

[26] Zhao R，Faltinsen O M. A comparative study of theoretical models for slow drift sway motions of a marine structure[A]. Proc. Seventh Int. Conf. OMAE[C]，1988，2：153－158. New York：The American Society of Mechanical Engineering.

[27] Det Norske Veritas，Sesam User Manual[M]. Deepc Theory Manual，2005.

2 环境载荷研究

2.1 梯度风作用下 HYSY‐981 半潜式平台风载荷与表面风压分布研究

目前国内外研究海洋平台风载荷的方法主要有现场观测、数值模拟和风洞实验等 3 种,由于现场观测较为困难,数值模拟与风洞实验便成为研究者确定海洋结构风载荷的主要方法[1, 2]。与数值模拟方法计算风载荷相比,风洞实验方法所测结果更为精确,但由于风洞实验方法更耗时耗资,因此关于海洋结构风洞实验的文献较少。Lee TS[3]通过风洞实验测量了比尺为 1∶218 的海洋平台模型上的风载荷,其中模型上布置了 141 个压力传感器,实验风速用热线风速仪测量而得;Chen Q[4,5]通过风洞实验测量了海洋平台直升机甲板模型表面的风压分布。根据我国最新建造的 HYSY‐981 半潜式平台,制作了 1∶100 的有机玻璃模型和 1∶150 的金属模型,分别进行了测压实验与测力实验。通过测压实验,得到了平台各构件在不同风向角情况下的形状系数和风压分布规律;通过测力实验,研究了井架孔隙和平台偏转对平台整体风载荷的影响,研究结果可为平台设计提供参考。

2.1.1 HYSY‐981 半潜式平台简介

HYSY‐981 半潜式平台为第六代深水半潜式钻井平台,其结构如图 2.1.1 所示。平台采用 DPS‐3 动力定位,作业水深 3 000 m,具有智能化钻井功能。平台主体部分可分为立柱、甲板和井架 3 部分,甲板为长、宽、高分别为 74.42 m,74.42 m,8.62 m 的箱体,关于 x 轴和 y 轴均为对称;立柱长宽均为 17.385 m,不考虑平台倾角时立柱水面上高度为 14 m,计算时不考虑立柱间的遮蔽效应,计入立柱全部的投影面积;井架可分为上部与下部,下部为长、宽、高分别为 17 m,17 m,42 m 的长方体,上部为高 22 m 的尖劈。

图 2.1.1 HYSY‐981 半潜式平台模型

2.1.2   HYSY‐981 半潜式平台风洞实验

1) 模型制备与实验准备

平台风洞实验包括测压实验与测力实验两部分。图 2.1.2 和图 2.1.3 分别是测压实验和测力实验的平台模型。表 2.1.1 为平台模型测压实验和测力实验相关信息。

图 2.1.2   测压实验平台模型

图 2.1.3   测力实验平台模型

表 2.1.1   平台模型测压实验和测力实验相关信息

	测 压 实 验	测 力 实 验
模型材料	有机玻璃	金属铝合金材料
模型比尺	1∶100	1∶150
井架设计	不透空布置	透空及不透空两种
测量仪器	压力扫描仪	六分量测力天平

测压实验的模型具有足够的强度和刚度,在实验风速下不会发生变形,也不会出现明显的振动现象,可以保证压力测量的精度。考虑到实际建筑物的大小和周边环境,并为了保证实验风场的通畅,模型的几何比例尺为 1∶100。测力实验的模型可承受较高风速,在实验允许的范围内可真实模拟海上风场情况,模型的几何比例尺为 1∶150。

2) 风洞实验

(1) 风速与风向设置。

在实验段入口处,设置涡流发生器(三角形尖劈)、粗糙元块等装置,均匀流经过以上装置后涡流损失将随高度变化,由此实现流速随高度变化;调整上述装置的尺寸及相对距离,使模型区达到需要的风剖面,由于实验设定平台处于自存工况,风速剖面指数调整为 1/10;设定整体坐标系中风向为 x 轴正方向,风洞下壁面平面内垂直于 x 轴方向为 y 轴方向,垂直于风洞下壁面向上为 z 轴方向,坐标系原点为平台底面形心。

（2）实验结果的获取。

实验时,平台置于转盘之上。风向角的定义如图 2.1.4 所示:当风向正对平台的船艏方向时,风向角定义为 0°,其余各工况的风向角变化间隔为 15°,按顺时针方向递增。

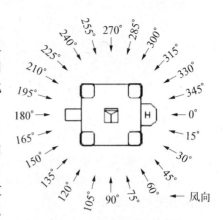

图 2.1.4　实验模型方位及风向角示意图

① 测压实验结果。在模拟湍流度的风场中,用电子扫描阀及数据采集系统记录一个时段内的各测点压力时程并对压力时程进行统计分析,从而得出风压系数、点体型系数、分块体型系数及不同重现期压力的平均值、最小值、最大值以及均方根值。由相似原理可知,模型的无量纲参数与实物的无量纲参数一致,因此模型上各测点的风压系数即为实物对应点的风压系数。

② 测力实验结果。在模拟均匀流的风场中,用六分量测力天平直接测得实验风速下每个工况时平台六个维度的风载荷及风倾力矩,然后通过比例尺关系,换算得到实物的风载荷及风倾力矩。

2.1.3　平台风载荷的数值模拟

利用 Fluent 软件进行模拟计算,对数值模型及计算原理说明如下。

1) 数值模型

数值模型与实际平台略有差别:略去了实物中的细小结构,以及对气动力与水动力影响不大的构件;甲板简化为规则箱体,忽略上面细部结构与设备的影响。为研究井架孔隙对平台风载荷的影响,井架的数值模型分为不镂空模型与镂空模型(见图 2.1.5)2 种。

(a)　　　　　　　　　　　　(b)

图 2.1.5　平台的数值模型

(a) 井架不镂空　(b) 井架镂空

2) 控制方程与湍流模型

由于平台各局部构件均为钝体,钝体绕流问题的控制方程为黏性不可压缩 N-S 方程,基于雷诺平均的控制方程[6]可写为

$$\frac{\partial}{\partial x_i}(\rho u_i) = 0 \tag{1}$$

$$\frac{\partial}{\partial t}(\rho u_i) + \frac{\partial}{\partial x_i}(\rho u_i u_j) = -\frac{\partial p}{\partial x_i} + \mu \frac{\partial}{\partial x_i}\left(\frac{\partial u_i}{\partial x_j}\right) + \frac{\partial}{\partial x_j}(-\rho \overline{u_i' u_j'}) \tag{2}$$

式(1)和(2)中：$i, j = 1, 2, 3$；空气密度 $\rho = 1.225$ kg/m³；动力黏性系数 $\mu = 1.789\ 4 \times 10^{-5}$ kg/(m·s)。

计算中湍流模型采用剪切应力运输模型，即 sst k-ω 湍流模型。该模型是 Menter 对 Wilcox 提出的简单 k-ω 湍流模型的改进，综合了 k-ω 模型在近壁区计算和在远场计算的优点。

sst k-ω 模型[7]可写为

$$\frac{\partial(\rho k)}{\partial t} + \frac{\partial}{\partial x_i}(\rho k u_i) = \frac{\partial}{\partial x_j}\left(\Gamma_k \frac{\partial k}{\partial x_j}\right) + \widetilde{G}_k - Y_k + S_k \tag{3}$$

$$\frac{\partial(\rho \omega)}{\partial t} + \frac{\partial}{\partial x_i}(\rho \omega u_i) = \frac{\partial}{\partial x_j}\left(\Gamma_\omega \frac{\partial \omega}{\partial x_j}\right) + G_\omega - Y_\omega + D_\omega + S_\omega \tag{4}$$

式(3)和(4)中：k 为湍流动能；ω 为湍流耗散率；$\widetilde{G}_k$ 为由平均速度梯度所产生的 k；G_ω 为产生的 ω；Γ_k，Γ_ω 分别为 k 和 ω 的有效扩散率项；Y_k，Y_ω 分别为 k 和 ω 的耗散项；S_k 和 S_ω 均为用户自定义的源项；D_ω 为横向耗散导数项。式中各项的具体计算公式参照文献[8]。

风载荷的计算采用三维稳态隐式解法，离散方法为二阶迎风格式，压力-速度耦合采用 SIMPLE 算法。定义来流风方向为 x 正向，计算域尺度长、宽、高分别为 2 000,800,500 m，建筑物置于流域沿流向前 1/3 处。

3) 边界条件的设定

平台风载荷数值计算中边界条件设定如下。

(1) 进流面设定为速度入口边界条件，风速大小沿高度的分布函数为

$$v_h = v_{10}\left(\frac{h}{10}\right)^{0.1} \tag{5}$$

式中：h 为平台某处距海平面的高度；v_h 为距海平面高度为 h 处的风速，v_{10} 为距海平面 10 m 高度处的风速。

(2) 出流面设定为压力出口边界条件。

(3) 流域顶部和两侧设定为对称边界条件，等价于自由滑移的界面。

(4) 建筑物表面和地面设定为无滑移壁面条件。

2.1.4　实验数据处理与分析

1) 平台各构件的形状系数及风载荷

图 2.1.6 示出了实验测得的 0°～90°风向角情况下平台甲板、立柱和井架等 3 个局部构件的形状系数。由于不同风向角情况下各局部构件所对应的迎风面横截面积

不同,平台各局部构件的形状系数随风向角的变化呈现不规则变化。当风向角为 0°时,井架的顶部与底部、甲板的形状系数达到最大,其值分别为 1.334,1.546 和 1.218;当风向角为 60°时,立柱的形状系数达到最大,其值为 1.134。而文献[9]上规定的形状系数未考虑风向角的影响,对井架、甲板和立柱的形状系数规定的取值分别为 1.25,1.10 和 1.00。对比可知,实验所得的各构件的形状系数更为真实,且其最大值比理论规定值偏大。

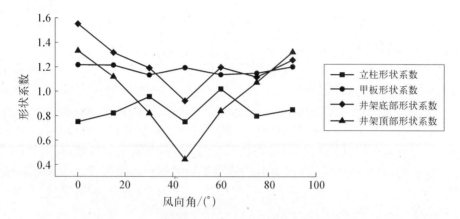

图 2.1.6　不同风向角情况下平台各构件的形状系数

　　图 2.1.7 为百年重现期南海热带飓风海况下平台在 0°~90°风向角时各局部构件的风载荷极值,此时距海平面 10 m 高处 1 min 平均风速值为 55 m/s。

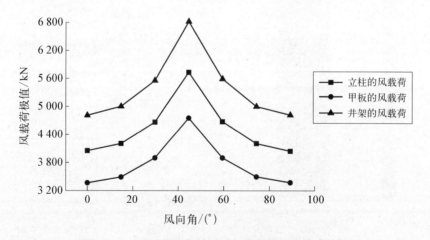

图 2.1.7　不同风向角情况下平台各构件风载荷极值

　　图 2.1.7 的计算结果表明,平台各局部构件的风载荷随风向角的变化呈现着相同的变化规律,当风向角为 45°时,平台各局部构件的风载荷均达到最大值。
　　2) 井架表面风压分布研究
　　井架上高度为 h 的点,其风压力系数 C_{ph} 的计算公式[10]为

$$C_{ph} = \frac{p}{0.5\rho v_h^2} \qquad (6)$$

式中：ρ 为空气的密度；p 为该点的风压；v_h 定义同前。

为研究梯度风对井架表面各点的风压，本文采用相对风压力系数概念，定义相对风压力系数 C_{p10} 的计算公式为

$$C_{p10} = \frac{p}{0.5\rho v_{10}^2} \qquad (7)$$

式中：ρ，p，v_{10} 等参数定义同前。

限于篇幅，本文只取 0°风向角情况进行分析。图 2.1.8 示出了井架迎风面上相对风压力系数平均值的数值模拟结果[见图 2.1.8(a)]与实验测量结果[见图 2.1.8(b)]；由于测点较密集，其测值无法全部在图中列出，仅列出了部分点的测量结果。对比图 2.1.8(a)和图 2.1.8(b)可知，数值模拟结果与实验结果有着相同的趋势：迎风面上相对风压力系数平均值基本为正值；在迎风面的中心区域及底部区域，相对风压力系数平均值较大，且这两个区域平均风压力系数的数值模拟结果与实验结果基本相同，均为 1.40 左右；以这两个区域为中心，相对风压力系数平均值向四周递减，边缘处风压力系数平均值接近于 0。

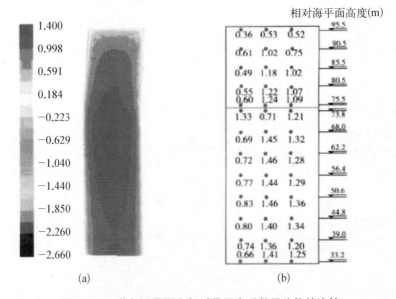

图 2.1.8　井架迎风面上相对风压力系数平均值的比较

（a）模拟结果　（b）实验结果

3）井架孔隙对平台整体风载荷实验结果的影响

图 2.1.9 示出了 0°～90°风向角工况下，考虑井架孔隙和不考虑井架孔隙两种平台模型整体风载荷的数值模拟结果和风洞实验结果。从图可以看出，不论是实验结果还是数值模拟结果，不考虑井架孔隙的风载荷都比考虑井架孔隙的风载荷

偏大,相同风向角工况下数值模拟结果的最大偏差为30%,实验结果的最大偏差为35%。对比图 2.1.9 所示的 4 种结果,风载荷的两种数值模拟结果与风洞测压实验结果在随着风向角变化时呈现出基本相同的变化规律,当风向角为 45°时,三者的风载荷达到最大值;而风洞的测力实验结果在风向角为 60°达到最大值,其原因为测力实验模型考虑了平台甲板上吊车悬臂的影响,使得平台在该角度的迎风面积增大。

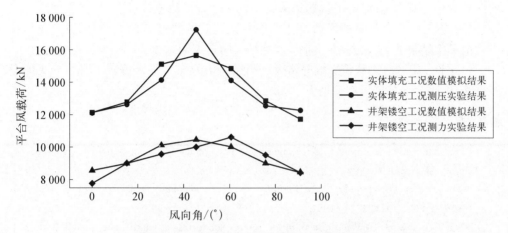

图 2.1.9　井架孔隙对平台整体风载荷的影响

4) 平台偏转对整体风载荷的影响

当平台发生偏转运动(纵摇或横摇)时,甲板的受风面积会随之变化,进而导致平台整体风载荷的变化。为研究平台的偏转运动对平台整体风载荷的影响,图 2.1.10 示出了平台在无偏转运动和偏转达到 10°两种工况下的整体风载荷。对比结果表明:两种工况下,平台整体风载荷的峰值位置均出现在风向角为 60°的情况下,两者相差近 55%。这表明平台的偏转对平台整体风载荷有着很大的影响,在平台设计和实际工程中对这一问题应该给予足够重视。

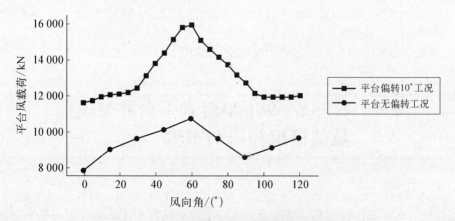

图 2.1.10　平台偏转对平台整体风载荷的影响

2.1.5　结论

（1）根据风洞测压实验结果，当不考虑平台井架的孔隙时，风向角为 45°时平台各局部构件的风载荷均达到最大值。

（2）根据风洞测压实验结果，在风向角为 0°的工况下，平台井架迎风面上相对风压力系数平均值基本为正值，并在底部中心靠近甲板处和整个迎风面形心处较大，以此两处为中心其数值向四周递减，边缘处平均风压力系数值接近于 0。

（3）不考虑井架孔隙的风载荷比考虑井架孔隙的风载荷偏大，相同风向角工况下数值模拟结果的最大偏差为 30%，实验结果的最大偏差为 35%。

（4）平台偏转对风载荷影响非常大。当风向角为 60°，平台偏转 10°时，与无倾角工况相比，平台的整体风载荷增大了 55%。

参考文献

[1] Iskender Sahin. A survey on semisubmersible wind loads[J]. Ocean Engineering, 1985, 12 (3): 253 - 261.

[2] Davenport A G, Hambly E C. Turbulent wind loading and dynamic response of jack up platform[C]. OTC 4824, 1984.

[3] Lee T S, Low H T. Wind effects on off shore plat forms: a wind tunnel model study[C]. ISOPE 466 - 470, 1993.

[4] Chen Q, Gu Z F, Sun T F, et al. Wind environment over the Helideck of an off shore plat form [J]. Journal of Wind Engng Ind Aerodyn, 1995, 54 - 55: 621 - 631.

[5] Chen Q, Gu Z F, Sun T F, et al. A wind-tunnel study of wind loads on off shore plat form [C]. In. Proc. 5th Nat. Symp. on Wind effect on structures, 1993, 7 - 11.

[6] Veresteeg H K, Malalasekera W. An introduction to computational fluid dynamics: The finite volume method [M]. New York, 1995.

[7] Menter F R. Multiscale model for turbulent flow s [C]. In 24th Fluid Dynamics Conference. American Institute of Aeronautics and Astronautics, 1993.

[8] 王瑞金,张凯,王刚. Fluent 技术基础与应用实例[M].北京:清华大学出版社,2007.

[9] 中国船级社.海上移动平台入级与建造规范[M].北京:人民交通出版社,2005.

[10] 罗福午,杨军.建筑结构——分析方法及其设计应用[M].北京:清华大学出版社,2005.

2.2　HYSY - 981 半潜式平台井架风压数值模拟与风洞实验

2.2.1　引言

深海石油平台的研究是一项庞大的系统工程。风载荷作为海洋平台的主要载荷之一，对平台海上部分结构有着重大的影响，是海洋平台研究的一个重要部分，历来受到工程上的重视。国内外对深水平台风载荷的研究始于 20 世纪 80 年代,Iskender Sahin[1],Gomathinayagam[2],Davenport[3]等学者通过上述方法对平台的风载荷及其引起的动力响应进行了研究。我国深水工程起步较晚,缺少深水环境时海洋平台的风载荷的现场观测数据,因此数值模拟和风洞实验是我国目前研究海洋平台风载荷问题的主要方法。

HYSY-981 是我国即将建造的深水平台,甲板上的井架离地较高,且常有工作人员在上面走动。为了保证工作人员的人身安全,准确地了解井架表面的风压分布十分必要。通过数值模拟和风洞实验的方法得到了稳态梯度风作用下 HYSY-981 深水半潜式钻井平台井架的表面风压数据,为平台的风载荷设计提供了可靠的依据。

2.2.2 平台的选型与风况的选择

1)平台模型的选取

HYSY-981(见图 2.2.1)为我国即将建造的第六代深水半潜式钻井平台,其主体包括两个浮体,四个立柱和一个封闭的甲板。平台采用 DPS-3 动力定位,作业水深 3 000 m,具有智能化钻井功能,代表着世界钻井平台的先进水平。

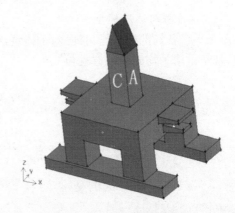

图 2.2.1　HYSY-981 半潜式平台　　　　图 2.2.2　平台的数值模型

平台数值模型(见图 2.2.2)参照 HYSY-981 平台主要参数设计,以下为数值模型主要参数:甲板(长×宽×高)74.42 m×74.42 m×8.60 m;立柱 17.385 m×17.385 m×21.46 m;浮体 114.07 m×20.12 m×8.54 m;井架 66 m。

数值模型与实际平台略有差别:实物中的细小结构及对气动力与水动力影响不大的构件均已略去;甲板简化为规则箱体,忽略上面细部结构与设备的影响;考虑风墙的遮挡与钻头的填充,数值模型忽略了钻井塔孔隙率的影响。

2)平台井架的详细参数

设定整体坐标系中平台水面形心坐标为(0, 0, 0),入射风方向为 x 轴正方向,水平面内垂直于 x 轴方向 y 轴方向,垂直于水平面向上为 z 轴方向。

井架位于甲板上部,根据其形状可分为上、下两部分:下部为 17 m×17 m×42 m 的长方体,而上部为高 22 m 的尖劈,两者均关于 x 轴和 y 轴对称。为便于比较,对井架各面采用如下编号:位于空间面 $x=8.5$ 内的下部矩形表面及与该面有公共边的上部表面,合称面 A。面 C 与面 A 关于空间面 $x=0$ 对称;位于空间面 $y=-8.5$ 内的下部矩形表面和上部三角形表面合称面 B。面 D 则与面 B 关于空间面 $y=0$ 对称。整体坐标系与井架面标号如图 2.2.2 所示。

3) 风况条件

针对 3 000 m 水深海况进行计算。表 2.2.1 是海域内的风况。

表 2.2.1　海域的风时长与风速极值的关系

风时长	3 s	1 min	10 min	30 min	1 h
风速极值/(m/s)	65.4	55.0	46.6	45.3	43.6

注:重现期为 100 y。

研究平台的自存工况,此时平台吃水 16 m,按规范要求取百年重现期 3 s 平均风速进行平台风载荷的极值计算。

2.2.3　平台风载荷的数值模拟

1) 控制方程与湍流模型

由于平台各局部构件均为钝体,钝体绕流问题的控制方程为黏性不可压缩 N-S 方程,基于雷诺平均的控制方程可写为

$$\frac{\partial}{\partial x_i}(\rho u_i) = 0 \tag{1}$$

$$\frac{\partial}{\partial t}(\rho u_i) + \frac{\partial}{\partial x_i}(\rho u_i u_j) = -\frac{\partial p}{\partial x_i} + \mu \frac{\partial}{\partial x_i}\left(\frac{\partial u_i}{\partial x_j}\right) + \frac{\partial}{\partial x_j}(-\rho \overline{u_i' u_j'}) \tag{2}$$

式中:$i, j = 1, 2, 3$;空气的密度 $\rho = 1.225$ kg/m³;动力黏性系数 $\mu = 1.789\ 4 \times 10^{-5}$ kg/(m·s)。

计算过程中的湍流模型采用剪切应力运输模型,即 SST $k-\omega$ 湍流模型。该模型是 Menter 对 Wilcox 提出的简单 $k-\omega$ 湍流模型的改进,综合了 $k-\omega$ 模型在近壁区计算的优点和 $k-\varepsilon$ 模型在远场计算的优点。

SST $k-\omega$ 模型可写为

$$\frac{\partial(\rho k)}{\partial t} + \frac{\partial}{\partial x_i}(\rho k u_i) = \frac{\partial}{\partial x_j}\left(\Gamma_k \frac{\partial k}{\partial x_j}\right) + \widetilde{G}_k - Y_k + S_k \tag{3}$$

$$\frac{\partial(\rho \omega)}{\partial t} + \frac{\partial}{\partial x_i}(\rho \omega u_i) = \frac{\partial}{\partial x_j}\left(\Gamma_\omega \frac{\partial \omega}{\partial x_j}\right) + G_\omega - Y_\omega + D_\omega + S_\omega \tag{4}$$

式中:k 表示湍流动能;ω 表示湍流耗散率;$\widetilde{G}_k$ 表示由平均速度梯度所产生的 k;G_ω

表示产生的 ω;Γ_k,Γ_ω 分别表示 k 和 ω 的有效扩散率项;Y_k,Y_ω 分别表示 k 和 ω 的耗散项;S_k 和 S_ω 均表示用户自定义的源项;D_ω 表示横向耗散导数项。式中各项的具体计算公式参照文献[4]。

风载荷的计算采用三维稳态隐式解法,离散方法为二阶迎风格式,压力-速度耦合采用 SIMPLE 算法。定义来流风方向为 x 正向,计算域尺度为 2 000 m×800 m×500 m,建筑物置于流域沿流向前 1/3 处。

2) 边界条件的设定

风载荷数值计算中边界条件设定如下:

进流面:采用速度入口(velocity inlet)边界,入射风为稳态梯度风,风速大小的沿高度分布函数取为

$$v = v_{10}\left(\frac{z}{10}\right)^{0.125} \tag{5}$$

出流面:采用压力出口(pressure-outlet)边界条件。

流域顶部和两侧:采用对称(symmetry)边界条件,等价于自由滑移的界面。

建筑物表面和地面:采用无滑移的壁面(wall)条件。

2.2.4　平台风洞实验

实验在大连理工大学 DUT-1 风洞中完成。DUT-1 是一座全钢结构单回流闭口式边界层风洞,风洞气动轮廓长 43.8 m,宽 13.1 m,最大高度为 6.18 m;试验段长 18 m,横断面宽 3 m,高 2.5 m,最大设计风速 50 m/s。

1) 实验模型

平台的实验模型(见图 2.2.3)与数值模型几何相似,采用有机玻璃材料制作。模型具有足够的强度和刚度,在实验中不会发生明显的变形和振动现象,保证了压力测量的精度。模型比例尺为 1:100,与实物在外形上保持几何相似,实验中将模型放置在直径为 2.0 m 的转盘中心,通过旋转转盘模拟不同风向;平台模型大小为 1.1 m(长)×0.8 m(宽)×1.0 m(考虑上部井架),满足边界效应影响。

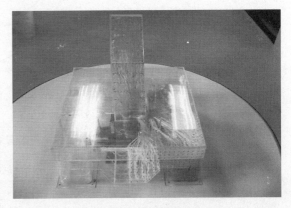

图 2.2.3　平台的实验模型

由于实验模型很小,实物中的一些细小结构及对气动力影响不大的构件均已略去。平台甲板及其上部结构与立柱均为非流线型物面,绕流分离点固定,实物与模型在不同雷诺数情况下流动趋于相同,无需考虑雷诺数的影响。

2) 实验风速与风向

在实验段入口处,设置涡流发生器(三角形尖劈)、粗糙元块等装置,均匀流经过

以上装置后涡流损失将随高度变化,由此实现流速随高度变化。调整上述装置的尺寸及相对距离,使模型区达到需要的风剖面。由于实验设定平台处于自存工况,此时考虑平台移动速度的影响,风速剖面指数调整为 1/10。

实验设定坐标系如下:入射风方向为 x 轴正方向,风洞下壁面平面内垂直于 x 轴方向 y 轴方向,垂直于风洞下壁面向上为 z 轴方向,坐标系原点为平台底面形心。

平台关于 x 轴和 y 轴均为对称,入射风向角为平台浮体水平方向与 x 轴正方向的夹角,其变化范围为逆时针 $0°\sim90°$,实验时每隔 $15°$ 取一个风向角,记录各风向角下平台模型测点的风压时程数据。

2.2.5　结果分析

1) 各风向角下井架整体风载荷的数值结果与实验结果

图 2.2.4 所示为百年重现期海况下、$0°\sim90°$ 入射风向角时,井架整体风载荷的数值结果与实验结果。

图 2.2.5 的计算结果表明,井架整体风载荷的数值结果与实验结果趋于一致,数值结果比实验结果偏小。两者均在入射风向角为 $45°$ 时达到最大值。当入射风向角为 $45°$ 时,数值结果与实验结果偏差约 11%。数值计算结果的精度可以达到工程要求。

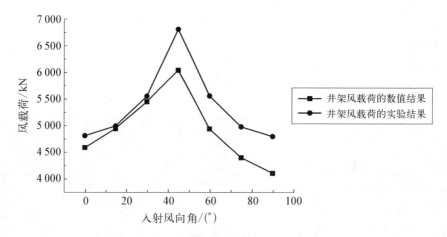

图 2.2.4　井架整体风载荷的数值结果与实验结果的比较

2) $0°$ 风向角时井架迎风面平均风压力系数的数值结果与实验结果

定义风压力系数计算公式为

$$C_p = \frac{p}{2\rho v_{10}^2} \tag{6}$$

式中:ρ 为空气密度;v_{10} 为海面 10 m 高处的风速。

以 $0°$ 风向角情况为例,研究井架迎风面(C 面)上平均风压力系数的分布。图 2.2.6 为井架迎风面(C 面)上平均风压力系数的数值结果与实验结果。对比图 2.2.6(a) 和 (b) 可知,数值结果与实验结果有着相同的趋势:迎风面上平均风压基本均为正值,在底部中心靠近甲板处和整个迎风面形心处较大,且此处平均风压力系数的数值结果与实验结果基本相同,均为 1.40 左右。以此两处为中心其数值向四周递减,边缘处平均风压力系数值接近与 0。

由于井架迎风面关于 x 轴对称,在面上分别选取线段 1～3 进行各点平风压力系数的比较,图 2.2.5 表明了平台迎风面上各线段的位置。其中线段 1 对应的 y 轴坐标为 -5;线段 2 对应的 y 轴坐标为 -3;线段 3 对应的 y 轴坐标为 -1。

图 2.2.7 所示是线段上的测点的数值结果与实验结果的对比。根据图 2.2.7 的对比可知,平台迎风面中心处的平均风压力系数的数值结果与实验结果相差不大,此处数值结果为最大值为 1.410,而实验结果为 1.461;而靠近面边缘处数值结果与实验结果相差较大,这是因为气流在这些位置分离和附着引起了变化[5],对结果的精度造成一定的影响。这也说明,各面中心处的风压结果比各面边缘处的风压结果更利于比较分析。

图 2. 2. 5　迎风面测线位置

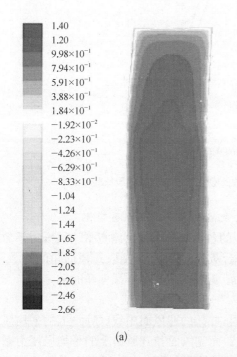

(a)

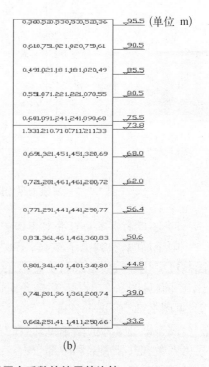

(b)

图 2. 2. 6　井架迎风面(C 面)上平均风压力系数的结果的比较

（a）数值结果　（b）实验结果

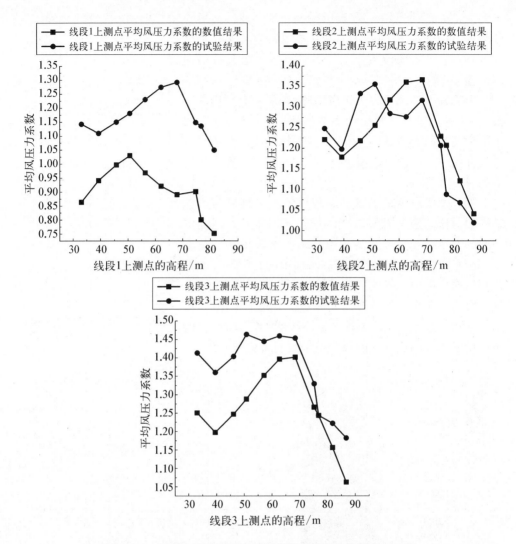

图 2.2.7   测线上平均风压力系数的数值结果与实验结果比较

3) 各风向角下平台井架各面竖直中线上测点的平均风压系数变化

限于篇幅,只列出了 0°,45°,90° 风向角下的各面竖向中线上测点平均风压力系数随高度变化的数值结果与实验结果。考虑平台对称的影响,分别取 0° 风向角时的 A, B, C 面(见图 2.2.8),45° 风向角时的 C, D 面(见图 2.2.9),90° 风向角时的 A, B, D 面(见图 2.2.10)进行分析。

观察图 2.2.8 的结果可知,在 0° 风向角时,井架的迎风面中线(C 面)上的平均风压力系数在井架底部和中部较大,在上部骤减,而侧风面和背风面上的平均风压力系数结果呈现着不规律的变化;在 45° 风向角时,迎风面中线上平均风压力系数的数值结果与实验结果在平台中下部吻合较好,而上部则相差较大;在 90° 风向角时,平均风压力系数数值结果和实验结果的分布规律与 0° 风向角时基本相同。

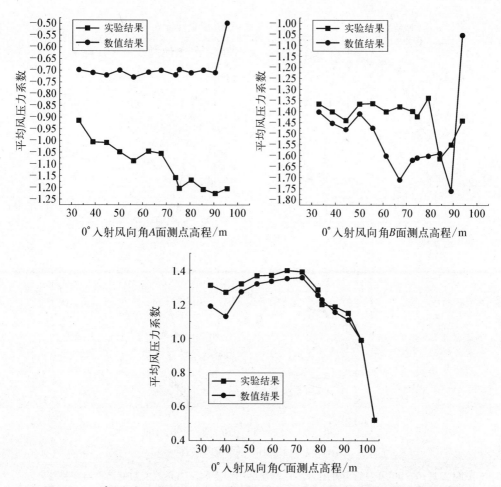

图 2.2.8 0°风向角下井架 *A*, *B*, *C* 表面中线上风压力系数的数值结果与实验结果

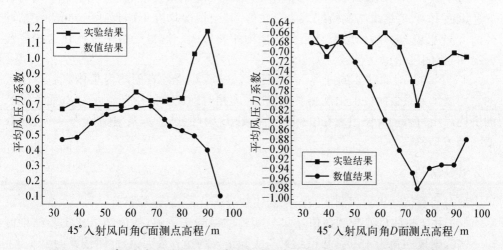

图 2.2.9 45°风向角下井架 *C*, *D* 表面中线上风压力系数的数值结果与实验结果

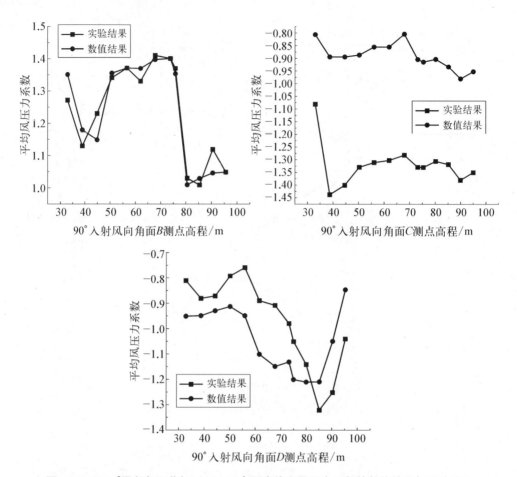

图 2.2.10   90°风向角下井架 *B*，*C*，*D* 表面中线上风压力系数的数值结果与实验结果

对比图 2.2.8～图 2.2.10 中的数值结果与实验结果发现，只有在垂直于风向时的迎风面上，数值结果与实验结果吻合较好，其余情况均有不同程度的差异，在靠近各面上部边缘处时，数值结果与实验结果均相差较大。这也是由于气流在这些位置分离和附着引起的。

3 种风向角时除井架的迎风面为正压区之外，其余各表面均为负压区。正压区的平均风压力系数的极值出现在 0°和 90°风向角时迎风面的中部，为 1.42；而负压区的平均风压力系数极值出现在 0°风向角时的 *B* 面(侧风面)，实验结果为 1.65，而数值结果为 1.80。

2.2.6   结语

通过对数值结果与风洞实验结果的比较分析，得出结论如下：

(1) 井架整体风载荷的数值结果与实验结果趋于一致，数值结果比实验结果偏小。当入射风向角为 45°时，数值结果与实验结果均达到最大值，此时偏差约 11%。

(2) 平台迎风面中心处的平均风压力系数的数值结果与实验结果相差不大，而靠近面边缘处数值结果与实验结果相差较大,这是因为气流在这些位置分离和附着引起了变化,对结果的精度造成一定的影响。

(3) 各风向角下除迎风面为正压区之外,其余表面均为负压区。负压区的平均风压力系数极值出现在 0°风向角时的 B 面(侧风面),为−1.65。而各迎风面的平均风压力系数值均呈现中间偏大,两端较小的情况,其极值为1.41。

参考文献

[1] Iskender Sahin. A survey on semisubmersible wind loads[J]. Ocean Engineering,1985,3 (2):253 - 261.

[2] S Gomathinayagam. Dynamic effects of wind loads on offshore deck structures — A critical evaluation of provisions and practices[J]. Journal of Wind Engineering and Industrial Aerodynamics,2000,3(84):345 - 367.

[3] A G Davenport and E C Hambly. Turbulent wind loading and dynamic response of jack-up platform[C]. Offshore Technology Conference, Houston, Texas, 1984, Paper No. OTC 4824.

[4] 王瑞金,张凯,王刚.Fluent 技术基础与应用实例[M].北京:清华大学出版社,2007.

[5] 苏国,陈水福.复杂体型高层建筑表面风压及周围风环境的数值模拟[J].工程力学,2006,23 (8):144 - 149.

2.3　南海内孤立波演化模型及其应用

2.3.1　引言

近年来,海洋内波,尤其是内孤立波,受到越来越多的关注,因为它对石油平台等海洋工程和潜艇等军事设施的潜在威胁不容忽视。我国南海为内波多发的海域,这里的内波发生和演化机制、内波的特征等为海上油气资源开发部门高度重视。通过观测获得的内波数据在时间上是不连续的、在空间上是局部的,这就使得对内波演化的研究尤为重要。人们常采用 KdV 模型研究内孤立波的传播演化,但经典的 KdV 模型不能反映实际海况下地形、耗散和海底摩擦等因素的影响。通常采用在方程中加入变浅效应项、耗散效应项和海底摩擦项的方法来分别考虑这些影响。然而,各相关系数如何确定,还需要根据实际海洋环境条件进行研究。本研究主要针对我国南海环境条件,综合考虑地形、耗散和海底摩擦等因素的影响,建立适合该海域实际海况的内波传播演化模型,并应用于研究白云凹陷油气藏区域的内孤立波特征,为南海资源开发提供理论依据。

2.3.2　南海内孤立波演化模型

对于图 2.3.1 所示的两分层概化海洋模型,理想流体的 KdV 方程为(Liu et al, 1998)

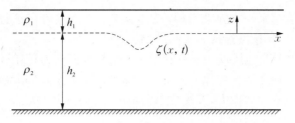

图 2.3.1　两分层海洋模型示意图

ρ_1，ρ_2 分别为上下层密度；h_1，h_2 分别为上下层水深

$$\zeta_t + c_0 \zeta_x + c_1 \zeta \zeta_x + 3 c_5 \zeta^2 \zeta_x + c_2 \zeta_{(3x)} = 0 \tag{1}$$

式中：$\zeta(x,t)$ 为波形函数，c_0, c_1, c_5, c_2 为仅与海洋分层深度和海水密度有关的系数。

　　为了进一步考虑地形、耗散和海底摩擦等因素的影响，人们在方程中加入了变浅效应项 $\gamma\zeta$(Small J，2001)、耗散效应项 $-\dfrac{1}{2}\varepsilon\zeta_{(2x)}$ (Liu et al，1998)和海底摩擦项 $\dfrac{k}{c_2}\zeta|\zeta|$ (Holloway et al，1997)。其中，γ，ε，k 分别为反映变浅效应、耗散效应和摩擦效应的系数。于是，考虑实际环境条件的内孤立波方程变为

$$\zeta_t + c_0 \zeta_x + c_1 \zeta \zeta_x + 3 c_5 \zeta^2 \zeta_x + c_2 \zeta_{(3x)} + \frac{k}{c_2}\zeta|\zeta| - \frac{1}{2}\varepsilon\zeta_{(2x)} + \gamma\zeta = 0 \tag{2}$$

　　利用该方程进行内孤立波演化研究的关键是要确定其中的变浅效应、耗散效应和摩擦效应系数。Small J（2001）曾推导出变浅效应系数的具体形式为 $\gamma = \dfrac{1}{4}c_0 \dfrac{\partial h_2}{\partial x}\dfrac{h_1}{h_2(h_1 + h_2)}$。为了研究南海内孤立波的特征，我们进一步利用南海内波观测数据对耗散和摩擦效应系数进行率定。

　　2001 年 4 月到 5 月间，多国合作进行的名为"亚洲海洋国际声学实验（ASIAEX）"的海洋实地测量在中国南海展开，测量区域如图 2.3.2 所示。本次观测在沿着大陆坡梯度方向上由深水到浅水分别放置了 S8 - S2 七个锚系阵列观测装置(Duda et al，

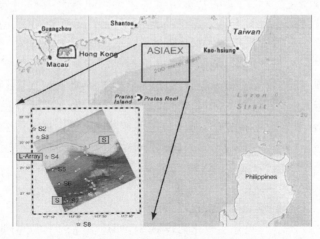

图 2.3.2　ASIAEX 测量区域和观测点布置(Ramp et al，2004)

2004），得到一系列的观测结果，观测点的连线基本为一条直线，且与等深线大致垂直。

将靠近波源位置的内波观测数据作为初始波形，利用式（2）模拟其向陆地传播演化的过程，可以获得内孤立波波幅衰减的幅度，将数值结果与远离波源方向上的观测数据进行对比，经过反复的数值实验，我们确定了摩擦系数的取值在 $7.3 \times 10^{-4} \sim 9.2 \times 10^{-4}$ 之间、耗散系数的取值在 $0.02 \sim 0.1$ 之间。

2.3.3　南海白云凹陷处内孤立波特征初探

白云凹陷油气藏位于南海北部大陆边缘、珠江口盆地南部，东经 $113°50' \sim 115°10'$，北纬 $18°50' \sim 20°45'$，距香港约 260 km，面积约 30 000 km² （见图 2.3.3 中的方框）。弄清该油气藏附近的海洋环境条件，尤其是内孤立波特征，对于该油气藏开发平台的建设十分必要。

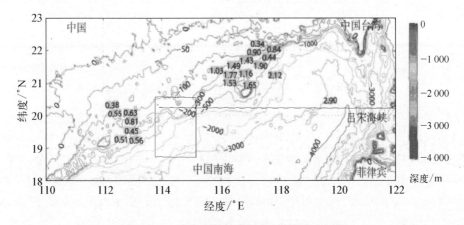

图 2.3.3　南海北部等高线图（甘锡林，2007）

我们利用已建立的内孤立波演化模型，研究了发源于吕宋海峡的内孤立波传播至白云凹陷区域的特征。采用的地形是沿着北纬 20.4° 纬线的地形剖面（见图 2.3.4），起

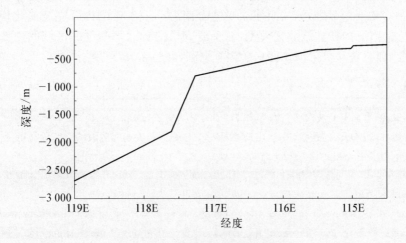

图 2.3.4　计算所用的地形剖面图

点在吕宋海峡西口的（20.4°N，119°E），对应于图 2.3.4 中的原点。初始波形为 $\zeta(x,0)=-A_0\,\mathrm{sech}^2(x/l)$，现有资料调研表明南海内孤立最大波高约为120 m，模拟的初始波高 A_0 取该值。演化过程中，内孤立波的波形变化如图 2.3.5 所示。

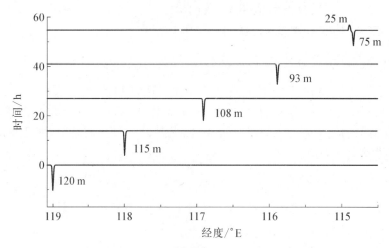

图 2.3.5　南海实际环境条件下内孤立波演化结果

从图 2.3.5 可见，发源于吕宋海峡的内孤立波在从深海向浅海演化的过程中，其下凹的波形逐渐向上凸的波形转化，下凹波高逐渐衰减，上凸波形逐渐显现。传播一段距离（本文南海北部的环境条件下为 350 km，约在东经 116.5°E）后，发生分裂现象，产生一长列内孤立波串。当传播 400 km（约在东经 115°E）后，内孤立波到达白云凹陷油气藏，此时其下凹波高最大可达 75 m，同时出现了上凸波形，上凸波高达到了 25 m。

2.3.4　结论

利用南海内孤立波实测数据，通过数值实验，验证并确定了变浅效应项、海底摩擦项和耗散效应项的形式，并且确定摩擦系数在 $7.3\times10^{-4}\sim9.2\times10^{-4}$ 之间，耗散效应系数在 0.02～0.1 之间，从而建立了适合南海环境条件的内孤立波演化模型。应用所建立的南海内孤立波演化模型，初步研究了白云凹陷油气藏区域的内孤立波特征，得到内孤立波从吕宋海峡西口传播至白云凹陷后，其下凹波高可达 75 m 的结论。

参考文献

[1]　李家春. 水面下的波浪——海洋内波[J]. 力学与实践，2005(2)：1-6.

[2]　甘锡林，黄韦艮，杨劲松，等. 利用多源遥感卫星数据研究南海内波的时空分布特征[J]. 遥感技术与应用，2007(2)：242-246.

[3]　Yuan Y T, Li J C, Cheng Y L. Validity ranges of interfacial wave theories in a two-layer fluid system[J]. Acta Mechanica Sinica, 2007(6)：597-607.

[4]　Small J. A nonlinear model of the shoaling and refraction of interfacial solitary waves in the ocean. Part I: development of the model and investigations of the shoaling effect[J]. Journal of Physical Oceanography, 2001(11)：3163-3183.

［5］ Liu A. K., Chang Y. S., Hsu M. K., et al. Evolution of nonlinear internal waves in the East and South China Seas[J]. Journal of Geophysical Research: Oceans (1978 - 2012), 1998, 103(C4): 7995 - 8008.

［6］ Holloway P E, Pelinovsky E, Talipova T. A Generalised Korteweg-de Vries model of internal tide transformation in the coastal zone[J]. Journal of Geophysical Research, 1999 (c8): 18333 - 18350.

［7］ Duda T F, Lynch J F, Irish J. D. et al. Internal tide and nonlinear internal wave behavior at the continental slope in the northern South China Sea [J]. IEEE Journal of Oceanic Engineering, 2004(4): 1105 - 1131.

［8］ Ramp S R, Tang T Y, Duda T F, et al. Internal solitons in the northeastern South China Sea Part I: Sources and Deep Water Propagation[J]. IEEE Journal of Oceanic Engineering, 2004(4): 1157 - 1181.

2.4　深水半潜式钻井平台关键部位的波浪载荷敏感性分析

2.4.1　引言

随着我国深海油气田的勘探开发,深水半潜式平台关键技术研究成为国内海洋工程领域的研究热点,其中包括系泊特性与水动力性能[1, 2],结构强度与疲劳寿命分析[3, 4]等研究。深海平台管节点的疲劳问题是发生结构失效的重要问题[4-6],对于不存在复杂管节点的深水半潜平台,总体强度和关键部位的局部强度成为确保结构安全的关键因素,并且完整的总体强度和冗余强度分析也是申请入级的关键[7, 8]。

根据 ABS 和 DNV 的海上移动式平台规范[7, 9, 10]以及集装箱船波浪载荷直接计算的搜索方法,采用频率步长 0.05 rad/s、浪向步长 15°进行总体强度分析的波浪搜索。考虑到目标平台是我国第一艘拥有自主知识产权的第六代半潜式钻井平台,对于第六代半潜平台研究还不充分,并且由于连接平台主体结构的关键部位是控制平台结构强度的关键因素,所以进行关键部位的波浪载荷敏感性分析具有重要的工程实用价值。危险组合工况下对波浪载荷的敏感性关系到基于总体强度分析的波浪搜索及边界条件的局部强度分析的合理性和可信度;另外可为疲劳强度分析关键节点的筛选提供参考。

现根据总体强度分析结果,选取两个典型工况进行关键部位波浪频率和浪向的敏感性分析,为总体强度分析的波浪载荷搜索、局部强度分析和疲劳分析节点选取提供了理论依据。

2.4.2　波浪载荷分析理论

平台总体强度在满足百年一遇的海况设计时,根据文献[8]总体强度分析时可以不考虑风、海流的作用,只考虑波浪载荷的作用,因此准确计算平台遭受的波浪载荷成为平台结构强度分析的关键。

1) 波浪载荷计算

波浪诱导载荷与运动采用线性势流理论计算,假设流体是均匀、不可压缩、无旋的理想流体,在引入微幅波假设后,根据拉普拉斯方程、水底条件、物面条件、线性化的自由表面条件和初始条件,首先求得无航速的入射波速度势

$$\phi_{\mathrm{I}} = \frac{Ag}{\omega} \cdot \frac{\cosh k(z+H)}{\cosh kH} \mathrm{Im}(\mathrm{e}^{i[\omega t - k(x\cos\beta + y\sin\beta)]}) \tag{1}$$

式中: A 为遭遇波浪的波幅; ω 为遭遇波浪频率; β 为浪向角; k 为波数; H 为水深。

根据入射波速度势得到二维波面方程

$$\eta(x,\ y,\ t) = -\frac{1}{g} \cdot \frac{\partial \phi_{\mathrm{I}}(x,\ y,\ 0,\ t)}{\partial t} = A \cdot \mathrm{Re}(\mathrm{e}^{i[\omega t - k(x\cos\beta + y\sin\beta)]}) \tag{2}$$

流场中的速度势 Φ 满足拉普拉斯方程

$$\Delta \Phi = 0 \tag{3}$$

简谐变化的速度势写成

$$\Phi = \mathrm{Re}(\phi \mathrm{e}^{i\omega t}) \tag{4}$$

线性速度势 ϕ 可以分解为

$$\phi = \phi_0 + \phi_{\mathrm{R}} + \phi_{\mathrm{D}} \tag{5}$$

式中: 入射势 $\phi_0 = \dfrac{iAg}{\omega} \cdot \dfrac{\cosh k(z+H)}{\cosh kH} \mathrm{e}^{-ik(x\cos\beta + y\sin\beta)}$,假设平台在平衡位置附近做微幅的简谐摇荡运动,则辐射势可写为 $\phi_{\mathrm{R}} = i\omega \sum_{j=1}^{6} \xi_j \phi_j$, $\xi_j (j=1,\cdots,6)$ 为平台六个自由度的摇荡运动的幅值; ϕ_{D} 为绕射势,表示平台的存在对入射波流场的扰动,相应的定解问题为绕射问题[11]。

求得速度势后就可得到平台湿表面的水动压力

$$p = -\rho \frac{\partial \phi}{\partial t} \tag{6}$$

水动力载荷可以是指定截面的力、弯矩和指定点单位质量的惯性力,响应表示为

$$R(\omega,\ \beta,\ t) = A \cdot \mathrm{Re}[|H(\omega,\ \beta)| \mathrm{e}^{i(\omega t + \theta)}] \tag{7}$$

式中: $H(\omega,\ \beta)$ 为单位波幅下的响应,即载荷的传递函数, $|H(\omega,\ \beta)|$ 为传递函数幅值; θ 为某时刻载荷响应与入射波之间的相位差。

2) 线性载荷谱分析

平台运动与载荷的谱分析、短期和长期预报建立在以下三个基本假设基础上:平台视为时间恒定的线性系统;认为波浪和平台运动是各态历经的平稳随机过程;风浪和平台响应视为窄带谱。平台这个线性系统的水动力载荷的响应谱为

$$S_R(\omega) = S(\omega)_\eta |H(\omega,\ \beta)|^2 \tag{8}$$

式中: $S_R(\omega)$ 为响应谱密度函数; $H(\omega,\ \beta)$ 为传递函数; $|H(\omega,\ \beta)|^2$ 为响应幅值;

$S_\eta(\omega)$为波浪谱密度函数。

3）短期预报

短期海况波浪幅值及波浪诱导载荷幅值符合 Rayleigh 分布，Rayleigh 分布概率密度函数为

$$f(x) = \frac{x^2}{4\sigma_x^2}\exp\left(-\frac{x^2}{8\sigma_x^2}\right) \tag{9}$$

式中：$m_0 = \int S_R(\omega)\mathrm{d}\omega$ 为响应谱的 0 阶矩；$\sigma_x = \sqrt{m_0}$ 为响应谱的均方根。

4）长期预报

波浪诱导运动和载荷可以看做是很多短期 Rayleigh 分布的加权和，采用二参数的 Weibull 分布来拟合载荷的长期分布[12]

$$F_{\mathrm{L}}(x) = 1 - \exp\left(-\frac{x}{q}\right)^h \tag{10}$$

式中：q 为尺度参数(Scale Parameter)；h 为形状参数(Slope Parameter)。

响应值是 x 时，超越概率为

$$Q(x) = 1 - F_{\mathrm{L}}(x) \tag{11}$$

2.4.3　半潜平台总体强度有限元分析

目标平台是国内第一座第六代半潜式钻井平台，甲板变载能力 9 000 t，配备 DPS‐3 辅助动力定位系统。工作海域为中国南海，作业水深 3 000 m，波浪谱采用 Jonswap 谱，波陡参数生存工况取 2.4，工作工况取 2.0。

总体强度分析的设计装载工况包括自存工况、作业工况 1、作业工况 2 和作业工况 3，危险海况波浪搜索采用的水动力载荷包括横向分离力、中横剖面垂向弯矩、中纵剖面扭矩、中纵剖面垂向剪力、甲板单位质量横向惯性力、甲板单位质量纵向惯性力。根据上述 6 个水动力载荷响应最大的原则分别得到各个装载工况的 6 个危险波浪工况。

危险海况波浪搜索的浪向区间是 0°～180°，步长是 15°；波浪频率区间是 0.1～1.5 rad/s，步长是 0.05 rad/s。

设计波参数包括波浪浪向、波频、入射波相位和等效规则波波幅，根据式(7)计算得到各水动力载荷的不同浪向下的传递函数，传递函数幅值峰值对应的波浪为危险波浪，可以确定浪向、波频和相位；根据式(7)和式(11)可以确定设计波等效波波幅。

总体强度分析的外载荷为静水载荷与波浪载荷的组合，即强度分析的计算工况为静水工况与波浪工况的组合工况。计算结果表明：所有装载工况下横撑的最大等效应力全部出现在最大水平扭转状态，上部结构、立柱和浮箱的最大值出现在最大水平扭转状态或最大纵向剪切状态，最大水平扭转状态和最大纵向剪切状态是总体强度分析的关键计算工况；而且自存工况和作业工况 3 两种装载工况下的平台主体结构总体应力水平高于其他两个装载工况，选取这两个装载条件下的两个典型的组合工况进行波浪频率和浪向的敏感性分析，两个典型工况的设计波参数见表 2.4.1。

表 2.4.1　总体强度分析典型工况的设计波参数

装载工况	波浪工况	浪向/(°)	波频/(rad/s)	波幅/m	相位/(°)
自存工况	纵向剪切	90	0.85	3.71	72.76
	水平扭转	120	0.80	4.09	−15.88
作业工况3	纵向剪切	90	0.85	3.62	80.07
	水平扭转	120	0.85	4.05	−4.99

2.4.4　敏感性分析

根据总体强度分析结果选取平台的高应力区,位于立柱外板上方的四个连续舱壁相交且位于双层底之间的区域 1 和位于立柱外板与浮箱中纵舱壁交接处的区域 2,并且上述区域都是主体结构连接部位,见图 2.4.1。

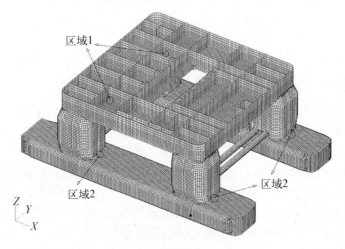

图 2.4.1　分析部位示意图

以下图 2.4.2～图 2.4.9 和表 2.4.2～表 2.4.5 中的部位 1 和部位 2 分别指区域 1 和区域 2 中最大的 Von Mises 应力(等效应力)所在的位置。

1) 频率敏感性分析

敏感性分析的波浪频率为两个典型工况对应的波浪频率临近的±0.03 rad/s 范围,目的是研究波长变化对关键部位等效应力变化的影响,浪向、波幅和相位见表 2.4.1。

(1) 自存工况。

两个典型状态下最大等效应力随波浪频率的变化曲线见图 2.4.2～图 2.4.3。两个部位在一系列波浪频率的组合工况下的等效应力数据统计见表 2.4.2,分析可知位于区域 2 的关键部位对波浪频率的敏感性高于位于区域 1 的关键部位,最大水平扭转状态下两个关键部位对波浪载荷的敏感性都高于最大纵向剪切状态。

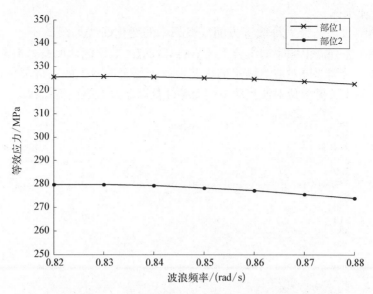

图 2.4.2 自存工况纵向剪切最大等效应力曲线

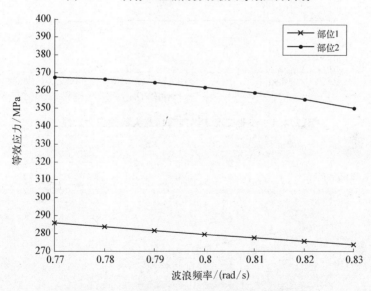

图 2.4.3 自存工况水平扭转最大等效应力曲线

表 2.4.2 两个关键部位波浪频率敏感性数据统计

组合工况	位　置	最大值 /MPa	均值 /MPa	标准差	应力 变幅/%
最大纵向 剪切状态	部位 1	325.8	324.8	1.2	0.77
	部位 2	279.9	277.8	2.3	1.62
最大水平 扭转状态	部位 1	286.0	279.6	4.4	2.33
	部位 2	367.6	360.6	6.3	3.23

（2）作业工况 3。

两个典型状态下最大等效应力随波浪频率的变化曲线见图 2.4.4～图 2.4.5。两个部位在一系列波浪频率的组合工况下的等效应力数据统计见表 2.4.3,分析可知位于区域 2 的关键部位对波浪频率的敏感性高于位于区域 1 的关键部位,最大水平扭转状态下两个关键部位对波浪载荷的敏感性都高于最大纵向剪切状态。

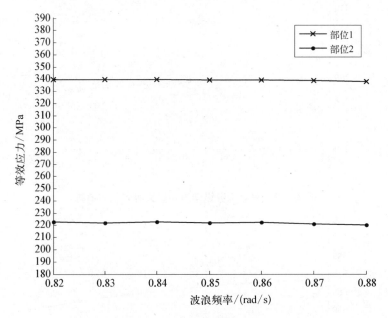

图 2.4.4　作业工况 3 纵向剪切最大等效应力曲线

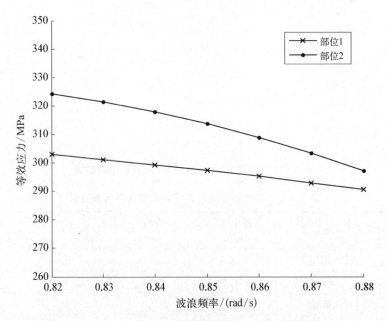

图 2.4.5　作业工况 3 水平扭转最大等效应力曲线

表 2.4.3　两个关键部位浪向敏感性数据统计

组合工况	位　置	最大值/MPa	均值/MPa	标准差	应力变幅/%
最大纵向剪切状态	部位1	339.8	339.2	0.6	0.35
	部位2	222.9	221.8	1.0	0.72
最大水平扭转状态	部位1	303.0	297.1	4.5	2.29
	部位2	324.3	312.4	9.9	5.32

2) 浪向敏感性分析

浪向敏感性分析的浪向为两个典型工况浪向临近的±10°,目的是研究浪向变化对关键部位等效应力变化的影响。波浪频率、波幅和相位见表 2.4.1。

(1) 自存工况。

两个典型状态下最大等效应力随浪向的变化曲线如图 2.4.6～图 2.4.7 所示。两个部位在一系列浪向的组合工况下等效应力数据统计如表 2.4.4 所示,分析可知位于区域 2 的关键部位对波浪频率的敏感性高于位于区域 1 的关键部位,最大水平扭转状态下位于区域 2 的关键部位对波浪载荷的敏感性高于最大纵向剪切状态。

(2) 作业工况 3。

两个典型状态下最大等效应力随浪向的变化曲线如图 2.4.8～图 2.4.9 所示。两个部位在一系列浪向的组合工况下等效应力数据统计如表 2.4.5 所示,分析可知位于区域 2 的关键部位对波浪频率的敏感性高于位于区域 1 的关键部位。

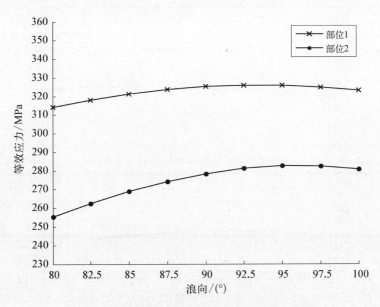

图 2.4.6　自存工况纵向剪切最大等效应力曲线

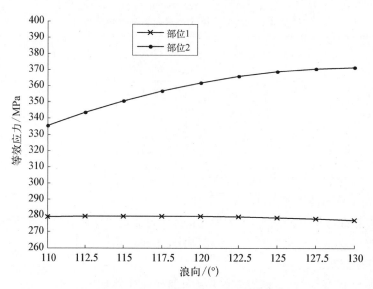

图 2.4.7　自存工况水平最大水平扭转等效应力曲线

表 2.4.4　两个关键部位浪向敏感性数据统计

组合工况	位　置	最大值/MPa	均值/MPa	标准差	应力变幅/%
最大纵向剪切状态	部位 1	326.0	322.5	4.0	3.41
	部位 2	282.6	274.0	9.8	8.30
最大水平扭转状态	部位 1	279.6	278.9	0.8	0.82
	部位 2	371.3	358.3	12.7	7.29

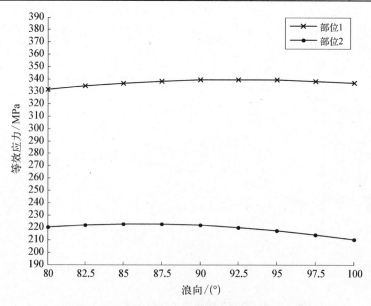

图 2.4.8　作业工况 3 纵向剪切最大等效应力曲线

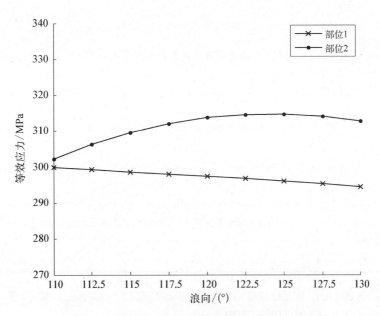

图 2.4.9　作业工况 3 水平扭转最大等效应力曲线

表 2.4.5　两个关键部位浪向敏感性数据统计

组合工况	位　置	最大值/MPa	均值/MPa	标准差	应力变幅/%
最大纵向剪切状态	部位 1	339.7	337.3	2.6	2.24
	部位 2	223.0	219.2	4.3	5.09
最大水平扭转状态	部位 1	300.0	297.4	1.8	0.94
	部位 2	314.8	311.2	4.3	3.66

2.4.5　结论

通过本文的计算及数据分析可以得到如下结论：

（1）连接平台主体结构的两个典型连接部位对波浪频率和浪向的敏感性不高，使用频率步长 0.05 rad/s 和浪向间距 15°搜索危险海况的方法可以满足总强度分析要求，并且可以将总体强度分析结果作为局部强度分析的输入条件。

（2）立柱与浮箱的连接部位对波浪载荷的敏感性高于位于连接上部结构与立柱的连接部位，前者位于将波浪载荷从浮箱传递至立柱及上部结构的载荷传递路径上，承受较大的交变载荷；最大水平扭转状态下两个关键部位对波浪频率的敏感性不低于最大纵向剪切状态。

（3）平台主体结构的连接结构是控制结构强度的关键部位，也是疲劳强度分析的关键部位，疲劳强度分析应重点关注位于波浪载荷传递路径上的立柱与浮体的连接结构以及可能承受较大交变载荷的横撑与立柱的连接结构。

参考文献

［1］ 陈新权,谭家华.基于迎浪中垂荡响应最小化的超深水半潜式平台型式优化[J].上海交通大学学报,2008,42(6):934-938.

［2］ 张威,杨建民,等.深水半潜式平台模型试验与数值分析[J].上海交通大学学报,2007(9):1429-1434.

［3］ 梁园华,郑云龙,等.BINGO 9000 半潜式钻井平台结构强度分析[J].中国海洋平台,2001,16(5-6):21-26.

［4］ 马网扣,王志清,等.深水半潜式钻进平台节点疲劳寿命谱分析研究[J].海洋工程,2008,26(3):1-8.

［5］ Y H Luo, R Lu, J Wang. Time Domain fatigue Analysis for Critical Connections of Truss Spar [C]. Proc of the Eleventh (2001) International offshore and Polar Engineering Conference, 1: 362-368.

［6］ Luo MYH, Wang JJ. Spar topsides-to-hull connection fatigue — Time domain vs. frequency domain [C]. ISOPE-2003, 1: 280-284.

［7］ Rules for Building and Classing Mobile Offshore Drilling Unit [S]. ABS, 2008.

［8］ Column-stabilized Units [S]. DNV, 2005.

［9］ Fatigue Methodology Offshore Ships [S]. DNV, 2005.

［10］ Spectral-based Fatigue Analysis for Floating Offshore structures [Z]. ABS, 2005.

［11］ 刘应中,缪国平.船舶在波浪上的运动[M].上海：上海交通大学出版社,1986.

［12］ Interactive Postprocessor for General Response Analysis [M]. DNV, 2004.

3 平台水动力性能分析

〉〉〉〉〉

3.1 水动力分析在海洋结构物
设计中的应用

3.1.1 引言

众所周知,外载荷、结构响应和强度标准是评定海洋结构物(舰船与海洋工程结构)安全的三个相互关联的重要因素。其中,合理地确定载荷是正确评定结构安全性的基础和关键。舰船与海洋工程结构在其寿命期内将遭受的外力主要有结构自重、环境载荷、作业载荷和偶然性载荷。其中,环境载荷中的波浪载荷是所有外载荷中最为复杂、最关键的载荷。人们对舰船与海洋工程结构所受的波浪载荷,进行了长期的研究,并形成了经验公式、数值预报与模型试验三种技术手段[1]。

数值预报波浪载荷是借助于水动力理论及其分析软件。一般来说,小尺度结构,即直径小于波长的五分之一,可采用半理论半经验的莫里森方程估算其波浪载荷。然而,对大尺度浮体结构而言,早期一直是采用将浮体静置于某个特定的规则波上的做法。直至1955年切片理论[2]问世之后,其波浪载荷的计算才开始建立在理论分析的基础上。目前,大尺度浮体结构波浪载荷的数值预报是基于水动力分析理论。该理论方法经过几十年的发展已日臻成熟,并有了长足的发展,从二维到三维、从线性到非线性、从频域法到时域法等都取得了重大突破[3]。随着计算机技术的发展,基于三维水动力理论的水动力分析软件逐步取代二维切片法,已成为当今海洋结构物设计的主流。

水动力分析可获得海洋结构物在波浪中的运动、特征剖面上的载荷和湿表面的水动压力三类响应。

运动响应可用于耐波性分析、砰击压力预报、上浪分析以及惯性力计算等方面。

特征剖面上的载荷响应用于结构物的总体强度分析。不同的海洋结构物,所关注的特征剖面上的载荷响应也有所不同。例如,关注"船"形浮体的横向剖面的剪力、弯矩、扭矩等。关注半潜式平台的纵中剖面的水平分离力、纵向剪力和扭矩等。

湿表面的水动压力响应是舱段与全船有限元分析及其疲劳分析中必不可少的载荷参数。

本文旨在阐述三维水动力分析的几种理论和适用范围基础上,着重介绍典型水动力分析软件,并附应用实例以供参考。

3.1.2 水动力分析的主要方法

水动力分析的目的是研究浮体在海浪中的动态响应。海浪是各态历经的平稳随机过程,由无限多个频率不等、方向不同、振幅变化,而且相位杂乱的简谐微幅波叠加而成。按照 St. Denis 和 Pierson 理论[4],浮体在海浪中的响应是线性的,可用谱密度来描述其随机性。所以,浮体在随机不规则波中的响应谱可以由单位波幅波中的响应(传递函数)和海浪谱来确定。由此可知,浮体在规则波中响应的分析是它在随机不规则海浪中响应分析的基础。

水动力分析中,通常假定浮体所处的海洋是均匀、不可压缩、无黏和无旋的理想流场。因而,流场的速度势满足拉普拉斯方程,并满足流场自由表面和底部条件、浮体物面条件以及初始条件与辐射条件。数学求解浮体水动力的困难在于完全满足上述条件非线性定解问题。为此,人们引入了一定的假定并进行了简化,形成了水动力分析理论。

按照流场的简化程度,可分为二维切片理论、二维半理论和三维理论;按照是否考虑浮体与流场的耦合效应,可分为刚体理论和水弹性理论[5];按照格林函数的表达形式,可分为自由面格林函数法和简单格林函数法(Rankine 源法);按照航速又可分为零航速、低航速和全航速理论;按照是否考虑非线性因素,可分为线性理论和非线性理论;按照求解域的不同,可分为频域分析法和时域分析法。这些的不同组合,逐渐形成一系列不同的水动力分析方法。然而,工程广泛采用的是基于刚体假设的三维水动力分析方法,主要是:三维线性零航速频域理论,三维线性低航速频域理论和三维非线性全航速时域理论。

1) 三维线性零航速频域理论

三维线性零航速频域理论是目前最为成熟的。假定浮体在微幅波上运动,则非线性而位置不确定的自由面条件可展开成一阶自由面条件;满足流体不可渗透湿表面物面条件可展开成一阶物面条件,从而略去二阶和更高阶小量。而且,认为波浪与浮体之间的相互作用已经持续了相当长的时间,即入射波的初始扰动和浮体初始动荡的影响不予考虑,流场运动已达到稳态。这样,入射波为简谐的,则浮体的响应也是简谐的,两者只有相位差,因而,可以在频域内求稳态解。

三维水动力理论在流场描述上较二维切片理论更为合理,不但可以预报浮体的六自由度运动响应和特征剖面载荷,而且可以获得较二维切片理论更为准确的湿表面水动压力分布[6],可为舰船与海洋工程结构直接强度分析提供更为精确的外载荷,进而为改善结构强度分析精度奠定基础。

当然,三维水动力理论在计算效率上远低于二维切片理论,主要耗时在两个方面:一是格林函数及其诱导速度的计算;另一个是以分布源强为未知数的线性方程组的求解。随着湿表面网格数的增加,两方面的计算工作量都将显著增大。因而,在三维水动力理论发展初期,计算效率一直是限制其在工程应用上的瓶颈。而后,大型线性方程组的求解技术取得了突破,迭代求解技术的应用解决了采用高斯消去法求解超大型线性方程组时极为耗时的问题。特别是随着计算机技术迅猛发展,该理论在 21 世纪初,开始得以广泛应用,逐成为水动力分析的标准工具。

　　2) 三维线性低航速频域理论

　　为了解决有航速舰船水动力分析的迫切需要,人们在线性零航速频域理论中引入了"高频低速"假定。该假定认为:波浪频率不太低,船舶航速不太高,同时不计定常兴波势的影响。这时,流场速度势的定解条件与零航速浮体运动流场速度势的定解条件具有相同的形式,只是自由面条件中需用遭遇频率代替自然频率。"高频低速"假定最初主要应用于二维切片理论之中,之后该假定迅速拓展到三维水动力理论中,形成了三维线性低航速频域理论。

　　由于三维线性低航速频域理论流场速度势的定解条件与零航速流场速度势的定解条件一致,因而该理论的计算工作量与三维线性零航速频域理论相当,相对于三维全航速时域理论具有相当高的计算效率优势。

　　理论上讲,这种理论对于高速船是不适用的。然而,Blok 和 Beukelman[7]的研究表明,在傅汝德数高达 0.57～1.4 时,该理论预报的船舶垂荡和纵摇响应仍然是令人满意的。经过对高速船附加质量和阻尼系数的理论计算和试验对比,Keuning[8]发现低航速理论对水动力系数准确预报的傅汝德数可达 0.57。如果考虑到实际船舶吃水的变化,该理论预报的水动力系数在弗劳德数高达 1.4 时仍然是可用的。可见,这种理论对常规型的排水式舰船还是适用的。

　　3) 三维非线性全航速时域理论

　　上述两种理论都基于线性理论,在入射波波幅及浮体运动都较小的前提下,业已证明预报浮体运动及波浪载荷的有效性。然而,大量的模型试验和实船测量结果表明,大外飘浮体在大幅波浪中的运动和波浪载荷,呈现明显的非线性特性。

　　在势流理论范畴内,波浪与浮体相互作用的非线性主要来自三个方面:

　　(1) 流体压力表达式中的速度平方项;

　　(2) 浮体运动瞬时湿表面的变化;

　　(3) 自由面的非线性。

　　根据对上述非线性因素考虑的程度,非线性水动力的研究方法可分为四个层次:

　　(1) 一阶理论:水动力计算中仅考虑一阶势对二阶力的贡献;

　　(2) 二阶理论:求解二阶势,在二阶的意义上完整地考虑二阶力(一阶理论和二阶理论都假定浮体绕其平衡位置作微幅运动);

　　(3) 物面非线性理论:自由面线性,物面条件在瞬时湿表面满足;

　　(4) 全非线性理论:完全满足非线性自由面和物面条件。

　　时域全非线性理论对计算机容量和速度的要求十分巨大,该理论模型很难短期内在工程上得到实际应用。同时大量的研究表明[9],水动力的非线性主要来自物面形状和法向及位置的变化,自由面条件非线性的贡献次之。这为利用物面非线性理论研究浮体运动和载荷的非线性问题提供了根据。物面非线性理论相对于前者计算量要小得多,同时考虑的非线性因素也能够满足工程需要。

　　根据格林函数表达形式的不同,物面非线性理论包含两类方法:自由面格林函数方法和 RANKINE 源方法。

在基于自由面格林函数方法的三维非线性时域理论中,流场速度势自动满足三维线性自由面条件,考虑了物面非线性引起的非线性流体静力和波浪主干扰力。该理论既考虑了对工程分析有意义的主要非线性因素,又具有较高的计算效率。然而,该理论分析中存在着几个问题:一是处理有航速问题时积分方程会出现难以数值处理的水线积分项,通常的做法是忽略该项的贡献;二是用分布源模型求时域解时,不论是有否航速,对于外飘非直壁船型,会发生分布源密度振荡发散的现象,使得数值计算无法进行下去;三是时域模型中定常势的处理方法还不完善;四是仅满足线性自由面条件,就无法考虑自由面非线性因素。

基于 RANKINE 源方法的三维非线性时域理论是在物面和自由面上都分布奇点的一种计算方法。与自由面格林函数方法相比,该方法在分布奇点计算上较为简单,并可将自由面非线性和定常势的影响考虑进去。然而,该理论在实船预报中也存在着几个难点:一是需要在自由面上分布奇点,网格数目大概是自由面格林函数方法的两倍,因而计算量较为庞大;二是需要采用数值海岸来满足远方辐射条件,数值海岸的宽度和强度的确定较为困难,同时也增加了计算工作量;三是在某些短波情况下数值稳定性较差,须采取低通滤波方法加以解决。

此外,采用时域方法求解浮体六自由度运动响应时存在数值发散的共性问题。发生这种现象的根本原因是浮体的纵荡、横荡和艏摇运动不存在恢复力,因而在时域内数值求解时产生漂移。为此,许多学者提出了基于物理上和数学上的处理方法[10-12]。

4) 不规则波统计预报理论

前面所述的几种水动力理论都是基于规则波的。而水动力分析的最终目的还是以规则波中的响应为基础,采用谱分析方法,确定浮体在给定时间内运行于实际随机海浪中的响应统计值。

按照统计时间的长短,浮体在不规则波中响应的统计预报可分为短期预报和长期预报。短期预报是指统计时间在半小时到数小时之间。在此期间,浮体的装载、航速、航向以及海况条件均可以假定不变化。此时,浮体运动与波浪载荷幅值的短期响应服从 Rayleigh 分布。这样可得到浮体运动与波浪载荷的各种短期统计值,如均值、有义值、最大值等。长期预报是指统计时间在一年或更长时间。在此期间,浮体装载、航速、航向以及海况条件都是变化的,不再是平稳随机过程。通常,长期预报可以作为一系列短期平稳随机过程的组合来处理。结合波浪散布图,长期预报可以获得浮体在给定超越概率水平下的运动与波浪载荷长期极值。

3.1.3 典型的分析软件

随着三维水动力理论的日臻完善,世界上主要船级社和某些科研院校相继开发了相应的水动力分析软件。较为典型的有以下几种。

挪威船级社的 SESAM/WADAM[13],美国麻省理工学院的 WAMIT,美国 Ultramarine 公司的 MOSES 等——基于三维线性零航速频域理论;

法国船级社的 HydroStar——基于三维线性低航速频域理论;

挪威船级社的 SESAM/WASIM,美国麻省理工学院的 SWAN,美国海军的 LAMP,美国船级社的 NLOAD3D 等——基于三维非线性全航速时域理论。

1) SESAM/WADAM 程序

SESAM/WADAM 程序的核心模块,源自 WAMIT 程序,挪威船级社在其基础上加入了适用于小尺度结构波浪载荷计算的莫里森方法。为了便于软件的使用,挪威船级社还开发了具有图形用户界面的前置处理程序 HydroD,可非常方便地进行水动力分析参数的定制(见图 3.1.1)。WADAM 分析结束后,还可直接调用后置处理程序 POSTRESP,完成浮体在不规则波中响应的短期预报和长期预报。

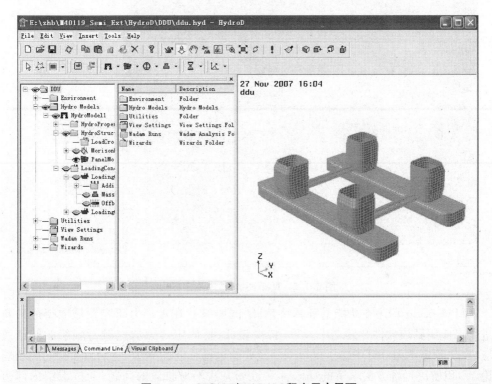

图 3.1.1　SESAM/WADAM 程序用户界面

近年来,SESAM/WADAM 程序为解决工程实际问题作了很多努力。为了计及"船"形浮体横摇运动的黏性阻尼效应,该程序提供了输入临界阻尼和定义横摇阻尼模型两种处理方式;为了节省计算时间,可根据浮体几何对称性简化计算;通过定义莫里森模型,计算小尺度结构的波浪载荷;可根据网格数多少,选择合适的线性方程组求解方法;根据特定需求,人工输入质量、阻尼和刚度矩阵;采用扩展的边界积分方法去除不规则频率现象;二阶定常力计算有近场方法和远场方法可供选择。特别是 SESAM/WADAM 程序可与 SESAM/SESTRA 程序(结构分析程序)无缝衔接,自动完成波浪载荷的加载,可节省大量的手工加载工作。

2) HydroStar 程序

HydroStar 程序专家版是基于 DOS 界面开发的,为了便于中国用户的使用,法国船级社新近又发布了具有中文图形用户界面的 HydroStar 版本（见图 3.1.2）。HydroStar 程序既可以采用内置模块 AMG 进行浮体湿表面网格划分，也可以采用通用建模工具 PATRAN 来完成该项工作。浮体在不规则波中响应的长、短期预报可通过 FATA 模块完成。

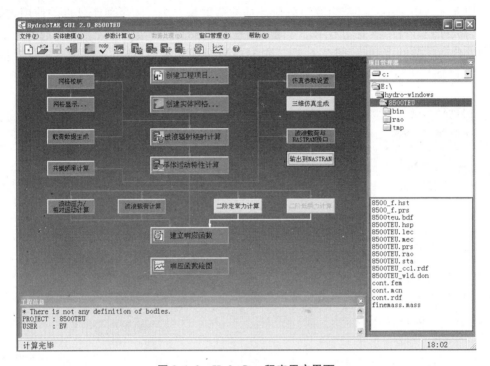

图 3.1.2 HydroStar 程序用户界面

HydroStar 程序在功能上别具特色，法国船级社在水动力研究领域取得的最新进展已应用到该软件开发之中。采用"高频低速"假定考虑低速航行舰船的航速效应；在二阶定常力计算中除了可以采用经典的远场和近场方法，还采用独特的中场理论[14]，以解决远场方法求解的局限性和近场方法不易收敛的问题；通过求解内部边值问题考虑舱内液货运动对浮体运动的影响；采用时域分析法解决了大外飘集装箱船的参数横摇预报问题；在起重船水动力分析中也考虑了吊重物体的悬摆效应；并可计及波流相互干扰效应。此外，HydroStar 程序还针对目前广泛应用的有限元分析软件 NASTRAN 建立了波浪载荷自动加载接口。

3) SESAM/WASIM 程序

SESAM/WASIM 程序[15]的格林函数采用 RANKINE 源形式。该程序源自美国麻省理工学院的 SWAN 程序，挪威船级社在此基础上作了很多实用化开发。SESAM/WASIM 程序具有友好的图形用户界面（见图 3.1.3），可非常方便地进行几何建模和分析参数定制。该程序还包含傅里叶变换模块，可方便地把时域分析结果转换为频域结果，进而调用 POSTRESP 程序完成浮体在不规则波中的统计预报。

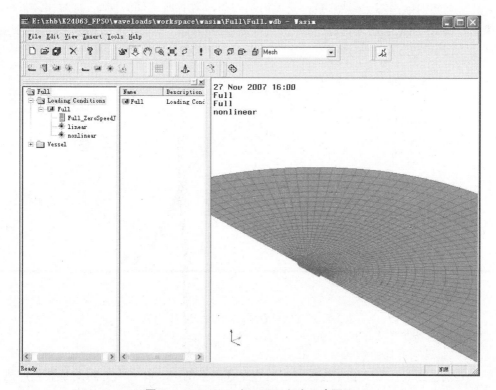

图 3.1.3   SESAM/WASIM 程序用户界面

SESAM/WASIM 程序不但可以考虑流体压力表达式中的速度平方项和瞬时物面两项非线性因素,还可以考虑任意航速效应。另外,该软件在处理时域非线性分析中的几个难点也作了卓有成效的工作。可以根据需要选择 Neuman 方法或叠模理论求解定常势,以满足对数值精度和数值稳定性的不同要求;可选取采用一阶显式欧拉法或二阶梯形蛙跳法离散自由面条件,以满足不同网格划分尺度和航速时的数值收敛要求;采用数值海岸模拟远方辐射条件,以吸收计算产生的多余波能,以免对计算结果产生不利影响;采用人工弹簧和自动舵两种数学模型解决浮体纵荡、横荡和艏摇运动的漂移问题。此外,同 SESAM/WADAM 程序一样,SESAM/WASIM 程序也建立了与 SESAM/SESTRA 程序的波浪载荷自动加载接口,可满足基于非线性波浪载荷的全船有限元分析的需要。

3.1.4   应用实例

前面所述的三类水动力分析理论及软件的本质差别在于对航速效应和非线性因素有不同的考虑。下面就结合实例分别对航速效应和非线性因素加以分析。

1) 航速效应的影响

采用全航速理论对 VLCC 的波浪载荷进行了预报。图 3.1.4 给出了该船在弗劳德数 Fr 分别为 0.0,0.1,0.2 和 0.3 时垂向波浪弯矩长期极值沿船长的分布。由图可知,垂向波浪弯矩随航速的增大而增大。但在航速不高时(弗劳德数 0.2 以内)垂向波浪弯矩对航速不太敏感,只是最大值的剖面位置有所不同。因而,对航速较低的船舶,可以采用低航速理论(甚至零航速理论)进行预报,而对高速船则应采用全航速理论。

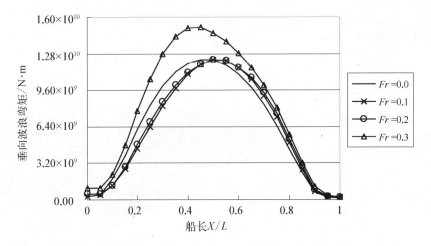

图 3.1.4　VLCC 垂向波浪弯矩沿船长分布

2) 非线性因素的影响

分别采用线性方法和非线性方法对直壁式船舷的 FPSO 和大外飘的集装箱船进行了波浪载荷预报。图 3.1.5 和图 3.1.6 分别给出了两船的船舯线性垂向波浪弯矩和非线性垂向波浪弯矩。由图可知,FPSO 船舯线性垂向波浪弯矩和非线性垂向波浪弯矩十分接近,差别在 2% 以内,工程上完全可以忽略其非线性因素影响;而集装箱船的差别较大,非线性效应十分显著,预报中必须予以考虑。

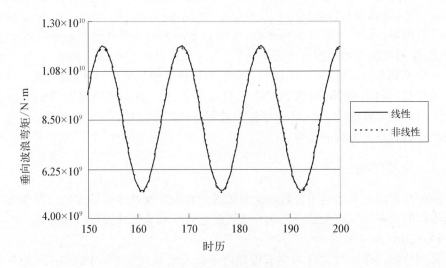

图 3.1.5　FPSO 船舯垂向波浪弯矩

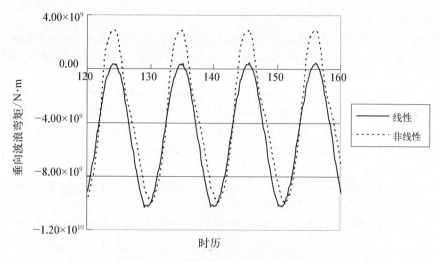

图 3.1.6　集装箱船船舯垂向波浪弯矩

3.1.5　结语

　　海洋结构物水动力分析应根据具体对象的航速与船型特征,选择恰当的水动力分析软件,以满足工程设计需要。研究表明:对无自航的海洋工程结构来说,三维线性零航速频域理论,可以满足工程计算精度的要求;对于航速不是很高、首尾线型变化缓和的船舶(如超大型油船、大型散货船、超大型矿砂船),可以采用三维线性低航速频域理论进行水动力分析工作;而对于具有高航速、大外飘的船舶(如集装箱船、大型舰艇),则有必要采用三维非线性全航速时域理论,以考虑航速效应和非线性因素的贡献。

参考文献

［1］　赵耕贤,2000.船体波浪载荷的响应预报[C].中国船舶工业集团公司第七〇八研究所科技论文集,2000:18-22.

［2］　Korvin-Kroukovsky, B. V. Investigation of ship motions in regular waves [M]. SNAME, 1955.

［3］　戴仰山,沈进威,宋竞正.船舶波浪载荷[M].北京:国防工业出版社,2007.

［4］　St. Denis, M. and Pierson, W. J. Jr. On the Motions of Ships in Confused Seas[J]. Trans. SNAME, 1953, 61:280-358.

［5］　Wu Y S. Hydroelasticity of floating bodies[D]. Brunel University, U. K. 1984.

［6］　张海彬.FPSO储油轮与半潜式平台波浪载荷三维计算方法研究[D].哈尔滨:哈尔滨工程大学博士学位论文,2004.

［7］　Blok J J, Beukelman W. The high-speed displacement ship systematic series hull forms — seakeeping characteristics[J]. Trans. SNAME, 1984. 92:125-150.

［8］　Keuning J A. Distributioin of added mass and damping along the length of a ship model at high forward speed[R]. Report No. 817-P, Ship Hydrodynamics Laboratory, Delft Univ. of Technology, the Netherlands, 1988.

［9］　段文洋.船舶大幅运动非线性水动力研究[D].哈尔滨:哈尔滨工程大学博士学位论

文,1995.

[10] Lin W M, Shin Y S, Chung J S, et al. Nonlinear predictions of ship motions and wave loads for structural analysis[C]. Proceedings of the international conference on offshore mechanics and Arctic Engineering. 1997.

[11] Toichi Fukasawa. On the numerical time integration method of nonlinear equations for ship motions and waves loads in oblique waves[C]. 日本造船学会论文集,第 167 号,1990.

[12] 秦洪德. 船舶运动与波浪载荷计算的非线性方法研究[D]. 哈尔滨工程大学. 2005.

[13] Veritas D N. Wave Analysis by Diffraction and Morison Theory(Wadam),Sesam User's Manual,2004.

[14] Chen X B. New formulations of the second-order wave loads, Rapp. Technique[C]. NT2840/DR/XC, Bureau Veritas, Paris (France), 2004.

[15] Veritas D N. Wave Loads on Vessels with Forward Speed [J], Sesam User's Manual, 2006.

3.2   3 000 米水深半潜式钻井 平台的运动性能研究

3.2.1   引言

半潜式钻井平台具有性能优良、抗风浪能力强、甲板面积大和装载量大、适应水深范围广等优点,因而成为实施海上深水油气田开发的必备装备之一。我国南海海域蕴藏着丰富的油气资源,目前在深水区已有了重大的油气发现,但受深水钻井装备的限制,深水开发进展较慢。为提高我国深水油气的开发能力,开展深水半潜式钻井平台的研究和开发是非常必要的。

为开发研制具有我国自主知识产权的深水半潜式钻井平台,我们开展了 3 000 m 深水半潜式钻井平台前期专题研究,典型深水半潜式钻井平台的运动性能分析是这一专题研究内容的一部分。对深水半潜式钻井平台的运动性能分析,我们应用三维势流理论,以挪威船级社的 SESAM 程序系统作为主要分析工具研究了目前在国外已投入使用的几种深水半潜式钻井平台的运动性能,并从运动性能这一角度对这几种深水半潜式钻井平台进行了比较,研究结果对于深水半潜式钻井平台船型的选择会有一定的参考价值。

3.2.2   半潜式钻井平台运动性能研究理论

1) 规则波中半潜式钻井平台的载荷与运动响应的计算原理

半潜式钻井平台由上部甲板、浮体、系泊系统和基础部分构成,其中浮体又分为立柱、连接横撑和下浮体三部分。当半潜式钻井平台在规则波浪场中承受波浪载荷作用时,波浪载荷的作用使其在波浪场中作振荡运动。对于一个在波浪场中微幅运动的大尺度结构物来说,波浪载荷对结构的作用可以分解为两部分:绕射作用和辐射作用。半潜式钻井平台承受的波浪载荷为波浪绕射载荷和辐射载荷的叠加载荷。

应用 SESAM 程序计算作用在浮体表面上的波浪载荷时,先采用该程序的前处理模块 PatranPre 建立浮体的三维水动力模型,再利用水动力分析模块 WADAM 进行波浪载荷计算。对于半潜式钻井平台,若下浮体采用圆柱横撑连接,则圆柱横撑可看作小尺寸结构物;对于小尺寸结构物,波浪的拖曳力和惯性力是波浪载荷的主要分量,所以波浪载荷用 Morison 公式计算。

当浮体在波浪中作六自由度运动时,由牛顿第二定律可以得到规则波浪场中浮体运动的控制方程[1]:

$$\sum_{j=1}^{6} m_{ij} \ddot{\eta}_{ij} + \sum_{j=1}^{6} C_{ij} \dot{\eta}_{ij} + \sum_{j=1}^{6} k_{ij} \eta_{ij} = \sum_{j=1}^{6} F_{ij} + F_m \quad (i = 1, 2, \cdots, 6) \tag{1}$$

式中:η_{ij},$\dot{\eta}_{ij}$、$\ddot{\eta}_{ij}$ 分别为浮体在 6 个自由度方向的位移、速度和加速度;m_{ij} 为浮体的实际质量和附加质量;C_{ij} 为作用在浮体上的势能阻尼和黏性阻尼;k_{ij} 为浮体刚度,包括静刚度;F_{ij} 为作用在浮体上的线性波浪力、黏滞阻力及其他载荷;F_m 为浮体、锚链及其他设备的自重。

2) 半潜式钻井平台运动响应的短期预报基本理论

在一般情况下,海面上的波浪不会是规则波,而是呈现随机运动的不规则波。因此,应该采用随机概率理论的方法来计算由不规则波浪产生的半潜式钻井平台运动响应。波浪诱导半潜式钻井平台运动响应的短期预报是建立在以下 3 个基本假设[2]之上:

- 认为波浪运动和浮体运动是各态历经的平稳随机过程。
- 把浮体作为线性系统。
- 认为波浪谱和半潜式钻井平台的运动响应谱为窄带谱。

(1) 传递函数 RAO。

传递函数 RAO 是浮体在单位规则波幅的简谐波作用下的浮体响应。在简谐波作用下随时间变化的响应函数可写为

$$R(\omega, \beta, t) = A \cdot \mathrm{Re}\big[|H(\omega, \beta)| e^{i(\omega t + \varphi)}\big] \tag{2}$$

式中:A 为入射波浪幅值;$H(\omega, \beta)$ 为传递函数 RAO。

(2) 波浪谱和响应谱。

波浪谱密度函数 $S(\omega)$ 是平稳随机过程的频率描述,它表示不规则波浪的能量相对于频率的分布,所以又称为能量谱。不规则波谱表示了不规则波内各单元谐波的能量分布情况。对半潜式钻井平台运动响应的频域分析是利用 SESAM 程序系统的后处理模块 Postresp 进行的,采用的海浪谱为 JONSWAP 谱。根据研究,JONSWAP 谱与我国南海的波浪谱比较接近。

对于半潜式钻井平台等线性系统,其响应谱等于波浪谱乘以系统的传递函数 RAO,即

$$S_R(\omega) = S_W(\omega) |H(\omega)|^2 \tag{3}$$

(3) 短期预报。

大量的统计资料表明,在短期预报中,波浪幅值及在波浪载荷作用下浮体的运动

幅值、载荷幅值和应力幅值均符合 Rayleigh 分布[2,3]，Rayleigh 分布概率密度函数为

$$f(x) = \frac{2x}{2\sigma_x^2} \exp\left(-\frac{x^2}{2\sigma_x^2}\right) \tag{4}$$

超越概率的计算公式为

$$F(x_a > a) = \exp\left\{-\frac{a^2}{2\sigma_x^2}\right\} \tag{5}$$

如果给定一超越概率，就可以应用上式计算出此概率下的响应值，如波高的运动响应有义值 $H_{1/3}$，最大运动响应值 H_{max} 等。

3.2.3 典型深水半潜式钻井平台运动性能分析

目前，深水半潜式钻井平台的结构形式很多，但结构形式颇具代表性的主要有 GVA7500，F&G ExD 和 Aker H-4.3 等钻井平台。在这几种典型的深水半潜式钻井平台中，GVA7500 和 F&G ExD 平台是采用 4 根立柱、双下浮体结构，它们之间的差异只是连接双下浮体的横撑不同，GVA7500 钻井平台的下浮体是用大翼形横撑连接的，F&G ExD 钻井平台是用双横撑连接连接两个立柱。Aker H-4.3 平台是 8 根立柱，由 4 根横撑连接下浮体。

为研究大翼形横撑对半潜式钻井平台运动性能的影响，在不改变排水量的前提下，根据 GVA7500 钻井平台的船型，用圆柱形横撑连接取代大翼形横撑连接构造了一种船型，用于运动性能的对比分析。4 种深水半潜式钻井平台的主要结构参数如表 3.2.1 所示。

表 3.2.1 4 种深水半潜式钻井平台的主要结构参数   单位：m

结构参数	GVA7500 平台 （大翼形横撑连接）	GVA7500 平台 （圆柱形横撑连接）	F&G ExD 平台	Aker H-4.3 平台
下浮体尺寸	108.80×16.00×10.24 R1.60	108.80×16.00×10.24 R1.60	101.87×20.12×8.54 R2.13	115.00×19.00×9.50 R2.50
立柱尺寸	16.80×14.40×23.76 R3.20	16.80×14.40×23.76 R3.20	15.86×15.86×18.86 R3.96	12.50×12.50×28.00 R3.13(外 2) 12.50×10.00×28.00 R3.13(内 2)
横撑尺寸	(11.20～16.80)×3.20 (2 根)	1.63×2.43 R0.82(2 根)	2.44×1.83(4 根)	D2.30 (4 根)
下甲板底部高度	34.00	34.00	27.40	37.50
沉垫中心线距	62.08	62.08	58.56	56.50

注：R 是倒角处半径，D 是直径。

1) 有限元模型的建立

半潜式钻井平台的三维水动力模型包括湿表面模型(panel 模型)、Morison 模型和质量模型。3 种模型均采用 SESAM 程序系统的 PatranPre 建立模型,其中,湿表面模型可以建立在水面之上或直到立柱顶端(在作业和生存状态下半潜式钻井平台的吃水深度是不同的),质量模型包括甲板以上所有设备的质量及质量分布,浮体质量、浮体内部安装设备质量及质量分布和系泊系统的质量,在作业和生存状态下这些质量及质量分布也是不同的。根据经验估算,取垂荡临界阻尼为 6‰来考虑系泊系统对平台运动的影响。半潜式钻井平台的三维水动力模型如图 3.2.1～图 3.2.3 所示。

图 3.2.1　GVA7500(大翼形横撑连接)平台三维湿表面模型

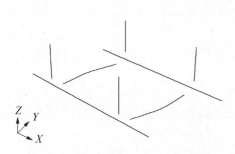

图 3.2.2　GVA7500 平台 Morison 模型

图 3.2.3　GVA7500 平台质量模型

2) 半潜式钻井平台固有特性与运动响应传递函数

应用 SESAM 程序系统 PatranPre 建立起湿表面模型、Morison 模型和质量模型以后,就可以用水动力分析模块 WADAM 进行平台的运动性能分析。在平台的运动性能分析中,浪向角 θ 的范围取为 0°～90°(即考虑到横浪、斜浪至迎浪载荷作用方向),间隔为 15°;规则波周期取为 5～25,30,35 s,间隔为 1 s 和 5 s。波浪条件输入的参考坐标系与图 3.2.1～图 3.2.3 所示的参考坐标系一致。

用 WADAM 分析完成后,利用 SESAM 程序的后处理模块 Postresp 查看和处理分析结果。幅值响应算子(response amplitude operator, RAO),又称传递函数 RAO,可以用频率-响应曲线表示,也可以用结果数据表示。根据传递函数的频率-响应曲线,可以获得规则波中平台的运动响应固有周期和峰值。

表 3.2.2 给出了规则波中 4 种深水半潜式钻井平台的运动响应固有周期。GVA7500(大翼形横撑连接)平台垂荡、纵摇和横摇传递函数曲线如图 3.2.4～图 3.2.6 所示。

表 3.2.2　4种深水半潜式钻井平台运动响应的固有周期　　　　　　单位：s

运　动周　期	GVA7500 平台（大翼形横撑连接）		GVA7500 平台（圆柱形横撑连接）		F&G ExD 平台		Aker H-4.3 平台	
	作业	生存	作业	生存	作业	生存	作业	生存
垂荡周期	25	25	23	25	21	16	21	21
横摇周期	11	10	10	10	10	19	11	11
纵摇周期	12	12	12	12	11	18	12	11

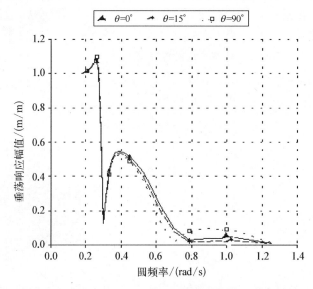

图 3.2.4　作业状态下 GVA7500(大翼形横撑连接)平台垂荡 *RAO* 曲线

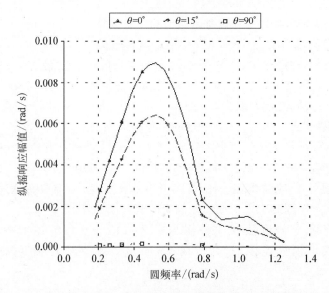

图 3.2.5　作业状态下 GVA7500(大翼形横撑连接)平台纵摇 *RAO* 曲线

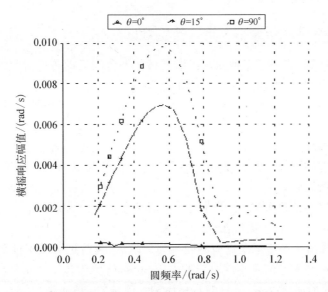

图 3.2.6 作业状态下 GVA7500(大翼形横撑连接)平台横摇 *RAO* 曲线

3) 半潜式钻井平台运动响应短期预报

应用 WADAM 分析可以获得半潜式钻井平台运动响应的传递函数,利用该传递函数,结合由平台作业海域海况资料确定的海浪谱,可以确定相应的平台运动响应谱,从而用谱分析方法预报不规则波中平台的短期运动响应。

平台在不规则波中的短期运动响应考虑了平台不同的运动状态,包括作业状态和生存状态。采用南海海况条件(见表 3.2.3)分别进行了平台运动响应短期预报。该短期预报的分析计算,利用 Postresp 后处理模块完成,相应南海海况的海浪谱及平台运动响应谱可以在 Postresp 后处理模块中展示出来。针对南海海况预报的 4 种深水半潜式钻井平台运动响应短期最大值和平台最小气隙值分别列于表 3.2.4。

表 3.2.3 南海海况资料

状 态	有义波高/m	平均跨零周期/s
作 业	7.7	9.7~10.3
生 存	13.0	12.0~13.5

表 3.2.4 南海海况下 4 种深水半潜式钻井平台运动响应短期最大值及最小气隙值预报

预 报 项 目	GVA7500 平台 (大翼形横撑连接)		GVA7500 平台 (圆柱形横撑连接)		F&G ExD 平台		Aker H- 4.3 平台	
	作业	生存	作业	生存	作业	生存	作业	生存
垂荡/m	2.84~3.09	6.18~7.00	2.73~2.96	6.44~6.90	3.89~4.09	6.41~7.68	2.12~3.28	2.60~3.10
横摇/(°)	1.82~1.83	5.85~6.40	3.20~3.31	6.03~6.49	3.73~3.82	5.73~6.31	3.08~3.09	3.35~3.72
纵摇/(°)	1.63~1.65	5.63~6.04	3.29~3.46	5.77~6.12	3.18~3.23	5.16~5.70	3.22~3.25	3.72~3.76
气隙/m	5.72~6.06	7.51~8.03	5.34~6.32	7.67~7.70	4.71~5.08	6.72~7.42	5.42~5.58	6.82~7.65

注:气隙值为平台底层甲板下缘到波面的距离。

3.2.4 深水半潜式钻井平台运动性能对比分析

通过上述计算,获得了四种深水半潜式钻井平台的运动传递函数,并得出了平台运动响应的固有周期(见表 3.2.2)。在获得运动传递函数的基础上,结合中国南海的海况资料,对四种深水半潜式钻井平台的运动响应进行了短期预报,计算结果见表 3.2.4。

为验证数值计算结果的正确性,针对 GVA7500(大翼形横撑连接)平台进行了水池模型试验,试验结果表明,在作业状态下,垂荡、横摇和纵摇的短期统计值与模型试验值的数值分析误差率分别为 16%,15% 和 20%,两者的趋势是一致的。表 3.2.2,表 3.2.4 所给出的计算数据,定量地反映了四种深水半潜式钻井平台的运动性能,根据这些计算数据可以作出以下结论:

(1) 半潜式钻井平台运动响应的固有周期越大,越能远离波浪能量集中频带,一般要求半潜式钻井平台的垂荡固有周期大于 20 s,从表 3.2.2 可以看出,作业状态下 GVA7500(大翼形横撑连接)平台的垂荡运动性能最好,并且 4 种深水半潜式钻井平台的纵、横摇周期比较接近。

(2) GVA7500(大翼形横撑连接)平台与 GVA7500(圆柱形横撑连接)平台相比,在作业状态下 GVA7500(圆柱形横撑连接)平台的垂荡周期较前者有所减小,纵、横摇周期接近(见表 3.2.2)。这表明大翼形横撑连接没有显著改善半潜式钻井平台固有垂荡周期的作用。

(3) 根据表 3.2.4,在作业状态下,除 F&G ExD 平台外,其他三种深水半潜式钻井平台的最大垂荡短期响应值均小于 3 m。GVA7500(大翼形横撑连接)平台、GVA7500(圆柱形横撑连接)平台和 Aker H‑4.3 平台的最大纵、横摇角度小于 3.5°。经综合对比,在作业状态下 GVA7500(大翼形横撑连接)平台的运动性能最好。

(4) 半潜式钻井平台在作业状态下及生存状态下都要保证具有足够的气隙,以防止甲板上浪。从表 3.2.4 可以看出,四种深水半潜式钻井平台的气隙(见表 3.2.1)均能满足要求。

3.2.5 结束语

深水半潜式钻井平台的运动性能是保证其正常作业和安全生存的基本要求。影响深水半潜式钻井平台运动性能的因素有很多,如浮体的几何形状(或船型)、总体尺度以及质量分布等。研究深水半潜式钻井平台的运动性能可以为优化平台总体方案提供依据,但要全面评价深水半潜式钻井平台设计方案的优劣,必须考虑多方面的影响因素;要获得深水半潜式钻井平台的优化方案,必须从多方面(如总体布置、结构强度、疲劳强度和稳性等)对其进行研究。"3 000 m 深水半潜式钻井平台前期专题研究"课题在对四种典型的深水半潜式钻井平台方案进行比选、优化和集成研究的基础上,采用数值分析与水池试验相结合的方法开展了 7 项专题研究,通过设计优化和技术改进提出了优化的深水半潜式钻井平台方案,这一方案已得到专家的认可。

参考文献

[1]　聂武,刘玉秋.海洋工程结构动力分析[M].哈尔滨:哈尔滨工程大学出版社,2002.

[2]　JOURNEE J M J, MASSIE W W. Offshore hydromechanics[M]. 1st ed. Delft, Holland: Delft University of Technology, 2001.

[3]　黄鹿祥,陆鑫森. 海洋工程流体力学及结构动力响应[M]. 上海:上海交通大学出版社,1992.

3.3　深水半潜式平台运动响应预报方法的对比分析

3.3.1　引言

近年来,半潜式平台在深水油气开发中得到了广泛的应用。由于半潜式平台漂浮于海上作业,在海风、波浪以及海流的作用下将产生一定的运动,而过大的运动幅度会影响到平台正常的钻井及生产作业,因此,半潜式平台的运动性能始终为业主及设计方所关注,而如何准确预报半潜式平台在波浪作用下的运动响应更是海洋工程界和学术界研究的热点。

根据求解域的不同,半潜式平台在波浪作用下运动响应的计算方法可分为频域分析法与时域分析法[1]。时域分析法的理论较为完备,但计算量大、耗时长,在方案初选论证阶段采用此方法需要投入巨大的工作量。频域分析法引入了若干假定条件,对复杂问题进行了一定的简化,如果其计算结果能够达到工程精度要求,不失为一种解决问题的有效途径。笔者分别采用频域分析法和时域分析法对南海典型海洋环境下某深水半潜式平台的运动响应进行了计算,对比研究了两种方法计算结果的异同,其研究结论可为半潜式平台设计提供参考。

3.3.2　基本参数

南海某深水半潜式平台拟定作业水深为500 m,有效载荷为 9 000 t,平台主尺度见表3.3.1;平台采用 R4S 级 84 mm 直径锚链、12 点系泊形式系泊,系统布置如图 3.3.1 所示。

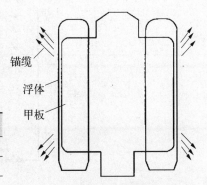

图 3.3.1　南海某深水半潜式平台锚泊系统布置示意图

锚缆
浮体
甲板

表 3.3.1　南海某深水半潜式平台主要参数　（单位：m）

结　　构	长　度	宽　度	高　度	导角半径
平台主体	114.07	78.68	38.60	
下 浮 体	114.07	20.12	8.54	
立柱上端	15.86	15.86	21.46	3.96
立柱下端	17.38	17.38	21.46	3.96

3.3.3 运动响应分析

1) 频域分析

（1）分析方法。

深水半潜式等浮式平台在波浪作用下运动的频域求解以三维势流理论为基础，其中小尺寸杆件所受波浪载荷用 Morison 方程计算求解[2]；得到平台运动响应传递函数 RAO 后，结合平台作业区的海洋环境条件，求解平台在波浪环境中的运动响应。在频域法分析中，风浪流载荷引起的平台非线性响应，以及锚泊系统的非线性现象（如非线性拉伸，大位移下的非线性回复力，流载荷作用于锚链的非线性载荷等）均被线性化考虑。笔者应用挪威船级社的 Sesam-Mimosa 软件，对南海某深水半潜式平台的运动响应进行了频域计算。

（2）运动响应预报。

根据结构型线及质量分布，建立了本节中深水半潜式平台的三维湿表面模型、Morison 模型以及质量模型（见图 3.3.2）；平台的水动力参数包括附加质量系数、阻尼系数、运动响应传递函数（RAO）、波浪力传递函数等；限于篇幅，这里仅给出了平台运动响应传递函数的计算结果（见图 3.3.3～图 3.3.8）。

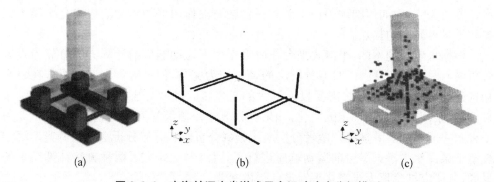

(a)   (b)   (c)

图 3.3.2   南海某深水半潜式平台运动响应分析模型

(a) 三维湿表面模型   (b) Morison 模型   (c) 质量模型

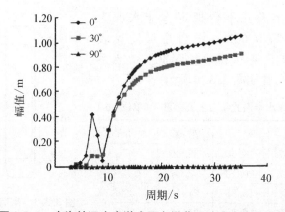

图 3.3.3   南海某深水半潜式平台纵荡运动响应传递函数

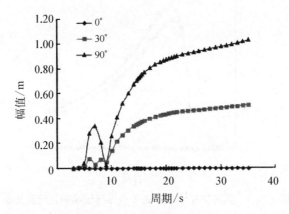

图 3.3.4　南海某深水半潜式平台横荡运动响应传递函数

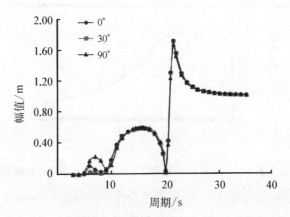

图 3.3.5　南海某深水半潜式平台垂荡运动响应传递函数

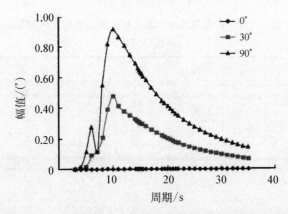

图 3.3.6　南海某深水半潜式平台横摇运动响应传递函数

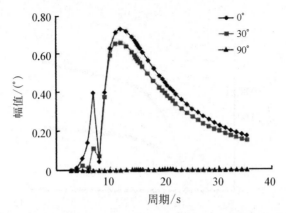

图 3.3.7   南海某深水半潜式平台纵摇运动响应传递函数

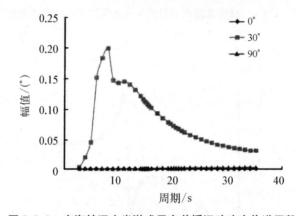

图 3.3.8   南海某深水半潜式平台首摇运动响应传递函数

获得平台运动响应传递函数后,结合平台作业海域的波浪条件,基于线性理论和谱分析法,即可计算平台的运动响应。根据本文中深水半潜式平台锚缆设计预张力为 140 t,分析了平台运动响应(见表 3.3.2)。其中,对于纵荡和横荡运动,表 3.3.2 中给出了最大计算值;对于垂荡、横摇和纵摇运动,给出了标准差计算结果。

表 3.3.2   南海某深水半潜式平台运动响应预报结果

(频域分析法)

风浪流来向 /(°)	最 大 值		标 准 差		
	纵荡 /m	横荡 /m	垂荡 /m	横摇 /(°)	纵摇 /(°)
30	94.73	48.28	1.26	1.23	1.69
45	66.24	72.06	1.26	1.68	1.38

2)时域分析

(1)分析方法。

深水半潜式平台在波浪环境中的运动方程可表示为[1]

$$\boldsymbol{M}\ddot{\boldsymbol{x}} + \boldsymbol{C}\dot{\boldsymbol{x}} + D_1\dot{\boldsymbol{x}} + D_2\boldsymbol{f}(x) + K(x)x = q_{\mathrm{WA}}^{(1)} + q_{\mathrm{WA}}^{(2)} + q_{\mathrm{ext}}$$

式中，M 为平台的质量矩阵；C 为平台的阻尼矩阵；D_1 和 D_2 分别代表平台线性阻尼矩阵和平方阻尼矩阵；$\boldsymbol{f}$ 为矢量函数，$f_i = \dot{x}_i \mid \dot{x}_i \mid$；$K$ 是以位移为函数的静水力刚度矩阵；x 为位移矢量；$q_{\mathrm{WA}}^{(1)}$ 为一阶波浪力；$q_{\mathrm{WA}}^{(2)}$ 为二阶波浪力，q_{ext} 为波浪慢漂阻尼、特定力、系泊系统等提供的回复力。在由频域分析得到时域分析所需的水动力学参数（平台附加质量系数及阻尼系数）后，即可对深水半潜式平台的运动响应进行时域分析[1]。

（2）运动响应预报。

采用挪威船级社 Sesam-Deep C 软件对南海某深水半潜式平台运动响应进行了时域分析。首先根据指定的海浪谱随机生成波浪时历，然后在每一时间步求解运动方程，求解中考虑平台与锚泊系统的耦合效应，实时模拟平台在海洋环境中的运动响应。南海某半潜式平台运动响应的时域分析模型如图 3.3.9 所示，限于篇幅仅给出风浪流来向 30°条件下平台纵荡和垂荡运动的响应曲线（见图 3.3.10 和图 3.3.11），分析结果见表 3.3.3。

图 3.3.9　南海某深水半潜式平台时域运动响应分析模型

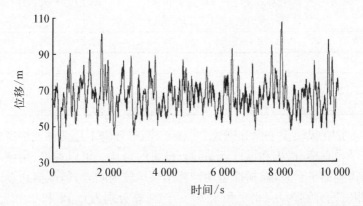

图 3.3.10　南海某深水半潜式平台纵荡运动响应时历曲线（风浪流来向 30°）

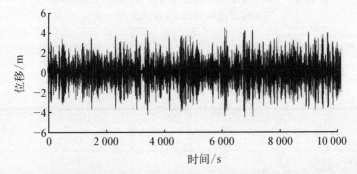

图 3.3.11　南海某深水半潜式平台垂荡运动响应时历曲线（风浪流来向 30°）

表 3.3.3   南海某深水半潜式平台运动响应预报结果
（时域分析法）

风浪流来向 /(°)	最 大 值		标 准 差		
	纵荡 /m	横荡 /m	垂荡 /m	横摇 /(°)	纵摇 /(°)
30	107.77	54.15	1.31	1.26	1.84
45	74.67	86.89	1.31	1.72	1.50

3.3.4   两种方法计算结果的对比分析

表 3.3.4 为风浪流来向分别为 30°和 45°海洋环境下用两种方法得到的南海某深水半潜式平台纵荡和横荡运动计算结果的对比。可以看出,与时域分析法比较,频域分析法对纵荡和横荡运动响应的计算结果偏小;在风浪流来向 30°条件下,计算结果的绝对差分别为 13.04 m 和 5.87 m,相对差分别为 13.77%和 12.16%;而在风浪流来向 45°条件下,计算结果的绝对差分别为 8.43 m 和 14.83 m,相对差分别为 12.73%和 20.58%。

表 3.3.4   南海某深水半潜式平台纵荡、横荡两种方法计算结果对比
（风浪流来向分别为 30°和 45°）

运动响应		频域分析法 计算结果/m	时域分析法 计算结果/m	绝对差 /m	相对差 /%
纵荡	30°	94.73	107.77	−13.04	13.77
	45°	66.24	74.67	−8.43	12.73
横荡	30°	48.28	54.15	−5.87	12.16
	45°	72.06	86.89	−14.83	20.58

表 3.3.5 是在风浪流来向分别为 30°和 45°海洋环境下用两种方法得到的南海某深水半潜式平台垂荡、横摇和纵摇运动计算结果的对比。可以看出,用频域分析法和时域分析法得到的平台垂荡、横摇运动计算结果均较为吻合,但纵摇运动计算结果有较大差别,相对差分别为 8.88%和 8.70%,绝对差分别为 0.15°和 0.12°。

表 3.3.5   南海某深水半潜式平台垂荡、横摇、纵摇运动两种
方法计算结果对比（风浪流来向分别为 30°和 45°）

运动响应		频域分析法 计算结果	时域分析法 计算结果	绝对差	相对差 /%
垂荡	30°	1.26 m	1.31 m	−0.05 m	3.97
	45°	1.26 m	1.31m	−0.05m	3.97
横摇	30°	1.23°	1.26°	−0.03°	2.44
	45°	1.68°	1.72°	−0.04°	2.38
纵摇	30°	1.69°	1.84°	−0.15°	8.88
	45°	1.38°	1.50°	−0.12°	8.70

非线性问题的处理方式不同是频域分析法和时域分析法的差异所在[2]。半潜式等浮式平台承受的环境载荷非常复杂,风载、流载、波浪载荷的非线性效果均会引起平台的非线性响应[3]。此外,平台的锚泊系统也表现出明显的非线性特性,基于线性理论的频域分析法在求解浮式平台运动响应的过程中,所有的非线性效果都被线性化模拟;而时域分析法求解是在时间域上以数值建模的方式并结合时域方程的数值求解,上述非线性效果均可被模拟,并且在对时域运动方程求解中,每一时间步都重新计算平台运动方程,因此对深水浮式平台较为重要的锚泊系统与平台的耦合作用也可被模拟。

根据上述对频域分析法与时域分析法计算结果的分析,本文深水半潜式平台纵荡和横荡运动受非线性影响较为明显,而垂荡、横摇和纵摇运动受非线性影响并不显著。究其原因,半潜式平台纵荡和横荡运动的固有周期在 100 s 以上[4],在不规则波浪的作用下,二阶波浪力的低频分量会导致平台在这两个自由度上产生大范围的偏移,即慢漂运动[5-7]。这一非线性效果在频域分析法中只能被线性化考虑。此外,频域分析法对锚系与平台耦合作用的简化处理,也对计算结果造成一定影响。本文中半潜式平台垂荡、横摇和纵摇的固有周期均在 $20\sim60\text{ s}$ 的范围内,在此三个方向自由度的运动主要受一阶波浪力的激励[2],受非线性影响并不显著。

3.3.5　结论

(1) 对于深水半潜式平台的纵荡和横荡运动,频域分析法的计算结果比时域分析法结果偏低;对于深水半潜式平台的垂荡、横摇和纵摇运动,频域分析法和时域分析法的计算结果较为吻合。

(2) 频域分析法对深水半潜式平台波频运动(垂荡、纵摇、横摇)的预报精度较高,但对非线性效应明显的平台纵荡和横荡运动的预报结果偏低,因此仅适用于平台方案选型或平台设计的初期阶段;而时域分析法可以更好地处理非线性效应,对纵荡和横荡运动响应的计算更为合理,因此更适用于平台设计的后期阶段。

参考文献

[1]　Marintek Report. SIMO theory manual version 3.3[M]. Thondheim, Norway: Marintek Report,2002:23 - 26.

[2]　American Petroleum Institute. API-2SK recommended practice for design and analysis of stationkeeping systems for floating structures[S]. Washington, D.C. : API, 2005.

[3]　Det Norske Veritas. DNV-RP-C 205 environmental conditions and enviromnental loads[S]. Oslo: DNV, 2007.

[4]　Det Norske Veritas. DNV RP-F 205 global performance analysis of deepwater analysis[S]. Oslo: DNV, 2004: 20 - 23.

[5]　Faltinsen O M. 船舶与海洋工程环境载荷[M]. 杨建民,肖龙飞,译. 上海:上海交通大学出版社,2008:116 - 124.

[6]　黄祥鹿,陆鑫森. 海洋工程流体力学及结构动力响应[M]. 上海:上海交通大学出版社,1992:91 - 101.

[7]　CHEN X B. Hydrodynamics in offshore and Naval applications: Keynote lecture at the 6th Intl Conf Hydrodynamics, Nov. 2004[R]. Perth, Australia, 2004.

3.4　两种典型深水半潜式钻井平台运动
特性和波浪载荷的计算分析

3.4.1　引言

深水半潜式钻井平台作为深水油气田开发的重要设备,要长期在恶劣的海洋环境中连续作业,承受多种海洋环境载荷作用,因此设计上要求它们应具有良好的运动特性和足够的结构强度及疲劳寿命。深水半潜式钻井平台工作水深一般在 500 m 以上,平台所承受波浪载荷的大小主要取决于海洋环境条件和工作状态,但其结构型式对其运动特性和受到的波浪载荷的大小也有一定的影响。深水半潜式钻井平台 GVA7500 和 F&G ExD 是 2 座具有典型结构形式的钻井平台,考虑到平台在生存条件下将遭受最大的波浪载荷,在 100 年一遇的波浪载荷条件下,应用 DNV 的 SESAM 软件[1],计算了这两座具有不同横撑结构的深水半潜式钻井平台在生存状态下的运动特性和所承受的波浪载荷,并对所得结果进行了分析比较,研究了不同结构型式对平台运动特性及受到的波浪载荷大小的影响;获得的结论对深水半潜式钻井平台的结构选型具有一定的参考价值。

3.4.2　计算理论和方法

在波浪载荷作用下,半潜式钻井平台主要承受拖曳力、惯性力和绕射力作用。波浪诱导载荷各分量对平台结构的影响程度取决于结构物的型式和尺度。对于大尺度结构物和小尺度结构物要采取不同的方法计算波浪载荷,一般以 $D/L \leqslant 0.2$ 的结构物作为小结构物,$D/L > 0.2$ 的结构物作为大结构物(D 为构件截面的特征长度,L 为波长)。对于小结构物,波浪的拖曳力和惯性力是主要的载荷分量,波浪载荷采用 Morison 方程计算。对于大结构物,波浪载荷采用三维绕射理论计算。

如果深水半潜式钻井平台的下部结构采用圆柱形横撑连接,它的主体结构则由细长杆和大物体部分(柱体和浮体)共同组成,则可以用 Morison 方程计算细长杆部分的波浪力,用势流理论计算大物体结构上由绕射波产生的波浪力。GVA7500 平台是采用大翼形横撑连接下浮体,可把其看作大物体而采用势流理论计算波浪载荷。此外,若考虑作用在大物体上的波浪黏滞阻力的影响,可以建立整个浮体的 Morison 模型与 panel 模型的复合模型(dual model),这样就可以把由 Morison 方程计算得到的黏性阻尼力增加到由势能理论计算得到的阻尼力中,同时可以用 panel 模型计算得到的水动力压力载荷表示为平台结构模型中杆单元上的线性载荷。利用 Morison 方程和势流理论计算作用在半潜式钻井平台上的流体载荷,可以获得较为精确的计算结果。对 GVA7500 平台和 F&G ExD 平台所受波浪载荷的计算均采用复合模型进行。

3.4.3　两座典型半潜式钻井平台的运动特性分析

GVA7500 平台和 F&G ExD 平台在结构型式上的类似点是都采用了双下浮体、

四立柱和箱型甲板结构,不同之处是 GVA7500 平台采用大翼形横撑连接下浮体,而 F&G ExD 平台是用双圆柱横撑连接 4 个立柱。两者的总体尺度也比较接近,表 3.4.1 给出了 2 座平台的结构参数及生存状态下的吃水和排水量,相比之下, GVA7500 平台比 F&G ExD 平台的总体尺度要大一些,而且采用了大翼形横撑结构。大翼形横撑的尺度显然比双圆柱横撑大得多,因此它对平台的运动特性和承受的波浪载荷大小会产生一定的影响。

表 3.4.1 GVA7500 和 F&G ExD 深水半潜式钻井平台的结构参数

平台名称	下浮体尺寸 /m	立柱尺寸 /m	横撑截面尺寸 /m	下甲板底部高度 /m	双下浮体中心线距 /m	生存状态吃水 /m	生存状态排水量 /t
GVA7500	108.80 × 16.00 × 10.24 R1.60	16.80 × 14.40 × 23.76 R3.20	(11.2～16.8) × 3.2 (2 根)	34.0	62.08	19	47 650
F&G ExD	101.87 × 20.12 × 8.54 R2.13	15.86 × 15.86 × 18.86 R3.96	2.44×1.83 (4 根)	27.4	58.56	15	41 862

分析研究这两座深水半潜式钻井平台的运动特性和承受的波浪载荷大小,采用中国南海 100 年一遇的环境条件,考虑作业水深大于 1 500 m,两平台均处于生存装载状态。建立的平台运动响应计算模型包括 panel 模型、Morison 模型和质量模型 (略)[见图 3.4.1(a)～(d)],该计算模型经过验证[3]。

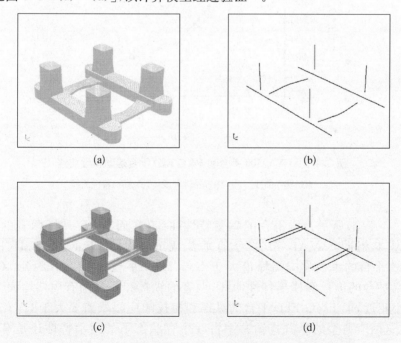

(a)　　　　　　　　　　(b)

(c)　　　　　　　　　　(d)

图 3.4.1 GVA7500 平台和 F&G ExD 平台运动响应计算模型

(a) GVA7500 平台 panel 模型　(b) GVA7500 平台 Morison 模型
(c) F&G ExD 平台 panel 模型　(d) F&G ExD 平台 Morison 模型

　　建立计算模型后,利用 SESAM 软件的 WADAM 模块进行了计算,得到的两平台运动响应计算结果(见图 3.4.2)由 Postresp 模块输出。

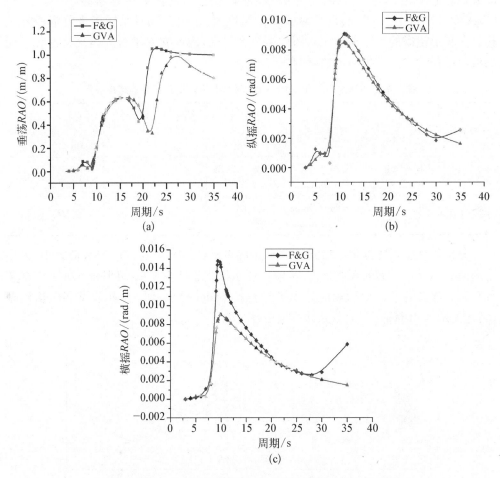

图 3.4.2　GVA7500 平台和 F&G ExD 平台运动特性曲线

(a)垂荡特性曲线　(b)纵摇特性曲线　(c)横摇特性曲线

　　图 3.4.2(a)所示为两平台的垂荡特性曲线,在周期 15 s 时,两者的垂荡响应幅值基本相同,GVA7500 平台的垂荡固有周期大于 F&G ExD 平台,但 F&G ExD平台的垂荡响应幅峰值大于 GVA7500 平台。图 3.4.2(b),(c)所示分别为两平台的纵摇和横摇特性曲线,两者的纵摇和横摇固有周期均大于 10 s,而且大小相近,但 F&G ExD平台的纵摇和横摇响应幅峰值要大于 GVA7500 平台,因此这两座典型的半潜式钻井平台在生存状态下的运动特性还是有一定差异,GVA7500 平台的大翼形横撑以及结构相对吃水较深,对改善结构运动性能有一定的帮助。

3.4.4 两座典型半潜式钻井平台的波浪载荷分析

一般情况下,应采用概率和随机理论的方法来计算波浪诱导船体运动及载荷,但是在风、浪作用下,半潜式平台始终处于运动状态,因此对半潜式平台受到的载荷进行计算是一个非常复杂的动力问题。比较普遍使用的方法是将动力问题转化为准静力问题来处理,从而简化计算,并使计算精度满足工程上需要。目前计算波浪载荷常采用"设计波法",根据半潜式平台工作海域的环境条件和设计要求,选取平台可能遇到的最大波浪作为设计波;由于在不同浪向、不同周期以及不同波峰位置(波浪相位)下,波浪对平台的作用力存在很大差异,因此在计算中要选取若干个不同浪向、不同周期的波浪在不同相位对平台施加的载荷进行计算,从中选取使平台受到最大波浪载荷作用的规则波作为设计波。

根据 ABS 规范[2],这两座平台在不同载荷、浪向下的设计波参数估算值如表 3.4.2 所示。

表 3.4.2　不同载荷、浪向下 GVA7500 平台与 F&G ExD 平台的设计波参数估算值

载荷类型	浪向角度/(°)	GVA7500 平台估算值		F&G ExD 平台估算值	
		波长/m	波浪周期/s	波长/m	波浪周期/s
横向分离力	90	156.16	10.00	157.36	10.04
横向扭矩	30~60	133.92	9.26	128.72	9.08
纵向剪切力	30~60	200.88	11.35	192.08	11.09
纵向弯矩	0	108.80	8.35	101.87	8.08
纵向甲板惯性力	0				
横向甲板惯性力	90				

注:浪向角度从船首开始算起。

根据分析,在生存状态下横向分离(拉)力、横向扭矩和纵向剪切力对钻井平台的结构强度影响较大,因此在对比分析时,只对两座半潜式平台承受的这三种载荷进行了计算分析。计算采用的最大波浪载荷由波浪参数搜索计算获得,浪向搜索区间为[30°,60°],步长为5°,周期搜索区间为[3 s, 25 s],在设计波估算值附近周期搜索步长为0.1 s。剖面力和力矩的 RAO 采用 WADAM 模块计算。依据中国南海100年一遇的海洋环境条件,取十分之一波陡计算最大波浪载荷。GVA7500 平台和 F&G ExD 平台的计算最大横向分离力对比曲线如图 3.4.3 所示。可以看出,GVA7500 平台的最大横向分离力要大于 F&G ExD 平台的最大横向分离力,相应于最大横向分离力的波浪周期很接近。

通过搜索计算,GVA7500 平台和 F&G ExD 平台承受的最大横向扭矩和最大纵向剪切力如表 3.4.3 所示。

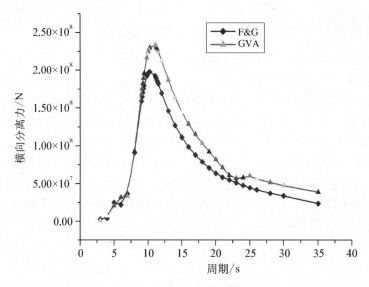

图3.4.3　GVA7500平台和F&G ExD平台最大横向分离力对比曲线

表3.4.3　GVA7500平台和F&G ExD平台的最大横向
扭矩和最大纵向剪切力计算结果

浪向角度 /(°)	GVA7500平台		F&G ExD平台	
	最大横向扭矩 /MN·m	最大纵向剪切力 /MN	最大横向扭矩 /MN·m	最大纵向剪切力 /MN
30	924	45.7	1 430	44.6
35	1 130	49.9	1 650	48.7
40	1 340	52.8	1 840	51.4
45	1 530	53.9	1 990	52.5
50	1 690	53.5	2 150	51.9
55	1 820	51.3	2 220	49.8
60	1 790	47.4	2 200	46.0

　　可以看出,在浪向角度为45°和55°时,GVA7500平台和F&G ExD平台承受的纵向剪切力和横向扭矩,在一定周期能够出现最大值。图3.4.4和图3.4.5所示为GVA7500平台和F&G ExD平台最大纵向剪切力和横向扭矩的对比曲线。

　　根据图3.4.4和图3.4.5所示的曲线,GVA7500平台承受的最大纵向剪切力比F&G ExD平台稍大一些,该值相应的周期大于10 s,但F&G ExD平台承受的最大横向扭矩比GVA7500平台大。

　　综上所述,GVA7500平台与F&G ExD平台承受的波浪载荷接近。虽然GVA7500平台承受的最大横向分离力要大于F&G ExD平台,但其大翼形横撑有足够的能力承受波浪产生的横向分离力;F&G ExD平台虽然承受较大的横向扭矩作

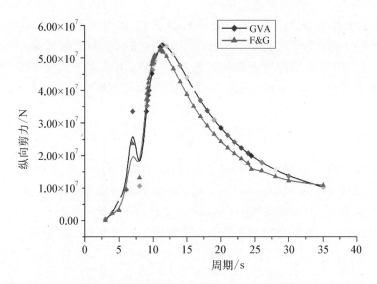

图 3.4.4　GVA7500 平台和 F&G ExD 平台
最大纵向剪切力对比曲线

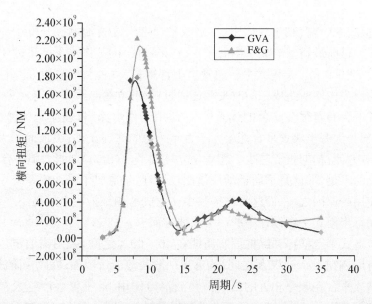

图 3.4.5　GVA7500 平台和 F&G ExD 平台
最大横向扭矩对比曲线

用,但此类波浪载荷主要由箱型甲板承担;此外,F&G ExD 平台的双圆柱横撑连接结构相比于 GVA7500 平台的大翼形横撑连接结构更便于制造。因此,两座典型的深水半潜式钻井平台在结构型式上各有优势。

3.4.5　结论

根据上述计算分析,GVA7500 平台的运动特性要优于 F&G ExD 平台;GVA7500

平台承受的最大横向分离力要大于 F&G ExD 平台,两者承受的最大纵向剪力接近,F&G ExD 平台承受的横向扭矩要大于 GVA7500 平台;两者虽然采用不同结构型式的横撑连接,但每种结构型式都具有各自的优点;深水半潜式钻井平台的设计选型要综合考虑各类典型平台的优缺点,考虑多种因素的影响,选择适宜的总体结构型式。

参考文献

[1]   DNV. SESAM User's Manual-Wadam[M]. Oslo:Det Norske Veritas,2007.

[2]   ABS. ABS Rules for building and classing mobile offshore drilling units:part 3,chapter 3,Appendix 2 [S]. Houston:American Bureau of Shipping,2006.

[3]   王世圣. 3 000 m 深水半潜式钻井平台运动性能研究[J].中国海上油气,2007,4(19):277 - 280.

3.5   半潜式平台垂向运动低频响应特性

从 20 世纪 60 年代初出现以来,半潜式平台在海洋石油勘探开发中一直得到了广泛应用[1]。目前最新型的深水半潜式平台(第六代)的工作水深已超过 3 000 m,钻井深度超过 12 000 m。半潜式平台通常由上部甲板、立柱、浮箱,以及立柱之间或者浮箱之间的横撑构件所组成。同时平台还通过锚链、立管与海底相连。

半潜式平台有着很多显著的优点[1-3]:适用工作水深广;适应恶劣海况,抗风浪能力强,大部分深海半潜式平台能生存于百年一遇的海况条件;甲板面积大和装载量大;转移安装方便;初期投资较少。相对于立柱式平台(Spar)与张力腿平台(TLP)也有一个明显的不足,那就是垂向运动往往比较大,这是造成干采油树系统不能在半潜式平台上应用的原因之一,而这将使得整个作业成本和维护成本居高不下,减小平台的垂向运动是半潜式平台设计中的一个重要方面[4]。

常规半潜式平台横摇和纵摇固有周期在 40~60 s 之间,采用锚泊定位时的纵荡和横荡固有周期在 100~200 s 之间,均远离一般波浪能量范围,因此一阶波频运动较小。而半潜式平台在频率相近的二阶低频波浪力作用下,不仅会产生大幅度的低频慢漂纵荡和横荡运动,也会产生显著的低频慢漂纵摇和横摇运动,并进而影响到平台的气隙性能[5]。

半潜式平台的低频水平面运动(纵荡、横荡和首摇)已被广泛认识,但纵摇、横摇和垂荡这些垂向运动的低频响应特性却较少被研究,而半潜式平台的这三个方向上的运动同样关系到平台能否正常作业以及在恶劣海况下的生存能力。以一座深水半潜式平台为研究对象,对作业海况和生存海况下的低频纵摇、横摇和垂荡运动性能进行时域数值计算,并与模型试验结果对比分析,探索不同海况下垂向运动的低频响应规律。

3.5.1　理论基础

1) 半潜式平台的运动方程

考虑各种载荷下，半潜式平台的谐振运动方程可以表示为：

$$M\ddot{x} + C\dot{x} + D_1\dot{x} + D_2 f(\dot{x}) + K(x)x = q(t,\ x,\ \dot{x}) \tag{1}$$

$$M = m + A(\omega) \tag{2}$$

式中：M 为与频率有关的质量矩阵，包含结构物质量矩阵 m 和与频率有关的附加质量矩阵 A；C 为与频率有关的势流阻尼矩阵；D_1 和 D_2 分别为线性阻尼和二次阻尼矩阵；f 为速度矢量函数，可表示为 $f_i = \dot{x}_i \mid \dot{x}_i \mid$；$K$ 为与位置有关的静水刚度矩阵；x 为位移矢量；q 为激励力矢量。

式(1)右边项的激励力可以表示为

$$q(t,\ x,\ \dot{x}) = q_{WI} + q_{WA}^{(1)} + q_{WA}^{(2)} + q_{CU} + q_{ext} \tag{3}$$

式中：q_{WI} 是风拖曳力，$q_{WA}^{(1)}$ 为一阶波浪力，$q_{WA}^{(2)}$ 为二阶波浪力，q_{CU} 为流作用力，q_{ext} 为波浪慢漂阻尼力、系泊系统提供的定位回复力等其他外力。

虽然半潜式平台的运动在实际计算过程中是在时域中统一进行的，但在通过时延函数求解时历运动微分方程式(1)时，可将运动分解为一阶微幅运动和二阶低频大幅运动，即波频和低频运动的叠加。低频运动指大幅的慢漂振荡运动，波频运动是在低频运动的基础上作的微幅振动。因此可理解为分低频和波频两个部分来求解。平台的外力矢量 q 可以分解成波频分量 $q^{(1)}$ 和低频分量 $q^{(2)}$：

$$\begin{cases} q(t,\ x,\ \dot{x}) = q^{(1)} + q^{(2)} \\ q^{(1)} = q_{WA}^{(1)} \\ q^{(2)} = q_{WI} + q_{WA}^{(2)} + q_{CU} + q_{ext} \end{cases} \tag{4}$$

平台的运动矢量分解成波频成分和低频成分：

$$x = x_{LF} + x_{WF} \tag{5}$$

2) 半潜式平台的低频波浪力

(1) 势流成分。

低频波浪力的计算方法有两种：① 全 QTF（二次传递函数）法，即通过基于绕射/辐射理论的数值计算得到二阶波浪慢漂力的 QTF 矩阵，此方法计算精确，缺点是非常耗时，这样在早期设计中使用不是很合适；② Newman 近似法[6]，即假定当系统自然频率很小时，二阶差频 QTF 可通过平均波浪力（对角线上的平方传递函数）进行近似。采用 Newman 近似法，二阶波浪力可由下式表示：

$$q_{WA}^{(2)}(t) = 2\Big[\sum_{j=1}^{N} A_j (T_{jj}^{ic})^{1/2} \cos(\omega_j t + \varepsilon_j) \Big]^2 \tag{6}$$

式中：A_j 为波幅；ω_j 为波频；ε_j 为随机相位角；N 为波浪单元数目；系数 T_{jj}^{ic} 为平均波

浪力的二次传递函数。Newman 近似法较为简单、计算耗时少,因此分析水平面低频运动时常采用该方法。

(2) 黏性成分。

对于半潜式平台,通常情况下只计算势流下的低频载荷和响应是不全面的,除了势流力还应包括作用在横撑、浮箱和立柱上的黏性力。黏性力显著地影响半潜式平台的低频运动。如果忽略这部分力将对最后的结果产生很大影响。但目前还缺乏在不规则波和流共同作用下的黏性力计算方法。Lie 和 Kaasen[7]以一垂直圆柱为例进行了细致的分析,提出了一种把波浪速度、流速度和平台自身运动综合考虑从而计算黏性力的模型:

$$q_{SM} = \frac{1}{2}\rho C_D D [u(t) + V - \dot{x}_{LF}] \, | \, [u(t) + V - \dot{x}_{LF}] \, | \, \Delta z \qquad (7)$$

式中:ρ 为水密度;C_D 为阻力系数;u 为相对于圆柱的波浪速度;V 为流速;Δz 为圆柱上的单位高度;$\dot{x}_{LF}$ 为圆柱在低频运动下的水平速度。

半潜式平台的横撑杆件、立柱和浮箱都可以此为基础进行相关的黏性力计算,作为低频势流力的补充。将上述模型应用于实际计算前还需要确定 C_D 值,而这与柱体截面形式密切相关。以往研究多集中于圆形截面,而现在半潜式平台为了建造方便,浮箱和立柱多采用矩形截面。矩形截面的 C_D 较圆形截面有较大差异,可以通过试验方法在拖曳水池中测量矩形截面 C_D 值。Vengantesan 等人[8-9]就垂直和水平布置的矩形截面柱体的 C_D 进行了测量,发现受截面长宽比的影响很大,同时 KC 数也会显著影响 C_D 值。

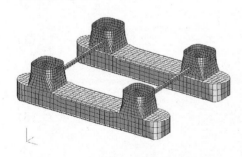

图 3.5.1　半潜式平台部分面元模型

3.5.2　半潜式平台及海洋环境参数

以一座双浮体、四立柱、双圆柱横撑杆件和箱形甲板形式的半潜式钻井平台为研究对象。平台长 104.9 m,宽 90.1 m,上甲板底部到基线间距 30.5 m,作业吃水 20 m,生存吃水 16.5 m。对半潜式平台水下部分建立数值模型,如图 3.5.1 所示。研究中采用的具体环境参数如表 3.5.1 所示。

表 3.5.1　海洋环境条件

海况编号	有义波高 /m	浪向 /(°)	流速 /(m/s)	流向 /(°)	风速 /(m/s)	风向 /(°)
作业海况 1	3.05	180	0.62	180	24.2	180
作业海况 2	3.05	270	0.62	270	24.2	270
生存海况 1	15.55	180	1.29	180	43.8	180
生存海况 2	15.55	270	1.29	270	43.8	270

3.5.3 模型试验

为验证数值计算结果,在上海交通大学海洋工程国家重点实验室的风浪流水池中进行模型试验。内容包括:静水中的自由衰减试验,用以得到各个方向的固有周期及阻尼系数;规则波和白噪声波浪试验,得到波频范围内的幅值响应算子;作业海况和生存海况下的不规则波试验,用以获取各个方向运动的统计值和响应谱。图3.5.2所示是两种海况下的目标和测量波浪谱对比,可以看出两者吻合良好。作业海况下波浪频率范围为0.5~2.0 rad/s;生存海况下波浪频率范围为0.3~1.0 rad/s。

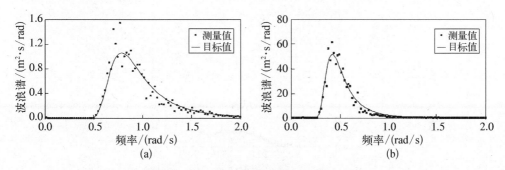

图 3.5.2　目标波浪谱和测量波浪谱对比
(a) 作业海况　(b) 生存海况

根据静水衰减试验结果,半潜式平台在作业吃水时的纵摇、横摇和垂荡固有周期为40.6 s,47.4 s和19.6 s;生存吃水时分别为40.5 s,48.6 s和19.6 s。对应的固有频率分别为0.15 s,0.13 s和0.32 rad/s;0.16 s,0.13 s和0.32 rad/s。与波浪频率相比,纵摇和横摇固有频率均较低,作业吃水时的垂荡固有频率较波浪频率低,生存海况时则处于波浪频率范围内。

3.5.4 数值和试验结果对比与分析

1) 垂向运动的 RAO

将建成的数值模型导入三维绕射/辐射软件 HydroD,在频域中计算得出一系列的水动力系数,包括附加质量系数、势流阻尼系数,以及一阶波浪力、二阶波浪力和运动的频率响应函数。将计算得到的 RAO 与模型试验结果进行对比,如图3.5.3所示。可见两者吻合良好。

2) 纵摇和横摇运动

半潜式平台水动力在不规则波下的时域耦合计算采用 SESAM 中的 DeepC 软件,其中包括用于计算浮体响应的程序 SIMO 和用于计算细长单元的程序 RIFLEX。该软件在时域计算过程中将浮体和系泊系统耦合起来分析,即每个时间点浮体和系泊系统之间动力平衡。

在不规则波中计算纵摇和横摇运动响应时使用两种方法来对比分析:① 只考虑势流力,用 Newman 近似法计算半潜式平台的运动响应;② 使用 Newman 近似法的

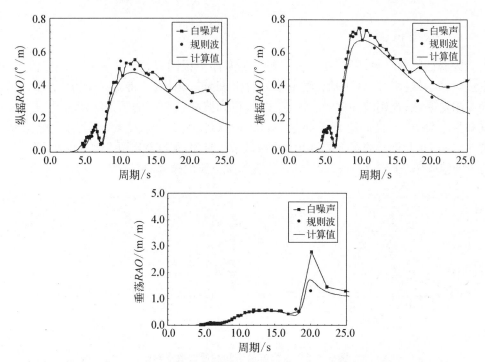

图 3.5.3　纵摇、横摇和垂荡运动的 *RAO* 数值计算与试验结果对比

同时辅以 Morison 理论。即分别在横撑、立柱和浮箱上添加黏性拖曳力,并且针对不同的截面形状采用不同的 C_D 值。

　　首先考虑两种不同计算方法下纵摇和横摇运动的标准差结果,如图 3.5.4 所示。可以看出,无论纵摇运动还是横摇运动,与单纯势流计算结果相比,采用 Newman 近似结合 Morison 理论的方法计算所得的标准差与试验值吻合更好。把计算所得的运动响应分成高频和低频两部分,如图 3.5.5 和图 3.5.6 所示,发现两种方法计算所得的差异主要体现在低频部分,而波频部分的标准差和试验所得标准差都非常接近。从图 3.5.5 可以看出,无论是生存海况还是作业海况下,在计算纵摇和横摇的低频运动响应时考虑黏性拖曳力都是非常必要的,这会使得计算结果和实际更加接近。这与半潜式平台小

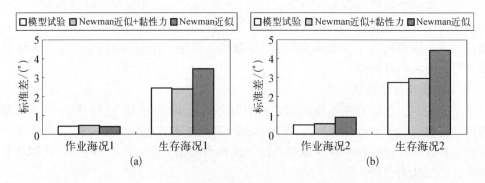

图 3.5.4　纵摇、横摇运动标准差

(a) 纵摇运动总标准差　(b) 横摇运动总标准差

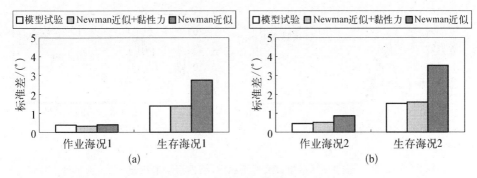

图 3.5.5　纵摇、横摇运动低频标准差

（a）低频纵摇运动标准差　（b）低频横摇运动标准差

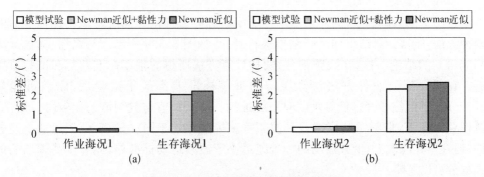

图 3.5.6　纵摇、横摇运动波频标准差

（a）波频纵摇运动标准差　（b）波频横摇运动标准差

水线面的结构型式有关，水下部分主要是立柱、浮箱和横撑构件这类小尺度柱体结构，波浪作用力既包括与绕射效应有关的势流力，也包括与流体黏性有关的黏性力。

为分析运动响应的频谱特性，将添加黏性拖曳力后计算得到的时域结果进行谱分析，得到作业海况、生存海况下的纵摇、横摇能量谱密度曲线，并与相应模型试验结果进行比较，如图 3.5.7 和图 3.5.8 所示。可见对于横摇和纵摇运动，无论作业海况还是生存海况，运动固有频率均在波浪频率范围之外，因此在波浪慢漂力作用下出现显著低频运动响应；而且作业海况时，低频运动响应远大于波频运动响应，生存海况时两者处于同一量级。

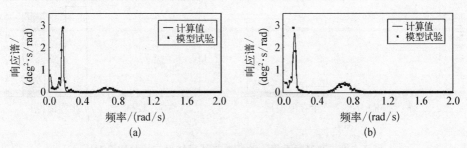

图 3.5.7　作业海况下纵摇、横摇运动响应谱

（a）纵摇　（b）横摇

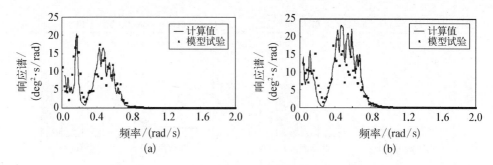

图 3.5.8   生存海况下纵摇、横摇运动响应谱

（a）纵摇   （b）横摇

3）垂荡运动

考虑垂荡运动响应，同样采用单纯应用三维势流理论和同时考虑黏性拖曳力的两种方法，所得计算结果和试验结果进行对比，如图 3.5.9 所示。与纵摇、横摇运动响应得到的结论一样，在波频部分，两种计算方法所得的垂荡标准差都和试验值接近。在低频部分两种方法计算所得的垂荡标准差都低于试验值，原因可能是 Newman 近似法在处理低频垂荡时不够准确。从低频值与波频值的比较可以看出：在作业海况下，低频垂荡标准差和波频垂荡标准差处于同一量级，低频运动是显著的；但在生存海况下，低频运动的标准差远小于波频运动标准差，此时垂荡运动的低频成分可以忽略。

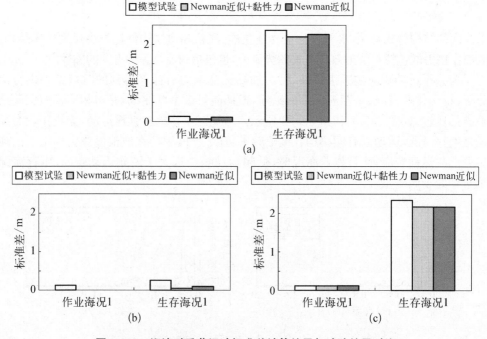

图 3.5.9   迎浪时垂荡运动标准差计算结果与试验结果对比

（a）垂荡运动总标准差   （b）低频垂荡运动标准差   （c）波频垂荡运动标准差

将作业海况、生存海况下的垂荡响应能量谱的计算结果与试验结果进行比较,如图 3.5.10 所示,可得与运动标准差一致的规律。垂荡运动由于固有周期(一般在 20 s 附近,即圆频率为 0.3 rad/s 附近)靠近波浪的能量周期,所以垂荡运动的响应较纵摇、横摇更为复杂。如前所述,在作业海况下垂荡运动固有周期在波浪周期之外,此时垂荡运动共振区域为低于波浪频率的一个窄带区域,低频响应显著与一阶波浪力无关,由二阶波浪力提供;而在生存海况下垂荡运动的共振区域处在波浪周期之内,这时候的低频响应就可以忽略。

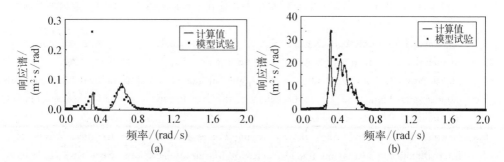

图 3.5.10　垂荡运动响应谱计算和试验结果对比

(a) 作业海况 1　(b) 生存海况 1

在设计初期不进行完全 QTF 计算时,可使用 Newman 近似法结合 Morison 理论计算纵摇、横摇低频运动,但此方法在处理垂荡低频运动时存在不足。Simos 等人[10]也得出类似结论。希望在进一步研究中加入全 QTF 计算来对比分析。

3.5.5　结语

我国对于南海深水油气田的勘探开发已经拉开了序幕,第一艘 3 000 m 深水半潜式钻井平台正在上海外高桥船厂建造中,对于半潜式平台等深海平台的研究正在全国逐步开展。通过对半潜式平台的低频纵摇、横摇和垂荡运动响应的数值与试验研究可得出如下结论:

(1) 对于半潜式平台这类由柱体所组成的结构物在数值计算时忽略黏性拖曳力会对低频运动响应结果产生很大的偏差。而以三维势流理论计算为主,辅以 Morison 理论进行黏性修正的半潜式平台水动力数值预报技术在方案设计阶段可行、可信。

(2) 对于横摇和纵摇运动,无论作业海况还是生存海况,运动固有频率均在波浪频率范围之外,因此在波浪慢漂力作用下出现显著低频运动成分;而且作业海况时,低频运动响应远大于波频运动响应,生存海况时,两者处于同一量级。

(3) 对于垂荡运动,作业海况下的波浪较小,波浪频率较高,垂荡固有频率在波浪频率范围之外,因此在波浪慢漂力作用下出现显著低频运动成分,而且与波频运动响应处于同一量级;生存海况下的波浪较大,波浪频率较低,垂荡固有频率在波浪频率范围之内,因此没有低频运动成分。

横摇、纵摇、垂荡运动低频响应的存在,必将影响气隙性能和作业性能。而且对于频率非常低的横摇和纵摇运动,除了受到波浪低频慢漂力的激励之外,还会受到频率非常低的非定常风和流速变化的激励,特别是非定常风的激励,需要格外重视。

参考文献

［1］　刘海霞.深海半潜式钻井平台的发展[J].船舶,2007(3)：6-10.

［2］　奚立康.深水半潜式钻井平台设计、建造关键技术探讨[J].船舶,2007(2)：30-32.

［3］　王世圣,谢彬,曾恒一,等.3 000 m深水半潜式钻井平台运动性能研究[J].中国海上油气,2007(8)：277-281.

［4］　Chakrabarti S, Barnett J, Kanchi H, et al. Design analysis of a truss pontoon semi-submersible concept in deep water[J]. Ocean Engineering, 2007, 34：621-629.

［5］　Stansberg C T. Slow-drift pitch motions and air-gap observed from model testing with moored semi-submersible[C]//Proceedings of the 26th International Conference on Offshore Mechanics and Arctic Engineering. California：OMAE2007-29536, 2007.

［6］　Newman J N. Second-order, Slowly-varying Forces on Vessels in Irregular Waves[R]. International Symposium on the Dynamics of Marine Vehicles and Structures in Waves, University College, London, 1974.

［7］　Halvor L, Karl E K. Viscous drift forces on semis in irregular seas a frequency domain approach[C] //Proceedings of the 27th International Conference on Offshore Mechanics and Arctic Engineering. Estoril：OMAE2008-57313, 2008.

［8］　Vengatesan V, Varyani K S, Barltrop N. An experimental investigation of hydrodynamic coefficients for a vertical truncated rectangular cylinder due to regular and random waves[J]. Ocean Engineering, 2000, 27：291-313.

［9］　Vengatesan V, Varyani K S, Barltrop N. Wave force coefficients for horizontally submerged rectangular cylinders[J]. Ocean Engineering, 2006, 33：1669-1704.

［10］　Simos A N, Sparano J V, Aranha J A P, et al. 2nd order hydrodynamic effects on resonant heave, pitch and roll motions of a large-volume semi-submersible platform[C]//Proceedings of the 27th International Conference on Offshore Mechanics and Arctic Engineering. Estoril：OMAE2008-57430, 2008.

3.6　风浪作用下 HYSY-981 半潜式平台动力响应的数值模拟

近年来,随着深水油气资源开发的不断扩大,深水采油平台的研究越来越受到重视。常用的深水平台有 Spar 平台、TLP 平台和半潜式平台等。相对于 Spar 平台和 TLP 平台,半潜式平台初期投资较少,自 20 世纪 60 年代出现以来,在海洋油气的勘探开采中得到广泛的应用。随着结构形式的改进,半潜式平台目前已发展至第六代,有着适用工作水深广,抗风浪能力强,甲板空间大等众多优点。研究半潜式平台的运动性能,可以达到更好地进行平台设计、减小平台运营成本,并提高平台生存能力和工作效率的目的。

早在几十年前,John[1,2],Wehausen[3]等学者便对浮式平台的运动响应进行了研究。近年来,随着半潜式平台越来越广泛的使用,国内外学者关于半潜式平台的研究也日渐增多:Wu[4]计算了规则波作用下半潜式平台的运动响应,并对浮体与锚泊系统的作用力进行了数值计算;Soylemez[5]考虑了风、浪、流载荷对双浮体半潜式平台的联合作用,并通过时域分析方法计算了平台的运动响应,两者都取得了与水池试验相吻合的结果。Bindingsbö[6]研究了深吃水半潜式平台的水动力性能,数值结果表明,与常规的半潜式平台相比,深吃水半潜式平台的水动力性能更为优异,其垂荡和纵摇 RAO 可以明显减小。Halkyard[7]在深吃水半潜式平台底部增加了可收放的垂荡板,解决了平台运输的困难,并使平台的运动性能与传统半潜式平台相比更为优异,达到了使用干树采油系统的要求,大大降低了工作及维护成本。我国的学者也对半潜式平台进行了大量研究:王世圣[8]、杨立军[9]等分析了半潜式平台的水动力性能;张威[10]、陈新权[11]等通过水池实验的方法对半潜式平台的运动响应进行了研究。

本文以 HYSY-981 半潜式钻井平台为例,采用时域方法对平台在风浪联合作用下的运动响应以及锚泊系统的张力进行了数值计算,并根据所得的平台运动时历曲线进行了功率谱密度分析,研究结果可为实际工程提供一定的参考。

3.6.1　HYSY-981 半潜式平台主要参数与环境载荷

1) 平台参数

HYSY-981平台如图 3.6.1 所示,是我国正在建造的第六代深水半潜式钻井平台,具有智能化钻井功能,代表着世界钻井平台的先进水平。平台的主体结构可分为浮体、立柱、甲板和井架4部分。表 3.6.1 和表 3.6.2 所示分别为平台的主体尺寸参数和平台在生存工况下的主要参数设置。

图 3.6.1　HYSY-981 半潜式平台

表 3.6.1　HYSY-981 平台主体尺寸

平台构件	尺寸参数(长×宽×高)/m
浮　体	114.07×20.12×8.54
立　柱	17.385×17.385×21.46
甲　板	74.42×74.42×8.60
井架下部(长方体)	17×17×42
井架上部(尖劈)	17×17×22

表 3.6.2　自存工况下 HYSY-981 平台参数

吃水/m	16.0
排水量/t	48 206.8
重心距水面高/m	8.9
静气隙/m	14.0

平台的数值模型如图 3.6.2 所示,设定整体坐标系中水平面内沿平台浮体的长边方向为 x 轴,水平面内与 x 轴垂直方向为 y 轴,z 轴垂直水平面向上,平台在水平面上投影面的形心为坐标原点。图 3.6.2 对设定的整体坐标系进行了标明。

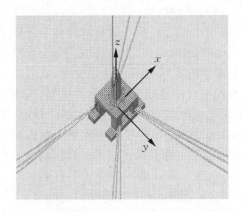

图 3.6.2　HYSY-981 半潜式平台数值模型

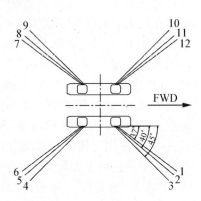

图 3.6.3　锚线分布示意图

2) 锚泊系统参数

单根锚链由链—缆—链 3 部分组合而成,整个锚泊系统共 12 根锚链,其分布如图 3.6.3 所示。表 3.6.3 所示为单根锚链组成材料的详细参数。

表 3.6.3　锚链参数

型　号	干重 /(kg/m)	直径 /m	EA /N	破断载荷 /N	长度 /m
R4S	443	0.084	1.600 0E9	1.900E7	450
Polyester	90.8	0.160	1.960 0E9	1.850E7	2 000
K4	443	0.090	1.600 0E9	1.900E7	150

3) 环境载荷

本文对 1 500 m 水深、自存工况的平台在风浪联合作用下的运动响应进行计算,环境载荷选为 10 年重现期极限海况条件。计算过程中随机波浪时历曲线由 Jonswap 谱生成,峰形系数取 2～4;风况选为稳态梯度风,风速大小沿高度的分布函数为

$$V_h = V_{10}\left(\frac{h}{10}\right)^{0.1} \tag{1}$$

3.6.2　数值计算方法

平台运动响应的数值计算采用 Aqwa5.7A 软件,其计算原理如下。

1) 波浪载荷[12、13]

在不规则波浪作用下,假如结构物中心处波面的瞬时高度为 $\eta(t)$,那么在整个物

体上的瞬时波浪作用力和力矩在二阶波陡近似下可写为

$$F_i(t) = F_i^{(1)}(t) + F_i^{(2)}(t)$$
$$(i = 1, 2, \cdots, 6) \tag{2}$$

一阶和二阶广义波浪力 $F_i^{(1)}(t)$ 和 $F_i^{(2)}(t)$ 可通过时域内广义波浪力的脉冲响应函数与波面高度的卷积求得为

$$F_i^{(1)}(t) = \int_0^t h_i^1(t-\tau)\eta(\tau)\mathrm{d}\tau$$
$$(i = 1, 2, \cdots, 6) \tag{3}$$

$$F_i^{(2)}(t) = \int_0^t \int_0^t h_i^2(t-\tau_1, t-\tau_2)\eta(\tau_1)\eta(\tau_2)\mathrm{d}\tau_1\,\mathrm{d}\tau_2$$
$$(i = 1, 2, \cdots, 6) \tag{4}$$

式(3)和式(4)中 $h_i^1(t)$ 和 $h_i^2(t)$ 为时域内一阶和二阶脉冲响应函数。两者通过频域内线性和平方传递函数经傅氏变换求得,即

$$h_i^1(t) = \mathrm{Re}\left\{\frac{1}{\pi}\int_0^\infty H_i^{(1)}(\omega)\mathrm{e}^{\mathrm{i}\omega t}\mathrm{d}\omega\right\} \tag{5}$$

$$h_i^2(t) = \mathrm{Re}\left\{\frac{1}{2\pi^2}\int_0^\infty \int_0^\infty H_i^{(2)}(\omega_1, \omega_2)\mathrm{e}^{\mathrm{i}(\omega_1 t_1 + \omega_2 t_2)}\mathrm{d}\omega_1\,\mathrm{d}\omega_2\right\} \tag{6}$$

式(5)和式(6)中,频域内线性传递函数 $H_i^{(1)}(\omega)$ 为单位波幅规则波作用下物体上的一阶波浪激振力,频域内平方传递函数 $H_i^{(2)}(\omega_1, \omega_2)$ 为单位波幅双频波浪作用下物体上的二阶波浪激振力[14]。

　　2) 风载荷

　　平台的风载荷 F_{wind} 的计算公式为

$$F_{\mathrm{wind}\,H} = \frac{1}{2}C_{\mathrm{d},\,H}\rho A_H V_H^2 \tag{7}$$

式中: V_H 为 H 高度处风与平台的相对速度; $\rho = 1.29\ \mathrm{kg/m^3}$ 为空气密度; A_H 是平台在风速方向的投影面积; $C_{\mathrm{d},\,H}$ 为 H 高度处平台的风力系数,通过缩尺为 1∶100 的平台模型风洞试验测得。

　　3) 锚泊系统作用力

　　单根锚链的拉力采用分段外推—校正法[15]求解,其计算原理如下:

　　(1) 已知海水深度、锚链顶端的水平拉力和水流速度;

　　(2) 把锚链划分成若干个微段;

　　(3) 假设锚链顶端切线与水平方向的夹角已知;

　　(4) 计算每个微段上的重力和水流力;

　　(5) 按图 3.6.4 所示,建立微段的静力平衡方程为

$$(T + \mathrm{d}T)\cos(\mathrm{d}\theta) - T - P(\mathrm{d}s)\sin(\mathrm{d}\theta) +$$

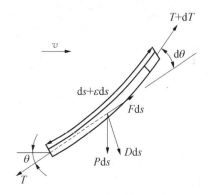

图 3.6.4　锚链微段示意图

$$F(1+\varepsilon)\mathrm{d}s = 0 \tag{8}$$

$$(T+\mathrm{d}T)\sin(\mathrm{d}\theta) - P(\mathrm{d}s)\cos(\mathrm{d}\theta) - G(1+\varepsilon)\mathrm{d}s = 0 \tag{9}$$

式中：T 为锚链受到的拉力；P 为单位长度的锚链受到的重力与浮力的合力；θ 为微段顶端切线与水平方向的夹角；$\mathrm{d}s$ 为微段的长度；$\mathrm{d}T$ 和 $\mathrm{d}\theta$ 分别为拉力和角度的变化；$\varepsilon = T/(EA)$ 为单位长度的锚链的伸长量；E, A 分别为锚链的弹性模量和横截面积；F, G 分别为切向水流力和法向水流力。

考虑锚链微段的几何关系，有

$$\mathrm{d}x = (1+\varepsilon)\cos\theta\mathrm{d}s \tag{10}$$

$$\mathrm{d}z = (1+\varepsilon)\sin\theta\mathrm{d}s \tag{11}$$

通过式(10)和式(11)可求出锚链上任意一点的坐标值(x, z)，综合式(8)~式(11)可以得出：

$$T_{x,\,i+1} = T_{x,\,i} - F_i\cos\theta_i(\mathrm{d}s + \varepsilon\mathrm{d}s) - G_i\sin\theta_i(\mathrm{d}s + \varepsilon\mathrm{d}s) \tag{12}$$

$$T_{z,\,i+1} = T_{z,\,i} - F_i\sin\theta_i(\mathrm{d}s + \varepsilon\mathrm{d}s) + G_i\cos\theta_i(\mathrm{d}s + \varepsilon\mathrm{d}s) + P_i\mathrm{d}s \tag{13}$$

$$T_{i+1} = (T_{x,\,i+1}^2 + T_{z,\,i+1}^2)^{0.5} \tag{14}$$

$$x_{i+1} = x_i + \cos\theta_i(\mathrm{d}s + \varepsilon\mathrm{d}s) \tag{15}$$

$$z_{i+1} = z_i + \sin\theta_i(\mathrm{d}s + \varepsilon\mathrm{d}s) \tag{16}$$

根据式(12)~式(15)，求出锚链上各段的受力 T 和各点的坐标值(x, z)。

(6) 验证水深边界条件：如满足一定的精度，计算结束；如不满足，则返回第(3)步，调整锚链顶端切线与水平方向的夹角，重复计算。

4) 运动方程的求解

平台浮体在时域内的运动方程可表示为

$$(M_{kj} + m_{kj})\ddot{\xi}_j(t) + \int_{-\infty}^{t}\dot{\xi}_j(\tau)K_{kj}(t-\tau)\mathrm{d}\tau + B_k\dot{\xi}_j(t) + C_{kj}\xi_j(t) = F_j(t) + G_j(t)$$

$$(j = 1, 2, \cdots, 6) \tag{17}$$

式中：M_{kj} 和 C_{kj} 为浮体广义质量和恢复力系数，与频域方法中定义的相同；B_k 为系统的阻尼；$G_j(t)$ 为锚链引起的非线性作用力；$F_j(t)$ 为激振力。

由于方程(17)可以描述结构物任何一种形式的运动，令浮体作简谐运动，通过与频域运动方程的等效处理[16]，可以得出

$$m_{kj} = \alpha_{kj}(\infty) \tag{18}$$

$$K_{kj} = \frac{2}{\pi}\int_0^{\infty}b_{kj}(\omega)\cos(\omega t)\mathrm{d}t \tag{19}$$

式中：a_{kj} 和 b_{kj} 分别为频域下浮体的附加质量和阻尼。

式(17)的求解采用 Runge-Kutta 方法，对于微分方程

$$\ddot{\xi} = F[\Delta t, \xi, \dot{\xi}] \tag{20}$$

浮体的位移和速度可以分别表达为

$$\xi(t + \Delta t) = \xi(t) + \Delta t \cdot \dot{\xi}(t) + \Delta t (M_1 + M_2 + M_3)/6 \tag{21}$$

$$\dot{\xi}(t + \Delta t) = \dot{\xi}(t) + (M_1 + 2M_2 + 2M_3 + M_4)/6 \tag{22}$$

式中：

$$M_1 = (\Delta t)F[t, \xi(t), \dot{\xi}(t)]$$

$$M_2 = (\Delta t)F\left[t + \frac{\Delta t}{2}, \xi(t) + \frac{\Delta t \dot{\xi}(t)}{2}, \dot{\xi}(t) + \frac{M_1}{2}\right]$$

$$M_3 = (\Delta t)F\left[t + \frac{\Delta t}{2}, \xi(t) \frac{\Delta t \dot{\xi}(t)}{2} + \frac{\Delta t M_1}{2}, \dot{\xi}(t) + \frac{M_2}{2}\right]$$

$$M_4 = (\Delta t)F\left[t + \frac{\Delta t}{2}, \xi(t) + \Delta t \dot{\xi}(t) + \frac{\Delta t M_2}{2}, \dot{\xi}(t) + M_3\right]$$

计算中根据 t 时刻浮体的位移 $\xi(t)$ 和速度 $\dot{\xi}(t)$ 求得 $F[\Delta t, \xi, \dot{\xi}]$ 函数，利用式(21)和式(22)求得 $(t + \Delta t)$ 时刻的浮体位移和速度，周而复始直至计算结束。

3.6.3 结果分析

1) 锚点铺设位置研究

本文针对风浪同向的海况进行研究，定义风浪入射角为船艏方向与入射风浪方向之间的夹角。由于平台关于 x, y 轴均为对称，风浪入射角的计算范围选为 $180°\sim 270°$。由于锚链的长度和水平铺设角度固定，首先研究锚链的海底铺设点对锚链拉力的影响。图 3.6.5 是锚链的水平投影长度分别为 3 400 m 和 3 500 m 时，$180°\sim 270°$ 风浪入射角下锚链最大拉力值。图 3.6.5 的计算结果表明，不同水平投影长度的锚链，其拉力最大值随风浪入射角的变化有着相同的趋势：在风浪入射角为 270° 时最小，而在风浪入射角为 210° 时最大。从图 3.6.4 的锚链铺设角度观察可知，锚链拉力达到最大值时，风浪入射角度为接近与一组系泊缆平行的方向，这也证明了计算结果的合理性。

图 3.6.6 为风浪入射角为 210° 时，锚链拉力最大值与锚链水平投影长度的对应关系。由于平台远离其他结构物，在完整自存工况下锚线安全系数应不小于 1.8[17]，因此对于 1 500 m 工作水深自存工况下的 HYSY - 981 平台而言，锚链的水平投影长度值取 3 450 m 较为合理，此时单根锚链力的最大值为 4.42 MN，安全系数为 1.81。

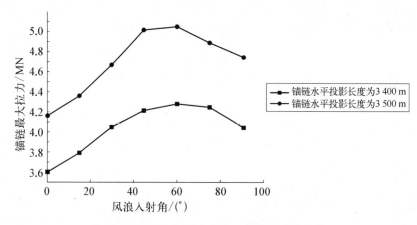

图 3.6.5　不同风浪入射角下锚链最大拉力值

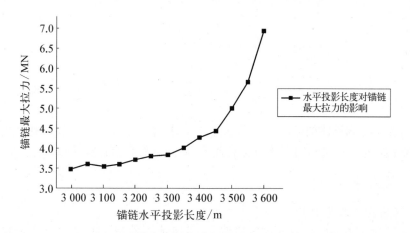

图 3.6.6　锚线水平投影长度对锚链最大拉力的影响

　　图 3.6.7 和图 3.6.8 分别是锚链的水平投影长度值为 3 450 m,180°～270°各风浪入射角下平台水平位移最大值和垂向位移最大值的数值计算结果。图 3.6.7 的结果表明,平台的水平位移极值在风浪入射角为 180°和 270°时较大,两者均接近 190 m,而在风浪入射角为 240°时最小,为 156 m。偏于安全,在距离该平台 190 m 范围内,不适宜有其他海上结构物存在,以避免造成意外撞击损伤。图 3.6.8 的计算结果表明,不同风浪入射角时平台垂向位移极值在 195°时最大,而在 270°时最小,其变化范围为 4～6 m,这表明研究半潜式平台的垂荡控制技术是非常必要的。

　　2) 平台的运动响应时历分析

　　下面研究风浪入射角为 180°和 270°时平台的运动响应,即迎浪和横浪两种海况下平台的运动响应。为了便于表达比较,将平台在迎浪海况下的纵荡响应和横浪海况下的横荡响应统称为水平方向运动响应,而迎浪海况下的纵摇运动响应和横浪海况下的横摇运动响应统称为偏转运动响应。

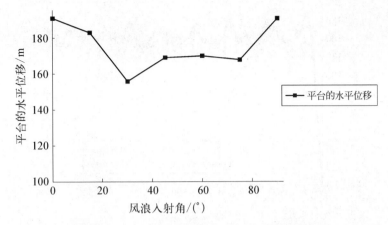

图 3.6.7 不同风浪入射角下平台水平位移最大值

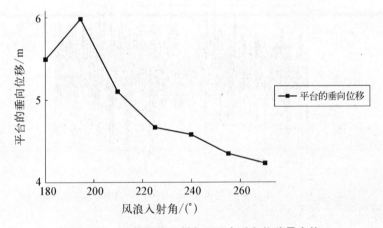

图 3.6.8 不同风浪入射角下平台垂向位移最大值

图 3.6.9～图 3.6.11 分别为平台在迎浪和横浪海况下水平方向运动响应、垂荡响应和偏转运动响应的时历曲线。两种海况下平台的水平方向运动响应的数值计算结果在达到稳定状态后，两者均在 130～190 m 波动；两种海况下平台的垂荡响应的数值计算结果在 −6～6 m 之间，而两种海况下的偏转角度范围在 −4°～4°。

3）时历曲线的功率谱密度分析[18]

下面选取横荡时历曲线进行功率谱密度分析。由于信号处理的实际意义是对无限长连续信号截断后所得的有限长信号进行处理，这样会带来截断误差，发生功率泄漏。为减小上述情况的影响，选择适当的窗函数，对所取时历信号进行不等权处理，同时为减小噪声影响，处理时采用叠盖平均的方法。

（1）不同窗函数对结果的影响。

为保证加窗后信号的能量不会改变，要求窗函数与时间轴所围的面积与矩形窗面积 T 相等，即对任意窗函数 $\omega(t)$ 要求：

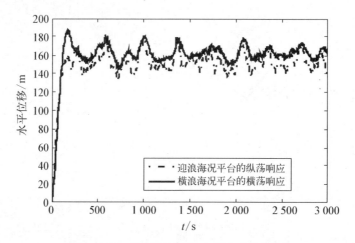

图 3.6.9   平台的水平运动响应时历曲线

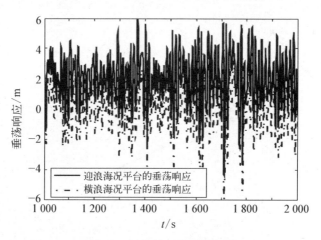

图 3.6.10   垂荡响应时历曲线

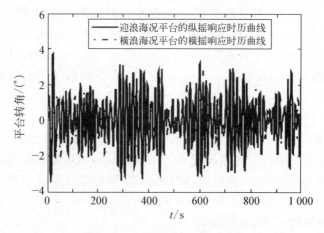

图 3.6.11   偏转响应时历曲线

$$\int_0^T \omega(t)\mathrm{d}t = T \qquad (23)$$

分别选取矩形窗、汉宁窗(Hann)、汉明窗(Hamming)、平顶窗 4 种窗函数,对功率谱密度结果进行比较分析。4 种窗函数的表达式分别为式(24)~式(27)。

矩形窗:

$$\omega(t) = 1 \quad (0 \leqslant t \leqslant T) \qquad (24)$$

汉宁窗(Hann):

$$\omega(t) = 1 - \cos\frac{2\pi}{T}t \quad (0 \leqslant t \leqslant T) \qquad (25)$$

汗明窗(Hamming):

$$\omega(t) = 1 - 0.852\cos\frac{2\pi}{T}t \quad (0 \leqslant t \leqslant T) \qquad (26)$$

平顶窗:

$$\omega(t) = 1 - 1.93\cos\frac{2\pi}{T}t + 1.29\cos\frac{4\pi}{T}t - 0.388\cos\frac{6\pi}{T}t + 0.032\cos\frac{8\pi}{T}t$$
$$(0 \leqslant t \leqslant T) \qquad (27)$$

单一样本的长度取为信号总长的 1/8,样本叠盖程度取为 50%。图 3.6.12 是增加以上 4 种窗函数后横荡时历曲线的功率谱密度计算结果。图 3.6.12 的计算结果表明,4 种窗函数下计算结果的频率信息相差不大。

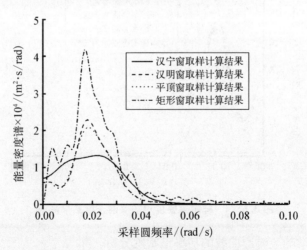

图 3.6.12 窗函数对功率谱密度结果影响

(2) 样本长度与重叠度影响。

下面研究用汉宁窗函数截取时,单一样本容量与重叠度对功率谱密度计算结果的影响。图 3.6.13 为叠盖程度为 0 时,不同单一样本容量下横荡时历曲线的功率谱密度响应谱。图 3.6.13 的结果说明,在所取的样本长度较小时,功率谱密度曲线受噪声影响较小,随着样本长度的增加,曲线受噪声影响越来越大,表现为其光滑性变差。为了降低噪声信号影响,并同时尽可能保证没有重要频率遗漏,单一样本的容量取信号总长的 10%~20% 较为合理。图 3.6.14 是单一样本容量为信号总长的 10% 时,不同叠盖程度时横荡时历曲线的功率谱密度响应谱,图 3.6.14 的计算结果表明,样本的叠盖程度对功率谱密度结果影响不大。

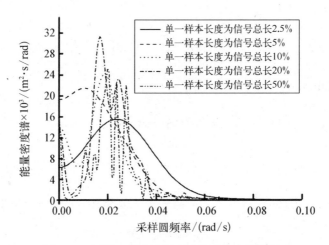

图 3.6.13   单一样本容量对功率谱密度结果影响

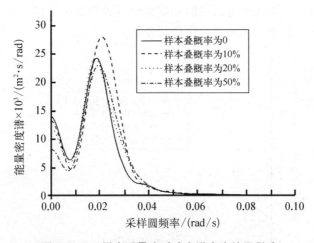

图 3.6.14   样本重叠度对功率谱密度结果影响

(3) 平台运动响应时历曲线的功率谱密度分析。

选用汉宁窗函数,取样本长度为信号总长的 10%,样本覆盖率为 50%,在此条件下计算了平台运动响应时历曲线的功率谱密度响应谱。下文对平台在迎浪和横浪的海况下的运动响应进行分析,即对平台的水平方向运动响应,垂荡响应和偏转响应进行分析。

　　图 3.6.15 是平台水平运动响应的功率谱密度曲线响应谱,图 3.6.16 是图 3.6.15 的局部放大图,以便清楚地观测平台的水平运动在波频范围内的响应情况。以上两图表明:平台的水平运动主要受低频载荷影响,在波频范围内也有微幅的响应;图 3.6.17 和图 3.6.18 分别是平台的垂荡和偏转运动响应的功率谱密度曲线响应谱,从以上两图观察可知,平台的垂荡运动在波频范围内响应较大,而偏转运动则在波频范围内的响应较大,在低频范围内也有微幅的响应。

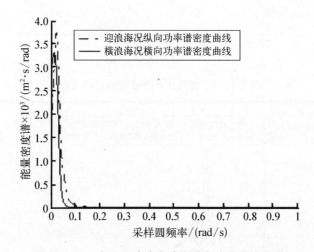

图 3.6.15　水平运动响应功率谱密度曲线响应谱

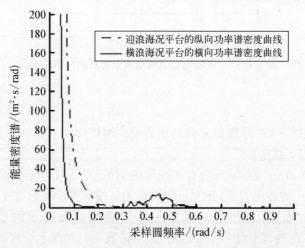

图 3.6.16　水平运动响应功率谱密度曲线响应谱(局部放大)

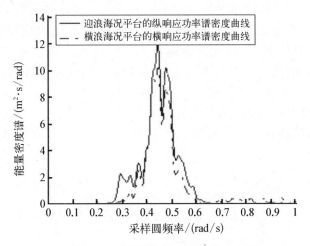

图 3.6.17　垂荡功率谱密度曲线响应谱

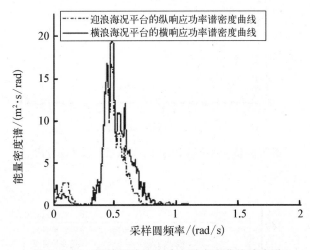

图 3.6.18　偏转运动响应功率谱密度曲线响应谱

3.6.4　结论

根据对 HYSY-981 半潜式平台的动力响应时历曲线及其功率谱密度响应谱的数值分析,得到如下结论:

(1) 对于 1 500 m 工作水深自存工况下的 HYSY-981 平台而言,锚链的水平投影长度值取 3 450 m 较为合理,此时可保证锚泊系统的安全系数在 1.8 以上。

(2) 1 500 m 水深、自存工况的平台在 10 年极限海况下的水平位移极值为 190 m,这表明在距离该平台 190 m 范围内,不适宜有其他海上结构物存在,以避免造成意外撞击损伤;在该海况下,平台垂向位移极值为 6 m,这表明研究半潜式平台的垂荡控制技术是非常必要的。

(3) 在进行位移时历曲线的功率谱密度计算时,单一样本的容量取信号总长的

10%～20% 较为合理,而样本的叠盖程度对功率谱密度结果影响不大。

（4）平台的水平运动主要受低频载荷影响,在波频范围内也有微幅的响应;平台的垂荡运动在波频范围内响应较大,而偏转运动则在波频范围内的响应较大,在低频范围内也有微幅的响应。

参考文献

［1］ John F. On the motions of floating bodies I［J］. Comm. Pure Appl Math, 1949, 2：13 - 57.

［2］ John F. On the motions of floating bodies II［J］. Comm. Pure Appl Math, 1950, 3：45 - 101.

［3］ Wehausen J V. The motion of floating bodies［J］. Ann. Rev. Fluid Mech, 1971, 3：237 - 268.

［4］ Wu S. The motions and internal forces of a moored semi-submersible in regular waves［J］. Ocean Engineering, 1997, 24(7)：593 - 603.

［5］ Muhittin Soylemez. Motion response simulation of a twinhulled semi-submersible［J］. Ocean Engineering, 1998, 25(4 - 5)：359 - 383.

［6］ Arne Ulrik Binding sbøDeep Draft Semi Submersible［A］. 21st International conference on Off shore Mechanics and Artic Engineering［C］. Oslo, Norway, OMAE 2002.

［7］ Halkyard J, Chao J. A Deep Draft Semi-submersible with a Retractable Heave Plate［A］. Proc. of OTC 2002 Conf Houston, TX. 2002［C］. OTC paper No. 14304.

［8］ 王世圣,等. 3 000 m 深水半潜式钻井平台运动性能研究［J］. 中国海上油气, 2007,8.

［9］ 杨立军,等. 半潜式平台水动力性能分析［J］. 中国海洋平台, 2009,2.

［10］ 张威. 深海半潜式钻井平台水动力性能分析［D］. 上海：上海交通大学, 2006,12.

［11］ 陈新权. 深海半潜式平台初步设计中的若干关键问题研究［D］. 上海：上海交通大学, 2007,10.

［12］ Cummins W E. The impulse response function and ship motions. DTMB Report 1661. Washington D C, 1962.

［13］ Vanoortmerssen G. The motions of a moored ship in waves. NSMB Pub - 510, 1979.

［14］ 滕斌,李玉成,董国海. 双色入射波下二阶波浪力响应函数［J］. 海洋学报,1999,03.

［15］ 滕斌,郝春玲,韩凌. Chebyshew 多项式在锚链分析中的应用［J］. 中国工程科学,2005,1.

［16］ 李玉成,滕斌. 波浪对海上建筑物的作用(第二版)［M］. 北京：海洋出版社,2002.

［17］ 中国船级社. 海上移动平台入级与建造规范 2005［M］. 北京：人民交通出版社,2005.

［18］ 曹树谦,张文德,萧龙翔. 振动结构模态分析：理论、实践与应用［M］. 天津：天津大学出版社,2002,6.

3.7　深吃水半潜式平台垂荡响应数值分析

半潜式平台是坐底式平台和小水线面船概念相结合的结果。由于相对于 Spar 平台和 TLP 平台而言,半潜式平台初期投资较少,自 20 世纪 60 年代出现以来,半潜式平台在海洋油气的勘探开采中得以广泛的应用[1]。目前,半潜式平台已发展至第六代平台,有着适用工作水深广,抗风浪能力强,甲板空间大等众多优点。

但是,半潜式平台的缺点也很明显。半潜式平台的垂向运动较大,干树采油系统不能应用在其上,大大增加了作业成本与维护成本[2]。如何减小平台的垂荡响应,成为国内外学者研究的热点[3],深吃水半潜式平台结构的概念也由此问世。深吃水半潜式平台的吃水深度往往在 40 m 左右,远大于常规半潜式平台的 15~25 m 吃水。另外,由于吃水较深,深吃水半潜式平台往往没有自我航行能力,平台的浮体常采用环形设计,这样可以更好地保证平台的稳定性。

吃水深度的增加很好地抑制了平台的垂荡响应,Bindingsb[4]的研究结果表明,与常规半潜式钻井平台相比,深吃水半潜式平台的垂荡及纵摇 RAO 可以减小 50% 左右。但是该作者在文中只说明了平台的吃水深度与排水量参数,且文中主要聚焦于立管的性能问题,对平台主体部分的研究不够。Youngpyo hong[5]等学者也研究了深吃水半潜式平台的浮体在浪、流联合作用下的涡激振动,他们的计算结果表明,浮体的涡激振动与波浪和海流的速度有着很大的关系。

J. Halkyard[6]对深吃水半潜式平台的结构进行了更大的改进,提出了 DPS 系列平台,其特点是在深吃水半潜式平台上增加了可收放的垂荡板,令平台的垂荡响应进一步减小。严格地说,DPS 系列平台已经脱离了半潜式平台的特点,其结构原理和特点与 Truss-spar 平台更为接近。DPS 系列平台的垂荡板是缩进式的,可以收起至平台主体所围成的空间中,解决了平台运输方面的困难。

鉴于 DPS 系列的种种优点(附加垂荡板、缩进变形等),其结构形式也许将成为未来深水半潜式平台的主流,下面针对 DPS 2001 - 4 平台,分析垂荡板对平台垂荡响应的影响,并对平台主体吃水深度的变化对平台垂荡响应所造成的影响进行研究,以更深入地对半潜式平台的结构形式进行改进。

3.7.1 DPS - 4 平台尺寸参数及锚泊系统参数

1) DPS 2001 - 4 平台尺寸参数

图 3.7.1 所示为 DPS 2001 - 4 平台的结构示意图。该平台的设计水深为 1 000 m,其水下结构可以包括主体水下结构与垂荡板 2 部分(连接桁架体积相比两者很小,因此不考虑)。主体水下结构可以分为立柱和浮体:立柱共 4 个,其截面尺寸为 12.20 m × 12.20 m,柱中心的间距为 48.40 m,浮体的宽度和深度为 12.20 m;垂荡底板为 3.05 m 厚度的软仓,截面尺寸 61.00 m × 61.00 m,垂荡板中心处设置 12.20 m × 12.20 m 的方孔以保证立管系统的顺利通过。平台主体吃水为 61.00 m,垂荡板底部水深为 97.60 m,图 3.7.2 所示为平台水下结构的数值模型。

2) 锚泊系统参数

平台的锚泊系统由 16 根锚链组成,其中每 4 根锚链为一组,各分布于平台的一角,同组中相邻锚链的水平投影线夹角为 5°,单根锚链为链—缆—链结构,3 种材料的参数如表 3.7.1 所示。每根锚链的顶端与水平面的夹角为 60.8°。

图 3.7.1 DPS 2001‐4 平台

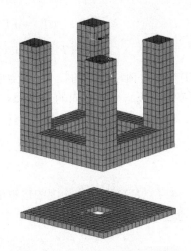

图 3.7.2 平台水下结构数值模型

表 3.7.1 锚链参数

	型　号	长度/m	直径/m
上端锚链	K4 Studless	152.4	0.146
中段锚缆	Sheathed Spiral Strand	2 042.1	0.133 35
底端锚链	K4 Studless	30.5	0.146

3.7.2　数值计算方法

DPS 2001‐4 半潜式平台的垂荡运动方程可以表示为

$$(M+m_a)\ddot{Z}+B_r\dot{Z}+B_v \mid \dot{Z} \mid \dot{Z}+CZ=F_z \tag{1}$$

式中：M，m_a 和 B_r 分别为平台质量、垂向附加质量和辐射阻尼；C 为垂向刚度；Z 为平台的垂向位移；F_z 为平台的垂向激振力，它与固定平台上的波浪力相同。

1) 垂向刚度计算

平台的垂向刚度包括静水回复刚度 C_1 与锚泊系统的垂向回复刚度 C_2 两部分，静水回复刚度 C_1 与平台的水线面积 S_1 有关，$C_1=S\gamma$，γ 为海水容重。

锚泊系统的垂向刚度 C_2 可采用分段外推—校正法[7]求解，其计算原理如下：

（1）已知海水深度、锚链顶端与水平面的夹角 θ_{Top}。

（2）把锚链划分成若干个微段。

（3）假设锚链顶端的拉力 T_{Top} 已知。

（4）计算每个微段上的重力和浮力。

（5）建立微段的静力平衡方程（见图 3.7.3）。

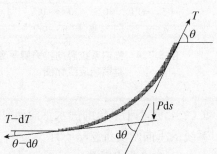

图 3.7.3 锚链微段示意图

$$T = (T - \mathrm{d}T)\cos(\mathrm{d}\theta) + P\mathrm{d}s\sin\theta \qquad (2)$$

$$(T - \mathrm{d}T)\sin(\mathrm{d}\theta) = P\mathrm{d}s\cos\theta \qquad (3)$$

式中：T 为微段顶端受到的拉力；P 为单位长度的锚链受到的重力与浮力的合力；θ 为微段顶端切线与水平方向的夹角；$\mathrm{d}s$ 为微段的长度；$\mathrm{d}T$ 和 $\mathrm{d}\theta$ 分别为拉力和角度的变化量。考虑锚链微段的几何关系，有

$$\mathrm{d}x = (1 + \varepsilon)\cos\theta\mathrm{d}s \qquad (4)$$

$$\mathrm{d}z = (1 + \varepsilon)\sin\theta\mathrm{d}s \qquad (5)$$

式中：$\varepsilon = T/(EA)$ 为单位长度的锚链的伸长量；E，A 分别为锚链的弹性模量和横截面积。通过式(4)和式(5)可求出锚链上任意一点的坐标值(x, z)：

$$x_{i+1} = x_i - \cos[\theta_i(\mathrm{d}s + \varepsilon\mathrm{d}s)] \qquad (6)$$

$$z_{i+1} = z_i - \sin[\theta_i(\mathrm{d}s + \varepsilon\mathrm{d}s)] \qquad (7)$$

$$T_{x, i+1} = T_{x, i}, \; T_{z, i+1} = T_{z, i} + P_i\mathrm{d}s \qquad (8)$$

式(8)可得出下一段的水平力与竖直力，用于接下来的计算。

最后验证锚链底端坐标 z_{end} 的水深边界条件：如满足一定的精度，计算结束；如不满足，则返回(3)，调整锚链顶端拉力 T_{Top} 值的大小，重复计算。

在确定了 T_{Top} 值的大小之后，锚泊系统顶端在竖直方向的拉力为

$$T_{\mathrm{Top, v}} = T_{\mathrm{Top}}\sin\theta_{\mathrm{Top}} \cdot n \qquad (9)$$

式中：n 为锚泊系统中锚链的根数。

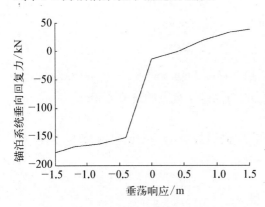

图 3.7.4　锚泊系统竖向拉力随平台垂荡响应变化图

通过以上方法，得到锚链顶端拉力及其在竖直方向的分量。由于锚链顶端与水平面夹角为 $60.8°$，可以确定锚链竖向拉力随平台垂荡响应的变化如图 3.7.4。

图 3.7.4 的计算结果表明，平台锚泊系统的垂向刚度为非线性数值，其最大值为 302 kN/m，与平台的静水垂向回复刚度比较，有

$$\frac{C_{2\max}}{C_1} = 5.02\% \qquad (10)$$

式(10)的计算结果表明：锚泊系统的垂向刚度最大值只有静水垂向回复刚度的 5.02%，远小于平台的静水垂向回复刚度，因此，在平台的垂荡响应计算过程中，锚泊系统的垂向刚度将忽略不计。

2) 阻尼系数计算

平台的阻尼可以分为黏滞阻尼与辐射阻尼两部分。黏滞阻尼可以用 $B_v|\dot{Z}|$ 表

示,$B_v = \rho S_w$[8],S_w 为平台的水下部分在垂向的投影面积(投影重叠部分需叠加,此处不考虑遮蔽效应)。而平台的附加质量和辐射阻尼只与平台的振动频率 ω 相关。

3) 平台的垂荡响应 RAO 求解

如假设式(1)中黏滞阻尼为 0,则可简化为

$$(M + m_a)\ddot{Z} + B_r\dot{Z} + C_1 Z = F_z \tag{11}$$

式(11)可以通过频域边界元理论[9],求得平台各振动频率下的附加质量 m_a 和辐射阻尼 B_r。

由于式(11)为简谐激励下的响应[10],在振动频率为 ω 时,其稳态解的幅值可表示为

$$Z_0 = \frac{F_{z0}}{\sqrt{[C_1 - (M + m_a)\omega^2]^2 + (B_r\omega)^2}} \tag{12}$$

将与振动频率 ω 对应的附加质量、辐射阻尼重新代入式(1),忽略锚泊系统的垂向刚度对平台垂荡响应的影响,并假设垂向激振力 F_z 与垂向位移 Z 为

$$F_z = F_{z0}\cos(\omega t - \alpha), \quad Z = Z_0\cos(\omega t - \beta) \tag{13}$$

其中,F_{z0} 和 Z_0 分别为力和垂向位移的幅值。式(1)可变为

$$[-\omega^2(M + m_a) + C_1]Z_0\cos(\omega t - \beta) - \omega B_r Z_0\sin(\omega t - \beta) - $$
$$\omega^2 Z_0^2 B_v\sin(\omega t - \beta) \mid \sin(\omega t - \beta) \mid = F_{z0}\cos(\omega t - \alpha) \tag{14}$$

采用傅里叶级数展开,取第 1 项之后,$\sin(\omega t - \beta) \cdot \mid \sin(\omega t - \beta) \mid \to 8/3\pi \sin(\omega t - \beta)$,式(14)可进一步变为

$$[-\omega^2(M + m_a) + C_1]Z_0\cos(\omega t - \beta) - \omega Z_0\sin(\omega t - \beta)(B_r + $$
$$8/3\pi\omega Z_0 B_v) = F_{z0}\cos(\omega t - \alpha) \tag{15}$$

式中:$(B_r + 8/3\pi\omega Z_0 B_v)$ 即系统的等效阻尼,有

$$B^{eq} = B_r + 8/3\pi\omega Z_0 B_v \tag{16}$$

将式(16)代入式(1),令 $M_0 = M + m_a$,有

$$M_0\ddot{Z} + B^{eq}\dot{Z} + C_1 Z = F_z \tag{17}$$

由于 F_z 与固定平台上的波浪力相同,其值只与入射波浪与平台外形相关。与式(11)对比,此处只有系统的阻尼发生了变化。由于式(17)同样为简谐激励下的响应,在振动频率同样为 ω 时,式(17)稳态解的幅值可表示为

$$Z_1 = \frac{F_{Z0}}{\sqrt{[C_1 - (M + m_a)\omega^2]^2 + (B^{eq}\omega)^2}} \tag{18}$$

可见,式(16)与式(18)组成了迭代循环,重复式(16)和式(18),直至平台的振幅 Z_n 与

系统的等效阻尼 B_n^{eq} 满足计算精度。

这样,平台的 RAO 计算公式可表示为

$$RAO = \frac{Z_n}{A} \tag{19}$$

式中：A 为入射波的波幅。

3.7.3   计算结果分析

1) 不同波浪入射角下平台的垂荡响应 RAO 比较

图 3.7.5 为各波浪入射角下平台的垂荡响应 RAO 结果,考虑平台的对称性,取波浪入射角为 $0°$,$15°$,$30°$ 和 $45°$ 进行分析。图 3.7.5 的计算结果表明,各波浪入射角下 DPS 2004 - 1 平台的垂荡响应 RAO 基本相同。也就是说,波浪入射角对平台的垂荡响应 RAO 基本无影响。因此,下面仅针对 $0°$ 入射角时平台的垂荡响应 RAO 进行分析。

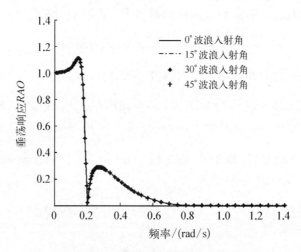

图 3.7.5   各波浪入射角下平台的垂荡响应 RAO

2) 黏滞阻尼与辐射阻尼比较

下面对黏滞阻尼与辐射阻尼的大小进行比较。图 3.7.6 为两种阻尼的比较结果。图 3.7.6 的计算结果表明：在垂荡响应 RAO 较大的频率段,即垂荡频率在 $0\sim0.4$ rad/s 频率范围内,平台的黏滞阻尼远大于辐射阻尼。即使是在其余垂荡响应 RAO 较小的振动频率段,黏滞阻尼也不小于辐射阻尼,这说明,黏滞阻尼在总阻尼中占主要部分。

3) 垂荡板对平台垂荡响应 RAO 的影响

为了研究垂荡板对平台垂荡响应 RAO 的影响,图 3.7.7 对比了 DPS 2001 - 4 平台与主体相同的常规深吃水半潜式平台的垂荡响应 RAO。图 3.7.7 的计算结果表明,与常规深吃水半潜式平台相比,DPS 2001 - 4 平台的垂荡响应 RAO 的自振频率

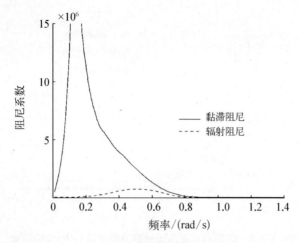

图 3.7.6　黏滞阻尼与辐射阻尼的比较

段进一步远离了海洋波浪主频段,达到了更好的垂荡减振效果。这说明垂荡板对平台的垂荡响应有着很好的抑制作用。

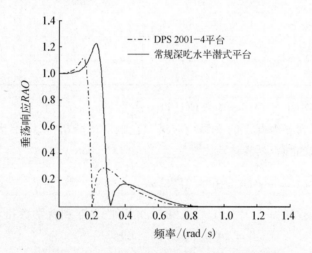

图 3.7.7　垂荡板对平台响应垂荡 *RAO* 的影响

4) 垂荡板放置深度对平台垂荡响应的影响

下面研究垂荡板放置水深对平台垂荡响应的影响。图 3.7.8 为平台主体结构相同、垂荡板水深位置不同时,平台垂荡响应 *RAO* 的比较。图 3.7.8 的计算结果表明:随着垂荡板放置水深的增加,平台的垂荡响应 *RAO* 在低频范围幅值略有增加,而在波频范围幅值则略有下降。总的来说,垂荡板放置水深对平台垂荡响应 *RAO* 略有影响,但是影响较小。

为了进一步说明垂荡板放置深度对平台垂荡响应的影响,下面比较各海域百年一遇海况下不同垂荡板深度时平台的垂荡响应极值[11],海况的选择如表 3.7.2 所示。

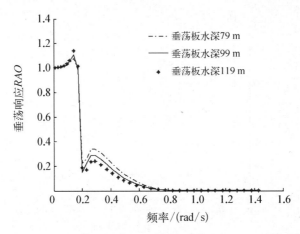

图 3.7.8   垂荡板放置深度对平台垂荡响应 *RAO* 的影响

表 3.7.2   极端海况

	墨西哥 湾飓风	西非 Swell	中国南海 台风
有义波高/m	11.9	4.1	13.6
谱峰周期/s	14.2	16.0	15.1
峰形系数	2.8	1.0	2.8

平台在各海况下的垂荡响应极值计算方法如下。

首先计算平台各海况下的垂荡响应谱。在响应谱分析中,波浪谱选择为五参数的 JONSWAP 波能谱,其表达式为[12]

$$S(\omega) = \alpha g^2 \omega^{-5} \exp(-1.25[\omega/\omega_p]^{-4}) \cdot \gamma^{\exp[-(\omega-\omega_p)^2/(2\sigma^2\omega_p^2)]} \tag{20}$$

式中:$\alpha = 5.058[H_s/(T_p)^2]^2(1-0.287\ln\gamma)$ 为广义菲利普常数;σ 为谱宽常数,当 $\omega < \omega_p$ 时,$\sigma = 0.07$,而当 $\omega > \omega_p$ 时,$\sigma = 0.09$。

平台的垂荡响应谱为

$$S_{zz}(\omega) = S(\omega) \cdot RAO^2 \tag{21}$$

随机波浪条件下的平台垂荡响应极值 $X_{\max}$ 的计算公式为[13]

$$X_{\max} = \left\{ \sqrt{2\ln(\upsilon_0 T)} + \frac{0.577}{\sqrt{2\ln(\upsilon_0 T)}} \right\} \sigma_x \tag{22}$$

式中:σ_x 和 υ_0 分别为平台垂荡响应谱 $X_{zz}(\omega)$ 的标准差和过零率。两者的计算公式分别为

$$\sigma_x = \int_0^\infty S_{zz}(\omega) \mathrm{d}\omega \tag{23}$$

$$v_0 = \sqrt{\int_0^\infty \omega^2 S_{zz}(\omega) \mathrm{d}\omega / \int_0^\infty S_{zz}(\omega) \mathrm{d}\omega} \qquad (24)$$

图 3.7.9 所示为各海域百年一遇海况下平台垂荡响应极值,图 3.7.9 的计算结果表明:随着垂荡板放置水深的增加,平台在各海况下的垂荡响应极值逐渐变小,但是这个减小的趋势逐渐变缓。当垂荡板吃水深度超过 100 m 后,下降的趋势变得更加缓慢,以至于此时中国南海台风海况和西非 Swell 海况时平台的垂荡响应极值趋于恒定值。这也表明 DPS 2001 - 4 平台的垂荡板水深位置是合理的。按照 DPS 2001 - 4 平台的垂荡板吃水水深 99 m 考虑,平台在三种海域百年重现期海况下,垂荡响应极值均不超过 2 m,这表示干树采油系统可以在平台上使用,这将极大地提高平台的经济性。

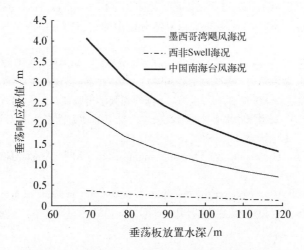

图 3.7.9   垂荡板放置深度对平台垂荡极值的影响

3.7.4   结论

将平台的黏滞阻尼线性化处理,通过数值迭代的方法得到了平台的垂荡响应幅值算子(RAO),并根据得到的幅值算子(RAO)求得了平台在 3 种海域下的垂荡响应极值,得到结论如下:

(1) 在 DPS 2001 - 4 平台的垂荡响应计算中,其垂向刚度以平台的静水垂向回复刚度为主,而阻尼则以黏滞阻尼为主。

(2) 垂荡板对于减小平台的垂荡响应有着重要的作用,当垂荡板下放到指定水深后,与主体相同的常规深吃水半潜式平台相比,DPS 2001 - 4 平台的垂荡响应自振频率段进一步远离了海洋波浪的主要频率段,达到了更好的垂荡减振效果。

(3) 平台的垂荡响应极值随着垂荡板的放置水深的增加而减小,但是这个减小的趋势逐渐变缓。垂荡板的放置水深应根据平台的性价比而进行合适的选择。

参考文献

[1]   刘海霞.深海半潜式钻井平台的发展[J].船舶,2007,6(3): 6 - 10.

［2］ 杨立军,肖龙飞,杨建民. 半潜式平台水动力性能研究［J］. 中国海洋平台,2009,24(1)：1－9.

［3］ CERMELLI C A,RODDIER D G,BUSSO C C. Minifloat：a novel concept of minimal floating platform for marginal field development［C］//Proceedings of the 14th International Offshore and Polar Engineering Conference. Toulon，France,2004：538－545.

［4］ BINDINGSBO A U. Deep draft semi-submersible［C］//Proceedings of the 21st International Conference on Offshore Mechanics and Artic Engineering. Oslo,Norway,2002：651－659.

［5］ YONGPYO H, YONGHO C. Vortex-induced motion of a deep-draft semi-submersible in current and waves［C］//Proceedings of the 18th International Offshore and Polar Engineering Conference. Vancouver, Canada，2008,453－459.

［6］ HALKYARD J, CHAO J, ABBOTT P. A deep draft semisubmersible with a retractable heave plate［C］//Offshore Technology Conference Proceedings. Houston,USA，2002.

［7］ 滕斌,郝春玲. Chebyshew 多项式在锚链分析中的应用［J］. 中国工程科学,2005,7(1)：21－26.

［8］ 李彬彬,欧进萍. Truss Spar 平台垂荡响应频域分析［J］. 洋工程,2009,27(1)：8－16.

［9］ 李玉成,滕斌. 波浪对海上建筑物的作用［M］. 2 版. 北京：海洋出版社,2002：63－75.

［10］ 胡宗武. 工程振动分析基础［M］. 上海：上海交通大学出版社,1999：44－50.

［11］ 李彬彬,欧进萍. 新型深吃水立柱平台在极端海况下的动力性能分析［C］//第六届全国土木工程研究生学术论坛,北京,2008：186－191.

［12］ SUBRATA C. Handbook of offshore engineering［M］. Amsterdam：Elsevier, 2005：427－437.

［13］ DAVENPORT A G. Note on the distribution of the largest value of a random function with application to gust loading［J］. ICE Proceedings，1961，28(2)：187－196.

4 平台结构强度分析

4.1 深水半潜式钻井平台总体强度计算技术研究

4.1.1 引言

深水半潜式钻井平台作为一种可重复使用的移动式钻井装置,以其性能优良、抗风浪能力强、甲板面积和装载量大、适应水深范围大等优点成为实施海上深水油气田的开发必备装置之一,随着水深越大,离岸越远,该型平台更能充分显示其优越性。我国南海蕴藏着丰富的油气资源,目前在我国南海深水已有了重大的油气发现。为提高我国深水油气的开发能力,开展深水半潜式钻井平台的研究和开发是非常有必要的。

深水半潜式钻井平台是一种移动式钻井装置,要在不同的海域作业,而且在环境条件恶劣的情况下,要从钻井操作工况转变到生存工况。因此深水半潜式钻井平台载荷工况包括:拖航、操作和生存三种工况。在三种工况下平台承受的外载荷的类型、方向和大小差别较大。深水半潜式钻井平台是分别按三种工况遭受的外载荷分别进行结构强度校核。

深水半潜式钻井平台的总体结构强度计算涉及波浪载荷的计算分析与向结构模型的传递、总体结构模型的建立,以及总体结构强度的评定等。要准确地确定结构的总体应力分布趋势、应力水平,就必须把握好建模,波浪载荷计算与传递这两个重要环节,这样才能对总体结构强度有一个合理判断。本文以 3 000 m 深水半潜式钻井平台为实例,研究了深水半潜式钻井平台总体强度计算技术,所获得的一些结论,对相关技术人员有一定参考意义。

4.1.2 总体结构模型的建立

对于深水半潜式钻井平台的结构强度计算,结构有限元模型的建立要花费大量的工作量。平台结构是一种板、梁组合结构,由于板、梁、筋和肘板等构件的尺度差别较大,受有限元单元网格划分的限制,要在整体结构模型中完全模拟所有的构件是困难的,在建立结构有限元模型时一般要忽略一些小的构件,做适当简化,但不能对结构有限元模型随意简化,要符合规范的有关规定。

一般半潜式钻井平台的主体结构由两个等截面旁通和四根(六根或八根)立柱连接一起构成,立柱截面形状多为正方形或矩形。半潜式钻井平台的壳体结构包括下浮体、立柱,它们都包含多个由纵横舱壁隔开的内部舱室,以及水密或非水密平台,而且壳体、立柱和内部舱室壁板都设有很多纵、横加强筋加强。建立半潜式钻井平台的总体结构模型既反映出结构的真实承载能力,又要做必要的简化,以减轻建模工作量和降低有限元网格划分的难度。根据以往的经验以及 ABS 规范的要求[1],在建立半潜式钻井平台的总体结构模型时,外板、舱壁、甲板等平板构件采用四节点或三节点

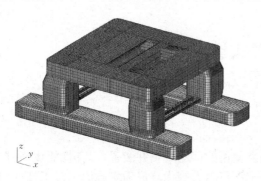

壳单元,平台骨架包括纵桁、纵骨、横梁、肋骨等加强结构简化为空间梁单元,但对于壳体加强骨架中尺度较大的板为提高计算精度要用板单元模拟。横撑管由于结构尺寸较大也采用壳单元。在有限元网格划分过程中,对联结部位如立柱与下浮体联结处、立柱与上甲板联结处以及横撑管与立柱联结处,要注意细化网格,图 4.1.1 所示为半潜式钻井平台整体结构模型。

图 4.1.1   深水半潜式钻井平台整体结构模型

4.1.3   波浪载荷的计算

深水半潜式钻井平台遭受多种外载荷作用,波浪载荷是半潜式平台所遭受的外载荷的主要部分,对平台的总强度校核起决定的作用。波浪是一个随机的过程,而通常平台强度计算校核需要得到确定的结果,所以需要采取一定的分析方法对波浪载荷进行处理。设计波法是一种用于半潜式钻井平台结构强度校核的简化方法。深水半潜式钻井平台在风浪作用下,始终处于运动状态,因此对浮式平台的载荷进行计算是一个非常复杂的动力问题,难于精确计算。目前比较普遍使用的方法是将动力问题转化为准静力问题来处理,即假定平台承受规则波浪作用,把瞬时作用在平台上的最大波浪载荷施加到平台上,同时考虑平台运动产生惯性力和其他载荷,认为所有外载荷保持静力平衡,从而转化为静力问题,这样简化了计算,并且精度满足工程上的需要。根据平台工作地区的环境条件和设计的要求,选取平台可能遇到的最大的波浪作为设计波,规范通常规定使用百年一遇的最大规则波。由于不同的浪向,不同的周期以及不同的波峰位置(波浪相位)下波浪对平台的作用力有很大的差异。因此在计算中要选取若干个不同的浪向、周期的波浪,在不同相位,对平台的载荷进行计算。从中选取最不利的情况进行结构有限元分析计算。

根据有关船级社规范的规定,平台在作业状态、生存状态和拖航状态下,分别需要进行受静水载荷和受最大环境载荷条件下的总强度分析,根据 ABS 规范[2]给定的方法,对三种危险工况进行设计波分析,通过计算获得相应三种工况的设计波参数如表 4.1.1 所示。

表 4.1.1 三种工况的设计波参数

工况	危险波浪载荷	波浪周期 /s	浪向 /(°)	波幅/m	相位角 /(°)	最大响应
拖航工况	横向撕裂力	10.0	90	2.98	321.7/147.7	4.30×10^7 N
	横向扭矩	10.0	135	3.47	186.5/6.5	2.94×10^8 N·m
	纵向剪切力	10.0	135	3.54	183.5/3.5	7.99×10^6 N
	垂向弯矩	7.0	180	2.56	347.6/167.6	1.29×10^8 N·m
	纵向惯性力	9.0	180	2.36	43.8/223.8	1.62 m/s²
	横向惯性力	11.0	90	2.09	241.8/61.8	3.01 m/s²
作业工况	横向撕裂力	10.0	90	4.57	334.4/154.4	5.61×10^7 N
	横向扭矩	8.0	120	4.10	352.1/172.1	9.26×10^8 N·m
	纵向剪切力	10.0	135	4.71	168.9/348.9	1.56×10^7 N
	垂向弯矩	10.0	180	4.23	146.3/326.3	1.29×10^9 N·m
	纵向惯性力	7.0	0	2.51	66.5/246.5	0.41 m/s²
生存工况	横向撕裂力	10.0	90	9.06	331.2/151.2	1.16×10^8 N
	横向扭矩	8.0	120	7.41	340.0/160.0	2.17×10^9 N·m
	纵向剪切力	10.0	135	9.85	164.9/344.9	3.31×10^7 N
	垂向弯矩	10.0	180	8.00	136.8/316.8	2.85×10^9 N·m
	纵向惯性力	7.0	180	4.63	38.5/218.5	0.84 m/s²
	横向惯性力	7.0	90	5.98	249.8/69.8	1.73 m/s²

4.1.4 载荷的施加与边界条件

在建立起半潜式平台的总体结构模型后,必须对模型施加外载荷和边界条件。实际上作用浮体结构外载荷是平衡力系,理论上不需要边界条件,但为了消除其刚体位移,保证有限元结构分析解的收敛,还需要施加边界条件。采用不同的结构分析软件以及不同的结构边界的施加位置有所不同,一般要求施加边界的节点要远离结构连接部位,以免影响连接区域的应力分布。根据实际情况,半潜式平台位移边界条件一般施加在旁通上甲板。在旁通上甲板上选取三个节点,分别限制两个自由度如节点 1 限制 X,Z,节点 2 限制 Y,Z,节点 3 限制 X,Z,三个节点总起来限制结构模型的 6 个自由度。对总体模型施加载荷,即对模型施加波浪载荷,波浪载荷的施加是按照表 4.1.1 给定三种工况下的设计波参数,利用 Sesam 程序的水动力分析模块 WADAM 计算水动力载荷,然后把水动力载荷传递给有限元结构模型,应用模块 Sestra 进行平台的结构计算,总体结构的有限元计算结果由 Xtract 输出,在 Xtract 模块中可以叠加静水压力和水动力共同作用的结果并以等效应力云图的方式输出计算结果。

4.1.5　计算结果分析

总体结构强度分析的主要目标是得到浮体壳体、内部平板、舱壁、立柱、立柱舱壁等处的名义应力；并根据荷载工况的结构许用应力值，来评估浮体结构尺寸设计的正确性，或根据应力分布和大小提出结构的修改意见。

1）许用应力

深水半潜式钻井平台浮体结构主要采用高强度钢制造，钢材的屈服极限为 355 MPa，在立柱与上甲板的连接部位采用超高强度钢材，屈服极限达到 550 MPa。ABS MODU 规范对深水半潜式钻井平台结构强度分析规定了许用应力标准。对于应力分量和由应力分量组合而得的应力，两者的许用应力计算公式为

$$F = \frac{F_Y}{F_S}$$

式中：F_Y 为材料屈服极限；F_S 为安全系数。

对于板结构，可以采用 von Mises 等效应力进行校核。等效应力的许用应力由表 4.1.2 查取。

表 4.1.2　等效应力的许用应力值

载荷工况	单元类型	应力类型	应力安全系数	许用应力 /MPa ($F_Y = 350$ MPa)	许用应力 /MPa ($F_Y = 550$ MPa)
静水工况	板单元	von Mises	1.43	248	385
组合载荷	板单元	von Mises	1.11	320	495

2）计算结果

应用 Sesam 程序，根据确定的设计波参数对半潜式钻井平台进行了总体结构有限元分析，获得了在不同工况下平台结构的总体应力分布，以及主要结构部分的应力分布和最大应力的作用位置。表 4.1.3，表 4.1.4 和表 4.1.5 所示的为三种工况下最大应力值及其所在的位置。

表 4.1.3　拖航状态下结构上的最大应力值及其所在的位置

工况	横向撕裂力	横向扭矩	纵向剪切力	垂向弯矩	纵向惯性力	横向惯性力
最大应力值 /MPa	220	200	180	120	190	180
作用位置	立柱内侧	立柱内侧	立柱与旁通交界处	甲板上面	立柱与旁通交界处	立柱与旁通交界处

表 4.1.4　操作状态下结构上的最大应力值及其所在的位置

工况	横向撕裂力	横向扭矩	纵向剪切力	垂向弯矩	纵向惯性力	横向惯性力
最大应力值/MPa	230	210	225	150	190	185
作用位置	立柱内侧	立柱内侧	甲板前侧	甲板上面	立柱与旁通交界处	立柱与旁通交界处

表 4.1.5　生存状态下结构上的最大应力值及其所在的位置

工况	横向撕裂力	横向扭矩	纵向剪切力	垂向弯矩	纵向惯性力	横向惯性力
最大应力值/MPa	245	348	390	300	200	220
作用位置	立柱内侧	甲板前侧	甲板前侧	甲板上面	立柱与旁通交界处	立柱与旁通交界处

深水半潜式钻井平台的总体结构强度分析是采用有限元分析方法计算平台在三种工况下应力分布趋势,由于模型建得比较粗糙,一些细节结构模拟比较困难,因此总体结构应力分析,不能反映出细节结构实际应力分布和最大应力值。表 4.1.3～表 4.1.5 所给出的平台的总体结构强度计算结果只是反映了结构的总的应力分布情况,以及结构大体的应力水平,以此来评价总的结构设计的是否合理,应该做哪些修改,对于平台的一些关键部位,如立柱与旁通,以及与横撑的连接处等,要建立细化的模型进行有限元分析,同时对于一些出现奇异点的部位,如个别单元应力偏高,最好也要进行细化模型分析。结构的细化模型分析可采用子模型法,Sesam 程序配置有子模型分析模块。

4.1.6　结论

(1) 浮式平台的结构强度关键在于结构模型的建立,模型是否能反映真实结构,以及有限元网格划分的粗细都会影响强度计算的准确性。

(2) 结构的总体应力分布趋势取决于计算工况,在同一位置,不同的计算工况应力大小和分布完全不同,因此分析研究结构的总体应力分布趋势和最大应力出现的部位应综合各计算工况的分析结果。

(3) 在操作和拖航状态下结构的总体强度满足要求,在生存状态下有两个计算工况不满足强度要求,结构需要做进一步修改。

(4) 在有限元网格划分时,由于主要考虑了立柱和下浮箱的网格协调,在下浮箱横舱壁和下浮箱强框架上出现了个别不规则单元,从而造成个别高应力点的出现,并不能反映真实的应力,需要通过局部模型修正。

参考文献

[1]　ABS. ABS Rules for building and classing mobile offshore drilling units：part 3，chapter 3，

Appendix 2 [S]. Houston：American Bureau of Shipping，2006.

[2]　ABS. ABS Rules for building and classing mobile offshore drilling units，2001 part 3-Hull construction & Equipment[S]（Final Revision—Prepared on September 24，2004）.

4.2　深水半潜式钻井平台总体强度分析

4.2.1　引言

新型半潜式钻井平台在抗风浪能力、甲板变载能力、工作水深、钻井深度以及多功能作业（钻井、完井、试油、生产、修井、起重和铺管）方面与另外两种主流的深水平台 Spar，TLP 相比，有着明显的比较优势，这使得半潜式平台成为南海油气资源勘探开发的首选。

本节讨论的目标平台是国内在建的第一座代表世界先进水平的第六代深水半潜平台，结构型式上采用箱式上部结构、双浮体、四立柱、双横撑的形式，无斜撑的设计避免了出现复杂管节点疲劳破坏的可能性，但是箱式甲板纵向与横向的大跨度特点及无斜撑设计使得平台的总体强度分析成为保证平台结构安全的首要任务。

国内建造的深水平台数量不多，但是平台结构强度分析一直很受重视，文献[1，2]根据船级社规范进行了平台的结构强度校核，文献[3]提出 Spar 平台总体强度分析方法，但这些研究均未涉及计算工况的选取原则，船级社也未明确给出针对半潜式平台的分析工况选取原则。海洋平台总体强度分析的关键是计算波浪诱导载荷与运动，文献[4]采用三维绕射理论频域法计算了半潜平台的波浪载荷；文献[5]应用时域格林函数法求解波浪与三维物体间的绕射与辐射问题。

本节采用可以考虑工作海域海况条件及结构水动力特性的谱分析方法确定设计波参数，进行了生存工况、两种作业工况共三种装载情况下 21 个波浪工况的载荷预报，并完成了平台结构总体强度三维有限元分析，在入射波与结构变形模式关系、结构应力分析的基础上提出了计算工况选取原则及控制总体强度的关键因素，这些工作可为今后深水半潜平台的结构设计、强度分析及型式优化提供参考。

4.2.2　总体强度分析方法

由于大型海洋结构物可以严重影响入射波的流场，各船级社[6~8]推荐使用三维绕射理论计算波浪载荷。本节采用的三维绕射理论计算平台湿表面的水动压力及波浪诱导的运动，基于波浪载荷频域法和谱分析的设计波法是一种综合考虑船舶与海洋结构物的水动力性能、工作海域的海况条件、波浪回复周期等因素，为结构设计和分析提供适当载荷值的载荷处理方法。

结构分析采用准静态分析方法，选择水动力预报载荷达到极值的瞬时时刻平台运动引起的惯性力、液舱对舱壁的水动压力与湿表面水压力施加到结构有限元模型进行有限元计算。

1) 波浪载荷

深水平台对入射波流场影响大,绕射与辐射引起的绕射力与惯性力是波浪诱导载荷的重要分量。绕射理论假设流体是均匀、不可压缩、无旋的理想流体,并且不计自由表面张力(简化自由表面边界条件),在引入微幅波假设后,简化为线性绕射理论。基本方程为

$$\Delta\Phi = 0 \tag{1}$$

速度势分解为

$$\Phi = \Phi_I + \Phi_R + \Phi_D \tag{2}$$

式中:Φ_I 为入射势,Φ_R 为辐射势,Φ_D 为绕射速度势。

计算波浪载荷的波面升高使用 Airy 波,波高表示为

$$z(x,\ y,\ t) = A \cdot \mathrm{Re}(\mathrm{e}^{\mathrm{i}[\omega t - k(x\cos\beta + y\sin\beta)]}) \tag{3}$$

无航速入射波速度势表示为

$$\Phi_I = \mathrm{Re}[\phi_i \cdot \mathrm{e}^{\mathrm{i}\omega t}] \tag{4}$$

式中:$\phi_i = \dfrac{\mathrm{i}Ag}{\omega} \cdot \dfrac{\cosh k(z+H)}{\cosh kH} \cdot \mathrm{e}^{-\mathrm{i}k(x\cos\beta + y\sin\beta)}$;$k$ 为波数;β 为浪向角;ω 为入射波圆频率;H 为水深。

波浪载荷计算中绕射势与辐射势满足物面条件,使用在平台湿表面布置点源形式的 Green 函数来表示流场势函数。平台六个自由度运动临界阻尼系数需要根据水动力模型试验的结果进行修正,本文波浪载荷计算采用的临界阻尼系数参考文献[9]的水池模型实验进行修正,垂荡运动临界阻尼系数取 2%～7%。

2) 水动力载荷预报

平台的波浪诱导载荷在不同周期、浪向、相位的波浪条件下差异很大,需要根据结构型式、装载工况和工作环境选择合适的预报载荷以搜索出对结构最不利的波浪,水动力载荷预报的目的在于确定对结构强度影响最大的波浪。

根据半潜式平台水动力性能研究,水动力载荷预报的典型情况包括浮箱间的横向力、水平横向扭矩、中纵剖面垂向剪切力、甲板处纵向与横向运动引起惯性力、浮箱垂向弯矩。本节根据甲板设备布置及平台结构特点增加中横剖面的垂向弯矩及平台垂向运动引起的惯性力的预报,以考察平台沿横向的垂向弯曲强度及重型设备放置处的结构强度。

3) 设计波参数确定

设计波参数包括波幅、浪向、波浪频率、相位。确定设计波波幅的方法包括确定性方法与谱分析方法,文献[1]采用极限波高法确定设计波波幅,但是极限波高法不能考虑平台的水动力特性及工作区域的环境特点。

谱分析方法确定设计波参数主要有 3 个步骤:

(1) 确定水动力预报载荷。

(2) 计算预报载荷的幅频响应函数,确定设计波的浪向、波频及相位。

(3) 确定设计波波幅,设计波波幅是载荷长期预报值与幅频响应函数幅值的比值。

4.2.3　结构分析

1) 环境条件

结构总体强度应该满足 ABS 与 CCS 的要求,按照中国南海 100 年一遇的海况条件设计。危险波浪工况搜索采用浪向区间 0°~180°,步长 15°;浪向在 0°~180°等概率分布;波浪频率 0.1~1.5 rad/s,步长 0.05 rad/s;波浪载荷长期预报使用 Jonswap 谱,$S_\xi(\omega) = \dfrac{\alpha \cdot g^2}{\omega^5} \exp\left\{-1.25\left(\dfrac{\omega_p}{\omega}\right)^4\right\} \gamma^\kappa$,$\kappa = \exp\left\{-\dfrac{(\omega - \omega_p)^2}{2(\sigma\omega_p)^2}\right\}$,$\gamma$ 为谱峰提升因子,生存工况取 2.4,作业工况取 2.0;平台工作水深 3 000 m。

2) 计算模型

结构分析使用的计算模型包括结构模型、质量模型、水动力模型与液舱模型,如图 4.2.1~图 4.2.4 所示。波浪载荷使用 SESAM/Wadam 计算,结构分析使用 SESAM/Sestra。水动力模型及质量模型用来计算平台湿表面的水动压力及运动响应。液舱模型用来模拟液货对平台质量的贡献及结构计算时将液舱的水动压力映射到结构模型。

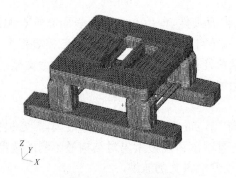

图 4.2.1　结构模型

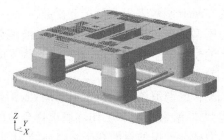

图 4.2.2　自存工况质量模型

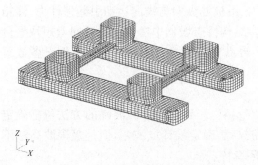

图 4.2.3　水动力分析的湿表面模型

图 4.2.4　水动力分析的液舱模型

结构模型与水动力模型使用右手直角坐标系,原点取在平台中纵剖面与中横剖面相贯线与基面相交处,x 轴为纵向轴,从艉部指向艏部为正;y 轴为横向轴,从中心线指向左舷为正;z 轴为垂向轴,从基面向上为正。

3) 位移边界条件

结构有限元计算时需要消除平台六个自由度的刚体运动,选取三个节点约束刚体位移,节点取在浮体的一个与水平面平行的平面内。节点 1,2 位于右舷浮箱中纵舱壁,节点 3 位于左舷浮箱中横舱壁。节点 1:$U_x = U_y = U_z = 0$;节点 2:$U_y = U_z = 0$;节点 3:$U_z = 0$。

4) 设计波参数

根据工作海域的海洋环境条件,采用谱分析方法确定的生存工况及两个作业工况的设计波参数如表 4.2.1~表 4.2.3 所示,相位表征入射波与结构的相对位置,作为结构分析的初始相位。

表 4.2.1　生存工况设计波参数

计算工况	浪向/(°)	波浪圆频率/(rad/s)	相位/(°)	波幅/m	波长/m
1	180	0.65	132.70	4.053	145.8
2	90	0.65	−28.47	4.133	145.8
3	120	0.8	−15.88	4.086	96.3
4	90	0.8	−102.25	4.052	96.3
5	105	1.05	−102.35	2.851	55.9
6	90	1.0	−17.34	3.084	61.6
7	90	0.85	72.759	3.707	85.3

表 4.2.2　作业工况 1 设计波参数

计算工况	浪向/(°)	波浪圆频率/(rad/s)	相位/(°)	波幅/m	波长/m
1	180	0.65	142.57	4.044	145.8
2	90	0.65	−25.38	4.096	145.8
3	120	0.8	−5.03	4.457	96.3
4	90	0.8	−95.55	4.014	96.3
5	105	1.05	−90.7	3.236	55.9
6	90	1.0	−6.79	3.718	61.6
7	90	0.85	80	3.626	85.3

表 4.2.3　作业工况 2 设计波参数

计算工况	浪向/(°)	波浪圆频率/(rad/s)	相位/(°)	波幅/m	波长/m
1	0	0.65	143.742	3.917	145.8
2	90	0.65	−25.161	4.129	145.8
3	120	0.8	−5.167	4.121	96.3
4	90	0.8	−94.202	3.939	96.3
5	180	0.5	93.848	4.834	246.5
6	90	1.0	−6.785	3.717	61.6
7	90	0.85	80.932	3.759	85.3

5）结果分析

（1）入射波与结构变形模式。

引起平台甲板最大纵向惯性力、横向惯性力和最大垂向加速度的入射波为首浪和横浪，引起平台主要变形模式：纵向垂向弯曲、浮箱横向分离、扭转、纵向垂向剪切的入射波波长、相位与平台尺寸与位置的相对关系分别如图 4.2.5～图 4.2.8 所示。

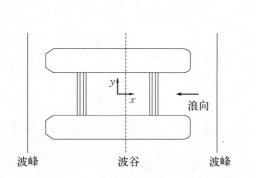

图 4.2.5　纵向最大垂向弯曲状态

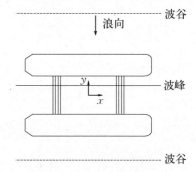

图 4.2.6　最大横向受力状态

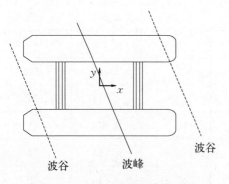

图 4.2.7　最大水平横向扭转状态

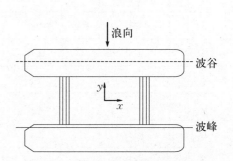

图 4.2.8　纵向最大垂向剪切状态

（2）结构应力分析。

根据 CCS[6]，ABS[7] 规范推荐结构强度校核使用单元形心处中面等效应力。

计算工况 0 对应静水工况，其他计算工况是静水与波浪工况的组合工况，其设计波参数如表 4.2.1～表 4.2.3 所示。计算工况编号 1 至 7 对应纵向最大垂向弯曲状态、最大横向受力状态、最大水平横向扭转状态、甲板最大横向惯性力状态、甲板最大纵向惯性力状态、平台最大垂向加速度状态、纵向最大垂向剪切状态。

由分析结果可知 21 个工况下结构应力分布都较为均匀。其中自存工况的计算工况 3 下平台应力水平最高，也就是频率 0.8 rad/s，浪向 120°斜浪工况，同时该工况发生最大水平横向扭转变形。图 4.2.9 是该工况下变形图与等效应力云图，可以看出结构总体应力分布均匀，除高应力区外，上部结构的总体应力水平在 180 MPa 以下，总体应力水平较高的构件为上部结构的上层甲板及双层底的甲板外底板；立柱、横撑、浮箱的总体应力水平在 140 MPa 以下。

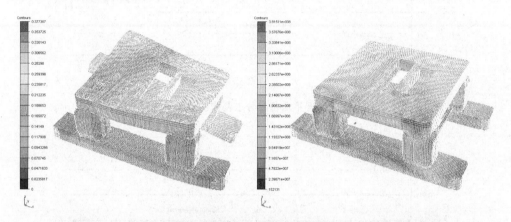

图 4.2.9　自存工况最大水平横向扭转状态变形图及 von Mises 应力云图

所有 21 个计算工况下平台的各主要构件最大 von Mises 应力如表 4.2.4 所示，虽然大部分区域应力分布均匀，应力水平合理，但各部分也存在明显的较高应力区：

（1）上部结构：四层甲板月池角隅，位于立柱外壳板靠近月池的两侧板上方的上部结构连续纵横舱壁连接处。

（2）立柱与横撑：立柱外壳板与浮箱外壳板连接处，立柱中纵舱壁底部，立柱外壳板中靠近月池的两侧板，横撑与立柱外壳板相接处。

（3）浮箱：浮箱中纵舱壁与立柱外板相接靠近浮箱首部与尾部的连接处。

表 4.2.4　各计算工况平台主要构件最大 von Mises 应力(MPa)

	0	1	2	3	4	5	6	7
生存工况	274.9	286.9	254.3	381.5	309.9	250.0	291.4	342.2
作业工况 1	299.4	307.7	277.2	341.4	268.2	268.2	299.4	352.3
作业工况 2	230.3	246.9	216.0	250.4	224.1	224.1	246.5	275.4

6）平台不同计算工况最大 von Mises 应力变化特点

通过分析计算工况的入射波状态与结构变形模式的关系，如图 4.2.5～图 4.2.8 所示，入射波状态如表 4.2.1～表 4.2.3 所示，各计算工况平台高应力区分布及各部分最大 von Mises 应力变化特点，如图 4.2.10～图 4.2.12 所示，可以得到总体强度分析工况选取原则以及影响总强度的关键因素。

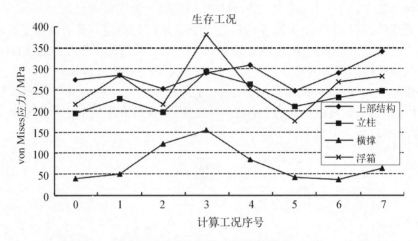

图 4.2.10　生存工况平台各部分主要构件最大 von Mises 应力

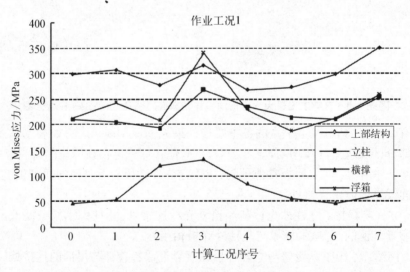

图 4.2.11　作业工况 1 平台各部分主要构件最大 von Mises 应力

（1）对平台的总体强度要求最高的是斜浪工况中，使得平台产生最大水平横向扭转状态的波浪工况。

（2）其次是横浪工况产生纵向最大垂向剪切状态的波浪工况。

（3）对平台强度要求最低的计算工况是静水工况与其他的横浪及首浪工况，这些工况下上部结构的主要变形为横向与纵向弯曲变形。

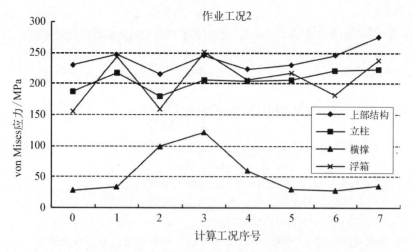

图 4.2.12　作业工况 2 平台各部分主要构件最大 von Mises 应力

从平台的变形模式及控制总体强度关键因素的分析可以得到结构设计的一些建议：

（1）静水工况与其他浪向工况下，平台的主要变形模式为箱式甲板的横向与纵向弯曲变形，因此在设计阶段需要确保平台上部结构有充足的弯曲强度。横向弯曲强度由上部结构与横撑保证，与纵向弯曲强度相比，横撑的纵向弯曲强度明显弱于浮箱的纵向弯曲强度，所以尤其需要注意上部结构的横向弯曲强度。

（2）水平横向扭转强度与垂向剪切强度主要由上部结构的四层甲板及连续横舱壁提供，考虑到平台的横向跨度大及平台中部由大开口月池的结构特点，设计时应特别注意连续舱壁数目及位置的布置。

4.2.4　结论

平台总体强度分析涉及有限元建模、环境参数选取、波浪载荷计算及长期预报，根据水动力载荷幅频响应特点及 21 个波浪组合工况的结构变形及应力分析结果，得到如下结论：

（1）对于结构型式与本文相似的半潜平台进行强度分析可以参考以下原则：

首先搜索产生最大水平横向扭转状态的斜浪，在该斜浪工况下校核平台的结构强度；其次选择最大纵向剪切状态的横浪工况进行结构的强度校核；最后选取横向最大垂向弯曲状态校核结构强度，尤其是横撑结构的弯曲强度。

（2）控制目标平台总体强度的关键因素：

平台的横向扭转强度、沿纵向的垂向剪切强度（尤其是上部结构的垂向剪切强度）是控制总体强度的关键因素，双浮体、多立柱、无斜撑的半潜平台结构设计时应特别注意其横向扭转强度和沿纵向的垂向剪切强度，结构分析时也应重点校核。

参考文献

[1]　张海彬,沈志平,等.深水半潜式钻井平台波浪载荷预报与结构强度评估[J].船舶,2007,2：

33-38.

[2] 梁园华,郑云龙,等.BINGO 9000 半潜式钻井平台结构强度分析[J].中国海洋平台,2001,
       16(5-6):21-26.

[3] 陈鹏耀,唐文勇,等.Truss Spar 平台强度、疲劳分析的关键技术[J].中国海洋平台,2006,6:
       8-23.

[4] 刘海霞,肖熙.半潜式平台结构强度分析中的波浪载荷计算[J].中国海洋平台,2003,18(2):
       1-4.

[5] 腾斌,韩凌.应用时域格林函数方法模拟有限水深中波浪对结构物的作用[J].水动力研究与
       进展,2006,21(2):161-170.

[6] 海上移动平台入级与建造规范[Z].中国船级社,2005.

[7] Rules for Building and Classing Mobile Offshore Drilling Unit[Z]. ABS,2008.

[8] Column-stabilized Units[Z] DNV,2005.

[9] 张威,杨建民,等.深水半潜式平台模型试验与数值分析[J].上海交通大学学报,2007,
       41(9):1429-1434.

4.3　深水半潜式钻井平台波浪 载荷预报与结构强度评估

4.3.1　引言

海洋是一个有待开发的巨大资源宝库,它不仅富有水资源与生物资源,而且在海底蕴藏着极为丰富的油气资源。石油和天然气在能源结构中占有相当重要的地位。当陆上油气资源经过长期、大规模开发之后,世界范围内的油气勘探与开发已转向了广袤的海洋,并逐渐形成了投资高、风险大、高新技术密集的能源工业新领域。随着海洋油气开发逐渐向深海推进,传统的导管架平台和重力式平台由于其自重和工程造价随水深大幅度地增加,已经不能适应深水油气资源开发的需要。目前,国际上用于深海勘探的主流装备形式是半潜式钻井平台,而用于深海采油的装备主要是 Spar 平台和张力腿平台。从我国现状来看,深海钻采装备都处于前期开发研究阶段,采用半潜式平台进行深海勘探钻井是发展趋势。

世界上各主要深水油田的海洋环境通常都较为恶劣,并且半潜式平台与一般航行船舶不同,在遇到恶劣海况时不能规避,因而在结构设计阶段必须要考虑其在生命期内可能要遭遇的极限海况,要具备足够的强度抵御"百年一遇"的恶劣海况,以保障平台上的人员以及设备的安全。目前,各大船级社规范均要求半潜式平台的波浪载荷预报和结构强度评估采用直接计算方法,其中波浪载荷预报推荐采用基于三维水动力理论的设计波方法,强度分析则推荐采用有限元分析方法。

本文阐述了半潜式平台波浪载荷预报和结构强度评估的分析方法和流程,并对一深水半潜式钻井平台进行了实际数值分析。在波浪载荷计算中,采用基于三维水动力理论的设计波方法,并结合水池模型试验对输入阻尼参数进行了修正。结构强

度评估采用有限元分析方法,在获得平台主体结构的应力水平后,按照规范规定的应力标准进行结构强度校核。

4.3.2 分析方法及流程

半潜式平台作为常年作业于海上油田的海洋工程结构物,在其寿命期内所遭受的载荷除了自重和静水载荷之外,还将遭受风载荷、流载荷和波浪载荷,以及地震、海啸等偶然性载荷。规范规定,在采用百年一遇的最大规则波对半潜式平台进行波浪载荷计算与结构总强度评估时,可以忽略流载荷和风载荷的贡献。在设计波分析中,假定平台在规则波上处于瞬时静止,其不平衡力由平台运动加速度引起的平台惯性力来平衡,进而计算平台主体结构的应力水平,并根据规范的强度要求校核平台的结构安全性。下面分别介绍半潜式平台波浪载荷预报和结构强度评估方法。

1) 半潜式平台波浪载荷预报方法

(1) 典型波浪工况。

半潜式平台在波浪中的载荷与平台的装载工况、波浪的波高、周期和相位,以及浪向角都有密切的关系,而且在平台的使用过程中,这些因素有多种不同的组合状态。所以,进行平台强度校核时,需要对平台的多个受力状态进行分析。半潜式平台的典型装载工况包括作业工况、生存工况和拖航工况,需要分别进行受静水载荷和受最大波浪载荷条件下的总强度分析。根据工程实践和规范的要求,半潜式平台的典型波浪工况通常包括:

- 最大横向受力状态;
- 最大扭转状态;
- 最大纵向剪切状态;
- 甲板处纵向和横向加速度最大状态;
- 最大垂向弯曲状态。

对于各典型波浪工况,需要采用三维水动力理论分别计算相应特征波浪载荷的传递函数(包括幅频响应和相频响应),从而确定特征波浪载荷最大时的设计波参数(包括设计波的周期、波幅、相位和浪向)。

(2) 设计波参数计算。

设计波参数计算方法包括确定性方法和谱分析方法,其中确定性方法是较为常用的计算方法。设计波参数计算的确定性方法通过极限规则波波陡来确定设计波波幅,其分析步骤如下:

第一步:根据平台尺度确定各典型波浪工况下的浪向和特征周期;

第二步:计算平台在典型波浪工况下特征波浪载荷的传递函数,波浪周期范围取为 3~25 s,在特征周期附近步长取 0.2~0.5 s,在其他区域可取 1.0~2.0 s;

第三步:按照(1)式计算各波浪周期所对应的极限规则波波高 H:

$$S = 2\pi H/gT^2 \tag{1}$$

ABS 规范推荐的极限规则波波陡 S 为 $1/10$[1],而 DNV 规范规定的极限规则波

波陡[2]为

$$S = \begin{cases} \dfrac{1}{7}, & T \leqslant 6 \\[3mm] \dfrac{1}{7 + \dfrac{0.93}{H_{100}}(T^2 - 36)}, & T > 6 \end{cases} \tag{2}$$

式中：H_{100} 为百年一遇的最大极限波高，一般取 32 m。

第四步：将各特征波浪载荷响应的传递函数与其波浪周期所对应的极限规则波波幅（极限波高的一半）相乘；

第五步：第四步计算结果中最大值所对应的周期和波幅即为设计波的周期和波幅，进而可以在特征波浪载荷相频响应中得到该设计波的相位。

这样，可以进一步进行设计波浪载荷计算和结构强度评估。

（3）对理论预报方法的修正。

目前，大多数水动力分析理论均是基于势流理论，无法考虑流体的黏性效应，也没有考虑系泊系统对平台运动的影响。因而，理论预报的平台垂荡运动在固有周期附近将远大于实际值，需要通过与模型试验的对比分析，确定平台垂荡运动的临界阻尼，以对理论预报方法进行修正。一般而言，平台垂荡运动的临界阻尼介于 2%～7% 之间。

2）半潜式平台主体结构强度评估方法

在设计波参数确定以后，就可以采用三维水动力理论计算半潜式平台在该设计波中的运动和载荷，进而采用准静态方法对平台整体结构进行有限元分析和强度评估。

（1）结构分析模型和载荷施加。

各船级社都对半潜式平台结构总强度分析方法做了要求。ABS 船级社规范规定，半潜式平台结构总强度评估用于考核平台沉垫、立柱和撑杆等结构的屈服强度，必须采用有限元方法进行分析。有限元分析模型中，对于外板、甲板和舱壁等主要承载结构可以采用粗网格的壳单元，主要结构连接区域（应力敏感区）要采用较细网格的壳单元，所有的第二类承载构件（如扶强材和桁材）可以采用梁单元。水动压力、静水压力以及惯性加速度要施加到整体有限元模型上，并确保有限元模型的平衡，计算得到的沉垫、上甲板、立柱和撑杆等结构的总应力用于屈服强度校核。

（2）位移边界条件。

为了避免结构模型发生刚体位移，必须在模型中施加一定的位移边界条件。根据实际情况，位移边界条件可以是弹性固定或刚性固定。通常在结构强度较大并且远离结构强度评估区域选取 3 个不共线的节点，每个节点施加如下的位移边界条件：

节点 1：限制 X, Y, Z 三个方向的位移；

节点 2：限制 Y, Z 两个方向的位移；

节点 3：限制 Z 方向的位移。

（3）应力标准。

ABS 船级社针对半潜式平台结构分析规定了许用应力标准。对于应力分量以及由应力分量组合而得应力的许用应力为

$$F = F_y/F.S. \tag{3}$$

式中：F_y 为材料屈服极限；$F.S.$ 为安全因子，安全因子的选取标准如表 4.3.1 所示。

表 4.3.1　屈服应力安全因子

工　况	静水工况	波浪组合工况
轴向拉伸、弯曲	1.67	1.25
剪　切	2.50	1.88

对于板壳结构，可以采用 von Mises 等效应力进行校核。等效应力 σ_{eqv} 的表达式为

$$\sigma_{eqv} = \sqrt{\sigma_x^2 + \sigma_y^2 - \sigma_x\sigma_y + 3\tau_{xy}^2} \tag{4}$$

式中：σ_x 为平板 x 方向的平面应力；σ_y 为平板 y 方向的平面应力；τ_{xy} 为平面剪应力。

等效应力的许用应力同式（3），安全因子选取标准如表 4.3.2 所示。

表 4.3.2　等效应力安全因子

工　况	静水工况	波浪组合工况
等效应力	1.43	1.11

3）半潜式平台波浪载荷预报与结构强度评估常用分析软件

目前，半潜式平台波浪载荷预报一般采用三维线性频域水动力理论。基于该理论的商业软件有美国麻省理工大学开发的 WAMIT，DNV 船级社开发的 SESAM/WADAM[3]，BV 船级社开发的 HydroStar 等。

对于结构有限元分析软件开发比较成熟，可以选用的商业软件也比较多，如 MSC 公司的 MSC/NASTRAN，ANASYS 公司的 ANASYS，以及 ABAQUS 软件等。各个船级社也相应开发了自己的有限元分析程序，如 DNV 船级社的 SESAM/SESTRA[4]，中国船级社的海虹之彩等。

在用设计波方法对半潜式平台进行波浪载荷预报和结构强度评估时，需要将平台湿表面的水动压力、液舱载荷以及惯性载荷施加到有限元模型上，并且要确保模型的静力和动力平衡。如果完全靠手工加载，工作量将异常繁重，而且容易出错。因而，能够实现波浪载荷计算结果的自动加载是非常重要的。值得庆幸的是，DNV 船级社在这方面作了许多卓有成效的工作，其 SESAM 软件包可以将波浪载荷预报和结构有限元分析无缝地衔接起来，可以节省巨大的工作量。

4.3.3　分析实例

为了进一步研究半潜式平台波浪载荷预报与结构强度评估的方法和规律，并能指导平台结构设计，对一半潜式钻井平台在各典型波浪工况下的载荷进行了计算，在

确定设计波参数之后,进一步对平台整体结构进行了有限元分析与强度校核。波浪载荷预报和强度评估是按照 ABS 规范的要求进行的,采用的计算软件为 DNV 船级社开发的 SESAM 软件包。

1) 目标平台主尺度

该深水半潜式钻井平台为钢质全焊接结构,包括两个沉垫、四根圆角方立柱、一个箱形封闭式上平台、两根水平撑杆及上层建筑和直升机平台。目标平台的主尺度参数如表 4.3.3 所示。

表 4.3.3　目标平台主尺度

沉垫/m	106.05×18×9	沉垫间距/m	63.75
横撑/m	48.75×3.75×2.25	立柱(圆角半径)/m	15×15 (2.5)m
立柱纵向间距/m	63.75	立柱横向间距/m	63.75
中间甲板/下甲板/m	78.75×78.75	主甲板/m	78.75×78.75
主甲板距基线/m	49.5	中央月池开口/m	43×9
作业吃水/排水量/t	24 m/46 865	生存吃水/排水量/t	18 m/41 482
拖航吃水/排水量/t	8.5 m/31 109	最大作业水深/m	3 000

2) 目标平台波浪载荷预报

鉴于半潜式平台在生存装载工况时将会遭受百年一遇的极限波浪载荷,对平台结构强度的要求最大,因而本文仅针对平台生存装载工况下的各典型波浪工况进行波浪载荷计算和设计波参数搜索。对于其他装载工况,可采用类似的方法。设计波参数计算采用确定性方法,极限规则波波陡按 ABS 船级社规范取为 1/10。

(1) 三维水动力模型。

采用 SESAM/PatranPre,根据平台型线建立了三维湿表面模型。三维湿表面模型划分到立柱顶端,共 11 024 块面元。此外,对于横撑类小构件建立莫里森模型,采用莫里森方程计算波浪载荷。三维湿表面模型和莫里森模型如图 4.3.1 所示。

对应于目标平台生存装载工况,采用 SESAM/PREFEM[5]建立了相应的质量模型。质量模型确保与实际平台的总重、重心位置和惯性半径一致。

(2) 临界阻尼修正。

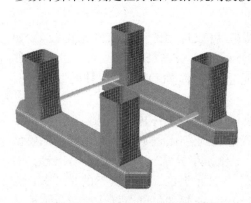

图 4.3.1　目标平台三维湿表面模型和莫里森模型

通过对目标平台水池模型试验数据结果[6]的分析,确定目标平台的垂荡临界阻尼为 6%。修正后目标平台垂荡、横摇和纵摇传递函数理论计算与模型试验结果的对比如图 4.3.2~图 4.3.4 所示。

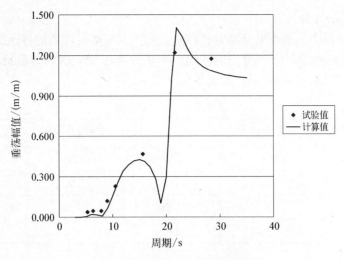

图 4.3.2　目标平台垂荡传递函数

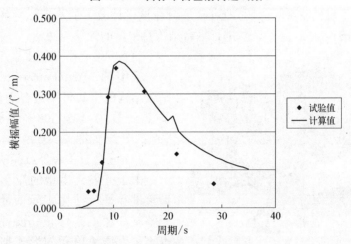

图 4.3.3　目标平台横摇传递函数

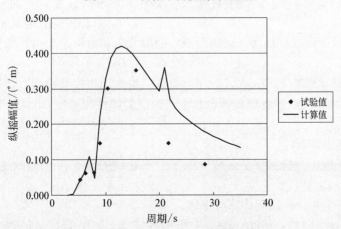

图 4.3.4　目标平台纵摇传递函数

（3）设计波参数计算。

分别对目标平台的水平分离力、扭矩、纵向剪力和垂向弯矩的传递函数进行了预报，并根据按极限波陡 1/10 算得的波幅进一步计算了相应的响应载荷，进而确定了各典型波浪工况的设计波参数，如表 4.3.4 所示。

表 4.3.4　设计波参数

典型波浪工况	波浪周期/s	浪向/(°)	波幅/m	相位/(°)
横向分离力	10.5	90	8.61	341.82
扭　　矩	9.5	135	7.05	172.85
纵向剪力	11.5	135	10.32	176.33
垂向弯矩	10.0	180	7.81	158.94

3）目标平台结构强度评估

在确定了设计波参数之后，即可将平台在该设计波下的水动压力和惯性加速度施加到平台结构有限元模型上，进行平台结构总强度的计算与评估。

图 4.3.5　目标平台整体有限元模型

（1）有限元模型的建立。

采用 SESAM/PatranPre 建立了目标平台结构的空间板梁组合力学模型，其中节点总数为 173 508 个，单元总数为 407 214 个，如图 4.3.5 所示。

（2）平台自重及外载荷的处理。

由于有限元模型的简化所引起的模型重量和平台结构实际重量的差别通过调整材料密度来修正。设备和钻井材料等重量以质量单元的形式加在有限元模型中相应的位置上。货油和压载水载荷通过在有限元模型中定义液舱的形式实现，SESAM 程序可以自动将该液舱内液体的静载荷和由于运动引起的惯性载荷加在有限元模型上。

对于水动压力载荷，SESAM 程序可以从三维水动力模型中读取数据自动施加到有限元模型上。并且，还将施加平台六个自由度的惯性加速度，以保证有限元模型的平衡。

（3）位移边界条件。

在上甲板纵桁与横梁相交区域选取 3 个不共线的节点，每个节点按照前面介绍的规则施加位移约束。

（4）平台主体结构强度计算与评估。

目标平台主体结构（沉垫、立柱、上甲板和横撑）采用 HS36 高强度钢，其屈服极限为 355 MPa，由式（3）和表 4.3.2 可以得到 von Mises 应力的许用应力如下：

表 4.3.5 von Mises 应力许用应力 单位：MPa

工 况	静水工况	波浪组合工况
von Mises 应力	248	320

采用 SESAM/SESTRA 对目标平台主体结构进行了有限元分析。计算结果显示，平台主体结构应力分布较为均匀，结构设计合理，平台主体结构基本能够满足强度要求。然而，在最大纵向剪切状态下，横撑与立柱连接肘板处应力水平较高，稍稍超出许用应力标准，需要对结构适当加强，并进一步作精细网格有限元分析和疲劳寿命分析。

图 4.3.6 给出了目标平台结构各部位壳单元 von Mises 应力在不同工况下的变化曲线，其中工况序号 1～5 分别代表静水工况、最大横向受力状态、最大扭转状态、最大纵向剪切状态和最大垂向弯曲状态，图 4.3.7 给出了目标平台在最大纵向剪切状态下横撑结构壳单元 von Mises 应力云图。

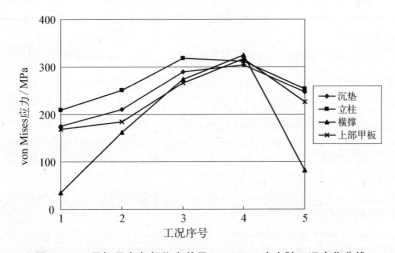

图 4.3.6 目标平台各部位壳单元 von Mises 应力随工况变化曲线

4.3.4 结论

本文结合分析实例，研究了深水半潜式钻井平台波浪载荷预报和结构强度评估的分析方法和流程，给出了一套适用于其主体结构直接强度分析与评估的解决方案。理论研究和数值分析可以得出以下结论：

（1）理论预报的平台垂荡运动与实际情况会有较大差别，需要结合模型试验手段对平台垂荡运动的临界阻尼进行修正。

（2）对于具有本文目标平台类似结构形式的半潜式钻井平台而言，斜浪工况对平台主体结构强度的要求最大，其次是横浪工况，而迎浪工况和静水工况相对较容易满足强度要求。

（3）深水半潜式钻井平台主体结构的高应力区域主要分布在横撑与立柱连接处、立柱与上甲板及沉垫连接处等，需要在结构设计中特别关注。

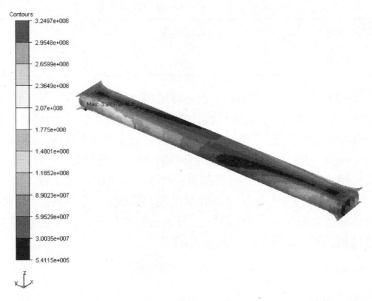

图 4.3.7 最大纵向剪切状态下横撑结构壳单元 von Mises 应力云图

参考文献

［1］ ABS. ABS Rules for Building and Classing Mobile Offshore Drilling Units［S］. 2001.

［2］ DNV. Recommended Practice DNV－RP－C103，Column-stabilised Units［S］. 2005.

［3］ DNV. Wave Analysis by Diffraction and Morison Theory(WADAM)［S］, SESAM USER'S MANUAL. 2004.

［4］ DNV. Superelement Structural Analysis（SESTRA）［S］, SESAM USER'S MANUAL. 2004.

［5］ DNV. Preprocessor for Generation of Finite Element Models(PREFEM)［S］, SESAM USER'S MANUAL. 2003.

［6］ 上海交通大学海洋工程国家重点实验室.新型多功能半潜式钻井平台水动力性能开发模型试验报告及分析研究报告[R]. 2005.

4.4 深水半潜式钻井平台典型节点强度研究

4.4.1 引言

第六代半潜式钻井平台代表着世界钻井平台的先进水平,该类平台结构形式简单,大大减少了连接节点的数目,其节点由空间板架结构构成,节点尺度远大于以往半潜式钻井平台通常使用的节点,应力分布情况十分复杂。这些典型节点结构的失效破坏往往会危及平台整体结构的安全,由此,这些平台主要结构连接处的典型连接节点的强度性能成为制约平台安全作业的关键因素之一[1-3]。本文基于 SESAM 软件包,提出了一套平台典型节点结构分析方法,并针对目标平台立柱/撑杆连接处典型节点进行强度分析。实践证明,目标平台立柱/撑杆连接处典型节点强度满足使用要求;所提出的典型节点强度分析方法计算步骤明确,程序简单,可以作为以后深水海洋平台局部结构设计分析的推荐做法。

4.4.2 平台典型节点强度分析方法

由于深水半潜式钻井平台连接节点结构形式复杂,为有效分析结构应力场分布,要采用有限元方法分析其在静载荷和危险波浪载荷条件下结构的局部强度。根据Seasam 软件包的特点和结构有限元计算基本原理,首先要根据典型节点在平台结构中的位置分析平台遭受何种波浪载荷工况时典型节点受力最大,应力水平最高;而后建立平台波浪载荷模型,用 Seasam 软件 Wadam 模块计算平台整体结构遭受的波浪载荷,随后将平台遭受的波浪载荷传递给平台整体结构有限元模型,用 Seasam 软件Sestra 模块进行平台整体结构有限元分析,确定平台节点结构模型的载荷边界条件;最后将平台节点遭受的波浪载荷传递给节点结构模型,同时与节点遭受波浪载荷工况相对应,用 Seasam 软件 Submod 模块将依据平台整体强度计算结果确定的相应波浪载荷工况的载荷边界条件传递给平台典型节点结构有限元模型,进行局部结构强度分析,确定局部结构的应力水平。平台典型节点分析流程如图 4.4.1 所示。

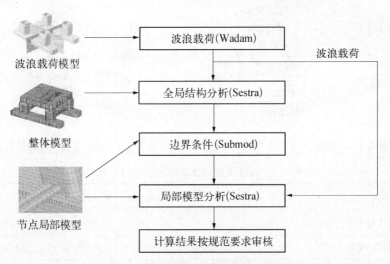

图 4.4.1 平台典型节点强度分析流程

4.4.3 平台波浪载荷计算

目标平台主体结构为双下浮箱、四立柱、箱型甲板、艏艉立柱间用两根横撑连接的框架结构,如图 4.4.2 所示,平台总长:114.07 m,宽度:78.68 m,高度:38.2 m(基线到主甲板)。为进行波浪载荷分析,目标平台吃水、排水量、回转半径如表 4.4.1所示。

表 4.4.1　目标平台吃水、排水量、回转半径

平台状态	生存状态	作业状态	拖航状态
吃水/m	16.0	19.0	8.2
排水量/t	48 200	51 748	37 571.3
横摇回转半径/m	30.02	31.86	29.56
纵摇回转半径/m	30.18	30.76	30.37
艏摇回转半径/m	35.39	35.68	36.93

使用 SESAM 软件 PatranPre 按照目标平台外部几何形状和尺寸建立平台的 3D 波浪载荷计算模型,模型共有板单元 3 408 个,如图 4.4.3 所示。在进行波浪载荷分析时为考虑流体黏性力影响,在平台垂荡自由度上加 3% 的临界阻尼。根据目标平台具体结构形式,通过对比分析,发现平台遭受最大横向撕裂力、最大横向扭矩、最大纵向剪切力时各连接节点受力情况最恶劣[4,5]。考虑目标作业海域环境条件,使用设计波随机计算方法[6-10]研究确定平台生存、作业、拖航状态下平台遭受最大横向撕裂力、最大横向扭矩、最大纵向剪切力的设计波参数与设计波载荷,如表 4.4.2 所示。

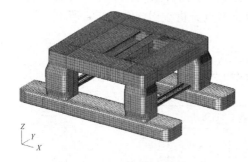

图 4.4.2　目标平台主体结构

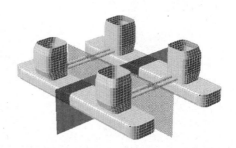

图 4.4.3　目标平台 3D 波浪载荷模型

表 4.4.2　目标平台危险波浪载荷及设计波参数

状态	波浪载荷	周期/s	浪向/(°)	波幅/m	相位角/(°)	最大载荷
生存状态	最大横向撕裂力	9.6	90	8.88	−33.6	1.26×10^8 N
	最大横向扭矩	8.0	120	7.45	−19.8	2.39×10^9 N·m
	最大纵向剪切力	10.0	135	9.54	165.32	3.49×10^7 N
作业状态	最大横向撕裂力	9.6	90	4.66	150.1	6.35×10^7 N
	最大横向扭矩	8.0	120	4.67	172.1	1.13×10^9 N·m
	最大纵向剪切力	10.0	135	4.92	−11.216	1.78×10^7 N
拖航状态	最大横向撕裂力	9.6	90	3.83	−45.086	5.9×10^7 N
	最大横向扭矩	10.4	135	4.11	178.19	4.1×10^8 N·m
	最大纵向剪切力	8.4	120	4.07	155.27	1.11×10^7 N

4.4.4　平台典型节点强度分析

1）有限元模型

目标平台整体结构有限元模型、立柱/撑杆连接处典型节点有限元模型及该典型节点在平台结构中的位置如图 4.4.4 所示。

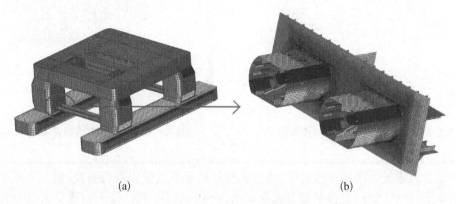

(a)　　　　　　　　　　　　　　　(b)

图 4.4.4　结构有限元模型及结构相对位置

(a) 平台整体结构有限元模型　(b) 立柱/撑杆连接处有限元模型

平台整体模型主要包括：4 个立柱、2 个浮箱、4 根横向支撑、一体化的上部甲板结构及其他的一些基本结构。其由板单元、梁单元和质量元组成，大部分梁单元和板单元的尺寸为 1.5 m 左右。平台整体模型由大约 60 000 个板单元，50 000 梁单元和大约 300 质量元构成。立柱/撑杆连接处典型节点模型由板单元建立，在保证抗弯刚度相等的原则下采用角钢等效模拟球扁钢类型扶强材，模型采用矩形板单元建立，最小单元尺度约为 $t \times t$，t 为该处板厚，最大单元尺度约为 0.1 m 见方，该局部模型由大约 80 000 个板单元构成。

2）波浪载荷

使用 Seam 软件 Wadam 模块，根据辐射–绕射理论计算平台在遭受最大横向撕裂力、最大横向扭矩、最大纵向剪切力时整体结构和局部典型节点遭受的波浪载荷，并将波浪载荷分别映射到平台整体结构有限元模型和典型节点局部结构有限元模型。平台结构遭受静水力载荷和波浪载荷，在计算过程中要分步计算，传递给结构模型，结构计算时要分别针对静水工况和波浪载荷工况进行有限元分析，最后进行应力组合，确定结构应力水平。图 4.4.5 为整体结构遭受波浪载荷示意图，图 4.4.6 为局部结构遭受波浪载荷示意图。

3）载荷边界条件

在进行局部强度分析之前，首先分析各危险载荷工况下平台整体结构强度，计算得到平台主体结构位移场，从而可确定典型节点局部结构模型的载荷（位移）边界条件。随后用 Seasam 软件 Submod 模块将各载荷工况下由整体强度分析得到的边界条件逐一准确的传递给典型节点局部模型，结合相应波浪载荷分析确定的节点结构波浪载荷即可准确分析节点局部结构的应力分布及应力水平。

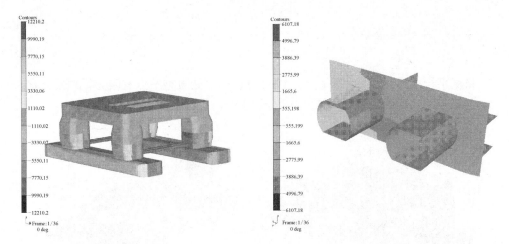

图 4.4.5　整体结构遭受波浪载荷　　　　图 4.4.6　局部结构遭受波浪载荷

4）计算结果

通过有限元方法对平台立柱/撑杆连接处典型节点应力进行研究,首先分析平台拖航状态、作业状态、生存状态下波浪方向为 $90°,120°,135°$,即平台遭受最大横向撕裂力、最大横向扭矩、最大纵向剪切力时平台整体强度,确定立柱/撑杆连接处节点模型相应工况的载荷边界条件,根据载荷边界条件和节点波浪载荷分析相应工况下节点的强度,图 4.4.7 为波浪入射方向示意图。

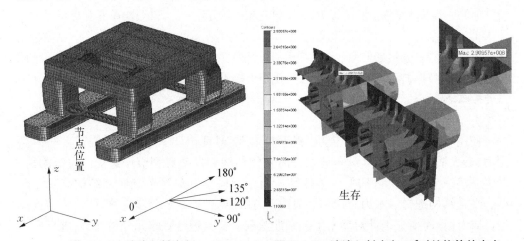

图 4.4.7　波浪入射方向　　　　图 4.4.8　波浪入射方向 90°时结构等效应力

图 4.4.8 为生存状态、90°波浪入射方向,即平台遭受最大横向撕裂力时节点局部结构应力云图。最大应力出现在结构扶强材肘板连接处,为 291 MPa。设计中,立柱撑/杆连接处局部结构采用 EQ36 钢材建造,其屈服强度为 355 MPa,根据 ABS-MODU 规范,结构在波浪载荷条件下许用应力系数取 1.11,该种钢材许用应力为 320 MPa。计算结果展示,该状态下结构最大应力低于材料许用应力,平台遭受最大横向撕裂力时立柱/撑杆连接处节点强度满足规范[9,10]要求。图 4.4.9 为生存状态、120°波浪入射方向,即平台遭受最大横向扭矩时节点局部结构应力云图。最大热点

应力出现在立柱和撑杆连接处肘板应力集中位置,为 517.4 MPa。根据中国船级社《钢制海船入级规范》规定,对该处 0.2 m×0.2 m 区域内所包含的所有单元应力进行平均[9],得到平均应力为 315.5 MPa,低于该典型节点钢材许用应力 320 MPa。同时,除立柱和撑杆连接处肘板应力集中位置外,其余结构应力水平均低于320 MPa。由此,在平台遭受最大横向扭矩时立柱/撑杆连接处节点强度满足规范[9,10]要求。

生存

图 4.4.9　为波浪入射方向 120°时结构等效应力

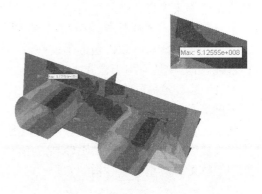
生存

图 4.4.10　波浪入射方向 135°时结构等效应力

图 4.4.10 为生存状态、135°波浪入射方向,即平台遭受最大纵向剪切力时节点局部结构应力云图。最大应力出现在立柱/撑杆连接处肘板位置,为 512.6 MPa。同上所述,对该处 0.2 m×0.2 m 区域应力进行平均,得到平均应力为 316.7 MPa,低于该典型节点钢材许用应力 320 MPa。同时,除立柱和撑杆连接处肘板应力集中位置外,其余结构应力水平均低于 320 MPa。由此,在平台遭受最大纵向剪切力时立柱/撑杆连接处节点强度满足规范[9,10]要求。

同样,分析了作业状态、拖航状态,平台立柱/撑杆连接处节点局部结构的应力水平,见表 4.4.3。

表 4.4.3　立柱/撑杆连接处结构应力水平

平台状态	工　况	入射波浪方向	最大应力水平	最大等效应力位置
作业状态	最大横向撕裂力	90°	227.7 MPa	垂向扶强材肘板连接处
	最大横向扭矩	120°	293.8 MPa	立柱撑杆连接处肘板位置
	最大纵向剪力	135°	246.3 MPa	立柱撑杆连接处肘板位置
拖航状态	最大横向撕裂力	90°	143.2 MPa	垂向扶强材肘板连接处
	最大横向扭矩	135°	96.4 MPa	立柱撑杆连接处肘板位置
	最大纵向剪力	120°	159 MPa	立柱撑杆连接处肘板位置

由以上局部分析计算结果,作业状态和拖航状态下节点结构应力水平低于钢材许用应力 320 MPa,满足规范[9,10]要求。

4.4.5　结论

本文开展深水半潜式钻井平台结构连接典型节点强度研究,解决了平台典型连接节点的分析技术问题,建立了一套基于 Sesam 软件包的典型节点强度分析流程,成功应用于深水半潜式钻井平台典型节点强度分析,证实了目标平台立柱/撑杆典型连接节点强度满足规范要求,得到如下结论:

(1) 基于 Sesam 软件包的半潜平台典型节点强度分析流程清晰、程序简单,可操作性强,可方便地应用于浮式平台局部结构分析。

(2) 通过各种危险波浪工况下强度分析发现目标平台立柱/撑杆连接处典型节点强度满足规范要求,设计合理可行。

(3) 通过对目标平台典型节点进行分析,发现目标平台遭受斜浪时,立柱/撑杆连接处典型节点结构应力水平较高。由此,平台作业时应尽量避免斜浪方向,这将有利于目标平台典型节点结构的安全。

参考文献

[1]　孟昭瑛,任贵永.半潜式平台结构原理和工作特点[J].中国海洋平台,1995,10(1): 35 – 37.

[2]　马延德.大型半潜式钻井平台结构设计关键技术研究[J].中国海洋平台,2002,17(1): 17 – 21.

[3]　任贵永.海洋活动式平台[M].天津: 天津大学出版社,1989.

[4]　曾常科.半潜式海洋平台结构极限强度研究与分析[D],上海: 上海交通大学,2005.

[5]　梁园华,郑云龙,等. BINGO 9000 半潜式钻井平台结构强度分析[J].中国海洋平台,2001,16(5): 21 – 26.

[6]　王世圣,谢彬,曾恒一,等. 3 000 米深水半潜式钻井平台运动性能研究[J].中国海上油气,2007,19(4): 277 – 284.

[7]　王世圣,谢彬,冯玮,等.两种典型深水半潜式钻井平台运动特性和波浪载荷的计算分析[J].中国海上油气,2008,20(5): 249 – 252.

[8]　刘海霞,肖熙.半潜式平台结构强度分析中的波浪载荷计算[J].中国海洋平台,2003,18(2): 1 – 4.

[9]　中国船级社.“钢制海船入级规范(第七分册)”[S]. 2009.

[10]　ABS, "Rules for Building and Classing Mobile Offshore Drilling Units" [S]. 2006 (including all notices).

4.5　深水半潜式钻井平台节点疲劳寿命谱分析研究

4.5.1　引言

随着陆地油气资源的日益枯竭,走向深水及超深水已是当今海洋油气工业发展的必然趋势。与国际深水油气开发蓬勃发展的形势不协调的是,我国油气资源开发目前仍主要集中在 200 m 水深以下的近海海域。与发达国家相比,整体上我国海洋油气资源开发还处于勘探的早中期阶段,如南海海域的石油、天然气资源储量丰富,但物探和开发仍处在空白状态。可以预见,深水油气资源开发必将成为未来我国海洋石油开发的主战场,对保证我国经济的可持续发展具有重要的战略意义。传统的导管架平台和重力式平台由于其自重和造价随水深大幅度地增加,已经不适应深水油气开发。自升钻井平台在水深大于 150 m 时在技术上、经济上都已不可行,而钻井船由于其稳定性问题应用也很少。现在国际上用于深海勘探钻井的主要装备是半潜平台,用于深海采油的装备主要是 Spar 平台和 TLP 张力腿平台。从我国现状来看,深海钻采装备都处于开发研究的前期,深海勘探钻井使用半潜平台是发展趋势。

1980 年,"Alexander-Keyland"号半潜式平台在北海倾覆沉没,造成 123 人死亡,事故原因是由于一根撑杆发生疲劳破坏引起平台整体强度不足造成的。深水半潜平台常年在超深水海域(水深 1 500 m 以上)作业,海洋环境恶劣,平台远离陆地,而且平台本身造价昂贵,一旦发生事故,必将造成巨大的人员、财产损失。"半潜平台的节点疲劳寿命分析"是 708 所承担的"新型多功能半潜式钻井平台研制"子专题之一。该专题主要研究用全概率谱分析法进行某新型深水半潜式钻井平台结构疲劳强度直接计算的方法与流程,并分析平台典型节点的疲劳寿命,针对疲劳强度不满足的节点进行结构优化,确保平台满足 20 年的设计寿命要求。

4.5.2　半潜平台疲劳强度谱分析法的流程

目前船舶与海洋工程领域的结构疲劳评估方法主要是基于 S-N 曲线和 Miner 准则的热点应力法,主要包括简化方法(Simplified Method)和谱分析法(Full Stochastic Spectral Method)两种[1,2]。所谓简化(simplified)疲劳评估可看做是一种许用应力范围校核方法,相对于全概率疲劳谱分析直接计算而言是一种间接方法。疲劳简化分析不需直接求出疲劳寿命值,而只需要根据结构的疲劳应力范围是否超出许用应力范围来判断其疲劳强度"满足"或"不满足"设计寿命要求即可。

谱分析法则是建立在真实的海况、真实的装载基础上的直接计算方法,精度相应较高,但涉及复杂的水动力和有限元分析,而且考虑不同的装载、波频和航向组合后的工况往往有上百种之多,计算量大,周期长。若对于半潜平台的众多节点都按谱分析法进行详细的疲劳寿命分析显然是不现实的。简化疲劳评估可以比较快速地筛选出那些需要进行详细疲劳分析的关键位置和节点。如果某个节点的疲劳应力范围小于其许用应力范围,则无需进一步做详细疲劳分析,反之当其疲劳应力范围大于或接近其许用应力范围,则需要进行详细的疲劳分析。

1) 半潜平台疲劳强度谱分析法的基本步骤

深水海洋平台承受恶劣的风、浪、流环境载荷以及作业时的动态载荷等的作用,其中海浪的动载荷是引起疲劳的最主要因素[3],本研究只考虑海浪的作用。参考 ABS 和 DNV 的海洋平台疲劳规范以及集装箱船等的疲劳评估研究成果[4-7],归纳半潜平台疲劳强度谱分析法的基本步骤如下:

（1）计算疲劳应力传递函数 $H_\sigma(\omega|\theta)$，即直接计算疲劳节点的热点应力在各个波频 ω、各个浪向角 θ、单位波幅下的传递函数。

（2）确定疲劳应力能量谱 $S_\sigma(\omega|H_s, T_z, \theta)$，按下式计算：

$$S_\sigma(\omega \mid H_s, T_z, \theta) = |H_\sigma(\omega \mid \theta)|^2 S_\eta(\omega \mid H_s, T_z) \tag{1}$$

式中：$S_\eta(\omega|H_s, T_z)$ 表示波浪谱；H_s 表示有义波高；T_z 表示平均跨零周期。

（3）计算谱矩。第 n 阶谱矩 m_n 按下式计算：

$$m_n = \int_0^\infty \omega^n S_\sigma(\omega \mid H_s, T_z, \theta) \mathrm{d}\omega \tag{2}$$

（4）假定各个短期海况的应力响应符合 Rayleigh 分布，其概率密度函数形式如下：

$$g(s) = \frac{s}{4\sigma^2} \exp\left[-\left(\frac{s}{2\sqrt{2}\sigma}\right)^2\right] \tag{3}$$

式中：s 表示应力范围，等于应力幅值的两倍；$\sigma = \sqrt{m_0}$。

（5）对于特定海区作业的海洋平台，其服役期间所遭遇海况的长期分布可由该海区的波浪散布图确定。根据 Miner 法则，总的疲劳累积损伤可由各短期海况的疲劳损伤线性叠加而得。对于双直线 $S-N$ 曲线，并考虑雨流修正，结构的总体疲劳损伤可表达为

$$D = \frac{T}{A}(2\sqrt{2})^m \Gamma(m/2+1) \sum_{i=1}^M \lambda(m, \varepsilon_i)\mu_i f_{0i} p_i (\sigma_i)^m \tag{4}$$

式中：μ_i 表示 $S-N$ 曲线的下半段的疲劳贡献因子，其值阶于 0 到 1 之间，当短期海况的应力范围符合 Rayleigh 分布时为

$$\mu_i = 1 - \frac{\Gamma_0(m/2+1, \nu_i) - (1/\nu_i)^{\Delta m/2}\Gamma_0(r/2+1, \nu_i)}{\Gamma(m/2+1)} \tag{5}$$

式中：$m, \Delta m, A, r, S_Q$ 表示 $S-N$ 曲线的参数；T 表示设计寿命（s），f_{0i} 表示各个短期海况的应力响应跨零频率：

$$f_{0i} = \frac{1}{2\pi}\sqrt{\frac{m_{2i}}{m_{0i}}} \tag{6}$$

式中：m_0, m_2 表示零阶和二阶谱矩；p_i 表示各个 H_s 和 T_z 组合（短期海况）出现的概率；M 表示波浪散布图中各短期海况总数；$\lambda(m, \varepsilon_i)$ 表示雨流修正因子。

$$\nu_i = \left(\frac{S_Q}{2\sqrt{2}\sigma_i}\right)^2 \tag{7}$$

$$\Gamma(x) = \int_0^\infty t^{x-1} e^{-t} \mathrm{d}t \tag{8}$$

$$\Gamma_0(a,\ x)=\int_0^x u^{a-1}e^{-u}\mathrm{d}u \tag{9}$$

如果 T 对应设计寿命 20 年,则计算而得的疲劳寿命等于 $20/D$。

2) 半潜平台疲劳强度谱分析法的流程

SESAM 是 DNV 开发的集水动力与有限元为一体的专业软件包。我们以 SESAM 为依托,针对软件包各个模块的功能,提出如图 4.5.1 所示的深水半潜平台疲劳寿命直接计算流程。流程图中各步骤后面列出了相应的软件模块名称。

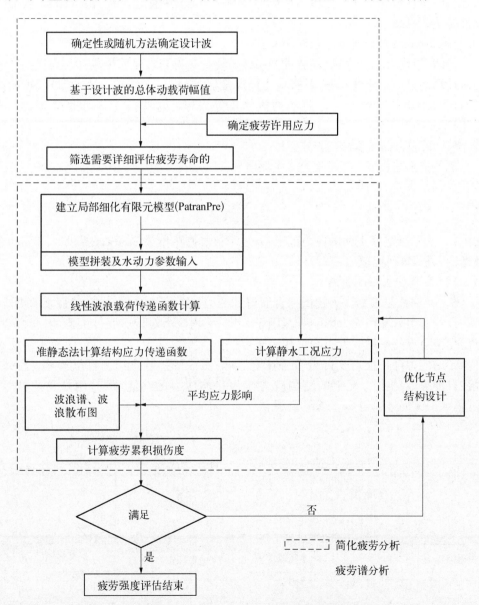

图 4.5.1　半潜平台疲劳寿命分析流程图

图 4.5.1 中虚线框内是半潜平台疲劳谱分析法直接计算的流程,其实质是 1)总结的疲劳谱分析基本步骤的软件实现。关于图 4.5.1 的流程有以下几点需要说明:

(1) 由于疲劳强度直接计算工作量很大,涉及的节点不宜过多。推荐的做法是先通过简化方法筛选出典型节点,再针对目标节点作详细的谱分析。

(2) 半潜平台的低周疲劳是一种长期累积行为,中低海况在海浪疲劳贡献中占主要地位,因此采用 Wadam 进行波浪载荷的线性频域分析是合理的。

(3) 按准静态方法进行节点热点应力传递函数计算时为限制刚体位移,需要定义合适的位移边界条件。位移约束应避开目标节点,并通过查看约束点的支反力判断模型是否平衡。

3) Stofat 疲劳统计的一些细节处理

半潜平台的疲劳寿命最终通过 Stofat 模块统计得到。根据规范[1,2],为提高疲劳寿命计算结果的准确性,需进行板应力的厚度影响修正、平均应力影响修正、短期海况 Rayleigh 应力窄带分布假定的雨流修正等操作。这些修正均可通过 Stofat 模块实现。

(1) 板应力的厚度影响修正。

规范指出当板厚 t 超过某个参考厚度 t_R 时必须就疲劳应力范围进行修正:

$$S_f = S\left(\frac{t}{t_R}\right)^{-q} \tag{10}$$

式中:S 表示未经修正前的应力范围;q 表示板厚修正指数。Stofat 提供 t_R 和 q 两个数据输入框,本研究取 $t_R = 22$ mm,$q = 0.25$。

(2) 平均应力影响折减。

S-N 曲线是根据应力幅值拟合而得到的,忽略了平均应力对疲劳强度的影响。可在计算中引入平均应力影响折减因子,考虑平均应力对疲劳强度的影响。规范[2]指出焊接节点的平均应力影响折减因子可按图 4.5.2 确定,焊接残余应力和结构在静水中的应力都可能对实际疲劳强度有影响,其中焊接残余应力可以忽略。Stofat 提供自动提取静水工况下的结构应力作为平均应力的功能,但有两点需要注意:① 静水工况编号须为 0;② Stofat 默认 f_m 下限为 0.6。

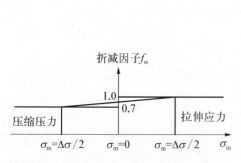

图 4.5.2　焊接节点的平均应力影响折减因子

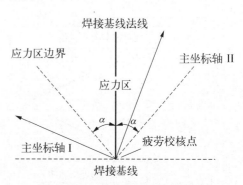

图 4.5.3　焊缝法线及热点应力取值区域

（3）疲劳应力取值区间。

规范[1,2]指出疲劳热点应力应该取焊缝法线左右 45°角区域内的主应力范围。这个区域内的交变应力是引起疲劳和裂缝生成的主要应力。Stofat 通过指定 α 角来确定主应力范围的取值区域（见图 4.5.3），取值区域内的三个主应力中的最大值用作疲劳热点应力。

（4）疲劳应力取值表面。

疲劳裂纹首先出现在焊缝所在的板表面上，相应地，疲劳应力也应该在焊缝所在板材表面提取。Stofat 可通过指定辅助点（Auxiliary Point）来定位提取疲劳应力的板材表面。

（5）窄带假定的雨流修正。

采用谱分析法进行疲劳强度直接计算时假定短期海况的应力符合 Rayleigh 分布，这种分布是一种窄带分布，而应力过程可能是宽带的，采用窄带假定会低估结构的疲劳寿命。Stofat 提供规范[1,2]推荐的 Wirsching 雨流修正因子进行带宽修正：

$$\lambda(m, \varepsilon_i) = a(m) + [1 - a(m)][1 - \varepsilon_i]^{b(m)} \tag{11}$$

式中：$a(m) = 0.926 - 0.033\,m$，$b(m) = 1.587\,m - 2.323$，ε_i 表示应力响应谱带宽：

$$\varepsilon_i = \sqrt{1 - \frac{m_2^2}{m_0\,m_4}} \tag{12}$$

4.5.3　新型半潜平台疲劳寿命评估

1）建立平台整体有限元模型

目标平台为钢质全焊接结构，包括两个沉垫、四根圆角方立柱、一个箱形封闭式上平台、两根水平撑杆、上层建筑和直升机平台，其主尺度在表 4.5.1 中列出。

表 4.5.1　半潜钻井平台主尺度　　　　　　　　　单位：m

沉垫	106.05×18×9	沉垫间距	63.75
横撑	48.75×3.75×2.25	立柱	15×15
立柱纵向间距	63.75	立柱横向间距	63.75
中间甲板/下甲板	78.75×78.75	主甲板	78.75×78.75
主甲板距基线	49.5	立柱圆角半径	2.5
最大作业水深	3 000	作业吃水	24

半潜平台有限元模型在 PatranPre 中建立，其中外板、舱壁板、甲板、强框腹板、内底板、平台板等用壳单元模拟；纵桁、横梁、纵骨、舱壁扶强材等用偏心梁单元模拟；强框面板和较小的加强筋等用杆单元模拟；设备、钻井材料、压载水、燃油等通过质量单元施加到相应位置的节点上；略去小肘板和小的开孔，略去主甲板以上的上层建筑；

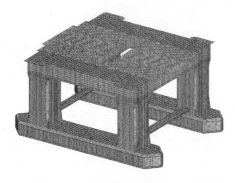

图 4.5.4　半潜平台整体有限元模型

因为该结构模型同时用作水动力分析的质量模型,为保证有限元模型的质量、重心与实际一致,微调了模型的材料密度。图 4.5.4 所示为半潜平台的整体有限元模型。

2) 疲劳分析节点的选择及局部细化

在进行疲劳分析之前,先进行了平台总强度及冗余度专题的有限元分析。平台整体强度分析结果表明八个局部区域应力较大,这些区域都邻近肘板趾端,应重点关注这些区域的疲劳强度问题。具体的疲劳节点位置在表

4.5.3 中列出。图 4.5.5～图 4.5.8 所示为疲劳节点位置及细化模型。

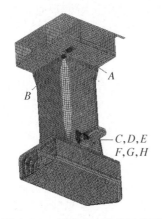

图 4.5.5　疲劳节点位置示意图

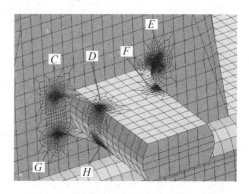

图 4.5.6　疲劳节点 $C\sim F$ 的细化模型

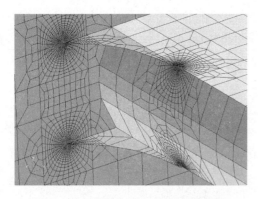

图 4.5.7　节点 C,D,G,H 的细化模型

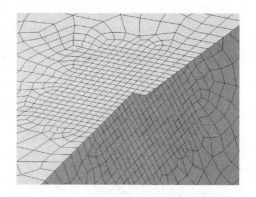

图 4.5.8　疲劳节点 F 的细化模型

模型的细化遵循以下几个原则:

(1) 疲劳热点区域的单元形状为八节点矩形壳单元,大小为 $t\times t$,t 为板厚。

(2) 热点区域的 $t\times t$ 矩形单元应至少向各向延伸 8～10 个单元。

(3) 邻近热点区域的梁单元的面板、腹板均采用壳单元细化。

（4）由细网格向粗网格过渡区域的单元尺寸应尽可能平缓过渡，且避免三角形单元。

热点应力可采用节点应力线性插值得到，或直接采用细化单元的单元力作为热点应力。本研究采用前者。参考规范[1]，当采用 $t \times t$ 的细化网格求解疲劳热点应力时，对于普通的非管节点建议采用 E 曲线。本研究中露天的结构采用 ABS - A - E 曲线，水下结构则采用考虑阴极保护的 ABS - CP - E 曲线，具体参数在表 4.5.2 中列出。

表 4.5.2　疲劳分析 S - N 曲线的参数

S - N 曲线	A/MPa	m	C/MPa	r	N_Q	S_Q/MPa
ABS - A - E	1.04×10^{12}	3.0	9.97×10^{14}	5.0	1.0×10^{7}	47.0
ABS - CP - E	4.16×10^{11}	3.0	2.30×10^{15}	5.0	1.01×10^{6}	74.4

3）节点疲劳应力传递函数计算

半潜平台的疲劳寿命分析应考虑平台服役期内主要的工况。显然，与拖航、危险自存工况相比，正常作业工况是绝对主要的。因此，选择正常作业工况作为计算工况。而作业时设备动载荷对选择的疲劳节点影响很小，因此不考虑作业时的动载荷对疲劳强度的影响。

节点疲劳应力传递函数计算的关键在于波浪载荷传递函数的计算。Wadam 基于三维势流理论进行线性频域水动力分析，通过自由面 Green 函数在浮体湿表面分布源汇来确定流场速度势，对浮体几何形状和流场速度势均用 B 样条函数来表征，具有很高的计算精度和计算效率。

半潜平台疲劳强度分析所使用的海况参数列举如下：

（1）波频：0.2～2.0 rad/s，间隔 0.05 rad/s。

（2）波向：0°，30°，60°，90°，各波向角等概率分布。

（3）海浪谱：JONSWAP 谱：

$$S_\eta(\omega) = \alpha g^2 \omega^{-5} \exp\left[-\frac{5}{4}\left(\frac{\omega}{\omega_p}\right)^{-4}\right]\gamma^a \tag{13}$$

式中：$\gamma = 1.0$；$\sigma_a = 0.07$；$\sigma_b = 0.09$。

（4）波能扩散函数：ITTC 推荐的波能扩散函数。

$$M(\theta) = \frac{2}{\pi}\cos^2\theta \tag{14}$$

式中：θ 为主波（风）向与次波向之间的夹角，$|\theta| \leqslant \dfrac{\pi}{2}$。

（5）波浪散布图：北大西洋波浪散布图[4]。

应用 Wadam 计算波浪载荷和惯性力传递函数时，还需要指定水动力湿表面模型。半潜平台的湿表面模型如图 4.5.9 所示。因为该半潜平台的湿表面关于纵向和

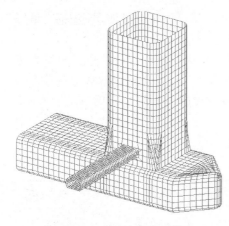

图 4.5.9　水动力湿表面模型

横向对称,因此可利用对称性只定义 1/4 的湿表面模型,这样可显著提高计算效率。

4) 节点疲劳寿命评估结果

表 4.5.3 给出目标半潜平台八个典型节点的疲劳寿命计算结果。节点 B 的疲劳寿命最低为 27 年,满足规范 20 年的要求。节点 B 处于立柱向上平台几何过渡的折角点上,整船强度分析结果表明该处存在一定的应力集中。设计中,对该处板厚进行了加强,使其屈服强度和疲劳强度都能满足规范要求。

表 4.5.3　疲劳节点位置及疲劳寿命结果

节点编号	位　　　置	单元尺寸/mm	S-N曲线	累积损伤因子	疲劳寿命/年[*]
A	主甲板上、邻近连接立柱和主甲板的肘板趾端	14×14	ABS-A-E	0.445	45
B	立柱上部折角处、邻近连接立柱和主甲板的肘板趾端	40×40	ABS-A-E	0.869	27
C	立柱下部内侧、邻近连接立柱和横撑的肘板趾端	25×25	ABS-CP-E	0.079	252
D	横撑上部内侧、邻近连接立柱和横撑的肘板趾端	20×20	ABS-CP-E	0.435	46
E	立柱下部外侧、邻近连接立柱和横撑的肘板趾端	25×25	ABS-CP-E	0.152	132
F	横撑上部外侧、邻近连接立柱和横撑的肘板趾端	20×20	ABS-CP-E	0.645	31
G	立柱下部内侧、邻近连接立柱和横撑的肘板趾端	25×25	ABS-CP-E	0.049	407
H	横撑下部内侧、邻近连接立柱和横撑的肘板趾端	20×20	ABS-CP-E	0.714	28

[*] 施工后将对以上焊接节点进行打磨,打磨区域延伸至高应力区以外,并对打磨区域做有效防腐处理。

4.5.4　总结及展望

本文建立了以 SESAM 软件为依托的半潜平台结构疲劳分析流程,分析了平台八个典型节点的疲劳寿命,有以下几点结论和建议:

(1) 采用全概率谱分析法进行大型结构的节点疲劳寿命直接计算工作量很大,在方案设计阶段要求快速评估疲劳寿命而对精度要求相对不高时,应优先选用简化方法,并筛选出疲劳强度不满足规范的节点,再在详细设计阶段进行详细的疲劳强度谱分析。

（2）由图 4.5.1 确定的依托于 SESAM 软件包的半潜平台疲劳寿命评估流程具有工程化、实用的特点,过程清晰、评估结果可靠。该流程对于其他类型海洋平台以及舰船的疲劳评估具有参考价值。

（3）波浪载荷传递函数计算和疲劳应力传递函数计算是节点疲劳寿命直接计算的两个主要环节,这两个环节的精度对计算结果有决定性影响。目前三维线性波浪载荷预报技术已比较成熟,如何考虑波浪载荷的非线性成分,比如非线性横摇和飞溅区载荷修正等对疲劳强度的影响值得关注。

（4）对那些应力高、应力集中显著的节点的疲劳强度需要特别关注。目标平台的整体强度分析表明节点 B 处的应力最高,而疲劳分析结果表明其疲劳寿命最低,可见屈服强度与疲劳强度两者间是有一定关联的。总体上,如果节点的屈服强度不能满足要求,那么其疲劳强度也很难满足要求。提高结构的疲劳强度应主要从降低结构应力入手,可从增加局部板厚、增加焊趾长度和修改局部几何形状几个方向入手。

参考文献

[1]　ABS. Guide for the Fatigue Assessment of Offshore Structures[S]. April,2003.
[2]　DNV. Recommended Practice RP - C203, Fatigue Strength Analysis of Offshore Steel Structures[S]. Oct. 2001.
[3]　胡毓仁,陈伯真. 船舶及海洋工程可靠性分析[M].北京:人民交通出版社,1996.
[4]　马网扣,林伍雄,等. 基于 PATRAN 环境的波浪载荷预报程序开发及应用[J].上海造船, 2007(3):4 - 7.
[5]　张立,金伟良. 海洋平台结构疲劳损伤与寿命预测方法[J].浙江大学学报(工学版),2002, 36(2):138 - 142.
[6]　高震,胡志强,顾永宁,等.浮式生产储油轮船舯结构疲劳分析[J].海洋工程,2003,21(2): 8 - 15.
[7]　韩芸,崔维成.大型船舶结构的疲劳强度校核方法[J].中国造船,2007,48(2):60 - 67.

4.6　深水半潜式钻井平台典型节点谱疲劳分析

4.6.1　引言

由于半潜式钻井平台具有作业水深范围广,能适应恶劣海洋环境及良好运动特性等优点,被广泛应用于海洋油气开发,成为近年来发展最迅速的钻井平台之一。半潜式钻井平台长期在海上作业,平台结构受到循环交变波浪载荷的作用,其引起的结构内部交变应力导致的结构疲劳破坏是半潜式钻井平台结构的一种主要破坏形式。因此,设计中保证平台结构具有足够的疲劳寿命对于半潜式钻井平台的结构安全十分重要[1,2,3]。本文研究的目标平台为第六代深水半潜式钻井平台,该类型深水半潜式钻井平台结构形式简单,结构关键连接节点数量少,但关键节点由空间板架结构组成,应力分布情况十分复杂,结构极易发生疲劳破坏,危及平台整体结构安全。本文参考 ABS 海洋工程结构疲劳评估规范,用全概率谱分析法进行深水半潜式钻井平台结构典型连接节点的疲劳寿命研究,以确保平台满足 30 年的设计寿命要求。

4.6.2 结构疲劳的谱分析方法[4]

海洋结构物遭受随机载荷的作用,其在结构内引起的交变应力是一个随机过程。采用全概率谱疲劳分析的方法计算海洋工程结构的疲劳寿命是现代设计理论推荐的最优方法,其主要步骤如下:

1) 应力谱 $S_\sigma(\omega | H_s, T_z, \theta)$ 的计算

$$S_\sigma(\omega \mid H_s, T_z, \theta) = \mid H_\sigma(\omega \mid \theta) \mid^2 S_\eta(\omega \mid H_s, T_z) \tag{1}$$

式中:$H_\sigma(\omega|\theta)$ 为结构应力响应传递函数;$S_\eta(\omega|H_s, T_z)$ 为波浪谱;H_s 为有义波高;T_z 为波浪平均跨零周期;θ 为方向角;ω 为频率。

2) 计算应力谱的 n 阶矩

$$m_n = \int_{\theta-90°}^{\theta+90°} \left(\frac{2}{\pi}\right) \cos^2(\alpha - \theta) \cdot \left(\int_0^\infty \omega^n S_\sigma(\omega \mid H_s, T_z, \alpha) \mathrm{d}\omega\right) \mathrm{d}\alpha \tag{2}$$

3) 计算短期海况应力分布的 Rayleigh 概率密度函数和带宽系数

$$g(S) = \frac{S}{4\sigma^2} \exp\left[-\frac{S^2}{8\sigma^2}\right] \tag{3}$$

$$f = \frac{1}{2\pi} \sqrt{\frac{m_2}{m_0}} \tag{4}$$

$$\varepsilon = \sqrt{1 - \frac{m_2^2}{m_0 m_4}} \tag{5}$$

式中:S 为应力范围;$\sigma = \sqrt{m_0}$。

4) 使用双线性 $S\text{-}N$ 曲线计算结构疲劳损伤

双线性 $S\text{-}N$ 曲线斜率在 $Q = (S_q, 10^q)$ 从 m 变为 $m' = m + \Delta m$,常数 K 变为 K',可计算结构的疲劳损伤为

$$D = \frac{T}{K} (2\sqrt{2})^m \Gamma(m/2 + 1) \sum_i \lambda(m, \varepsilon_i) \mu_i f_{oi} p_i (\sigma_i)^m \tag{6}$$

式中:$\mu_i = 1 - \dfrac{\displaystyle\int_0^{S_q} S^m g_i \mathrm{d}s - \left(\dfrac{K}{K'}\right) \int_0^{S_q} S^{m+\Delta m} g_i \mathrm{d}s}{\displaystyle\int_0^\infty S^m g_i \mathrm{d}s}$;$\lambda(m, \varepsilon_i)$ 为雨流更正系数;T 为预计寿命期;f_{oi} 为短期海况应力平均跨零频率;σ_i 为短期海况应力范围方差;p_i 为短期

海况出现概率。

4.6.3　结构应力传递函数计算

如图 4.6.1 所示,目标平台是一型双下浮体,四立柱,每两根立柱之间具有两根水平横向撑杆的半潜式钻井平台。平台长度 114.07 m,作业吃水 19 m,最大排水量 51 748 t,可变载荷 8 000 t。

1) 结构模型

采用有限元法计算半潜式钻井平台的总体应力响应。总强度分析有限元模型中只包括平台主要结构,不考虑由于局部集中载荷等因素所要求的局部加强。目标平台总强度有限元模型由板单元、梁单元和质量元组成,模型重量、重心与实际平台重量、重心一致。

图 4.6.1 所示为平台总强度有限元模型,图 4.6.2 所示为平台立柱与撑杆连接处典型节点有限元模型,典型节点结构模型由板单元建立,由于典型节点模型计算结果要用于疲劳分析,靠近立柱和撑杆连接处采用矩形板单元,且单元尺度约为 $t \times t$(t 为板厚)。计算中典型节点有限元模型的边界条件由总强度分析结果提供。

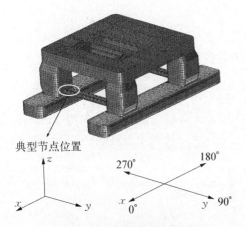

图 4.6.1　总强度有限元模型　　　　**图 4.6.2　典型节点有限元模型**

2) 应力响应传递函数的计算

半潜式钻井平台遭受各种环境载荷,但只有波浪载荷会产生明显的循环应力,其他载荷产生的应力在疲劳分析中不再考虑。在进行疲劳分析时,一般取作业状态进行结构疲劳校核[2]。本文中,通过以下步骤计算典型节点应力响应传递函数。

(1) 计算平台整体结构水动力载荷。

依据 ABS 规范在平台 360°范围内每隔 30°选取一个浪向,共计 12 个浪向,每个浪向在波浪周期为 3~25 s 范围内计算 20 个波浪频率,共计 240 个工况。使用 SESAM/PatranPre 按照平台外部几何形状和尺寸建立平台的 3D 水动力学计算模型。采用 SESAM/Wadam 模块计算目标平台在这 240 个工况下遭受的水动力载荷和惯性力,在进行水动力学分析时为考虑流体黏性力影响,在平台垂荡自由度上加

3%的临界阻尼。采用 SESAM/HydroD 模块将计算所得面元压力和平台惯性力直接映射到平台整体结构有限元模型[5, 6, 7],图 4.6.3 和图 4.6.4 所示为总体模型上的流体载荷示意图。

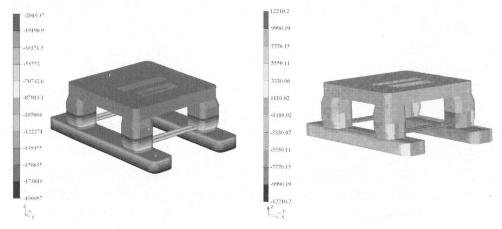

图 4.6.3　总体结构静水载荷　　　　图 4.6.4　总体结构动水载荷

（2）确定局部模型边界条件。

局部模型边界条件由平台结构的总体响应计算结果确定,使用 SESAM/Submod 模块将总体模型计算结果传递给局部结构有限元模型。

（3）计算典型节点结构的水动力载荷。

典型节点结构计算时,为了准确获得疲劳校核点处热点应力,典型节点模型除了考虑结构边界条件外,要计入典型节点所遭受的流体载荷。图 4.6.5 和图 4.6.6 为典型节点上的流体载荷示意图。

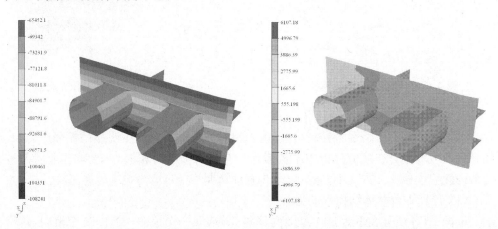

图 4.6.5　典型节点静水载荷　　　　图 4.6.6　典型节点动水载荷

（4）计算疲劳热点应力传递函数。

使用 SESAM/Sestra 计算局部结构应力响应,按浪向组合各工况计算结果,获得疲劳热点应力响应传递函数。

4.6.4 局部结构疲劳分析

1）长期海况资料

疲劳计算中使用中国南海海域长期海况资料,波浪谱采用 JONSWAP 谱,见式(7)。

$$S(f) = \alpha H_s^2 T_p^{-4} f^{-5} \exp[-1.25(T_p f)^{-4}] \gamma^{\exp[-(T_p f - 1)^2 / 2\sigma^2]} \tag{7}$$

式中:形状参数 $\gamma = 2$, $\sigma = \begin{cases} 0.09, & f \geqslant f_p \\ 0.07, & f < f_p \end{cases}$, $\alpha = \dfrac{0.062\,4}{0.23 + 0.033\,6\gamma - 0.185(1.9 + \gamma)}$。

2）$S\text{-}N$ 曲线的选取

本文选用 ABS 规范中给出的浸在海水中非管节点结构双线性 $S\text{-}N$ 曲线来分析结构的疲劳寿命,对于平台立柱和撑杆连接处的外部肘板的应力集中区域使用 ABS - B(CP)曲线计算该处结构的疲劳寿命;对于平台立柱和撑杆连接处的焊缝部位使用 ABS - E(CP)曲线计算该处的热点疲劳寿命。该类 $S\text{-}N$ 曲线的参数见表 4.6.1[4],回归公式如式(8)、(9)。

$$\left.\begin{aligned} \lg(N) &= \lg(A) - m\lg(S), & t \leqslant 22\text{ mm} \\ \lg(N) &= \lg(A) - m\lg(S) - m\lg\left(\frac{t}{22}\right)^{\frac{1}{4}}, & t > 22\text{ mm} \end{aligned}\right\} \quad S \geqslant S_Q \tag{8}$$

$$\left.\begin{aligned} \lg(N) &= \lg(C) - r\lg(S), & t \leqslant 22\text{ mm} \\ \lg(N) &= \lg(C) - r\lg(S) - r \cdot \lg\left(\frac{t}{22}\right)^{\frac{1}{4}}, & t > 22\text{ mm} \end{aligned}\right\} \quad S < S_Q \tag{9}$$

表 4.6.1　$S\text{-}N$ 曲线参数

$S\text{-}N$ 曲线	A	m	C	r	N_Q	S_Q/MPa
ABS - B(CP)	4.04×10^{14}	4.0	1.02×10^{19}	6.0	6.4×10^5	158.5
ABS - E(CP)	4.16×10^{11}	3.0	2.30×10^{15}	5.0	1.01×10^6	74.4

3）疲劳热点的选取

结构计算完成后,选取局部结构最危险点进行疲劳强度校核。根据所选位置的不同,疲劳校核分为两类:非焊接位置疲劳校核,焊接位置疲劳校核。对于非焊接位置,使用有限元细网格计算获得的该处应力,依据 ABS - B(CP)曲线直接计算该位置的疲劳寿命。目标平台立柱、撑杆连接处最大应力出现在肘板位置,如图 4.6.7 所示。选取肘板,分析该处结构的疲劳寿命,位置如图 4.6.8 所示。

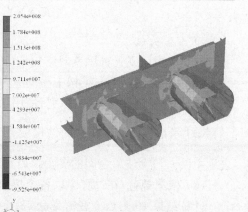

图 4.6.7　斜浪向立柱撑杆连接处主应力云图

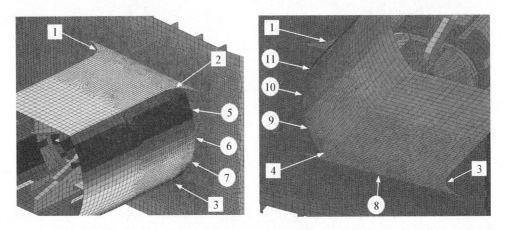

图 4.6.8　疲劳热点

□ 肘板基材疲劳热点；○ 焊缝疲劳热点

对于焊接位置，使用插值的方法获得的该处应力，依据 ABS - E(CP)曲线计算该位置的疲劳寿命。目标平台立柱撑杆连接处板架焊接结构最大应力幅值位置出现在立柱外板、撑杆外板及撑杆纵梁交接线处的极小区域，如图 4.6.7 所示。在疲劳分析时，通过外插法得到焊缝趾端处的应力作为名义上的热点应力，如图 4.6.9 所示。本文疲劳分析中选取了 7 个疲劳热点，位置如图 4.6.8 所示。

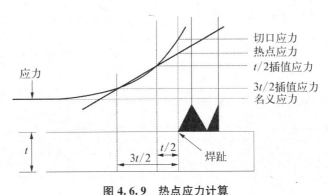

图 4.6.9　热点应力计算

4) 疲劳校核

本文考虑以下几种因素对结构疲劳评估寿命的影响：

(1) 依据规范，考虑结构中平均应力对结构疲劳寿命的影响。

(2) 考虑热点应力谱的带宽，使用雨流修正系数对结构疲劳寿命进行修正。

(3) 考虑波浪能量扩散对结构疲劳寿命的影响，$M(\theta) = \dfrac{2}{\pi}\cos^2(\alpha - \theta)$，式中：$\theta$ 表示主波向与次波向之间的夹角，$|\theta| \leqslant \pi/2$。

(4) 依据规范，在计算中取各个浪向的出现概率相同。

计算结果中，热点 1 疲劳寿命 48.5 年，热点 2 疲劳寿命 357 年，热点 3 疲劳寿命 35.2 年，热点 4 疲劳寿命 515 年，能满足 30 年的设计寿命要求。表 4.6.2 给出了立柱与撑杆连接处肘板在平台 30 年寿命期内的疲劳损伤，结果展示斜浪和横浪相对于迎浪对肘板造成更大疲劳损伤。并且热点 1 处(靠近船艏、撑杆上部)与热点 3 处肘板(靠近船舯、撑杆下部)的疲劳损伤远大于热点 2 处(靠近船舯、撑杆上部)和热点 4 处(靠近船艏、撑杆下部)肘板的疲劳损伤。

表 4.6.2 肘板疲劳累积损伤

浪 向	疲劳累积损伤			
	热点 1	热点 2	热点 3	热点 4
0°	2.07×10^{-2}	1.67×10^{-3}	4.62×10^{-2}	1.13×10^{-3}
30°	2.67×10^{-2}	7.26×10^{-3}	9.90×10^{-2}	7.12×10^{-4}
60°	6.61×10^{-2}	1.46×10^{-2}	1.35×10^{-1}	1.65×10^{-3}
90°	1.23×10^{-1}	1.03×10^{-2}	9.32×10^{-2}	4.30×10^{-3}
120°	1.27×10^{-1}	2.67×10^{-3}	3.56×10^{-2}	5.68×10^{-3}
150°	7.12×10^{-2}	8.28×10^{-4}	1.75×10^{-2}	3.46×10^{-3}
180°	2.27×10^{-2}	2.58×10^{-3}	3.02×10^{-2}	1.28×10^{-3}
210°	9.11×10^{-3}	1.08×10^{-2}	7.58×10^{-2}	8.94×10^{-4}
240°	1.62×10^{-2}	1.77×10^{-2}	1.21×10^{-1}	2.28×10^{-3}
270°	4.13×10^{-2}	1.15×10^{-2}	1.08×10^{-1}	5.58×10^{-3}
300°	5.66×10^{-2}	3.14×10^{-3}	5.84×10^{-2}	6.64×10^{-3}
330°	3.79×10^{-2}	8.89×10^{-4}	3.26×10^{-2}	3.53×10^{-3}
合计	6.19×10^{-1}	8.39×10^{-2}	8.53×10^{-1}	3.71×10^{-2}

表 4.6.3 给出了立柱与撑杆连接处焊缝的热点疲劳寿命。计算结果中，靠近船艏、撑杆上部(热点 11)处焊缝的疲劳寿命小于靠近船艏、撑杆下部(热点 9)焊缝的疲劳寿命。靠近船舯、撑杆下部(热点 7)处焊缝的疲劳寿命小于靠近船舯、撑杆上部(热点 5)焊缝的疲劳寿命。

表 4.6.3 立柱与撑杆连接处焊缝的热点疲劳寿命

热 点	疲劳寿命/年	热 点	疲劳寿命/年
热点 5	98.2	热点 6	174.1
热点 7	33.1	热点 8	232
热点 9	175.5	热点 10	1 083
热点 11	111		

表 4.6.4 给出了立柱与撑杆连接处部分焊缝热点在平台 30 年寿命内的疲劳累积损伤。由计算结果，斜浪和横浪相对于迎浪将造成该处结构更大的疲劳损伤。

表 4.6.4   立柱与撑杆连接处焊缝热点的疲劳累积损伤

浪 向	疲劳累积损伤			
	热点 5	热点 7	热点 9	热点 11
0°	1.16×10^{-2}	5.89×10^{-2}	6.66×10^{-3}	7.27×10^{-3}
30°	2.98×10^{-2}	1.15×10^{-1}	5.67×10^{-3}	6.11×10^{-3}
60°	4.36×10^{-2}	1.42×10^{-1}	1.19×10^{-2}	1.86×10^{-2}
90°	2.85×10^{-2}	9.09×10^{-2}	2.44×10^{-2}	4.80×10^{-2}
120°	8.12×10^{-3}	3.13×10^{-2}	2.87×10^{-2}	6.09×10^{-2}
150°	3.22×10^{-3}	1.55×10^{-2}	1.85×10^{-2}	3.71×10^{-2}
180°	1.12×10^{-2}	3.35×10^{-2}	7.20×10^{-3}	1.05×10^{-2}
210°	3.94×10^{-2}	8.43×10^{-2}	4.14×10^{-3}	3.46×10^{-3}
240°	6.03×10^{-2}	1.24×10^{-1}	8.30×10^{-3}	7.34×10^{-3}
270°	4.46×10^{-2}	1.08×10^{-1}	1.83×10^{-2}	2.11×10^{-2}
300°	1.75×10^{-2}	6.18×10^{-2}	2.26×10^{-2}	2.94×10^{-2}
330°	7.44×10^{-3}	3.91×10^{-2}	1.45×10^{-2}	1.87×10^{-2}
合计	3.05×10^{-1}	9.04×10^{-1}	1.71×10^{-1}	2.68×10^{-1}

4.6.5   结论

根据典型节点谱疲劳分析结果,发现横浪和斜浪相对于迎浪将会对立柱与撑杆连接处典型节点造成较大的疲劳损伤,因此平台作业时应尽量保持迎浪状态,以降低波浪对该典型节点造成的疲劳损伤。热点 2 处(靠近船舯、撑杆上部)与热点 4 处(靠近船舯、撑杆下部)肘板的疲劳寿命大于热点 1 处(靠近船舯、撑杆上部)与热点 3 处(靠近船舯、撑杆下部)肘板的疲劳寿命,并且肘板区域最小疲劳寿命为 35.2 年,仅基本满足规范规定的 30 年疲劳寿命要求。热点 5 处(靠近船舯、撑杆上部)焊缝的疲劳寿命大于热点 7 处(靠近船舯、撑杆下部)焊缝的疲劳寿命。热点 9 处(靠近船艏、撑杆下部)焊缝的疲劳寿命大于热点 11 处(靠近船艏、撑杆上部)焊缝的疲劳寿命。这些特点是由于该型平台的结构形式决定的,在建造该处典型节点结构时,应注意控制该处结构的焊接残余应力,采用有效提高结构疲劳寿命的建造工艺,确保该处典型节点结构的安全。

参考文献

[1] 李润培,王志农. 海洋平台强度分析[M]. 上海:上海交通大学出版社,1992,103 - 122.
[2] 胡毓仁,陈伯真. 船舶及海洋工程结构疲劳可靠性分析[M]. 北京:人民交通出版社,1996,1 - 6.
[3] 任贵永. 海洋活动式平台[M]. 天津:天津大学出版社,1989,123 - 140.
[4] Guide for the Fatigue Assessment of Offshore Structures[S]. Classification Notes, ABS, 2003,36 - 41.
[5] 王世圣,谢彬,曾恒一,等. 3 000 米深水半潜式钻井平台运动性能研究[J]. 中国海上油气,

　　　　　2007,19(4)：277-284.
[6]　王世圣,谢彬,冯玮,等.两种典型深水半潜式钻井平台运动特性和波浪载荷的计算分析[J].
　　　　中国海上油气,2008,20(5)：249-252.
[7]　刘海霞,肖熙.半潜式平台结构强度分析中的波浪载荷计算[J].中国海洋平台,2003,18(2)：1-4.
[8]　余建星,胡云昌,等.半潜式海洋平台整体结构的三维可靠性分析[J].中国造船,1995,129：
　　　　41-50.
[9]　刘刚,郑云龙,等.BINGO 9000半潜式钻井平台疲劳强度分析[J].船舶力学,2002,6(4)：54-63.
[10]　张剑波.半潜式钻井船典型节点疲劳可靠性分析[J].船舶工程,2006,28(1)：36-40.

4.7　深水半潜式钻井平台简化疲劳分析

4.7.1　引言

　　深水半潜式钻井平台结构疲劳分析是一项十分复杂的结构设计问题,目前可采用简化疲劳分析和谱疲劳分析两种方法来评估其结构的疲劳寿命。简化疲劳分析方法也叫许用应力疲劳评估方法,其首先假定疲劳应力的长期分布服从 Weibull 分布,形状参数按近似公式、谱分析结果或规范推荐得到,结构热点应力采用有限元分析技术得到,根据热点应力和 Weibull 分布形状参数即可简单的评估结构疲劳寿命。谱分析方法是建立在真实的海况、真实的装载基础上的直接计算方法,精度相应较高,涉及水动力和有限元分析,而且考虑不同的装载、波频和浪向组合后的工况往往有数百种,计算量巨大。相对于谱疲劳分析方法,简化疲劳评估方法能反映结构的细节,计算工作量又小得多,是一种工程上非常实用的疲劳评估方法,但由于缺乏海洋深水浮式平台结构在不同作业海域条件下结构应力的长期分布 Weibull 参数资料,以及深水浮式平台结构复杂,结构寿命期一遇最大热点应力范围计算困难,导致简化疲劳分析方法在浮式平台结构设计计算中应用较少[1-4]。本文依据简化疲劳分析方法的基本理论,以中海油在建的第六代深水半潜式钻井平台 HYSY981 为研究目标,发展了一套可应用于深水半潜式钻井平台结构疲劳分析的简化疲劳分析方法,得到了南海环境条件下平台结构应力范围长期 Weibull 分布参数,解决了结构寿命期一遇最大热点应力范围计算问题,并成功应用于平台结构疲劳寿命分析。

4.7.2　简化疲劳分析方法

　　1) 应力范围长期 Weibull 分布

　　一般认为海洋工程结构应力范围长期分布服从 Weibull 分布,表达式如下：

$$F_S(s) = P(S \leqslant s) = 1 - \exp\left[-\left(\frac{s}{\delta}\right)^\gamma\right] \quad s > 0 \qquad (1)$$

式中：γ 和 δ 分别为 Weibull 形状参数和尺度参数。形状参数可由应力谱分析,经验数据确定。

为了结构设计和安全校核目的,尺度参数一般采用以下方法表达:

$$\delta = \frac{S_R}{(\ln N_R)^{1/\gamma}} \tag{2}$$

式中：N_R 为结构疲劳应力循环次数,一般取结构设计寿命内应力循环次数；S_R 为结构疲劳应力范围 S 平均每循环 N_R 次,超过其一次的应力范围[5,6]。

2）疲劳损伤计算

S 为应力范围随机变量,考虑应力范围 S 在应力范围 s_i 水平的小增量 Δs。由结构设计寿命 N_R 可确定在 s_i 水平处结构应力循环次数[5,6]为

$$n_i = N_R[f_s(s_i)\Delta s] \tag{3}$$

根据 Miner 准则和 S-N 曲线可得参考寿命结构疲劳累积损伤:

$$D_R = N_R \int_0^\infty [f_s(s)ds]/N(s) \tag{4}$$

式中：$N(s)$ 为 s 应力范围水平下结构的疲劳寿命。

对于双线性 S-N 曲线,其疲劳损伤可以表达为如下形式:

$$D_R = \frac{N_T\delta^m}{A}\Gamma\left(\frac{m}{\gamma}+1,\ z\right) + \frac{N_T\delta^r}{C}\Gamma_\circ\left(\frac{r}{\gamma}+1,\ z\right) \tag{5}$$

式中：N_T 为设计寿命,$\Gamma(z,\ a) = \int_z^\infty t^{a-1}e^{-t}dt$,$\Gamma_\circ(z,\ a) = \int_0^z t^{a-1}e^{-t}dt$,$a = m/\gamma+1$,$b = r/\gamma+1$,$z = (s_Q/\delta)^\gamma$。

3）许用应力范围

可以用参考寿命期一遇结构应力范围 S_R 来对结构进行疲劳校核,当 S_R 小于 S_R' 时结构强度满足使用要求,S_R' 为设计寿命期 N_R 内结构最大许用应力范围。考虑双线性 S-N 曲线和疲劳分析安全因子可得 S_R' 表达式如下[5,6]:

$$S_R' = \left[\frac{(\ln N_R)^{m/\gamma}}{(FDF)N_T\left[\Gamma\left(\frac{m}{\gamma}+1,\ z\right)/A + \delta^{r-m}\Gamma_\circ\left(\frac{r}{\gamma}+1,\ z\right)/C\right]}\right] \tag{6}$$

式中：FDF 为疲劳校核安全因子；N_T 为设计寿命,一般假定 N_T 和 N_R 相等。

4.7.3　南海海况平台结构应力长期分布

由于缺乏中国南海海洋环境条件下,双下浮体、四立柱深水半潜式钻井平台结构应力长期分布资料,为了应用简化疲劳分析方法对 HYSY981 平台结构的疲劳性能进行比较可靠的分析,必须开展平台在南海环境条件下结构应力长期分布研究,从而得到结构应力范围长期分布 Weibull 形状参数。首先,基于 DNV - SESAM 软件包 WADAM 模块,基于辐射/绕射理论计算 HYSY981 平台结构遭受的不同浪向/频率

条件下的波浪载荷;而后,使用 SESTRA 模块计算平台整体结构在不同波浪载荷条件下的应力分布;接着使用 STOFAT 模块根据不同浪向进行频率组合得到结构各区域不同浪向下的结构应力响应传递函数;最后,基于中国南海波浪散布图[7],使用 STOFAT 模块计算得到平台整体结构各区域的结构应力长期分布。由于平台结构的对称性,选取位于平台上甲板、立柱、撑杆共计 20 个区域研究平台结构的应力长期分布,可以反映平台整体结构应力长期分布情况,并最终得到结构简化疲劳分析所需的 Weibull 分布形状参数。图 4.7.1 所示为研究平台结构应力范围长期分布所选区域。表 4.7.1 所示为平台结构各区域应力范围长期分布 Weibull 形状参数值。

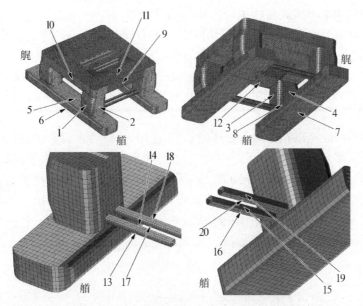

图 4.7.1　应力范围长期分布研究区域

表 4.7.1　立柱结构应力长期分布 Weibull 参数

位　置	Weibull 形状参数	位　置	Weibull 形状参数
位置 1,立柱外侧舱壁	0.982	位置 11,上船体上甲板	0.957
位置 2,立柱艏侧舱壁	0.898	位置 12,上船体下甲板	0.954
位置 3,立柱内侧舱壁	0.926	位置 13,撑杆艏侧舱壁	0.878
位置 4,立柱艉侧舱壁	0.953	位置 14,撑杆上侧舱壁	0.881
位置 5,浮箱上侧舱壁	0.997	位置 15,撑杆艉侧舱壁	0.856
位置 6,浮箱外侧舱壁	0.934	位置 16,撑杆下侧舱壁	0.871
位置 7,浮箱下侧舱壁	0.903	位置 17,撑杆艏侧舱壁	0.868
位置 8,浮箱内侧舱壁	1.001	位置 18,撑杆上侧舱壁	0.841
位置 9,上船体前舱壁	0.945	位置 19,撑杆艉侧舱壁	0.845
位置 10,上船体外侧舱壁	0.957	位置 20,撑杆下侧舱壁	0.835

由平台结构应力长期分布研究结果表明,立柱、浮箱和上甲板结构各个区域在中国南海环境条件下结构应力长期分布 Weibull 形状参数位于 0.9～1 之间,撑杆结构各区域结构应力长期分布 Weibull 形状参数位于 0.84～0.88 之间。为结构设计安全,进行结构简化疲劳分析时立柱、浮箱和上甲板结构各个区域结构应力长期分布 Weibull 形状参数取 1,撑杆结构各区域结构应力长期分布 Weibull 形状参数取 0.88。

4.7.4　平台波浪载荷长期预报

为了获取深水半潜式钻井平台主要结构设计寿命期一遇最大应力范围,首先要根据平台的最危险水动力载荷工况和作业区域海洋环境条件对波浪载荷进行长期预报,以得到平台设计寿命期一遇最大波浪载荷,然后根据平台结构部位的不同,选取危险水动力载荷工况下的设计寿命期一遇最大载荷,进行结构寿命期一遇最大应力范围计算,从而可以应用以上简化疲劳分析方法较准确的分析平台结构的疲劳寿命。

本节以南海波浪散布图为基础环境数据,使用 WADAM 计算得到的平台危险工况水动力载荷传递函数对 HYSY981 平台遭受的最大横向力、最大横向扭矩、最大纵向剪力、最大垂向弯矩、最大纵向加速度、最大横向加速度六种危险水动力载荷参数进行长期预报计算,并据此确定疲劳分析设计波[14]。图 4.7.2 和图 4.7.3 所示为最大横向扭矩、最大纵向剪力长期预报曲线。中国南海季风条件下 30 年一遇六种危险水动力载荷及疲劳分析设计波见表 4.7.2。

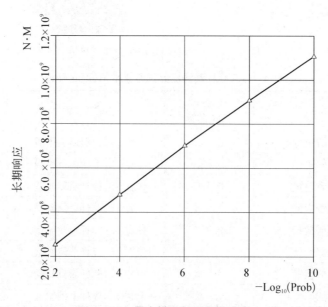

图 4.7.2　最大横向扭矩长期响应

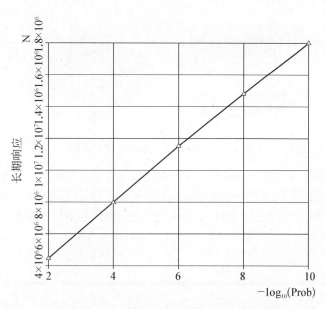

图 4.7.3　最大纵向剪力长期响应

表 4.7.2　30 年一遇波浪载荷及相应设计波幅

载荷工况 ＼ 波浪参数	波浪周期 /s	波浪入射角	波幅 /m	最大波浪相位	最大波浪载荷
横向力	9.6	90°	3.55	150.1°	4.83×10^7 N
横向扭矩	8.0	120°	3.81	172.1°	9.22×10^8 N·m
纵向剪切力	10.0	135°	4.17	−11.216°	1.51×10^7 N
垂向弯矩	9.8	180°	3.53	−37.231°	1.08×10^9 N·m
纵向惯性力对应的加速度	6.8	180°	2.14	58.96°	0.531 m/s²
横向惯性力对应的加速度	6.2	90°	2.31	102°	0.635 m/s²

4.7.5　平台结构简化疲劳寿命分析

以 HYSY981 深水半潜式钻井平台为实例,选取平台浮箱上甲板强框架与纵骨连接区域、平台撑杆扶强材肘板支撑位置作为疲劳校核典型区域,利用简化疲劳分析方法进行疲劳校核,并将其结果与谱疲劳分析结果对比。

1) 平台浮箱上甲板强框架与纵骨连接处疲劳寿命分析

(1) 结构位置及形式。

在平台总强度分析中发现平台遭受波浪最大纵向剪切力时,靠近立柱与下浮体连接处浮箱甲板应力范围较高,需要校核该高应力范围区域强框架与纵骨处连接节点的疲劳寿命,确保平台结构安全。图 4.7.4 为该区域位置示意图,其位于平台右舷浮箱甲板内侧靠近立柱与浮箱连接处。

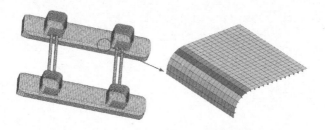

图 4.7.4　疲劳校核区域位置示意图

对于该处结构,需要校核强框架和扶强材连接节点处结构的疲劳强度,根据单位波幅应力范围大小,在该区域选取单位波幅应力范围较高的 18 个连接节点进行疲劳校核,节点位置如图 4.7.5 所示,节点形式如图 4.7.6 所示,疲劳裂纹起始位置如图 4.7.6 所示。

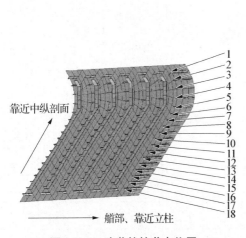

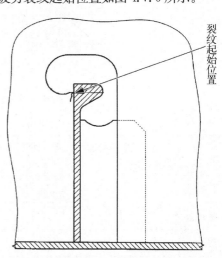

图 4.7.5　疲劳校核节点位置　　　　　图 4.7.6　疲劳校核节点形式

（2）校核节点简化疲劳分析结果。

考虑平台 30 年一遇水动力载荷,通过平台结构总体有限元分析得到连接节点处名义应力范围,名义应力乘以应力集中系数[8]即可得到疲劳热点处的 30 年一遇热点应力范围[9-13]。疲劳校核位置处于舱室内部,使用 ABS 规范空气中结构疲劳校核 S－N 曲线 ABS－E(A),结构应力长期 Weibull 分布形状参数取 1,使用简化疲劳方法计算校核点疲劳寿命,计算结果如表 4.7.3 所示。由简化疲劳分析发现这些疲劳校核节点均能满足结构 30 年疲劳寿命的要求,疲劳校核位置 13 处的节点疲劳寿命最低,为 49.7 年。

2）平台撑杆扶强材肘板支撑位置疲劳寿命分析

（1）结构位置及形式。

在平台总强度分析中发现平台遭受波浪最大横向扭矩时,平台撑杆靠近立柱处结构应力范围较高,需要校核该高应力范围区域撑杆强框架与扶强材连接节点的疲劳寿命,确保平台结构安全。图 4.7.7 所示为该局部结构位置示意图,其位于平台舱部最前端。对于该处结构,从右舷到左舷选取 7 个截面,截面位置如图 4.7.8 所示。

表 4.7.3 疲劳校核点的疲劳寿命和疲劳损伤

校核点	疲劳寿命/年	校核点	疲劳寿命/年	校核点	疲劳寿命/年
校核点 1	>200	校核点 7	180.7	校核点 13	49.7
校核点 2	>200	校核点 8	>200	校核点 14	84.5
校核点 3	>200	校核点 9	>200	校核点 15	197.3
校核点 4	>200	校核点 10	>200	校核点 16	>200
校核点 5	>200	校核点 11	>200	校核点 17	>200
校核点 6	>200	校核点 12	49.9	校核点 18	>200

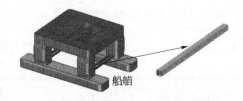

图 4.7.7 疲劳校核撑杆结构在平台中的位置

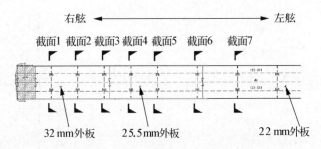

图 4.7.8 撑杆疲劳校核位置所在截面

每个截面有 4 个肘板连接节点,肘板连接节点位置和截面几何形状如图 4.7.9 所示。肘板连接具体形式及疲劳校核点如图 4.7.10 所示,共计选取了 28 个节点进行简化疲劳研究。

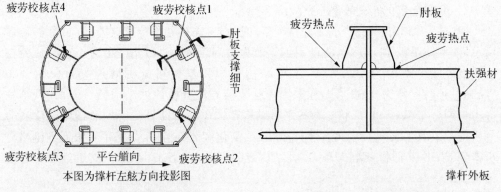

图 4.7.9 撑杆强框架截面图　　　　图 4.7.10 肘板支撑细节

（2）简化疲劳分析结果。

与 4.7.4(1)(2)节相同，考虑平台 30 年一遇水动力载荷，通过平台结构总体有限元分析得到连接节点处名义应力范围，名义应力乘以应力集中系数[8]即可得到疲劳热点处的 30 年一遇热点应力范围[9-13]。疲劳校核位置处于撑杆内部，并且在计算疲劳校核点热点应力时未考虑肘板的影响，因此依据规范选用 ABS 规范空气中结构疲劳校核 S-N 曲线 ABS-F2(A)，结构应力长期 Weibull 分布形状参数取 0.88，使用简化疲劳方法计算校核点的疲劳寿命，计算结果如表 4.7.4 所示。由简化疲劳分析发现这些疲劳校核节点均能满足结构 30 年疲劳寿命的要求，截面 4 校核点 1 处的节点疲劳寿命最低，为 71.9 年。

表 4.7.4　校核点疲劳损伤及疲劳寿命

校核位置	疲劳寿命/年	校核位置	疲劳寿命/年	校核位置	疲劳寿命/年	校核位置	疲劳寿命/年
截面 1 校核点 1	79.8	截面 2 校核点 4	>200	截面 4 校核点 3	79.6	截面 6 校核点 2	>200
截面 1 校核点 2	>200	截面 3 校核点 1	89.3	截面 4 校核点 4	>200	截面 6 校核点 3	75
截面 1 校核点 3	>200	截面 3 校核点 2	>200	截面 5 校核点 1	87.5	截面 6 校核点 4	>200
截面 1 校核点 4	>200	截面 3 校核点 3	133.9	截面 5 校核点 2	>200	截面 7 校核点 1	167.6
截面 2 校核点 1	95.2	截面 3 校核点 4	>200	截面 5 校核点 3	91.2	截面 7 校核点 2	>200
截面 2 校核点 2	>200	截面 4 校核点 1	71.9	截面 5 校核点 4	>200	截面 7 校核点 3	126.1
截面 2 校核点 3	147.8	截面 4 校核点 2	>200	截面 6 校核点 1	101.4	截面 7 校核点 4	>200

3）简化疲劳分析及谱疲劳分析结果对比

建立图 4.7.5 中校核点 13 处强框架和扶强材连接处连接节点模型，如图 4.7.11 所示，模型使用板单元建立，将球扁钢等效为角钢。对其进行谱疲劳分析得到疲劳校核热点处疲劳寿命为 127.8 年，该处结构有限元细网格分析得到应力长期分布 Weibull 形状参数为 0.88[14]。在采用简化疲劳方法分析该处结构疲劳寿命时，结构应力长期分布 Weibull 形状参数按平台结构整体应力长期分析得到的结构简化疲劳分析推荐值取 1，结构疲劳寿命为 49.7 年。简化疲劳分析中，如采用有限元细网格分析得到 Weibull 形状参数 0.88，该处结构疲劳寿命为 107.5 年，结果接近谱疲劳分析结果。

建立图 4.7.8 和图 4.7.9 所示截面 4 校核点 1 处的节点模型，如图 4.7.12 所示。

对其进行谱疲劳分析得到疲劳校核点处疲劳寿命为117.6年,该处结构有限元细网格分析得到应力长期分布Weibull形状参数为0.84[14]。在采用简化疲劳方法分析该处结构疲劳寿命时,结构应力长期分布Weibull形状参数按平台结构整体应力长期分析得到的结构简化疲劳分析推荐值取0.88,结构疲劳寿命为71.9年。简化疲劳分析中,若采用有限元细网格分析得到Weibull形状参数0.84,该处结构疲劳寿命为95.9年,结果接近谱疲劳分析结果。

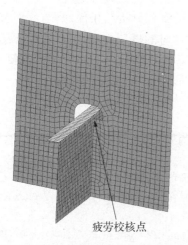

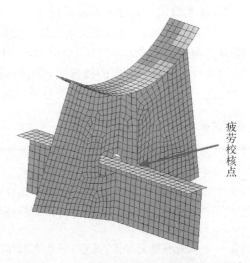

图 4.7.11　浮箱强框架与扶强材连接处节点　　　图 4.7.12　撑杆强框架与扶强材连接节点

　　为简化计算和结构设计安全,在平台简化疲劳计算时,根据平台整体结构应力长期分布Weibull形状参数计算结果及不同结构区域,选取较大Weibull形状参数值进行结构简化疲劳分析计算,这造成了简化疲劳分析结果较谱疲劳分析结果偏保守。并且,简化疲劳分析中计算疲劳热点应力的应力集中系数取值一般偏保守,计算得到的疲劳热点应力较有限元细网格结果结果偏大,同样造成简化疲劳寿命分析结果偏保守。以上计算结果展示,简化疲劳分析中热点应力长期分布Weibull形状参数取值较谱疲劳分析中热点应力长期分布Weibull形状参数偏大是造成简化疲劳分析结果保守的主要原因。由此,可得出该种半潜平台结构简化疲劳分析方法偏保守的结论。

4.7.6　结论

　　本节提出了深水半潜式钻井平台结构简化疲劳分析方法,并用该方法研究了平台结构连接节点的疲劳寿命,得到如下结论。

　　(1) 根据中国南海环境条件,采用谱分析方法分析了HYSY981平台结构各个部位应力响应长期分布Weibull形状参数,进行结构简化疲劳分析时立柱、浮箱和上甲板结构各个区域结构应力长期分布Weibull形状参数取1,撑杆结构各区域结构应力长期分布Weibull形状参数取0.88。

　　(2) 该平台结构应力长期分布Weibull形状参数取值可用于南海环境条件下同类平台结构简化疲劳分析。

（3）根据中国南海环境条件，对 HYSY981 平台危险波浪载荷进行长期预报，得到平台 30 年一遇波浪载荷及相应波浪的波幅、周期和相位，用于平台结构的简化疲劳分析。

（4）采用简化疲劳分析方法分析了 HYSY981 平台浮箱与立柱连接处高应力区强框架与扶强材 18 个连接节点、28 个撑杆强框架与纵梁连接节点的疲劳寿命，发现这些节点能满足规范要求。同时采用谱疲劳分析方法验证了简化疲劳分析结果的可靠性，证实简化疲劳分析方法可应用于半潜式钻井平台结构的疲劳分析。

（5）计算结果表明，结构简化疲劳分析结果较谱疲劳分析结果保守，与谱疲劳分析方法相比工作量大大减轻，可应用于结构初步设计时的疲劳分析，也可应用于结构详细设计时疲劳危险点的搜索。若结构简化疲劳方法分析结果不能满足规范要求，可以进一步采用谱疲劳分析方法分析结构的疲劳寿命。

参考文献

［1］ 高震,胡志强,顾永宁,等.浮式生产储油轮船舶结构疲劳分析[J].海洋工程,2003,21(2)：8-15.

［2］ 余龙,顾敏童,等.大型集装箱船舱口盖板疲劳寿命研究[J].船舶工程,2008,30(1)：1-4.

［3］ 洛寒冰,王国庆,等.大型 LNG 船舶结构疲劳强度评估研究[J].船舶科学技术,2008,30(2)：51-63.

［4］ 冯国庆,任慧龙.船体结构疲劳评估的设计波法[J].哈尔滨工程大学学报,2005,26(4)：430-434.

［5］ Commentary on the Guide for the Fatigue Assessment of Offshore Structures[M]. ABS (American Bureau of Shipping)，2004.

［6］ Guide for The Fatigue Assessment of Offshore Structures[M]. ABS(American Bureau of Shipping)，2003.

［7］ Design environmental conditions engineering report for CNOOC[M]. SCSIO (South China Sea Institute of Oceanology)，2006.

［8］ Rules for Building and Classing Steel Vessels [M]. ABS (American Bureau of Shipping)，2007.

［9］ Wolfgang Fricke, Olaf Doerk. Simplified approach to fatigue strength assessment of fillet-welded attachment ends[J]. International Journal of Fatigue, 2006, 28：141-150.

［10］ Inge Lotsberg, Einar Landet. Fatigue capacity of side longitudinals in floating structures[J]. Marine Structures, 2005, 18：25-42.

［11］ Wolfgang Fricke, Adrian Kahl. Comparison of different structural stress approaches for fatigue assessment of welded ship structures[J]. Marine Structures，2005, 18：473-488.

［12］ W. Fricke, W. Cui, H. Kierkegaard. Comparative fatigue strength assessment of a structural detail in a containership using various approaches of classification societies [J]. Marine Structures，2002, 15：1-13.

［13］ Inge Lotsberg. Assessment of fatigue capacity in the new bulk carrier and tanker rules[J]. Marine Structures, 2006, 19：83-96.

［14］ 谢文会.深水半潜式钻井平台结构强度与疲劳问题研究[R].中科院力学所/中海石油研究中心博士后研究报告,2009.

4.8　半潜式平台关键点的疲劳可靠性分析

4.8.1　引言

深水半潜式钻井平台是海上深水石油天然气开发的主要工程设备,适应恶劣海况条件的优点。海洋钻井平台的许多重大事故都与结构疲劳破坏有关。调查研究和统计分析结果表明有约九分之一的破坏与疲劳有关[1-6]。由给定的波浪谱,基于不同的波浪载荷计算公式,利用 ANSYS 工程软件中谱分析模块计算得到相应结构部位关键节点的随机响应应力谱,并讨论施加不同波浪力谱产生随机响应应力谱的差异。由 Miner 线性疲劳累积损伤理论、随机响应首次超越破坏界限的概率分析,得出海洋平台关键部位中关键节点的疲劳寿命公式;将由不同工况下平台结构各关键节点von—Mises 等效应力响应功率谱密度求得相应的应力方差和随机响应应力对时间导数的方差代入到疲劳寿命公式中。基于海洋工程结构物中应力范围服从的概率分布规律(Rayleigh 分布或 Weibull 分布),得到平台结构关键节点的疲劳寿命可靠度,由此评估半潜式海洋平台结构在设计寿命范围内的安全性。

4.8.2　半潜式平台结构的谱分析简化模型与模态分析

半潜式钻井平台结构谱分析计算结构的简化模型是以某新型的半潜式钻井平台为基础,简化模型的外部尺寸与实际平台的外部尺寸相一致,根据实际平台关键横截面与简化计算模型所对应的关键横截面的惯性矩等效和相应部位重量等效的原则,实际平台内部关键部位加强筋可用等效的板壳结构来代替。简化计算模型主要几何尺寸如表 4.8.1 所示。

表 4.8.1　半潜式钻井平台简化计算模型主要几何尺寸

浮箱与立柱/m	浮箱长度	116	立柱宽度	16
	浮箱宽度	20	立柱高度	21.46
	浮箱高度	8.54	立柱纵向间距	64
	浮箱间距	60	立柱横向间距	60
甲板尺寸/m	甲板长度	80	甲板高度	8.5
	甲板宽度	76	平台总高度	38.5

基于与实际结构几何尺寸相一致的数据(见表 4.8.1),利用 ANSYS 分析软件,采用弹性壳单元 shell63 建立平台谱分析简化计算几何模型,如图 4.8.1 所示。

依据简化计算模型中平台典型横截面计算得到的惯性矩与实际平台对应的典型横截面的惯性矩比较如表 4.8.2 所示。

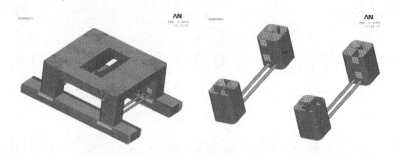

图 4.8.1   半潜式钻井平台谱分析计算简化几何模型及立柱和横撑结构

表 4.8.2   实际结构各部分横截面惯性矩与简化计算模型比较

构　件	惯性矩	实际结构	简化计算模型	误差/%
浮　箱	I_z/m^4	82.9	93.476	12.757 54
	I_y/m^4	24.3	21.72	10.617 28
立　柱	I_z/m^4	62.8	61.5	2.070 064
	I_y/m^4	70.5	61.5	12.765 96
甲　板	I_z/m^4	6 971	6 805.01	2.381 15
	I_y/m^4	102.6	100.43	2.115 01

　　为使简化计算模型中的材料密度等效于实际结构中的材料密度,调整模型各部分的密度使模型重量和实际平台结构重量及甲板上设备重量保持一致,从而计算得到简化计算模型甲板的密度为 14 000 kg/m³,立柱和横撑的密度为 12 000 kg/m³,浮箱的密度为 10 000 kg/m³。

　　输入与实际结构相一致的弹性模量和泊松比,简化模型中的材料密度等效于实际结构中的材料密度;设置阻尼系数为 0.02[2],数值计算中的约束条件按照实际结构中工作情况在浮箱的上表面进行三个节点共六个自由度的约束,提取前八阶固有自振频率,如表 4.8.3 所示。

表 4.8.3   平台结构的前八阶固有频率

模态阶数	频率 $\omega/(\mathrm{rad/s})$	模态阶数	频率 $\omega/(\mathrm{rad/s})$
1	1.096 1	5	1.921 5
2	1.187 8	6	2.086 1
3	1.484 8	7	2.134 4
4	1.655 1	8	2.173 8

　　从简化计算模型的模态分析中分别可以得到的三个关键部位(立柱和浮箱的连接部位、立柱和横撑的连接部位以及立柱和甲板的连接部位)与深水半潜式平台工程设计的实际要求给出的前三个关键部位相一致。在这三个关键部位分别取三个应力较大关键节点作为该三个部位的随机疲劳可靠性分析的关键计算点。

4.8.3 半潜式平台结构疲劳寿命可靠性计算与讨论

目前海洋平台工程中经常可以利用的具有解析表达方式的波浪力谱分别为适用于小直径柱体的 Morison 波浪力谱和适用于大直径柱体的大构件直立柱波浪力谱[2]。海洋工程结构的疲劳可靠性分析中用到的应力范围幅值服从的概率分布模型一般有两种分布规律,即 Rayleigh 分布和 Weibull 分布。某一海况交变应力应力范围的短期分布服从 Rayleigh 分布,而长期分布可以用等效的 Weibull 分布模型来表示。

1) 疲劳分析节点选取和细化

疲劳分析节点选取,来自平台的三个连接部分,分别是浮箱和立柱、水平横撑和立柱,以及甲板和立柱。整体强度分析结果表明,在水平横撑和立柱的连接局部区域应力较大,因此对于这个区域进行模型的细化。基于 ANSYS 有限元的半潜式平台的简化计算模型(见图 4.8.1)针对选定的疲劳分析节点进行单元网格的进一步细化。细化后的模型分别如图 4.8.2 和图 4.8.3 所示。

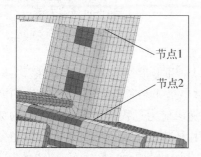 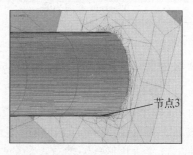

图 4.8.2 关键节点的位置示意图　　**图 4.8.3 横撑和立柱连接处细化后的模型**

2) 波浪力谱的施加和计算

基于上述,施加在半潜平台立柱上的波浪力谱分别采取两种不同的波浪力谱,线性化 Morison 方程计算出的 Morison 力谱(见图 4.8.4)和大构件直立柱方程计算出的大立柱力谱(见图 4.8.5)。通过数值计算讨论两种不同的力谱形式对半潜平台的疲劳寿命可靠性分析的影响规律。

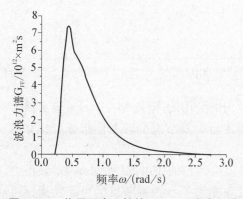 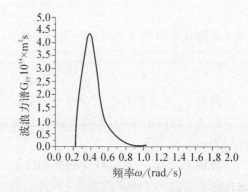

图 4.8.4 作用于大立柱的 Morison 波浪力谱　**图 4.8.5 作用于大立柱的大构件直立柱波浪力谱**

由于半潜平台立柱上横撑属于细长结构,其上所受到的载荷形式可采用 Morison 波浪力谱。然后分别将计算出的水平方向 Morison 波浪力谱(见图 4.8.6)和垂直方向 Morison 波浪力谱(见图 4.8.7)共同作用在水平横撑上。

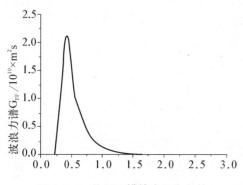 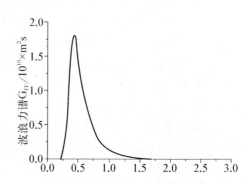

图 4.8.6 作用于横撑水平方向的   图 4.8.7 作用于横撑垂直方向的
         Morison 波浪力谱   Morison 波浪力谱

3) 两种不同波浪力谱作用下平台结构的疲劳可靠性

利用 ANSYS 有限元程序中的谱分析模块,由半潜平台简化计算模型(见图 4.8.1)计算出的前八阶固有频率,可计算出针对半潜平台简化计算模型选定的疲劳分析节点的随机应力过程的最大应力 σ_λ 和相应随机应力过程的最大应力导数的标准方差 $\sigma_{\dot\lambda}$。再根据 Miner 线性疲劳损伤理论,利用 Rayleigh 和 Weibull 分布模型分别计算半潜式钻井平台关键节点的疲劳可靠性。设计疲劳寿命 $T_S = 30y$[5]。S - N 曲线中的相关数据按照英国标注协会(BSI)和英国能源部(UK DEn)推荐的数据[2]选取:

$$m = 4, A = 1.103 \times 10^{15}, C_A = 0.438 \tag{1}$$

随机变量 Δ,B 的期望值和变异系数分别为

$$\widetilde\Delta = 1.0, C_\Delta = 0.3; \widetilde B = 1.0, C_B = 0.25 \tag{2}$$

平均频率和载荷谱回复周期分别为

$$f_L = 1 \times 10^8, L = 30y \tag{3}$$

算例 1: 考虑平台立柱受到 Morison 波浪力谱的作用,以及 Morison 波浪力谱作用平台水平横撑的水平、垂直方向。此时半潜平台关键节点的可靠性指标可计算得到如表 4.8.4 所示。

算例 2: 考虑平台立柱受到大构件直立柱波浪力谱的作用,以及 Morison 波浪力谱作用于平台水平横撑的水平,垂直方向。此时半潜平台关键节点的可靠性指标可计算得到如表 4.8.5 所示。

表 4.8.4　算例 1 的半潜平台关键节点的可靠性指标

节点	最大应力	应力导数	Rayleigh 分布		Weibull 分布	
	σ_λ	$\sigma_{\dot\lambda}$	β	ρ_γ	β	ρ_γ
1	0.039 7	1.512 2	21.349 1	1	26.938 7	1
2	0.765 6	6.008	9.719 7	1	15.39	1
3	1.512 2	10.224	7.208 8	1	12.733 7	1

表 4.8.5　算例 2 下的平台关键节点的可靠性指标

节点	最大应力	应力导数	Rayleigh 分布		Weibull 分布	
	σ_λ	$\sigma_{\dot\lambda}$	β	ρ_γ	β	ρ_γ
1	0.254 9	0.800 9	14.904 6	1	19.682	1
2	3.946 7	12.413 6	4.211 6	1	8.99	1
3	6.838 5	21.648 3	2.060 2	0.980 3	6.844 9	1

4) 算例讨论与总结

通过对平台立柱在两种不同波浪力谱作用下半潜平台关键节点的可靠性指标的比较(表 4.8.4 和表 4.8.5),可以得到如下的结论。

(1) 在应力响应和可靠性指标上,前者对立柱施加 Morison 波浪力谱的模型得到的结果,小于对立柱施加大构件直立柱波浪力谱的模型得到的结果,后者却相反,既立柱施加 Morison 波浪力谱安全性于大构件直立柱波浪力谱。其原因是 Morison 公式通常适用于工程中小尺度桩柱上波浪力计算。从以上对比结果来看,Morison 公式不适用于大型的构件波浪力计算。在半潜式平台立柱波浪力计算中,推荐大构件直立柱的计算公式。

(2) 由算例 2(表 4.8.5)的结果,对比由 Rayleigh 分布模型和 Weibull 分布模型所分别得到的可靠性指标,可知 Weibull 应力分布模型下的可靠性指标大于 Rayleigh 应力分布模型下的可靠性指标。即半潜平台疲劳寿命可靠性的计算采用 Weibull 应力分布模型会显得较安全。相反,基于 Rayleigh 应力分布模型计算的半潜平台疲劳寿命可靠性指标则比较保守。这是由于 Weibull 应力分布模型和 Rayleigh 应力分布模型的尺度的不一致而导致的。

(3) 从选取的半潜平台三个关键节点的可靠性指标的计算结果上看,位于立柱和甲板交接处的节点 1 和立柱和浮箱交接处的节点 2 的可靠性指标比较高,相对来说比较安全。而对于模型细化后的横撑和立柱交接处的节点 3 的可靠性指标比较低,相对来说是危险区域。对于这部分危险区域,应该在施工和维护上给予较多的关注。

(4) 在算例中只进行单一方向来流的情况进行计算和讨论,没有考虑任意方向不同波浪力谱的作用,因此对不同波浪力谱和不同应力分布情况下的半潜式钻井平台的可靠性指标的对比显得不够全面,需进一步研究。

参考文献

［1］ 张淑华.导管架平台疲劳可靠性分析［D］.河海大学,2006.

［2］ 胡毓仁,陈伯真.船舶及海洋工程结构疲劳可靠性分析［M］.北京：人民交通出版社,1996.

［3］ 张立,金伟良.海洋平台结构疲劳损伤与寿命预测方法.浙江大学学报（工学版）,2002,36
    （2）：138 - 142.

［4］ 陈伯真,胡毓仁,严庆谊.海洋平台管节点可靠性分析.中国海洋平台,1996,11（3）：
    114 - 117.

［5］ 聂武,刘玉秋.海洋工程结构动力分析［M］.哈尔滨：哈尔滨工程大学出版社,2002.

［6］ 黄怀洲.导管架平台疲劳可靠性分析［D］.大连理工大学,2004.

4.9 深水半潜式钻井平台冗余强度评估

4.9.1 引言

深水半潜式钻井平台作为深水油气田开发的重要设备,长期在恶劣的海洋环境中连续作业,承受多种海洋环境载荷作用,尤其在生存状态下要承受百年一遇的波浪载荷。根据 ABS 设计规范[1]的规定,深水半潜式钻井平台不仅在完整状态下具有足够的整体强度,而且还要求半潜式钻井平台在局部破损后仍然能保证平台整体不破坏,因此不但要对半潜式钻井平台进行总体结构强度分析,还需要进行冗余结构强度分析。由于平台的对称性,在相同的工况条件下船艏和船艉的一根横撑破断对结构的影响相差不多。一般半潜式钻井平台的冗余结构强度分析是假定半潜式钻井平台的船艏的一根横撑破断,冗余结构强度分析方法和步骤与总体结构强度分析相同,均采用有限元法进行结构强度分析,分析工况采用生存工况。

本节建立了深水半潜式钻井平台破损结构的有限元模型,按照百年一遇的生存工况计算波浪载荷,并施加到结构有限元模型上,进行结构计算,根据计算结果对结构的冗余强度进行了评估。

4.9.2 破损结构的有限元模型的建立

深水半潜式钻井平台的主体结构由两个旁通和四根立柱连接一起构成,立柱截面形状多为正方形或矩形。半潜式钻井平台的壳体结构包括下浮体、立柱,它们都包含多个由纵横舱壁隔开的内部舱室,以及水密或非水密平台,而且壳体、立柱和内部舱室壁板都设有很多纵、横加强筋加强。在建立半潜式钻井平台的结构模型时为减轻建模工作量和降低有限元网格划分的难度,在反映结构真实承载能力的前提下,必须做相应的简化。在建立半潜式钻井平台的总体结构模型时,外板、舱壁、甲板等平板构件采用四节点或三节点壳单元,平台骨架包括纵桁、纵骨、横梁、肋骨等加强结构简化为空间梁单元,但对于壳体加强骨架中尺度较大的板为提高计算精度要用板单

元模拟。横撑管由于结构尺寸较大也采
用壳单元。在有限元网格划分过程中,对
联结部位如:立柱与下浮体联结处、立柱
与上甲板联结处以及横撑管与立柱联结
处,要注意细化网格,图 4.9.1 所示为半
潜式钻井平台破损结构的有限元模型。

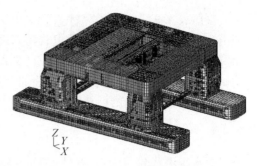

图 4.9.1　冗余结构强度计算模型

冗余结构强度分析的边界条件是在
平台的下浮箱上取三个节点(NODE),节
点 1 限制 X,Y,Z 向三个移动自由度,节
点 2 限制 Y,Z 向三个移动自由度,节点 3 限制 Z 向三个移动自由度。理论上平台在
重力、惯性力和波浪力作用下是一个自平衡体系,所有约束上反力应当为零,因此要
求反力应足够小才能保证计算精度,一般要求约束反力小于总重量的 0.1% 为正常。

4.9.3　载荷组合工况

按照 ABS 设计规范,要分别对拖航、作业/连接和生存三种状态进行半潜式钻井
平台的总体结构冗余强度分析。但冗余强度分析的目的是要求结构在局部破损的情
况下不发生整体结构失效,对比三种工况,在生存状态下,半潜式钻井平台如果出现
局部破损将最容易产生整体结构的失效,因此半潜式钻井平台的冗余强度分析只考
虑生存状态。在生存状态下平台所遭受的最危险的水动力载荷为:

(1) 最大横向撕裂力。

(2) 最大横向扭矩。

(3) 最大纵向剪切力。

(4) 最大垂向弯矩。

(5) 最大纵向甲板质量加速运动引起的惯性力。

(6) 最大横向甲板质量加速运动引起的惯性力。

根据 ABS 规范给定的方法,按照百年一遇的海洋环境条件对以上六种危险工况
进行设计波分析,通过计算获得相应六种危险工况的设计波参数如表 4.9.1 所示。

表 4.9.1　生存状态下设计波参数及水动力载荷

危险波浪载荷工况 波浪参数	波浪周期 /s	浪向 /(°)	波幅 /m	相位角 /(°)	最大响应
横向撕裂力	10.0	90	9.06	331.2/151.2	1.16×10^8 N
横向扭矩	8.0	120	7.41	340.0/160.0	2.17×10^9 N·m
纵向剪切力	10.0	135	9.85	164.9/344.9	3.31×10^7 N
垂向弯矩	10.0	180	8.00	136.8/316.8	2.85×10^9 N·m
纵向惯性力对应的加速度	7.0	180	4.63	38.5/218.5	0.84 m/s²
横向惯性力对应的加速度	7.0	90	5.98	249.8/69.8	1.73 m/s²

按照表 4.9.1 给定生存状态下设计波参数,在建立起冗余结构强度计算模型后,利用 Sesam 程序分析计算水动力载荷,并且将水动力载荷直接映射到整体结构有限元模型上,应用模块 Sestra 进行平台的结构计算,冗余结构的有限元计算结果由 Xtract 输出,在 Xtract 模块中可以叠加静水压力和水动力共同作用的结果并以等效应力云图的方式输出的计算结果。

4.9.4 许用应力

深水半潜式钻井平台浮体结构主要采用高强度钢制造,钢材的屈服极限为 355 MPa,在立柱与上甲板的连接部位采用超高强度钢材,屈服极限达到 550 MPa。ABS MODU 规范对深水半潜式钻井平台结构强度分析规定了许用应力标准。对于应力分量和由应力分量组合而得的应力,两者的许用应力计算公式为

$$F = \frac{F_Y}{F_S}$$

式中:F_Y 为材料屈服极限;F_S 为安全系数。

对于板结构,可以采用 von Mises 等效应力进行校核。等效应力的许用应力由表 4.9.2 查取。

表 4.9.2 等效应力的许用应力

载荷工况	单元类型	应力类型	应力安全系数	许用应力/MPa (F_Y＝350 MPa)	许用应力/MPa (F_Y＝550 MPa)
静水工况	板单元	von Mises	1.43	248	385
组合载荷	板单元	von Mises	1.11	320	495

4.9.5 计算结果与对比分析

应用 Sesam 程序,根据确定的设计波参数对半潜式钻井平台进行了冗余强度计算,计算结果给出了在不同工况下平台破损结构的总体应力分布,以及主要结构部分的应力分布和最大应力的作用位置,为判断结构的安全余度和改进结构提供了依据。图 4.9.2～图 4.9.7 给出半潜式钻井平台破损结构总体应力分布。

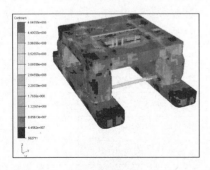
图 4.9.2 最大横向撕裂力作用工况

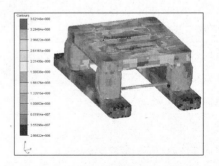
图 4.9.3 最大横向扭矩作用工况

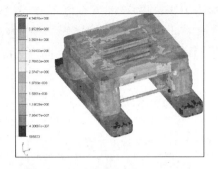

图 4.9.4　最大纵向剪切作用工况

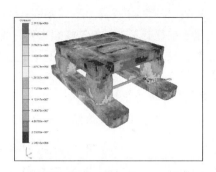

图 4.9.5　最大垂向弯矩作用工况

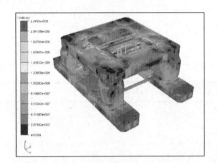

图 4.9.6　最大纵向甲板质量加速作用工况

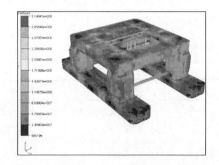

图 4.9.7　最大横向甲板质量加速作用工况

　　半潜式钻井平台冗余度分析的目的是通过破损结构与完整结构的计算结果对比,确定半潜式钻井平台是否具有一定冗余度。上述计算结果给出了在不同工况下平台结构的总体应力分布,以及主要结构部分的应力分布和最大应力的作用位置。对于不同的工况,破损结构与完整结构的计算结果存在明显的差异,下面将针对每一个工况,对比破损结构与完整结构的计算结果以确定在每一种工况下结构强度冗余度,最后确定平台结构总的强度冗余度。

　　1) 横向撕裂力作用工况

表 4.9.3a　破损结构与完整结构上最大应力

	箱型甲板 BHD/MPa	箱型甲板中间甲板/MPa	下浮箱/MPa	下浮箱纵舱壁/MPa	下浮箱横舱壁/MPa
破损结构	301	160	190	327	436
完整结构	286	159.8	176	271	425

表 4.9.3b　生存状态完整结构与破损结构上最大应力比较

	下浮箱强框架/MPa	立柱强框架/MPa	立柱外板/MPa	立柱纵舱壁/MPa
破损结构	458	257	381(横撑)	343
完整结构	459	141	303(立柱顶部)	340

从表4.9.3可以看出下浮箱纵舱壁最大应力大于许用应力,冗余度不够,需要加强。由于前横撑破损,横向撕裂力由一根横撑承担,横撑最大应力大于许用应力,冗余度不够需要加强。在立柱强框架上也出现了同样的问题。其他部位在同一工况下破损结构与完整结构上最大应力接近。

2) 最大横向扭矩

表4.9.4给出破损结构与完整结构上最大应力。

表 4.9.4a　生存状态完整结构与破损结构上最大应力比较

	箱型甲板 BHD/MPa	箱型甲板中间 甲板/MPa	下浮箱 /MPa	下浮箱纵 舱壁/MPa	下浮箱横 舱壁/MPa
破损结构	356	227	235	465	429
完整结构	345	223	237	447	424

表 4.9.4b　生存状态完整结构与破损结构上最大应力比较

	下浮箱强 框架/MPa	立柱强 框架/MPa	立柱外板 /MPa	立柱纵 舱壁/MPa
破损结构	575	258	361(横撑)	303
完整结构	513	184	306(立柱顶部)	299

从表4.9.4可以看出,由于最大横向扭矩作用,箱型甲板的应力大于许用应力,但破损结构与完整结构上最大应力接近。由于最大横向扭矩主要由箱型甲板和横撑承担,高应力区出现在箱型甲板和横撑上,两者均需要加强。

3) 最大纵向剪切力

表4.9.5给出破损结构与完整结构上最大应力。

表 4.9.5a　生存状态完整结构与破损结构上最大应力比较

	箱型甲板 BHD/MPa	箱型甲板中间 甲板/MPa	下浮箱 /MPa	下浮箱纵 舱壁/MPa	下浮箱横 舱壁/MPa
破损结构	400	362	338	567	667
完整结构	382	245	330	563	665

表 4.9.5b　生存状态完整结构与破损结构上最大应力比较

	下浮箱强 框架/MPa	立柱强 框架/MPa	立柱外板 /MPa	立柱纵 舱壁/MPa
破损结构	697	266	398(立柱顶部)	330
完整结构	685	227	381(立柱顶部)	329

从表4.9.5可以看出,最大纵向剪切力的作用使得箱型甲板与立柱连接部位,以及下浮体的相关结构出现高应力区,但破损结构与完整结构上最大应力差别不是很大,该工况也是六种工况中最危险的工况,该工况要求结构作总体加强。

4）最大垂向弯矩

表4.9.6给出破损结构与完整结构上最大应力。

表 4.9.6a　生存状态完整结构与破损结构上最大应力比较

	箱型甲板 BHD/MPa	箱型甲板中间 甲板/MPa	下浮箱 /MPa	下浮箱纵 舱壁/MPa	下浮箱横 舱壁/MPa
破损结构	212	209	220	484	596
完整结构	211	161	189	358	480

表 4.9.6b　生存状态完整结构与破损结构上最大应力比较

	下浮箱强 框架/MPa	立柱强 框架/MPa	立柱外板 /MPa	立柱纵 舱壁/MPa
破损结构	531	108	251(立柱下部)	320
完整结构	425	138	227(立柱顶部)	276

从表4.9.6可以看出,该工况引起应力增加的部位是下浮箱纵舱壁,这是由于下浮箱的纵向弯曲造成的。下浮箱横舱壁和强框架,在各个工况下总是出现高应力点,主要是有限元网格划分的不合理造成的。

5）最大纵向甲板质量加速运动引起的惯性力

表4.9.7给出破损结构与完整结构上最大应力。

表 4.9.7a　生存状态完整结构与破损结构上最大应力比较

	箱型甲板 BHD/MPa	箱型甲板中间 甲板/MPa	下浮箱 /MPa	下浮箱纵 舱壁/MPa	下浮箱横 舱壁/MPa
破损结构	215	141	141	263	348
完整结构	214	140	147	274	343

表 4.9.7b　生存状态完整结构与破损结构上最大应力比较

	下浮箱强 框架/MPa	立柱强 框架/MPa	立柱外板 /MPa	立柱纵 舱壁/MPa
破损结构	310	141	209(立柱顶部)	283
完整结构	326	141	209(立柱顶部)	284

从表4.9.7可以看出,结构破损没有引起结构应力的显著增加,该工况不是结构冗余强度的控制工况。

6）最大横向甲板质量加速运动引起的惯性力

表4.9.8给出破损结构与完整结构上最大应力。

表4.9.8a　生存状态完整结构与破损结构上最大应力比较

	箱型甲板 BHD/MPa	箱型甲板中间 甲板/MPa	下浮箱 /MPa	下浮箱纵 舱壁/MPa	下浮箱横 舱壁/MPa
破损结构	282	202	166	256	389
完整结构	282	202	165	303	384

表4.9.8b　生存状态完整结构与破损结构上最大应力比较

	下浮箱强 框架/MPa	立柱强 框架/MPa	立柱外板 /MPa	立柱纵 舱壁/MPa
破损结构	374	119	292(立柱顶部)	338
完整结构	372	120	294(立柱顶部)	340

从表4.9.8可以看出,结构破损没有引起结构应力的显著增加,该工况不是结构冗余强度的控制工况。

4.9.6　主要结论

（1）通过冗余强度结构分析以及与完整结构强度分析结果对比,可以看出六种计算工况中的最大横向撕裂力、最大横向扭矩、最大纵向剪切力和最大垂向弯矩为冗余强度的控制工况。在以上四种工况作用下,结构的破损（前横撑的缺失）导致结构应力分布发生明显变化,或是高应力区转移,或是最大应力明显增加。

（2）根据所得到的计算结果,前横撑破损造成结构最大应力明显变化的主要部位包括：横撑、上甲板BHD、下浮箱纵舱壁、立柱强框架和立柱外板,这些部位需要加强结构强度。

（3）在有限元网格划分时,由于主要考虑了立柱和下浮箱的网格协调,在下浮箱横舱壁和下浮箱强框架上出现了个别不规则单元,从而造成个别高应力点的出现,并不能反映真实的应力,需要通过局部模型修正。

（4）考虑冗余强度分析结果,完整结构经过修改可以保证在生存状态下具有足够的冗余度。

参考文献

[1]　ABS. ABS Rules for building and classing mobile offshore drilling units: part 3, chapter 3, Appendix 2 [S]. Houston: American Bureau of Shipping, 2006.

[2]　ABS. ABS Rules for building and classing mobile offshore drilling units, 2001. part 3-Hull construction & Equipment. (Final Revision—Prepared on September 24, 2004).

5 立管涡激振动分析与实验

5.1 深海柔性立管涡激振动经验模型建立及应用

5.1.1 引言

深海油气资源的开发利用是当前人类共同面临的重大工程课题。近 10 年来,世界海洋油气资源开发已从以往 300 m 水深的浅海区域扩展到 3 000 m 的深水海区。据预测,未来世界油气总开采量的 44% 将来自深海区域。随着水深的增加,海洋工程结构物的建造成本和安全要求,特别是钻井隔水套管和采油立管系统,也随之迅速提高。因此,深海柔性立管系统的动力响应分析和工程设计迫切需要人们在这一领域开展深入的研究。

对于深海立管系统而言,它所承受的海洋环境荷载主要来自水流的作用。当海流经过立管结构物时,会在立管两侧产生交替的漩涡脱落,进而使作用在立管上的横向力表现出明显的周期性变化特征。一般,钝体绕流产生的横向力通常具有较大的振动幅值,同时深海立管的振动频率较低,与涡脱落及其产生的激振力频率比较接近,此时立管很容易发生涡激振动现象(vortex-induced vibration, VIV),造成立管结构的疲劳破坏或立管间的碰撞,给实际工程问题带来严重的不利影响。

由于立管在海洋油气资源开发中的重要性,国内外许多学者都对与之相关的涡激振动问题进行了大量的研究,提出了不同的经验预报模型。陈伟民[1]利用尾流阵子模型计算了立管的动力响应。Gopalkrishnan[2]提出了均匀流情况下立管涡激振动的简单预测方法。Moe 和 Overvik[3],Larsen 和 Bech[4]分别对 Iwan[5]提出的经验模型进行了改进,提出了计算涡激振动振幅的方法。Skop 等[6]、Sarpkaya[7]以及 Rudge 等[8]分别提出了计算立管模态振幅的经验公式。在立管涡激振动的经验模型中,最具代表性的研究成果当属 VIVANA[9]以及 SHEAR7[10],这两个商业软件已经被广泛用于实际的工程问题中。VIVANA 程序采用有限元数值分析方法来计算立管涡激振动的动力响应,SHEAR7 则从能量平衡的观点建立了立管涡激振动振幅的表达式并迭代计算共振模态的振幅,进而在该基础上利用模态叠加原理计算立管的位移均方根、加速度均方根、应力均方根以及立管的疲劳等。需要说明的是,VIVANA 以及 SHEAR7 均采用同样的升力系数模型以及流体阻尼模型,其升力 F 系数来源于 Gopalkrishnan[2],流体阻尼模型来源于 Venugopal[11]。

由于深海柔性立管涡激振动过程的物理机制极其复杂,难以通过比尺实验和全场三维数值计算来实现,因此着眼于实际工程应用,建立和发展能够满足一般工程要求的高效经验预测模型是现阶段比较切实可行的途径。目前,在我国海洋油气资源开发中,对立管系统的动力响应分析基本完全依赖进口国外的软件,这严重制约了我国海洋油气行业的国际竞争力,同时对国外技术的过分依赖也极大限制了企业的自主研发能力。本节的研究目的在于建立具有独立的自主知识产权的深海柔性立管涡激振动经验模型,在借鉴 SHEAR7 等成功经验和基本理论的基础上,发展深海柔性立管涡激振动的经验模型并开发相应的分析程序。后文将首先对本节经验模型的基本理论进行介绍,进而利用 SHEAR7 的计算结果对本模型的可靠性进行比较、验证。在此基础上,进一步利用本节模型研究立管顶部张力、水流速度、立管外径、内径以及管壁厚度等因素对深海立管涡激振动动力响应的影响作用,为工程实践提供一定的指导和借鉴。

5.1.2　基本理论及模型验证

1) 基本理论

立管涡激振动经验模型一般由两部分构成,结构分析模块和流体作用力计算模块。其中前者主要包括:结构单元类型、结构振动频率以及模态函数的确定等。本节均采用张力沿立管轴向可变的梁结构模型,其频率以及模态函数的计算见公式(1)和(2)。

立管频率计算公式为

$$\int_0^L \sqrt{-\frac{1}{2}\frac{T(x)}{EI(x)} + \frac{1}{2}\sqrt{\left[\frac{T(x)}{EI(x)}\right]^2 + 4\frac{m(x)\omega_n^2}{EI(x)}}}\, dx = n\pi, \ n = 1,\ 2,\ 3,\ \cdots \ (1)$$

式中:$T(x)$ 为沿立管轴向变化的张力;$EI(x)$ 为立管的抗弯刚度;$m(x)$ 为单位长度的立管质量(包括立管管壁质量、内部液体质量以及附加质量等);L 为立管的总长度;ω_n 为立管振动的圆频率。应该说明的是,本节所建立的经验模型可以考虑张力、质量、弯曲刚度、水流速度沿立管长度方向的不均匀变化。

模态函数是重要的参量,反映了各阶模态的振动情况,并且本模型采用模态叠加的方法计算立管的动力响应,需要准确的计算模态函数值。

$$Y_n(x) = \sin\left[\int_0^x \sqrt{-\frac{1}{2}\frac{T(x)}{EI(x)} + \frac{1}{2}\sqrt{\left[\frac{T(x)}{EI(x)}\right]^2 + 4\frac{m(x)\omega_n^2}{EI(x)}}}\, dx\right] \quad (2)$$

当计算立管动力响应时,需要考虑共振模态对于非共振模态的影响,即共振模态向非共振模态能量传递,也就是说共振模态是如何控制着非共振模态的动力响应,这种影响通过计算模态力来实现,具体见下式:

$$p_{nr} = \int_{l_{in}} \mathrm{sgn}[Y_r(x)]Y_n(x)p_r(x)\mathrm{d}x \quad (3)$$

式中:$p_r(x)$ 代表升力,并有 $p_r(x) = \rho D U^2(x) C_l(x;\omega_r)/2$;$r$ 表示共振模态的数目;n

表示所有参与计算的模态总数目;$Y_r(x)$ 表示共振模态的模态函数;$Y_n(x)$ 表示所有参与计算的模态函数,其中包含了共振模态;sgn 表示符号函数,具体的计算方法为当 $Y_r(x)>0$ 时,$\mathrm{sgn}[Y_r(x)]=1$,当 $Y_r(x)=0$ 时,$\mathrm{sgn}[Y_r(x)]=0$,当 $Y_r(x)<0$ 时,$\mathrm{sgn}[Y_r(x)]=-1$。

在模态力计算完成的基础上,便可以计算立管的总体动力响应。立管位移均方根 $y_{\mathrm{rms}}(x)$ 计算公式为

$$y_{\mathrm{rms}}(x)=\sqrt{\sum_r \frac{1}{2}\left|\sum_n Y_n(x)p_{nr}H_{nr}(\omega_r/\omega_n)\right|^2} \tag{4}$$

式中:$H_{nr}(\omega_r/\omega_n)$ 为频域响应函数,其具体表达式如下:

$$H_{nr}(\omega_r/\omega_n)=\frac{1}{K_n}\left[1-(\omega_r/\omega_n)^2+\mathrm{i}2\xi_n(\omega_r/\omega_n)\right]^{-1} \tag{5}$$

式中:K_n 表示模态刚度;ξ_n 表示各阶模态的阻尼比;ω_r 为共振模态的频率;ω_n 为所有参与计算的模态频率;i 表示单位虚数。

立管加速度均方根 $\ddot{y}_{\mathrm{rms}}(x)$ 的计算公式为

$$\ddot{y}_{\mathrm{rms}}(x)=\sqrt{\sum_r \frac{1}{2}\omega_r^4\left[\sum_n Y_n(x)p_{nr}H_{nr}(\omega_r/\omega_n)\right]^2} \tag{6}$$

立管应力均方根计算公式为

$$S_{\mathrm{rms}}(x)=\sqrt{\sum_r \frac{1}{8}\left[\sum_n Y''_n(x)EDp_{nr}H_{nr}(\omega_r/\omega_n)\right]^2} \tag{7}$$

式中:E 为弹性模量;D 为立管的外径。

关于流体力的确定,目前的模型采用 Gopalkrishnan[2] 的实验结果,该实验结果在 SHEAR7 等软件中被广泛使用。但是应该注意的是,这些数据的取得是有实验条件限制的,关于这一部分将在今后的工作中通过实验以及数值模拟的方式进行进一步的丰富和补充。

2) 模型验证

对如下的问题进行验证,设立管自海底垂直延伸到海面,本节中所有算例的坐标系原点均位于海底,海底的水流速度为 0.304 8 m/s,海面的水流速度为 0.914 4 m/s,立管的具体几何参数如表 5.1.1 所示。

表 5.1.1 立管模型参数

立管长度	立管外径	立管内径	浸水质量	抗弯刚度
L/m	D/m	d/m	$M/(\mathrm{kg/m})$	$EI/(\mathrm{N}\cdot\mathrm{m}^2)$
60.96	0.033 274	0.026 898 6	2.031 3	425.754

这一算例 SHEAR7 数据结果来源:http://mit.edu/shear7/shear7.html,立管

参数见表 5.1.1。

　　图 5.1.1 给出本节模型计算得到的立管振动频率与 SHEAR7 结果的比较,从中可以看出两者的计算结果是一致的。图 5.1.2 给出了利用本节模型所得到的立管前 5 阶模态阵型函数,符合利用公式(2)计算得到的简谐函数的形式。

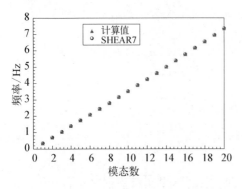

图 5.1.1　固有频率对比图

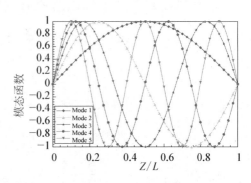

图 5.1.2　模态函数

　　升力系数沿立管轴向分布与 SHEAR7 的比较见图 5.1.3,图 5.1.4~图 5.1.6 分别为立管的无因次位移均方根、加速度均方根以及应力均方根与 SHEAR7 结果的比较。

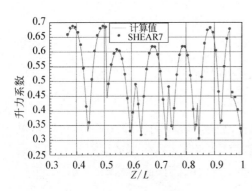

图 5.1.3　升力系数对比

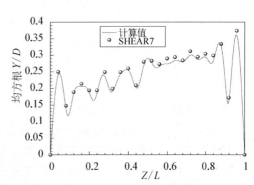

图 5.1.4　位移均方根对比

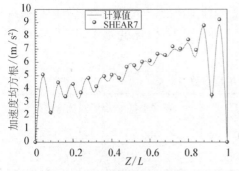

图 5.1.5　加速度均方根对比

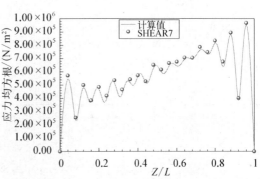

图 5.1.6　应力均方根对比

从图 5.1.3 可以看到,升力系数并不是沿着立管整个的长度方向分布,而是分布在立管的一部分,这是由于在立管的底部,流速比较小,此时的流体作用力表现为流体阻尼的作用。从图 5.1.4,图 5.1.5 以及图 5.1.6 可以看到,立管顶部的动力响应大于立管底部动力响应,这是由于立管顶部的流速比较大,由公式(3)计算得到的模态能量输入也比较大,因此会引起立管更大的动力响应。

5.1.3 不同因素影响下立管的动力响应

1) 立管顶部张力变化对立管动力响应的影响

利用本节建立的经验模型和分析程序,分析了立管在三种不同顶张力作用下的涡激振动动力响应。海底的水流速度为 0 m/s,海面的水流速度为 1.0 m/s,呈线性分布。立管长度为 1 500.0 m,内径和外径分别为 0.482 6 m 和 0.533 4 m,单位长度立管的湿容重为 3 449.894 N/m。立管的顶部张力分别为 6 209 809.2 N,7 762 261.6 N,9 314 713.8 N。三种张力情况下的固有频率见图 5.1.7。

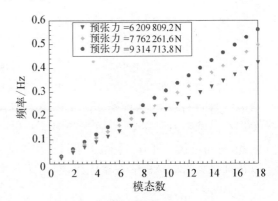

图 5.1.7　不同张力下立管的频率比较

从图 5.1.7 可以看到,随着张力的增加,相同模态的立管频率也会增加。对于低阶模态,张力对于频率的影响有限,但是对于高阶模态而言,张力对振动频率的影响作用则变得比较明显。对于实际的深海工程而言,涡激振动往往会引起立管结构高模态的动力响应,因此张力对深海立管振动频率的影响应给予充分的重视。本节采用 SHEAR7 筛选共振模态的方法计算得到,当立管顶部预张力为 6 209 809.2 N 时,共振模态为第 11 模态到第 16 模态;当顶部预张力为 7 762 261.6 N 时,共振模态为第 10 模态到第 14 模态;当顶部预张力为 9 314 713.8 N 时,共振模态为第 8 模态到第 12 模态。这主要由于涡脱落频率 $f_s = SrU/D$(其中 Sr 为斯特劳哈尔数;U 为水流速度;D 为立管的外径),所以在水流条件不变的情况下,当立管的顶部张力较大时,涡的脱落频率会与立管较低的模态耦合产生涡激振动现象。

不同张力条件下立管的无因次位移均方根以及应力均方根见图 5.1.8 和图 5.1.9。从图 5.1.8 分析可以发现,随着立管顶部张力的增加,在同样的水流条件下,其位移响应也会增加;而从图 5.1.9 的分析可以看出,随着立管顶部张力的增加,立管的应力均方根会显著的下降,则使用寿命会明显的提高。因此,适当的增加立管的顶部张力,可以抑制立管涡激振动所引起的疲劳。不过,增加立管的顶部张力的同时也会增加立管的内部应力,对立管结构的抗拉强度也提出更高的要求。

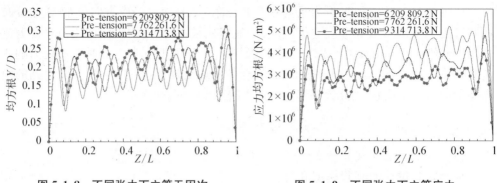

图 5.1.8   不同张力下立管无因次   图 5.1.9   不同张力下立管应力
　　　　　　 位移均方根比较   均方根比较

从前述的分析中可以看出,增大立管的顶部张力可以降低立管的应力均方根,有利于增加立管的使用寿命,但是,增大立管的顶部张力会引起横向位移的增大,容易造成立管间的碰撞,从而给实际工程带来不利的隐患。对于实际的工程而言,人们更关心在何种张力条件下,立管涡激振动的位移和分布达到可接受的最优的平衡条件。因此,本节在图 5.1.10 中给出了以平均的无因次位移均方根、应力均方根为纵坐标,以顶部张力为横坐标的关系曲线,利用该方法可以得到最优的顶部张力值。

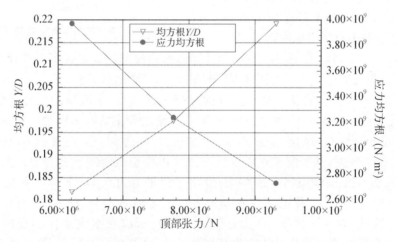

图 5.1.10   张力平衡点示意图

本节给出了一种判断张力平衡点的方法,利用该方法可以综合考虑立管的位移以及应力,从而得到最优的立管顶部张力。

2)水流条件对于立管动力响应的影响

水流条件是影响立管涡激振动的最重要的因素之一,水流沿着立管轴向分布的不同,引起的立管动力响应也截然不同。同时立管的涡激振动动力响应对于水流的分布也十分敏感,因此需要详细的研究不同的水流分布对于立管涡激振动动力响应的影响。本节仅研究了线性剪切流下立管涡激振动的动力响应,并将在以后的工作中对其他的水流分布形式进行细致的研究。立管的几何参数见表 5.1.2。

表 5.1.2 立管模型参数

立管长度	立管外径	立管内径	顶部张力	单位长度湿容重	抗弯刚度
L/m	D/m	d/m	$Tension$/N	γ/(N/m)	EI/(N·m^2)
1 500.0	0.533 4	0.482 6	7 762 261.5	3 449.894	2.753×10^8

本节计算了三种水流条件下立管的动力响应,海底的水流速度均为 0 m/s,海面的水流速度分别为 1.0 m/s,1.5 m/s,2.0 m/s。在图 5.1.11 和图 5.1.12 中利用水流的平均速度 $\bar{U}$ 加以区别。

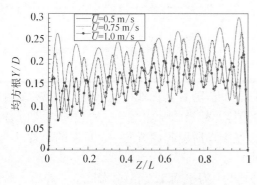 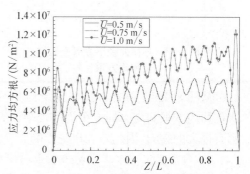

图 5.1.11 不同水流条件下立管   图 5.1.12 不同水流条件下立管
位移均方根比较   应力均方根比较

从图 5.1.11 可以看出,随着水流速度的增大,立管的无因次位移均方根呈现减小的趋势,这主要由于在水流速度较小的时候共振模态的激振区长度较长,而在水流速度较大的时候,激起的模态阶数较高,而对应的模态激振区长度较短,因此会出现如图 5.1.11 所示的结果。从图 5.1.12 可以看出,随着水流速度的增加,立管的应力均方根会显著的增加,则立管的使用寿命会显著的降低。这是由于水流速度的增加,会提高共振模态的阶数,立管的疲劳寿命与立管的共振模态的阶数的 6 次方成正比,因此水流速度的增大,会显著地降低立管的使用寿命,这时需要采用抑制措施来减轻或者消除立管涡激振动带来的影响。

从上述两图还可以看出,水流的梯度对于立管的涡激振动响应也有很大的影响,当水流的梯度较大的时候,立管的动力响应呈现出单模态锁定的现象。也就是说,随着水流梯度的增加,立管的动力响应与均匀流相似,会显著降低立管的使用寿命,这与 Vandiver[12] 得到的结论相一致,在高梯度即高度的剪切水流条件下,立管的动力响应呈现出单模态锁定的现象。

3) 外径变化对于立管动力响应的影响

立管的长度为 1 500 m,内径均为 0.482 6 m。本节计算了三种外径下立管的动力响应,外径分别为 0.533 4 m、0.587 5 m、0.632 5 m。立管的顶部张力均为 7 762 261.5 N,海底的水流速度为 0 m/s,海面 1 500 m 处的流体速度为 1.0 m/s。

图 5.1.13 所示为三种外径下立管的无因次位移均方根,图 5.1.14 所示为应力均方根的比较结果。

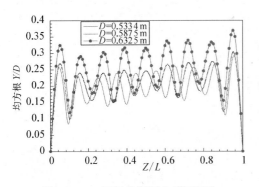

图 5.1.13 不同外径下立管无因次
位移均方根比较

图 5.1.14 不同外径下立管
应力均方根比较

从图 5.1.13 和图 5.1.14 计算结果可以发现,随着立管外径的增加,立管的无因次位移均方根和应力均方根均呈现增加的趋势。外径的变化对于立管位移以及应力都有很大的影响,因此外径也是影响立管涡激振动所引起疲劳的一个重要的因素。

4) 内径变化对于立管动力响应的影响

立管的长度取为 1 500.0 m,水流条件均为:海平面 1.0 m/s,海底 0.0 m/s。本节共计算了三组内径条件下立管的频率以及动力响应。立管的参数设计见表 5.1.3。

表 5.1.3 立管模型参数

立管编号	立管外径 D/m	立管内径 d/m	质 量 $M/(kg/m)$	单位长度湿容重 $\gamma/(N/m)$	抗弯刚度 $EI/(N \cdot m^2)$	顶部张力 $Tension/N$
No. 1	0.533 4	0.482 6	810.3	3 449.894	2.75×10^8	7.76×10^6
No. 2	0.533 4	0.421 5	1 088.48	6 177.88	5.09×10^8	1.11×10^7
No. 3	0.533 4	0.384 5	1 238.67	7 649.782	6.09×10^8	1.38×10^7

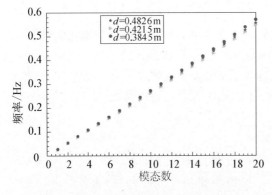

图 5.1.15 不同内径条件下立管频率比较

图 5.1.15 为不同的内径条件下立管的频率对比图。从图中可以看出,内径变化对于立管的频率影响不大。本算例计算的立管长度为 1 500.0 m,其固有频率主要受到立管顶部张力的控制,由于内径的变化主要引起单位长度立管湿容重的变化,而这种变化并不明显,在本算例中立管的顶部张力均为立管总的湿容重的 1.2 倍,因此顶部张力的变化也不明显,所以内径

的变化对于立管的频率影响也很小。

　　不同的内径条件下立管的无因次位移均方根以及应力均方根的比较如图 5.1.16 和图 5.1.17 所示。从两图可以看出，由于内径的变化而引起的立管无因次位移均方根以及应力均方根的改变很小。

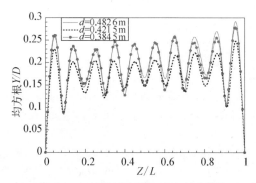

图 5.1.16　不同内径条件下立管无因次　　　图 5.1.17　不同内径条件下立管
　　　　　　位移均方根比较　　　　　　　　　　　　　　　应力均方根比较

　　外径以及内径的变化，可以总结为立管管壁厚度的变化。从 3) 以及 4) 两小节的分析可以看出，虽然都是立管管壁厚度的变化，但两者的动力响应过程有很大的区别。由于涡脱落频率为 $f_s = SrU/D$，立管外径的变化引起了涡脱落频率的变化，进而引起共振模态以及共振区长度的变化，因此，外径的变化对于立管的动力响应有很大的影响。从图 5.1.14 的计算结果可以看出，内径的变化引起的立管频率的变化很小，因此立管的动力响应不会出现明显的差异。

5.1.4　结论

　　本节建立了立管涡激振动的经验模型，经与 SHEAR7 结果的比较表明，模型可靠。进而研究了立管顶部张力、水流速度、立管外径以及立管管壁厚度的变化对于立管动力响应的影响，得到以下结论：

　　(1) 立管顶部张力的变化对于立管的应力有很大的影响，提高立管的张力，可以降低立管涡激振动的模态阶数，从而可以起到抑制立管疲劳的作用。不过增加顶部的张力的同时也会增加立管的内部应力，这也是设计立管时需要考虑的因素。文中同时结合具体的算例并从工程应用的角度分析了应力与位移达到优化配置时立管顶部张力条件。

　　(2) 立管的动力响应对于水流大小的变化很敏感，尤其在高梯度剪切流的条件下，立管往往呈现单模态响应的特征，与均匀流的动力响应很相似，这会极大地降低立管的使用寿命，因此需要使用必要的抑制措施。

　　(3) 立管的外径变化也会对立管的应力分布产生很大的影响，立管的外径越大，则位移和应力越大。

　　(4) 通过数值模拟发现，立管内径的变化对立管的动力响应没有大的影响。

　　(5) 立管外径的变化引起的立管管壁厚度的变化对于立管的动力响应有很大的影

响,而由于立管内径变化引起的立管管壁厚度变化对于立管的动力响应没有明显的影响。

　　本节建立了经验模型,并独立开发了相应的计算程序,可以为工程实践提供一定的指导和借鉴作用。今后将在该模型的基础上,对其进行进一步的完善。

参考文献

[1] 陈伟民,时忠民. 海洋平台的涡激振动研究及其分析方法[J]. 中国造船,2003,44(增刊):480 - 487.

[2] Gopalkrishnan R. Vortex-induced forces on oscillating bluff bodies [D]. Massachusetts Institute of Technology,1993.

[3] Moe G,Overvik T. Current induced motions of multiple risers[A]. In Proceedings of the First International Offshore Mechanics and Arctic Engineering Symposium [C]. Boston,1982:618 - 639.

[4] Larsen C M,Bech A. Stress analysis of marine risers under lock-in condition [A]. In Proceedings of the Fifth International Offshore Mechanics and Arctic Engineering Symposium [C]. Tokyo,1986:450 - 457.

[5] Iwan W D. The vortex induced oscillation of non-uniform structural systems[J]. Journal of sound and vibration,1981,79(2):1378 - 1382.

[6] Skop R A,Griffen O M,Ramberg S E. Strumming prediction for the section II experimental mooring[A]. Proceedings of the 9th Offshore Technology Conference [C]. Houston,1977:2884.

[7] Sarpkaya T. Fluid forces on oscillating cylinders[J]. Journal of waterway,port,coastal and ocean division. 1978,104(3):275 - 290.

[8] Rudge D,Fei C Y,Nicholls S,et al. The design of fatigue resistant structural members excited by winds [A]. Proceedings of the 24th Offshore Technology Conference [C]. Houston,1992:6902.

[9] Larsen C M,Vikestad K,Yttervik R,and Passano E. VIVANA theory manual [M]. Trondheim,Norway:MARINTEK. 2001.

[10] Vandiver J K. SHEAR7 V4. 3 program theoretical manual[M]. Massachusetts Institute of Technology. 2003.

[11] Venugopal M. Damping and response prediction of a flexible cylinder in a current[D]. Ph. D. Thesis,Massachusetts Institute of Technology,1996.

[12] Vandiver J K. The occurrence of lock-in under highly sheared conditions[J]. Journal of fluid and structures,1996,10(5):555 - 561.

5.2　亚临界雷诺数下圆柱受迫振动的数值研究

5.2.1　引言

　　近年来,伴随着海洋油气资源的开采逐步走向深海海域,立管等细长柔性结构的涡激振动(Vortex Induced Vibration,VIV)问题得到工业界和学术界的高度关注。为研究问题方便,通常将立管的运动简化为圆柱体的受迫振动和弹性支撑振动两种基本类型,两者都是用来研究涡激振动的简化模型。弹性支撑振动主要研究圆柱体在均匀流作用下弹性约束振动响应,而受迫振动是指圆柱体在外力作用下,以一定的频率和振幅在水流中发生运动,此时主要关注作用在圆柱上的横向流体力对结构不同振动形式的依赖关系。这里的横向振动是指与水流方向垂直(cross-flow direction)的运动,而沿流向(in line direction)的振动一般定义为纵向运动。

对于深海立管而言,如果从几千米的长度上进行总体考虑,其振动形式可视为弹性支撑振动,但就某一微段而言,则是在局部位移约束作用下的受迫振动。潘志远[1]通过数值模拟的方法建立了圆柱体弹性支撑振动与受迫振动尾涡模式之间的联系,表明这两种情况下的流体作用力在一定条件下可以相互转化。相比而言,受迫振动较弹性支撑振动能更多地反映出尾涡与柱体运动之间的相互作用以及能量转移的关系,因此本节主要针对圆柱体的受迫振动进行数值研究。

早期对圆柱受迫振动的研究工作主要依赖实验手段,侧重于考虑圆柱结构的受力以及流体和结构间的能量转换关系[2-5]。Gopalkrishnan[6]在水槽中测量了圆柱发生横向受迫振动时的受力,得到了不同振幅下涡激振动的锁定区间。Williamson 和 Roshko[4]通过圆柱受迫振动实验,观察到了共振区的一系列尾涡形态。

除了实验研究外,数值模拟研究也取得了很大的进展。Sarpkaya[7]在亚临界雷诺数范围内,根据 Feng[8]的实验条件,采用离散涡方法求解了圆柱体的涡激振动问题。Meneghini 和 Bearman[9]利用离散涡的方法,分析了 $Re=200$ 时圆柱受迫振动问题,给出了划分锁区的依据。虽然离散涡方法在分析涡激振动方面发挥了重要的作用,但是它只适用于二维情况。对于实际的深海立管涡激振动问题往往需要采用分层切片方法进行耦合计算。Placzek 等[10]通过求解 N-S 方程对 $Re=100$ 时的圆柱体横向受迫振动进行了数值模拟,并分析了振动频率和振幅对尾流形态的影响。Anagnostopoulos[11]利用有限元方法研究了低雷诺数下($Re<150$),弹性支撑圆柱体的流固耦合运动问题,并与实验结果[12]进行了比较。Guilmineau 和 Queutey[13]利用 k-ω 模型模拟了低阻尼圆柱的涡激振动问题,并在下端分支(lower branch)得到了较好的结果,同时对尾流场的研究再次验证了 2S 和 2P 尾涡形态的存在。Zhao 等[14-15]利用有限元法结合 k-ω 湍流模型模拟了高雷诺数下双圆柱的涡流场。何长江[16]利用 FLUENT 软件建立了高雷诺数下考虑横向和纵向二维涡激振动的计算模型。徐枫[17]利用 FLUENT 软件对 $Re=200$ 时,均匀流中圆柱的涡激振动问题进行了数值模拟。相比之下,有限元方法的适用性较好,在向三维拓展方面没有根本性的困难。但是由于计算量较大,全场三维有限元计算仍面临许多问题。另外,限于数值稳定性以及流动三维特征的限制,如何更好地对高雷诺数下圆柱的受迫振动进行数值分析还存在许多挑战。

本节将建立和发展基于流线迎风有限元的稳定流固耦合运动数值分析模型。通过求解二维雷诺平均的 Navier-Stokes 方程,对均匀流中亚临界雷诺数下圆柱的横向受迫振动问题进行数值模拟,并以雷诺数 $Re=5\,000$ 和 $Re=10\,000$ 为例,研究圆柱体在不同的振幅和振动频率下的升力、拖曳力和尾流形态的变化特征以及锁定区间,通过与数值和实验结果的对比来验证模型的可靠性,为今后开展三维数值研究奠定基础。

5.2.2　数值模型

1) 控制方程

在 ALE 参考坐标系下,描述不可压缩黏性流体运动的雷诺平均 Navier-Stokes 方程组可表示为如下的无量纲形式:

$$\frac{\partial u_i}{\partial x_i} = 0 \tag{1}$$

$$\frac{\partial u_i}{\partial t} + (u_j - u_j^{\mathrm{m}}) \frac{\partial u_i}{\partial x_j} = -\frac{\partial}{\partial x_i}\left(p + \frac{2}{3}k\right) + \frac{\partial}{\partial x_j}\left(\frac{1}{Re}\frac{\partial u_i}{\partial x_j} + 2\nu_t S_{ij}\right) \tag{2}$$

式中:角标 i 表示坐标分量(二维情况下 $i = 1, 2$ 分别表示 x, y 两个坐标分量);u_i 为 i 方向的流体运动速度分量;u_j^{m} 表示 j 方向的网格结点运动速度;p 为压力;k 为湍动能;t 为时间;$S_{ij} = (\partial u_i/\partial x_j + \partial u_j/\partial x_i)/2$ 为平均应变张量;ν_t 为湍流黏性系数;$Re = u_0 d/\nu$ 表示雷诺数;u_0 为均匀来流流速;d 为圆柱直径;ν 为流体的运动学黏性系数。

由于动量方程中的湍流黏性系数 $(\nu_t = \gamma^* k/\omega)$ 为未知量,本节采用 Wilcox[18-19] 提出的高雷诺数 $k\text{-}\omega$ 湍流模型对基本控制方程进行封闭。

2) 数值方法

本节采用分步方法[9]对动量方程(2)进行求解,即通过投影过程将压力与速度解耦分别独立求解。

设 Δt 为时间步长,在 $t = n\Delta t \sim (n+1)\Delta t$ 的计算时间步内,首先通过求解不考虑压力项的动量方程来计算 $t = (n+1)\Delta t$ 时刻的流速 $\tilde{u}_i^{n+1}$,其中扩散项采用隐格式,对流项采用显示格式:

$$\tilde{u}_i^{n+1} - \Delta t \frac{\partial}{\partial x_j}\left[\left(\frac{1}{Re} + \nu_t\right)\left(\frac{\partial \tilde{u}_i^{n+1}}{\partial x_j} + \frac{\partial \tilde{u}_j^{n+1}}{\partial x_i}\right)\right] - \Delta t \phi^n$$

$$= u^n - \Delta t \left[(u_j^n - u_j^m)\frac{\partial u_i}{\partial x_j}\right]^n \tag{3}$$

上式中:ϕ 为人工黏性项,源于流线迎风有限元(SUPG)空间离散。在高雷诺数情况下,对流扩散方程具有明显的对流占优特性。如果采用标准 Galerkin 加权余量有限元方法,可能导致数值不稳定。式(3)中的人工耗散项为

$$\phi = \tilde{k}\frac{\partial}{\partial x_k}\left(u_j u_k \frac{\partial \tilde{u}_i}{\partial x_j}\right) \tag{4}$$

式中:$\tilde{k} = \bar{\xi}|u_e|h_e/2$, $\bar{\xi} = \begin{cases} Re_h/3, & -3 \leqslant Re \leqslant 3 \\ 1, & Re_h > 3 \end{cases}$, $|u_e|$ 为单元中心的速度绝对值,h_e 为单元的尺寸,Re_h 为网格雷诺数。

在获得 $\tilde{u}_i^{n+1}$ 之后,利用下式求解压力:

$$\frac{\partial^2 P^{n+1}}{\partial x_j \partial x_j} = \Delta t \frac{\partial \tilde{u}_j^{n+1}}{\partial x_j} \tag{5}$$

式中: $P = p + \dfrac{2}{3}k$ 。

最后,由压力 P^{n+1} 和中间速度 $\tilde{u}_i^{n+1}$ 结合连续方程获得 $(n+1)\Delta t$ 时刻的速度:

$$u_i^{n+1} = \tilde{u}_i^{n+1} - \Delta t \frac{\partial P^{n+1}}{\partial x_i} \tag{6}$$

当得到速度 u_i^{n+1} 后,便可以计算下一时刻的 k 和 ω 值,并利用单元节点上的 k 和 ω 获得下一时步的湍流黏性系数。应该说明的是,在求解 $k\text{-}\omega$ 方程时,考虑到它们也具有对流扩散方程的形式,因此也采用了 SUPG 的离散格式。

对于仅做横向运动的圆柱体,其振动位移 $y(t)$ 可表示为

$$y(t) = A\sin(2\pi f t) \tag{7}$$

式中: f 为振动频率; A 表示振动幅值。那么圆柱的动速度为

$$u(t) = 2\pi f A\cos(2\pi f t) \tag{8}$$

5.2.3　计算结果及分析

在这一部分,将对均匀流中作横向正弦受迫振动的圆柱体进行数值模拟。首先进行模型验证,之后分别考虑 $Re=5\,000$ 和 $Re=10\,000$ 两个亚临界雷诺数下的圆柱受迫振动问题,通过数值计算得到力系数历时曲线,并分析尾涡形态及变化特征。本文所使用的振幅、频率等参数都是无量纲形式,即 $A = y/d$, $f = f_{ex}d/u_0$,其中 d 为圆柱直径; f_{ex} 为圆柱的自然振动频率; u_0 为均匀来流速度。

1) 模型验证

在此考虑 $Re=5\,000$ 情况下, $A=0.3$ 和 $f=0.23$ 时圆柱受迫振动问题。计算域和边界条件的指定方法如图 5.2.1 所示。计算域的展向长度为 50 倍的圆柱直径,其中圆柱下游部分为 40 倍直径;计算域的横向宽度为 30 倍直径,以圆柱中心对称分配。在来流边界指定速度的第一类边界条件,圆柱表面按式(8)指定 y 方向速度,而 x 方向速度恒为零;计算域侧壁采用对称边界条件;出流边界设定速度分量的方向导数为零,同时在出口处指定相对压力为零。

为了验证模型的时间收敛性,对时间步长为 $\Delta t=0.007\,5$, 0.001,

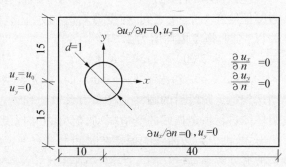

图 5.2.1　计算域示意图

0.002 和 0.003 四种情况分别计算了圆柱的水平拖曳力系数和横向升力系数,结果如图 5.2.2 所示。其中,拖曳力系数和升力系数定义为:

$$C_d = F_d/0.5\rho u_0^2 d, \ C_l = F_l/0.5\rho u_0^2 d \qquad (9)$$

式中:F_d 和 F_l 分别为圆柱所受的拖曳力和升力,可通对压力和涡量在圆柱表面进行积分得到:

$$F_d = \int_0^{2\pi} p\cos\theta R\,\mathrm{d}\theta - \int_0^{2\pi}(2\omega\sin\theta R/Re)\mathrm{d}\theta \qquad (10)$$

$$F_l = -\int_0^{2\pi} p\sin\theta R\,\mathrm{d}\theta - \int_0^{2\pi}(2\omega\cos\theta R/Re)\mathrm{d}\theta \qquad (11)$$

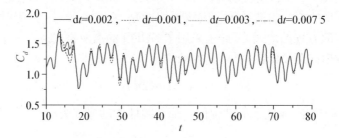

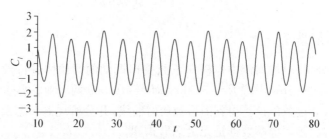

图 5.2.2　不同时间步长下的 C_l 和 C_d
($Re=5\,000$, $A=0.3$, $f=0.23$)

从图 5.2.2 可以看出,本节所采用的模型具有良好的时间收敛性,四个时间步长得到的结果基本一致,本节统一选取 $\Delta t=0.002$ 作为后文开展数值计算的时间步长。

应该说明的是,图 5.2.2 中 C_l 和 C_d 的计算结果与文献[1]是一致的,文献中升力幅值约在 1.4~2 之间,拖曳力均值约为 1.2,而本节计算得到升力幅值在 1.41~2.12 之间,拖曳力均值为 1.21。

2) $Re=5\,000$ 时的计算结果

图 5.2.3(a)给出了 $Re=5\,000$ 时,在无量纲振幅 $A=0.3$ 和 $f=0.23$ 条件下,流动达到稳定阶段后的圆柱位移和力系数历程线。由图 5.2.3(a)可以看出,尽管此时圆柱体进行恒定振幅的受迫振动,但升力和拖曳力历时曲线均呈现出明显的差频变化形式,即力系数曲线的振幅在时间上具有一定的长周期变化特征,此时泄涡频率尚未被振动频率锁定。图 5.2.3(b)则给出了 $Re=5\,000$ 情况下,$A=0.6$ 和 $f=0.15$ 时的力系数曲线和圆柱位移过程线,其计算结果与文献[1]的对比情况如表 5.2.1 所

示,其中 $C_{l_{max}}$ 和 $C_{d_{mean}}$ 分别表示升力幅值和拖曳力均值,可以看出,两者符合较好。不同于前面的情况,此时的升力幅值表现为一常数,力系数曲线不再具有差频特征,而是以恒定振幅进行变化。并且升力与位移之间的相位基本一致,此时圆柱振动发生锁定,泄涡频率被锁定在振动频率 0.15。图 $5.2.3$(c)给出了 $Re = 5\,000,\,A = 0.85$ 和 $f = 0.28$ 时的力系数曲线和圆柱位移过程线。此时计算得到升力幅值为 5,拖曳力在 $-0.2 \sim 6.62$ 之间振荡变化,而文献[1]的升力幅值约为 5,拖曳力在 $-1 \sim 6$ 之间变化。两者在数值上比较符合,但由于计算条件的差异,力系数曲线的振荡形态略有不同,本节的升力系数曲线尚未出现较明显的不对称现象,而且没有出现次峰。

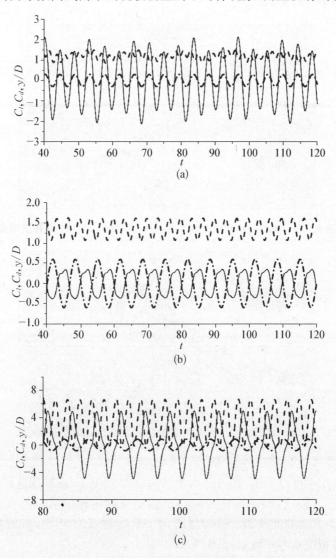

图 5.2.3　$Re = 5\,000$,受迫振动的圆柱位移和力系数历时曲线

(a) $A = 0.3,\,f = 0.23$ 　(b) $A = 0.6,\,f = 0.15$ 　(c) $A = 0.85,\,f = 0.28$
-·-·- y/D；--- C_d；—— C_l

表 5.2.1　$Re = 5\,000$，$A = 0.6$，$f = 0.15$ 时数值计算结果对比

类　　别	$C_{l_{\max}}$	$C_{d_{\mathrm{mean}}}$
文献[1]	0.4	1.4
本节	0.35	1.38

图 5.2.4～图 5.2.6 分别给出了以上三组不同振幅和频率下圆柱尾迹区的尾涡图,其中(a)～(d)分别对应 nT，$(n+1/4)T$，$(n+1/2)T$ 和 $(n+3/4)T$ 四个不同时刻,其中 T 为圆柱振动周期。

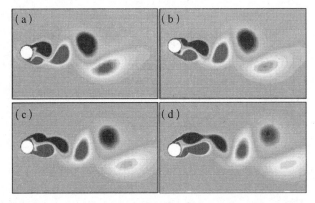

图 5.2.4　$Re = 5\,000$，$A = 0.3$，$f = 0.23$ 情况下的 2S 尾涡模式

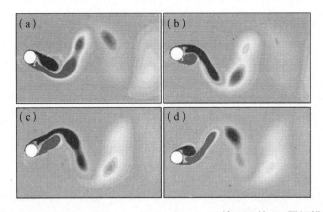

图 5.2.5　$Re = 5\,000$，$A = 0.6$，$f = 0.15$ 情况下的 2P 尾涡模式

从图 5.2.4 中可以看出,在 $A = 0.3$，$f = 0.23$ 情况下,圆柱尾迹区内的等涡量分布图是典型的 2S 模式,即在圆柱的每一个振动周期内尾流区内都有两个单涡被释放,旋涡在流向方向彼此交错。这与潘志远[1]给出的结论相同。此时的流体升力与圆柱体的位移相位基本一致,参见图 5.2.3(a)。

图 5.2.5 为 $A = 0.6$ 和 $f = 0.15$ 时的圆柱尾流等涡图,此时的尾涡在横向方向延伸,具有明显的 2P 特征,即每一个振动周期对应一对旋涡的泄放。并且旋涡的泄放始终和圆柱的位移相位相反,这一点也可以由图 5.2.3(b)力曲线中升力和位移之间

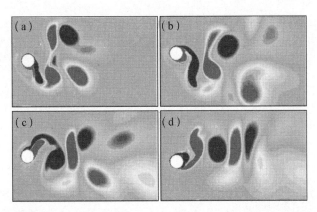

图 5.2.6 $Re = 5\,000$, $A = 0.85$, $f = 0.28$ 情况下的 P+S 尾涡模式

的相位关系得到验证。

图 5.2.6 给出的尾迹涡量等值图与典型的 2S,2P 尾流模式均有所不同,即在 $A = 0.85$ 和 $f = 0.28$ 时,出现了 P+S 的混合尾流模式,每一组涡泄形态由一对涡和一个单涡构成。由涡量等值图可以看出,圆柱由平衡位置向上运动时,圆柱下端向上泄放出一个单涡,圆柱上侧另一个单涡随着圆柱达到正向最大振幅而脱落。当圆柱再次经历平衡位置而向下运动时,从圆柱下方脱落的涡和上方脱落的涡形成一对涡。

由前面关于 $Re = 5\,000$ 条件下圆柱尾流形态的计算结果可以看出,圆柱受迫振动的尾流形态受圆柱振动幅值和振动频率的控制,并同圆柱的升力变化和振动相位密切相关。

3) $Re = 10\,000$ 时的计算结果

圆柱在进行受迫振动时,当振动频率与涡脱落频率比较接近时,会发生共振响应,此时涡脱落频率和振动频率发生锁定(lock-in),导致力系数发生突变,对结构物的安全造成严重威胁。因此有必要了解和认识在特定振幅下,圆柱受力对振动频率的依赖关系。在此,将对 $Re = 10\,000$ 和固定振幅 $A = 0.3$ 情况下具有不同振动频率($f = 0.15$,0.17,0.18,0.20,0.24,0.25,0.28,0.30 和 0.32)的圆柱受迫振动问题开展数值研究,揭示不同振动频率下圆柱所受升力和拖曳力的变化情况。

图 5.2.7(a)和(b)分别给出了最大升力 $C_{l_{\max}}$ 和平均拖曳力 $C_{d_{\text{mean}}}$ 随圆柱振动频率的变化规律,并与 Gopalkrishnan[20] 的实验结果进行了比较。从图 5.2.7(a)中可以看出,本节数值计算得到的最大升力幅值在 $f = 0.15$ 时约为 0.5,数值结果与实验数据比较接近。之后,随着振动频率的增加,最大升力幅值在 $f = 0.17$ 处开始发生突变,这也与 Gopalkrishnan[6] 的实验结果是一致的。在 $f = 0.2$ 处,最大升力幅值达到峰值 2.0,该频率对应着 $Re = 10\,000$ 情况下固定圆柱的自然涡泄频率,这可由表 5.2.2 给出的以往部分数值和实验结果中得到验证。从图 5.2.7(a)中还可以发现,在 $0.2 < f < 0.25$ 的区间内,虽然最大升力幅值依然维持在较高的水平,但已经出现一定的下降趋势,这是由于此时圆柱的振动频率开始逐渐远离自然涡泄频率。而当振动频率进一步增大时,最大升力幅值又开始稳步上升,这是附加质量力作用的结

果[6]。在总体变化趋势上,本节数值计算结果与 Gopalkrishnan[20] 的实验结果基本一致。图 5.2.7(b)给出了圆柱上平均拖曳力随圆柱振动频率的变化趋势。从图中可以发现,在 $f=0.18$ 处平均拖曳力达到最大值 1.7,该频率略低于自然泄涡频率 0.2,可见拖曳力发生锁定的共振频率较升力有所提前。但总体而言,拖曳力随振动频率的变化趋势与升力类似,随振动频率的增加先发生突变,达到峰值之后缓慢下降,进而又缓慢增加,这反映了圆柱受力对振动频率的直接依赖关系。

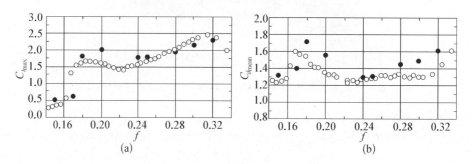

图 5.2.7 $A=0.3$ 情况下,受迫振动圆柱力系数曲线随振动频率的变化规律

(a) 最大升力幅值   (b) 平均拖曳力
○:Gopalkrishnan(1993);●:本例

从图 5.2.7 关于最大升力和平均拖曳力的数值计算结果可以看出,本节数值模拟所得到的结果与实验数据在总体上基本符合,但也存在一定的差别,这主要是由本节的数值模型为二维模型,不能真实全面反映实际流动中的三维效应所致。

表 5.2.2 $Re=10\ 000$ 时圆柱绕流的 Sr 值

文 献	Sr
Dong 和 Karniadakis[21](2005)	0.203
Bishop 和 Hassan[2](1964)	0.201
Gopalkrishnan[6](1993)	0.193
Norberg[22](2003)	0.202
本例	0.2

通过对升力历程线进行傅里叶变换,可获得圆柱受迫振动的锁定频率,从而得知振动频率为 0.15 时圆柱处于非锁定状态,而当振动频率为 0.18 时的受迫振动发生锁定。

实际上,在相同振幅条件下由 FFT 变换结果得到的共振频率并不是一个,而是可能存在多个频率同时发生锁定,通常将这种发生锁定的频率区间定义为锁定区。锁定现象往往伴随着实际结构振幅的明显增加,很可能导致结构发生疲劳破坏。因此,给出受迫振动可能发生锁定的频率区间对实际工程问题具有重要意义。本例通过对振幅为 0.3,0.4 和 0.5 各个频率下的受迫振动结果进行 FFT 分析,得到了 $Re=10\ 000$ 情况下的锁定区间,如图 5.2.8 所示。从该图中可以看出:本例数值模型得到的锁定区间与 Gopalkrishnan[6] 的受迫振动实验结果符合较好。对于受迫振动的圆柱体,在锁定区内泄涡频率将锁定到圆柱的实际振动频率上,泄涡会和圆柱一起发生周期性的有规律的变化,并且在锁定区间内,锁定频率实际上是变化的物理量。需要说明的是,在圆柱的自由振动中,锁定意味着泄涡频率锁定到圆柱体的实际振动频率上,圆柱体的振幅较非锁定情况明显增大,此时锁定意味着流体对圆柱体起激发作用。但是在受迫振动中,锁定受圆柱振动频率的影

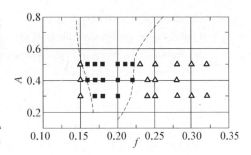

图 5.2.8　受迫振动的锁定区

Gopalkrishnan (1993) ——;本节: ■ 发生共振的点,△ 未发生共振的点

响,频率的变化会决定圆柱体在振动过程中是否锁定,而流体是否对圆柱的振动具有激发作用还需要进一步考虑升力和振动位移之间的相位关系。

5.2.4　结论

本节采用 k-ω 湍流模型,利用流线迎风有限元结合 ALE 动网格方法对亚临界雷诺数下圆柱体的受迫振动进行了数值模拟,分析了圆柱的受力、尾流模式及涡激振动的锁定区间等。通过与已有实验和数值结果的比较表明,本节所采用的数值模型可满足在当前计算条件下开展针对高雷诺数圆柱受迫振动问题的工程分析需要。但是,由于二维模型不能考虑实际流动中的三维效应,使结果存在一定的偏差,因此有必要在现有工作的基础上进一步发展三维数值模型,使计算结果更加准确。

参考文献

[1]　潘志远. 海洋立管涡激振动机理与预报方法研究[D]. 上海:上海交通大学,2006.

[2]　Bishop R E D, Hassan A Y. The lift and drag forces on a circular cylinder oscillating in a flowing fluid[C]. Proceedings of the Royal Society of London, 1964, Series A 277: 51 - 75.

[3]　Sarpkaya T. Fluid forces on oscillating cylinders[J]. Journal of the Waterway, Port, Coastal and Ocean Division, Proceedings of the American Society of Civil Engineers, 1978, 104(4): 275 - 290.

[4]　Williamson C H K, Roshko A. Vortex formation in the wake of an oscillating cylinder[J]. Journal of Fluids and Structures, 1988, 2(4): 355 - 381.

[5]　Carberry J, Sheridan J, Rockwell D. Controlled oscillations of a cylinder: Forces and wake modes[J]. Journal of Fluid Mechanics, 2005, 538: 31 - 69.

[6]　Gopalkrishnan R. Vortex-induced forces on oscillating bluff cylinders[D]. Department of Ocean Engineering, MIT, 1993.

[7]　Sarpkaya T, Shoaff R L. A discrete vortex analysis of flow about stationary and transversely oscillating circular cylinders[R]. Technical Report 1979: No. NPS - 69SL79011, Naval Postgraduate School, Monterey, Cal. , USA.

[8]　Feng C C. The measurement of vortex induced effects in flow past stationary and oscillating

circular and d-section cylinders [M]. Department of Mechanical Engineering, Canada: University of British Columbia, 1968.

[9] Meneghini J R, Bearman P W. Numerical simulation of high amplitude oscillatory flow about a circular cylinder[J]. Journal of Fluids and Structures, 1995, 9(4): 435 - 455.

[10] Placzek A, Sigrist J F, Hamdouni A. Numerical simulation of an oscillating cylinder in a cross-flow at low Reynolds number: Forced and free oscillations[J]. Computers&Fluids 2009, 38(1): 80 - 100.

[11] Anagnostopoulos P. Numerical investigation of response and wake characteristics of a vortex-excited cylinder in a uniform stream[J]. Journal of Fluids and Structures, 1994, 8: 367 - 390.

[12] Anagnostopoulos P, Bearman P W. Response characteristics of a vortex-excited cylinder at low reynolds numbers[J]. Journal of Fluids and Structures, 1992, 6: 39 - 50.

[13] Guilmineau E, Queutey P. Numerical simulation of vortex-induced vibration of a circular cylinder with low mass-damping in a turbulent flow[J]. Journal of Fluids and Structures, 2004, 19(4): 449 - 466.

[14] Zhao M, Cheng L, Teng B, et al. Hydrodynamic forces on dual cylinders of different diameters in steady currents[J]. Journal of Fluids and Structures, 2007, 23: 59 - 83.

[15] An H W, Cheng L, Zhao M, et al. Numerical simulation of oscillatory flow around two circular cylinders of different diameters[C]. Conference of OMAE, 2006.

[16] 何长江,段忠东. 二维圆柱涡激振动的数值模拟[J].海洋工程,2008,26(1): 58 - 63.

[17] 徐枫,欧进萍. 低雷诺数下弹性圆柱体涡激振动及影响参数分析[J].计算力学学报,2009,26 (5),613 - 619.

[18] Wilcox D. C. Simulation of transition with a two-equation turbulence model[J]. AIAA Journal, 1994, 32(2): 247 - 255.

[19] Wilcox D. C. Reassessment of the scale-determining equation for advanced turbulence models [J]. AIAA Journal, 1988, 26(11): 1299 - 1310.

[20] Gopalkrishnan R, Grosenbaugh M A, Triantafyllou M S. Influence of amplitude modulation on the fluid forces acting on a vibrating cylinder in cross-flow[C]. In proceedings of the First International Offshore and Polar Engineering Conference, Edinburgh, United Kingdom, August 11 - 16 1991: 132 - 139.

[21] Dong S, Karniadakis G E. DNS of flow past a stationary and oscillating cylinder at $Re =$ 10 000[J]. Journal of Fluids and Structures, 2005, 20: 519 - 531.

[22] Norberg C. Fluctuating lift on a circular cylinder: review and new measurements[J]. Journal of Fluids and Structures, 2003, 17: 57 - 96.

5.3 采用改进尾流振子模型的柔性 海洋立管的涡激振动响应分析

5.3.1 引言

世界油气开采正在向深海进军,随着水深的增加,深海平台的水下结构,例如输油立管、平台的张力腿或系泊锚链等长度增加,柔性增加,柔性结构与环境流体的流固耦合作用增强。涡激振动是水下立管的一种重要振动响应之一,其周期性振动不但影响结构疲劳寿命,而且锁频共振时的大振幅振荡有时会直接导致结构破坏。如何能在平台设计阶段有效地预测立管的涡激振动,对研究者是一个极大的挑战。

关于预报涡激振动的数学模型,国内外相继发展了尾流振子模型、相关模型、统计模型以及多项伽辽金求解模型等[1~10]。这些数学模型利用半经验的水动力和结构响应系数,给出了描述涡激振动现象的各参数之间的函数关系,较为适用于工程实际。其中,Hartlen[1]和 Iwan[2]发展的尾流振子模型因为具有较为明确、合理的物理意义以及较好的计算精度,被工程界广泛采用。该模型用两个耦合的非线性振子模型来模拟系统(见图 5.3.1),一个为描述结构的结构振子,另一个为用 van der Pol 方程表达的涡尾流振子,其基本方程为[2]

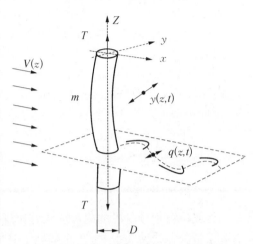

图 5.3.1   尾流振子模型示意图

$$m \frac{\partial^2 y}{\partial t^2} + \gamma \frac{\partial y}{\partial t} - T \frac{\partial^2 y}{\partial z^2} + EI \frac{\partial^4 y}{\partial z^4} = \alpha_4 s \left(\frac{\partial q}{\partial t} - \frac{\partial y}{\partial t} \right) \tag{1}$$

$$\frac{\partial^2 q}{\partial t^2} + \left[\alpha_1 - \alpha_2 \left(\frac{\partial q}{\partial t} \right)^2 \right] \left(\frac{\partial q}{\partial t} \right) + \omega_v^2 q = \alpha_3 \frac{\partial y}{\partial t} \tag{2}$$

式中:$y(z, t)$ 为结构的横向位移;z 为结构的轴向坐标;t 为时间;$q(z, t)$ 为流体振子(振荡的涡激升力系数);$m = m_s + m_a$ 且 m_s,m_a 分别为单位长度的结构质量、流体附加质量;γ 为包括结构和流体作用的阻尼项;T 为结构预张力;EI 为弯曲刚度;ω_v 为涡激升力的振荡频率,参数 $\alpha_1 \sim \alpha_4$ 可根据试验确定。

后来对该模型的一些改进包括:Griffin[4]、Sarpkaya[5]等研究了回复力、阻力以及升力系数的非线性修正;Facchinetti[6]充分研究了结构与流体振子的耦合作用,并建立了低阶模型;随着流体计算技术的发展,Larsen[9]和 Cunff[10]等提出了与 CFD 技术相结合的"综合尾流振子模型"。针对深海环境流速沿立管展向非均匀分布和立管柔性大的特点,本节所建模型除了能分析非均匀流场、弹性结构的多模态锁频振动,重点对尾流振子模型[2]进行了以下两点改进:

以往模型中(方程(1))的附加质量往往采用理想附加质量,即在无限大、无黏、不可压流体假设条件下得到的(比如,圆球的理想附加质量系数为 1/2,圆柱的理想附加质量系数为 1)。事实上,当结构在黏性流体中运动时,只有当结构从静止开始运动的瞬时,初步生成的涡还在边界层的薄层中,而且雷诺数较低以及振动幅值较小时,附加质量才接近于理想值[8]。而涡激振动中的附加质量更为复杂,关于其定义以及求解,一直存在着争论,正如 Sarpkaya[8]所说:附加质量是流体动力学中最常见、理解最少、最易混淆的特征量之一。获得附加质量最常用的方法是通过求解结构所受到的流体作用力,将其中的与加速度有关的惯性分量分离出,即得到附加质量。但是对于涡激振动的流体作用力因为涉及分离、转捩、等湍流复杂现象,直接进行理论求解非常困难。本节从涡激振动的结构运动平衡方程入手,推导出锁频阶段的附加质量的表达式,并得出附加质量和振动频率的关系,根据频率实验结果分析附加质量的变化规律,并进一步得到锁频阶段的附加质量的计算公式。

另外,以往模型中简缩速度与响应振幅的关系采用的是一种简化的线性关系,这与实际情况存在着差异,而本节考虑了简缩速度与响应振幅的非线性关系。综合以上改进,现建立了改进的尾流振子模型,通过经验公式结合迭代求解的方式,计算方便、速度快避免了数值计算(CFD)占用计算资源量大和费时的缺点,较为适合于海洋工程实际平台设计使用。最后,利用该模型进行了柔性立管在非均匀流场的作用下的涡激振动响应分析,研究了立管的预张力、流场分布等参数对振幅和应力的影响。

5.3.2　计算模型

首先研究锁频阶段的附加质量变化规律,给出其计算公式;然后建立简缩速度与响应振幅的非线性关系式;在此基础上发展改进的尾流振子模型并给出具体的迭代计算步骤。

1) 锁频阶段的附加质量

为简化并具有代表性起见,这里以经典的弹簧-质量-阻尼($K-m-\zeta$)结构系统为例,在锁频阶段假设位移 $y(t) = y_0 \sin(2\pi f_0 t)$、流体升力 $F_v(t) = F_L \sin(2\pi f_0 t + \phi)$,则系统平衡方程为[11]

$$\left[m + \frac{F_L \cos\phi}{y_0 (2\pi f_0)^2} \right] \frac{d^2 y}{dt^2} + \left[2\zeta m (2\pi f_0) - \frac{F_L \sin\phi}{y_0 (2\pi f_0)} \right] \frac{dy}{dt} + m (2\pi f_0)^2 y = 0 \tag{3}$$

式中:$f_0 = 1/2\pi\sqrt{K/m}$ 是流固耦合系统在真空中的固有频率。由上式可得附加质量

$$m_a = F_L \cos\phi / y_0 (2\pi f_0)^2 \tag{4}$$

进入锁频阶段以后,在低阻尼($0 < \zeta \ll 1$)的情况下,有结构固有频率 $f_n = \dfrac{f_0}{\sqrt{1 + m_a/m}}$,或 $m_a = m(f_0^2/f_n^2 - 1)$。所以,结构的振荡频率 f_{osc} 与静水中自然频率 f_{n0} 的频率比为

$$f^* = \frac{f_{osc}}{f_{n0}} = \frac{f_n}{f_{n0}} = \sqrt{\frac{m + m_D}{m + m_a}} \tag{5}$$

式中:m_D 为排水质量。再利用 Williamson 研究的频率比 f^* 随简缩速度 $V_r = V/f_{n0}D$(V 为来流速度)的变化规律[12],根据质量比 m^*($m^* = m/m_D$)的不同,分 $m^* < 10.0$ 和 $m^* \geqslant 10.0$ 两种情况[11],给出锁频阶段附加质量系数计算公式。

(1) 当量比 $m^* < 10.0$ 时,附加质量系数:

$$C_a = \frac{m^* + 1}{G^2} - m^*, \text{当} \ 5.0 \leqslant V_r < 5.75\overline{m} \tag{6a}$$

$$C_a = -0.54, \text{当} \ 9.25\overline{m} > V_r > 5.75\overline{m} \tag{6b}$$

式中:$G = \dfrac{\overline{m} - 1.0}{5.75\overline{m} - 5.0} \left[\dfrac{V}{f_0 D} \sqrt{1 + \dfrac{1}{m^*}} - 5.0 \right] + 1.0$, $\overline{m} = \sqrt{\dfrac{m^* + 1.0}{m^* - 0.54}}$;

(2) 当量比 $m^* \geqslant 10.0$ 由于有 $f^* = f^*_{\text{lower}}$ 以及 $\sqrt{\dfrac{m + m_D}{m + m_a}} = \overline{m}$,所以附加质量系数

$$C_a = -0.54 \tag{7}$$

需要指出的是,式(6),式(7)是在 $m^* > 0.54$,$10^5 > Re > 300$ 和 $m^* \zeta \leqslant 0.02$ 的条件下给出的。本节公式与数值模拟结果[13]和实验结果[14]的对比如图 5.3.2 和图 5.3.3 所示。从图可以看出本节给出的计算结果与数值模拟值和实验结果都是吻合的,尤其在简缩速度较低时,吻合得更好。

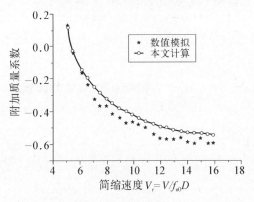

图 5.3.2   与数值模拟的比较($m^* = 0.6366$)

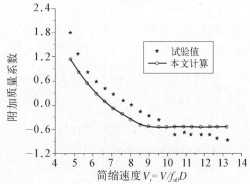

图 5.3.3   与试验结果的比较($m^* = 1.6552$)

2) 改进的尾流振子模型

已往模型中,简缩速度与响应振幅的关系采用了一种简化的线性关系[2,3]。事实上,大量的实验和数值计算的结果表明[15-17],锁频阶段简缩速度与响应振幅之间是一种非线性关系,本节根据 Feng[15] 和 Brika[16] 的实验结果以及 Foulhoux[17] 的数值计算结果,给出了简缩速度与响应振幅的非线性关系(见图 5.3.4):

$$\frac{y}{D} = \overline{y}_0 + \frac{A}{w\sqrt{\pi/2}} e^{-2(V_r - V_r^c)^2 / w^2} \tag{8}$$

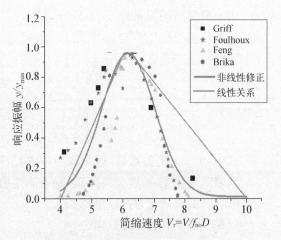

图 5.3.4   简缩速度与振幅的关系

由试验数据及数值模拟得到的回归拟合系数：$\bar{y}_0 = 0.014$，$A = 2.040$，$V_r^c = 6.172$，$w = 1.723$。利用非线性关系(公式(8))得到的振幅与实验结果和数值模拟的相对误差如表 5.3.1 所示(第二行数据)；同时对照给出了利用线性关系的误差(第一行数据)，对比两组数据可见，用非线性关系修正后的误差可降低至原来的 1/2(甚至不到 1/2)。

表 5.3.1　两种修正与实验和数值模拟的误差对比

误　差	Griff	Feng	Brika	Foulhoux
非线性	0.112 5	0.102 9	0.100 1	0.089 8
线　性	0.153 9	0.239 6	0.218 3	0.197 7

综上所述，改进尾流振子模型计算步骤为：

(1) 根据流场的速度分布，利用式(6)和式(7)计算附加质量、系统的固有频率及模态振型 $\xi_n(x)$，计算沿结构长度方向模态的锁频范围。

(2) 计算结构的有效质量 v_n 和模态形状系数 I_n。第 n 阶模态的有效质量

$$v_n = \int_0^l m(x)\xi_n^2(x)\mathrm{d}x \bigg/ \int_0^l s(x)\xi_n^2(x)\mathrm{d}x \tag{9}$$

形状系数 $I_n = \int_0^l m(x)\xi_n^4(x)\mathrm{d}x \bigg/ \int_0^l m(x)\xi_n^2(x)\mathrm{d}x$。$s(x)$ 为锁频函数，在锁频区域取值为 1.0，非锁频区域取值为 0.0。

(3) 迭代求解阻尼比 ζ_n^S 和放大系数 F_n：

假设结构初始阻尼比 ζ_n^I；

计算响应的放大系数：

$$F_n = 1/[1 + 9.6(\mu_r^n \zeta_n^S)^{1.8}] \tag{10}$$

第 n 阶模态的质量比 $\mu_r^n = v_n/m_D$。

令系统阻尼比 $\zeta_n^S = \zeta_n^I + F_n \phi_n$，有效阻尼

$$\phi_n = \frac{2D\int_0^l C_D(x)\rho D[1 - s(x)]\,|\xi_n(x)|^3\mathrm{d}x}{3\pi\left[\int_0^l m\xi_n^4(x)\mathrm{d}x\right]^{1/2}\left[\int_0^l m\xi_n^2(x)\mathrm{d}x\right]^{1/2}} \tag{11}$$

式中：C_D 为阻力系数，通常取为常数 $C_D = 1.2$。

判断阻尼比 ζ_n^S 和放大系数 F_n 是否满足收敛条件。如果不满足，令 $\zeta_n^I = \zeta_n^S$，返回至第(2)步；如果满足，停止迭代过程。

(4) 求出结构响应的振幅：

$$Y_n(x) = DF_n I_n^{-1/2} \xi_n(x) \tag{12}$$

（5）根据简缩速度的值利用式（8）对响应幅值进行修正，并求解模态应力。

（6）对每一阶模态，重复步骤（1）～（5），即得各阶模态响应的振幅和应力。

为了验证本节的计算模型，我们给出了用本节模型计算的涡激振动响应振幅与Khalak 的试验[18]结果的比较，同时对照给出了采用未改进模型的计算结果，如图 5.3.5 所示。可以看出采用本节提出的改进模型，响应的振幅随简缩速度的变化规律以及幅值的大小都与实验结果更接近。

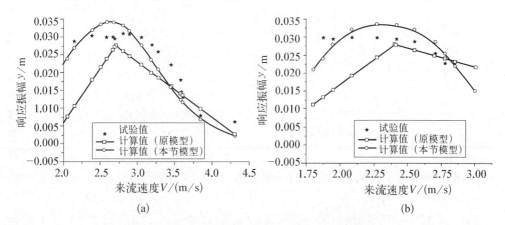

(a)　　　　　　　　　　(b)

图 5.3.5　本节模型计算结果与试验结果的比较

(a) $m^* = 2.4, \zeta = 0.004\,5$　　(b) $m^* = 10.1, \zeta = 0.001\,34$

5.3.3　计算实例与结果分析

1) 结构预张力的影响

这里选用墨西哥湾的深水采油平台—Conoco's Huttonn 张力腿平台为算例[19, 20]。其立管长度、外径、壁厚分别为 300 m，1.117 6 m，0.038 m，单位长度质量 1 000 kg/m、弯曲刚度 3.854×10^6 kN·m²；流场分布为线性剪切流，流速 $V(z) = 0.4 + 0.008z$(m/s)，z 坐标沿立管轴线垂直向上为正，且取立管底端海底处 $z = 0$ m。考察结构预张力对涡激振动响应的影响（取立管最大张力为 $T_{\max} = 2.1 \times 10^7$ N）。假设：① 立管两端铰支且忽略张力沿立管轴线（z 方向）的变化；② 当发生多阶模态锁频区域重叠时，用高阶模态占优原则[3]；③ 取变形结构上的最大振幅。

采用本节计算模型计算了不同张力下，立管在剪切来流作用下的涡激振动响应振幅（见图 5.3.6）。图 5.3.6 表明：在张力较低时，随张力的增加结构的刚度随之增加，总体响应振幅随之降低，直至极小值 $y/D =$

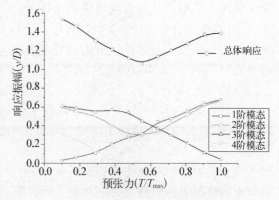

图 5.3.6　张力对响应振幅的影响

$1.06(T/T_{\max}=0.55)$;之后,随张力的增加尽管结构的刚度随之增加,但是总体响应振幅却随之增大了。

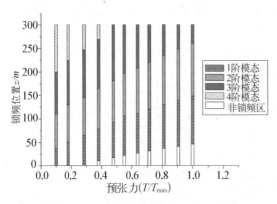

图 5.3.7　张力对模态锁频区域的影响

为分析其原因,图 5.3.6 还给出了 1 至 4 阶四个锁频模态的振幅随张力的变化曲线,从图可见,各阶模态的振幅随张力的增大,呈现不同的变化规律,或单调上升(例如 1 阶模态)、或单调下降(例如 4 阶模态)、或先下降再上升(例如 2 阶模态)。从图 5.3.7 各阶模态锁频区域的分布看,张力的增加改变了各阶模态的锁频区域,各阶模态响应规律的不同实质上是受锁频区域的范围大小和位置的影响。总的来说:当锁频区域越接近模态位移峰值点或当锁频范围越宽,则模态响应就越大,这是因为模态的有效质量式(9)和有效阻尼式(11)随之降低了;反之亦然。另外,图 5.3.6 表明响应的振幅存在最小值,如果设计平台时,取响应幅值最小值对应的张力,将会有利于结构响应安全性和疲劳寿命。

2) 流场分布的影响

为了考察流场的分布位置对涡激振动响应的影响,考虑如图 5.3.8 所示流场,计算时流场宽度从中点($W=0$)对称地延伸至两个端点($W=L$);结构的参数仍取 1)节的参数,结构阻尼比分别取 0.008,0.02,0.10,模态取前三阶模态。立管的涡激振动响应的振幅和应力(取变形结构上的最大振幅或应力)如图 5.3.9 和图 5.3.10 所示。

从响应的振幅曲线看(见图 5.3.9),随着流场范围的增大,各阶模态的振幅都是单调增大的,尽管不同模态的曲线斜率的变化规律不尽相同。因为随着流场范围增大,模态锁频范围变宽,系统的有效质量式(9)和有效阻尼式(11)随之降低,所以振幅增大。而锁频区域越接近模态位移峰值点,系统的有效质量

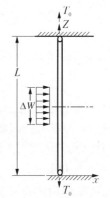

图 5.3.8　流场分布示意图

和有效阻尼越小,结构对能量的吸收具有较高的效率,所对应曲线的斜率就越大;反之,锁频区域越靠近模态节点,结构对能量的吸收效率越低,所对应曲线的斜率越小。

观察阻尼的影响可以看出:阻尼较大的曲线更为光滑,即曲线斜率的变化程度较小,表明阻尼的增大减小了结构响应对锁频位置的敏感程度,因为系统的有效阻尼增大了。

模态应力的响应规律与振幅类似,不再赘述。需要注意的是:本算例中多数流场分布的情况下高阶模态的应力大于低阶模态(见图 5.3.10),因此根据应力水平进行疲劳寿命分析时要注意高阶模态应力。

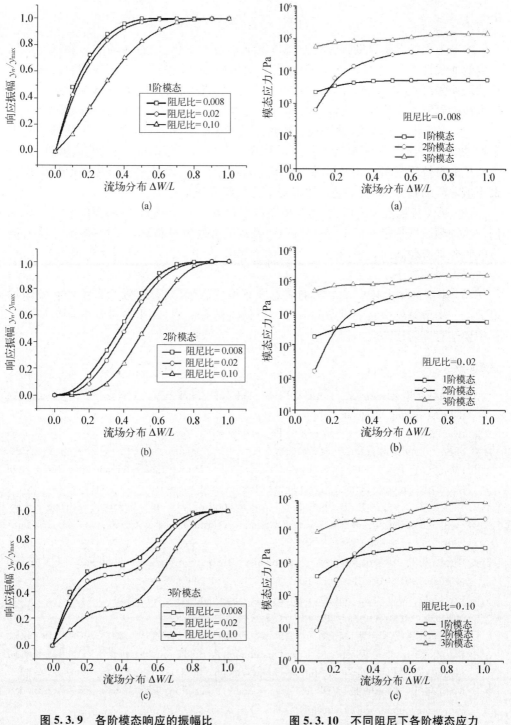

图 5.3.9 各阶模态响应的振幅比

（a）1 阶模态响应 （b）2 阶模态响应
（c）3 阶模态响应

图 5.3.10 不同阻尼下各阶模态应力

（a）阻尼比为 0.008 （b）阻尼比为 0.02
（c）阻尼比为 0.10

5.3.4 结论

本节考虑了涡激振动锁频阶段流体附加质量的变化,以及振动响应和来流简缩速度的非线性关系,在此基础上建立了改进的尾流振子模型。与试验和数值结果的比较表明采用本节提出的计算模型,可以更合理、准确地预测结构涡激振动响应。利用本模型研究了立管的张力以及流场分布对涡激振动响应的影响,计算结果表明:

(1) 立管张力的改变,使得模态锁频区域发生了变化,从而改变了结构的总体涡激振动响应;当锁频区域越接近模态位移峰值点或当锁频范围越宽,响应就越大,因为系统的有效质量和有效阻尼随之降低了;反之亦然。设计平台时尽量取响应振幅最小值对应的张力,将利于提高结构安全性和疲劳寿命。

(2) 随着流场范围的增大,各阶模态振幅单调增大,但是曲线斜率的变化不尽相同。当锁频区域越接近模态位移峰值点,系统的有效质量和有效阻尼越小,结构对能量的吸收具有较高的效率,对应曲线的斜率越大;反之,锁频区域越靠近模态节点,对应曲线的斜率越小。

(3) 阻尼的增大减小了结构响应对锁频位置的敏感程度,因为系统的有效阻尼增大了。本节算例中高阶模态的应力大于低阶模态应力,在平台设计的疲劳寿命分析中要注意高阶模态应力。

参考文献

[1] Hartlen R T. Currie I G. Lift-Oscillator Model of Vortex-Induced Vibration [J]. Journal of the Engineering Mechanics, 1970, 96(5): 577 - 591.

[2] Iwan W D. The Vortex-induced Oscillation of Non-uniform Structure Analysis [J]. Journal of Sound and Vibration, 1981, 79(2): 291 - 301.

[3] Lyong G J, Patel M H. A Prediction Technique for Vortex Induced Transverse Response of Marine Risers and Tethers [J]. Journal of Sound and Vibration, 1986, 11(3): 467 - 487.

[4] Violette R, Langre E, Szydlowski J. Computation of VIV of long structure using a wake oscillator model: Comparison with DNS and experiments [J]. Computers and structure. 2007, 85: 1134 - 1141.

[5] Sarpkaya T. A Critical review of the intrinsic nature of vortex-induced vibration [J]. Journal of Fluids and Structures Mechanics, 2004, 46: 389 - 447.

[6] Facchinetti M L, Langre E. Coupling of structure and wave oscillators in VIV [J]. Journal of Fluids and structures, 2004, 19: 123 - 140.

[7] 潘志远,崔维成,廖泉明. 细长海洋立管涡激振动预报模型[J]. 船舶力学,2006, 10(3): 115 - 121.

[8] Pan Zhiyuan, Cui Weicheng, Liao Quanming. A prediction model for VIV of a slender marine riser [J]. Journal of Ship Mechanics, 2006, 10(3): 115 - 12. (in Chinese)

[9] Mathelin L, Langre E. VIV and waves under shear flow with a wake oscillator model, European Journal of Mechanics B/Fluids [J]. 2005, 24: 478 - 490.

[10] Dixon M, Charlesworth D. Application of CFD for VIV analysis of marine riser in projects [R]. OTC18348, Houston, Write Librarian. 2006.

[11] Cunff C, Biolley F. Vortex-Induced Vibrations of Risers: Theoretical, Numerical and

Experimental Investigation[J]. Oil&Gas Science and Technology-R. 2002，57(1)：59－69.

[12] Wang Yi, Chen Weimin, Lin Mian. Study on the Variation of Added Mass and Its Application to the Calculation of Amplitude Response for a Circular Cylinder at Lock-in [J]. China Ocean Engineering，2007，21(3)：429－437.

[13] Williamson C, Govardhan R. Vortex-induced vibration [J]. Annual Review of Fluid Mechanics，2004，36：413－455.

[14] Willden R, Graham J. Numerical prediction of VIV on long flexible circular cylinders [J]. Journal of Fluids and Structures，2001，15：659－669.

[15] Vikestad K，Vandiver J K, Larsen C M. Added mass and oscillation frequency for a circular cylinder subjected to vortex-induced vibrations and external disturbance [J]. Journal of Fluids and Structures，2000，14：1071－1088.

[16] Feng C C. The measurement of vortex induced effects in flow past stationary and oscillating circular and d-section cylinders [D]. Canada：University of British Columbia. 1968.

[17] Brika D, Laneville A. Vortex-induced Vibrations of a long flexible circular cylinder [J]. Journal of Fluid Mechanics，2002，250：481－508.

[18] Foulhoux L，Saubestre V. An engineering approach to characterize the look-in phenomenon generated by a current on a flexible column [J]. International Journal of Offshore and Polar Engineering，1994，4(3)：231－233.

[19] Khalak A，Williamson C. Fluid forces and dynamics of a hydroelastic structure with very low mass and damping [J]. Journal of Fluids and Structure，1997，11：973－982.

[20] Oliveria J，Fjield S. Concrete hulls for tension leg platforms [C]. Offshore Technology Conference，1988.

[21] 王东耀，凌国灿. 在平台振荡条件下 TLP 张力腿的涡激非线性响应[J]. 海洋学报，1998，20(5)：119－128.

5.4 细长柔性立管涡激振动响应形式影响参数研究

5.4.1 引言

随着深海石油开发的进展,越来越多的深海海洋平台相继启用,如顺应塔式平台(CT),张力腿平台(TLP)、SPAR 平台、半潜式平台和 SEMI－FPS 平台等,这些平台通常需要使用海洋立管,连接海底井口和海面上的设备和结构以进行生产进行油气、电信的输送。

立管承受的海洋环境载荷比较复杂,一般包括风、浪、海流、冰、地震载荷等,其中波浪和海流载荷是最主要和最常见的。在一定雷诺数范围内,海流在流过此类结构时,会在结构的背后产生规律的涡脱落,从而使结构在垂直流向受到一个的周期性的力,使结构产生振动,当脱落频率与结构的某一阶自然频率接近时,结构振动与流场相互影响,就可能会出现锁频共振现象,使结构响应较大,加剧疲劳破坏。在开采深度较浅、立管结构长度较小时,这种涡激振动或 VIV(vortex-induced vibration)通常为单模态锁频共振,结构的振动表现为驻波形式,因此以往的涡激振动响应预测模型,包括尾流振子模型、相关模型、统计模型以及多项伽辽金求解模型等均是建立在驻波共振响应的假设条件下的。

随着水深的增加,深海平台的水下结构,例如输油立管、平台的张力腿或系泊锚链等长度增加,而且采用了更为复杂的几何结构;另外,由于实验技术的提高和实验条件的改善,关于深海柔性长立管的涡激振动实验研究可以越来越多地采用大尺度试验或实际平台的现场观测。这些大尺度实验展示了深海柔性立管涡激振动的一些特有的复杂现象,例如:多模态振动、宽带随机振动以及涡致行波(vortex-induced wave,VIW)等。因此,深海长柔性立管的涡激振动问题又面临着新的挑战。

近年来的研究结果表明当立管的长径比超过 10^3 时,涡激振动经常呈现出行波效应即 VIW。Vandiver[1] 和 Moe 等[2] 将无限长结构模型应用到尾流振子等模型中,Facchinetti[3] 等直接采用行波振动解的形式,利用唯象模型研究了结构动力和流体动力以及两者的相互作用。那么,对于海洋工程的设计人员来说,在什么条件下可以采用驻波假设的预测模型,在什么条件下又需要采用行波假设的预测模型? 是不是只由立管的长径比这个参数来确定呢?

本节通过有限元模型研究了细长柔性立管在正弦形式涡激升力作用下的动响应。数值分析结果表明:立管的响应形式可分为驻波、行波和中间状态三类;利用量纲分析结合函数拟合的方式,给出了控制响应形式的无量纲参数,该参数与系统的阻尼(包括流体阻尼和结构阻尼)、锁频模态的阶数以及结构长径比等相关;针对实例模型定量地给出了该参数的具体系数值和临界值。最后,对该参数的物理意义进行了分析讨论。

5.4.2　计算模型与响应描述

计算模型如图 5.4.1 所示[3],涡激振动时立管的基本平衡方程[12] 可表达为

$$m \frac{\partial^2 y(z,t)}{\partial t^2} + \gamma \frac{\partial y(z,t)}{\partial t} - T \frac{\partial^2 y(z,t)}{\partial z^2} + EI \frac{\partial^4 y(z,t)}{\partial z^4} = f(z,t) \quad (1)$$

式中:m 为单位长度立管质量;γ 是结构阻尼;T 为立管轴向张力;$f(z,t)$ 为垂直流向的流体作用力,包括涡激升力 $f_v(z,t)$ 和流体阻力 $f_f(z,t)$ 两部分。在涡激振动中流体与固体的相互作用非常复杂,目前为止还不能给出精确解。若立管处于锁频状态,一般认为涡激升力和结构运动均为正弦振荡形式,考虑到计算方便,本节的流体动力部分用系数法给出,即

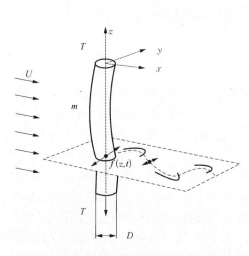

图 5.4.1　柔性立管计算模型示意图

$$f_v(z, t) = \frac{1}{2}C_L \rho V^2 D\sin\omega_n t \qquad (2)$$

式中：C_L 为涡激升力系数；ω_n 为结构的第 n 阶自然频率。

$$f_f(z, t) = \frac{1}{2}C_D\rho D(V-\dot{y})|V-\dot{y}| + C_A \frac{1}{4}\pi D^2\rho(\dot{V}-\ddot{y}) + \frac{1}{4}\pi D^2\rho\dot{V} \qquad (3)$$

该式中水动力系数 C_L，C_D，C_A 可以根据经验或实验结果确定。

　　实际平台立管的约束形式多为底部连接于海底井口的万向节，顶部连在平台浮体上。尽管立管顶部会随平台在海流作用下做长周期的慢漂运动，但由于其周期很长相对立管的短周期振动可以不予考虑，所以可以用简支梁模拟立管结构。简支梁中一段示意图如图 5.4.1 所示，为具有代表性起见，本节将激励力加载在简支梁模型中间一点。立管结构的材料和几何参数为：弹性模量 $E=2.1\times10^{11}$ Pa，泊松比为 0.3；内径、外径分别为 $D=1.0$ m，$d=0.89$ m，长度 L 分别取 250 m，500 m，1 000 m，2 000 m 和 3 000 m；而系统阻尼根据要求变化，起始值取阻尼比 $\zeta=0.25$；立管张力为 $T=6.24\times10^6$ N。

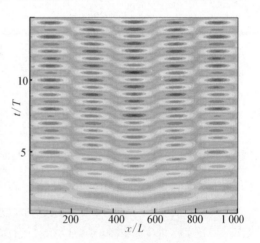

图 5.4.2　驻波时-空云图

　　观察立管响应计算结果，可以看出立管响应存在三种形式：驻波、行波、中间状态。三种振动形式对应的时间空间云图，如图 5.4.2～图 5.4.4 所示。事实上，Vandiver 等在细长张力弦的振动响应计算中也给出过类似结果，三种响应的位移Green 函数均方根见图 5.4.5[1]，对应顺序同上。

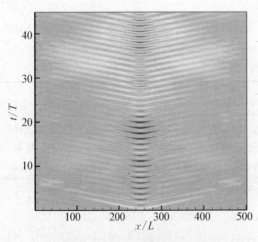

图 5.4.3　行波时-空云图

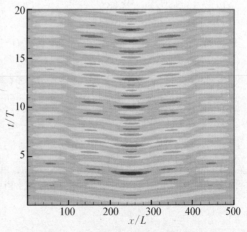

图 5.4.4　中间状态时-空云图

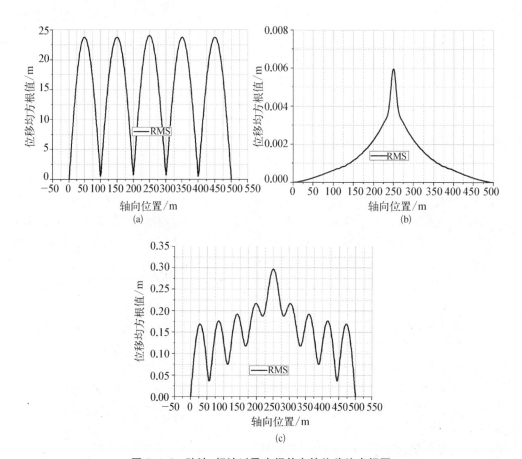

图5.4.5　驻波、行波以及中间状态的位移均方根图

(a) 驻波位移均方根图　(b) 行波位移均方根图　(c) 中间状态位移均方根图

　　由图5.4.5可以看出,驻波、行波是两种理想的极端状态：驻波响应存在节点,节点位移一直为零。驻波状态表明结构发生了共振,沿结构长度方向的各个点上的相位是相同的；而行波状态则表现出无限长结构的特征,即振动波从激振点沿结构向两端传播,振幅逐渐衰减直至为零,没有在端点反射；而中间状态兼具了以上两者的特征,振动幅值衰减但又表现出一定的周期性。

　　需要指出的是,笔者在计算时发现,模型参数改变时,理想的驻波状态并不多见,而且它与中间状态之间是逐渐过渡的,没有明显的分界线。目前已有的涡激振动计算软件,例如SHEAR7,VIVNA等均是针对驻波振动情况的,不能处理行波振动情况。响应为中间状态时,计算软件给出的结果偏于保守。为了将行波振动区分出来,本节重点研究响应何时达到行波。用振幅衰减比来判断响应的类型,即根据沿立管长度方向上同相位点振幅的衰减程度判断振动是否为行波,判断准则为

$$\frac{y_1(z_1)}{y_2(z_2)} = f\left(\frac{L}{D},\ \zeta,\ \frac{\omega}{\omega_i}\right)\begin{cases} = 1, & \text{驻波} \\ \geqslant 0.1\ \text{且} < 1, & \text{过渡阶段（中间状态）} \\ < 0.1, & \text{行波} \end{cases} \tag{4}$$

5.4.3　控制参数

本节通过有限元数值计算和量纲分析,讨论控制立管振动响应形式的参数。

1）量纲分析

影响立管结构振动响应形式的参数包括以下四组:① 几何因素:长度 L、外径 D、内径 d;② 材料因素:弹性模量 E、结构密度 ρ_m、材料阻尼系数 ζ_s 以及泊松比;③ 结构约束:结构预张力 T;④ 流体因素:流体速度 V、流体密度 ρ、黏性 ζ_f。

根据式(1)和式(3),流体黏性阻尼和振动方向的流体的阻尼效果都可以等效到与运动速度成正比的结构黏性阻尼中,即在有限元计算中总阻尼只取黏性阻尼,我们用黏性阻尼比 ζ 来表征阻尼的大小。

对于实际海洋工程问题,流体为海水,其流体密度 ρ、黏性 ζ_f 及海流速度已知,立管的材料通常选用钢材或聚酯纤维复合材料,即材料参数和管材的厚度可确定。在我们的计算模型中,结构的内外径以及张力也取常数。再利用量纲分析方法,将已知确定因素的影响用函数 Π 表示,进行变量量纲处理后可得独立的无量纲影响参数包括:长径比 L/D、阻尼比 ζ 和 n(模态阶数)。即在本节模型中,结构响应由中间状态转变为行波时的模态阶数 n_{cri} 为 L/D 和 ζ 的函数:

$$n_{cri} = \Pi f\left(\frac{L}{D},\ \zeta\right) \tag{5}$$

下面通过实例数值计算结合函数拟合的方法,分别给出长径比 L/D、阻尼比 ζ 与 n_{cri} 的关系,最后得出响应控制无量纲参数的具体表达式。

2）长径比 L/D 对 n_{cri} 的影响

取阻尼比 $\zeta = 0.25$,张力 $F = 6.24 \times 10^6$ N,立管外径 $D = 1$ m,长度取 $L = 250$, 500, 1 000, 2 000, 3 000 m,即长径比 $L/D = 250$, 500, 1 000, 2 000, 3 000。表 5.4.1 给出的 n_{cri} 与 L/D 关系的数值计算结果,图 5.4.6 给出了两者关系的拟合曲线。由图 5.4.6 可见 n_{cri} 与 L 基本呈线性关系,其拟合函数为

$$n_{cri} = (1/237.5)(L/D + 3\ 447.6) \tag{6}$$

拟合线性函数中的截距表示在此阻尼系数下,即使长度不断地减小,n_{cri} 也不会一直减小到零,而是趋于一个大于零的数,这个数与阻尼系数有关系。

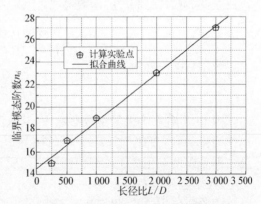

图 5.4.6　n_{cri} 与长径比 L/D 的对应关系

表 5.4.1　n_{cri} 与结构长度

n_{cri}	15	17	19	23	27
L/D	250	500	1 000	2 000	3 000

3) 阻尼比 ζ 对 n_{cri} 的影响

取张力 $F = 6.24 \times 10^6$ N,立管长度 $L = 500$ m,数值计算给出的 n_{cri} 与阻尼比的关系如表 5.4.2 所示。用幂指数函数对该数据进行拟合,结果如图 5.4.7,可以得表达式

$$n_{cri} = 5.2\zeta^{-0.77} \tag{7}$$

表 5.4.2 n_{cri} 与 ζ 的对应关系

n_{cri}	7	9	11	13	15	17	19
ζ	0.7	0.5	0.38	0.29	0.25	0.21	0.19

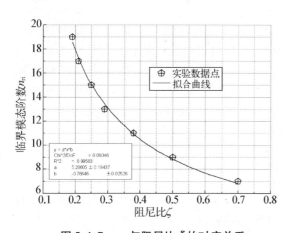

图 5.4.7 n_{cri} 与阻尼比 ζ 的对应关系

4) 无量纲参数表达式及其验证算例

综合式(6)和式(7),假设 n_{cri} 的函数形式为

$$n_{cri} = C(L/D + L_0/D)^m \zeta^n \tag{8}$$

从第1)节中的数据处理中,可以得到 $L_0/D = 3\,447.6$,$m = 1$,取 $n = -0.77$,可以计算得到 C 值。由于条件多于未知数,可以得到两个 C 值,分别为 $C = 1/663$ 和 $C = 1/690$,为工程应用的安全起见,本节取保守值,即 $C = 1/663 = 1.51 \times 10^{-3}$。

至此,可以得到 n_{cri} 的函数形式:

$$n_{cri} = C(L/D + 3\,447.6)\zeta^{-0.77} \tag{9}$$

将公式改写成如下形式

$$C = n\zeta^{0.77}(L/D + 3\,447.6)^{-1} \tag{10}$$

因此,得到一个无量纲数参数 C,其意义表征了立管运动响应振动波的类型,可以作为振动响应的控制参数。C 的临界值作为中间状态与行波响应状态的分界标准。即若模型 C 值大于临界值则振动响应为行波,若 C 小于临界值,则响应为中间状态或驻波,临界值 $C_0 = 1.51 \times 10^{-3}$。

为验证公式(10),我们计算了两个算例。第一个模型的长度为 $L = 1\,000$ m,激励模态阶数 $n = 13$,阻尼比 $\zeta = 0.45$,计算可以得到此模型的振动控制参数 $C = 1.58 \times 10^{-3}$ 大于临界值 $C_0 = 1.51 \times 10^{-3}$,其响应时空云图如图 5.4.8 所示,可见为明显的行波响应。第二个模型的参数为 $L = 1\,000$ m,$n = 11$,$\zeta = 0.2$,计算可以得到此模型的振动控制参数为 $C = 0.72 \times 10^{-3}$ 小于临界值 $C_0 = 1.51 \times 10^{-3}$,其响应云图如图 5.4.9 所示,可见还存在一定的周期性,响应形式属于中间状态。

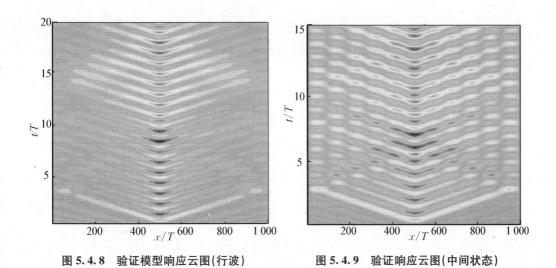

图 5.4.8　验证模型响应云图(行波)　　　图 5.4.9　验证响应云图(中间状态)

5.4.4　各参数物理意义讨论

由公式(10)可见,n 越大、ζ 越大结构响应越容易出行波效应,L/D 越大则越不容易出现行波效应。下面我们分别讨论阻尼比、长度、模态阶数对无量纲参数 C 的影响的物理意义。

首先分析阻尼比的影响,如果阻尼比很大(趋于无穷大),则公式(10)中的 C 很大(趋于无穷大),此时振动很容易表现为行波效应,即阻尼比越大振动越容易表现为行波。分析其物理意义,由于阻尼比越大系统的阻尼也越大,结构振动会在沿立管长度方向传播过程中很快地被阻尼掉,此时振动波尚未到达立管端部未形成反射波,因此结构的响应表现为行波。反之,如果结构阻尼很小甚至趋于零,则公式(10)中的 C 很小(趋于零),结构响应更容易表现为驻波效应。其物理意义为:由于系统的阻尼很小,振动在传播过程衰减很小,可以传到约束端会反射回来与正向振动波相互叠加,从而使结构呈现驻波共振。

而对于一个确定的结构,模态阶数 n 越大,则公式(10)中的 C 越大,振动很容易表现为行波效应,即模态阶数越高振动越容易表现为行波。其物理意义为:激励阶数 n 大,则模态频率高,随之模态阻尼也越大,振动幅值衰减也越快,越容易使响应呈现行波形效应;而反之,模态阶数 n 越小,模态阻尼也越小,振动很容易表现为驻波效应。

考虑长度 L 的影响,由公式(10)可以看出 L 越大越不容易出现行波效应。对于长度很长的受张力的简支梁,模态频率为

$$\omega_n = \frac{n^2\pi^2}{L^2}\sqrt{\frac{EI}{\rho A}\left(1 + \frac{TL^2}{n^2\pi^2 EI}\right)} \tag{11}$$

由公式(11)可以看出,模态频率 ω_n 与 $1/L$ 的比例关系介于线性的($1/L$)和 $(1/L)^2$ 之间,对于低阶模态的频率近似有 $\omega_n \propto \dfrac{1}{L}$,而高阶模态的频率近似有

$\omega_n \propto \dfrac{1}{L^2}$。对于图 5.4.1 所示的模型,波传播的衰减可表达为 $\mathrm{e}^{-\zeta \omega t}$。假设结构长度为 L_0 在加载点振幅为 Y_0,振动从加载点传到距离加载点半个结构长度 z 点时振幅为

$$Y_z = Y_0 \mathrm{e}^{-\zeta \omega_0 \frac{L_0}{2v}} \tag{12}$$

式中:v 为波速,与结构的 T,EI,ρ 有关,在只改变结构长度时,波速 v 大小不变。而对于张力梁有 $\omega_n \propto \left(\dfrac{1}{L} \sim \dfrac{1}{L^2}\right)$。若结构长度增大到原来的 m 倍时($m > 1$),仍以同阶模态激振(n 相同),则距离半个结构长度点的振幅介于

$$Y_0 \mathrm{e}^{-\zeta \omega_0 \frac{L_0}{2v}} \tag{13}$$

$$与 \quad Y_0 \mathrm{e}^{-\zeta \omega_0 \frac{L_0}{2mv}} \tag{14}$$

两个值之间,比较式(13)和式(14)中的指数项,可见波的衰减量会变小,即结构响应更易于形成驻波。

需要注意的是:在实际海洋工程中,立管的长度越大越容易出行波。这是因为:对于确定的海流速度 V 和立管的半径 D,根据 Strouhal 定律,涡脱落的频率 $f_v = Sr\dfrac{V}{D}$ 也是确定的,即激振力的频率是确定的。若长度越长,f_v 对应的结构模态阶数 n 越大。即实际结构中若长度增加,不但公式(10)中的长径比项 L/D 增加,而且公式中的激励阶数 n 也增加,两者的综合效果使参数 C 的值增大,从而使结构的振动响应更容易表现为行波形式。

5.4.5　结论

本节通过有限元数值模拟研究了细长柔性立管在正弦激振荡的涡激升力作用下的动响应。数值分析结果表明:立管的响应形式可分为驻波、行波和中间状态三类;利用量纲分析结合函数拟合方式,给出了控制响应类型的无量纲参数。

数值计算和参数影响分析结果表明:

当立管的系统阻尼比增大时,结构振动会在沿立管长度方向传播过程中很快地被阻尼掉,结构的响应更容易表现为行波。

当模态阶数越高时,由于频率增加使结构振动更易于被阻尼掉,结构的响应易出现行波。

当模态阶数 n 和阻尼比 ζ 固定时,增加结构的长径比,易出现驻波振动;而在实际海洋工程中,当海流速度大小和立管的半径固定时,激励涡脱落的频率 f_s 也基本固定,则对于越长的结构,激励频率 f_s 对应的激励模态阶数 n 也越大,综合效果使参数 C 值变大,进而使结构响应更容易表现为行波效应。

在实际工程中,设计或监测人员在预测立管结构的涡激振动响应时,可以先通过本节的方法判断立管结构的响应形式,然后根据响应形式选择合适的预报模型。如

为驻波响应和中间状态可采用尾流振子模型或者 SHEAR7 程序等。

参考文献

[1] Vandiver J K. Dimensionless parameters important to the prediction of vortex-induced vibration of long, flexible cylinders in ocean currents [J]. Journal of Fluids and Structures, 1993, 7(5): 423 - 455.

[2] Moe G, Arntsen O. VIV analysis of risers by complex modes [C], 11th International Offshore and Polar Engineering Conference, 2001, 3: 426 - 430.

[3] FACCHINETTI. Vortex-induced traveling waves along a cable [J]. European J. of Mech. B/Fluids, 2004: 199 - 208.

[4] Vandiver J K, Li L. SHEAR7 program theory manual [M]. Cambridge, Massachusetts Institute of Technology, Department of Ocean Engineering, MA, USA, 1999.

[5] Sarpkaya T. Vortex-induced oscillation: a selective review [J]. ASME Transactions Series E Journal of Applied Mechanics, 1979, 46: 241 - 258.

[6] Sarpkaya T. A critical review of the intrinsic nature of vortex-induced vibrations [J]. Journal of Fluids and Structures, 2004, 19: 389 - 447.

[7] Sarpkaya T. On the force decompositions of Lighthill and Morison [J]. Journal of Fluids and Structures, 2001, 15: 227 - 233.

[8] Williamson C H K, Govardhan R. Vortex-Induced Vibrations [R]. Annual Reviews of Fluid Mechanics, 2004, 36: 413 - 455.

[9] Williamson C H K, Roshko A. Vortex formation in the wake of an oscillating cylinder [J]. Journal of Fluids and Structures. 1988, 2: 355 - 381.

[10] 王艺,陈伟民,林缅. 锁频阶段涡激振动圆柱的附加质量研究[J].中国造船,2006,增刊: 170 - 178.

[11] 潘志远.海洋立管涡激振动机理与预报方法研究[D].上海：上海交通大学,2005.

[12] 郭海燕,傅强,娄敏.海洋输液立管涡激振动响应及其疲劳寿命研究[J].工程力学,2005,22(4): 220 - 224.

[13] 娄敏.海洋立管的涡激振动[J].中国造船,2007,增刊: 367 - 373.

5.5　三根附属控制杆对海洋立管涡激振动抑制作用的实验研究

5.5.1　引言

钻井隔水套管和采油立管是海洋油气资源开采的重要设施。一旦立管系统在外部动力因素作用下发生破坏将对海洋油气开采带来巨大的经济损失。在深水环境中,立管所承受的海洋环境荷载主要是水流的作用。当水流经过立管时,会在立管两侧产生漩涡的交替脱落,从而对立管产生周期性变化的作用力。一般深海立管具有较低的基频振动频率,在水流涡致作用下,立管很容易发生涡激振动现象,造成立管结构的大幅振动,甚至发生立管间碰撞以及疲劳破坏。

为减少和防止涡激振动造成的破坏作用,增加深海立管的使用寿命,在海洋油气开采过程中,通常需要使用涡激振动抑制措施。根据物理机制的不同基本上分为两种类型:主动控制和被动控制。主动控制利用实时监测和计算机自动控制等技术手段,通过对实测数据的分析将外部干扰措施引入流场,从而控制旋涡脱落,如吕林(2006)[1]等;被动控制则不依赖实时监测数据,直接通过改变结构表面形状或附加额外的装置以改变流场,从而弱化或减小流动的负面作用。被动控制方法与主动控制方法相比,设计简单、制作安装容易且成本较低,因此在实际的海洋工程中得到了广泛的应用。针对立管涡激振动问题,经过几十年的发展,人们已经提出了很多种形式的被动抑制装置,例如螺旋条纹(strakes)、整流罩(fairings)、控制杆(control rod)、突起(bump)、分隔板(splitter plate)以及轴向板条罩(axial rod shroud)等。Zdravkovich(1981)[2],Gad-el-Hak 和 Bushnell(1991)[3]以及 Griffin 和 Hall(1991)[4]等都对现有的涡激振动抑制装置进行了比较全面的归纳总结。Lesag(1987)[5]提出将一种被称为“控制杆”的涡激振动抑制措施,他将小圆棒放置在两个二维钝体的上游,通过小圆柱改变原有的流动条件,减少物体所受的拖曳力和横向力。Strykowski和 Sreenivasan(1990)[6]发现在主圆柱体的尾流区放置一个细小的控制圆柱能够在一定雷诺数范围内完全压制旋涡的生成与脱落。Igarashi 和 Tsutsui(1989,1991)[7,8]通过实验研究了在一个主圆柱的侧后方附加一个小圆柱,对拖曳力和升力以及尾流区的影响。Sakamoto 和 Haniu(1994)[9]研究了将一个控制杆添加到多个圆柱体系统后对流体力的抑制作用。Lee 等(2004)[10]也通过实验研究了圆柱体上游的一个小控制杆的影响,主要关注主圆柱的拖曳力特性和流场结构的变化,指出与不带控制杆的情况相比,主圆柱的拖曳力系数最大可以减少 29%。赵明(2005)[11]对两个不同直径的圆柱附近的涡流场进行了数值模拟和物理模型实验,研究了两个圆柱之间的距离对流场的影响。

现有的研究工作表明,控制杆是一种简单而有效的涡激振动抑制装置,它在抑制圆柱体旋涡脱落的同时能够有效减小圆柱体的振幅。但是,单个控制杆具有方向敏感性,当来流方向改变时控制杆的抑制性能会受到显著影响,甚至会起到加剧立管涡激振的负面效应,这限制了其在工程中的应用。

本节在单个控制杆抑制思想的基础上,进一步提出采用三根附属控制杆的涡激振动抑制方法,即在立管周围等分布置三根控制杆,这样可有效改善控制杆对来流方向的适应性,同时有效降低涡激振动的幅值。

5.5.2　实验设置

实验工作在大连理工大学海岸和近海工程国家重点实验室非线性波浪水槽中进行。水槽尺寸为 60 m×4 m×2.4 m(长×宽×深)。立管模型采用硬聚氯乙烯管(UPVC管),弹性模量为 3.2 GPa,长度为 2.05 m,外径为 15.9 mm,圆管壁厚为 0.85 mm,管内充满细沙(细沙密度为 $1.26×10^3$ kg/m³),模型表面光滑。实验中立管竖直放置,全部浸没在水中,底端铰接,顶端安装滑动轴承,用滑轮系统控制立管顶部张力。采用光纤光栅传感器来监测立管的变形,光纤光栅传感器通过 502 胶水粘贴到立管模型外壁的 5 个测点上,具体位置如图 5.5.1 所示。传感器在立管表面垂直于水流方向对称布置。

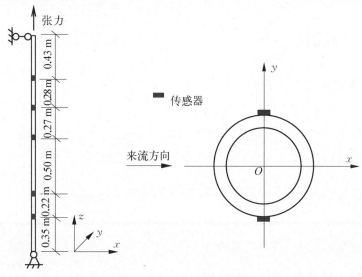

图 5.5.1　传感器布置图

　　实验中通过观测光纤光栅传感器信号来获取立管上各测点位置处的横向振动应变时间过程线,采样频率设定为 100 Hz,样本采集的时间在 60 s 以上。实验中,在立管模型周围等角度放置三根橡胶条作为控制杆。其直径 3 mm,即 0.188 7D(D 为立管模型的外径)。在立管模型上每隔 50 cm 安装一个有机玻璃制成的固定套环,其外径为 24 mm,用螺丝杆将其固定在立管壁上。在套环上每隔 120°制三个螺纹孔,孔径约为 4 mm,三根橡胶条穿过螺杆上的孔洞构成控制杆,控制杆中心与立管外壁距离是 6 mm,即 0.377D。橡胶条全长 1.5 m,略靠近顶端布置,使得立管顶端裸露约 10 cm,底端裸露约 40 cm。控制杆及套环的实验装置如图 5.5.2 所示。本节定义来流角为螺丝杆与水流来流方向的夹角,参见图 5.5.2(b),当 β=60° 时,称为正向来流抑制措施,而 β=0° 则称为反向来流抑制措施。

5.5.3　数据分析方法

　　根据结构动力学理论,对于长度为 L 的立管振动问题,立管

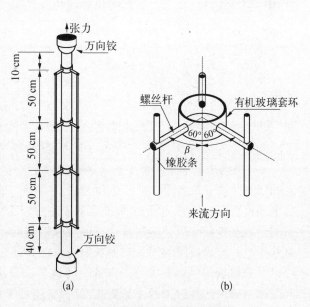

图 5.5.2　抑制措施实验装置示意图

的横向振动位移 $y(z, t)$ 可以按模态分解为

$$y(z, t) = \sum_{n=1}^{\infty} w_n(t)\varphi_n(z), \quad z \in [0, L] \tag{1}$$

式中：z 为立管的高度坐标(原点位于立管底端)；t 为时间；$w_n(t)$ 是权重函数；$\varphi_n(z)$ 是模态函数；L 为立管长度。

对于两端铰接的立管，其模态函数可以表示为

$$\varphi_n(z) = \sin\frac{n\pi z}{L}, \quad z \in [0, L] \tag{2}$$

于是，立管振动时管上各点的位移及位移的二阶导数为

$$y(z, t) = \sum_{n=1}^{\infty} w_n(t)\sin\frac{n\pi z}{L}, \quad z \in [0, L] \tag{3}$$

$$y''(t, z) = -\sum_{n=1}^{\infty} w_n(t)\left(\frac{n\pi}{L}\right)^2 \sin\frac{n\pi z}{L}, \ z \in [0, L] \tag{4}$$

根据材料力学理论，可得

$$\frac{\varepsilon(t, z)}{R} = y''(t, z) = -\sum_{n=1}^{\infty} w_n(t)\left(\frac{n\pi}{L}\right)^2 \sin\frac{n\pi z}{L}, \ z \in [0, L] \tag{5}$$

式中：$\varepsilon(t, z)$ 为应变函数；R 为立管半径。如果实验中在立管的 $Z_1, Z_2, Z_3, \cdots, Z_M$ 点处布置 M 个应变传感器，立管的振动位移取 N 个模态函数进行近似，且 $N \leqslant M$，就可以由 M 个测点处的应变信号得到权重函数 $W_n(t)$ 的时间过程线。将 $W_n(t)$ 代入式(3)中，即可计算出立管上各点的位移时间过程线。

根据 Timoshenko 等(1974)[12]，受轴向张力简支梁的第 n 阶自振频率的理论值为

$$f_{n,\, t\text{-beam}} = \sqrt{f_{n,\, \text{string}}^2 + f_{n,\, \text{beam}}^2}$$

式中：$f_{n,\, \text{string}} = \dfrac{n}{2}\sqrt{\dfrac{T}{mL^2}}$；$f_{n,\, \text{beam}} = \dfrac{n^2\pi}{2}\sqrt{\dfrac{EI}{mL^4}}$；$T$ 为轴向张力；m 为单位长度的质量(包含附加质量)；EI 为弯曲刚度。假定静水中附加质量系数 $C_m = 1$，表5.5.1列出了轴向张力为 2 N 情况下立管前 8 阶模态的频率值。取 Strouhal 数为 0.2 时，在 0.5 m/s 的流速下本立管模型实验涡脱落频率为 6.3 Hz，因此，在这个流速下发生锁定的模态是第 2 或者第 3 阶。也就是说，本实验中最高模态可能是第 2 或者第 3 阶，由上述模态分析的方法可知，模态函数截止到 5 阶是可以满足计算要求的，于是，测点的个数至少要 5 组。应变片180度对称粘贴，虽然贴片工作量略有增加，但是当一侧的应变片出现故障时另一侧的数据可以作为补充，而且，将两侧的数据进行对比也可以用来检查传感器工作是否正常。滤波方法采用带通滤波，将实验中频率较低的和较高的噪声信号过滤掉。需要注意的是，当发生涡激振动锁定时，由于附加质量的变化，其自振频率值与理论估计值会有较大的差异。

表 5.5.1 静水中张力 2 N 下的自振频率

模 态	频率/Hz	模 态	频率/Hz
1	1.17	5	26.46
2	4.33	6	38.04
3	9.60	7	51.73
4	16.98	8	67.53

5.5.4 实验结果

本节对裸管、$\beta = 60°$ 来流抑制和 $\beta = 0°$ 来流抑制分别在流速为 0.24 m/s，0.31 m/s，0.37 m/s 和 0.44 m/s 四种均匀流作用下的立管涡激振动开展了实验研究，对所有工况立管模型的顶部张力统一设为 2 N。

图 5.5.3 给出了流速为 0.44 m/s 的均匀流作用下无抑制措施立管和带附属控制杆立管涡激振动的位移过程线。其中，(a) 列是无抑制措施立管上各测点的位移过

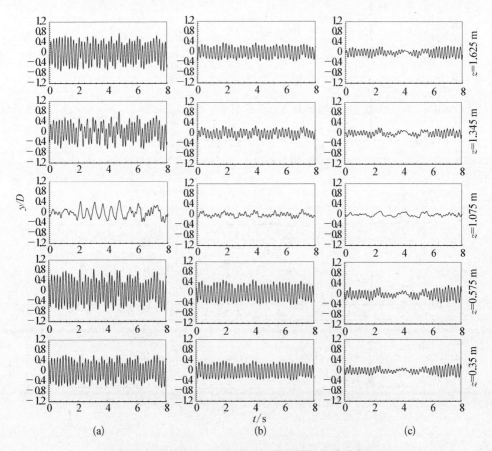

图 5.5.3 在 0.44 m/s 流速下不同位置处的位移过程线

(a) 列为无抑制措施　(b) 列为 $\beta = 60°$ 抑制　(c) 列为 $\beta = 0°$ 抑制

程线,(b)列对应 $\beta=60°$ 抑制过程,(c)列对应 $\beta=0°$ 抑制过程。从图上可以很明显发现,带有控制杆的立管与无抑制措施的立管相比,各测点的位移减小了很多,控制杆对主管的横向振动起到了比较明显的抑制效果。并且,在两种极限来流角情况下,三根附属控制杆的抑制作用比较稳定,都能够起到较好的抑制作用,这说明三根控制杆对来流方向具有较好的适应性。另外,从图中还可以发现,无抑制措施立管中部位置($z=1.075$ m)的位移与其他位置相比要小得多,带控制杆的情况也是如此。这是因为在流速为 0.44 m/s 条件下,立管模型的横向振动主要由第二阶模态控制,而第二阶模态振型的中部位移较小,因此立管中部的位移过程线幅值比其他测点小很多。

为研究附属控制杆对立管振动频率的影响,本节计算了各测点位移历程的功率谱,$S(f)=\lim\limits_{T\to\infty}\dfrac{1}{T}\,|y(f)|^2$。图 5.5.4 所示以流速为 0.44 m/s 为例给出了立管模型的涡激振动位移的功率谱。图 5.5.4 中(a),(b),(c)三列分别对应无抑制措施、$\beta=60°$ 抑制和 $\beta=0°$ 抑制。从图中可以看出,控制杆的施加对振动频率没有明显的改变,

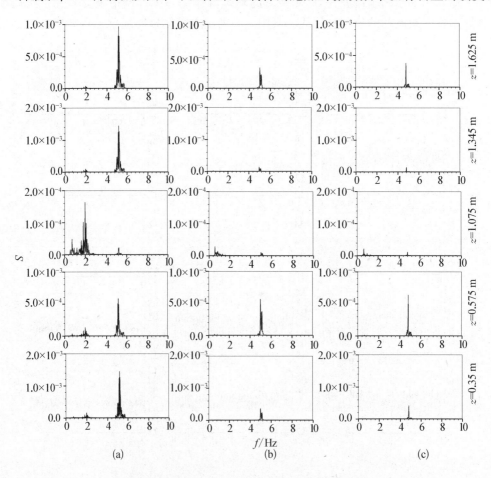

图 5.5.4 在 0.44 m/s 流速下各测点位移功率谱

(a)列为不带抑制措施   (b)列为 $\beta=60°$ 抑制   (c)列为 $\beta=0°$ 抑制

同时也发现带控制杆的位移功率谱峰值与无抑制措施的情况相比有明显的减小。对比正向抑制和反向抑制两种情况可以看出,在这两种极限来流角情况下,控制杆对立管涡激振动的抑制效果没有明显差异,这表明本节提出的三根控制杆抑制措施在不同方向的来流作用下抑制效果比较稳定。

位移标准差,$A_{\mathrm{std}}(z) = \left(\dfrac{1}{T} \displaystyle\int_0^T \left[y(z,\ t) - \overline{y(z,\ t)} \right]^2 \mathrm{d}t \right)^{1/2}$,可以反映立管涡激振动响应幅度的变化,也可以在一定程度上反映疲劳损伤的强弱程度。位移最大值,$A_{\max}(z) = \max[y(z,\ t)]$,反映了立管各位置点处在涡激振动过程中的最大位移,它可为判断多个立管之间是否发生相互碰撞提供参考。图 5.5.5(a)和(b)分别给出了不带抑制措施的立管在四种流速下立管各测点处振动的位移标准差(A_{std})和位移最大值($A_{\max}$)。图中,横坐标(z/L)代表归一化的立管高度。图 5.5.5(a)所示位移标准差图上的"凸起"个数可以粗略反映振动模态的最高阶数,从中可以看出,本实验的立管涡激振动主要是前两阶模态起作用,低流速时立管振动由一阶模态控制,随着流速的增大,二阶模态的作用逐渐增强。通常情况下,流速越大涡激振动响应越强烈,但是立管各位置处的最大位移却不一定在最大流速的情况下出现,如图 5.5.5(b)所示,立管中部振动的最大位移不是在 0.44 m/s 时出现,而是在 0.37 m/s 流速时达到最大。

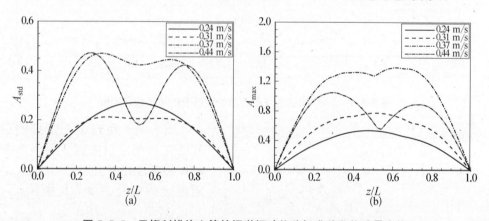

图 5.5.5   无抑制措施立管的涡激振动位移标准差和位移最大值

图 5.5.6 给出了来流角 $\beta = 60°$ 时带抑制措施的立管在四种流速下涡激振动的位移标准差(A_{std})和位移最大值($A_{\max}$)。由图 5.5.6 和图 5.5.5 对比可以发现,此时控制杆对涡激振动的抑制作用是比较明显的,位移最大值和位移标准差最大值都大幅降低,且在较高的流速条件下抑制效果更为明显。

当来流角变为 $\beta = 0°$ 时,带抑制措施的立管在四种流速下涡激振动的位移标准差(A_{std})和位移最大值($A_{\max}$)如图 5.5.7 所示。对比图 5.5.7 和图 5.5.5 可以发现,当来流方向为 $\beta = 0°$ 时,三根附属控制杆对涡激振动的抑制作用也是非常明显的。这表明三根附属控制杆对来流方向具有较好的适应性。另外,从图 5.5.6 和图 5.5.7 中可以看到,带控制杆的立管与不带抑制措施的立管(见图 5.5.5)相比,位移最大值要减小约 50%。

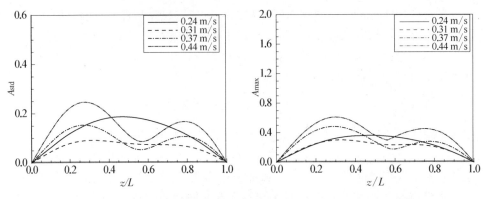

图 5.5.6　β=60°抑制的涡激振动位移标准差和位移最大值

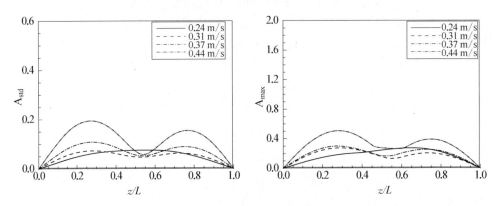

图 5.5.7　β=0°抑制的涡激振动位移标准差和位移最大值

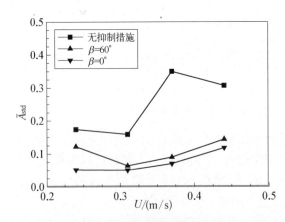

图 5.5.8　不同流速下立管位移标准差的空间平均值

图 5.5.8 比较了不带抑制措施立管和带抑制措施立管涡激振动位移标准差的空间平均值（$\overline{A}_{std}$）随流速的变化规律，其中 $\overline{A}_{std} = \dfrac{1}{L}\displaystyle\int_0^L A_{std}(z)\,\mathrm{d}z$。从图中可以看出，带三根附属控制管的立管涡激振动位移标准差明显减小，抑制作用比较明显。与裸管情况相比，带附属控制杆的立管振动位移标准差平均可降低 30%～50%。尤其是在裸管涡激振动比较强烈的 0.37 m/s 流速条件下，三根附属控制杆抑制效果特别突出，使位移标准差降低了约 60%。

5.5.5　结语

本节通过室内实验研究了在立管周围等分布置三根控制杆来压制涡激振动的方

法。对四种不同流速和两种极限来流方向情况下的实验结果表明：

(1) 在实验条件下三根等分布置控制杆对立管涡激振动的抑制效果明显,可将立管位移标准差减小30％以上。

(2) 当来流方向发生改变时,三根附属控制杆抑制措施的效果比较稳定,即对来流方向具有较好的适应性,这对实际工程问题具有重要的实用价值。

(3) 本节采用的抑制方案对立管振动频率的影响不大。

本节就三根附属控制杆对立管涡激振动的抑制作用进行了模型实验研究,这对于提高立管涡激振动抑制机理的认识具有一定的参考价值。从实验结果看附属控制杆对流场干扰有一定抑振作用,这对于优化实际工程立管四周的附属管线布置或有一定的参考意义。附属控制杆抑振装置的制作安装比较简单,但是和其他多种被动抑制装置类似,对浮游生物的黏着和清理都需加以注意和维护。

参考文献

[1] 吕林. 海洋工程中小尺度物体的相关水动力数值计算[D]. 大连：大连理工大学,2006.

[2] Zdravkovich M M. Review and classification of various aerodynamic and hydrodynamic means for suppressing vortex shedding[J]. Journal of Wind Engineering and Industrial Aerodynamics, 1981, 7: 145 - 189.

[3] Gad-el-Hak M, Bushnell D M. Separation control: review. Journal of Fluids Engineering [J]. Transactions of the ASME, 1991, 113: 5 - 30.

[4] Griffin O M, Hall M S. Review-vortex shedding lock-on and flow control in bluff body wakes [J]. Journal of Fluids Engineering, Transactions of the ASME, 1991, 113: 526 - 537.

[5] Lesage F, Gartshore I S. A method of reducing drag and fluctuating side force on bluff bodies [J]. Journal of Wind Engineering and Industrial Aerodynamics, 1987, 25: 229 - 245.

[6] Strykowski P J, Sreenivasan K R. On the formation and suppression of vortex "shedding" at low Reynolds numbers [J]. Journal of Fluid Mechanics, 1990, 218: 71 - 107.

[7] Igarashi, T, Tsutsui, T. Flow control around a circular cylinder by a new method (2nd report, fluids forces acting on the cylinder)[R]. Transactions of the JSME, 1989, 55 (511): 708 - 714. (in Japanese)

[8] Igarashi, T, Tsutsui, T. Flow control around a circular cylinder by a new method (3rd report, properties of the reattachment jet)[R]. Transactions of the JSME, 1991, 57 (533): 8 - 13. (in Japanese)

[9] Sakamoto H, Haniu H. Optimal suppression of fluid forces acting on a circular cylinder [J]. Journal of Fluids Engineering, 1994, 116: 221 - 227.

[10] Sang-Joon Lee, Sang-Ik Lee, Cheol-Woo Park. Reducing the drag on a circular cylinder by upstream installation of a small control rod [J]. Fluid Dynamics Research, 2004, 34: 233 - 250.

[11] 赵明. 波浪、水流对结构物的作用及局部冲刷研究[D]. 大连：大连理工大学,2005.

[12] Timoshenko S, Young D H, Weaver, W. Vibration Problems in Engineering[M], Fourth Edition, John Wiley & Sons,1974.

5.6   柔性立管涡激振动实验的数据分析

5.6.1   引言

自然界中的流体一般都具有一定的黏性,当黏性流体通过非流线型物体时,往往会在物体背流侧产生周期性的涡旋脱落,使作用在物体上的流动作用力呈现出交替变化的特征。一般,对于固定刚性圆柱而言,涡脱落频率可通过下式进行估算:

$$f_s = Sr\, \frac{U}{D} \tag{1}$$

式中:U 为流速;D 为圆柱直径;Sr 为 Strouhal 数,它与雷诺数有关[5],在 $300 < Re < 1.5 \times 10^5$ 的亚临界区域,Sr 数稳定在 0.2 左右。涡旋脱落产生周期性的力促使立管在垂直于水流方向(横向)发生振动,这种现象称为涡激振动[8]。当涡旋脱落的频率和圆柱的自振频率相接近的时候会发生"锁定"现象,在此情况下,涡脱落频率不再由式(1)决定,而是由立管的自振频率控制,此时圆柱结构物的固有频率、涡脱落频率以及圆柱的实际振动频率十分接近。"锁定"会使工程结构振动的振幅和频率在未"锁定"的基础上增大很多,从而大大降低结构的使用寿命,所以需要详细了解管件涡激振动的物理特性,例如响应位移、响应频率以及它们对流速的依赖关系,从而对涡激振动引起的深海立管疲劳破坏进行可靠的预报。为了解和认识这些特性,物理模型实验是十分有效的途径之一。国内外很多学者已经在这方面开展了不少的研究工作,例如 Marintek(1997)[4],NDP(2003)[6] 以及 Chaplin(2005)[1] 等。国内的学者有杨兵[9]等人研究了单向水流作用下管道与壁面间隙比对管道涡激振动幅值和频率等响应特性的影响;Guo[2]等人研究了内流对立管涡激振动的影响。对物理模型实验工作而言,只有对实验数据进行有效的分析,才能充分了解立管涡激振动的特性,所以数据分析方法的选择与建立显得尤为重要。目前,涡激振动实验以及与其相对应的实验数据分析方法大致分为两大类:一类是刚性圆柱体的受迫振动实验,如 Gopalkrishnan[3],这类实验的数据分析主要是获得不同的水动力系数,如升力系数 C_L,拖曳力系数 C_D 等,相关分析结果已被广泛应用于一些著名的立管涡激振动分析软件中,如 SHEAR7,VIVA,VIVARRAY,VICoMo 等;另一类是细长柔性立管的自激振动实验,相对于刚性结构的实验,这类实验难度更大,对测试方法及数据分析方法都提出更高的要求,这类实验的数据分析主要是研究不同水流作用下立管的模态响应、位移大小及疲劳变化。本节讨论的实验设置及数据分析方法主要针对后者。已公开发表的文献中,第二类实验由于实验方法和设置上的差异,实验数据的分析方法都有自己的特点,且往往局限于某一方面,叙述不够全面。本节内容以近期在大连理工大学海岸和近海工程国家重点实验室开展的柔性立管涡激振动实验为基础,详细说明了深海柔性立管物理模型实验中数据处理的基本原理和方法。

5.6.2 实验

1) 实验设置

实验在大连理工大学海岸和近海工程国家重点实验室的非线性波浪水槽中展开,实验设置如图 5.6.1 所示。水槽长度为 60 m,深 2.4 m,宽 4 m。水槽前端安装有 2 台 1.0 m³/s 轴流泵双向流场模拟系统,可在水槽中产生均匀水流。为提高模型实验段的流速,实验中利用水泥墙将工作区的宽度限制到 1.0 m,由此可在工作段产生 0.5 m/s 左右的最大流速。本节实验数据涉及的流速为 0.24 m/s,0.31 m/s,0.37 m/s 和 0.44 m/s 四种工况。柔性立管模型采用硬聚氯乙烯(UPVC)管,管中充满水,有关的物理参数列于表 5.6.1。立管模型的两端采用万向节连接,顶端有滑块装置,可以任意调节张力,并且可以保证在同一组实验中模型振动时受到的张力与初始张力一致。应变的测量采用光纤光栅应变片(FBG),沿立管轴向布置五组应变片位置如图 5.6.1 所示,每组由两个光纤光栅应变片构成,呈 180° 对称布置(与水流方向垂直)。

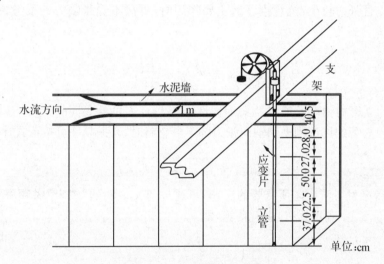

图 5.6.1 实验装置示意图

表 5.6.1 实验立管模型参数

弹性模量 E	淹没长度 L	外径 D	内径 d	单位长度质量(空管)	弯曲刚度 EI
3.2 GPa	2.05 m	15.9 mm	14.2 mm	0.061 4 kg/m	3.65 N·m²

2) 立管模型理论自振频率的计算方法

在开展立管涡激振动实验之前,需要事先应用理论公式计算立管模型自振频率的大小,主要有以下三个作用:① 如前文所述,当"锁定"发生时,有 $f_0 \approx f_s \approx f_n$,其中 f_0 为立管的实际振动频率;f_s 为涡释频率;f_n 为立管的自振频率,所以计算出 f_n 后就能够大致确定 f_s 的大小,从而由式(1)可以估算出不同模态被激发至"锁定"状态时的流速大小,为实验执行流速的设计提供依据;② 把计算出的不同模态可能发生"锁定"的流速与实验水流能够达到的最大流速值相比较可以知道实验过程中可能被激起的最高模态的阶数,从而确定应变片的布置方案,包括布置几个应变片以及相邻两应变片之间的距离;③ 计算出的理论自振频率可以为后文滤波频率通过带的选择提供依据。

对于两端简支的立管,考虑其材料特性、张力大小等的影响作用,其自振频率可分别采用以下几种方法进行计算:

(1) 当立管所受张力较大,弯曲刚度可忽略时,立管的振动可按张紧的绳考虑,其自振频率为

$$f_{n,\,\text{string}} = n\,\frac{1}{2}\sqrt{\frac{T}{mL^2}} \tag{2}$$

式中:$m = m_{\text{sys}} + C_A m_d$,$m_{\text{sys}}$ 为单位长度立管的质量,m_d 为单位长度立管所排开水体的质量,C_A 为附加质量系数,可取静水中的情况进行近似,此时有 $C_A = 1.0$;n 为模态数;T 为立管平均张力;L 为立管的长度。

(2) 立管张力较小,抗弯刚度起主要作用时,可按不受张紧力的梁考虑,则自振频率的计算公式为

$$f_{n,\,\text{beam}} = n^2\,\frac{\pi}{2}\sqrt{\frac{EI}{mL^4}} \tag{3}$$

式中:E 为立管的弹性模量;I 为截面惯性矩;n,m,L 的含义同前。

(3) 当立管的抗弯刚度和轴向张力都不可忽略时,自振频率可按下式计算[7]:

$$f_{n,\,t\text{-beam}} = \sqrt{f_{n,\,\text{string}}^2 + f_{n,\,\text{beam}}^2} \tag{4}$$

为获得激发各阶模态所需要的流速,可通过前文说明的"锁定"时频率之间的关系 $f_s \approx f_{n,\,t\text{-beam}}$,利用式(1)进行估算,即

$$U_n = \frac{f_{n,\,t\text{-beam}}D}{Sr} \tag{5}$$

5.6.3 数据处理方法

1) 带通滤波

由于实验本身以及测量手段的不足,所采集到的光纤光栅应变信号中必然存在一些噪声。因此有必要对采集到的数据进行滤波处理。本节采用带通滤波的方法,基本原理是假设采集到的信号 $y(t)$ 由真实的信号 $s(t)$ 和噪声信号 $\eta(t)$ 两部分组成,即 $y(t) = s(t) + \eta(t)$。设 $y(t)$,$s(t)$,$\eta(t)$ 以及滤波函数 $h(t)$ 所对应的频域函数分别为 $y(f)$,$s(f)$,$\eta(f)$ 和 $h(f)$,则滤波的目的就是使得 $y(f) = [s(f) + \eta(f)]h(f) = s(f)$,即等价于要求 $\eta(f)h(f) = 0$,$s(f)h(f) = s(f)$。当采用下式所示的滤波器时,能够满足上述要求。

$$h(f) = \begin{cases} 0, & \text{其他} \\ 1, & |f-f_0| \leqslant \alpha \text{ 或 } |f+f_0| \leqslant \alpha \end{cases} \tag{6}$$

式(6)中带通滤波的参数 f_0 和 α 界定了滤波时频率通过的范围,可由式(4)确定的自振频率大小来大致估算,后文将以具体的实例说明 f_0 和 α 的确定方法。

对 $h(f)$ 进行反傅里叶变换,可以得到

$$h(t) = 2\frac{\sin 2\pi\alpha t}{\pi t}\cos 2\pi f_0 t \tag{7}$$

那么真实信号 $s(t)$ 可由量测信号 $y(t)$ 通过下式求得:

$$s(t) = \int_{-\infty}^{+\infty} y(\tau)h(t-\tau)\mathrm{d}\tau \tag{8}$$

经以上方法处理后的光纤光栅应变信号即可作为真实的应变信号进行立管动力反应特性的分析。

2) 模态分解

为获得柔性细长立管涡激振动的响应频率和响应位移,模态分解是一种比较有效的方法。因为利用模态分解的方法除了能够计算得到测点的位移外,其他位置的响应位移也能够计算得出。而对测得的应变直接进行二重积分只能得到测点的响应位移,其他位置的响应位移无法得出。

取笛卡尔坐标系,其中坐标原点在立管底部,X 轴为水流方向,Z 轴沿立管垂直向上,Y 轴垂直于 XZ 平面。

根据结构动力学理论,长度为 L 的立管振动位移 $y(z,t)$ 可以按模态分解为

$$y(z,t) = \sum_{n=1}^{\infty} w_n(t)\varphi_n(z), \quad z \in [0, L] \tag{9}$$

式中:$\varphi_n(z)$ 为振型函数,$w_n(t)$ 为权重函数。

对于两端简支的立管,其振型函数可以表示成 $\varphi_n = \sin(n\pi z/L)$,其中 $z \in [0, L]$,则立管振动时各点的位移为

$$y(z,t) = \sum_{n=1}^{\infty} w_n(t)\sin\frac{n\pi z}{L}, \quad z \in [0, L] \tag{10}$$

根据几何关系,曲率 ρ 的计算公式为

$$\frac{1}{\rho} = \frac{y''}{[1+(y')^2]^{3/2}} \tag{11}$$

考虑到 y' 是一个小量,计算中可忽略,联合立管表面的应变公式 $\varepsilon = R/\rho$,可得

$$\frac{\varepsilon(t,z)}{R} = -\sum_{n=1}^{\infty} w_n(t)\left(\frac{n\pi}{L}\right)^2 \sin\frac{n\pi z}{L}, \quad z \in [0, L] \tag{12}$$

由于实际立管振动时不可能所有的模态都参与,所以式(12)中 n 的取值不可能为 1~

∞，而应该是一个有限的范围 $n_1 \sim n_2$，因为如果立管振动时被激起的最低模态为 $n_1(n_1 > 1)$，则 $1 \sim n_1 - 1$ 阶模态没有参与振动，从而对式(12)进行展开时，$1 \sim n_1 - 1$ 阶模态不应参与计算；同时由于流速及阻尼等因素对立管振动限制，参与振动的模态也不可能无限高，假如参与振动的最高阶模态为 n_2，则 $n_2 + 1 \sim \infty$ 阶模态不应参与计算，所以立管的振动位移应仅用参与振动的 $n_2 - n_1 = N$ 个模态函数来近似。后文将结合前文所述实验获得的数据详细的说明如何确定 n_1 和 n_2 的大小。

若实验中在立管的 $Z_1, Z_2, \cdots, Z_M$ 点处布置 $M(M \geqslant N)$ 个应变片，这样对应某个时刻 t，式(12)可以通过下面的方程组进行表示：

$$-\left(\frac{\pi}{L}\right)^2 \begin{bmatrix} n_1^2 \sin \dfrac{n_1 \pi z_1}{L}, & (n_1+1)^2 \sin \dfrac{(n_1+1)\pi z_1}{L}, & \cdots, & n_2^2 \sin \dfrac{n_2 \pi z_1}{L} \\ n_1^2 \sin \dfrac{n_1 \pi z_2}{L}, & (n_1+1)^2 \sin \dfrac{(n_1+1)\pi z_2}{L}, & \cdots, & n_2^2 \sin \dfrac{n_2 \pi z_2}{L} \\ & \cdots & \cdots & \\ n_1^2 \sin \dfrac{n_1 \pi z_M}{L}, & (n_1+1)^2 \sin \dfrac{(n_1+1)\pi z_M}{L}, & \cdots, & n_2^2 \sin \dfrac{n_2 \pi z_M}{L} \end{bmatrix} \begin{bmatrix} w_{n_1}(t) \\ w_{n_1+1}(t) \\ \vdots \\ w_{n_2}(t) \end{bmatrix}$$

$$= \begin{bmatrix} \dfrac{\varepsilon(t, z_1)}{R} \\ \dfrac{\varepsilon(t, z_2)}{R} \\ \vdots \\ \dfrac{\varepsilon(t, z_M)}{R} \end{bmatrix} \tag{13}$$

求解方程组(13)就可以得到各个模态所对应的权重函数 $w_n(t)$，其中 $n = n_1, \cdots, n_2$。

将求出的权重函数 $w_n(t)$ 代入式(14)可以计算出立管上各点位移的时间变化过程，以上方法即为以测得的应变大小作为输入信号的模态分解的方法。此外，如果涡激振动实验中能够测得某些位置的加速度随时间的变化过程，也可采用测得的加速度大小作为输入信号进行模态分解，此时只需把式(9)两边分别对时间 t 求二阶导数，通过在 $n_1 \sim n_2$ 模态上展开，就能够得出类似于式(13)的方程组。

3) 频谱分析

对于时域信号，通过傅里叶变换就可以得到频域信息 $\hat{w}(\omega)$，傅里叶变换的公式为

$$\hat{w}(\omega) = \int_{-\infty}^{+\infty} w(t) \mathrm{e}^{-\mathrm{i}\omega t} \mathrm{d}t \tag{14}$$

由于实验中测量得到的时域信息 $w(t)$ 往往有限，一般仅仅在 $(0, T)$ 的有界范围内有值，为能使用有限的时间序列数据来反映立管的涡激振动特性，可将原来的波形乘以一个方波，通过"开窗"的方法将式(14)变换成下式：

$$\hat{w}(\omega) = \frac{2}{T} \int_0^T w(t) e^{-i\omega t} dt \tag{15}$$

上式可以采用直接积分的方式求解，也可以通过快速傅里叶变换（FFT）求解，两种方法都将获得 $\hat{w}(\omega)$ 的峰值，即可得到 $w(t)$ 的幅值，$\hat{w}(\omega)$ 峰值所对应的频率即为 $w(t)$ 的控制频率。

5.6.4　实验数据分析前的准备

根据前文表 5.6.1 中给出的实验立管模型参数，联立式(4)和式(5)，可以计算得出实验模型的前四阶理论自振频率以及激发各模态所需要的流速大小，如表 5.6.2 所示。

表 5.6.2　前四阶模态理论自振频率及激发所需流速大小

模态数 N	自振频率 f_n/Hz	激发所需流速/(m/s)
1	1.105	0.088
2	4.418	0.351
3	9.940	0.790
4	17.67	1.404

从表 5.6.2 中可知，第三阶模态被激发所需流速大约为 0.790 m/s，与实验水槽能够产生的最大流速 0.5 m/s 比较接近，可以推断出可能参与振动的最高模态为第三阶模态，由此能够确定以下一些参数的值：① 求解式(13)时，$n_2 \geqslant 3$ 即可，本节数据分析时，为确保计算结果的准确性，n_2 取值为 5，n_1 取值为 1，即参与计算的模态数为 1～5。② 求解式(13)时，要求 $M \geqslant N$，即光纤光栅应变传感器的个数应该大于或等于求解的模态数。本节实验采用的传感器个数 $M=5$。③ 由表 5.6.2 可知，第三阶模态的振动频率为 9.940 Hz，从保守的角度考虑，本节数据分析中的滤波频率通过带取为 0.4～19.6 Hz，即 $f_0 = 10$ Hz，$\alpha = 9.6$ Hz。从后文图 5.6.3 可以看出，响应频率大于 8 Hz 时对应的模态幅值基本为零，即振动过程中这些频率没有被激起，说明本节选用的滤波频率通过带上限 19.6 Hz 能够满足实际情况要求；从图中还可以看出，滤波前后第一阶模态和第二阶模态的频域曲线只在 0～0.4 Hz 之间有不同，而在其他区段，模态的主要特征（如模态的控制频率和振幅）在滤波前后都没有明显变化，这说明本节选取的滤波频率通过带下限 0.4 Hz 是合理的，因为它没有对实际的振动频率产生负面的影响。

确定了这些参数的大小后就可以对采集得到的实验数据进行分析了。

5.6.5　实验数据分析

本部分将利用前面介绍的基本方法对未施加张力情况下的实验数据进行分析，以说明本节数据处理方法的可靠性和实用性。

1）滤波的作用

图 5.6.2 给出了流速为 0.44 m/s 时，立管中间测点滤波前后的应变过程曲线。从图中可以看出，对原始数据进行滤波处理以后，应变曲线更加光滑。同时，滤波以后应变曲线的时均值整体下移，曲线形态相对于零值的对称性较好，这与实际物理过程比较符合。

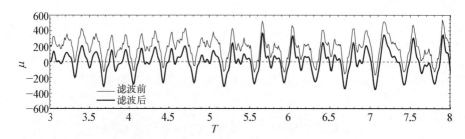

图 5.6.2　中间测点滤波前后应变随时间变化的曲线

对计算出的模态的幅值和位移计算的结果进行分析可进一步说明滤波的作用。利用式（13）得到模态权重 $w(t)$ 后，通过式（15）计算了在对原始应变数据进行滤波和不进行滤波两种情况下模态权重的频域结果 $\hat{w}(\omega)$，如图 5.6.3 所示。该图所对应的流速仍为 0.44 m/s，从中可以发现两模态的幅值比较接近。

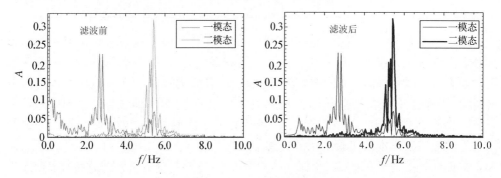

图 5.6.3　一二模态频谱图

位移均方根可以从整体上反映立管在某一流速下的振动波形。计算公式如下：

$$y_{rms}(z_i) = \sqrt{\frac{1}{T}\int_0^T y^2(z_i,\,t)\mathrm{d}t} \tag{16}$$

图 5.6.4 给出了滤波前后流速为 0.44 m/s 情况下的位移均方根图。由于模态函数采用正弦函数，所以第二模态函数的均方根曲线在中间有凹陷。结合图 5.6.3 所示的情况，考虑到二模态的幅值比一模态的幅值略大，所以计算出来的立管位移均方根理论上在中间应该有明显的凹陷。但是图 5.6.4 中滤波前的位移均方根曲线在中间处凹陷很小，这和图 5.6.3 的分析结果是矛盾的；而滤波后的位移均方根变化曲线在中间处呈现明显的"鞍形"，充分体现了第二模态的特征，所以对原始光纤光栅应变信号进行滤波是合理的，也是很有必要的。

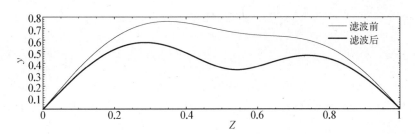

图 5.6.4 流速为 0.44 m/s,滤波前后的位移均方根

2）控制模态随流速的变化

控制模态的定义有两种：一种是关于位移的控制模态,另一种是关于曲率的控制模态。利用前文模态分解的结果可以计算出模态权重 $w_n(t)$ 的标准差为

$$w_{n,\text{SD}} = \sqrt{\frac{1}{T} \int_0^T (w_n(t) - \overline{w_n(t)})^2 \mathrm{d}t} \tag{17}$$

式中：$w_n(t) = (1/T) \int_0^T w_n(t) \mathrm{d}t$，$w_{n,\text{SD}}$ 的最大值所对应的模态就是关于位移的控制模态,它反映的是立管振动过程中各个模态对位移的贡献;关于曲率的控制模态为 $(n\pi/L)^2 w_{n,\text{SD}}$ 的最大值所对应的模态,它反映的是立管振动中各个模态对于应变的贡献,是对立管的疲劳贡献最大的模态。图 5.6.5 给出了以上两种控制模态随流速的变化情况。从中可以看出,在流速为 0.37 m/s 时关于位移的控制模态为第一模态,而关于曲率控制模态就已经是第二模态了。因此,对实际问题而言,不应仅仅从位移的变化上来判断立管的疲劳情况,还应综合曲率的变化来进行评价。

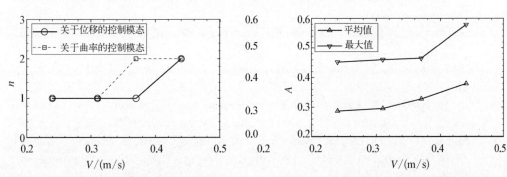

图 5.6.5 位移控制模态和曲率控制模态随流速的变化

图5.6.6 立管位移标准差沿立管的平均值和最大值随流速的变化

3）立管位移标准差随流速的变化

立管位移标准差在空间上分布的平均值 $y_{\text{mean-SD}}$ 以及最大值 $y_{\text{max-SD}}$ 均可用来表示立管响应幅度的变化,并可在一定程度上反映了立管的疲劳程度,它们的计算公式分别为以下的式(18)和式(19)：

$$y_{\text{mean-SD}}(z) = \frac{1}{I} \sum_{i=1}^{I} y_{\text{SD}}(z_i) \tag{18}$$

$$y_{\max\text{-}SD}(z) = \text{MAX}(y_{SD}(z_i)) \tag{19}$$

其中，$y_{SD}(z_i) = \dfrac{1}{T} \int_0^T \left[y(z_i, t) - \overline{y(z_i, t)} \right]^2 \mathrm{d}t$，$\overline{y(z_i, t)} = \dfrac{1}{T} \int_0^T y(z_i, t) \mathrm{d}t$

图 5.6.6 给出了 $y_{\text{mean-SD}}$ 和 $y_{\max\text{-}SD}$ 随流速的变化情况，从中可以看出，随着流速的增大，两种响应位移均不断增大，这说明立管涡激振动疲劳破坏的危险程度会随着流速的增大而增大。

5.6.6   结论

本节详细讨论了柔性立管涡激振动模型实验的应变信号数据分析方法，并结合具体的实验工作对立管振动响应特性进行了分析。从分析结果来看，对原始实测信号进行滤波处理是必要的，这样可以消除原始信号中的低频和高频噪声部分，滤波使位移分析结果更加接近于实际情况；利用文中的数据分析方法并结合实验结果，研究了控制模态和位移标准差随流速的变化趋势，发现随着流速的增大，关于位移的控制模态和关于曲率的控制模态都增大，说明立管受到的疲劳破坏也在增大；位移标准差的平均值和最大值也随着流速的增大而增大。本节的分析结果较好地反映了立管涡激振动的基本特性，为今后深入开展深海立管涡激振动问题的实验研究和现场原位测试提供了有益的借鉴。

参考文献

［1］ Chaplin J R, Bearman P W, Huera Huarte F J, et al, Laboratory measurements of vortex-induced vibrations of a vertical tension riser in a stepped current [J]. Journal of Fluids and Structures, 2005, 21 (1): 3 - 24.

［2］ Guo H Y, Lou M. Effect of internal flow on vortex-induced vibration of risers [J]. Journal of Fluids and Structures, 2008, 24 (4): 496 - 504.

［3］ Gopalkrishnan R. Vortex-induced forces on oscillating bluff cylinders[D]. MIT, Cambridge, MA, USA.

［4］ Lie H, Kaasen K E. Modal analysis of measurements from a large-scale VIV model test of a riser in linearly sheared flow[J]. Journal of Fluids and Structures, 2006, 22 (4): 557 - 575.

［5］ Sheppard D M, Omar A F. Vortex-induced loading on offshore structures: A selective review of experimental work [C]. Proceedings of the 24th Offshore Technology Conference, Houston, USA. 1992: 6817.

［6］ Trim A D, Braaten H, Lie H, et al. Experimental investigation of vortex-induced vibration of long marine risers[J]. Journal of Fluids and Structures, 2005, 21 (3): 335 - 361.

［7］ Timoshenko S, Young D H, Weaver W. Vibration Problems in Engineering[M]. (fourth ed). Wiley, New York. 1974.

［8］ Vandiver J K, Dimensionless parameters important to the prediction of vortex-induced vibration of long, flexible cylinders in ocean currents [J]. Journal of Fluids and Structures, 1993, 7 (5): 423 - 455.

［9］ 杨兵,高福平,吴应湘. 单向水流作用下近壁管道横向涡激振动实验研究[J]. 中国海上油气, 2006,18(1): 52 - 57.

5.7　质量比对柔性立管涡激
振动影响的实验研究

5.7.1　引言

非流线型钝体在水流的作用下会产生周期性的涡脱落,从而产生交变作用力,使物体发生周期性的振动,称为"涡激振动"。对深海细长柔性立管而言,涡激振动对立管系统的安全稳定具有很大的破坏作用。质量比是控制立管涡激振动的一个重要参数,对立管的振动位移和响应频率都有很大的影响。质量比的定义为 $m^* = 4\,m/\rho\pi D^2$,其中 m 为单位长度立管质量,ρ 为水体密度,D 为立管直径。在有关圆柱体涡激振动问题的研究中,很多学者都对质量比的影响进行了讨论,如 Sarpkaya[1],Bearman[2] 以及 Parkinson[3] 等。另外,Khalak 和 Williamson[4] 对低质量阻尼比($m^*\zeta$,其中 $\zeta = c_{sys}/c_{crit}$,c_{sys} 为系统阻尼,c_{crit} 为临界阻尼)下刚性圆柱涡激振动中的力、响应位移以及相应的尾流模型和相位的变化等都进行了细致的研究,他们给出了无因次振幅 A^* 随约化速度 U^* 的变化规律,其中 $A^* = A/D$,A 为圆柱响应位移,D 为圆柱直径,$U^* = U/f_N D$,U 为水流速度,f_N 为圆柱在静水中的自振频率。在低质量比($m^* = O(1)$)情况下,Khalak 和 Williamson[5]($m^* = 10.1$)所开展的实验结果表明,A^* 随 U^* 的变化有三个分枝,即:初始分枝、上分枝以及下分枝;在高质量比情况下,Feng[6]($m^* = 248$)所开展的实验结果表明,A^* 随 U^* 的变化只有两个分枝:初始分枝和下分枝。Khalak 和 Williamson[4] 认为,在 $m^*\zeta$ 一定时,m^* 决定了由约化速度度量的共振区域的大小,m^* 越小,共振区域越大。Govardhan 和 Williamson[7] 以及 Vikestad 和 Vandiver[8] 对此的解释为:在高质量比情况下,由于附加质量相对于立管本身的质量很小,不足以影响到立管的自振频率,所以自振频率不容易接近涡脱落频率,从而共振区域较小;而在低质量比的情况下,由于附加质量相对于立管本身的质量较大,它可以不断调整自振频率使其和涡脱落频率相适应,从而共振的区域就较大。另外,国内学者何长江等[9]利用数值模拟手段研究了 m^* 和 ζ 对圆柱涡激振动振幅的影响,发现前者是完全非线性的,后者则几乎呈线性。关于响应频率,常采用无因次频率 $f^* = f/f_N$(f 为圆柱响应频率)来进行描述。Khalak 和 Williamson[4] 指出:在高质量比情况下,当共振发生时 f^* 在 1.0 附近,即振动频率接近于自振频率;在低质量比情况下,共振时 f^* 不再处于 1.0 附近,而是在大于 1.0 的某个范围内,即圆柱振动频率处于圆柱在静水中的自振频率和固定圆柱涡脱落频率之间,并且初始枝和上枝对应的 f^* 随着 U^* 的增大不断增大,但下分枝对应的 f^*(即 f_{Lower}^*)只与 m^* 有关。Govardhan 和 Williamson[7] 用下式来描述这一关系:

$$f_{Lower}^* = \sqrt{\frac{m^* + 1}{m^* - 0.54}} \tag{1}$$

从上式可以看出,0.54 为临界值,称为临界质量比。Govardhan 和 Williamson[7] 指出:当质量比低于 0.54 时,A^* 随 U^* 的变化曲线中不会出现下分枝,而是上分枝会随着约化速度的增大一直延续下去,即无因次频率 f^* 随着 U^* 的增大而不断增大。

　　上述这些研究工作对人们认识质量比对圆柱体涡激振动的影响起到了重要的推动作用,但是这些工作的基础都是刚性圆柱体振动实验,并且实验中限制了圆柱体在顺水流方向的振动。而质量比对细长柔性杆件多模态涡激振动的影响还很少有专门的实验来研究。本节的工作主要是通过开展细长柔性杆件多模态涡激振动实验来研究质量比对深海立管涡激振动的影响作用。实验中立管模型可以在垂直于水流方向(CF)和顺水流方向(IL)自由振动,但由于涡激振动主要体现在 CF 方向,因此,本节实验数据的采集主要关注 CF 方向的应变。通过实验本节给出了不同质量比情况下立管模型的响应模态、响应振幅和振动频率的变化规律。

5.7.2　实验设置

1) 实验水槽

　　实验在大连理工大学海岸和近海工程国家重点实验室的非线性波浪水槽中开展。水槽长度为 60 m,高 2.4 m,宽 4 m。水槽一端安装 2 台 1.0 m³/s 轴流泵的双向流场模拟系统,模型放置区域的宽度用水泥墙限制到 1.0 m,这样可在主实验段产生 0.5 m/s 左右的最大流速。在实验之前,对流场进行的校验测量表明主流段流场均匀。

2) 立管模型

　　立管模型采用硬聚氯乙烯(UPVC)管材,模型的主要参数列于表 5.7.1。为研究不同质量比的影响,本节分别对空管、充填水和充填沙的三种 UPVC 管(以下简称空管、水管以及沙管)开展了实验研究。以上三种工况下立管模型的质量比列于表 5.7.2。模型的两端采用万向节连接,可以保证模型两端不受弯矩作用的同时不能发生扭转运动。顶端万向节连接滑杆和滑轮的组合装置,通过改变砝码的重量达到调节张力的目的。由于立管模型自身重量较轻,在浮力的作用下,立管模型向下的作用力很小,所以实验中添加的顶张力也较小,本节分析数据都来源于顶张力为 2 N 的实验。具体的实验设置如图 5.7.1 所示。

表 5.7.1　UPVC 管材模型参数

弹性模量 E	长度 L	外径 D	内径 d	单位长度质量(空管)m	弯曲刚度 EI
3.2 GPa	2.05 m	15.9 mm	14.2 mm	0.061 4 kg/m	3.65 N·m²

表 5.7.2　不同工况下的质量比以及下分枝所对应的无因次频率

工　况	空　管	水　管	沙　管
m^*	0.31	1.11	1.32
f^*_{Lower}	无限共振	1.92	1.72

3）测量仪器

实验测量仪器选用光纤光栅应变片（FBG），FBG 是一种新型的应变传感器，具有灵敏度高、体积小、耐腐蚀等优点。利用 FBG 测得的振动过程中立管模型上一些离散点的应变变化，能够分析得到立管涡激振动特性，包括振动频率、位移、模态等参数的变化情况。FBG 粘贴的个数及相应的位置需要初步计算才能确定。

顶端张力作用下梁的第 n 阶理论自振频率可按下式计算[10]：

$$f_n = \frac{1}{2\pi}\sqrt{n^4 + n^2\frac{L^2 T}{\pi EI}}\,\pi^2\sqrt{\frac{EI}{(m+m_a)L^4}} \tag{2}$$

式中：E 为立管的弹性模量；I 为截面惯性矩；m 为单位长度立管的质量，$m_a = m_d C_A$，m_d 为单位长度立管所排开水体的质量；C_A 为附加质量系数，可取静水中的情况进行近似，此时有 $C_A = 1.0$；n 为模态数；T 为轴向张力；L 为立管长度。根据表 5.7.1 中给出的实验立管模型参数，可以计算得出顶张力为 2 N 时实验模型的前四阶理论自振频率分别为 1.23 Hz，4.54 Hz，10.07 Hz，17.80 Hz。由于实验水槽能够产生的最大流速为 0.5 m/s，取 Strouhal 数 Sr 为 0.2 时，根据公式 $f_s = SrU/D$ 可计算出涡脱落频率为 6.29 Hz，因此，可推断出最大的锁定模态为二阶或三阶模态。为了能够检测出各模态的参与情况，同时考虑实验过程中传感器的损坏，沿立管在 CF 方向侧面的 5 个位置布置 FBG（具体位置见图 5.7.1）。每个位置粘贴两个应变片，呈 180° 对称布置（与水流方向垂直），数据处理时可以把两个应变片测出的应变值相减后除以 2 作为该位置的应变，这种处理方法能够消除在拖曳力的作用下立管 IL 方向过大的变形对 CF 方向应变的影响。由于立管模型长度较小，激起的模态数也较少，5 组应变片均匀分布在立管轴线方向，均匀布置在满足检测出立管振动特性要求的同时，还可以提高计算精度，减少工作量。

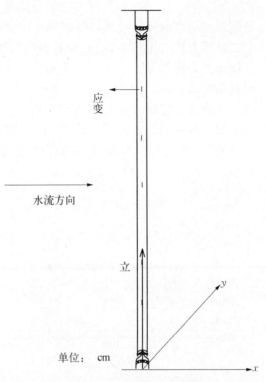

应变

水流方向

立

y

x

单位： cm

图 5.7.1　实验装置示意图

5.7.3　自振频率的测量

为了计算无因次频率 f^*，在开展实验之前需要确定立管的自振频率，并与理论计算结果比较，从而验证实验的设置是否合理。自振频率测量的方法为：对静水中的立管模型施加脉冲力，测得立管应变的变化，经过频谱分析之后可以得到立管的第

n 阶自振频率 f_n。图 5.7.2(a),(b)分别给出了水管在张力为 2 N,距水底 0.595 m 处测点的应变时域和频域信号,(b)中的两个峰值点所对应的频率即为水管的一阶和二阶模态的自振频率,用同样的方法可以得到空管和沙管在静水中的一阶和二阶模态的自振频率。由于模型长细比过小,实验中没有测得模型的三阶及更高阶的自振频率,从后文对表 5.7.3 的分析中可以推断出第三阶模态没有参与振动,测得一阶和二阶自振频率能够满足要求。三组工况下立管模型在 2 N 顶张力作用下的实测自振频率结果和理论计算结果如表 5.7.3 所示,从中可以看到:随着质量比的增加,自振频率不断减小,并且实验值和理论值很接近,说明实验设置比较合理。

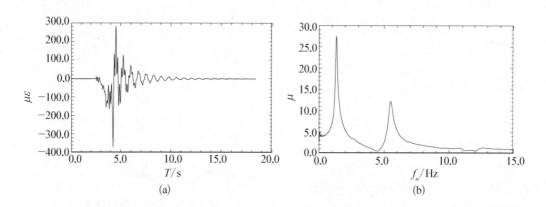

图 5.7.2　水管距水底 0.595 m 测点的应变

(a)时域　(b)频域

表 5.7.3　不同质量比对应的一阶和二阶自振频率

工　况	空　管		水　管		沙　管	
	实　验	理　论	实　验	理　论	实　验	理　论
一阶自振频率 f_1/Hz	1.54	1.56	1.33	1.23	1.20	1.17
二阶自振频率 f_2/Hz	6.00	5.77	5.47	4.54	4.90	4.33

5.7.4　数据处理的方法

参照图 5.7.1,坐标原点设在立管底部,x 轴为来流方向,z 轴沿立管垂直向上,y 轴与 xz 平面垂直。根据结构动力学理论,长度为 L 的立管,其振动位移 $y(z, t)$ 可以写为

$$y(z, t) = \sum_{n=1}^{\infty} w_n(t)\varphi_n(z), \quad z \in [0, L] \tag{3}$$

为便于计算,对上式进行两点简化:① 由于可以测得 5 个位置的应变变化,通过(3)式可计算出的最高阶模态为 5 阶,且前文已指出共振模态为二阶或三阶,所以(3)

式中 n 取为 $1\sim5$ 即可；② 由于实验立管两端简支，所以式中振型函数 $\varphi_n(z)$ 可取为正弦函数，即

$$\varphi_n(z) = \sin\frac{n\pi z}{L}, \quad z \in [0, L] \tag{4}$$

将式(4)代入式(3)中，然后在等式两边求导，并利用材料力学中应变和位移二阶导数的关系，可以得到如下方程组：

$$\left(\frac{\pi}{L}\right)^2 \begin{bmatrix} \sin\dfrac{\pi z_1}{L}, & 2^2\sin\dfrac{2\pi z_1}{L}, & \cdots, & 5^2\sin\dfrac{5\pi z_1}{L} \\ \sin\dfrac{\pi z_2}{L}, & 2^2\sin\dfrac{2\pi z_2}{L}, & \cdots, & 5^2\sin\dfrac{5\pi z_2}{L} \\ \cdots\cdots \\ \sin\dfrac{\pi z_5}{L}, & 2^2\sin\dfrac{2\pi z_5}{L}, & \cdots, & 5^2\sin\dfrac{5\pi z_5}{L} \end{bmatrix} \begin{bmatrix} w_1(t) \\ w_2(t) \\ \vdots \\ w_5(t) \end{bmatrix} = \begin{bmatrix} \varepsilon(t, z_1)/R \\ \varepsilon(t, z_2)/R \\ \vdots \\ \varepsilon(t, z_5)/R \end{bmatrix} \tag{5}$$

方程组(5)右端列向量表示各个测点的应变信号与立管半径的比值，测得的原始应变信号需经过带通滤波处理才能代入式(5)计算，根据前文说明的立管模型的前四阶理论自振频率，简单确定带通滤波的频率通过带为 $0.4\sim19.6\ \mathrm{Hz}$，由此能够去掉低频和高频噪声信号。求解方程组(5)得到模态权重函数 $w_n(t)$，然后代入式(3)可计算出立管模型各点的振动位移。

5.7.5　实验数据分析

利用前文叙述的方法对采集的应变进行处理可以得到不同质量比情况下的立管响应特性，主要包括响应模态、响应频率以及响应振幅，下文将针对这几个方面分别进行论述。本节分析数据都来源于顶张力为 2 N 的实验。

1) 质量比对响应模态的影响

如前文所述，利用式(5)可以计算得到不同质量比和流速下立管振动时各模态的权重函数 $w_n(t)$，然后对 $w_n(t)$ 进行傅里叶变换可以得到响应模态的控制频率和模态振幅。模态振幅的计算结果列于表 5.7.4，从表 5.7.4 中可以看出，在本实验中，第一、二模态幅值都能够达到 $0.5D$ 左右，而第三模态的幅值只有 $0.06D$ 左右，甚至更小，这说明本节实验中，张力为 2 N 时，现有流速工况下的振动为只有一、二模态参与的多模态振动。另外，进一步分析表 5.7.4 可以发现，在同一流速下，随着质量比的增大，第二模态振幅和第一模态振幅的比值不断增大，这说明在同一水流条件下随着质量比的增大，立管模型被激起的模态数也在增大。但在流速 $0.31\ \mathrm{m/s}$ 时，水管 A_1^* 很大，造成 A_2^*/A_1^* 的值相比于空管在此流速下的相应值偏小，这可能是由于不断变化的附加质量及黏性阻尼的影响而使得第一模态的能量很大，甚至会夺取第二模态的部分能量，从而造成第一模态的振幅很大，具体原因有待进一步的研究。

表 5.7.4　不同质量比以及流速情况下各振动模态幅值的比较

工　况	$V/(\mathrm{m/s})$	模　态　数			
		1	2	3	
		A_1^*	A_2^*	A_3^*	A_2^*/A_1^*
空管	0.24	0.732	0.034	0.009	0.05
	0.31	0.740	0.182	0.010	0.25
	0.37	0.814	0.317	0.024	0.39
	0.44	0.815	0.513	0.040	0.63
水管	0.24	0.641	0.029	0.006	0.05
	0.31	0.658	0.108	0.007	0.16
	0.37	0.509	0.230	0.013	0.45
	0.44	0.338	0.353	0.012	1.04
沙管	0.24	0.371	0.022	0.002	0.06
	0.31	0.240	0.093	0.006	0.39
	0.37	0.329	0.450	0.012	1.37
	0.44	0.274	0.511	0.061	1.86

　　利用计算得到的 $w_n(t)$ 和式(3),可以进一步计算出模型各点的振动位移 $y(z,t)$,从而得到不同质量比和流速下立管各位置上的位移均方根:

$$y_{\mathrm{rms}}(z_i) = \sqrt{\frac{1}{T}\int_0^T y^2(z_i,t)\mathrm{d}t} \tag{6}$$

　　图 5.7.3(a)～(c)分别给出了空管、水管和沙管在不同流速下的位移均方根。从图中可以看出:当流速比较小时,三种不同质量比立管的位移均方根曲线都接近于一阶振型;在流速较大的情况下,水管和沙管的位移均方根曲线开始体现第二模态振型特征。因此,本节实验在较大流速情况下的涡激振动响应为一、二模态共同参与下的多模态响应,这与前文分析的结果是一致的。当流速为 0.44 m/s 时,随着质量比的增大,二阶模态振型越来越明显,这与表 5.7.4 的分析结果是相符的。

　　2) 频率分析

　　前文已经计算出了立管振动各模态的控制频率,现讨论不同质量比情况下各模态无因次频率 f^* 随约化速度 U^* 的变化关系。二模态无因次频率 f^* 以及约化速度 U^* 计算的分母采用二模态的自振频率,即 $f^*=f/f_2$,$U^*=U/f_2D$,变化曲线如图 5.7.4(a)所示,从中可以看出:在低约化速度区域,空管和水管的响应频率和涡脱落频率基本一致,而沙管的响应频率和自振频率则更加接近;图(b)为一模态无因次频率 f^* 随约化速度 U^* 的变化关系,f^* 和 U^* 计算的分母采用一模态的自振频率,即 $f^*=f/f_1$,$U^*=U/f_1D$,其中 f^* 的值为 1.92 和 1.72(见表 5.7.2)的两条横线分别

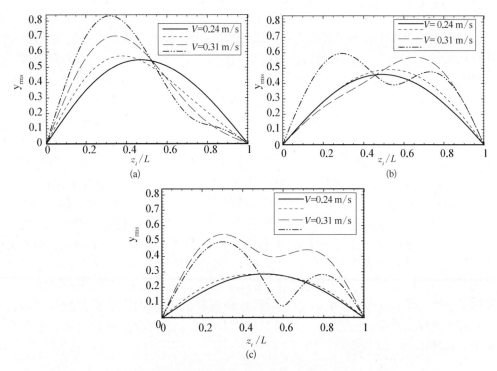

图 5.7.3　不同质量比和流速情况下沿立管不同位置的位移响应均方根

(a) 空管 $m^* = 0.31$　(b) 水管 $m^* = 1.11$　(c) 沙管 $m^* = 1.32$

代表水管和沙管下分枝所对应的无因次频率 f_{Lower}^*，从中可以看出：在高约化速度区域，对于空管（$m^* = 0.31$，小于临界质量比 0.54），它的响应频率随约化速度的增大而不断增大，这与 Govardhan 和 Williamson[7] 提到的规律一致；水管和沙管的响应频率在高约化速度区，则没有呈现明显的规律性，只有个别点落在了式（1）提到的规律上，但都介于涡脱落频率和自振频率之间。其中，当约化速度为 21 左右时，沙管无因次响应频率又重新接近于涡脱落频率，这时立管模型的振动和漩涡的脱落没有耦合作用，处于非锁定阶段。

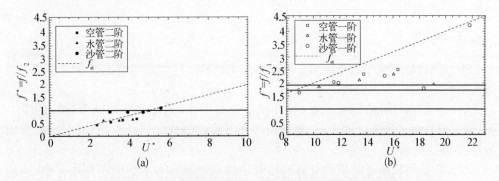

图 5.7.4　不同质量比情况下无因次频率与约化速度的关系

(a) 二模态　(b) 一模态

3）振幅分析

利用已经得到立管振动各模态的振幅，现进一步分析了无因次的振幅 A^* 在不同质量比情况下对约化速度 U^* 的依赖关系，如图 5.7.5 所示，一、二模态的 U^* 计算方法同前文一样。从图 5.7.5(a)可以看出：在低约化速度区域，不同质量比立管的响应振幅具有类似的趋势，即随着约化速度的增大，响应振幅也不断增大，对应着文献 Khalak 和 Williamson[5] 提到的初始枝。从图(b)可以看出：在高约化速度区域，对于空管($m^*=0.31<0.54$)的振动幅度，随着约化速度的增加，无因次振幅一直维持在较大的 0.8 附近，并且没有表现出下降的趋势，这与 Govardhan 和 Williamson[7] 中提到的规律比较接近。可以发现，对于低于临界质量比($m^*<0.54$，空管情况)的立管涡激振动，在很大的流速范围内都处于较大振幅的锁定状态，所以实际工程中的立管的质量比一定要避免低于临界质量比；而对于水管和沙管的响应振幅，当约化速度大于 10 左右时，振动幅度则在总体上不断减小，对应 Khalak 和 Williamson[5] 的下分枝。进一步分析可以发现，随着质量比的增大，对应着较大振幅值的共振约化速度范围逐渐减小。从图 5.7.5 中还可以看出，相同流速情况下，低约化速度区域内[见图(a)]不同质量比立管模型的响应位移比较接近，这说明在低约化速度区，质量比对无因次的振幅影响作用有限；而在高约化速度区域图(b)，立管模型的响应幅度随着质量比的增大而减小。

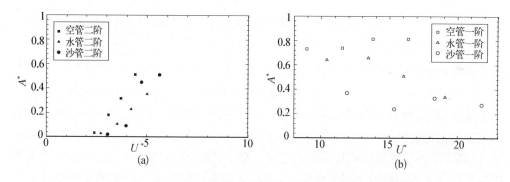

图 5.7.5 不同质量比情况下无因次振幅与约化速度的关系

(a) 二模态 (b) 一模态

5.7.6 结论

本节通过在实验中改变立管的充填物质来研究不同质量比情况下立管多模态涡激振动的响应特性，主要结论如下：

（1）从模态分解的结果来看，在相同流速情况下，质量比大的立管响应的模态高，这主要是由于质量比增大，立管自振频率下降，涡的脱落频率与高模态频率更加接近的原因。

（2）在低约化速度区域内空管和水管的响应频率与涡脱落频率基本一致，而沙管的响应频率则与自振频率更加接近；在高约化速度区域内，立管涡激振动响应频率处于立管自振频率和涡脱落频率之间，其中，空管的响应频率随着约化速度的增大而不断增大。

(3) 实验中立管涡激振动的响应振幅基本与 Khalak 和 Williamson[5] 中提到的理论一致。特别是空管(质量比低于临界质量比)的涡激振动响应,随着约化速度的增大,响应振幅没有出现下降的趋势,而是一直处于大振幅的锁定状态。低约化速度区域内,响应幅度随着质量比的变化不明显,高约化速度区域内的响应幅度随着质量比的增大而减小;本实验同时也表明,共振区域随着质量比的增大而减小。

最后,由于本实验模型长细比较小,与实际立管的长细比有一定的差距,所以此处的结论不一定能够全面反映实际立管的涡激振动特性。但本实验结果和结论可以开拓人们对圆柱体涡激振动响应特性的认识,并为数值模型提供必要的验证数据。今后将进一步开展更大长细比情况下有更多模态参与振动的立管模型实验工作。

参考文献

[1] Saprkapa T. Vortex-induced oscillations[J]. Journal of Applied Mechanics, 1979, 46: 241 - 258.

[2] Bearman P W. Vortex shedding from oscillating bluff bodies[A]. Annual Review of Fluid Mechanics, 1984, 16: 195 - 222.

[3] Parkinson G V. Phenomena and modeling of flow-induced vibrations of bluff bodies[A]. Progress in Aerospace Sciences, 1989, 26: 169 - 224.

[4] Khalak A, Williamson C H K. Motions, forces and mode transitions in vortex-induced vibrations at low mass damping[J]. Journal of Fluids and Structures, 1999, 13: 813 - 851.

[5] Khalak A, Williamson C H K. Fluid forces and dynamics of a hydroelastic structure with very low mass and damping[J]. Journal of Fluids and Structures, 1997, 11: 973 - 982.

[6] Feng C C. The measurement of vortex-induced effects in flow past a stationary and oscillating circular and D-section cylinders[D]. Master's Thesis, University of British Columbia, 1968.

[7] Govardhan R, Williamson C H K. Critical mass in vortex-induced vibration of a cylinder[J]. European Journal of Mechanics B/Fluids, 2004, 23: 17 - 27.

[8] Vikestad K, Vandiver J K, Larsen C M. Added mass and oscillatory frequency for a circular cylinder subjected to vortex-induced vibrations and external disturbance[J]. Journal of Fluids and Structures. 2000, 14: 1071 - 1088.

[9] 何长江,段忠东. 二维圆柱涡激振动的数值模拟[J]. 海洋工程,2008,26(1): 57 - 63.

[10] Timoshenko S, Young D H, Weaver W. Vibration Problems in Engineering[M]. Fourth Edition, John Wiley & Sons. 1974.

5.8   大长细比柔性杆件涡激振动实验

5.8.1   引言

海洋立管是连接上部平台和海底井口的重要海洋工程设施。在深海环境下,立管结构往往具有很大的长细比,此时所承受的海洋环境荷载主要是水流的作用。当水流经过立管时,会在其两侧形成交替的漩涡脱落,由此产生的周期性作用力会引起立管的涡激振动现象(Vortex-Induced Vibration,VIV)。当立管的固有频率与涡旋的脱落频率比较接近时,会发生"锁定"(lock-in)现象。"锁定"的发生将导致立管的疲劳寿命急剧降低;同时,由于拖曳力的相应增加,也会加剧立管的断裂破坏等,从而造成严重的经济损失和环境污染。

近年来,国内外许多学者针对深海细长柔性立管涡激振动的动力响应问题进行了模型实验和数值分析工作。模型实验基本可分为室内实验和现场测试两大类,前者主要集中于刚性圆柱的自由振动和受迫振动,后者主要针对细长柔性结构。而数值方面的研究工作,主要集中在 CFD 模型[1,2]以及经验模型[3,4]两大类。CFD 模型由于计算量较大的缘故,还难以直接应用到实际的海洋工程问题中。因此,立管涡激振动的数值分析目前仍主要依赖于经验模型。以 Vandiver[3]和 Larsen[4]等为代表的学者分别开发了可用于实际工程问题的经验分析模型,用于分析海洋石油平台立管的涡激振动动力响应问题。由于立管涡激振动现象的复杂性,以及这些模型建立的基础主要依据室内刚性圆柱的受迫振动实验资料,因此这些经验模型对深海细长柔性结构涡激振动的预报还难以达到令人满意的程度。由于海洋立管的长细一般比较大,涡激振动发生时能够激发出更多的模态共同参与,并且模态之间的频率间隔很小,涡激振动引起的立管动力响应往往具有多模态共同参与的随机振动特点,这些现象难以通过简化的刚性圆柱物理模型实验来模拟。因此,有必要开展大长细比情况下深海立管的涡激振动物理模型实验,以更加深入的理解和认识涡激振动的物理现象,为经验模型的发展提供更为可靠的数据资料。Vandiver[5-7]利用野外环境开展了细长柔性立管涡激振动的现场实验,他们在实验中重点观测了拖曳力随流速的变化规律,并进行了 CF 和 IL 两个方向的振动耦合分析。但是由于野外现场环境的影响因素复杂,水流速度沿着立管轴向的分布难以确定,因此实验的测量结果难以用于涡激振动经验模型和CFD模型的校验。Trim[8]等通过室内水池拖拉方式开展了长度为 38 m 的柔性立管涡激振动实验,主要研究了螺旋条纹涡激振动抑制措施的效果,并针对该抑制措施计算了立管的疲劳寿命。Tognarelli[9]研究了立管在均匀流以及剪切流情况下的涡激振动问题。以上两项实验工作都采用了加速度传感器来进行涡激振动响应信号的观测,由于加速度传感器体积和质量较大,因此它们对局部流场和结构特性都会产生比较明显的影响作用,此外,Chaplin 等[10]还通过室内实验研究了立管在阶梯流作用下的动力响应问题,得到了各个模态的响应情况。

目前,国内开展细长柔性立管涡激振动的实验还很少。张建侨等[11]利用波浪水槽研究了质量比对立管模型涡激振动响应的影响作用,但立管模型的长度非常有限。在此基础上,宋吉宁等[12]进一步研究了利用三根附属控制杆来抑制涡激振动的效果。为适应我国目前加速进行深海油气资源勘探、开发的迫切需要,近期在大连理工大学海岸和近海工程国家重点实验室多功能综合波浪水池中进行了长细比为 1∶750 的立管模型涡激振动实验,其目的在于:① 加深对细长柔性立管涡激振动物理现象的认识;② 为实际的海洋石油平台立管设计提供技术参考;③ 为数值模型的建立和发展提供更为可靠和有效的数据资料。

5.8.2　实验设置

1）实验水池

实验水池的宽度为 34 m，长度为 55 m，实验水深 0.7 m，立管模型的中心距离水面 0.4 m。水池的上部建有拖车系统，通过变频电机驱动，可以在滑轨上进行平稳的往复运动。由于本实验采取拖车拖拉的方式进行涡激振动实验，因此可对相对流速进行准确控制。实验中拖车运行速度范围为 $0.15\sim0.6$ m/s，通过采用变频器控制电机转速来设定拖车的运行速度，拖车速度的变化间隔为 0.015 m/s。图 5.8.1 与图 5.8.2 分别为实验装置的示意图和现场图片。

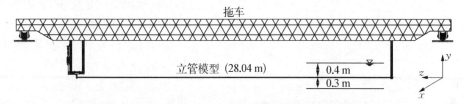

图 5.8.1　整体实验示意图

图 5.8.2　实验现场图片

2）立管模型

立管的模型采用钢管，长度为 28.04 m，外径为 0.016 m，长细比为 $1\,750$。两端采用铰接的方式连接在拖车上（一端与拖车支架直接相连，另一端连接滑块-弹簧系统，便于施加预张力，同时允许发生轴向运动）。立管的详细模型参数如表 5.8.1 所示。

表 5.8.1　立管的模型参数

模型参数	数　值	模型参数	数　值
模型长度/m	28.04	模型密度/(kg/m³)	7 930
外　径/m	0.016	质量比	1.0
壁　厚/m	0.000 5	预张力/N	600, 700, 800
杨氏模量/GPa	210	长细比	1 750

3）实验工况设计以及数据采集

实验中利用光纤光栅应变传感器进行应变监测和采集。光纤光栅应变传感器的直径仅有 0.3 mm，因此对流场的扰动很小，同时光纤光栅应变传感器还具有不受电磁信号干扰，不需要进行防水处理等优点，所以特别适合本节的小直径柔性立管涡激振动实验。

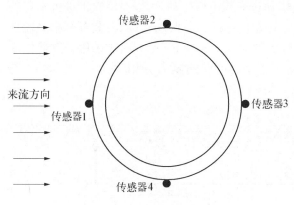

图 5.8.3　传感器布置示意图

在开展涡激振动实验之前，沿立管模型轴向等间隔布置了 14 个应变测点，每个测点位置有 4 个光纤光栅传感器，它们对称布置在立管模型的垂直和水平外表面，即采用 90°等角度方式布置，如图 5.8.3 所示，实验中的传感器采用了大连理工大学抗震研究所的封装技术进行了处理。实验过程中，立管施加了预张力，并且由于水流的作用，端部的张力是脉动变化的，从而引起光纤光栅传感器波长的变化。这部分波长的变化所对应的应变并不是由于涡激振动引起的，因此在数据处理的时候必须将其剔除。假设某一传感器由于张力引起的应变为 a，由涡激振动引起的应变为 b，那么其对称面由于涡激振动引起的应变为 b。对于对称的两个传感器，总的应变分别为 $a+b$ 和 $a-b$，将两个对称的传感器总的应变值进行相减并除以 2，便可以消除脉动张力的影响。实验中所采用的光纤光栅传感器的采样频率为 250 Hz。

4）实验数据处理方法

针对以上实验设置方案，建立如图 5.8.4 所示的坐标系统，坐标原点坐于立管模型的左端点，x 坐标轴指向拖车水平行进方向，对应 IL 的方向，y 坐标轴垂直向上，对应 CF 方向，z 方向为立管模型的轴向。

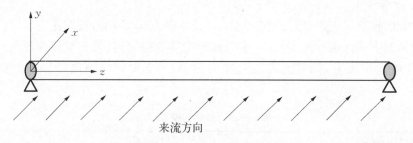

图 5.8.4　立管坐标系统示意图

以 y 方向的振动为例，对于长度为 L 的立管振动问题，应用模态叠加的方法可将立管的振动位移 $y(z, t)$ 表示为[13]

$$y(z, t) = \sum_{n=1}^{\infty} \omega_n(t)\varphi_n(z), \quad z \in [0, L] \tag{1}$$

式中：z 为立管的轴向坐标；t 为时间；$\omega_n(t)$ 为权重函数；$\varphi_n(z)$ 为模态函数；n 为立管的振动模态；L 为立管的总长度。

对于两端铰接的立管，其模态函数可以表示为

$$\varphi_n(z) = \sin\frac{n\pi z}{L}, \quad z \in [0, L] \tag{2}$$

应该说明的是，在本实验中虽然左端允许轴向的自由滑动，但限制了沿坐标轴 y 方向的运动以及扭转，因此该端也可以近似为铰接的边界条件形式。那么，立管各点的位移及位移的二阶导数分别为

$$y(z, t) = \sum_{n=1}^{\infty} \omega_n(t)\sin\frac{n\pi z}{L}, \quad z \in [0, L] \tag{3}$$

$$y''(t, z) = -\sum_{n=1}^{\infty} \omega_n(t)\left(\frac{n\pi}{L}\right)^2 \sin\frac{n\pi z}{L}, \quad z \in [0, L] \tag{4}$$

根据曲率和应变的关系，可得

$$\frac{\varepsilon(t, z)}{R} = y''(t, z) = -\sum_{n=1}^{\infty} \omega_n(t)\left(\frac{n\pi}{L}\right)^2 \sin\frac{n\pi z}{L}, \quad z \in [0, L] \tag{5}$$

式中：$\varepsilon(t, z)$ 为测量的应变信号；R 为立管半径。

通过式(5)，可以计算得到每个测点权重函数 $\omega_n(t)$ 的时间过程线。将 $\omega_n(t)$ 代入式(3)中，即可得到立管模型上每个测点的位移时间过程线。

5.8.3　实验结果及分析

1) 位移以及频谱分析

图 5.8.5 以及图 5.8.6 所示分别为测点位于 $z/L = 0.33$、流速为 0.345 m/s 时 CF 以及 IL 方向的位移和频谱分析结果。其中 y/D 和 x/D 表示 CF 以及 IL 方向的无因次位移，A_y/D 以及 A_x/D 表示 CF 和 IL 方向的无因次振幅，D 为立管模型直径。

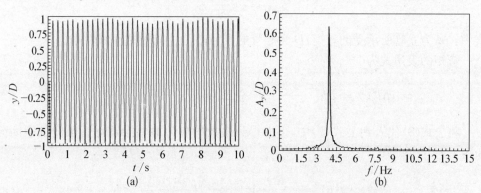

图 5.8.5　CF 方向的位移时间历程以及频谱分析结果

(a) CF 方向的位移时间过程线　(b) CF 方向的位移频谱分析

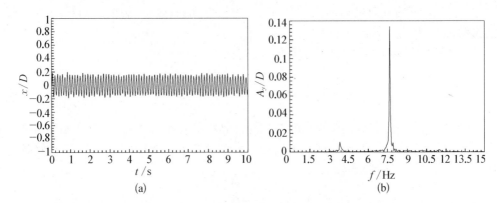

图 5.8.6　IL 方向的位移时间历程以及频谱

(a) IL 方向的位移时间过程线　(b) IL 方向的位移频谱分析

比较图 5.8.5 和图 5.8.6 的位移时间过程线可以看出,IL 方向的位移比 CF 方向小很多。但从频谱分析中可以看出,IL 方向的振动频率是 CF 方向的 2 倍。尽管 IL 方向的位移很小,但其所具有的高频振动响应特性对立管的安全稳定是十分不利的,因此有必要研究 IL 方向的振动对于疲劳寿命的影响。

立管的涡激振动过程往往会有多个频率共同参与,但其振动会主要受到某一阶模态的控制,其他模态对于立管整体的振动影响很小。因此,立管的疲劳寿命也主要由其主导模态的控制,其他模态对于疲劳的影响相比于主导模态为小量。基于这一假设,对于两端铰接的立管模型,无论 CF 方向还是 IL 方向,其模态函数都可以写成如下的形式[14]:

$$\varphi_i(z) = A_i \sin\left(\frac{i\pi z}{L}\right) \tag{6}$$

式中: i 为立管振动的模态阶次; L 为立管的总长度; A_i 为立管的模态振幅。

立管的应力振幅表达式为

$$\sigma_{\max} = \frac{|M|D}{2I} \tag{7}$$

式中: M 为立管所承受的弯矩; D 为立管的直径; I 为立管的截面惯性矩。

弯矩的表达式为

$$M(z) = EI\,\frac{\partial^2 \varphi_i(z)}{\partial z^2} = -EI\sin\left(\frac{i\pi z}{L}\right)\left(\frac{i\pi A_i}{L}\right)^2 \tag{8}$$

将公式(8)代入到公式(7)中,可以得到最大的应力振幅沿着立管轴向的空间分布为

$$\sigma(z) = -\frac{ED}{2}\sin\left(\frac{i\pi z}{L}\right)\left(\frac{i\pi A_i}{L}\right)^2 \tag{9}$$

那么,IL 方向与 CF 方向应力振幅的比值为

$$\frac{\sigma(z)_{\mathrm{IL}}}{\sigma(z)_{\mathrm{CF}}} = \frac{A_{i,\,\mathrm{IL}}\sin\left(\dfrac{i_{\mathrm{IL}}\,\pi z}{L}\right)}{A_{i,\,\mathrm{CF}}\sin\left(\dfrac{i_{\mathrm{CF}}\,\pi z}{L}\right)}\left(\frac{i_{\mathrm{IL}}}{i_{\mathrm{CF}}}\right)^2 \tag{10}$$

从公式(10)中可以看出,尽管 CF 方向的振幅通常较大,但由于 IL 方向的振动频率是 CF 方向的 2 倍,因此,从综合效果上考虑 IL 方向对于立管疲劳破坏的贡献是不容忽视的。

在以往的涡激振动研究工作中,人们往往更加关注 CF 方向的疲劳破坏程度而忽略了 IL 方向的分析工作。利用公式(10)可以计算出 IL 方向与 CF 方向应力振幅的比值,进而可以研究 IL 方向的振动对疲劳破坏的影响程度。图 5.8.7 以相对流速为 0.315 m/s 为例,给出了 IL 方向与 CF 方向应力振幅之比的空间分布。从图 5.8.7 可以看出,在 5 个测点上 IL 方向的应力振幅大于 CF 方向,并且最大的比值达到了 3.5 倍,其对于疲劳破坏的程度远高于 CF 方向。图 5.8.8 为立管模型中间点的 IL 方向与 CF 方向应力振幅比值随相对流速的变化规律。从图 5.8.8 的分析中可以看出,IL 方向仍然有约 25% 的流速点其 IL 方向的应力振幅高于 CF 方向。从以上的分析结果中可以发现,IL 方向振动对柔性立管涡激振动疲劳破坏的贡献应引起足够的重视。

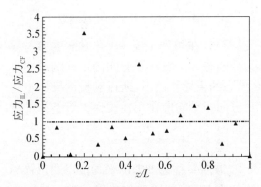

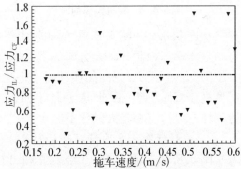

图 5.8.7　拖速为 0.315 m/s 时 IL 与 CF　　图 5.8.8　不同拖车速度下中间点 IL 方向
　　　　　方向应力振幅比的空间分布　　　　　　　　　　与 CF 方向的应力振幅比

立管上所有测点的振动位移随时间的变化可以清楚反映出立管振动的模态信息。图 5.8.9 的第一行给出了端部张力为 700 N,拖车速度为 0.3 m/s 时,立管模型 CF 方向各测点位移在不同时刻的分布情况。第二行则对应端部张力为 800 N 和拖车速度为 0.315 m/s 的情况。图中各位移分布线所对应的时间为 0.004~16.16 s,间隔为 0.16 s。从图 5.8.9 中可以发现,在以上工况下,CF 和 IL 方向的位移响应均为单一模态占主导的振动。实际的柔性立管在振动的过程中,除了主导模态以外,往往还会有其他的模态同时参与振动,但是这些模态贡献一般较小,通常不会在根本上改变位移响应的总体空间分布形状,但会引起图 5.8.9 和图 5.8.10 中位移沿空间分布的不对称性以及相位差。

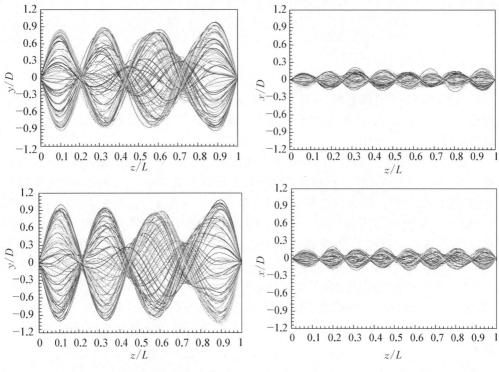

图 5.8.9　横向位移响应　　　　图 5.8.10　顺流向位移响应

　　从图 5.8.9 和图 5.8.10 的比较中还可以看出，在两种工况下 CF 方向的参与模态均是 4 模态控制，而 IL 方向的主导模态为 8 模态。虽然，CF 方向的位移响应明显大于 IL 方向，而 IL 方向的振动由于是在 8 模态的主导作用下，所以其振动频率也将明显高于 CF 方向。因此，从总体上而言，IL 方向振动响应作用在柔性立管整体的疲劳破坏中应占有相当大的比重。

　　2）位移标准差平均值以及最大值分析

　　图 5.8.11 和图 5.8.12 给出了 CF 以及 IL 方向位移标准差的平均值以及位移标准差的最大值随流速的变化情况。从图中可以看出，位移的变化趋势基本上是随着

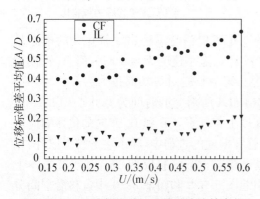

图 5.8.11　位移标准差平均值随流速的变化

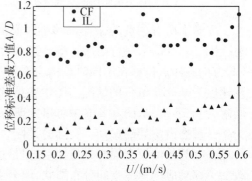

图 5.8.12　位移标准差最大值随流速的变化

流速的增大缓慢增加。试验结果同时也表明,IL 方向的位移响应约为 CF 方向的 25%左右。

3)立管测点运动轨迹分析

图 5.8.13 和图 5.8.14 以拖车速度为 0.345 m/s 为例,分别给出了奇数测点以及偶数测点位置的运动轨迹。

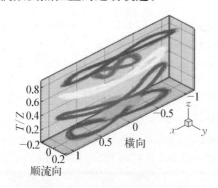

图 5.8.13 奇数测点的运动轨迹   图 5.8.14 偶数测点的运动轨迹

从图中可以看出,即使在同一个流速下,立管各个测点的运动轨迹也存在着很大的差别。这主要是由 CF 方向和 IL 方向位移的振幅分布以及两者之间的相位差造成的。测点位置的不同,导致 CF 以及 IL 方向振动幅值的不同,从而决定了运动轨迹的范围;在振动的过程中,由于 CF 方向和 IL 方向所存在的相位差,导致了运动轨迹形状的变化。

5.8.4 结论与分析

本节研究了长细比为 1∶750 的模型立管,在均匀流作用下的涡激振动问题。通过分析不同流速下的 CF 以及 IL 方向的位移响应、频率、位移标准差的平均值以及最大值和立管所有测点的运动轨迹,可以得出以下的结论:

(1)从测点的频谱分析可以看出,对单模态占主导地位的涡激振动,IL 方向的主导频率为 CF 方向的 2 倍。但从位移的对比可以看出,IL 方向的位移比 CF 方向的位移小很多。尽管 IL 方向的位移响应很小,但是 IL 方向和 CF 方向对于疲劳破坏的贡献基本处于同一个数量级,甚至会高于 CF 方向的疲劳破坏程度。

(2)从位移标准差的平均值以及最大值的分析中可以看出,CF 方向以及 IL 方向的位移响应随着流速的增大而缓慢增加。IL 方向的位移响应大概是 CF 方向的 25%左右。

(3)立管模型上不同测点的运动轨迹存在很大的差别,这主要是由各测点在 CF 和 IL 方向位移振幅不同,并且两者之间存在相位差所引起的。

参考文献

[1] Meneghini J R, Bearman P W. Numerical simulation of high amplitude oscillatory flow about a circular cylinder[J]. Journal of Fluid Structure, 1995,9(4):435-455.

［2］ Dong S, Karniadakis G E. DNS of flow past a stationary and oscillating rigid cylinder at *Re* = 10 000［J］. Journal of Fluid Structure, 2005, 20(4): 519-531.

［3］ Vandiver J K. SHEAR7 V4.3 program theoretical manual［M］. Massachusetts Institute of Technology. 2003.

［4］ Larsen C M, Vikestad K, Yttervik R, et al. VIVANA theory manual［M］. Trondheim, Norway: MARINTEK, 2001.

［5］ Jong J Y, Vandiver J K. Response analysis of the flow-induced vibration of flexible cylinders tested at Castine［M］. Massachusetts Institute of Technology. 1983.

［6］ Vandiver J. K. Drag coefficients of long flexible cylinders［C］//Proc. Offshore Technology Conference. Houston: OTC4490, 1983: 405-414.

［7］ Vandiver J K, Jone J Y. The relationship between In-Line and Cross-Flow Vortex-Induced vibration of cylinders［J］. Journal of Fluid and Structure, 1987, 1(4): 381-399.

［8］ Trim A D, Braaten H, Lie H, et al. Experimental investigation of vortex-induced vibration of long marine risers［J］. Journal of Fluid and Structure, 2005, 21(3): 335-361.

［9］ Tognarelli M A, Slocum S T, Frank W R, et al. VIV response of a long flexible cylinder in uniform and linearly sheared currents［C］//Proc. Offshore Technology Conference. Houston: OTC 16338, 2004.

［10］ Chaplin J R, Bearman P W, Cheng Y, et al. Blind predictions of laboratory measurements of vortex-induced vibrations of a tension riser［J］. Journal of Fluid and Structure, 2005, 21(1): 25-40.

［11］ 张建侨,宋吉宁,吕林,滕斌. 质量比对柔性立管涡激振动影响的实验研究［J］. 海洋工程, 2009,27(4): 38-44.

［12］ 宋吉宁,吕林,张建侨等. 三根附属控制杆对海洋立管涡激振动抑制作用的实验研究［J］. 海洋工程,2009,27(3): 23-29.

［13］ 张建桥,宋吉宁,吕林,滕斌. 柔性立管涡激振动实验的数据分析［J］. 中国海洋平台,2009,24(4): 26-32.

［14］ Vikestad K. Multi-frequency response of a cylinder subjected to vortex shedding and support motions［D］. Norwegian University of Science and Technology, 1998.

5.9　基于光纤光栅传感器的细长柔性立管涡激振动实验

5.9.1　引言

　　我国当前的海洋油气资源开采正处于蓬勃发展的阶段,这一方面是为了满足高速经济发展对石油和天然气等重要能源的大量需求,同时也是维护国家远海海洋权益的迫切要求。但随着海洋油气资源开采海域水深的不断增加,钻采立管等在海洋水动力环境作用下的动力响应也将变得更加复杂,特别是其中的涡激振动问题对深海细长柔性立管的结构安全会造成巨大的威胁。立管结构一旦在涡激振动作用下发生疲劳破坏,将直接导致海洋油气资源开采作业停产,并在短期内难以迅速恢复,给油气生产企业带来巨大的经济损失。因此,深入了解和认识细长柔性圆柱结构的涡激振动动力特性对于人们开发和利用深海油气资源具有重要的现实意义。

为了研究深海柔性立管的涡激振动特性,在实验室内开展实验研究是非常有效的方法之一。而在立管涡激振动实验中,准确测量其应变随时间的变化对于获得立管涡激振动的各种动力响应特性和变化规律都具有极其重要的意义。在实际的模型实验中,立管模型的直径尺寸一般都很小,并且长时间浸没在水中,因此对测量仪器的性能提出了一些特殊的要求:① 传感器的尺寸相对于实验模型要尽量小,不能对流场产生明显的扰动;② 传感器的安装及其连接线不能改变立管模型本身的力学参数;③ 由于是水下实验,传感器必须进行必要的防水处理或本身就不受外部水体的影响;④ 传感器不受外界电磁干扰或者具有抗干扰能力;⑤ 容易安装,并且拆卸方便。

目前,在进行细长柔性立管涡激振动实验时,人们通常选取加速度传感器或者应变传感器作为基本的测量仪器。加速度传感器的体积和质量相对较大,一般会对外部流场产生明显的扰动作用,并且不容易安装到小尺寸实验模型上;通常,为了监测到结构的低频振动响应,需要采用大体积(或大质量)的加速度传感器,此时传感器本身对结构的动力特性也可能产生明显的影响作用;同时,作为电类传感器,加速度传感器将不可避免地受到电磁干扰,并需要进行必要的防水处理。在涡激振动实验中,为获得准确、丰富的结构动力响应信息,往往需要在模型上布置较多的传感器。对于传统的应变传感器,虽然其体积小、重量轻,一般不会对外部流场和结构模型的特性产生明显的影响,但是每个应变传感器都需要有自己独立的数据传输连接线,这些数据线对外部流场的扰动作用往往是不可忽视的,同时应变传感器也具有对电磁干扰敏感的缺点。而光纤光栅传感器的直径仅有 0.3 mm,无论对外部流场还是结构本身都不会产生明显的影响作用。光纤光栅传感器采用光纤焊接方式串联在一起,只需要在立管模型的端部引出少量光纤连接线即可实现对光信号的传输。另外,由于光纤光栅传感器通过检测入射光波波长的变化来反映结构的应变,因此输入输出的信号不会受到外界电磁信号的干扰。正是由于以上的优点,光纤光栅传感器非常适合于开展细长柔性结构的水下涡激振动实验。

虽然光纤光栅传感器具有许多优点,并在很多工程领域得到了广泛应用[1,2],但在海洋工程方面,其应用还相对较少。Jaap J. de Wilde[3] 在 MARIN 实验室的浅水拖曳水池中应用光纤光栅传感器测量了长细比为 787.5 的立管模型的涡激振动动力响应,并取得了良好的实验结果。但相对于实际的深海工程问题而言,该模型实验的立管长细比还是偏小的。Swithenbank[4] 利用光纤光栅传感器开展了长度为152.524 m的现场立管的涡激振动实验,由于在该实验中光纤光栅传感器未采取任何的封装措施,导致实验过程中部分传感器发生损坏,未能获得预期的实验效果。同时由于野外实验现场环境的影响因素复杂,水流速度难以准确确定,因此该实验结果也难以应用到涡激振动经验模型和CFD模型的校验中。

本节应用光纤光栅传感器,开展了长细比为 1∶750 的柔性立管涡激振动实验。

实验中,通过拖车拖拉立管模型在水池中匀速前进来模拟实际均匀流作用下的涡激振动问题,采用光纤光栅传感器同步测量立管模型在横流向(Cross-Flow,CF)和顺流向(In-Line,IL)的应变,通过对应变信号进行频谱分析和模态分解,获得细长柔性立管模型在均匀流动条件的涡激振动响应特性。

5.9.2　实验设置

1) 实验水池以及拖车系统

本实验在大连理工大学海岸和近海工程国家重点实验室多功能综合水池中进行。水池的宽度为 34 m,长度为 55 m,实验中水深为 0.7 m。水池的上部建有拖车系统,通过变频电机驱动可在轨道上进行匀速运动。拖车的运动速度通过变频器来控制,实验中的拖车的运动速度范围为 0.15~0.6 m/s,速度变化间隔为 0.015 m/s。实验立管模型通过固定装置安装在拖车上并淹没水下 0.4 m,随拖车一起运动,通过形成相对水流来模拟均匀来流对柔性立管的作用。

2) 立管模型参数

立管模型采用钢管,长度为 28.04 m,外径为 0.016 m,内径为 0.015 m。立管模型的弹性模量为 210 GPa,质量比 $m^* = m/4\rho\pi D^2$ 为 1.0,其中 m 为单位长度立管模型的质量,ρ 为水体的密度,D 为立管模型的直径。立管模型的一端采取铰接的方式直接与拖车系统相连。另一端通过万向铰与一可在立管模型轴向进行水平自由滑动的滑块相连,滑块通过钢丝绳经过定滑轮与弹簧连接,弹簧上部设有张力计,可在实验过程中对立管轴向的张力变化进行实时采集。张力采集系统的采样频率为 100 Hz。在本实验工作中,立管端部的预张力为 800 N。

5.9.3　传感器布置

1) 光纤光栅应变传感器原理

光纤光栅传感技术是通过对在光纤内部写入的光栅反射或透射波长光谱进行检测,进而实现对被测结构应变的测量[5]。光纤布拉格光栅允许特定波长的光波发生光反射,其所反射的中心波长可以表示为[2]

$$\lambda_b = 2n\Lambda \tag{1}$$

式中:λ_b 为布拉格波长;n 为光纤有效折射率;Λ 为光栅周期。

当宽带光源从光纤光栅传感器一端入射后,只有波长满足公式(1)的光波才会发生反射,因此可以说光纤布拉格光栅传感器是一种对波长进行选择的传感器。

当光纤发生为 ξ 的应变时,则光栅周期从 Λ 变为 Λ',即

$$\Lambda' = \Lambda(1 + \xi) \tag{2}$$

根据光弹性理论,可以导出布拉格波长的变化 $\Delta\lambda$ 满足下面的关系式

$$\frac{\Delta\lambda}{\lambda_b} = (1 - p)\xi \tag{3}$$

式中：p 表示有效光弹系数，为已知的光纤材料系数。

在实际应用中，光纤的有效折射率 n 会同时受到应变和温度的影响。考虑到本室内实验在短时间内的水温变化非常有限，因此，可忽略温度变化的微小影响作用。

2) 传感器布置

实验中，在立管模型上等间距布置了 14 个测点，各测点的位置如图 5.9.1 所示。每个测点由 4 个光纤光栅传感器构成，其布置方式如图 5.9.2 所示，因此立管模型表面一共布置了 56 个传感器。在进行立管涡激振动的实验过程中，由于在立管的端部施加了预张力，并且在实验的过程中由于水流的作用会引起脉动张力，这部分张力势必也会引起光纤光栅传感器波长的变化，而这一部分应变并不是由涡激振动引起的，因此在数据处理中必须将其除掉。假设在实验的过程中某传感器因张力所引起的波长变化为 a，由涡激振动引起的波长变化为 b，则其对称点的传感器由涡激振动引起的波长变化为 $-b$。此时，两个对称布置的传感器总的波长变化分别为 $a+b$ 和 $a-b$，将这两个对称放置的传感器的测量应变相减并除以 2，即可消除由于张力引起的应变变化，从而可以准确地测量出 CF 和 IL 方向的涡激振动应变变化。因此，在本实验的开展过程中采取了如图 5.9.2 所示的传感器布置方式，即沿模型表面每隔 90°布置一个传感器，并保证垂直方向（CF）和水平方向（IL）各有两个传感器。

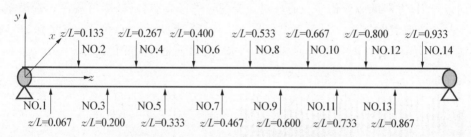

图 5.9.1 传感器沿立管轴向位置示意图

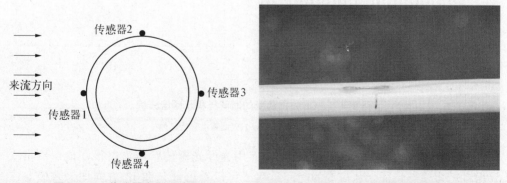

图 5.9.2 传感器布置示意图   图 5.9.3 封装的传感器

光纤光栅传感器可以承受拉力和压力的作用，但难以承受剪力的作用。如果传感器未采用任何的封装处理措施，在实验的过程中极易发生损坏。在本实验中，对光纤光栅传感器采用了大连理工大学抗震研究所的封装技术。封装后传感器如图 5.9.3 所示。采用该封装技术可以有效避免传感器在实验过程中的损坏现象,同时传感器在实验完成后可以回收再利用。

本实验采用 SM130 光纤光栅信号采集器进行实验数据采集,采样频率为 250 Hz。根据奈奎斯特采样定律,可以还原最高频率为 125 Hz 的振动信号。由于在本实验所涉及的工况下,最高涡脱落频率不到 40 Hz,因此,SM130 光纤光栅信号采集器完全可满足本实验的信号采集要求。对经由同一条光纤输出的传感器信号,光纤光栅传感器信号采集仪是按照波长从小到大(或者从大到小)的顺序对信号进行排列,并输出应变数据,而不是按照传感器在光纤上的相对位置进行信号排列和输出。因此,为避免同一条光纤上不同传感器信号在输出时发生混淆,单条光纤上的光纤光栅传感器之间需要设置不同的初始中心波长,且留有一定波长变化富余宽度。在本实验工作表明,设置 1.5~2 nm 的波长富余宽度足以避免传感器信号发生混淆。

5.9.4　实验结果及分析

1) 应变以及频谱分析结果

在实验过程中,拖车带动立管模型匀速前进,形成相对水流,模拟均匀流下的涡激振动响应。按照前文图 5.9.1 以及图 5.9.2 的传感器布置方式,可以实时测量 CF 方向以及 IL 方向的应变信号。通过对应变信号进行模态分解,即可获得立管模型在以上两个方向上的位移。图 5.9.4 和图 5.9.5 分别给出了测点位于 $z/L=0.267$,拖车速度为 0.315 m/s 时,CF 方向和 IL 方向的实测应变时间变化信号。

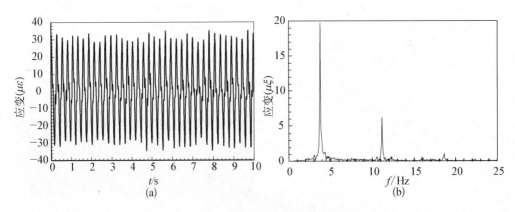

图 5.9.4　CF 方向应变的时间历程及频谱分析

(a) 应变时间历程　(b) 应变频谱分析结果

从图 5.9.4 和图 5.9.5 中可以看出,应用光纤光栅传感器可以很好地识别出立管振动的多模态特征。从应变的时间过程线可以看出,CF 和 IL 方向均为多模态参与的振动,但两者振动特性有很大的差别。CF 方向的应变测量信号虽然存在一定的次峰,但是幅值很小;而 IL 方向的应变变化则出现不同峰值相互交替的情况。从频谱分析可以看出,CF 方向存在一个主导频率,其幅值明显高于另外一个振动频率,因此在应变的时间历程线中次峰表现不明显;在 IL 方向也存两个主要振动频率,但它

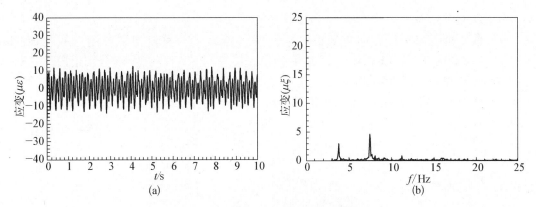

图 5.9.5   IL 方向应变时间历程及频谱分析

(a) 应变时间历程   (b) 应变频谱分析结果

们的幅值差异不大,因此实测应变信号表现出了两个次峰相互交替的现象。光纤光栅传感器实测信号表明,CF 方向的应变要明显高于 IL 方向的应变,而 IL 方向的振动频率则明显高于 CF 方向的振动频率,并且 IL 方向的主导频率为 CF 方向的 2 倍,这些都与以往的研究成果一致,说明光纤光栅测量技术在细长柔性结构的涡激振动实验中具有良好的工作性能。

为进一步说明细长柔性结构发生涡激振动过程中的振动频率特征,图 5.9.6 和图 5.9.7 给出了拖车速度为 0.315 m/s 时,立管模型上所有测点 CF 以及 IL 方向应变信号的频谱分析结果。从图中可以看出,每个测点的频率成分基本相同,但是由于测点位置的不同,各个频率成分所对应的应变幅值是不一样的,即各频率成分对应变在空间上的分布贡献是有差别的。这说明应用光纤光栅传感器可以很好地识别出参与到细长柔性结构发生涡激振动的不同频率成分。

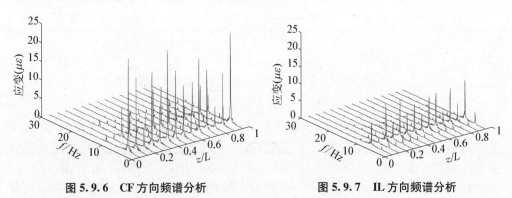

图 5.9.6   CF 方向频谱分析   **图 5.9.7   IL 方向频谱分析**

进一步对图 5.9.6 的结果进行分析可以看出,CF 方向振动信号出现了频率相互竞争的现象,即 CF 方向的控制模态在两个模态之间来回跳动。而从图 5.9.7 的分析结果上看,IL 方向的振动信号始终保持着同一个控制频率。模态的相互竞争是涡激振动一个特有的物理现象,其原因之一是由于立管模型在振动的过程中,附加质量系数发生了改变,从而引起了立管振动频率随时间发生变化。

2) 位移结果

通过对 CF 和 IL 方向应变信号进行模态分解[6~8]，可以得到各测点的位移。图 5.9.8 和图 5.9.9 以 $z/L=0.533$ 和拖车速度为 0.315 m/s 为例，分别给出了 CF 方向和 IL 方向的位移随时间的变化过程以及相应的频谱分析结果。其中，y/D 和 x/D 分别表示 CF 方向和 IL 方向的无因次位移，D 为立管模型的直径。

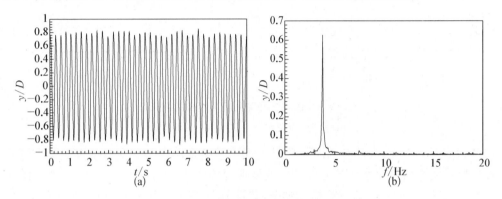

图 5.9.8   CF 方向位移时间过程线及频谱分析

(a) 位移时间历程   (b) 位移频谱分析结果

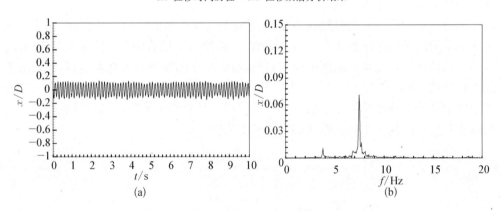

图 5.9.9   IL 方向位移时间过程线及频谱分析

(a) 位移时间历程   (b) 位移频谱分析结果

从图 5.9.8 和图 5.9.9 的频谱分析结果可以看出，在该测点上，CF 以及 IL 方向基本为单一模态占主导地位的振动，因此，两个方向的位移时间过程线呈现出规律的简谐振动的形式。同时，CF 方向的位移比 IL 方向的位移大很多，而 IL 方向和 CF 方向的振动频率分别为 7.446 Hz 和 3.784 Hz，前者是后者的 2 倍，表明本节光纤光栅传感器所得到的测量结果是可靠的。

立管位移均方根的空间分布可以从整体上反映立管在某一流速下的振动波形，并且可以用它来判断涡激振动的参与模态情况[7]。以 CF 方向为例，其计算公式如下：

$$y_{rms}(z_i) = \sqrt{\frac{1}{T} \int_0^T y^2(z_i, t) \mathrm{d}t} \tag{4}$$

式中：z_i 为测点布置的位置；T 为采样时间长度。

图 5.9.10 和图 5.9.11 以相对流速为 0.315 m/s 为例，分别给出了 CF 方向和 IL 方向位移均方根的空间分布。图中纵坐标均通过立管模型的直径进行了无因次化处理。

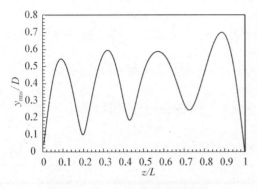 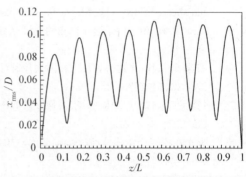

图 5.9.10　CF 方向位移均方根　　　　**图 5.9.11　IL 方向位移均方根**

从图 5.9.10 和图 5.9.11 可以看出，本实验中的光纤光栅传感器及布置方式可以较好的测量出出细长柔性立管模型涡激振动的模态信息。比较两图可以看出，CF 方向的振动为 4 模态占主导地位，而 IL 方向的振动为 8 模态主导。同时，图 5.9.10 和图 5.9.11 也表明，位移均方根的空间分布具有一定的不对称性。如果实验中的柔性立管模型是严格意义上的单模态振动，则位移均方根的空间分布将是对称的，并且不会存在相位差。参照图 5.9.6 的频谱分析结果可以看出，除主导模态以外，还有其他的模态参与了振动，虽然这些模态的量级较小，但对立管模型的位移响应仍具有一定的贡献。正是在这些主导模态与非主导模态的共同作用下，才导致了图 5.9.10 和图 5.9.11 中位移均方根的空间不对称性和相位差的存在。

5.9.5　结论

本节将光纤光栅测试技术引入到了细长柔性立管涡激振动的室内水平拖拉实验中，在该实验中充分利用了光纤光栅传感器体积小、重量轻、对流场扰动小、不受电磁信号干扰等优点。实验结果表明，光纤光栅传感器在细长柔性立管涡激振动实验中表现出了良好的应变测试性能。文中同时结合部分实验结果，对应变信号的时间变化、应变频谱、位移时间历程线以及位移均方根的空间分布进行了分析，得到了一些基本的柔性立管涡激振动响应特性，这为今后进一步开展这一方面的研究工作提供了有意义的借鉴。

参考文献

[1]　张姝红，李琛，周学滨. 光纤传感技术在舰船抗冲击测量中的应用研究[J]. 中国测试，2009，35(4)：83 - 85.

[2]　刘晖，瞿伟廉，李功标，等. 光纤光栅传感系统在结构损伤识别中的应用[J]. 应用基础与工程

科学学报,2009,17(3):395-401.

[3] Wilde J J D, Huijsmans R H M. Laboratory investigation of long riser VIV response[C]. Proceeding of the Fourteenth International Offshore and Polar Engineering Conference. Toulon, France, 2004:511-516.

[4] Swithenbank Susan B. Dynamic of long flexible cylinders at high-mode number in uniform and sheared flows[D]. Massachusetts Institute of Technology, 2007.

[5] 陈涛,张嵩.用于桥梁健康监测的光纤光栅解调系统[J].武汉理工大学学报,2009,31(15):41-44.

[6] 宋吉宁,吕林,张建侨,等.三根附属控制杆对海洋立管涡激振动抑制作用实验研究[J].海洋工程,2009,27(3):23-29.

[7] 张建侨,宋吉宁,吕林,滕斌.柔性立管涡激振动实验的数据分析[J].中国海洋平台,2009,24(4):26-32.

[8] 张建侨,宋吉宁,吕林,滕斌.质量比对柔性立管涡激振动影响的实验研究[J].海洋工程,2009,27(4):38-44.

6 平台定位技术

6.1 吃水对半潜式钻井平台系泊张力的影响

6.1.1 引言

台风[1]是产生于热带洋面上的一种强烈的热带气旋,其经过时常伴随着大风和暴雨天气。2004—2005 年,墨西哥湾(G. O. M)先后经历了 3 次罕见的 4 级以上飓风[2]Ivan,Katrina 和 Rita,造成了大量的海洋平台、管线等生产设施的损坏,历时 6 个月后 90% 的油田才恢复到灾前的生产水平,给 G. O. M 的海洋石油工业带来了巨大的经济损失。根据美国石油学会(API)的调研结果[3],浮式平台船体部分在飓风中表现出了较高的安全性(仅有一座 TLP 平台 Typhoon 倾覆),但有 23 座移动式钻井平台(MODU)的系泊系统部分或者完全失效[4](这也是 Typhoon 倾覆的原因)。虽然系泊系统失效仅导致移动式钻井平台较大的水平位移,对平台船体本身的安全威胁不大,但在油田开发区域有着复杂的水下生产系统(如锚链与立管、外输管线等复杂交错、复杂水下井口等),系泊系统的移位或破坏将给水下生产系统的安全造成巨大的潜在威胁,尤其是多个油气田密集集中在某一海域的情形下,涉及多系统之间的相互影响,情况更加复杂。

据不完全统计,2006—2008 年间影响南海地区的台风以上级别[5]热带气旋不少于 30 个。台风形成突然,且其路径及强度变化难以准确预测,海上设施常常来不及组织有效的撤台和避台。本节以某型深水半潜式钻井平台为研究对象,采用三维势流理论和时域耦合分析方法,研究吃水对平台系泊张力的影响,探索通过改变平台吃水而降低锚链受载,从而避免系泊系统破坏的可行性。

6.1.2 基础数据

1) 平台主尺度及环境条件

半潜式钻井平台由下浮体、横撑、立柱和上船体组成。平台长 114.07 m,宽 78.68 m,高 116.96 m,作业排水量 51 745 t,主要作业海域为我国南海。平台主尺度主要参数见表 6.1.1,图 6.1.1 为平台的示

图 6.1.1 "海洋石油"981 示意图

意图。计算选取南海十年一遇环境条件,载荷包括风载荷、波浪载荷以及流载荷。本节计算的环境方向与船艏成 30°夹角。

表 6.1.1 平台主尺度表

名　称	尺　度
下浮体/m	114.07×20.12×8.54 R2.13
立柱/m	(15.86~17.39)×(15.86~17.39)×21.50/R3.96
横撑/m	2.438×1.83(4 根)
箱型甲板尺度(长×宽×高)/m	77.47×74.42×8.6
箱型甲板距基线距离/m	30.0
下浮体中心线距/m	58.56

2) 装载工况

平台作业工况吃水 19 m,生存工况吃水 16 m。生存工况的装载工况如表 6.1.2 所示。

表 6.1.2 生存工况装载工况表(−16 m 吃水)[6]

	重量/t	重心垂向位置/m	重心纵向位置/m	重心横向位置/m
空船重量	30 615	27.16	1.09	0.35
有效载荷	11 315	33.07	0.22	3.71
系泊载荷	1 350	19.93	0	0
压　载	4 916.5	4.29	−6.64	−10.74
总　计	48 196.5	26.63	0.07	0

以表 6.1.2 的装载工况为基础,选取步长 0.5 m,在 16~19 m 的范围内,通过调节压载水改变平台吃水,其他各项的重量和重心位置不变。表 6.1.3~表 6.1.8 为平台在各吃水下的装载工况表。

表 6.1.3 生存工况装载工况表(−16.5 m 吃水)

	重量/t	重心垂向位置/m	重心纵向位置/m	重心横向位置/m
空船重量	30 615	27.16	1.09	0.35
有效载荷	11 315	33.07	0.22	3.71
系泊载荷	1 350	19.93	0	0
压　载	5 508	4.29	−6.64	−10.74
总　计	48 788	26.37	0.07	0

表 6.1.4 生存工况装载工况表(—17 m 吃水)

	重量/t	重心垂向位置/m	重心纵向位置/m	重心横向位置/m
空船重量	30 615	27.16	1.09	0.35
有效载荷	11 315	33.07	0.22	3.71
系泊载荷	1 350	19.93	0	0
压 载	6 099	4.29	—6.64	—10.74
总 计	49 379.2	26.11	0.07	0

表 6.1.5 生存工况装载工况表(—17.5 m 吃水)

	重量/t	重心垂向位置/m	重心纵向位置/m	重心横向位置/m
空船重量	30 615	27.16	1.09	0.35
有效载荷	11 315	33.07	0.22	3.71
系泊载荷	1 350	19.93	0	0
压 载	6 691	4.29	—6.64	—10.74
总 计	49 970.55	25.86	0.07	0

表 6.1.6 生存工况装载工况表(—18 m 吃水)

	重量/t	重心垂向位置/m	重心纵向位置/m	重心横向位置/m
空船重量	30 615	27.16	1.09	0.35
有效载荷	11 315	33.07	0.22	3.71
系泊载荷	1 350	19.93	0	0
压 载	7 282	4.29	—6.64	—10.74
总 计	50 561.9	25.62	0.07	0

表 6.1.7 生存工况装载工况表(—18.5 m 吃水)

	重量/t	重心垂向位置/m	重心纵向位置/m	重心横向位置/m
空船重量	30 615	27.16	1.09	0.35
有效载荷	11 315	33.07	0.22	3.71
系泊载荷	1 350	19.93	0	0
压 载	7 873	4.29	—6.64	—10.74
总 计	51 153.25	25.38	0.07	0

表 6.1.8   生存工况装载工况表(—19 m 吃水)

	重量/t	重心垂向位置/m	重心纵向位置/m	重心横向位置/m
空船重量	30 615	27.16	1.09	0.35
有效载荷	11 315	33.07	0.22	3.71
系泊载荷	1 350	19.93	0	0
压 载	8 465	4.29	−6.64	−10.74
总 计	51 744.6	25.14	0.07	0

　　3) 系泊系统配置

　　平台采用 12 点系泊,系泊缆分为 4 组,每组 3 根,对称布置如图 6.1.2 所示。每根系泊缆采用锚链-聚酯纤维缆-锚链的复合式缆绳结构,具体配置如表 6.1.9 所示。

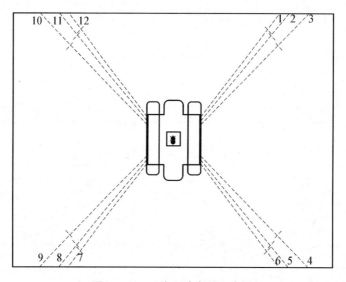

图 6.1.2   系泊系统布置示意图

表 6.1.9   系泊系统配置参数表

	锚　链　构　成	预张力/t
生存工况	φ84 mm, R4S,178 m	140
	φ160 mm, Polyester,1 000 m	
	φ84 mm, R4S,1 500 m	

6.1.3   计算分析

　　浮式平台总体性能的计算方法有频域法、时域法、非耦合分析法、耦合分析法等多种方法[7],每种方法在计算精度和计算效率上都有着各自的特点,适用于设计分析中的不同阶段。此处首先应用三维势流理论求解平台的水动力参数,随后利用时域分析法,对平台以及系泊系统进行耦合的计算。

处理这类问题,已有较为成熟的专业软件可以应用。现计算采用挪威船级社(DNV)船舶与海洋结构物分析专用软件包 SESAM,其中 HydroD 模块以三维势流理论为基础,计算平台的水动力学参数;DeepC 模块对平台和系泊系统进行耦合时域求解。图 6.1.3 所示为三维湿表面模型,图 6.1.4 所示为时域耦合分析模型。

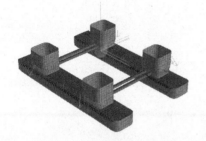 

图 6.1.3　三维湿表面模型　　　　　　图 6.1.4　时域耦合分析模型

6.1.4　系泊系统分析

图 6.1.5 为单根锚链在不同吃水下的悬链线形状示意图,图 6.1.6 为单根锚链在不同吃水下的刚度曲线图。由图可知,在不同吃水下,单根锚链的形状和刚度曲线变化很小。

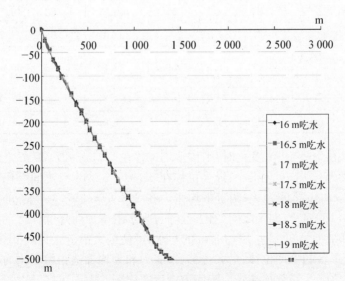

图 6.1.5　单根锚链悬链线形状图

根据 6.1.3 节所述的分析方法计算不同吃水下的平台位移与锚链受载情况,吃水变化步长为 0.5 m。计算结果如表 6.1.10 所示。

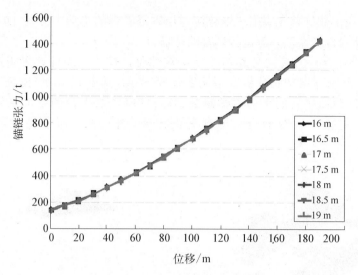

图 6.1.6　单根锚链刚度曲线图

表 6.1.10　不同吃水下平台位移与锚链张力计算表

吃水/m	16	16.5	17	17.5	18	18.5	19
平均位移/m	27.58	27.41	27.35	27.37	27.45	27.58	27.72
最大位移/m	52.13	50.92	49.18	48.04	47.28	46.50	45.91
最大位移/水深比/%	10.43	10.18	9.84	9.61	9.46	9.30	9.18
预张力/t	140.50	139.70	138.80	137.90	137.10	136.30	135.40
预张力/破断载荷比/%	17.24	17.14	17.03	16.92	16.82	16.72	16.61
平均锚链张力/t	298.57	297.13	296.41	296.17	296.33	296.78	297.31
平均锚链张力/破断载荷比/%	36.63	36.46	36.37	36.34	36.36	36.42	36.48
最大锚链张力/t	474.16	471.71	462.84	455.34	448.96	442.98	437.34
安全系数	1.72	1.73	1.76	1.79	1.82	1.84	1.86

　　平台吃水在 16~19 m 变化时,平台平均位移在 27.35~27.72 m 之间变化,平均位移标准差仅为 0.13,变化很小;最大位移在 45.91~52.13 m 之间变化;锚链预张力在 140.5~135.4 m 之间变化;锚链平均张力在 298.57~297.31 t 之间变化;最大锚链张力在 474.16~437.34 t 之间变化,且随着吃水的增加而降低。

　　根据计算结果可知,通过增加 3 m 的吃水,可使最大锚链张力降低 36.82 t,降幅达 7.8%。但平台的平均位移、最大位移、预张力和平均锚链张力变化均不大。

　　图 6.1.8 为 6# 锚链顶端张力响应谱密度曲线图。由图可知,虽然不同吃水下锚链的悬链线形状改变不大,且锚链的预张力和平均锚链张力仅有微小的改变,但 19 m 吃水时锚链的低频和波频响应均明显低于 16 m 吃水时的响应,说明吃水的变化影响了锚链的动态响应特性。

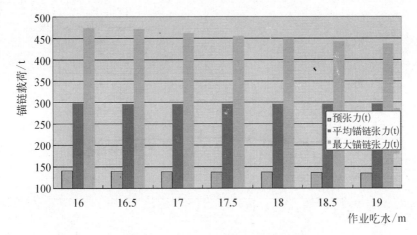

图 6.1.7 锚链张力随吃水变化图

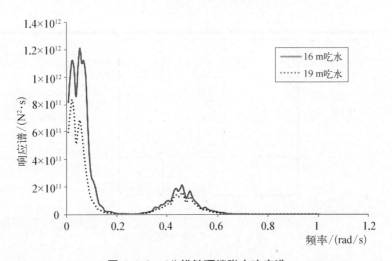

图 6.1.8 6♯锚链顶端张力响应谱

6.1.5 稳性及气隙分析

根据上述分析结果,增加平台的吃水可使系泊缆张力降低,但同时将导致平台稳性和气隙的变化。

稳性分析中,根据平台已有的许用重心高度曲线分析由于装载工况的改变而引起的稳性变化。图 6.1.9 为在表 6.1.2～表 6.1.8 所述的装载工况下的稳性分析图。由图可知,在上述工况下平台的重心高度均小于相应吃水下的许用重心高度,稳性满足规范要求。

为进一步校验平台的气隙,选取上述工况中最危险的工况(平台 19 m 吃水),对南海十年一遇海洋环境下的气隙进行分析。图 6.1.10 为气隙计算参考点位置的平面示意图,表 6.1.11 所示为气隙计算点的位置坐标。根据分析结果,气隙最为危险的情况发生在 PT1 点,波浪在 0°方向时,此时气隙值为 0.69 m。气隙最危险处在

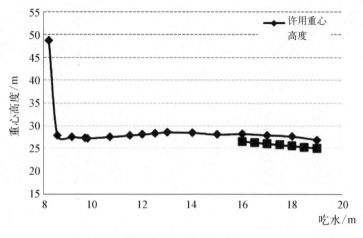

图 6.1.9   稳性分析图

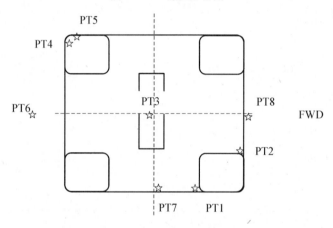

图 6.1.10   气隙计算点图示

PT1 点,说明在该海况下发生了波浪随平台立柱爬升的现象,但此时的气隙值仍然为正,未出现波浪砰击下甲板的现象。表 6.1.12 所示为气隙计算的分析结果。

表 6.1.11   气隙计算点位置

序 号	x/m	y/m	z/m
PT1	21.350	−37.210	30.000
PT2	38.735	−21.350	30.000
PT3	0.000	0.000	30.000
PT4	−38.735	33.250	30.000
PT5	−34.775	37.210	30.000
PT6	−51.000	−3.500	37.000
PT7	0.000	−37.210	30.000
PT8	38.735	0.000	30.000

表 6.1.12　气隙计算分析结果

角度/(°)	PT1/m	PT2/m	PT3/m	PT4/m	PT5/m	PT6/m	PT7/m	PT8/m
0	0.69	4.68	2.94	6.06	6.34	2.16	1.54	4.48
15	0.91	4.70	3.00	6.52	6.78	2.81	1.89	4.67
30	1.37	4.04	2.80	6.89	7.04	3.48	2.55	4.18
45	2.00	3.31	2.26	7.06	7.02	4.21	3.47	3.23
60	3.07	2.96	2.39	6.84	6.60	4.44	4.11	2.52
75	3.71	3.46	2.55	6.28	5.92	3.85	4.05	2.04
90	3.75	4.00	2.50	5.67	5.29	3.29	3.70	2.26
105	3.75	4.96	2.56	5.17	4.88	3.16	4.04	2.70
120	3.86	4.45	2.40	4.83	4.69	3.52	4.11	3.36
135	4.15	3.37	2.26	4.71	4.72	4.05	3.47	3.88
150	4.22	2.24	2.80	4.83	4.98	4.68	2.55	3.63
165	4.36	1.81	3.00	5.15	5.41	4.56	1.90	2.94
180	3.74	1.70	2.95	5.60	5.93	4.26	1.54	2.49

6.1.6　结论

本节采用三维势流理论和时域耦合动力分析方法,计算了某型深水半潜式钻井平台在一系列吃水下(16～19 m 之间)的总体性能,探讨通过改变吃水达到降低系泊系统受载的可行性,结论如下:

(1) 不同吃水下,平台平均位移在 27.35～27.72 m 之间变化,标准差仅为 0.13,变化很小。

(2) 不同吃水下,平台最大位移在 45.91～52.13 m 之间变化。

(3) 不同吃水下,锚链预张力在 140.5～135.4 m 之间变化,标准差仅为 1.7,变化很小。

(4) 不同吃水下,锚链平均张力在 298.57～297.31 t 之间变化,标准差仅为 0.77 t,变化很小。

(5) 吃水由 16 m 增至 19 m 时,最大锚链张力由 474.16 t 降至 437.34 t,降低 36.82 t,幅度达 7%。

综上所述,随着平台吃水的增加系泊张力明显降低。在紧急抗台的情况下,可以考虑通过增加吃水而缓解系泊系统的受力,同时辅以调整船位、放松系泊缆等措施,达到有效抗台的目的。吃水的增加将导致平台气隙的降低,其带来的风险还需进一步分析。

参考文献

［1］ Petruska D J，Castille C，Colby C A，API RP 2SK：Stationkeeping-An Emerging Practice，OTC 19607.

［2］ NA－7529－001 CNOOC Design Loading Conditions Rev I.

［3］ API RP 2SK. Design and Analysis of Stationkeeping Systems for Floating Structures，2005，147－148.

［4］ 王献孚.船舶计算流体力学[M].上海：上海交通大学出版社,1992.

［5］ 戴遗山,段文洋.船舶在波浪中运动的势流理论[M].北京：国防工业出版社,2008.

［6］ Cummins W E. The Impulse Response Funco n and Ship Moo ns. Schis technik，1962.

［7］ NA－7529－401 Wind Tunnel Report（TEES report TR0716）.

6.2　深水悬链锚泊系统静力分析

6.2.1　引言

悬链线锚泊系统,即传统展开式锚泊系统,具有悠久的使用历史,能适应较恶劣的海洋环境,在当前的深水海洋油气浮式生产结构定位技术中仍然占有重要的地位[1]。在每个时刻锚泊浮体有一个静力平衡的位置,可以用静平衡的方法计算锚泊线的受力。假设锚泊线共面和锚索或锚链没有弹性伸长,因为锚泊线属于柔性体,可将其分割成一系列的微段,再对这些微段建立力的平衡方程,这一过程即为静力分析。常用的方法包括悬链线法和分段外推法。

Smith 等[2]讨论了初步设计阶段锚泊系统的布置形式和锚泊线组成的选择。Smith 等[3]研究深水锚泊的两成分锚泊线连接水中浮子的复合锚泊悬链线方程。王冬姣[4]利用悬链线方法研究了由三段索链、浮子或沉子组合而成的多索链复合锚泊系统的静力计算。张火明等[5]研究了复杂锚泊系统静力特性快速计算方法。滕斌等[6-8]利用分段外推法计算锚泊系统的静力特性,该方法与悬链线方法相比可以计算锚泊线受到各种力,包括流力、锚链的弹性伸长等并且利用 Chebyshev 多项式进行快速计算得到锚泊系统的回复力-位移曲线,并比较了流速分布和锚链刚度对单锚链变形和受力的影响。

本节考虑了锚泊线的重力、张力、海流力及锚泊线的弹性伸长,采用分段外推法,对由三段浮容重、刚度和长度都不相同的索链与水中浮子组合而成的复合锚泊线进行了静力分析,然后对某深水悬链锚泊系统进行了设计计算,计算中考虑了上部浮体竖向位移的影响。

6.2.2　分段外推法基本方程及求解方法

1) 基本方程

计算如图 6.2.1 所示的由三段索链组合而成的复合锚泊线,锚链底端固定于海底,顶端受到上部浮体施加的水平拉力,假设索链之间用浮子相连,对索链考虑其弹性伸长和海流力作用,对浮子不考虑弹性伸长和海流力的作用。令浮子的长度为零,则可以计算质量集中于一点时的情况,即不考虑浮子的尺度作用。

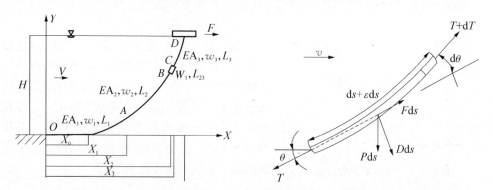

图 6.2.1　索-链-浮子组合锚泊线　　图 6.2.2　锚链上任一微段 ds 受力图

从锚点 O 开始各段的初始长度分别为 L_1,L_2,L_{23},L_3,每段索链的浮容重分别为 w_1,w_2,W_1,w_3,轴向刚度分别为 EA_1,EA_2,EA_3,则复合锚泊线有以下几种可能的形状:① 所有索链全部离地,悬链线下端不再相切,对应桩锚状态;② OA 段索链部分卧底或者锚点 O 与海床刚好相切;③ AB 段索链部分卧底或者 A 点与海床刚好相切。其中,O 点和 A 点与海床刚好相切对应两个临界状态。

在锚链上(不包括浮子)任取一微段,对该微段进行受力分析,如图 6.2.2 所示,得到静力平衡方程并忽略二阶无穷小量后得到[9]

$$\frac{\mathrm{d}T}{\mathrm{d}s} = P\sin\theta - F(1+\varepsilon) \tag{1}$$

$$\frac{\mathrm{d}\theta}{\mathrm{d}s} = \frac{1}{T}\left[P\cos\theta + D(1+\varepsilon)\right] \tag{2}$$

式中:T 为锚链两端的张力;P 为锚链的浮容重;θ 为张力 T 与水平方向的夹角;D 和 F 分别为单位长度上锚链受到的法向和切向海流力;ds 为微段长度;dT 和 dθ 分别为拉力和角度的增量;$\varepsilon = \dfrac{T}{EA}$ 为锚链单位长度的弹性伸长量,EA 为锚链的轴向刚度。

式(1)和(2)中的锚链所受到的法向和切向海流力按下式计算:

$$D = \frac{1}{2}\rho C_{\mathrm{D}}\mathrm{d}V^2\sin^2\theta \tag{3}$$

$$F = \frac{1}{2}\rho C_{\mathrm{t}}\pi\mathrm{d}V^2\cos^2\theta \tag{4}$$

式中:V 为海流速度;C_{D} 和 C_{t} 分别为法向和切向阻力系数;D 为锚链等效直径;ρ 为海水密度。式(1)和(2)即为所要求解的控制方程。

由微段的几何关系,可以得到

$$\mathrm{d}x = (1+\varepsilon)\cos\theta\mathrm{d}s \tag{5}$$

$$\mathrm{d}y = (1+\varepsilon)\sin\theta\mathrm{d}s \tag{6}$$

由式(5)和式(6)即可以求出锚链上任意一点的坐标值。

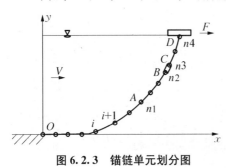

图 6.2.3　锚链单元划分图

2) 求解方法

采用分段外推方法对锚链进行离散数值求解，划分锚链单元如图 6.2.3 所示，整个锚链划分为 $n = n_1 + n_2 + n_3 + n_4$ 个单元，各单元重量及外荷载均集中在单元的中心上，作用于单元中心的外力有海流力和重力[10]。对任意单元 i 进行受力分析，根据式(1)和式(2)得到单元 i 上的平衡方程为

$$T_{x,\,i+1} = T_{xi} - F_i\cos\theta_i(1+\varepsilon)\mathrm{d}s - D_i\sin\theta_i(1+\varepsilon)\mathrm{d}s \tag{7}$$

$$T_{z,\,i+1} = T_{zi} - F_i\sin\theta_i(1+\varepsilon)\mathrm{d}s + D_i\cos\theta_i(1+\varepsilon)\mathrm{d}s + P_i\mathrm{d}s \tag{8}$$

$$T_{i+1} = \sqrt{T_{x,\,i+1}^2 + T_{z,\,i+1}^2} \tag{9}$$

式中：T_{xi}，$T_{x,\,i+1}$ 为第 $i,i+1$ 单元的水平力；T_{zi}，$T_{z,\,i+1}$ 为第 $i,i+1$ 单元的竖向力；F_i，D_i，F_{i+1}，D_{i+1} 分别为第 $i,i+1$ 单元的切向和垂向单位长度的海流力。根据式(5)和式(6)可得到单元节点坐标的空间关系为

$$x_{i+1} = x_i + (1+\varepsilon)\mathrm{d}s\cos\theta_i \tag{10}$$

$$y_{i+1} = y_i + (1+\varepsilon)\mathrm{d}s\sin\theta_i \tag{11}$$

在已知锚链第一个单元所受力在 x，y 方向的分力，求解过程用迭代方法，计算过程如下：

(1) 假设一个锚泊线顶端和水平方向的夹角 θ。

(2) 把不均匀锚链分别划分成若干个单元，将每个单元上的重力和海流力都简化到单元的中心上。

(3) 把前一段锚链的末端点作为下一段锚链的起点。

(4) 求出锚链上各段的受力 T 和各点的坐标值(x, y)。

(5) 验证水深边界条件(也就是最后一点坐标 $y = H$，H 为水深)，如果满足这个边界条件，则结束计算，否则返回(1)，直到满足一定精度为止。

6.2.3　算例及结果分析

某 FPSO 油轮的锚泊系统布置如图 6.2.4 所示，由 6 根成散射均布的复合锚泊线组成。每根锚泊线的参数为

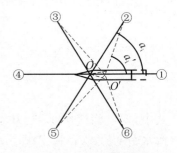

图 6.2.4　锚泊线布置图

OA 段:$EA_1 = 701$ MN,$w_1 = 1.44$ kN/m,$L_1 = 1\,040$ m,$D = 90$ mm;

AB 段:$EA_2 = 510$ MN,$w_2 = 0.33$ kN/m,$L_2 = 740$ m,$D = 90$ mm;

CD 段:$EA_3 = 510$ MN,$w_3 = 0.33$ kN/m,$L_3 = 420$ m,$D = 90$ mm;

浮子:$W_1 = -300$ kN,$L_{23} = 6$ m,水深 $H = 450$ m,海流为均匀流,流速 $V = 1.2$ m/s。

1) 临界状态张力求解

O 点和 A 点与海床刚好相切对应两个临界状态,求解出来这两个临界状态对应的锚泊线顶端水平张力及与水平方向夹角分别为 $T_0 = 1\,338\,450$ N,$\theta_0 = 0.291\,7$ rad,$T_A = 93\,675$ N,$\theta_A = 0.546\,65$ rad。在忽略海流力作用时,求解这两个临界状态对应的锚泊线顶端水平张力及与水平方向夹角分别为 $T_0' = 1\,331\,450$ N,$\theta_0' = 0.881$ rad,$T_A' = 84\,050$ N,$\theta_A' = 0.473\,8$ rad。可见,海流力对临界张力的计算影响较大,应该考虑海流力对锚链线的作用。

2) 不同预张力状态时复合锚泊线形状曲线和张力

给定不同预张力条件下,复合锚泊线的形状曲线如图 6.2.5 所示,$T_A = 93\,675$ N 和 $T_0 = 1\,338\,450$ N 分别为 A 点和 O 点与海床刚好相切;$T_1 = 3\,000\,000$ N 对应桩锚状态,顶端水平张力和水平方向夹角为 $\theta_1 = 0.239\,6$ rad;$T_2 = 990\,000$ N 对应 OA 段索链部分卧底状态,顶端水平张力和水平方向夹角为 $\theta_2 = 0.315\,6$ rad,此时卧底段链长 $X_0 = 250.53$ m;$T_3 = 50\,000$ N 对应 AB 段索链部分卧底状态,顶端水平张力和水平方向夹角为 $\theta_3 = 0.837\,1$ rad,此时卧底段链长 $X_0 = 1\,735.58$ m。

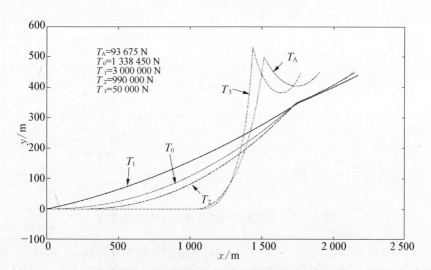

图 6.2.5 不同预张力条件下锚泊线形状曲线

3) 不同流速时复合锚泊线形状曲线和顶端张力-位移特性曲线

选择初始锚链顶端水平预张力为 $T_2 = 990\,000$ N,与水平方向夹角 $\theta_2 = 0.315\,6$ rad,分别计算海流速度为 $V = 0$ m/s,1.2 m/s,2.4 m/s,3.6 m/s 时的复合锚泊线形状曲线和顶端张力-位移特性曲线,得到图 6.2.6 和图 6.2.7。

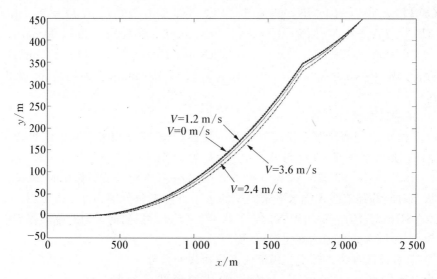

图 6.2.6　不同流速时复合锚链线形状曲线

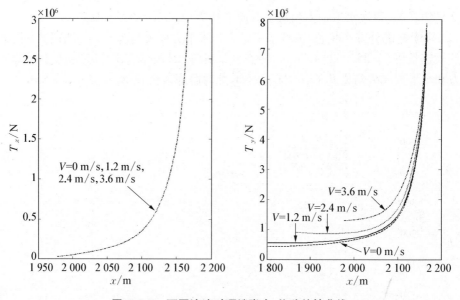

图 6.2.7　不同流速时顶端张力-位移特性曲线

　　从图 6.2.6 可以看到,流速分布对复合锚泊线的形状有影响,流速越大,复合锚泊线的悬垂度越大,张紧状态越小。从图 6.2.7 可以发现,流速分布对复合锚泊线的顶端水平张力-位移曲线没有影响,而对竖向张力-位移曲线的影响比较明显。同样顶端位移条件时,流速越大,复合锚泊线的竖向张力越大,这对锚泊线的设计是不利的,所以在进行锚泊线静力分析时应该考虑流速分布的影响。

　　4) 浮子尺度作用影响

　　考虑中间浮子的尺度作用和不考虑中间浮子的尺度作用时,分别得到复合锚泊线顶端张力-位移特性曲线如图 6.2.8 所示。可以得到,如果浮子两端直接与索链相连,并且具有一定的尺度时,应该考虑浮子的尺度作用。

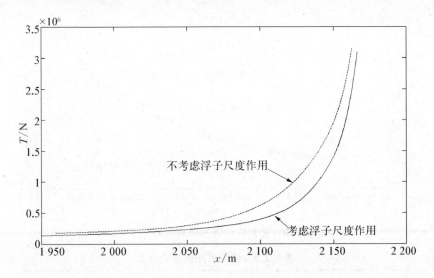

图 6.2.8　浮子尺度作用影响比较曲线

5) 锚泊系统回复力计算

一般计算锚泊系统的回复力时,不考虑上部浮体竖向位移的影响,根据预先计算得到的锚泊线顶端张力-位移特性曲线,可以得到在给定上部浮体水平位移时,每根锚泊线能提供的回复力,然后根据力的合成原则,计算得到整个锚泊系统的回复力。

现假设每根锚泊线的初始预张力为 $T_2 = 990\,000$ N,与水平方向夹角 $\theta_2 = 0.315\,6$ rad,上部浮体在初始位置发生 $y = 5\cos\dfrac{2\pi}{25}x - 5$ 的位移,如图 6.2.9 所示,暂不考虑锚泊线的动力作用,得到单根复合锚泊线的顶端张力-位移特性曲线如图 6.2.10 所示,因为竖向位移与水深相比很小,计算中假定竖向位移不改变锚泊线顶端张力与水平方向的

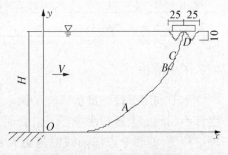

图 6.2.9　上部浮体位移曲线

夹角,可见,在同样顶端位移条件时,考虑竖向位移的锚泊线张力较小,这对锚泊线的设计是不利的,所以在进行锚泊线静力分析时应该考虑上部浮体竖向位移的影响。

上部浮体从 O 点移动到 O' 点,其水平位移为 $\delta = 5\%H = 22.5$ m 时,锚泊系统的回复力计算如表 6.2.1 所示,可以计算得到整个锚泊系统的回复力为 $Q = -\sum\limits_{i=1}^{6} Q_x \cos\alpha'_i = 2\,668\,256.4$ N。

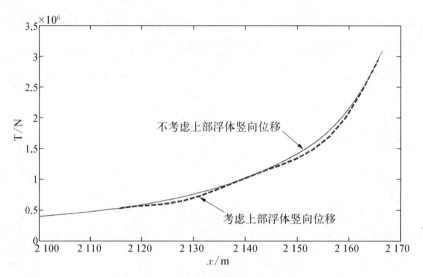

图 6.2.10 复合锚泊线的顶端张力-位移曲线

表 6.2.1 锚泊系统回复力计算

NO	α_i	δ_i/m	$\alpha_i' = \alpha_i + \arcsin\left(\dfrac{\delta}{x_i}\sin\alpha_i\right)$	Q_x/N	$Q_x\cos\alpha_i'/\text{N}$
①	0°	−22.5	0°	520 820	520 820
②	60°	−11.15	59.707°	647 802.8	326 766.1
③	120°	11.35	120.298°	1 377 101.6	−694 744.3
④	180°	22.5	180°	2 453 120	−2 453 120
⑤	240°	11.35	239.702°	1 377 101.6	−694 744.3
⑥	300°	−11.15	300.293°	647 802.8	326 766.1

6.2.4 结论

本节利用分段外推法研究了深水悬链锚泊系统常用的由三段浮容重、刚度和长度都不相同的索链与水中浮子组合而成的复合锚泊线的静力分析,与传统的悬链线理论相比,能够考虑锚泊线海流力及锚泊线的弹性伸长,因而更具有优势。通过计算,得到了以下主要结论:

(1)流速分布对复合锚泊线的形状有影响,流速越大,复合锚泊线的悬垂度越大,张紧状态越小。流速分布对复合锚泊线的顶端水平张力-位移曲线没有影响,而对竖向张力-位移曲线的影响比较明显。同样顶端位移条件时,流速越大,复合锚泊线的竖向张力越大,这对锚泊线的设计是不利的,所以在进行锚泊线静力分析时应该考虑流速分布的影响。

(2)如果浮子两端直接与索链相连,并且具有一定的尺度时,分析时应该考虑浮子的尺度作用。

（3）在同样顶端位移条件时,考虑上部浮体竖向位移的锚泊线张力较小,这对锚泊线的设计是不利的,所以在进行锚泊线静力分析时应该考虑上部浮体竖向位移的影响。

参考文献

［1］ 余龙,谭家华. 深水中悬链线锚泊系统设计研究进展[J]. 中国海洋平台,2004,19(3)：24－29.

［2］ Smith T M, Chen M C, Radwan A M. Systematic systems. Proceedings of the fourth International Offshore for the preliminary design of mooring Mechanics and Arctic Engineering. 1985,1：403－407.

［3］ Smith R J, MacFarlane C J. Statics of a three component mooring line. Ocean Engineering. 2001,28：899－914.

［4］ 王冬姣. 索-链-浮子/沉子组合锚泊线的静力分析[J]. 中国海洋平台,2007,16(5)：16－20.

［5］ 张火明,范菊,杨建民. 深水系泊系统静力特性快速计算方法研究[J]. 船海工程,2007,36(2)：64－68.

［6］ 郝春玲,滕斌. 不均匀可拉伸单锚链系统的静力分析[J]. 中国海洋平台,2003,18(4)：19－22.

［7］ 韩凌,滕斌. Chebyshev多项式在海岸工程中的应用. 第十七届全国水动力学研讨会暨第六届全国水动力学学术会议论文集,2003：822－829.

［8］ 郝春玲,张亦飞,腾斌,等. 流速分布及锚链自身刚度对弹性单锚链系统变形和受力的影响[J]. 海洋学研究,2006,24(3)：90－95.

［9］ 潘斌,高捷,陈小红,陈家鼎. 浮标系泊系统的静力计算[J]. 重庆交通学院学报,1997,16(1)：68－73.

［10］ 于定勇. 水下锚泊系统计算[J]. 青岛海洋大学学报,1995(专辑)：100－105.

6.3 弹性悬链线方程参数变换法及其工程应用

6.3.1 引言

在海上进行诸如钻井、采油等生产或工程作业时,都须使船舶或海洋平台在海上保持一个比较固定的位置,为满足工作要求,必须对其进行定位。锚泊定位由于结构简单、工作安全、可靠、经济性好等优点,成为移动式海洋结构物在海洋中定位的主要形式[1]。传统的锚泊线模型一般采用经典悬链线模型,但是当锚泊线很长或拉力很大时,必须考虑锚泊线本身的弹性。本模型引入一个参数 $u\left(\text{其中} \sinh u = \dfrac{\mathrm{d}y}{\mathrm{d}x}\right)^{[2]}$,通过参数变换,推导出弹性悬链线的参数方程,并得到力和锚泊线几何尺寸之间的关系。该模型的特点是思路清晰,推导简单,物理意义明确。

6.3.2   参数变换法

弹性锚泊线参数方程推导如下。

如图 6.3.1 所示,锚泊线两端固定,上端点处锚泊线受到拉力为 T,其水平分量为 H,竖直分量为 V。

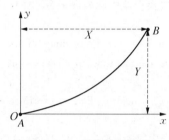

图 6.3.1   锚泊线示意图

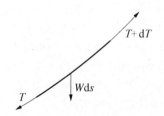

图 6.3.2   锚泊线微段受力示意图

由微段竖直方向的平衡(见图 6.3.2)可得

$$H \frac{\mathrm{d}^2 y}{\mathrm{d}^2 x} = W \sqrt{1 + \left(\frac{\mathrm{d}y}{\mathrm{d}x}\right)^2} \tag{1}$$

式中: H 为拉力的水平分量; W 为锚泊线的线重度(单位为 N/m)。

假设在不受力状态下的横截面积为 A_0,沿弧长的线重度为 W_0。在受拉后,截面积变为 A,线重度变为 W。设 E 为轴向弹性模量, T 为张力。由 Hooke 定理和根据质量守恒,受力前后质量不变,有

$$W = W_0 / [1 + T/(EA_0)] \tag{2}$$

再根据拉力 T 与水平分量间的几何关系,有

$$T = H\sqrt{1 + y'^2} \tag{3}$$

整理上式得到

$$Hy'' = \frac{W_0 \sqrt{1 + y'^2}}{1 + T/(EA_0)} \tag{4}$$

为了便于化简并消除上式中的根号,引进如下变换:

$$\varepsilon = \frac{H}{EA_0}$$

$$a = \frac{W_0}{H} \tag{5}$$

$$\frac{\mathrm{d}y}{\mathrm{d}x} = \sinh u$$

将式(5)代入式(4),化简整理后得到

$$\cosh u\,\mathrm{d}u = \frac{a\cosh u}{1+\varepsilon\cosh u}\mathrm{d}x \tag{6}$$

用 $\mathrm{d}u$ 表达 $\mathrm{d}x$,并对 u 积分得到

$$x = \frac{1}{a}(u+\varepsilon\sinh u)+C_1 \tag{7}$$

同理可以得到

$$y = \frac{1}{a}\left(\cosh u + \frac{1}{2}\varepsilon\cosh^2 u\right)+C_2 \tag{8}$$

由以上推导可得弹性锚泊线的参数方程为

$$\begin{cases} x = \dfrac{1}{a}(u+\varepsilon\sinh u)+C_1 \\[2mm] y = \dfrac{1}{a}\left(\cosh u + \dfrac{1}{2}\varepsilon\cosh^2 u\right)+C_2 \end{cases} \tag{9}$$

从该参数方程可以看出:如果 ε 趋近于零,则该方程蜕化为经典的悬链线方程。无量纲数 ε 的物理意义为:锚泊线上端拉力水平分量 H 与锚泊线轴向弹性刚度 EA_0 之比值,是弹性模型区别经典悬链线方程的关键因素,是考虑弹性后对经典悬链线方程的弹性修正参数。

6.3.3 锚泊线端点受力

1) 锚泊线拉力方程

当锚泊线在两点间悬挂(见图 6.3.1),设在水平方向的投影长度为 X,竖直方向的投影长度为 Y,上端点处拉力 T 的水平分量为 H,竖直分量为 V。则有

$$\begin{cases} X = \dfrac{1}{a}\left[(u_1+\varepsilon\sinh u_1)-(u_0+\varepsilon\sinh u_0)\right] \\[2mm] Y = \dfrac{1}{a}\left[\left(\cosh u_1 + \dfrac{1}{2}\varepsilon\cosh^2 u_1\right)-\left(\cosh u_0 + \dfrac{1}{2}\varepsilon\cosh^2 u_0\right)\right] \end{cases} \tag{10}$$

式中:u_1,u_0 分别为参数 u 在上端点、下端点的值。

由公式(5)可得

$$\sinh u_1 = \frac{V}{H}\quad \sinh u_0 = \frac{V-G}{H} \tag{11}$$

式中:G 为锚泊线的重量。整理前面结果得[3]

$$\begin{cases} X = \dfrac{HL_0}{EA_0} + \dfrac{H}{W_0}\left[\operatorname{arcsinh}\dfrac{V}{H} - \operatorname{arcsinh}\dfrac{V-G}{H}\right] \\[3mm] Y = \dfrac{L_0}{EA_0}\left(V-\dfrac{G}{2}\right) + \dfrac{H}{W_0}\left[\sqrt{1+\left(\dfrac{V}{H}\right)^2} - \sqrt{1+\left(\dfrac{V-G}{H}\right)^2}\right] \end{cases} \tag{12}$$

式中: L_0 为锚泊线未拉伸时的长度。因此对于已知锚泊线的线重度 W_0,重量 G,原长 L_0 和悬挂位置,即可用数值方法[4, 5]求出 H,V。

公式(12)的物理意义:

(1) 锚泊线在水平方向的投影长度由两部分组成:

① 原始长度为 L_0 的锚泊线在两端受到 H 的拉力后的弹性伸长;

② 按照经典悬链线方程求得锚泊线在水平方向的投影长度。

(2) 锚泊线在竖直方向的投影长度由两部分组成:

① 原始长度为 L_0 的锚泊线在重力场中受到上端拉力为 V,下端拉力为 $V-G$ 后的弹性伸长;

② 按照经典悬链线方程求得锚泊线在竖直方向的投影长度。

从方程的上述特点可以看出,弹性变形和悬链线的几何特征都得到明确体现。

2) 锚泊线拉力求解

公式(12)虽然只有两个式子,在其他参数已知的情况下,求出 H,V 就能得到锚泊线的拉力。但是,由于方程中含有反双曲正弦函数,方程的非线性很强,用常规的求解非线性方程组的算法存在问题如下:

(1) 算法有效性太低,是否能求出解,与所设的初值关系极大,初值设置不当,求解失败。

(2) 算法复杂,一般求解非线性方程组,都需要写出其雅克比(Jacobi)矩阵。

鉴于常规求解方法的以上特点,不易写出通用性较强的程序。因此,我们要从方程组的物理性质出发,设计一种简单、高效、收敛性好的算法。

3) 求解思路

从最基本的物理常识和数学知识可以知道:

(1) 当 V 保持不变,H 变大时,公式中的 X 值也要增大,反之亦然。

(2) 同理,当 H 保持不变,V 增大时,公式中的 Y 值也要增大,反之亦然。

由上面两点常识得到的启发,我们设计了计算程序流程。该算法流程的核心是 H,V 的调整方案,如果方案合理,则能够获得很好的收敛效果。根据计算经验,给出如下调整方案:

引入 $\Delta X,\Delta Y$,调整系数 ω,其中 $\Delta X, \Delta Y$ 的定义如下:

$$\Delta X = X_{new} - X$$

$$\Delta Y = Y_{new} - Y \qquad (13)$$

当 $|\Delta X| > \varepsilon$ 或 $|\Delta Y| > \varepsilon$ 时(ε 为容许误差),按照下步进行调整 H,V:

$$H_{new} = H\left[1.0 - \omega\left(\frac{\Delta X}{X}\right)\right]$$

$$V_{new} = V\left[1.0 - \omega\left(\frac{\Delta Y}{Y}\right)\right] \qquad (14)$$

直到 H 和 V 的值收敛。根据计算经验，ω 取值在 (0，1]能够较好收敛，ω 取值较小，收敛速度慢，取 1 比较合适。

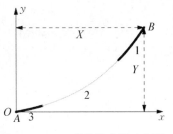

图 6.3.3 三成分锚泊线示意图

4）算例及分析

三成分锚泊线（见图 6.3.3），第一段、第三段为无档锚泊线，第二段为螺旋钢缆。具体参数如表 6.3.1（数据来源：中海油概念设计[6]）所示。

表 6.3.1 三成分无档锚泊线参数

名　称	直　径	长　度	水下重	轴向弹性刚度	破断拉力
单　位	mm	m	kg/m	10^6 N	kN
无档锚泊线	137	150	326	/	16 942
螺旋钢缆	128	1 300	69.8	1 429	15 730

锚泊线初始悬挂于(0，0)和(1 265，925)两点之间（坐标单位为 m），该位置为设计配置，锚泊线下端固定，上端位置随平台缓慢变化，考虑如下两种情况：

(1) 锚泊线上端随平台只作水平移动，垂向坐标不变（见图 6.3.4）。

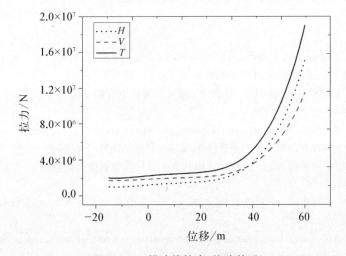

图 6.3.4 锚泊线拉力-位移关系

(2) 锚泊线上端随平台只作垂向移动，水平坐标不变（见图 6.3.5）。

分析：在锚泊线两端点间距离小于锚泊线原始长度锚泊线上端所受力的大小随两端点间距离变大而变大，但是变化缓慢；当两端点间距离大于锚泊线原始长度时，锚泊线上端所受力迅速增大，锚泊线的弹性占主导地位；锚泊线随平台水平运动时，锚泊拉力的变化幅度大于锚固点仅随平台垂向运动，即是说锚泊线对平台的水平约束作用大于垂向约束。当得到拉力-位移关系后，可以将锚泊线看作非线性弹簧，用来分析平台的耦合运动[7-9]。

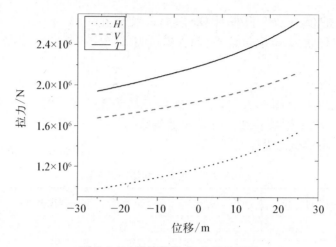

图 6.3.5 锚泊线拉力-位移关系图

6.3.4 结论

深海锚泊线不能忽略材料弹性的影响,本节建立了弹性悬链线的模型,得到了其参数方程。根据方程的物理意义,提出了求解锚泊线拉力的算法,该算法的收敛性好、简单、高效,易于编程,可用于海洋平台耦合运动的分析中。

参考文献

[1] Subrata Chakrabarti, Handbook of Offshore Engineering, Elsevier Ocean Engineering Series [M]. Elsevier Ltd. Oxford, UK, 2005.

[2] 张志国,邹振祝,赵玉成,陈伟. 悬索桥主缆线形解析方程解及应用[J]. 工程力学,2005(22): 172-176.

[3] Irvine HM. Cable Structure[M]. Cambridge, Massa-chusetts: The MIT Press, 1981.

[4] 李庆扬. 非线性方程组的数值解法[M]. 北京:科学出版社,1987.

[5] 《现代应用数学手册》编委会. 现代应用数学手册计算与数值分析卷[M]. 北京:清华大学出版社,2005.

[6] 中海石油研究中心. 中国南海深水油气田开发的典型深水平台概念设计研究[R]. 北京,2004.

[7] Agarwal AK, Jain AK. Dynamic behavior of offshore spar platforms under regular sea waves [J]. Ocean Engineering, 2003(30): 487-516.

[8] Agarwal AK, Jain AK. Nonlinear coupled dynamic response of offshore Spar platforms under regular sea waves[J]. Ocean Engineering, 2003(30): 517-551.

[9] 马志良,罗德涛. 近海移动式平台[M]. 北京:海洋出版社,1993.

6.4 深水悬链锚泊线阻尼计算

随着海洋资源开发逐渐向深海领域挺进,国内外的石油开发商纷纷采用半潜式钻井平台、张力腿平台、Spar 平台和浮式生产储油系统等深海石油资源开发工具。无论采用何种平台，都要通过锚泊系统长期锚泊于恶劣的海洋环境中作业。

阻尼在预测锚泊的采油平台运动响应中是一个很重要的因素。阻尼的主要来源包括锚泊线流体动力阻尼（包括涡激振动）、内阻尼和海床摩擦阻尼。除内阻尼由材料特性决定以外，流体动力阻尼和海床摩擦阻尼受上部浮体运动的影响比较显著。通过计算锚泊线的流体动力阻尼和摩擦阻尼，将得到的线性化阻尼系数附加到上部浮体运动方程的阻尼矩阵中，为其运动响应计算提供输入条件。

Webster[1]利用时域有限元方法对由水平和竖向运动引起的锚泊线阻尼力进行了计算，并基于量纲分析进行了一些参数分析。Brown 和 Mavrakos[2]对时域和频域方法计算的锚泊线阻尼进行了比较。Hwang[3]采用一种时域方法计算了平台和锚泊系统的耦合作用，目的是从阻尼的来源进行计算分析。Kitney 和 Brown[4]采用两种不同比例的模型试验对其他学者的数值计算结果进行了验证。余龙和谭家华[5]采用动力时域非线性有限元方法进行两成分的锚泊线动力分析，采用类似的动力有限元分析方法。Liu 和 Bergdahl[6]比较了不同流速和不同海床摩擦系数情况下单根锚泊线的时域和频域计算结果，认为频域的计算结果具备实用性。

本节简单介绍了锚泊线进行非线性时域分析的方法，并对基于能量耗散计算锚泊阻尼的方法进行描述，最后通过一个计算实例对其黏性阻尼和海床摩擦阻尼进行计算。

6.4.1　非线性有限元时域分析

1) 运动控制方程

在分析锚泊线的运动响应时，一般将锚泊线假定为完全挠性构件，其运动控制方程一般采用 Berteaux[7]提出的：

$$(m + m_a) \frac{\partial \boldsymbol{V} - \partial \boldsymbol{U}}{\partial t} = \boldsymbol{F}_{Dn} + \boldsymbol{F}_{Dt} + \boldsymbol{F}_{In} + \boldsymbol{F}_{It} + \boldsymbol{T} + \boldsymbol{G} \tag{1}$$

式中：m，m_a 分别为单位长度锚泊线质量和附加质量；$\boldsymbol{V}$，$\boldsymbol{U}$ 分别为锚泊线速度矢量和流场速度矢量；$\boldsymbol{T}$ 为锚泊线张力；$\boldsymbol{G}$ 为单位长度锚泊线净重力；$\boldsymbol{F}_{Dn}$，$\boldsymbol{F}_{Dt}$ 分别为单位长度锚泊线的切向和法向拖曳力，$\boldsymbol{F}_{In}$，$\boldsymbol{F}_{It}$ 分别为单位长度锚泊线的切向和法向惯性力，可分别表示为

$$\boldsymbol{F}_{Dn} = \frac{1}{2} \rho_w C_{Dn} D \Delta \boldsymbol{V}_n \mid \Delta \boldsymbol{V}_n \cdot \Delta \boldsymbol{V}_n \mid^{\frac{1}{2}} \tag{2}$$

$$\boldsymbol{F}_{Dt} = \frac{1}{2} \rho_w C_{Dt} \pi D \Delta \boldsymbol{V}_t \mid \Delta \boldsymbol{V}_t \mid \tag{3}$$

$$\boldsymbol{F}_{In} = \frac{1}{4} \rho_w \pi D^2 (C_{In} - 1) \frac{\partial \boldsymbol{V} - \partial \boldsymbol{U}}{\partial t} \tag{4}$$

$$\boldsymbol{F}_{It} = \frac{1}{4} \rho_w \pi D^2 (C_{It} - 1) \frac{\partial \boldsymbol{V} - \partial \boldsymbol{U}}{\partial t} \tag{5}$$

式中：ρ_w 为海水密度；C_{Dt} 和 C_{Dn} 分别为切向和法向拖曳系数；D 为锚泊线等效直径；$\Delta \boldsymbol{V}_t$ 和 $\Delta \boldsymbol{V}_n$ 分别为流体和锚泊线之间的相对切向和法向速度；C_{It} 和 C_{In} 分别为切向和法向附加质量系数。

2）非线性分析

根据式（1）可知，锚泊线的运动控制方程是一个复杂的时变强非线性方程，需要采用数值方法进行求解，本节采用非线性有限元法进行求解计算。

结构的非线性问题是指结构的刚度随其变形而改变的分析问题。由于刚度依赖于位移，所以不能再用初始柔度矩阵乘以所施加的载荷的方法来计算任意载荷时结构的位移，而采用虚位移原理来表示物体的平衡，采用 Lagrange 增量列式法求解。本节中采用混合梁单元模拟锚泊线，使用 New ton-Raphson 迭代法直接求解非线性问题。计算过程分为许多载荷增量步，并在每个载荷增量步结束时寻求近似的平衡构型，通过逐步施加给定的载荷，以增量形式趋于最终解而得到结果，所有的增量响应的和就是非线性分析的近似解。

3）接触非线性

在有限元中，接触条件是一类特殊的不连续的约束，它允许力从模型的一部分传递到另一部分，只有当两个表面接触时才应用接触条件，所以这种约束是不连续的。这里采用单纯主从接触算法[8]，假定海床为刚性海床平面，将锚泊线和海床分别划分为从面和主面，可考虑两者之间滑动摩擦的情况。

6.4.2　阻尼计算原理

考虑锚泊线在平面内运动，在一个运动周期 τ 内锚泊线耗散的能量 E 可以表示为

$$E = \int_0^\tau T_x \frac{\mathrm{d}X}{\mathrm{d}t} \mathrm{d}t \tag{6}$$

阻尼可以等效为线性化的阻尼系数 B，所以，某一时刻的瞬时水平张力 T_x 可以近似表示为

$$T_x = B \frac{\mathrm{d}X}{\mathrm{d}t} \tag{7}$$

假定锚泊线顶端导缆孔处的运动时程和上部平台的运动时程相同，而平台在波浪作用下的运动响应 $X(t)$ 假定为正弦运动，即 $X = X_0 \sin \omega t$，其中 X_0 为平台运动响应幅值。所以，一个运动周期 τ 内锚泊线耗散的能量 E 可以近似的表达为

$$E = \int_0^\tau T_x \frac{\mathrm{d}X}{\mathrm{d}t} \mathrm{d}t = B \left[\int_0^\tau \frac{\mathrm{d}X}{\mathrm{d}t} \right]^2 \mathrm{d}t = \frac{2\pi^2 X_0^2 B}{\tau} \tag{8}$$

因此，根据计算得到的一个运动周期 τ 内锚泊线耗散的能量 E 就可以得到等效线性化的阻尼系数

$$B = \frac{E\tau}{2\pi^2 X_0^2} \tag{9}$$

式中：耗散的能量 E 可以通过积分一个周期内的顶端水平张力-位移曲线得到,需要利用到有限元动力计算的结果。

6.4.3 计算模型及参数

单根锚泊线的材料特性和初始找形条件如表 6.4.1 所示。初始找形完成后锚泊线的形态如图 6.4.1 所示,即为后面锚泊阻尼计算的初始悬链线形态。初始悬链线找形参考文献采用的静力分析步骤,这样可以保证在模型中自动包括了锚泊线有关的初始应力和刚度。动力分析时为避免突加荷载对计算结果的影响,对每种工况计算 6 个周期,取稳态计算结果进行分析处理。

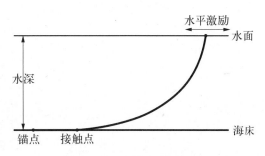

图 6.4.1 锚泊线形态

表 6.4.1 锚泊线材料特性和初始找形条件

材料类型	钢 索
等效直径/mm	130
总长度(未拉伸之前)/m	4 000
水 深/m	500
海水密度/(kg/m)	1 025
浮容重/(N/m)	664.4
轴向刚度 EA/N	1.30×10^9
初始平衡位置时顶端张力/kN	2 438.9

比较锚泊线顶端水平运动时程分别为慢漂运动和波频运动对锚泊阻尼计算结果的影响,分析不同流速分布条件对锚泊阻尼计算结果的影响,然后计算不同摩擦系数时锚泊线顶端运动时程的运动幅值和运动周期变化对阻尼计算结果的影响,并对摩擦阻尼进行计算,计算的各种工况如表 6.4.2 所示。

表 6.4.2 计算参数及结果

工况	锚泊线顶端水平运动时程/m	流速分布/(m/s)	最大张力/kN	黏性阻尼/(kN·s/m)	摩擦系数	备注
1.1	$x = 30\sin\left(\dfrac{2\pi}{330}t\right)$	0	3 992	126	0	
			4 002	137	0.2	
			4 012	144	0.4	
			4 020	147	0.6	慢漂运动

(续表)

工况	锚泊线顶端水平运动时程/m	流速分布/(m/s)	最大张力/kN	黏性阻尼/(kN·s/m)	摩擦系数	备注
1.2		0.5(均匀流)	4 030	147	0.8	
			3 997	133	0	
			4 007	144	0.2	
			4 017	151	0.4	
			4 026	154	0.6	
			4 036	154	0.8	
1.3		1.03(均匀流)	3 999	150	0	
			4 009	161	0.2	
			4 018	168	0.4	
			4 027	171	0.6	
			4 037	172	0.8	
1.4		梯形分布[a]	3 996	152	0	
1.5		抛物线分布[b]	3 987	159	0	
1.6		对数分布[c]	3 997	155	0	
2.1	$x = 5.4\sin\left(\frac{2\pi}{10}t\right)$	0	3 917	254	0	波频运动
			3 929	281	0.2	
			4 014	298	0.4	
			3 968	315	0.6	
			4 131	331	0.8	
2.2		0.5(均匀流)	3 972	257	0	
			4 051	278	0.2	
			4 040	299	0.4	
			4 104	316	0.6	
			4 172	335	0.8	
2.3		1.03(均匀流)	4 071	261	0	
			4 054	281	0.2	
			4 057	299	0.4	
			4 009	323	0.6	
			4 106	342	0.8	
2.4		梯形分布[a]	3 959	264	0	
2.5		抛物线分布[b]	4 048	269	0	
2.6		对数分布[c]	3 941	264	0	
3.1	$x = 30\sin\left(\frac{2\pi}{290}t\right)$	0	4 001	143	0	慢漂运动
			4 011	154	0.2	
			4 021	160	0.4	
			4 030	164	0.6	

（续表）

工况	锚泊线顶端 水平运动时程/m	流速分布 /(m/s)	最大张力 /kN	黏性阻尼 /(kN·s/m)	摩擦 系数	备注
3.2	$x = 30\sin\left(\dfrac{2\pi}{260}t\right)$	0	4 041	165	0.8	慢漂运动
			4 008	160	0	
			4 018	170	0.2	
			4 028	177	0.4	
			4 035	180	0.6	
			4 045	182	0.8	
3.3	$x = 30\sin\left(\dfrac{2\pi}{230}t\right)$	0	4 009	181	0	慢漂运动
			4 021	190	0.2	
			4 028	197	0.4	
			4 037	201	0.6	
			4 046	204	0.8	
3.4	$x = 30\sin\left(\dfrac{2\pi}{200}t\right)$	0	4 005	207	0	慢漂运动
			4 015	217	0.2	
			4 024	224	0.4	
			4 040	229	0.6	
			4 045	232	0.8	
3.5	$x = 35\sin\left(\dfrac{2\pi}{330}t\right)$	0	4 389	150	0	慢漂运动
			4 398	161	0.2	
			4 407	168	0.4	
			4 416	173	0.6	
			4 425	175	0.8	
3.6	$x = 40\sin\left(\dfrac{2\pi}{330}t\right)$	0	4 834	175	0	慢漂运动
			4 843	185	0.2	
			4 853	193	0.4	
			4 860	198	0.6	
			4 870	202	0.8	
3.7	$x = 45\sin\left(\dfrac{2\pi}{330}t\right)$	0	5 339	201	0	慢漂运动
			5 346	210	0.2	
			5 356	218	0.4	
			5 364	224	0.6	
			5 372	229	0.8	
3.8	$x = 50\sin\left(\dfrac{2\pi}{330}t\right)$	0	5 894	228	0	慢漂运动
			5 902	237	0.2	
			5 909	244	0.4	
			5 916	250	0.6	
			5 922	255	0.8	

工况	锚泊线顶端 水平运动时程/m	流速分布 /(m/s)	最大张力 /kN	黏性阻尼 /(kN·s/m)	摩擦 系数	备注
4.1	$x = 5.4\sin\left(\dfrac{2\pi}{15}t\right)$	0	3 546	337	0	波频运动
			3 472	355	0.2	
			3 501	372	0.4	
			3 463	391	0.6	
			3 562	406	0.8	
4.2	$x = 5.4\sin\left(\dfrac{2\pi}{12.5}t\right)$	0	3 740	310	0	波频运动
			3 620	328	0.2	
			3 901	350	0.4	
			3 751	369	0.6	
			3 896	388	0.8	
4.3	$x = 5.4\sin\left(\dfrac{2\pi}{7.5}t\right)$	0	3 999	173	0	波频运动
			3 878	198	0.2	
			4 065	213	0.4	
			4 038	231	0.6	
			4 304	248	0.8	
4.4	$x = 5.4\sin\left(\dfrac{2\pi}{5}t\right)$	0	4 986	106	0	波频运动
			4 899	114	0.2	
			4 520	133	0.4	
			4 277	144	0.6	
			4 712	161	0.8	
4.5	$x = 4.2\sin\left(\dfrac{2\pi}{10}t\right)$	0	3 467	269	0	波频运动
			3 607	298	0.2	
			3 625	320	0.4	
			3 679	341	0.6	
			3 716	365	0.8	
4.6	$x = 6.6\sin\left(\dfrac{2\pi}{10}t\right)$	0	4 099	242	0	波频运动
			4 241	261	0.2	
			4 447	283	0.4	
			4 452	296	0.6	
			4 465	310	0.8	
4.7	$x = 7.8\sin\left(\dfrac{2\pi}{10}t\right)$	0	4 748	235	0	波频运动
			4 790	250	0.2	
			5 369	266	0.4	
			4 683	279	0.6	
			4 661	293	0.8	
4.8	$x = 9\sin\left(\dfrac{2\pi}{10}t\right)$	0	4 950	229	0	波频运动

（续表）

工况	锚泊线顶端 水平运动时程/m	流速分布 /(m/s)	最大张力 /kN	黏性阻尼 /(kN·s/m)	摩擦 系数	备注
			4 770	241	0.2	
			4 963	256	0.4	
			4 795	266	0.6	
			5 035	280	0.8	

注：a 表面流速 1.831 1 m/s,250 m 水深处流速 0.915 6 m/s,底面流速 0.457 8 m/s,平均流速
　　 1.03 m/s

　　 b 流速沿水深分布 $V = 1.236 \times 10^{-5} h^2$,底面流速 0 m/s,平均流速 1.03 m/s

　　 c 流速沿水深分布 $V = 2.666 4 \ln\left(\dfrac{h}{500} + 1\right)$,底面流速 0 m/s,平均流速 1.03 m/s

6.4.4　计算结果及分析

1) 流速分布的影响

锚泊线在各种流速分布下的最大张力计算结果如图 6.4.2 所示(摩擦系数为 0),并在表 6.4.2 中给出了具体的数值。从图 6.4.2(a)可见,随着均匀流分布流速的增大,慢漂运动和波频运动激励下的锚泊线最大张力均变大;从图 6.4.2(b)可见,在平均流速大小相同时,流速分布为均匀流条件下,慢漂运动和波频运动激励下的锚泊线最大、张力最大。

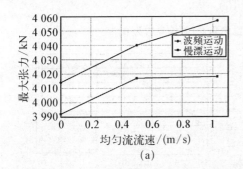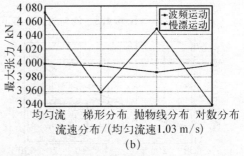

(a)　　　　　　　　　　　　(b)

图 6.4.2　各种流速分布下最大张力(摩擦系数为 0)

锚泊线在均匀流速分布条件下的锚泊阻尼计算结果如图 6.4.3 所示(摩擦系数为 0),并在表 6.4.2 中给出了具体的数值。从图 6.4.3 可见,随着均匀流分布流速的增大,慢漂运动和波频运动激励下的锚泊线--个周期内耗散能量均变大,黏性阻尼也变大,利用多项式拟合,可分别得到对应于慢漂运动和波频运动激励下锚泊线的黏性阻尼系数 B 与流速 v 之间的非线性拟合公式(10)和式(11):

$$B = 17.549v^2 + 5.225 5v + 126 \tag{10}$$

$$B = 1.502 1v^2 + 5.248 9v + 254 \tag{11}$$

锚泊线在平均流速均为 1.03 m/s,流速分布分别为均匀流、梯形分布、抛物线分布和对

数分布条件下的锚泊阻尼计算结果如图 6.4.4 所示(摩擦系数为 0),并在表 6.4.2 中给出了具体的数值。从图 6.4.4(c)可见,流速分布为抛物线分布时,慢漂运动和波频运动激励下的锚泊阻尼最大,而流速分布为均匀流分布时锚泊阻尼最小。在进行海洋平台运动响应计算时,为简单和安全起见,可选择均匀流速分布条件进行锚泊系统的计算。

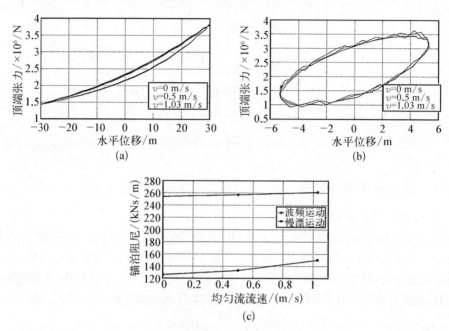

图 6.4.3   均匀流速分布下锚泊阻尼(摩擦系数为 0)

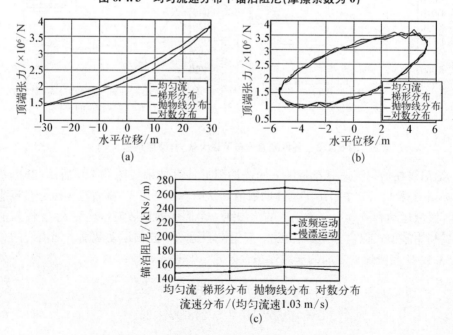

图 6.4.4   各种流速分布下锚泊阻尼(摩擦系数为 0)

2) 摩擦系数的影响

锚泊线与海床之间不同摩擦系数对锚泊线最大张力影响的计算结果如图 6.4.5 所示,并在表 6.4.2 中给出了具体的数值。图 6.4.5(a)和(b)所示为均匀流速分布且流速大小为 0 时的计算结果,图 6.4.5(c)和(d)所示为均匀流速分布且流速大小发生变化的计算结果。从图 6.4.5(a)可见,对于慢漂运动激励,随着摩擦系数的增大,锚泊线的最大张力变大,且呈现线性变化趋势。从图(c)可见,对于慢漂运动激励,考虑均匀流速分布条件,锚泊线中最大张力随着摩擦系数和流速的增大而变大,且同样呈现线性变化趋势。而从图(b)和(d)可见,对于波频运动激励,锚泊线中最大张力的变化规律比较离散,但随着摩擦系数和流速的增大,锚泊线中最大张力基本呈现增长趋势。而无论慢漂运动和波频运动激励,锚泊线顶端运动时程的运动幅值变大,锚泊线中的最大张力也变大;顶端运动时程的运动周期对锚泊线中的最大张力影响相对较小。

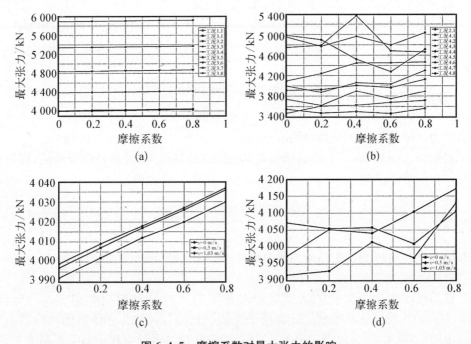

图 6.4.5　摩擦系数对最大张力的影响

锚泊线与海床之间不同摩擦系数对锚泊阻尼影响的计算结果如图 6.4.6 所示,并在表 6.4.2 中给出了具体的数值。图 6.4.6(a)和(b)为均匀流速分布且流速大小为 0 时的计算结果,图(c)和(d)为均匀流速分布且流速大小发生变化的计算结果。从图 6.4.6 可见,对于慢漂运动和波频运动激励,随着摩擦系数的增大,锚泊阻尼均增大。考虑均匀流速分布条件,锚泊阻尼随着摩擦系数和流速的增大而变大。

对图 6.4.6(a)和图(c)中的所有工况进行非线性拟合,经过回归分析后,可以得到统一化的拟合公式:

$$B = -30.357\,1\mu^2 + 54.563\,5\mu + B_i \tag{12}$$

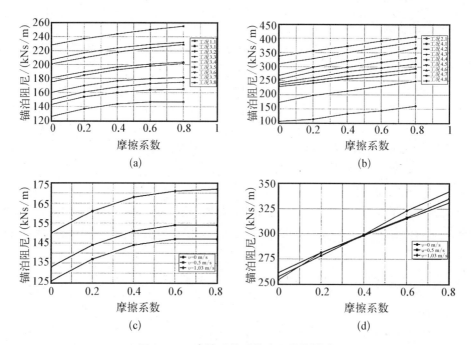

图 6.4.6 摩擦系数对锚泊阻尼的影响

式中：μ 为锚泊线和海床之间摩擦系数，取值范围 $0\sim0.8$；B_i 为慢漂运动激励下且摩擦系数为 0 时，第 i 种工况的锚泊阻尼值。

对图 6.4.6(b) 和图(d)中的所有工况进行非线性拟合，经过回归分析后，可以得到统一化的拟合公式：

$$B = 90.508\,6\mu + B_i \tag{13}$$

式中：μ 为锚泊线和海床之间摩擦系数，取值范围 $0\sim0.8$；B_i 为波频运动激励下且摩擦系数为 0 时，第 i 种工况的锚泊阻尼值。

3) 运动周期的影响

锚泊线顶端运动时程的运动周期对锚泊阻尼的计算影响如图 6.4.7 所示。图 6.4.7(a) 为慢漂运动激励的计算结果比较，图(b)为波频运动激励的计算结果比较。由图(a)可见，对于慢漂运动激励，随着锚泊线顶端运动时程的运动周期增大，锚泊阻尼系数变小。由图(b)可见，对于波频运动激励，随着锚泊线顶端运动时程的运动周期增大，锚泊阻尼系数变大。

对图 6.4.7(a) 中的所有工况进行非线性拟合，经过回归分析后，可以得到统一化的拟合公式：

$$B = 0.002\,4(\tau - 200)^2 - 0.940\,4\tau + B_i \tag{14}$$

式中：τ 为慢漂运动激励周期，取值范围 $200\sim330$ s；B_i 为慢漂运动激励周期 200 s，摩擦系数为 μ_i（取值范围 $0\sim0.8$）时锚泊阻尼值。

对图 6.4.7(b) 中的所有工况进行非线性拟合，经过回归分析后，可以得到统一化

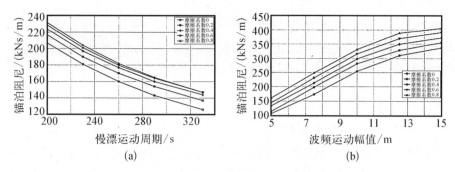

图 6.4.7 运动周期的影响

的拟合公式：

$$B = -1.569(\tau - 5)^2 + 40.062\tau + B_i \qquad (15)$$

式中：τ 为波频运动激励周期，取值范围 5～15 s；B_i 为波频运动激励周期 5 s，摩擦系数为 μ_i（取值范围 0～0.8）时锚泊阻尼值。

　　4）运动幅值的影响

　　锚泊线顶端运动时程的运动幅值对锚泊阻尼的计算影响如图 6.4.8 所示。图 6.4.8(a) 为慢漂运动激励的计算结果比较，图(b) 为波频运动激励的计算结果比较。由图(a) 可见，对于慢漂运动激励，随着锚泊线顶端运动时程的运动幅值增大，锚泊阻尼系数变大。由图(b) 可见，对于波频运动激励，随着锚泊线顶端运动时程的运动幅值增大，锚泊阻尼系数变小。

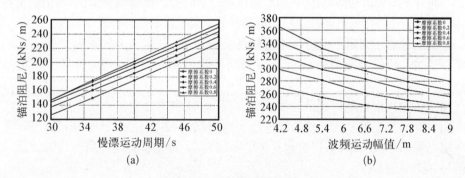

图 6.4.8 运动幅值的影响

　　对图 6.4.8(a) 中的所有工况进行非线性拟合，经过回归分析后，可以得到统一化的拟合公式：

$$B = 5.124(X_0 - 30) + B_i \qquad (16)$$

式中：X_0 为慢漂运动激励幅值，取值范围 30～50 m；B_i 为慢漂运动激励幅值 30 m，摩擦系数为 μ_i（取值范围 0～0.8）时锚泊阻尼值。

　　对图 6.4.8(b) 中的所有工况进行非线性拟合，经过回归分析后，可以得到统一化的拟合公式：

$$B = -13.299\,8(X_0 - 6.6) + B_i \tag{17}$$

式中：X_0 为波频运动激励幅值，取值范围 $4.2 \sim 9\ \text{m}$；B_i 为波频运动激励幅值 $6.6\ \text{m}$，摩擦系数为 μ_i（取值范围 $0 \sim 0.8$）时锚泊阻尼值。

6.4.5 结论

通过对深水悬链锚泊线在不同流速分布下进行非线性动力分析，并考虑锚泊线与海床之间摩擦系数的变化，进而对锚泊阻尼进行计算，可以得到以下一些结论：

（1）锚泊线在均匀流速分布条件下，随着流速的增大，慢漂运动和波频运动激励下的锚泊线一个周期内耗散能量均变大，黏性阻尼也变大，其变化规律可以分析得到文中的拟合公式（10）和公式（11）。

（2）锚泊线在平均流速相同，流速分布分别为均匀流、梯形分布、抛物线分布和对数分布条件下，流速分布为抛物线分布时，慢漂运动和波频运动激励下的锚泊阻尼最大，而流速分布为均匀流分布时锚泊阻尼最小。

（3）对于慢漂运动和波频运动激励，随着摩擦系数的增大，锚泊阻尼均增大，其变化规律可以通过回归分析得到文中统一化的拟合公式（12）和公式（13）。

（4）对于慢漂运动激励，随着锚泊线顶端运动时程的运动周期增大，锚泊阻尼系数变小。而对于波频运动激励，随着锚泊线顶端运动时程的运动周期增大，锚泊阻尼系数变大。两种变化规律可以通过回归分析得到文中统一化的拟合公式（14）和公式（15）。

（5）对于慢漂运动激励，随着锚泊线顶端运动时程的运动幅值增大，锚泊阻尼系数变大。而对于波频运动激励，随着锚泊线顶端运动时程的运动幅值增大，锚泊阻尼系数变小。两种变化规律可以通过回归分析得到文中统一化的拟合公式（16）和公式（17）。

锚泊阻尼除了内阻尼由材料本身特性决定以外，流体动力阻尼和海床摩擦阻尼均可以通过非线性有限元方法计算得到线性化的锚泊阻尼系数，且具备一定的可行性。

深水锚泊线正由单一成分向多成分发展，而且多成分的深水锚泊线已有比较多的应用。本节基于单一成分锚泊线进行研究，而对于多成分锚泊线的阻尼计算，尤其是纤维系缆锚泊线的采用，将引起复杂的非线性动力特性，将是今后有待继续深入研究的另一个专题。

参考文献

[1] Webster W C. Mooring-induced damping[J]. Ocean Engineering，1995，22(6)：571 - 591.

[2] Brown D T，Mavrakos S. Comparative study on mooring line dynamic loading[J]. Journal of Marine Structure，1999，12：131 - 151.

[3] Hwang Y L. Numerical model tests for mooring damping[C]. Proceeding of 17th OMAE Conference，Paper 98444，1998.

[4] Kitney N，Brown D T. Experimental investigation of mooring line loading using large and small-scale models[J]. Journal of Offshore Mechanics and Arctic Engineering，2001，123：1 - 9.

［5］ 余龙,谭家华.深水二维对称式布置两成分锚泊线时域动力分析[J].江苏科技大学学报(自然科学版),2006,20(4):6-10.

［6］ Liu Yungang, Lars Bergdahl. Influence of current and seabed friction on mooring cable response: comparison between time-domain and frequency-domain analysis[J]. Engineering Structures,1997,19(11):945-953.

［7］ Berteaux H O. Buoy Engineering[M]. New York:Wiley Interscience Publication,1976.

［8］ 赵腾伦.ABAQUS6.6在机械工程中的应用[M].北京:中国水利水电出版社,2007:244.

［9］ Chaudhury G,Cheng Y H. Coupled dynamic analysis of platforms, risers, and moorings [C]. Proceeding of the OTC, Paper 12084,2000.

6.5　深水复合锚泊线动力特性比较分析

6.5.1　引言

随着海洋油气资源开发逐渐地向深海领域转移,适用于深海油气开采的新装备越来越被人们所关注。近年来由于高技术纤维材料的成功开发,用其制造的人工合成纤维逐渐地应用于深海锚泊系统中。巴西石油公司自 1997 年开始应用聚酯纤维系缆于实际工程中,其中 FPSO-2 工程水深 1 420 m,是世界上第一次将合成纤维系缆用于 FPSO 的锚泊系统[1]。

传统的悬链式锚泊系统一般采用由三段浮容重、刚度和长度都不相同的钢链和钢索组合而成的复合锚泊线,主要通过钢链和钢索的自重为上部平台提供恢复力。锚泊线上部采用钢链连接到导缆孔,中部采用钢索,而在锚泊线与海床接触处,采用一段富余的钢链作为卧链段在海床上。随着水深的不断增大,钢索和钢链的自重变得极大,相应的造价变得很高并且很不经济。聚酯纤维系缆的自重较轻,且具有较高的断裂强度,用其代替钢链-钢索-钢链复合锚泊线中的钢索被证明具有良好的经济性能。

在钢链-钢索-钢链复合锚泊线设计中,钢索和钢链假定为线弹性材料。而聚酯纤维系缆具有典型的非线性材料特征,表现在弹性模量为非定常值,随着系缆的平均张力、动张力变化幅值和周期等变化。因而,聚酯纤维系缆的动刚度特性成为影响锚泊系统动力响应分析的重要因素。

本节对完全相同的两根复合锚泊线,保持其他条件不变,用聚酯纤维系缆代替钢索,使锚泊线顶端张力-静位移特性曲线基本一致,然后采用数值计算的方法对整根复合锚泊线的自振频率、复合刚度和锚泊阻尼等动力特性进行比较分析。

6.5.2　纤维系缆的刚度特性及求解方法

1) 刚度特性

聚酯纤维系缆是一种黏弹性材料,应力-应变关系非线性且存在应变滞后现象。

在一个循环荷载作用下的聚酯纤维系缆典型的应力-应变关系如图 6.5.1 所示。在该循环荷载结束后,出现了残留应变,应力与应变之间产生滞后现象,形成一个滞回环。而在多次相同循环荷载作用下,Berteaux[2]给出的应力-应变关系如图 6.5.2 所示。随着循环次数的增加,滞回环有重叠的趋势。可以认为,当荷载的循环次数足够大时,将出现稳定的滞回环。采用一个滞回环的中心线斜率来代表该次循环的平均弹性模量,则随着循环次数的增加,该弹性模量逐渐趋于一定值。

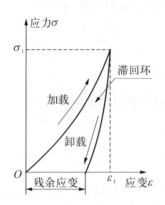 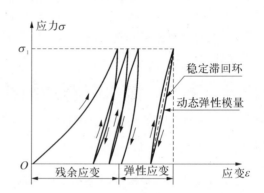

图 6.5.1　单循环荷载作用纤维系缆　　　　图 6.5.2　多次循环荷载作用纤维系缆
　　　　　　应力-应变关系曲线　　　　　　　　　　　应力-应变关系曲线

Del Vecchio[3]给出一个常温环境条件和循环荷载作用下的纤维系缆弹性模量计算公式:

$$\frac{E}{\rho} = \alpha + \beta L_m - \gamma L_a - \delta \lg(T) \tag{1}$$

式中：E(MPa)为系缆弹性模量;ρ(kg/m^3)为系缆密度;α, β, γ, δ 是和纤维系缆材料特性相关的参数;L_m 为平均张力占系缆最小断裂强度的百分比;L_a 为动张力变化幅值占最小断裂强度的百分比;T(s)为动张力变化周期。

Fernandes[4]的研究表明动张力变化周期 T 对系缆弹性模量 E 的影响较弱可以忽略不计,并且通过实验进行了验证。因此,在本节计算中,系缆的弹性模量采用公式(2)计算:

$$E = \alpha' + \beta' L_m - \gamma' L_a \tag{2}$$

式中：E(GPa)为系缆弹性模量;α', β', γ'是和纤维系缆材料特性相关的参数。

2) 求解方法

从公式(2)可见,对于给定某种材料的纤维系缆,α',β',γ'为确定值,其弹性模量 E 的求解取决于平均张力 L_m 和动张力变化幅值 L_a,此处采用迭代的方法求解纤维系缆的刚度,计算步骤如下:

(1) 计算上部平台在稳定的风、流和二阶波浪力荷载作用下的运动响应,得到上部平台的初始平衡位置,此时导缆孔处的张力即为锚泊线顶端的初始预张力。此后上部平台在平衡位置左右做简谐振动,所以锚泊线顶端的初始预张力即为平均张力 L_m。

（2）求解锚泊线的静刚度，即锚泊线在初始平衡位置时的刚度（此时 $L_a = 0$）：预先给定锚泊线的初始迭代刚度 E^1，计算得到锚泊线在初始平衡位置的顶端张力 L_m^1，利用公式（2）计算得到锚泊线的刚度 E^2，重新计算得到锚泊线在初始平衡位置的顶端张力 L_m^2，重复迭代计算 n 次，直到满足 $(E^n - E^{n-1}) \leqslant \varepsilon$ 时停止迭代（ε 为预先给定的容差），将计算得到的 E^n 作为锚泊线的静刚度。

（3）求解锚泊线的动刚度，即锚泊线在平衡位置左右做给定简谐振动时的刚度（此时 L_m 为步骤（1）求解得到的固定值）：将锚泊线的静刚度作为初始迭代刚度 E_1，给定锚泊线顶端简谐运动时程后进行动力分析，计算得到锚泊线的动张力变化幅值 L_{a1}，利用公式（2）计算得到锚泊线的刚度 E_2，重新进行动力分析后计算得到锚泊线的动张力变化幅值 L_{a2}，重复迭代计算 n 次，直到满足 $(E_n - E_{n-1}) \leqslant \varepsilon$ 时停止迭代（ε 为预先给定的容差），将计算得到的 E_n 作为锚泊线的动刚度。

6.5.3　阻尼计算原理

在分析锚泊线的运动响应时，一般将锚泊线假定为完全挠性构件，其运动控制方程一般采用 Berteaux[2] 提出的公式

$$(m + m_a) \frac{\partial \boldsymbol{V} - \partial \boldsymbol{U}}{\partial t} = \boldsymbol{F}_{Dn} + \boldsymbol{F}_{Dt} + \boldsymbol{F}_{In} + \boldsymbol{F}_{It} + \boldsymbol{T} + \boldsymbol{G} \tag{3}$$

式中：m, m_a 分别为单位长度锚泊线质量和附加质量；$\boldsymbol{V}, \boldsymbol{U}$ 分别为锚泊线速度矢量和流场速度矢量；$\boldsymbol{T}$ 为锚泊线张力；$\boldsymbol{G}$ 为单位长度锚泊线净重力；$\boldsymbol{F}_{Dn}$，$\boldsymbol{F}_{Dt}$ 分别为单位长度锚泊线的切向和法向拖曳力；$\boldsymbol{F}_{In}$，$\boldsymbol{F}_{It}$ 分别为单位长度锚泊线的切向和法向惯性力，可分别表示为

$$\boldsymbol{F}_{Dn} = \frac{1}{2} \rho_w C_{Dn} D \Delta \boldsymbol{V}_n \mid \Delta \boldsymbol{V}_n \cdot \Delta \boldsymbol{V}_n \mid^2 \tag{4}$$

$$\boldsymbol{F}_{Dt} = \frac{1}{2} \rho_w C_{Dt} \pi D \Delta \boldsymbol{V}_t \mid \Delta \boldsymbol{V}_t \mid \tag{5}$$

$$\boldsymbol{F}_{In} = \frac{1}{4} \rho_w \pi D^2 (C_{In} - 1) \frac{\partial \boldsymbol{V} - \partial \boldsymbol{U}}{\partial t} \tag{6}$$

$$\boldsymbol{F}_{It} = \frac{1}{4} \rho_w \pi D^2 (C_{It} - 1) \frac{\partial \boldsymbol{V} - \partial \boldsymbol{U}}{\partial t} \tag{7}$$

式中：ρ_w 为海水密度；C_{Dt} 和 C_{Dn} 分别为切向和法向拖曳系数；D 为锚泊线等效直径；$\Delta \boldsymbol{V}_t$ 和 $\Delta \boldsymbol{V}_n$ 分别为流体和锚泊线之间的相对切向和法向速度；C_{It} 和 C_{In} 分别为切向和法向附加质量系数。

在一个运动周期 τ 内锚泊线耗散的能量 E 可以表示为

$$E = \int_0^\tau T_x \frac{\mathrm{d}X}{\mathrm{d}t} \mathrm{d}t \tag{8}$$

阻尼可以等效为线性化的阻尼系数 B，所以，某一时刻的瞬时水平张力 T_x 可以

近似表示为

$$T_x = B \frac{\mathrm{d}X}{\mathrm{d}t} \tag{9}$$

假定锚泊线顶端导缆孔处的运动时程和上部平台的运动时程相同,而平台在波浪作用下的运动响应 $X(t)$ 假定为正弦运动,即 $X = X_0 \sin \omega t$,其中 X_0 为平台运动响应幅值。所以,一个运动周期 τ 内锚泊线耗散的能量 E 可以近似地表达为

$$E = \int_0^\tau T_x \frac{\mathrm{d}X}{\mathrm{d}t} \mathrm{d}t = B \int_0^\tau \left[\frac{\mathrm{d}X}{\mathrm{d}t} \right]^2 \mathrm{d}t = \frac{2\pi^2 X_0^2 B}{\tau} \tag{10}$$

因此,根据计算得到的一个运动周期 τ 内锚泊线耗散的能量 E 就可以得到等效线性化的阻尼系数:

$$B = \frac{E\tau}{2\pi^2 X_0^2} \tag{11}$$

式中:耗散的能量 E 可以通过积分一个周期内的顶端水平张力-位移曲线得到,需要利用到有限元动力计算的结果。

6.5.4　算例

为了分析聚酯纤维系缆代替钢索对复合锚泊线动力特性的影响,计算中以图 6.5.3 所示的单根复合锚泊线为研究对象,比较两根复合锚泊线的自振频率、刚度和锚泊阻尼。两根复合锚泊线的材料特性如表 6.5.1 所示。本节计算聚酯纤维系缆的弹性模量时,材料特性参数采用 $\alpha' = 14.469$,$\beta' = 0.211\,3$,$\gamma' = 0.269\,7$[5]。

表 6.5.1　锚泊线材料特性和初始找形条件

参　　数		复合锚泊线 I	复合锚泊线 II
水深/m		1 500	1 500
海水密度/(kg/m³)		1 025	1 025
初始顶端预张力/(kN)		2 413	2 308
材料类型	OA 段	钢链	钢链
	AB 段	钢索	聚酯纤维系缆
	BC 段	钢链	钢链
浮容重/(kN/m)	OA 段	1.512 4	1.512 4
	AB 段	0.429 6	0.085 26
	BC 段	1.317 5	1.317 5
刚度/(MN)	OA 段	711.48	711.48
	AB 段	891.81	文中计算得到
	BC 段	620.34	620.34

（续表）

参 数		复合锚泊线 I	复合锚泊线 II
未拉伸长度/m	OA 段	1 500	1 500
	AB 段	2 000	2 000
	BC 段	450	450
等效直径/mm	OA 段	90.0	90.0
	AB 段	101.6	232.0
	BC 段	84.0	84.0
断裂强度/t	OA 段	841	841
	AB 段	866	1 500
	BC 段	815	815

1) 计算模型

为保证两根复合锚泊线的动力特性具有可比性,这里通过改变复合锚泊线顶端初始预张力,使两根复合锚泊线满足顶端张力-静位移特性曲线基本一致。在计算中采用分段外推法,考虑了锚泊线的重力、张力、海流力及锚泊线的弹性伸长[6],得到两根复合锚泊线的顶端张力-静位移特性曲线如图 6.5.4 所示。对于复合锚泊线 II,公式(2)计算中采用的是纤维系缆顶端的张力,而不是复合锚泊线顶端的张力。每次改变复合锚泊线的顶端预张力,纤维系缆的静刚度均需要重新迭代计算,相当于给定多个初始平衡位置迭代求解每个平衡位置的刚度,采用上文中给出的静刚度计算过程,具体迭代过程如表 6.5.2 所示。

表 6.5.2 静刚度计算过程

初始顶端水平预张力/kN	初始顶端预张力/kN	静刚度迭代/GPa		
		0	1	2
700	1 334	15.455	15.716	15.716
800	1 440	15.596	15.882	15.882
900	1 548	15.737	16.047	16.047
1 000	1 656	15.878	16.211	16.211
1 100	1 764	16.019	16.374	16.374
1 200	1 873	16.159	16.537	16.537
1 300	1 982	16.300	16.698	16.698
1 400	2 090	16.441	16.860	16.860
1 500	2 199	16.582	17.020	17.020
1 600	2 308	16.723	17.211	17.211

（续表）

初始顶端水平 预张力/kN	初始顶端预 张力/kN	静刚度迭代/GPa		
		0	1	2
1 700	2 416	16.864	17.340	17.340
1 800	2 524	17.005	17.498	17.498
1 900	2 632	17.145	17.657	17.657
2 000	2 741	17.286	17.815	17.815
2 100	2 849	17.427	17.972	17.972
2 200	2 956	17.568	18.129	18.129
2 300	3 064	17.709	18.285	18.285
2 400	3 172	17.850	18.441	18.441
2 500	3 279	17.991	18.597	18.597
2 600	3 387	18.132	18.753	18.753
2 700	3 494	18.272	18.908	18.908
2 800	3 601	18.413	19.062	19.062
2 900	3 708	18.554	19.217	19.217
3 000	3 815	18.695	19.371	19.371
3 100	3 921	18.836	19.525	19.525
3 200	4 028	18.977	19.678	19.678
3 300	4 134	19.118	19.831	19.831

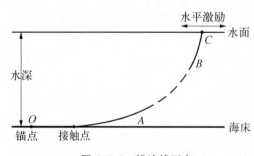

图 6.5.3　锚泊线形态

为完成如图 6.5.3 所示的初始悬链线形态,采用参考文献[7]中的静力分析步骤,这样可以保证在模型中自动包括了锚泊线有关的初始应力和刚度。在动力分析时为避免突加荷载对计算结果的影响,对每种工况计算 6 个周期,取稳态计算结果进行分析处理。有限元模型中锚泊线采用混合梁单元进行模拟,海床采用刚性海床,忽略海床摩擦的影响。

2) 计算参数

计算中首先比较初始悬链线形态的自振频率,并考虑附加水质量对自振频率的影响。然后比较锚泊线顶端水平运动时程分别为慢漂运动和波频运动对锚泊阻尼计算结果的影响,计算的各种工况如表 6.5.3 所示。对应于不同工况时,复合锚泊线 Ⅱ 的动刚度均需要通过公式(2)迭代计算,采用上文中给出的动刚度计算过程。

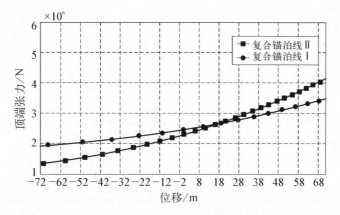

图 6.5.4   顶端张力-位移曲线

表 6.5.3   计算参数

工况	锚泊线顶端水平运动时程/m	复合锚泊线 I		复合锚泊线 II		备注
		最大张力/kN	黏性阻尼/(kN·s/m)	最大张力/kN	黏性阻尼/(kN·s/m)	
1.1	$X = 40\sin\left(\dfrac{2\pi}{330}t\right)$	2 891	30	3 171	49	慢漂运动
1.2	$X = 70\sin\left(\dfrac{2\pi}{330}t\right)$	3 379	53	3 975	83	慢漂运动
1.3	$X = 100\sin\left(\dfrac{2\pi}{330}t\right)$	3 983	76	4 922	115	慢漂运动
1.4	$X = 70\sin\left(\dfrac{2\pi}{260}t\right)$	3 376	66	3 551	105	慢漂运动
1.5	$X = 70\sin\left(\dfrac{2\pi}{200}t\right)$	3 398	86	3 568	123	慢漂运动
2.1	$X = 5\sin\left(\dfrac{2\pi}{10}t\right)$	2 828	116	2 847	145	波频运动
2.2	$X = 10\sin\left(\dfrac{2\pi}{10}t\right)$	3 342	113	3 455	130	波频运动
2.3	$X = 15\sin\left(\dfrac{2\pi}{10}t\right)$	3 756	106	3 928	112	波频运动
2.4	$X = 10\sin\left(\dfrac{2\pi}{15}t\right)$	3 004	127	3 342	150	波频运动
2.5	$X = 10\sin\left(\dfrac{2\pi}{5}t\right)$	4 050	49	4 258	65	波频运动

6.5.5 结果及分析

1) 自振频率

以图 6.5.3 所示的初始悬链线形态进行振型分析,分别得到复合锚泊线的前 10 阶频率如表 6.5.4 和图 6.5.5 所示。可见,考虑附加水质量后使锚泊线的自振频率变小,由于复合锚泊线 II 的自重较轻且直径较大,所以附加水质量对其自振频率的影响较大,而对复合锚泊线 I 的影响很小。比较同一阶频率,复合锚泊线 II 均比复合锚泊线 I 的自振频率大,表明采用聚酯纤维系缆的复合锚泊线 II 对波频运动激励更为敏感。

表 6.5.4 自振频率计算结果

第 i 阶 频率/Hz	复合锚泊线 I		复合锚泊线 II	
	不考虑附加水质量	考虑附加水质量	不考虑附加水质量	考虑附加水质量
1	0.059 95	0.058 86	0.067 26	0.059 07
2	0.076 28	0.074 61	0.097 82	0.075 16
3	0.111 38	0.109 30	0.129 21	0.115 94
4	0.135 91	0.132 76	0.143 94	0.133 06
5	0.156 30	0.154 12	0.193 1	0.155 12
6	0.179 54	0.176 15	0.206 56	0.188 25
7	0.206 51	0.203 38	0.239 93	0.208 31
8	0.226 61	0.223 32	0.268 22	0.233 72
9	0.252 89	0.248 80	0.304 2	0.262 63
10	0.278 77	0.274 65	0.322 58	0.289 38

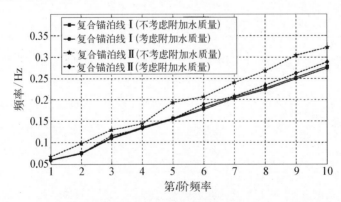

图 6.5.5 自振频率比较曲线

2) 动刚度计算及比较

给定复合锚泊线 II 的初始顶端张力,可以在表 6.5.2 中得到锚泊线的初始静刚度,根据表 6.5.3 给定的工况,进行二维非线性有限元动力分析。利用上文中给出的动刚度计算方法,具体的迭代过程如表 6.5.5 所示。

表 6.5.5 动刚度计算过程

动刚度迭代

工况	0	1		2		3		4		5		6	
	$E_0 = \alpha' + \beta' L_m$ /GPa	L_{a1} /kN	$E_1 = E_0 - \gamma' L_{a1}$ /GPa	L_{a2} /kN	E_2 /GPa	L_{a3} /kN	E_3 /GPa	L_{a4} /kN	E_4 /GPa	L_{a5} /kN	E_5 /GPa	L_{a6} /kN	E_6 /GPa
1.1	17.211	5.29	15.785	5.23	15.801	5.23	15.800	5.23	15.800	5.23	15.800	5.23	15.800
1.2	17.211	9.33	14.695	9.16	14.742	9.16	14.741	9.16	14.741	9.16	14.741	9.16	14.741
1.3	17.211	13.74	13.505	13.29	13.625	13.31	13.621	13.31	13.621	13.31	13.621	13.31	13.621
1.4	17.211	14.76	13.231	13.29	13.626	13.45	13.583	13.43	13.589	13.43	13.588	13.43	13.588
1.5	17.211	18.58	12.200	16.65	12.720	16.90	12.652	16.87	12.660	16.88	12.659	16.88	12.659
2.1	17.211	3.69	16.216	3.63	16.231	3.67	16.221	3.66	16.224	3.66	16.224	3.66	16.224
2.2	17.211	7.78	15.111	7.37	15.223	7.20	15.270	7.16	15.279	7.20	15.269	7.19	15.271
2.3	17.211	10.99	14.247	10.31	14.431	10.32	14.427	10.34	14.421	10.34	14.422	10.34	14.422
2.4	17.211	3.06	16.387	3.01	16.399	3.02	16.397	3.02	16.397	3.02	16.397	3.02	16.397
2.5	17.211	12.81	13.757	10.20	14.461	10.89	14.274	10.73	14.316	10.65	14.339	10.66	14.337

锚泊线顶端运动时程的运动幅值对聚酯纤维锚泊线弹性模量的影响如图 6.5.6 所示。图 6.5.6(a)为慢漂运动激励的计算结果比较,图(b)所示为波频运动激励的计算结果比较。由图 6.5.6 可见,对于慢漂运动激励和波频运动激励,随着锚泊线顶端运动时程的运动幅值增大,聚酯纤维锚泊线的弹性模量变小,基本呈线性变化趋势。

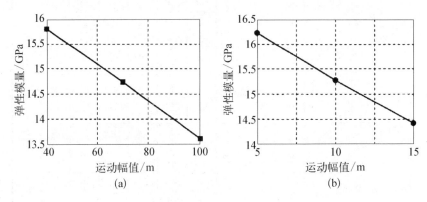

图 6.5.6   运动幅值的影响

锚泊线顶端运动时程的运动周期对聚酯纤维锚泊线弹性模量的影响如图 6.5.7 所示。图 6.5.7(a)为慢漂运动激励的计算结果比较,图(b)为波频运动激励的计算结果比较。由图 6.5.7 可见,对于慢漂运动激励和波频运动激励,随着锚泊线顶端运动时程的运动周期增大,聚酯纤维锚泊线的弹性模量变大,也基本呈线性变化趋势。

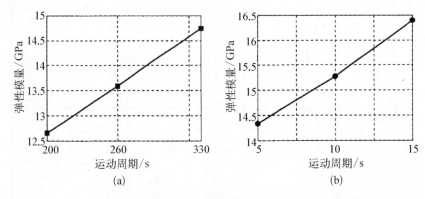

图 6.5.7   运动周期的影响

从表 6.5.5 可见,满足顶端张力-静位移特性曲线基本一致的两根复合锚泊线,其中聚酯纤维锚泊线的动态弹性模量约为钢索的 0.1 倍,聚酯纤维系缆的动刚度约为钢索的 0.66 倍。

3) 锚泊阻尼

(1) 最大张力及锚泊阻尼。

各种工况下锚泊线中的最大张力计算结果如图 6.5.8 所示,并在表 6.5.3 中给出了具体的数值。从图 6.5.8 可见:无论是慢漂运动或波频运动,顶端运动时程的运动幅值变大,锚泊线中的最大张力也变大;顶端运动时程的运动周期对锚泊线中的最大张力影响相对较小。同一工况下,复合锚泊线Ⅱ中的最大张力均比复合锚泊线Ⅰ中的最大张力大。

各种工况下锚泊线的黏性阻尼计算结果如图6.5.9所示,并在表6.5.3中给出了具体的数值。同一工况下,复合锚泊线Ⅱ中的锚泊阻尼均比复合锚泊线Ⅰ中的锚泊阻尼大,表明复合锚泊线Ⅱ提供给上部浮体的阻尼力更大。

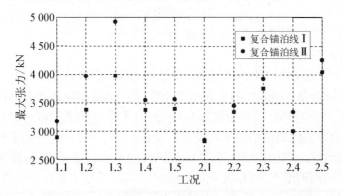

图6.5.8 最大张力

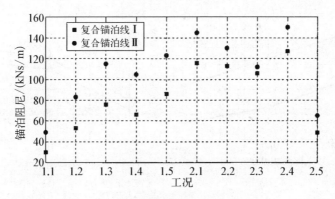

图6.5.9 锚泊阻尼

(2) 运动幅值的影响。

锚泊线顶端运动时程的运动幅值对锚泊阻尼的影响如图6.5.10所示。图6.5.10

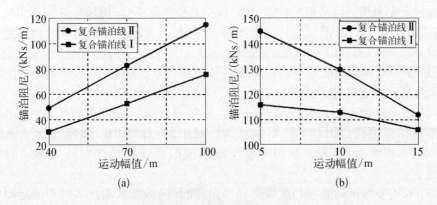

(a)   (b)

图6.5.10 运动幅值的影响

(a)为慢漂运动激励的计算结果比较,图(b)为波频运动激励的计算结果比较。由图 6.5.10(a)可见,对于慢漂运动激励,随着锚泊线顶端运动时程的运动幅值增大,两根复合锚泊线的锚泊阻尼均变大且变化趋势一致,但复合锚泊线Ⅱ比复合锚泊线Ⅰ的锚泊阻尼约增加 60%。由图(b)可见,对于波频运动激励,随着锚泊线顶端运动时程的运动幅值增大,两根复合锚泊线的锚泊阻尼均变小且变化趋势一致,但复合锚泊线Ⅱ比复合锚泊线Ⅰ的锚泊阻尼约增加 20%。

(3) 运动周期的影响。

锚泊线顶端运动时程的运动周期对锚泊阻尼的影响如图 6.5.11 所示。图 6.5.11(a)为慢漂运动激励的计算结果比较,图(b)为波频运动激励的计算结果比较。由图 6.5.11(a)可见,对于慢漂运动激励,随着锚泊线顶端运动时程的运动周期增大,两根复合锚泊线的锚泊阻尼均变小且变化趋势一致,但复合锚泊线Ⅱ比复合锚泊线Ⅰ的锚泊阻尼约增加 50%。由图(b)可见,对于波频运动激励,随着锚泊线顶端运动时程的运动周期增大,两根复合锚泊线的锚泊阻尼均变大且变化趋势一致,但复合锚泊线Ⅱ比复合锚泊线Ⅰ的锚泊阻尼约增加 15%。

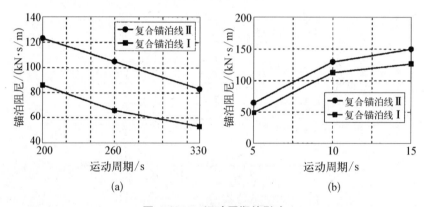

图 6.5.11　运动周期的影响

6.5.6　结论

通过对完全相同的两根复合锚泊线,保持其他条件不变,用聚酯纤维系缆代替钢索,使锚泊线顶端张力-静位移特性曲线基本一致,对整根复合锚泊线的动力特性进行比较分析,可以得到以下一些结论:

(1) 聚酯纤维锚泊线的弹性模量需要通过迭代方法进行求解,不同荷载工况下的静刚度和动刚度有显著差别。

(2) 考虑附加水质量会使锚泊线的自振频率变小。与钢索相比,附加水质量对聚酯纤维锚泊线自振频率的影响更大。对于同一阶频率,聚酯纤维锚泊线均比钢索的自振频率大,表明采用聚酯纤维系缆的复合锚泊线对波频运动激励更为敏感。

(3) 对于慢漂运动激励和波频运动激励,随着锚泊线顶端运动时程的运动幅值增大,聚酯纤维锚泊线的弹性模量变小,基本呈线性变化趋势。而随着锚泊线顶端运动时程的运动周期增大,聚酯纤维锚泊线的弹性模量变大,也基本呈线性变化趋势。

（4）满足顶端张力-静位移特性曲线基本一致的两根复合锚泊线,其中聚酯纤维锚泊线的动态弹性模量约为钢索的 0.1 倍,聚酯纤维系缆的动刚度约为钢索的 0.66 倍。

（5）对于慢漂运动激励,随着锚泊线顶端运动时程的运动幅值增大,两根复合锚泊线的锚泊阻尼均变大且变化趋势一致,但聚酯纤维锚泊线比钢索的锚泊阻尼约增加 60%。对于波频运动激励,随着锚泊线顶端运动时程的运动幅值增大,两根复合锚泊线的锚泊阻尼均变小且变化趋势一致,但聚酯纤维锚泊线比钢索的锚泊阻尼约增加 20%。

（6）对于慢漂运动激励,随着锚泊线顶端运动时程的运动周期增大,两根复合锚泊线的锚泊阻尼均变小且变化趋势一致,但聚酯纤维锚泊线比钢索的锚泊阻尼约增加 50%。对于波频运动激励,随着锚泊线顶端运动时程的运动周期增大,两根复合锚泊线的锚泊阻尼均变大且变化趋势一致,但聚酯纤维锚泊线比钢索的锚泊阻尼约增加 15%。

用聚酯纤维锚泊线代替钢索会增加锚泊线提供给上部浮体的阻尼力,但锚泊线的自振频率会变大而使其对波频运动激励更为敏感。

参考文献

[1] Pedro Barusco. Mooring and anchoring systems developed in marlin field[C]//Proceedings of the Offshore Technology Conference. Houston, USA, 1999.

[2] Berteaux H O. Buoy Engineering[M]. New York: Wiley Interscience Publication,1976.

[3] Del Vecchio C J M. Light weight materials for deep water moorings[D]. University of Reading, UK, 1992.

[4] Fernandes A C, Del Vecchio C J M, Castro G A V. Mechanical properties of polyester mooring cables[J]. International Journal of Offshore and Polar Engineering, 1998, 9(3): 248 - 254.

[5] Kim Minsuk, Ding Yu, Zhang Jun. Dynamic simulation of polyester mooring lines[C]// Deepwater Mooring Systems: Concepts, Design, Analysis, and Materials. Houston, USA, 2003: 101 - 114.

[6] 乔东生,欧进萍. 深水悬链锚泊系统静力分析[J]. 船海工程,2009(2): 120 - 124.

[7] Chaudhury G, Ho Cheng-Yo. Coupled dynamic analysis of platforms, risers, and mooring [C]//Proceedings of the Offshore Technology Conference. Houston, USA, 2000: 647 - 654.

6.6 深海半潜式平台锚泊系统等效水深截断模型试验设计

6.6.1 引言

随着人类资源开采逐渐向深海领域转移,诸如半潜式平台、TLP 平台、Spar 平台等适用于深水油气资源开采的浮式平台越来越多地应用于实际工程中。如何准确地预测浮体在各种复杂深海环境荷载条件激励下的运动响应是平台设计过程中的关键问题之一。目前常用的有数值模拟和物理模型试验 2 种方法：采用数值模拟时常引入诸多假定或经验数据而造成计算结果的可信性不足，所以目前均认为物理模型试验可以比较准确预报平台在各种环境荷载作用下的运动响应。

　　除了 TLP 平台采用竖向张紧的张力腿来锚泊上部浮体，其他形式的采油平台均采用展开式的锚泊系统，常用的有传统的悬链式锚泊系统和近年才开始逐渐应用的张紧式锚泊系统，如图 6.6.1 所示。这 2 种深水锚泊系统均占用很大的空间，采用和上部平台一致的常规缩尺比很难在现有的海洋工程试验水池中进行完整的试验模拟。迄今为止最为可行的深海平台试验方法就是所谓的混合模型试验技术[1]，这是一种将数值模拟计算与水深截断物理模型试验相混合的试验技术。在试验之前，因受到水池尺度限制，首先根据一定的原则将锚泊系统做等效水深截断处理，截断处的锚泊线按一定的数值方法进行模拟，然后即可采用和上部平台一致的标准缩尺比进行模型试验研究，并且在模型试验过程中近似考虑了整根锚泊线的运动及受力。近年来，已经有不少学者对此进行研究并取得了一定的成果。其中准确的设计等效水深截断锚泊系统和分析截断后的锚泊线动力特性与全水深的差别是深海采油平台模型试验过程中的 2 个关键点。

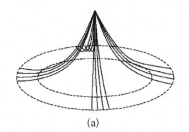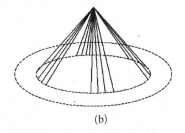

(a)　　　　　　　　　　　　　　　　(b)

图 6.6.1　锚泊系统示意图

(a) 悬链式锚泊系统　(b) 张紧式锚泊系统

　　Luo 等[2]介绍了一种初步确定等效水深截断锚泊系统参数的方法。苏一华等[3]对垂向和水平均需要截断的深水系泊系统等效设计进行研究，并对一座 Spar 平台的锚泊系统进行了静力等效设计。张火明等[4]基于静力等效原则，采用模拟退火法对深海海洋平台混合模型等效水深截断系统进行了优化设计。Chen 等[5]通过模型试验的方法研究了截断锚泊线模型和相应的全水深锚泊线模型之间的差异。文献[6]利用 3 种数值计算软件对不同荷载工况下截断锚泊线模型和相应的全水深锚泊线模型的动张力特性进行了研究。

　　本节首先对拟在哈尔滨工业大学大气边界层风洞及波浪模拟水槽中进行模型试验的一座工作水深为 1 500 m 的深海半潜式平台锚泊系统为例，以静力等效为原则进行等效水深截断模型设计；再采用非线性有限元时域分析方法比较截断锚泊线模型和相应的全水深锚泊线模型在各种环境荷载激励下的动力性能差别。

6.6.2 等效水深截断模型设计原理

等效水深截断模型设计的目的是尽可能地保证上部平台在截断水深条件下具有和全水深相同的运动响应。对于锚泊线的截断可以有 2 种处理方法：主动式和被动式。主动式的水深截断锚泊系统是按水池所能模拟的水深，在池底应用一套实时计算机控制装置来替换每根系泊缆的截断部分来进行模型试验。被动式的水深截断锚泊系统基于静力等效原则重新设计一套截断水深锚泊系统来代替全水深锚泊系统。由于主动式的水深截断锚泊系统十分复杂并且难于控制，目前常用的仍然是被动式的水深截断锚泊系统。

1) 设计原则

为了减小截断水深对上部平台运动响应的影响，等效设计的水深截断系统应具有和全水深系统基本相似的物理特性，设计过程中一般应该遵循的原则主要有以下几个[1]：

(1) 保证实际系统和截断系统的水平和垂向恢复力特性一致。

(2) 保证平台运动响应间（例如纵荡和纵摇）的准静定耦合一致。

(3) 保证锚泊系统的阻尼以及流作用力大体一致。

(4) 保证代表性的单根锚链张力特性一致（至少准静定）。

2) 设计流程

在设计等效水深截断锚泊系统时，一般采用和全水深系统相同的预张力和锚泊系统布置形式，然后通过改变锚泊线的容重、刚度、长度以及设置重块或浮筒等形式来保证截断水深系统和相应的全水深系统具有相似的物理特性。

整个设计过程一般分为下面几步：

(1) 采用静力计算方法得到全水深系统中单根锚泊线的顶端张力-位移特性曲线和整个锚泊系统的静力特性曲线；

(2) 基于顶端张力-位移特性曲线一致进行单根锚泊线的初步设计，确定各段锚泊线的组成以及主要参数；

(3) 基于锚泊系统静力特性曲线一致进行锚泊线的优化设计，使得调整后的水深截断系统和相应的全水深系统静力特性相似；

(4) 分析水深截断系统和相应全水深系统之间动力特性的差别，并且可以通过在平台上添加附加装置使两者的动力性能相似。

通过前 3 个步骤能够很好地模拟锚泊系统静力特性，使水深截断系统和相应的全水深系统静力等效，但不能恰当地模拟锚泊系统的动力特性和阻尼。目前针对这一问题采用的是"被动截断＋数值外推"的方法[7]，限于篇幅，在本文中不作介绍。

6.6.3 深海半潜式平台锚泊系统静力等效设计

1) 深海半潜式平台锚泊系统

以一座工作水深为 1 500 m 的深海半潜式平台锚泊系统为研究对象，导缆孔在设计水线下 7.46 m，锚泊系统最大设计工况采用的海流剖面如表 6.6.1 所示。锚泊系统采用 12 根组合锚泊线，具体的布置形式如图 6.6.2 所示。单根锚泊线由钢链、聚酯纤维系缆、钢链组合而成,全水深系统单根锚泊线的主要参数如表6.6.2所示,初始预张力为3 471 kN,对应锚点和导缆孔之间水平投影为3 450 m。

表6.6.1　全水深锚泊线设计海流剖面

水深/m	流速/(m/s)
0	1.62
10	1.43
20	1.21
50	0.77
100	0.48
150	0.39
200	0.34
300	0.27
500	0.21
1 000	0.19
1 500	0

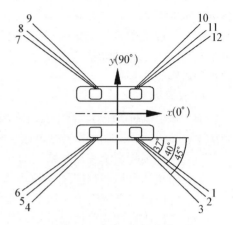

图6.6.2　锚泊系统布置形式

表6.6.2　全水深锚泊线参数

名　　称	直径/m	长度/m	轴向刚度/t	浮容重/(N/m)
R4S锚链(上段)	0.084	450	63 300	1 215.2
聚酯纤维系缆(中段)	0.160	2 000	16 000	889.84
K4锚链(下段)	0.090	1 500	72 600	1 391.6

表6.6.3　截断水深锚泊线参数

名　　称	直径/m	长度/m	轴向刚度/t	浮容重/(N/m)	重块/kN
钢丝绳(上段)	0.127	60	2 506	2 855.6	
钢丝绳(中段)	0.127	264	1 044	2 855.6	1 000
钢丝绳(下段)	0.101 6	196	668	1 827.4	

2) 静力等效设计

根据哈尔滨工业大学大气边界层风洞及波浪模拟水槽所能模拟的最大工作水深为4 m,按照1∶100的缩尺比,需要将1 500 m水深的锚泊系统在400 m水深处进行截断。基于静力等效计算主要考虑以下原则:

(1) 保证单根锚泊线的顶端张力-水平位移特性曲线一致。

(2) 保证整个锚泊系统在$x(0°)$方向上的水平恢复力-水平位移和垂向恢复力-

水平位移特性曲线一致。

(3) 保证整个锚泊系统的竖向恢复力-竖向位移特性曲线。

(4) 保证半潜式平台的纵荡和纵摇耦合一致。

考虑锚泊线的重力、张力、海流力及弹性伸长,采用分段外推法进行锚泊系统的静力计算[8],通过静力等效设计得到等效水深截断锚泊系统的参数如表6.6.3所示,重块位于中段锚泊线和下段锚泊线之间连接处。截断水深和全水深锚泊线的形状如图6.6.3所示。

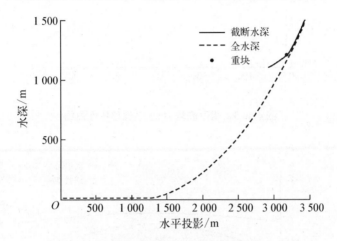

图6.6.3 截断水深和全水深锚泊线形状对比

3) 静力特性比较

单根锚泊线的顶端张力-水平位移特性曲线如图6.6.4所示。截断水深和全水深锚泊系统在 $x(0°)$ 方向上的水平恢复力-水平位移、垂向恢复力-水平位移、总恢复力-水平位移、竖向恢复力-竖向位移、上部平台纵荡纵摇特性曲线分别如图6.6.5~图6.6.9所示。图中,x_G 和 z_G 分别为平台重心处的水平位移和竖向位移;F_x 和 F_z 分别为锚泊系统的水平恢复力和竖向恢复力;M_y 为锚泊系统绕 y 轴的力矩。

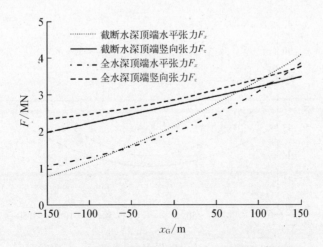

图6.6.4 单根锚泊线顶端张力-水平位移特性曲线

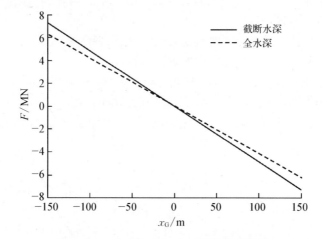

图 6.6.5　水平恢复力-水平位移特性曲线

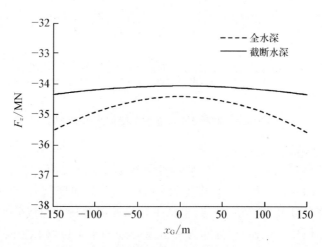

图 6.6.6　竖向恢复力-水平位移特性曲线

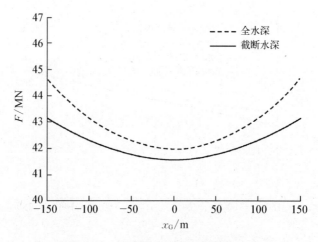

图 6.6.7　总恢复力-水平位移特性曲线

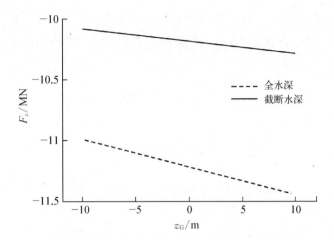

图 6.6.8　竖向恢复力-竖向位移特性曲线

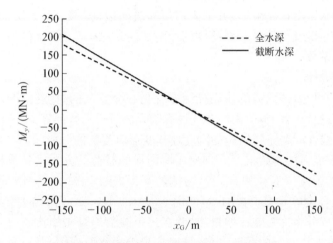

图 6.6.9　上部平台纵荡纵摇耦合特性曲线

从图 6.6.8 可见,因为截断水深系统添加重块的关系,使得初始竖向荷载偏大,但由于两者斜率一致,可以认为竖向刚度一致。从其他静力特性比较曲线图可见,截断水深系统和全水深系统的静力特性变化规律一致,具体数值上略有差别。总体来说,根据静力等效设计的原则,该截断水深锚泊系统设计符合要求。

6.6.4　非线性有限元时域动力分析

1) 运动控制方程

在分析锚泊线的运动响应时,一般将锚泊线假定为完全挠性构件,其运动控制方程一般采用 Berteaux[9] 提出的

$$(m+m_a)\frac{\partial V-\partial U}{\partial t}=F_{Dn}+F_{Dt}+F_{In}+F_{It}+T+G \tag{1}$$

式中:m,m_a 分别为单位长度锚泊线质量和附加质量;V,U 分别为锚泊线速度矢量和

流场速度矢量;T 为锚泊线张力;G 为单位长度锚泊线净重力;F_{Dn},F_{Dt} 分别为单位长度锚泊线的切向和法向拖曳力;F_{In},F_{It} 分别为单位长度锚泊线的切向和法向惯性力,可分别表示为

$$F_{Dn} = \frac{1}{2}\rho_w C_{Dn} D \Delta V_n \mid \Delta V_n \cdot \Delta V_n \mid^{1/2} \tag{2}$$

$$F_{Dt} = \frac{1}{2}\rho_w C_{Dt} \pi D \Delta V_t \mid \Delta V_t \mid \tag{3}$$

$$F_{In} = \frac{1}{4}\rho_w \pi D^2 (C_{In} - 1) \frac{\partial V - \partial U}{\partial t} \tag{4}$$

$$F_{It} = \frac{1}{4}\rho_w \pi D^2 (C_{It} - 1) \frac{\partial V - \partial U}{\partial t} \tag{5}$$

式中:ρ_w 为海水密度;C_{Dt} 和 C_{Dn} 分别为切向和法向拖曳系数;D 为锚泊线等效直径;ΔV_t 和 ΔV_n 分别为流体和锚泊线之间的相对切向和法向速度;C_{It} 和 C_{In} 分别为切向和法向附加质量系数。

2）非线性分析

根据式(1)可知,锚泊线的运动控制方程是一个复杂的时变强非线性方程,需要采用数值方法进行求解,本节采用非线性有限元法进行求解计算。

结构的非线性问题是指结构的刚度随其变形而改变的分析问题。由于刚度依赖于位移,所以不能再用初始柔度矩阵乘以所施加的载荷的方法来计算任意载荷时结构的位移,而采用虚位移原理来表示物体的平衡,采用 Lagrange 增量列式法求解。本文中采用混合梁单元模拟锚泊线,使用 New ton-Raphson 迭代法直接求解非线性问题。计算过程分为许多载荷增量步,并在每个载荷增量步结束时寻求近似的平衡构型,通过逐步施加给定的载荷,以增量形式趋于最终解而得到结果,所有的增量响应的和就是非线性分析的近似解。

3）接触非线性

在有限元中,接触条件是一类特殊的不连续的约束,它允许力从模型的一部分传递到另一部分,只有当2个表面接触时才应用接触条件,所以这种约束是不连续的。此处采用单纯主从接触算法[10],假定海床为刚性海床平面,将锚泊线和海床分别划分为从面和主面,可考虑两者之间滑动摩擦的情况。

6.6.5 基于动力相似的改进设计

为了比较截断水深系统和相应全水深系统之间动力相似的差别,通过改变截断水深锚泊线的直径,但同时保持截断水深各段锚泊线具有相同的长度、相同的单位长度水中质量(此时各段锚泊线单位长度空气中质量发生了改变)和相同的轴向刚度,具体参数如表 6.6.4 所示,这样可以保证改进后的几种截断水深系统具有相同的静力特性。

表 6.6.4　截断水深锚泊线参数

方　案	名　　称	直径/m	长度/m	轴向刚度/t	浮容重/(N/m)	重块/kN
方案 I (直径为 D)	钢丝绳(上段) 钢丝绳(中段) 钢丝绳(下段)	0.127 0.127 0.101 6	60 264 196	2 506 1 044 668	2 855.6 2 855.6 1 827.4	1 000
方案 II (直径为 2D)	钢丝绳(上段) 钢丝绳(中段) 钢丝绳(下段)	0.254 0.254 0.203 2	60 264 196	2 506 1 044 668	2 855.6 2 855.6 1 827.4	1 000
方案 III (直径为 5D)	钢丝绳(上段) 钢丝绳(中段) 钢丝绳(下段)	0.635 0.635 0.508	60 264 196	2 506 1 044 668	2 855.6 2 855.6 1 827.4	1 000
方案 IV (直径为 8D)	钢丝绳(上段) 钢丝绳(中段) 钢丝绳(下段)	1.016 1.016 0.812 8	60 264 196	2 506 1 044 668	2 855.6 2 855.6 1 827.4	1 000

6.6.6　动力性能比较

1) 计算参数

以单根锚泊线作为研究对象,给定锚泊线顶端水平运动时程,通过动力分析得到各种工况下锚泊线中的最大张力,比较锚泊线顶端水平运动时程分别为慢漂运动和波频运动对锚泊线张力时程计算结果的影响,计算的各种工况如表 6.6.5 所示。

表 6.6.5　计算参数

锚泊线顶端 水平运动时程/m	全水深锚泊线 最大张力/kN	截断水深锚泊线最大张力/kN				备　注
		方案 I	方案 II	方案 III	方案 IV	
$X = 40\sin\dfrac{2\pi}{330}t$	4 357	2 840	3 152	4 459	5 254	慢漂运动
$X = 70\sin\dfrac{2\pi}{330}t$	5 323	3 132	3 577	4 982	5 894	慢漂运动
$X = 100\sin\dfrac{2\pi}{330}t$	6 561	3 415	3 800	5 950	6 678	慢漂运动
$X = 70\sin\dfrac{2\pi}{260}t$	5 346	3 435	3 613	5 393	6 055	慢漂运动
$X = 70\sin\dfrac{2\pi}{200}t$	5 404	3 325	3 580	5 063	5 966	慢漂运动

(续表)

锚泊线顶端 水平运动时程/m	全水深锚泊线 最大张力/kN	截断水深锚泊线最大张力/kN				备　注
		方案Ⅰ	方案Ⅱ	方案Ⅲ	方案Ⅳ	
$X = 5\sin\dfrac{2\pi}{10}t$	4 157	2 862	3 177	4 493	5 295	波频运动
$X = 10\sin\dfrac{2\pi}{10}t$	4 773	3 493	3 977	5 084	6 062	波频运动
$X = 15\sin\dfrac{2\pi}{10}t$	5 807	3 957	4 312	6 012	7 390	波频运动
$X = 10\sin\dfrac{2\pi}{15}t$	5 920	2 814	3 224	4 818	5 706	波频运动
$X = 10\sin\dfrac{2\pi}{5}t$	5 370	3 217	3 571	5 081	5 961	波频运动

2) 计算结果

(1) 最大张力。

各种工况下锚泊线中的最大张力计算结果如表 6.6.4 所示。在同样荷载条件下，与全水深系统锚泊线的最大张力相比，方案Ⅰ中截断水深系统的锚泊线最大张力变小，约为前者的 60% 左右。原因为全水深系统的锚泊线长度较长，在同样外荷载条件激励下，锚泊线在海水中的拖曳力较大，并且全水深系统锚泊线的刚度较大。通过逐渐增大截断水深锚泊线各段的直径，截断水深系统的锚泊线最大张力逐渐变大，但呈现为非线性增大趋势。当截断水深锚泊线各段直径逐渐增大到一定值后，会使截断水深系统与相应的全水深系统近似满足动力相似。而截断水深锚泊线各段直径过大时，会使得截断水深系统高估全水深系统中的锚泊线张力。

(2) 慢漂运动激励。

锚泊线顶端运动时程为慢漂运动激励时锚泊线的张力时程如图 6.6.10 所示。从图 6.6.10 可见，截断水深系统和全水深系统锚泊线的张力时程变化规律一致，随着截断水深锚泊线各段直径的增大，截断水深系统的锚泊线最大张力逐渐变大，方案Ⅲ中截断水深锚泊线最大张力和全水深锚泊线最大张力基本相同。

(3) 波频运动激励。

锚泊线顶端运动时程为波频运动激励时锚泊线的张力时程如图 6.6.11 所示。由于数值计算误差的影响，波频运动激励的计算结果没有慢漂运动激励的计算结果光滑。从图 6.6.11 可见，截断水深系统和全水深系统锚泊线的张力时程变化规律也基本一致，随着截断水深锚泊线各段直径的增大，截断水深系统的锚泊线最大张力逐渐变大，方案Ⅲ中截断水深锚泊线最大张力和全水深锚泊线最大张力也基本相同。

(4) 运动幅值的影响。

锚泊线顶端运动时程的运动幅值对锚泊线的张力时程计算结果影响如图 6.6.12

所示。图 6.6.12(a)为慢漂运动的计算结果比较,图(b)为波频运动的计算结果比较。由图 6.6.12 可见,对于慢漂运动和波频运动激励,随着锚泊线顶端运动时程的运动幅值增大,锚泊线中的最大张力均变大。方案 Ⅰ~Ⅳ 中水深截断系统和全水深系统锚泊线中最大张力的变化规律一致,斜率基本相同。

(5) 运动周期的影响。

锚泊线顶端运动时程的运动周期对锚泊线的张力时程计算结果影响如图 6.6.13 所示。图 6.6.13(a)为慢漂运动的计算结果比较,图(b)为波频运动的计算结果比较。由图 6.6.13 可见,方案 Ⅰ~Ⅳ 中,对于慢漂运动和波频运动激励,锚泊线顶端运动时程的运动周期对截断水深系统和全水深系统锚泊线的最大张力影响均较小。

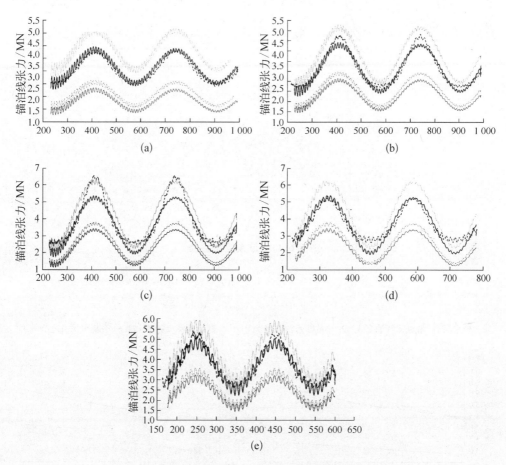

图 6.6.10 慢漂运动激励

$$(a)\ X = 40\sin\frac{2\pi}{330}t \quad (b)\ X = 70\sin\frac{2\pi}{330}t \quad (c)\ X = 100\sin\frac{2\pi}{330}t$$

$$(d)\ X = 70\sin\frac{2\pi}{260}t \quad (e)\ X = 70\sin\frac{2\pi}{200}t$$

--- 全水深;— 截断水深直径为 D;… 截断水深直径为 $2D$;…… 截断水深直径为 $8D$;— 截断水深直径为 $5D$

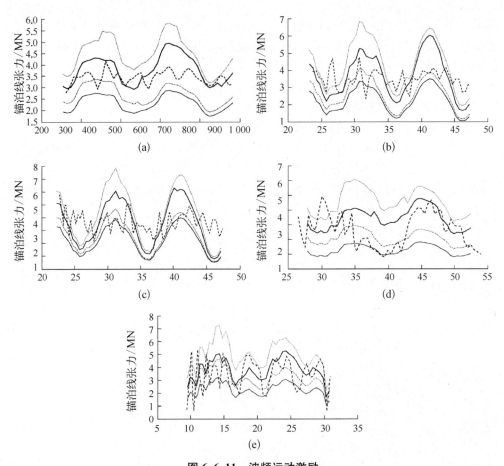

图 6.6.11   波频运动激励

(a) $X = 5\sin\frac{2\pi}{10}t$ (b) $X = 10\sin\frac{2\pi}{10}t$ (c) $X = 15\sin\frac{2\pi}{10}t$

(d) $X = 10\sin\frac{2\pi}{15}t$ (e) $X = 10\sin\frac{2\pi}{5}t$

⋯ 全水深；— 截断水深直径为 D；⋯ 截断水深直径为 $2D$；— 截断水深直径 $8D$；— 截断水深直径为 $5D$

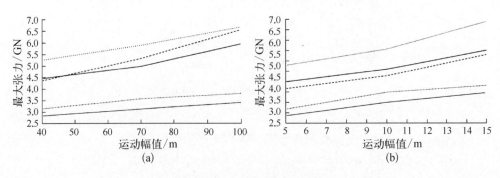

图 6.6.12   运动幅值的影响

(a) 慢漂运动激励   (b) 波频运动激励

⋯ 全水深；— 截断水深直径为 D；⋯ 截断水深直径为 $2D$；— 截断水深直径为 $5D$；⋯ 截断水深直径为 $8D$

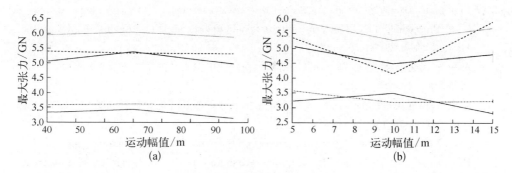

图 6.6.13 运动周期的影响

(a) 慢漂运动激励 (b) 波频运动激励

····· 全水深；—— 截断水深直径为 D；—— 截断水深直径为 $2D$；—— 截断水深直径为 $5D$；--- 截断水深直径为 $8D$

6.6.7 结论

(1) 基于哈尔滨工业大学大气边界层风洞及波浪模拟水槽实验室的条件，400 m 等效截断水深锚泊系统在静力特性方面能够较好地拟合原 1 500 m 水深锚泊系统。两者的静力特性变化规律一致，具体数值上略有差别。

(2) 在同样荷载条件下，通过逐渐增大截断水深锚泊线各段的直径，同时保持截断水深各段锚泊线具有相同的长度、相同的单位长度水中重量和相同的轴向刚度，截断水深系统的锚泊线最大张力逐渐变大，但呈现为非线性增大趋势。当截断水深锚泊线各段直径逐渐增大到一定值后，会使截断水深系统与相应的全水深系统近似满足动力相似；而截断水深锚泊线各段直径过大时，会使得截断水深系统高估全水深系统中的锚泊线张力。

(3) 对于慢漂运动和波频运动激励，截断水深系统和全水深系统锚泊线的张力时程变化规律均基本一致，增加各段锚泊线直径为初始设计方案中各段直径的 5 倍时，截断水深锚泊线最大张力和全水深锚泊线最大张力基本相同。

(4) 对于慢漂运动和波频运动激励，随着锚泊线顶端运动时程的运动幅值增大，锚泊线中的最大张力均变大。水深截断系统和全水深系统锚泊线中最大张力的变化规律一致，斜率基本相同。

(5) 对于慢漂运动和波频运动激励，锚泊线顶端运动时程的运动周期对截断水深系统和全水深系统锚泊线的最大张力影响均较小。

综上所述，利用现有实验室条件，基于静力等效原则进行截断水深锚泊系统设计，可以较好地模拟全水深锚泊系统的静力特性，但两者的动力性能仍具有较大的差别，通过增加各段锚泊线的直径，可显著改善两者的动力相似问题。

参考文献

[1] Stansberg C T, Ormberg H, Oritsland O. Challenges in deep water experiments: hybrid approach [J]. Journal of Offshore Mechanics and Arctic Engineering, 2002, 124(2): 90 - 96.

[2] Luo Yong, Baudic S. Predicting FPSO responses using model tests and numerical analysis [C]//Proceeding of the Thirteenth International Offshore and Polar Engineering Conference. Hawaii, USA, 2003: 167 - 174.

[3] 苏一华,杨建民,肖龙飞. 基于垂向截断和水平截断的深水系泊系统等效设计研究[J]. 中国造船,2006,47(增刊): 286 - 292.

[4] 张火明,杨建民,肖龙飞. 混合模型试验等效水深截断系统优化设计研究[J]. 海洋工程,2006,24(2): 7 - 13.

[5] Chen X, Zhang J, Johnson P, et al. Studies on the dynamics of truncated mooring line [C]//Proceeding of the Tenth International Offshore and Polar Engineering Conference. Washington, WA, USA,2000: 94 - 101.

[6] Chen X, Zhang J. Dynamic analysis of mooring lines by using three different methods [C]//Proceeding of the Eleven International Offshore and Polar Engineering Conference. Stavanger, Norway, 2001: 635 - 642.

[7] Stansberg C T, Фritsland O, Kleiven G. VERIDEEP: reliable methods for laboratory verification of mooring and station keeping in deep water [C]//Offshore Technology Conference. Houston, TX, USA, 2000: 12087 - 12098.

[8] 乔东生,欧进萍. 深水悬链锚泊系统静力分析[J]. 船海工程,2009(2): 120 - 124.

[9] Berteaux H O. Buoy engineering[M]. New York: Wiley Interscience Publication, 1976.

[10] 赵腾伦. ABAQUS 6.6 在机械工程中的应用[M]. 北京: 中国水利水电出版社,2007: 244.

6.7　深海半潜式平台码头系泊方案分析

6.7.1　引言

为确保半潜平台在码头系泊舾装期间的安全,必须对其码头系泊方案进行详细计算,以得到合理的系泊布置方式。目前,国内外在码头系泊方面的研究主要集中于船舶。国外研究人员 Flory[1]编写了码头系泊系统商用计算软件 OPTIMOOR,可以计算在一定环境条件下,常规船舶码头系泊系统的响应。石油公司国际海事论坛(Oil Companies International Marine Forum, OCIMF)的系泊设备指南[2](Mooring Equipment Guidelines, MEG)详细地介绍了中型至大型船舶在码头系泊实践中的指导意见。国内的相关研究中,也集中于船舶,以试验研究[3, 4]为主,并同时对相应的数值计算方法作研究[5-7]。在码头系泊布置方式上,曾经进行过双船系泊的模型试验研究[8]。但对于深海半潜平台的码头系泊,国内在这方面的研究较少,尚无经验可以借鉴。

对于深海半潜式平台的码头系泊问题,与常规船舶有不少区别。首先,深海半潜式平台在码头舾装时,若已装上锚架,为了避免锚架与码头发生碰撞,需在平台与码头间增加驳船,使平台通过驳船间接地系泊于码头;同时,驳船也可作为工作辅助用船,实现布置登船梯、堆放仪器设备等功能。第二,若尚未装上锚架,要使平台直接靠泊码头,要求码头护舷足够的低,否则会出现平台浮体舷侧不能完全靠泊上护舷的情况。第三,相对于常规大型船舶,半潜式平台由于长度较短,但横向受风面积很大,对码头单位长度内的作用力较大,要求码头护舷布置得更加密集。第四,半潜式平台的纵向受风面积也很大,故纵向风载荷比常规船舶大。第五,半潜式平台的系缆桩位置与常规船舶有明显区别。第六,当遭遇台风天气时,要考虑使用锚泊方式。

本节以某深海半潜式钻井平台及其码头系泊系统为研究对象,对平台所受纵向风载较大的两种工况下进行多系泊方案的比较,得到较优方案,并对较优方案进行详细的静力分析研究,为模型试验做准备,并为工程实际施工提供参考依据。

6.7.2 码头系泊基本原则

OCIMF 的 MEG[2]指出,对于油轮等常规船舶,其码头系泊的基本原则包括以下几条:

① 系泊缆的布置尽量关于船舯剖面对称;② 横缆尽量垂直于船的中纵剖面,且尽量接近船艏或船艉;③ 倒缆尽量与船纵剖面平行;④ 尽量减少系泊缆的垂向角度;⑤ 所有系泊缆采用相同材料和相同粗细,若有困难,亦需尽量保持相同功能的系泊缆(例如所有横缆)符合上述要求;⑥ 尽量使具有相同功能的系泊缆的长度一致。

在研究舾装状态的深海半潜式钻井平台其码头系泊系统时,既要参考上述码头系泊基本原则,又要注意半潜式平台与常规船舶之间的区别,同时还应结合码头具体设备条件以及环境情况充分考虑。

6.7.3 计算对象及环境条件

1)半潜式平台

某深海半潜式钻井平台的主尺度如表 6.7.1 所示。其出坞舾装状态如表 6.7.2 所示。

表 6.7.1 半潜式平台主尺度

平台总长 /m	平台宽 /m	浮体长 /m	浮体宽 /m	立柱长 /m	立柱宽 /m	立柱倒角 半径/m
114.1	78.7	114.1	20.1	17.4	15.9	4.0

表 6.7.2 半潜式平台舾装状态主要参数

吃水/m	排水量/t	重心垂向位置/m	重心纵向位置/m	重心横向位置/m
6.4	29 288.9	25.1	0	0

2)系泊驳船

在半潜式平台与码头之间垫靠驳船的主尺度为:长 75.6 m,宽 30.0 m,型深 4.5 m,吃水 2.4 m,排水量 4 800 t。

3）系泊缆

采用尼龙缆绳，其规格是 8 股绳索的锦纶复丝缆（polyamide multifilament），直径 112 mm，线密度 8.11 kg/m，断裂强度为 2 060 kN。尼龙缆绳具有变刚度特性，其刚度曲线如图 6.7.1 所示。

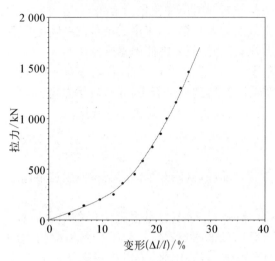

图 6.7.1　系泊缆刚度曲线

4）码头

码头可用长度受到其他船舶舾装停靠的影响，本半潜式平台在码头舾装时可以使用的码头长度约为 180 m。由于平台本身船长也达到 114.1 m，相对来说码头可用长度较短，会对平台系泊缆的布置带来较大影响。

5）码头护舷

码头前采用规格型号为 H1000 的超级鼓型橡胶护舷，两股为一组，其长度为 1 m，单鼓压缩性能（力学特性）为受压力 57.9 t 时压缩 52.5%；受压力 61.5 t 时压缩 55.5%。

6）平台与驳船间护舷

采用长 6 m，直径为 2 m 的圆筒形充气式护舷，其单组最大反力为 1 766 kN，在平台与驳船间共设置 4 组。

7）环境条件

码头设计高水位为 4.13 m，设计低水位为 0.00 m。计算中采用 3.00 m 的水位。

根据码头环境条件的统计数据，半潜式平台正常舾装时，可能遭遇的最大风速为十级阵风，取其上限，即 28.4 m/s，最大流速三节，为 1.543 m/s，具体风、流环境条件组合如表 6.7.3 所示，其作用方向如图 6.7.2 所示。

表 6.7.3　风流组合条件

序　号	1	2	3	4	5
流向/(°)	180	180	180	180	180
风向/(°)	90	120	150	180	210
备　注	离岸风	离岸风	离岸风	吹岸风	吹岸风
序　号	6	7	8	9	10
流向/(°)	180	180	0	0	0
风向/(°)	240	270	300	330	0
备　注	吹岸风	吹岸风	吹岸风	吹岸风	吹岸风

6.7.4 计算方法

1) 风载荷计算

采用模块法(building block method)计算本深海半潜式钻井平台的风载荷。将平台离散成不同的标准构件模块,叠加各组成构件的载荷获得总载荷。

平台的总风载荷为

$$F_{\text{wind}} = \sum_i C_{qi} F_i \tag{1}$$

式中:第 i 个单个构件的受力为

$$F_i = 0.5 \rho_a V_e^2 A C_i \tag{2}$$

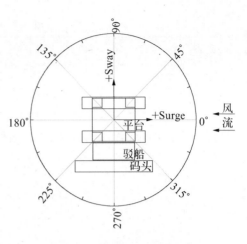

图 6.7.2　环境载荷作用方向

式中:ρ_a 为空气密度;A 为受风面积;C_i 为载荷系数,是风向角以及平台位置状态的函数;C_{qi} 为影响修正系数,计及了风场的影响、构件间的相互影响等。

采用荷兰 MARIN 研究所开发的计算软件 DPSEMI,对平台水面以上的主要模块,包括主甲板、各种上层建筑、立柱、横撑等,根据其形状按长方体、圆柱体以及塔架这 3 类构件进行离散。根据各模块载荷特性确定载荷系数 C_i 和影响修正系数 C_{qi},然后叠加各模块载荷,最后得到平台总风载荷。其中,系数均由软件内部按 MARIN 研究所系列风洞试验结果所得的经验参数选取。风载计算模型示意图如图 6.7.3 所示,计算出的风载荷系数如图 6.7.4 所示。

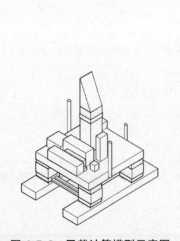

图 6.7.3　风载计算模型示意图

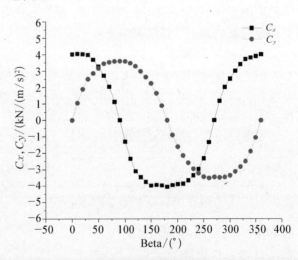

图 6.7.4　风载荷系数

2) 流载荷

对半潜式平台水下部分,使用 CFD 的方法计算平台的横向流载荷和纵向流载荷。

表 6.7.4   流阻力系数

流　　向	C_x/kN/(m/s)^2	C_y/kN/(m/s)^2
0	−91.09	0.00
180	117.66	0.00

对于不可压缩流体,其连续性方程和 Navier-Stokes 方程分别为

$$\sum_{i=1}^{3} \frac{\partial u_i}{\partial x_i} = 0 \tag{3}$$

$$\frac{\mathrm{D}u_i}{\mathrm{D}t} = F_i - \frac{1}{\rho} \frac{\partial p}{\partial x_i} + \nu \nabla^2 u_i \tag{4}$$

式中: u_i 为速度分量; F_i 为质量力分量($i=1,\ 2,\ 3$); ρ 为压力, ν 为运动黏性系数。

对方程(3),(4)进行雷诺平均,消除所有的高阶小量,得到 RANS 方程:

$$\rho \frac{\partial u_i}{\partial x_i} = 0 \tag{5}$$

$$\rho \frac{\partial}{\partial x_i}(u_i u_j) = -\frac{\partial p}{\partial x_i} + \frac{\partial}{\partial j}\left[\nu\left(\frac{\partial u_i}{\partial x_j} + \frac{\partial u_j}{\partial x_i}\right)\right] - \frac{\partial}{\partial x_j}(-\rho \overline{u_i' u_j'}) \tag{6}$$

式中: u_i 和 u_j 为平均速度项($i,\ j = 1,\ 2,\ 3$); $-\rho \overline{u_i' u_j'}$ 为雷诺应力项。

由于码头位于河道下游,湍流发展充分,故采用工程计算上应用较多,且使用范围较广的 k-ε 模型。应用有限体积法,根据上述方程组,通过数值计算可得到平台水下部分的流载荷。计算结果如表 6.7.4 所示。

3) 系泊缆的模拟

对于具有变刚度特性的尼龙系泊缆,使用集中质量法进行模拟,即将一根系泊缆分成若干段单元,每一段看作轻质短棒,段与段之间采用一个带质量的节点连接。短棒上模拟系泊缆轴向方向上的性质,而其他作用力则都集中于节点上。

系泊缆的张力值与其刚度特性相关,可以用下式表示它们之间的关系:

$$T_e = \mathrm{var}T(\varepsilon) \tag{7}$$

式中: T_e 为有效张力; $\mathrm{var}T$ 为变刚度曲线; $\varepsilon = \dfrac{L - L_0}{L_0}$ 为平均轴向应变, L 为瞬时的单元长度, L_0 为单元原长。

4) 护舷的模拟

对于橡胶护舷,一般具有非线性刚度曲线。对其采用线性化处理,将护舷达到某一反力前的刚度曲线看做线性的,并忽略其受力面积的影响。对于码头护舷,对其达到最大反力值之前看作线性刚度,其刚度为 2 400 kN/m;对于半潜式平台和驳船间的护舷,对其达到最大反力值的 60% 前看作线性,其刚度为 1 060 kN/m。

6.7.5 系泊方案初步校核

根据码头实际情况,半潜平台码头系泊时横缆数目能够保证,但因为码头可用长度较短,倒缆与码头夹角不可能太小,如何提高平台抵抗纵向环境载荷的能力成为主要的问题。故在方案初步校核所使用的工况选取上,选择纵向方向环境载荷较大时的工况 9(风向 330°,流向 0°)及工况 10(风向 0°,流向 0°)两种工况作为系泊方案初步校核时的试算工况。

对于系泊方案的初步校核,其主要标准是在只考虑风载荷流载的情况下,进行系泊系统的静力平衡计算,计算结果中,所有系泊缆的张力值必须满足系泊缆本身的强度要求,以及对应的平台、码头和驳船上系缆桩的强度要求。在三个许用强度中,又以达到平台系缆桩的要求更为重要。平台、码头和驳船系缆桩的安全工作载荷分别为 890 kN,1 470 kN 和 1 100 kN。

从最初的方案 1 开始,为在上述两种危险工况下满足平台系缆桩的强度要求,方案先后经过 4 次修改,成为方案 2~5,布置情况如图 6.7.5~图 6.7.10 所示(由于系泊缆较多,图中仅标明了受力较大的或者方案中进行过改动的系泊缆的编号),而修改依据,为码头系泊基本原则的第三及第六条,要尽量减少倒缆或交叉带缆与码头之间的夹角,且尽量使它们的长度一致。

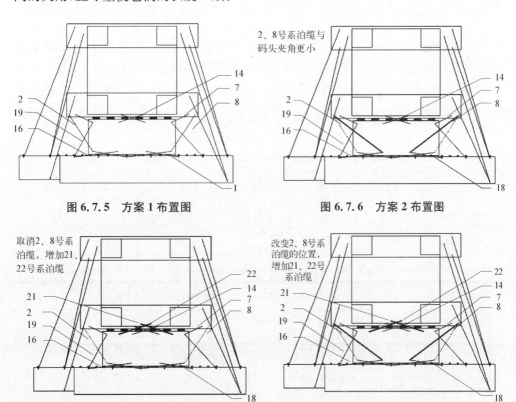

图 6.7.5 方案 1 布置图   图 6.7.6 方案 2 布置图

图 6.7.7 方案 3 布置图   图 6.7.8 方案 4 布置图

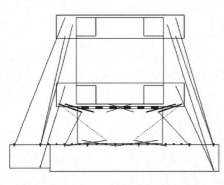

图 6.7.9　方案 5 布置图

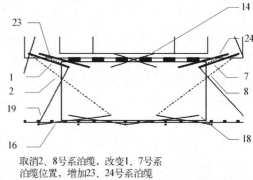

取消2、8号系泊缆，改变1、7号系
泊缆位置，增加23、24号系泊缆

图 6.7.10　方案 5 细节布置图

所有 5 个方案的系泊缆预张力都为 10 t。其中，方案 2 与方案 1 相比，系泊缆的角度更小；方案 3 去掉了较长的倒缆，而增加了交叉带缆的数目，同时角度也更接近于与码头水平；方案 4 为方案 2 和方案 3 的结合；方案 5 去掉了作用不太明显的长倒缆，增加了交叉带缆的数目并减小了它们的角度，同时，倒缆与交叉带缆的长度比较接近。

6.7.6　计算结果

主要计算结果如表 6.7.5 和表 6.7.6 所示，表中给出平台重心处运动和受力较大系泊缆的张力值，并对超出系缆桩许用强度的值用粗体表示(7 号, 14 号系泊缆，需满足平台系缆桩许用强度要求；16 号, 18 号, 19 号需满足驳船系缆桩许用强度要求)。

表 6.7.5　工况 9 主要计算结果

(风速 28.4 m/s，风向 330°，流速 1.543 m/s，流向 0°)

项　　目	单位	方案 1	方案 2	方案 3	方案 4	方案 5
Semi Surge	m	14.03	13.41	12.64	13.04	12.79
Semi Sway	m	0.13	0.25	0.36	0.23	0.37
Semi Yaw	(°)	−3.29	−3.18	−3.23	−3.04	−3.29
Mooring 7	kN	**1 765.13**	**1 341.3**	**1 204.99**	**1 105.63**	833.38
Mooring 14	kN	**1 223.38**	**915.89**	780.47	724.21	860.27
Mooring 16	kN	**1 134.09**	**1 139.17**	882.28	**1 141.19**	881.28
Mooring 18	kN	**1 201.26**	**1 210.8**	968.21	**1 217.93**	964.86
Mooring 19	kN	806.72	853.8	868.36	908.41	842.83

表 6.7.6   工况 10 主要计算结果

(风速 28.4 m/s,风向 0°,流速 1.543 m/s,流向 0°)

项　　目	单位	方案 1	方案 2	方案 3	方案 4	方案 5
Semi Surge	m	14.07	14.44	13.15	13.62	13.5
Semi Sway	m	0.92	0.85	1.06	0.91	1.1
Semi Yaw	(°)	−3.86	−4.14	−4.05	−3.87	−4.16
Mooring 7	kN	**1 518.31**	**1 639.23**	**1 141.79**	**1 120.18**	**890.59**
Mooring 14	kN	**1 090.11**	**1 214.23**	780.95	791.13	**981.44**
Mooring 16	kN	1 096.00	1 095.45	831.01	1 086.84	834.25
Mooring 18	kN	**1 175.51**	**1 169.59**	934.76	**1 174.74**	930.06
Mooring 19	kN	952.29	888.9	1 044.67	1 032.07	968.36

从上述结果可以看出,方案 1 与方案 2 由于倒缆和交叉带缆较少,7 号系泊缆的受力特别大,肯定不能满足要求;方案 3 由于增加了交叉带缆数目,受力状况的改善比较明显,但仍有两根系泊缆在两种状态下都超过了许用值;方案 4 尽管比方案 3 多了一根倒缆,由于其角度较大,且与其余倒缆的长度相差较多,没能起到很好的效果;方案 5 的几根倒缆和交叉带缆与码头的角度较小,而且长度相约,较符合码头系泊基本原则的第六条,在 330°风状态下,只有一根系泊缆超出设计要求;在 0°风状态下,尽管仍有四根系泊缆不能满足设计要求,但各主要受力缆的张力值比较平均,而且最大值只超出 12%左右,比其他方案更为合理。

根据计算结果,可得到如下几个结论:

(1) 从平台的水平面运动看,方案 1~5 的横向漂移距离及艏摇角度基本相同;而对于纵向漂移距离,方案 3,4,5 要优于方案 1,2。

(2) 从最大张力的大小以及超出系缆桩安全指标的系泊缆数目看,从方案 1~5,系泊缆的受力状态基本呈不断改善趋势。

因此,总的来说,系泊方案 5 最为优秀。此方案通过在平台靠岸侧浮体艏艉增加两个系缆桩,和在驳船艏艉增加两个系缆桩的方法,使各主要受力缆的受力情况比较平均,较为合理。

6.7.7   系泊方案详细分析

1) 方案介绍

针对方案 5 仍有系泊缆张力值超过平台系缆桩许用值的情况,使用双股系泊缆的方式增加系泊刚度,控制平台、驳船的位移,以达到让系泊缆受力更均匀,并减少最大系泊张力的目的。在使用双股系泊缆的情况下,计算模型中每根系泊缆的刚度变为原来的两倍。同时,在不增加系缆桩数目的情况下,增加 25 号和 26 号系泊缆,形成方案 6,看其能否进一步减少各系泊缆的受力,其布置图及细节图如图 6.7.11 和图 6.7.12 所示。

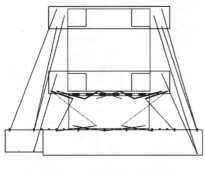

图 6.7.11　方案 6 布置图

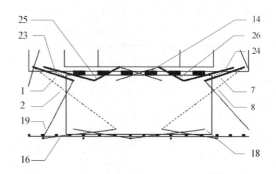

图 6.7.12　方案 6 细节布置图

取消 2、8 号系泊缆,改变 1、7 号系泊缆位置,
增加 23、24、25、26 号系泊缆

2) 计算结果

对方案 5 和 6 及其对应的双刚度方案进行所有工况的静力计算,为便于比较,工况 9 及工况 10 的主要计算结果如表 6.7.7 和表 6.7.8 所示,表中给出平台和驳船重心处运动、受力较大系泊缆的张力值。

表 6.7.7　工况 9 主要计算结果

(风速 28.4 m/s,风向 330°,流速 1.543 m/s,流向 0°)

项　　目	单　位	方案 5	方案 5 双刚度	方案 6	方案 6 双刚度
Semi Surge	m	12.87	10.67	12.04	10.05
Semi Sway	m	0.37	0.12	0.34	0.11
Semi Yaw	(°)	−3.29	−2.53	−2.95	−2.02
Barge Surge	m	6.36	5.5	6.45	6.08
Barge Sway	m	0.51	0.19	0.65	0.31
Barge Yaw	(°)	−1.85	−1.16	−2.15	−1.4
Mooring 7	kN	833.38	868.59	585.04	525.45
Mooring 14	kN	860.27	**905.17**	579.71	525.02
Mooring 16	kN	881.28	1 008.79	886.57	**1 180.89**
Mooring 18	kN	964.86	1 065.72	982.43	**1 248.53**
Mooring 19	kN	842.83	784.85	971.83	964.92
Mooring 25	kN	—	—	1 319.64	1 056.92

表 6.7.8　工况 10 主要计算结果

（风速 28.4 m/s,风向 0°,流速 1.543 m/s,流向 0°）

项　　目	单　位	方案 5	方案 5 双刚度	方案 6	方案 6 双刚度
Semi Surge	m	13.58	10.17	12.29	9.22
Semi Sway	m	1.1	0.99	1.04	0.99
Semi Yaw	(°)	−4.17	−3.76	−3.61	−3.34
Barge Surge	m	6.26	4.04	6.29	4.2
Barge Sway	m	0.81	0.76	1.16	1.09
Barge Yaw	(°)	−2.09	−2.01	−2.73	−2.63
Mooring 7	kN	**890.59**	802.74	533.59	470.3
Mooring 14	kN	**981.44**	879.84	536.4	478.4
Mooring 16	kN	834.25	561.57	792.82	562.53
Mooring 18	kN	930.06	632.8	918.54	658.02
Mooring 19	kN	968.36	839.65	**1 230.21**	1 096.03
Mooring 25	kN	—	—	**1 225.64**	**948.39**

　　因篇幅所限,下面只给出四种方案在所有工况下,系泊缆超出许用值的累计次数,按方案 5、方案 5 双刚度、方案 6、方案 6 双刚度的顺序,分别为 8 次、1 次、8 次、8 次。

　　方案 6 与方案 5 相比,所增加的 25,26 号倒缆虽然减少了其他系泊缆的受力,但其自身受力却很大,在上面两种工况中,25 号系泊缆都超过了许用载荷。其主要原因应为此方案违背了码头系泊基本原则的第六条,相同功能的系泊缆长度并不太一致,于是在平台位移相同的情况下,较短系泊缆受力较大,承受更多的载荷。而双刚度方案相比于单刚度方案,平台及驳船的运动幅值明显减少。

　　根据计算结果,可得到如下几个结论:

　　(1) 从平台与驳船的水平面运动看,双刚度方案都优于对应的单刚度方案。

　　(2) 从系泊缆最大张力值及超出系缆桩安全指标的系泊缆数目和累积次数看,方案 5 配合双刚度效果较好。

　　综合上述结果,方案 5 配合双股系泊缆的系泊方式为较合理的系泊方案,可以作为模型试验方案及工程实际施工方案提供参考。

6.7.8　结论

　　本节以某深海半潜式钻井平台的码头系泊系统为例,在其纵向风载较大的工况下进行了多方案的计算和对比,并对其中较优方案进行详细分析,得到了可用于模型试验准备的系泊方案,并为工程实际施工提供相应参考。

　　在计算与分析的过程中,归纳出以下几点,可为以后类似的深海半潜式钻井平台的码头系泊系统提供设计参考依据：

（1）深海半潜式钻井平台纵、横两个方向的受风面积都较大，风载荷成为影响平台运动幅值和系泊缆受力的最主要载荷。

（2）对于码头可用长度受限的情况，如何提高平台抵抗纵向环境载荷的能力，成为主要问题。

（3）横缆尽量与码头垂直，倒缆尽量与码头平行。

（4）尽量使码头系泊中功能一致的系泊缆相互平行且长度相近，否则短缆会承受主要载荷。

（5）当平台运动幅值和系泊缆受力都较大时，可尝试使用双股系泊缆的系泊方式。

参考文献

［1］ Flory J F，Banfield，S P，Ractliffe，A. Computer mooring load analysis to improve port operations and safety ［C］. Ports '98 Proceedings，1998：840 – 849.

［2］ OCIMF，Mooring Equipment Guidelines ［M］. London：OCIMF，1997.

［3］ 向溢，杨建民，谭家华，等. 码头系泊船舶模型试验［J］. 海洋工程，2001,19(2)：45 – 49.

［4］ 李臻，杨启，宗贤骅，等. 巨型船舶大风浪中系泊模型试验研究［J］. 船舶工程，2003，25(6)：5 – 8.

［5］ 向溢，谭家华. 码头系泊缆绳张力的蒙特卡洛算法［J］. 上海交通大学学报，2001,35(4)：548 – 551.

［6］ 杨启，李臻. 基于模矢搜索的船舶系泊评价函数［J］. 上海交通大学学报，2007,41(2)：221 – 226.

［7］ 邹志利，张日向，张宁川，等. 风浪流作用下系泊船系缆力和碰撞力的数值模拟［J］. 中国海洋平台，2002,17(2)：22 – 27.

［8］ 罗伟，何炎平，余龙，等. 码头双船系泊模型试验研究［J］. 船舶工程，2007,29(6)：1 – 4.

7 平台钻井技术

>>>>>

7.1 深海半潜式钻井平台钻机配置浅析

7.1.1 引言

近年来,随着国际石油与天然气价格持续上涨,海上钻探作业呈迅猛的增长趋势,导致海上钻井装备供不应求。承包商看好未来的海洋油气钻探市场,纷纷投巨资向深海进军,建造新的海上钻井平台。而半潜式钻井平台性能优良,抗风浪能力强,甲板面积和装载量大,适应的水深范围大,特别适合于深海作业。

由于海上油气勘探开发具有高投入、高技术和高风险的特点,随着钻井平台的不断现代化,其造价及平台的日租费用总体呈增长趋势。现在一条深海半潜式钻井平台的造价在 4 亿美元左右,最高的达 5.5 亿美元;目前,作业水深超过 2 250 m 的半潜式钻井平台平均日租费用已经从 21.5 万美元上涨到 30 万美元。

深海半潜式钻井平台所配置钻机设备的依据主要是钻井作业区的海洋环境条件和钻井深度以及业主的特殊要求等来确定,钻机设备的配置状况是半潜式钻井平台现代化及先进性的重要体现。深海半潜式钻井平台钻机配置关系着平台总体性能和布置方案;双联井架主辅井口作业,采用交流变频电驱动钻机以及高效而先进的钻井绞车、顶驱、泥浆泵等设备为现代深海半潜式钻井平台钻机配置的重要特征。本节对此做些浅述。

7.1.2 深海钻井新理念

1) 双联井架主辅井口钻井作业新理念的产生及应用

在深海石油钻井的初期,半潜式钻井平台采用的都是单井口作业系统,即在平台上配置一套钻机用于钻井;但是,对于深海半潜式钻井平台组装、拆卸钻杆及下放、回收水下器具等作业占用钻井作业相当多的时间,因此,钻井工程师们提出了采用两套钻机系统安装于同一条深海钻井平台上的新理念,虽然平台的初投资有所增加,但是对于深海钻井作业的钻井效率的提高是显著的。在 2000 年 2 月交付使用的 West Venture 半潜式钻井平台上配置了双联井架液压升降型钻机(见图 7.1.1),双联井架主辅井口作业新理念得到了工程成功应用。在 2005 年 3 月交付使用的 GSF(Global Santa Fe)公司的 Development driller Ⅰ & Ⅱ 第五代深海半潜式钻井平台(见图 7.1.2)亦配置了主辅井口双联井架作业系统。

图 7.1.1　West Venture　　　　　　　　图 7.1.2　Development Driller

双联井架主辅井口钻井作业在不同的作业工况下它可以节省 21%～70%左右的时间。双联井架主辅井口作业是深海半潜式钻井平台钻井作业理念发展的一个里程碑。

双联井架主辅井口钻井作业系统在进行单井作业时，可以并行组装和拆卸井下组件、钻具和管子立根还可以在开钻表层时下放套管及 BOP 等。在多井口水下模块作业时可以通过 BOP/隔水管同时进行水下作业；主钻机在通过 BOP/隔水管进行钻井作业时，辅钻机可以不通过 BOP/隔水管进行另一井口的表层钻井和下表层套管作业。经过适当的操作，可以将 BOP 在水下直接移到下一井口。X-mas 树或其他模块也可以在进行钻井的同时安装。

2) 井架形式的发展及配置状况

半潜式钻井平台上所用的井架为海洋动态井架，它的主要功用是：安装天车、游车、顶驱、大钩等起升设备，用于下放钻具、套管、隔水管、水下器具及靠放立根等。

井架的发展是以适应钻井承包商的要求而不断发展的，先期的钻井作业的水深不是很深，井架多为塔式，随着钻井作业水深的加大及钻井深度的提高，为了在井架内排放更多的钻具，必须增大井架二层台的宽度，井架由原先的塔式转变为酒瓶式；深海钻井的日成本是非常巨大的，为了降低成本，就要求不断地采用创新的工艺方法提高钻井作业的效率。在 20 世纪末，海洋钻井工程人员提出了双联井架钻井系统的理念，即在同一平台上配备两套钻井系统。

现在深海半潜式钻井平台基本上都配置了双联井架，井架的外形是多种多样的，井架在平台上的布置位置有尾部、中央、中央偏左或偏右等多种方案，但以中央居多。

现在深海半潜式钻井平台既有单井架的配置，亦有双联井架的配置，如 20 世纪末、21 世纪初建造的 Bingo 9000 系列的"Eiric Raude/Leiv Eiriksson"半潜式钻井平台就配置了单井架系统，如图 7.1.3 所示；但是对于 21 世纪初新开工建造的深海半潜式钻井平台上基本上都配置双联井架。2004 年 7 月在韩国大宇造船海洋公司玉浦造船厂竣工的 BP 公司的"BP THUNDER HORSE"号石油勘探平台上配置了双联井架，如图 7.1.4 所示。

图 7.1.3　Eiric Raude/Leiv Eiriksson

图 7.1.4　BP thunder horse

　　深海半潜式钻井平台的井架的底脚尺寸及形式已经具有很大的自由度,需要根据业主及钻井工艺的要求而量身定做。双联井架已是当今深海半潜式钻井平台的一个特别明显的标志。因此,对于即将设计及建造的深海半潜式钻井平台均应配置双联井架及相应的双井口作业系统。

　　3) 井架大钩提升载荷能力分析

　　钻机的配置中井架的载荷能力是一个非常重要的参数,井架的静载荷又称为大钩载荷,对于深海半潜式钻井平台的大钩载荷的确定不只是考虑钻柱的重量,还应考虑水下器具的重量及下放的套管柱的重量。因为对于深海 9 000~11 000 m 深度的钻杆柱的重量约在 320~360 t 之间。而深海半潜式钻井平台水下器具的重量有干重与在水中的湿重之分,干重用于平台的甲板可变载荷用,湿重用于核算大钩的提升载荷及隔水管张紧系统的张紧能力。对于深海半潜式钻井平台使用的 BOP 与 LMRP干重达到 363 t 之多,湿重亦达 232 t 之多;外包浮力材料的隔水管的干重达到2 700 t,湿重达 266 t 之多。所以,水下器具在水下的湿重至少要到 500 t 以上;若浮力材料减少,水下器具的湿重还会相应的增加。

目前深海半潜式钻井平台对于双联井架主辅井口作业系统,主井口的大钩提升能力一般配置为 2 000 klbf(907.2 tf)。辅井口由于只进行钻具的组装、拆卸,组装套管和钻表层井口使用,而不用于下放、回收水下器具,所以,辅井口的井架大钩提升能力一般配置为 1 000 klbf(453.6 tf)。

7.1.3　适应钻井新理念的钻机设备

1) 交流变频电驱动钻机的广泛应用

交流变频调速电驱动钻机是最新发展起来的一种先进的电驱动石油钻机,它在满足石油钻井工艺要求方面具有现用机械驱动钻机和直流电驱动钻机无可比拟的优越性能。这种钻机的核心技术就是采用了交流变频调速技术,是现代高新技术与石油钻井机械的结合,具有强大的生命力,是当代钻机的发展及应用趋势。

钻井绞车、转盘、顶驱和泥浆泵作为石油钻机的四大关键设备目前都已经实现了交流变频控制。

2) 钻井绞车的发展及应用现状

钻井绞车是半潜式钻井平台钻机设备中的关键设备,其主要功用是起下钻具、套管、隔水管、水下器具及悬持全部钻具和钻头等。钻井绞车的起升能力是钻井平台的重要标志性的参数,也是其他相关钻井设备配置的参照依据。

随着海洋石油的钻探和开采向深水推进,对钻井绞车的提升能力和钻深能力提出了更大的要求。

海洋石油钻机在 20 世纪 80 年代末 90 年代初,所配备钻机绞车功率最高为3 000 hp,1998 年建造完工 Trans-ocean 公司的 Discoverer Enterprise 钻井船上应用了两组 Emsco EHV 5 000 hp 的钻井绞车,2005 年交付使用的 GSF(GlobalSantaFe)公司的 Development Driller I & II 配备了 6 900 hp 和 4 600 hp 两组 National-Oilwell公司的主动补偿绞车。

目前,世界上比较知名的钻井绞车供应商有 National-Oilwell 和 Varco 两家公司,对于深海半潜式钻井平台所需配置的钻井绞车功率至少要 3 000 hp 以上,国内对应用于深水的钻井绞车没有生产供应的能力,钻井绞车必须依靠国外公司配套(见图 7.1.5 和图 7.1.6)。

Varco 公司起升系统中的 ADS(Automated Drawwork System)系列代表了Varco 公司钻井绞车的发展水平,Varco 公司生产的 ADS 系列绞车如表 7.1.1 所示。ADS 系列绞典型特性与规格比较如表 7.1.2 所示。能够适用于深海半潜式钻井平台的钻井绞车有 3 000 hp,4 500 hp 和 6 000 hp 三种。

图 7.1.5　2040‑UDBE 钻井绞车

图 7.1.6　E‑3000 钻井绞车

表 7.1.1　Varco 公司 ADS 系列钻井绞车

序号	型　号	功率/hp	马达数量	刹车	刹车数量	齿轮箱	齿轮箱数量	卷　筒
1	ADS‑10S	1 500	1	36″	1	GB15	1	27/30×55
·2	ADS‑10S	1 500	1	36″	1	GB15	1	27/30×55
3	ADS‑10T	1 500	1+1	36″	1	GB15	1	27/30×55
4	ADS‑20SD	1 500	1+1	36″	1	GB15	1	27/30×55
5	ADS‑10D	2 000/3 000	2	36″	2	GB15	2	32/42×60/71
6	ADS‑10T	3 000	2+1	36″	2	GB15	2	32/42×71
7	ADS‑30D	3 000	2	48″	1	GB30	1	40/42×84
8	ADS‑30D	3 000	2	36″	2	GB30	1	40/42×84
9	ADS‑30D	3 000	2	48″	2	GB30	2	40/42×84
10	ADS‑30T	4 500	3	48″	2	GB30	2	44/48×84
11	ADS‑30Q	6 000	4	48″	2	GB30·	2	48/63×84

表 7.1.2　ADS 典型特性与规格比较表

型　　号	ADS-10S	ADS-10D	ADS-30T	ADS-30Q
功率/hp	1 500	3 000	4 500	6 000
卷筒尺寸/in	30×55	36×71	44×84	50×98
绳　数	8, 10, 12	10, 12, 14	12, 14, 16	12, 14, 16
最大扭矩时 大钩载荷/lbs	530 000 643 000 750 000	1 075 000 1 255 000 1 425 000	1 600 000 1 820 000 2 025 000	2 020 000 2 300 000 2 550 000
底撬尺寸/ft	10×16	10×26	12×26	12×30
重量/lbs	55 000	95 000	160 000	178 000

National-Oilwell 公司适用于钻井深度 9 000 m 以上的交流变频驱动钻井绞车有 2040-UDBE(见图 7.1.5)和 E-3000(E-3000UDBE)(见图 7.1.6)三种型号,如表 7.1.3 所示。

表 7.1.3　National-Oilwell 公司钻井绞车

型　　号	功率 /hp	马达 数量	额定钻井 深度/ft(m)	卷筒尺寸 /in(mm)	主要尺寸 $L×B×H$/mm	重量 /lb(kg)
E-3000	3 000	3	3 000 (9 144)	36×62 (914×1 575)	7 696×5 467 ×2 996	82 000 (37 195)
E-3000UDBE	3 000	3	3 000 (9 144)	36×62 (914×1 575)	7 696×5 467 ×2 996	82 000 (37 195)
2040-UDBE	4 000	4	20 000~40 000 (6 096~12 192)	42×72 (1 066×1 829)	9 728×7 290 ×3 419	118 500 (53 751)

图 7.1.7　AHD 钻井绞车

3）主动补偿钻井绞车的产生及应用

主动补偿绞车（AHD-Active Heave Drawwork）是浮式钻井装置钻机的一项重要的革新，主动补偿绞车除具有传统绞车的提升功能外，还具有主动补偿浮式钻井装置的升沉运动对钻柱的影响的功能。

随着海洋油气钻探的发展，National-Oilwell 公司突破了传统的钻柱运动补偿概念将钻柱补偿功能通过绞车的控制来实现，主动补偿绞车集成了控制和机械方面的最新技术，使用主动补偿绞车可以省去钻柱运动补偿器，此外，绞车刹车所产生的能量重新利用并反馈给钻井电控系统，提高了钻井效率，比传统钻井绞车的应用范围更为广泛。

National-Oilwell 公司的主动补偿绞车（见图 7.1.7）是钻井工业领域独创的设计，它重新确立了补偿精度和工作范围的标准，增大了钻井平台的操作范围，AHD 钻井绞车主要技术规格如表 7.1.4 所示。

表 7.1.4　National-Oilwell 公司 AHD 钻井绞车主要技术规格

规　格	功率/hp	马　达　参　数	起升能力/t	重量/t
Ⅰ	2 300	功率：1 150 hp 过载：140% 型号：GEB22A2 或相同	275 375	60～96，根据不同配置有所不同
Ⅱ	3 450		375 500	
Ⅲ	4 600		500 650	
Ⅳ	6 900		750 1 000	

注：其他规格可按用户所需不同而配置。

主动补偿绞车能够完成以下的工作：

（1）传统钻井绞车操作：钻井和起下钻。

（2）自动送钻。

（3）绞车全负载下主动升沉补偿。

（4）主动补偿下放重载 BOP 和隔水管。

主动补偿绞车与传统的绞车相比较的主要特点如表 7.1.5 所示。

表 7.1.5　National-Oilwell 公司 AHD 钻井绞车主要特点

序号	主要特点	备　　注
1	工作适应性强	承载能力强，适于天气范围广，钻井成本低
2	升沉补偿精确	更好的钻井性能，更低的钻井成本
3	重量轻	提高甲板载荷能力，降低钻井和初投资成本
4	变频调速	能快速起下钻及起下 BOP 和隔水管，降低钻井成本
5	独立模块单元	易于安装，易于维护，初投资成本低
6	配备全套相关设备	PLC 控制板，运动参照单元，马达冷却风机撬，刹车

AHD 钻井绞车为新产生并且得到成功应用的钻井绞车。虽然现在深水半潜式

钻井平台上也配置有传统的钻井绞车,但是 AHD 钻井绞车应该是当代半潜式钻井平台钻机设备配置的一个非常特殊的标志,不失为新建深水半潜式钻井平台钻机设备中钻井绞车配置的最优选择。

图 7.1.8　转盘

4) 转盘的发展及应用现状

转盘和顶驱是钻井装置旋转系统的组成部分。正常钻井工况下,由顶驱带动钻具旋转进行钻井作业,转盘作为备用,并在下放水下器具、正常起下钻作业和处理井内钻井事故中悬持钻具和管柱。

转盘的通径及额定的静载荷能力是转盘的主要参数,也是钻机设备配置中的一个重要的参数。对于海上石油钻井转盘的通径,应能够使隔水管顺利通过转盘的中心孔,随着钻井作业水深的加大,为了降低隔水管柱的重量,隔水管的外侧多采用浮力材料,浮力材料的外径达到 36~53 in(914.4~1 346 mm),这样就要求转盘的通经越来越大,对于深水半潜式钻井平台转盘的通径已经达到 60.5 in(1 537 mm),额定静载荷达到 1 135 t。National-Oilwell 公司转盘主要技术参数如表 7.1.6 所示。

表 7.1.6　National-Oilwell 公司转盘主要技术参数表

型　号	C-175-S	C-175-L	C-205	C-275	D-375	D-495	D-605
最大开口直径/in(mm)	17.5 (445)	17.5 (445)	20.5 (521)	27.5 (699)	37.5 (953)	49.5 (1 257)	60.5 (1 538)
静载荷 tons(tonnes)	250 (227)	250 (227)	350 (318)	500 (454)	650 (590)	800 (726)	1 250 (1 135)
最大推荐转盘转速/rpm	500	500	400	400	350	300	150
齿轮速比	3.16	3.16	3.14	3.16	3.60	3.93	4.76
重量/lb(kg)	6 602 (2 994)	6 848 (3 106)	9 208 (4 176)	11 230 (5 093)	13 140 (5 959)	24 157 (10 955)	40 000 (18 144)

对于当代深海半潜式钻井平台的转盘的配置有三种不同的配置方案。若是平台配制单井架作业系统的状况下转盘的通径已经达到 60.5 in。平台配制配置双联井架作业系统的状况下,或者配置两套通径 60.5 in 的转盘(例如 West Venture 号);或者配置通径 60.5 in 及通径 49.5 的转盘(例如 Development Driller 号)。

5) 顶驱的发展及应用现状

顶部驱动技术是钻机问世以来的几项重大变革之一。自 1981 年 12 月美国 Varco-BJ 公司研制的顶部驱动系统(Top Drive System)投入使用以来,顶驱逐渐被世界石油钻井行业广泛采用。由于 TDS 具有比常规转盘提高 20％～30％的钻井效率,安装维护简单、操作安全方便,可避免大多数井内卡钻事故的发生以及特别适应于定向钻井和水平钻井等特点。所以,目前海上钻井平台几乎全部配备了顶驱。

继美国 Varco - BJ 公司之后,挪威的 Maritime Hydraulic 公司、法国的 ACB - Bretfor 公司和 Trinten 公司、美国的 National-Oilwell 公司、加拿大的 Canrig 公司和 Tesco 公司等都研制顶驱。但就技术和使用情况来说,Varco 公司的顶驱还是一直处于行业的领先地位。对于深海半潜式钻井平台,绝大多数采用 Varco 公司的顶驱。Varco 公司的顶驱产品主要技术参数比较表如表 7.1.7 所示。

表 7.1.7a　Varco 公司顶驱主要参数表

特　　征	TDS - 4H, TDS - 4S				TDS - 6S	IDS - 4A
应用	All offshore Rigs, Barges and Large Land Rigs				Large Offshore Rigs	Jack-ups, Platforms, Barges and Land Rigs
马达	GE 752 Series or Shunt Hi-Torque DC Motor, 1130 hp					GE GEB - IDS AC Motor 1150 hp
API 起重机能力/t	650 或 750				750	500
台车尺寸（收进×间隙）	摆动/非摆动		缩进/无缩进		101″×108″ Retract or Non-Retract	Guide track setback 41″
	30×72 32×72 39×66 48×62		91×108			
钻杆装卸装置	PH - 85(85 000 lbs. ft. torque)					PH - 75d (75 000 lbs. ft. torque)
钻杆尺寸	3½″ to 6⅝″ (4⅝″ to 8¼″ OD Tool Joint)				3½″ to 6⅝″ (4⅝″ to 8¼″ OD Tool Joint)	3½″ to 6⅝″ (4″ to 8½″ OD Tool Joint)
堆积高度	TDS - 4H: 26.2 ft. (7.9 m)[2]		TDS - 4S: 20.8 ft. (6.3 m)		23.0 ft. (7.0 m)	22.8 ft. (6.9 m)
系统输出	Series		Shunt		Shunt	
扭矩/(lb · ft)	Hi	Lo	Hi	Lo		
连续输出	32 500	50 900	29 640	46 380	60 000	45 800
间隔	43 400	67 800	39 500	61 800	84 200	84 200
最大转速/(r/min)	190	120	205	130	195	173

表 7.1.7b　Varco 公司顶驱主要参数表

特　征	TDS‑8SA		TDS‑10SA	TDS‑11SA	TDS‑1000	
应用	All offshore Rigs, Large Land Rigs		Medium and Small Land Rigs, Platform Rigs, Jack‑Ups, Portable Applications		All Offshore Rigs, Large Land Rigs	
马达	GE GEB‑20A1 AC Motor, 1150 hp		Reliance Electric AC Motor, 350 hp	Reliance Electric Dual AC Motor, 2×400 hp	GE Continuous Duty 1130 HPAC. 1150 HPAC, 1500 HPAC	
API 起重机能力/t	750		250	500	1 000	
台车尺寸（收进 × 间隙）	摆动/非摆动	缩进/无缩进	21.5″ Guide Track Setback	30″或 33¾″ Guide Track Setback	摆动/非摆动	缩进/无缩进
	39×66 48×62	91×108			48×62	101×108
钻杆装卸装置	PH‑100(100 000 lbs. ft. torque)		PH‑55(55 000 lbs. ft. torque)	PH‑75 (75 000 lbs. ft. torque)	PH‑100(100 000 lbs. ft. torque)	
钻杆尺寸	3½″ to 6⅝″ (4″ to 8⅝″ OD Tool Joint)		2‑⅞″ to 5″ (4″ to 6 ⅝″ OD Tool Joint)	3½″ to 6⅝″ (4″ to 8½″ OD Tool Joint)	3‑½″ to 6‑⅝″ (4″ to 8‑⅝″ OD Tool Joint)	
堆积高度	20.8 ft. (6.3 m)		15.3 ft. (4.7 m)	18 ft. (5.4 m)	22 ft. (6.7 m)	
系统输出						
扭矩/(lb・ft)			Standard　High Speed	Standard		
连续输出	63 000		20 000　7 400	37 500	72 150	
间隔	94 000		36 500　13 390	55 000	100 000	
最大转速/(r/min)	270		182　240	228	270	

　　国内虽然对顶驱进行了研发并成功地在陆地钻机上使用,但对于深海半潜式钻井平台所需配置的顶驱还不能满足要求。由表 7.1.7 可以看出,对于应用于深海半潜式钻井平台上的 1 000 t 提升能力的顶驱只有 TDS‑1000 可以选择;对于配置双联井架作业系统的平台除 TDS‑1000 作为主顶驱外,IDS‑4A 和 TDS‑11SA 是辅顶驱的配置选择。

　　6) 泥浆泵的发展及应用现状

　　对于深海半潜式钻井平台,泥浆泵是泥浆设备中的最为关键的设备,泥浆泵选用配置决定着泥浆系统其他辅助设备的选用。

在深海半潜式钻井平台上,交流变频驱动的泥浆泵已经完全取代了直流电驱动的泥浆泵。

由于井下双动力钻具和强动力钻具的出现以及深井、高压喷射钻井的需要,2 000～2 500 hp 的大功率泥浆泵以及工作压力 34.5 MPa(5 000 lbf/in^2)和 51.7 MPa(7 500 lbf/in^2)的泥浆泵在深井和超深井的钻机上已配套使用。现在深海半潜式钻井平台上配置的泥浆泵基本上都为 2 200 hp 的。图 7.1.9 所示为 National-Oilwell 公司的深海半潜式钻井平台用 14 - P - 220 三缸泥浆泵,表 7.1.8 所示为此泥浆泵的主要参数。

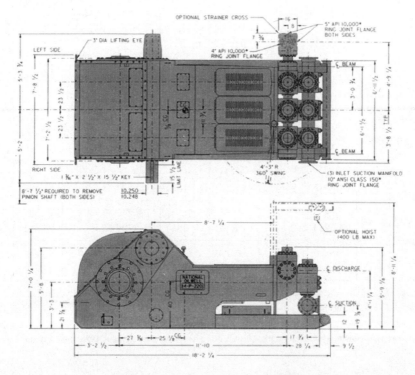

图 7.1.9   14 - P - 220 三缸泥浆泵

National-Oilwell 公司在 21 世纪初成功开发出了新一代的泥浆泵——HEX 泥浆泵(见图 7.1.10),此种泥浆泵有两台交流变频驱动电机驱动,采用六个缸套,与传统三缸泥浆泵相比具有输出流量稳定、超高压、超高流量、尺寸小等特点。HEX 泥浆泵目前已经在平台上配置了十几台,它代表了未来泥浆泵的发展趋势。

现在深海半潜式钻井平台泥浆泵的配置基本上都采用四台 2 200 hp 的泥浆泵,采取三用一备的方式。两台泥浆泵可以并车从顶驱将泥

图 7.1.10   HEX 泥浆泵

浆灌入井筒内,由于深水隔水管的通径比较大,长度比较长,从井筒返回的泥浆的环流速度达不到要求,所以在深海隔水管的底部采取用一台泥浆泵加注泥浆,增加隔水管内返流泥浆的回流速度。

表 7.1.8　14 - P - 220 泥浆泵参数表

14 - P - 220 性能参数

冲程,in.(mm):14(356) … 剪切率:3.969 … 输入比率:2 200 hp @ 105 spm (1 642 kW @ 105 spm)

线性尺寸 /in. (mm)	9† (228.6)	8 (203.2)	7½ (190.5)	7 (177.8)	6½ (165.1)	6‡ (152.4)	5½‡ (139.7)	5‡ (127.0)
最大释放压力	2 795 (196.5)	3 535 (248.5)	4 025 (283.0)	4 615 (324.5)	5 360 (376.8)	6 285 (441.9)	7 475 (525.5)	7 500 (527.3)
体积/冲程	11.57 (43.797)	9.14 (34.598)	8.03 (30.397)	7.00 (26.498)	6.03 (22.826)	5.14 (19.457)	4.32 (16.353)	3.57 (13.514)

泵速度	最大输入	液压 (hp)	加仑/分钟**(公升/分钟)							
105*	2 200*	1 980	1 215 (4 600)	960 (3 634)	843 (3 191)	735 (2 782)	633 (2 396)	540 (2 044)	454 (1 718)	375 (1 419)
80	1 676	1 509	925 (3 501)	731 (2 767)	643 (2 434)	560 (2 120)	483 (1 828)	411 (1 556)	346 (1309)	286 (1082)
60	1 257	1 131	694 (2 627)	548 (2 074)	482 (1 824)	420 (1 590)	362 (1 370)	308 (1 166)	259 (980)	214 (810)
40	838	754	462 (1 748)	366 (1 385)	321 (1 215)	280 (1 060)	241 (912)	206 (780)	173 (654)	143 (541)

　* Rated maximum input horsepower and speed.

　** Based on 90% mechanical efficiency and 100% volum etric efficiency.

　† 9 - inch liner requires special liner bushing and liner clamp.

　‡ Plungers and packing recommened over 6 000 psi. Premium modules required over 6 000 psi.

7.1.4　结束语

海上石油和天然气钻井平台的第一个建造高峰期出现在 20 世纪 70 年代中期,第二个高峰期出现在 20 世纪 80 年代初,目前已经进入了新一轮高峰期。近年来,世界上取得的重大油气发现大部分在海上,并向深海发展。由于国际油价持续居高不下,承包商看好未来的海上油气钻探市场,于是投巨资建造新型海上钻井平台。而对于建造一座深海半潜式钻井平台,钻机的配置直接影响到平台的总体性能和布置方案,所以钻机的配置研究必须先行。要对目前世界上钻机的发展进行及时的跟踪,以利于半潜式海洋钻井平台在国内设计建造。

参考文献

[1]　Lars M S, Arnfinnn N. Offshore drilling experience with dual derrick operations[C]. SPE/IADC drilling conference. 2001.

［2］ 廖谟圣.21世纪初世界海洋石油钻采设备展望[J].中国海洋平台,1998,13(2)：1-4.

［3］ 廖谟圣.海洋油气工业的发展与新一代的移动式钻采平台[J].中国海洋平台,2002,17(1)：1-3.

［4］ 张阳春,石油工业,杨志康,等.国内外石油钻采设备技术水平分析[M].石油工业出版社,2001.

［5］ 安国亭,卢佩琼.海洋石油开发工艺与设备[M].天津：天津大学出版社,2001.

7.2　深水半潜式钻井平台钻井设备配置方案探讨

7.2.1　引言

钻井设备配置是深水半潜式钻井平台的关键技术,直接关系到平台的作业效率,所以必须十分重视,随着石油天然气勘探开发事业的突飞猛进,钻井设备技术亦有长足发展。本钻井设备配置方案探讨主要是为目标平台的主要参数确定提供依据,只对影响平台主尺度、总体性能和布置方案确定的关键钻井设备进行探讨,不涉及常规通用钻井设备。

7.2.2　井架作业系统

1) 高效双联井架主辅井口作业系统

在深海石油钻井的初期,半潜式钻井平台采用的都是单井口作业系统,即在平台上配置一套钻机用于钻井;但是,对于深海半潜式钻井平台组装、拆卸钻杆及下放、回收水下器具等作业占用钻井作业相当多的时间,因此,钻井工程师们提出了采用两套钻机系统安装于同一条深海钻井平台上的新理念,虽然平台的初投资有所增加,但是对于深海钻井作业的钻井效率的提高是显著的。在2000年2月交付使用的West Venture半潜式钻井平台上配置了双联井架液压升降型钻机(见上节图7.1.1),双联井架主辅井口作业新理念得到了工程成功应用。在2005年3月交付使用的GSF公司的Development driller I & II第五代深海半潜式钻井平台(见上节图7.1.2)亦配置了主辅井口双联井架作业系统。

双联井架主辅井口钻井作业在不同的作业工况下它可以节省21%~70%左右的时间。双联井架主辅井口作业是深海半潜式钻井平台钻井作业理念发展的一个里程碑。

双联井架主辅井口钻井作业系统在进行单井作业时,可以并行组装和拆卸井下组件、钻具和管子立根,还可以在开钻表层时下放套管及防喷器组等。在多井口水下模块作业时可以同时进行水下作业;主钻机在通过防喷器组/隔水管进行钻井作业时,辅钻机可以不通过防喷器组/隔水管进行另一井口的表层钻井和下表层套管作业。经过适当的操作,可以将防喷器组在水下直接移到下一井口。采油树或其他模块也可以在进行钻井的同时安装。

图 7.2.1　Sea Drill 8

2）经济实用的一个半井架作业系统

一个半井架作业系统是介于单井架系统和双井架系统之间的一种配置。在目前深水半潜式钻井平台上也配置了多套一个半井架作业系统，如 Sea Drill 8（见图 7.2.1），作业效率高于单井架作业系统，低于双井架作业系统。结构紧凑，系统重量轻是它的一个明显特点。

一个半井架系统在主井口进行钻井作业时，井架内的接立根系统可以接钻具、套管立根并将之存放到指梁上。此系统可以通过采用隔水管张紧器滑移系统在进行其他井口下放、回收作业时使隔水管柱移开井口位置。防喷器组与采油树处理系统分开布置，可以在各自区域同时作业。一个半井架系统可以在井架外配置一套管材输送机利用防喷器组起重机及台车接 20 in 套管立根，提高钻井效率。

深水半潜式钻井平台的井架作业系统的配置具有很大的自由度，需要根据业主及钻井工艺的要求而量身定做。双联井架已是当今深海半潜式钻井平台的一个特别明显的标志，因此，对于即将设计及建造的深水半潜式钻井平台均应配置双联井架及相应的双井口作业系统。但是双井架主辅井口作业系统已经被 Transocean 公司申请了专利，目前采用此种作业方式进行钻井作业时需要交付一定的专利费；因此，经济实用的一个半井架作业系统也不失为深海半潜式钻井平台钻机配置的理想选择。

7.2.3　防喷器组与采油树处理设备

防喷器组与采油树是半潜式钻井平台重要钻井设备，将之从平台上下放到深水中并回收上来是一件相当复杂的工作。防喷器组与采油树要通过特殊的处理设备移运到钻台底下的中央月池区，并通过井架的大钩及相应的工具送入水下井口位置。防喷器组与采油树处理设备包是深水半潜式钻井平台的非常关键的设备包，它的配置关系到整个平台的主尺度及总体布置。

防喷器组与采油树处理设备的配置要根据防喷器组与采油树的组装、拆卸、检修、吊运的工艺的要求进行配置。目前比较流行的两种解决方案是防喷器组与采油树从中央月池的两侧下放和防喷器组与采油树从中央月池的同一侧下放。采用防喷器组与采油树从中央月池两侧下放工艺时配置有防喷器组起重机、防喷器组移动撬、防喷器组台车、采油树起重机、采油树移动撬、采油树台车等；此方案防喷器组与采油树可以在自己的工作区域内同时处理，MH 公司的典型钻井设备包就采用此方案（见图 7.2.2）。采用防喷器组与采油树从中央月池同侧下放工艺时配置有防喷器组起重机、防喷器组移动撬、采油树移动撬、升降机等；此方案防喷器组与采油树不可以同时处理,GSF 公司的 Development driller Ⅰ&Ⅱ钻井平台就采用此方案。此方案的升降机(见图 7.2.3)可以完成防喷器组或者采油树的水平及垂直输送。

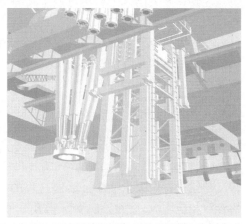

图 7.2.2　防喷器组与采油树处理　　　　　　图 7.2.3　升降机

7.2.4　隔水管移运设备

现在应用于半潜式钻井平台上的隔水管通径为 21 in,每节的长度多为 75 ft,80 ft 和 90 ft。

目前深水半潜式钻井平台隔水管比较流行的两种存放方案是:90 ft 隔水管采用卧式排放;75 ft 隔水管采用立式排放。

隔水管的放置方式的不同对隔水管移运设备的配置要求也有所不同。对于应用深海半潜式钻井平台上隔水管起重机的起重能力一般在 35～40 t 之间。卧式隔水管放置方案配置了卧式隔水管用起重机之后还需要配置用以将隔水管输送至井架大门的隔水管的水平输送机(见图 7.2.4)。立式隔水管放置方案除配置立式隔水管用起重机外,还需配置隔水管指梁及隔水管滑道等辅助设备(见图 7.2.5)。

图 7.2.4　隔水管输送机　　　　　　图 7.2.5　垂直隔水管处理系统

　　隔水管起重机根据隔水管单根的长度和隔水管排放方式的不同而有所不同。平台可以采用的是隔水管的卧式排放方案,用卧式隔水管起重机起吊到隔水管输送机上并送到井架大门。平台也可以采用的是用立式排放的隔水管起重机将立式隔水管通过隔水管托架由立放状态抽送到井架内;对于卧放于甲板上的隔水管则是通过平台右舷起重机或折臂吊起吊到水平隔水管输送机上并送到井架大门;隔水管的立放状态也是通过水平隔水管输送机输送到井架内然后再通过隔水管拖车及隔水管起重机放置到隔水管指梁内的。

7.2.5　隔水管张紧系统

　　对于半潜式钻井平台隔水管张紧系统有两种解决方案,一种是有导向钢丝绳方案,另一种为无导向钢丝绳方案;有导向绳的方案采用滑轮组可以将张紧系统的张紧升沉补偿行程增大为液压缸活塞行程的 n(n 为滑轮组的倍率)倍,但是,补偿液压缸的参数相应增大;而无导向绳张紧升沉补偿方案的补偿行程基本为液压缸活塞杆的行程,由于没有滑轮组倍率的影响,补偿液压缸的补偿参数相应地减小。

　　导向绳张紧器(液压缸和蓄能器)通常安放在井架的外侧、钻台的四周(见图 7.2.6),通过置于钻台面下的伸缩式导向滑轮装置与隔水管连接;现存的大多数半潜式钻井平台导向绳张紧器都采取此种张紧器布置方式,此种安装方式张紧器的重心位置相对比较高,我国第一个自行设计建造的半潜式钻井平台"勘探三号"使用的有导向绳隔水管张紧系统就是布置于钻台的四周。而 GSF 公司新建造的Development Driller I 和 II 第五代半潜式钻井平台上配备的隔水管张紧器布置于钻台面下平台的中央月池区内,导向滑轮直接焊接在钻台面下的梁上,而不再用伸缩式导向滑轮装置,液压缸的放置采用倒置式,将液压缸的活塞杆端向下,以利用平台空

图 7.2.6　钻台外隔水管张紧器

间,此种布置方式极大地降低了张紧器相对于平台的重心,利于平台的稳性,但是此种布置方式需要较大的中央月池的开口,对平台结构提出了高的要求。

无导向绳直接作用的张紧系统的张紧液压缸直接悬挂在中央月池区的钻台的下面,可以根据需要在钻台下设计张紧器滑移系统,使隔水管张紧器组能够移开井口中心。由于没有导向滑轮将液压缸的补偿行程放大,在同样补偿能力情况下,直接作用的液压缸的缸径/杆径小于有导向绳的补偿液压缸,活塞杆的长度大于有导向绳的补偿液压缸。无导向绳张紧系统具有占用空间少、重量轻等优点,已经配置到多型深水半潜式钻井平台上。

目前,深海钻井设备公司既提供导向绳隔水管张紧系统,也提供直接作用无导向绳隔水管张紧系统。不管是何种类型的隔水管张紧系统,它们的基本工作原理相同,而且隔水管张紧器的行程及张紧能力需要应根据钻井装置作业的环境条件进行详细的核算才能够确定。隔水管张紧器的最大张紧力的核算是以隔水管组(包括隔水管内的泥浆)在水中的所需的提升力为计算依据的;隔水管张紧器的行程是以作业环境的波浪高度为依据的。配置张紧系统张紧器时,张紧器组都是成对出现,并且相对于井口对称布置;单一张紧器组失效时,对角张紧器组也需停止使用。

7.2.6 钻柱运动补偿装置

钻柱运动补偿装置目前有游车型钻柱运动补偿、天车型钻柱运动补偿、主动补偿绞车、液压升降型钻机四种解决方案;本节只对天车型钻柱运动补偿和主动补偿绞车两种方案作对比探讨。

1) 天车型钻柱运动补偿装置

天车型钻柱运动补偿装置为独立的模块化组件(见图 7.2.7),可以直接安装在井架的天车台上,但此种装置主要机构都在天车台和井架上,所以,需要有强度大、结构复杂的特制井架,在平台的建造初期就应充分考虑此装置与井架天车台的配合。天车型钻柱运动补偿器模块的重量要达到 100 t 以上,重量较大。目前,在多型深水半潜式钻井平台上配置有天车型钻柱运动补偿装置。

图 7.2.7 天车型钻柱运动补偿装置

2) 主动补偿绞车

主动补偿绞车(见图 7.2.8)是浮式钻井装置钻机的一项重要的革新,主动补偿绞车除具有传统绞车的提升功能外,还具有主动补偿浮式钻井装置的升沉运动对钻柱的影响的功能。

随着海洋油气钻探的发展,NOV 公司突破了传统的钻柱运动补偿概念将钻柱补偿功能通过绞车的控制来实现,主动补偿绞车集成了控制和机械方面的最新技术,使用主动补偿绞车可以省去钻柱运动补偿器,此外,绞车刹车所产生的能量重新利用并

图 7.2.8　主动补偿绞车

反馈给钻井电控系统,提高了钻井效率,比传统钻井绞车的应用范围更为广泛。

NOV 公司的主动补偿绞车是钻井工业领域独创的设计,它重新确立了补偿精度和工作范围的标准,增大了钻井平台的操作范围,主动补偿绞车能够完成以下的工作:传统钻井绞车操作:钻井和起下钻;自动送钻;绞车全负载下主动升沉补偿;主动补偿下放重载防喷器组和隔水管。

AHD 钻井绞车为新产生并且得到成功应用的钻井绞车。虽然现在深水半潜式钻井平台上也配置有传统的钻井绞车,但是 AHD 钻井绞车应该是当代半潜式钻井平台钻机设备配置的一个非常特殊的标志,它不失为新建深水半潜式钻井平台钻机设备中钻井绞车配置的较优的选择,AHD 钻井绞车既解决了提升系统的功能又解决了钻柱运动补偿的功能。

7.2.7　结束语

本节所述几项主要钻井设备对深水半潜式钻井平台的主尺度、总体性能和布置方案的确定具有重要意义;在设计建造一艘深水半潜式钻井平台时,它们应当作为设计基本要求先行确定下来,以利于半潜式钻井平台项目的顺利进行。

参考文献

[1]　Petruska D, Castille C, et al. API RP 2 SK-Station Keeping-An Emerging Practice[C]. Offshore Technology Conference. 2008.

[2]　NA-7529-001 CNOOC Design Loading Conditions Rev I[C].

[3]　API R P. Design and analysis of stationkeeping systems for floating structures[J]. American Petroleum Institute, 2005: 147-148.

7.3　深水钻井过程中钻具和钻材用量研究

7.3.1　引言

近年来,世界海洋石油正从近海、浅海向深海发展,深海开发中的油气勘探和生产活动大大增加。对于深水钻井作业,作业区域偏远,海况、天气等条件恶劣,为保障钻井作业正常进行,有必要计算钻井作业过程中的钻具和钻材用量。钻具和钻材用量研究可为以下几个方面提供参考依据:① 深水钻井平台甲板可变载荷设计;② 合适的深水钻井作业平台选择;③ 后勤供应。

钻具和钻材主要包括隔水管(带 BOP 组、LMRP 和伸缩管)、套管、钻杆、水泥、土粉、重晶石、袋装品、钻井液、钻井水、盐水、基液等。下面以国外一口深水井 Mississippi Canyon 727♯1 井为例对各因素进行分析与计算[1-3]。

7.3.2 基本数据

表 7.3.1 计算目标基本数据

作业水深/m	井眼泥线下深度/m
3 000	7 551

表 7.3.2 隔水管基本数据

外径/mm	内径/mm	内容积//m³/m)	3 000 m 内容积/m³
533.4	501.65	0.197 5	592.5

表 7.3.3 钻杆基本数据

钻杆类型	外径/mm	排代量/(m³/m)	公称重量/N/m
6 - 5/8″	168.3	0.004 0	367.8
5 - 1/2″	139.7	0.003 9	360.5

表 7.3.4 钻井作业参数估算

钻速/(ft/h)	150	钻速/(m/h)	45.72
泵排量/gpm	1 400	泵排量/(L/min)	5 299.56

7.3.3 钻井液用量计算

1) 无隔水管段钻井液用量

无隔水管段开钻一般用海水喷射钻进,然后应用 DKD 方法,使用加重钻井液混合海水钻进。计算用量需知道井段深度、机械钻速(ROP)、泵排量、井眼尺寸和钻井液密度等,由公式(1)可以算出密度 1.92 g/cm³ 的加重钻井液的用量[4-6]。

$$V_{本段} = P_{泵} \times (H_{井}/ROP) \tag{1}$$

式中:$V_{本段}$ 为本段钻井液总量,m³;$P_{泵}$ 为泵排量,m³/h;$H_{井}$ 为本段井深,m;ROP 为机械钻速,m/h。

$$V_2/V_1 = (\rho_1 - \rho_f)/(\rho_f - \rho_2) \tag{2}$$

式中:ρ_f 为所用钻井液密度,ppg[①];ρ_1 为加重钻井液密度,ppg;ρ_2 为海水密度,ppg;V_1

---

① ppg=pounds per gallon

为加重钻井液体积,m^3;V_2为海水体积,m^3。

根据公式 1,2 和表 7.3.4 估算的钻井作业参数,可计算无隔水管段的钻井液用量(见表 7.3.5)。

表 7.3.5　DKD 钻井液用量计算

井眼尺寸 /in	本段深度/m	本段钻井液用量/m³	V_2/V_1	DKD 钻井液用量/m³	DKD 钻井液总体积/m³	DKD 钻井液总重量/t
32	213.7	1 484.9	1.242	663.31	2 598.1	4 988.35
26	468.4	3 256.0	0.682	1 935.79		

Mississippi Canyon 727 ♯1 井无隔水管段实际的 DKD 加重钻井液用量是 2 550.4 m^3,与表 7.3.5 中的计算结果非常接近。

2)隔水管段钻井液用量

隔水管段所需钻井液体积主要由套管的内容积、井眼的内容积、隔水管的内容积、地面管汇的钻井液用量(根据 IADC deepwater well control,使用 200 bbl[①])、附加备用的钻井液量、钻杆的外排代体积等组成。计算需要井眼尺寸、套管尺寸、钻杆尺寸、隔水管尺寸、井深、套管下深等数据。表 7.3.6 即隔水管段钻不同尺寸井眼时钻井液用量的计算总表。

表 7.3.6　隔水管段钻井液用量计算总表

井眼尺寸 /in	套管尺寸 /in	套管长度 /m	井眼长度 /m	总体积 /m³	密度 /(g/cm³)	总重量 /t
20.75	18	1 332.6	563.3	897.6	1.272	1 141.7
18	16	2 605.7	1 273.1	1 005.8	1.596	1 605.3
17	14	3 949.6	1 343.9	1 090.8	1.632	1 780.2
14.75	11.875	1 677.6	1 288.4	1 072.1	1.68	1 801.2
11.4	9.625	1 098.8	940.6	1 055.6	1.68	1 773.4
8.5	裸眼	7 551.1	1 372.8	1 069.6	1.752	1 874.0

隔水管段仅 3 000 m 隔水管内容积就达 592.5 m^3;20-3/4″井眼段使用的是水基钻井液,是使用钻井液最少的一段;18″井眼以后使用合成基钻井液,每段最终的钻井液用量都是 1 000 多 m^3,相差不是很大,体积最大的是 17″井眼段,重量最大的是 8-1/2″井眼段。

3)钻井液总用量

由表 7.3.5 和表 7.3.6 可知,钻井液的总用量如下(见表 7.3.7)。

---

① bbl(桶),1 石油桶[bbl (petroleum)]$=1.59×10^2$ dm^3。

表 7.3.7　钻井液总量计算

钻井液类型	体积/m³	重量/t	总体积/m³	总重量/t
DKD	2 598.1	4 988.35		
SS - WBM	897.6	1 141.7	4 586.5	8 004.1
SBM	1 090.8	1 874.0		

可以看出,深水钻井过程中钻井液用量巨大,特别是无隔水管段。

7.3.4　隔水管重量计算

计算需要知道水深,再加上 BOP 组、LMRP 和伸缩管的重量即可。

下面是 CAMERON 公司 3 000 m 水深隔水管的重量表。

表 7.3.8　隔水管重量表

3 000 m 隔水管重量/t	2 772
BOP 组重量/t	199
LMRP 重量/t	164
伸缩管重量/t	27
总重/t	3 162

7.3.5　套管重量计算

计算需要套管的尺寸、下深和公称重量等。

参考 Mississippi Canyon 727 ♯ 1 井,它使用了 8 种尺寸的套管,重量如表 7.3.9 所示。

表 7.3.9　套管重量表

BML 深度/m	套管总长/m	套管重量/t
7 551	11 817	1 882.8

7.3.6　钻杆重量计算

计算需要知道钻杆的种类、长度和公称重量等。

参考 Mississippi Canyon 727 ♯ 1 井,使用 6 - 5/8″和 5 - 1/2″两种钻杆,对 3 000 m 水深,10 000 m 井深的钻杆重量进行计算,结果如表 7.3.10 所示。

表 7.3.10　钻杆重量计算

钻杆类型	钻杆长度/m	公称重量/(N/m)	钻杆重量/t	钻杆总重/t
6 - 5/8″	5 650	367.8	**212.0**	**579.9**
5 - 1/2″	10 000	360.5	**367.9**	

7.3.7　水泥重量计算

计算需要知道井眼尺寸、套管尺寸、套管鞋深度、水泥浆返高、阻流环深度、水泥浆密度和造浆率等,公式如下:

$$S_k = [V_o(1+E) + V_c + V_i]/Y_s \qquad (3)$$

式中: S_k 为水泥袋数; V_o 为环空裸眼部分容积,L; E 为附加数; V_c 为套管与套管之间环形容积,L; V_i 为管内水泥塞容积,L; Y_s 为水泥造浆率,L/sx。

参考 Mississippi Canyon 727 ♯1 井,水泥用量为 12 936 袋,据 API(美国)标准,每袋水泥的重量是 94 lb(42.67 kg),则水泥总重见表 7.3.11。

表 7.3.11　水泥用量计算

水泥袋数/sx	每袋重量/kg	水泥总重/t
12 936	42.67	551.56

7.3.8　钻井水用量计算

钻井水用于配制钻井液和水泥浆。合成基或油基钻井液用水,计算需知道油水比等。水泥浆用水计算需要知道水灰比等。

1) 水泥浆用水量

假设选用海上常用的 G 级水泥,则清水重量百分比为 44%,如果用淡水配浆,水泥浆用水量计算如表 7.3.12 所示。

表 7.3.12　水泥浆用水量计算

水泥重量/t	清水重量百分比	水用量/t
551.56	44%	**242.69**

2) 钻井液用水量

根据 Mississippi Canyon 727 ♯1 井钻井液用量,假设合成基钻井液油水比为 75 : 25,则用水量为 272.7 m^3。

7.3.9　重晶石重量计算

重晶石用于加重钻井液或水泥浆,用量应根据实际需要确定。

根据 IADC deepwater well control 推荐，重晶石的储备应能使在用钻井液密度提高 0.12 g/cm³ 以上，计算公式如下[3]：

$$W = V_{\text{浆}}\rho_3(\rho_2 - \rho_1)/(\rho_3 - \rho_2) \tag{4}$$

式中：W 为加入的加重材料重量，t；$V_{\text{浆}}$ 为原浆体积，m³；ρ_1 为原浆密度，g/cm³；ρ_2 为欲配的钻井液密度，g/cm³；ρ_3 为加重材料的密度，g/cm³。

根据 Mississippi Canyon 727 ♯1 井合成基钻井液用量，计算重晶石的储备量（见表 7.3.13）。

表 7.3.13　重晶石储备量

原浆体积 /m³	原浆密度 /(g/cm³)	加重后钻井液密度 /(g/cm³)	重晶石密度 /(g/cm³)	重晶石重量/t
1 069.6	1.752	1.872	4.2	**231.56**

7.3.10　土粉重量计算

土粉用来配制钻井液，计算需要知道它在钻井液中的含量。

假设合成基钻井液中有机土含量为 30 kg/m³，则土粉重量为 32.7 t。

7.3.11　盐水用量计算

盐水用于钻完井液配制。深水油基或合成基钻井液多使用浓度大于 25%（重量百分比）的 $CaCl_2$ 盐水，计算需知道油水比。

假设盐水重量百分比为 30%，盐水重量为 389.6 t。

7.3.12　基液用量计算

基液用于配制油基或合成基钻井液。计算需要油水比。

假设油水比为 75∶25，则基液体积为 818.1 m³。合成基基液密度取 0.8 g/cm³，则基液重量为 654.48 t。

7.3.13　3 000 m 水深、10 000 m 井深钻具和钻材总用量

经过对各钻具和钻材的分析与计算，得出 3 000 m 水深、10 000 m 井深一口深水井总的钻具和钻材用量（见表 7.3.14）。

表 7.3.14　一口深水井钻具和钻材总用量

类别	钻井液	钻杆	套管	隔水管	水泥	水泥浆用水	合　计
重量/t	8 004.1	579.9	1 882.8	3 162	551.56	0～242.69	**14 180～14 423**

7.3.14　结论

（1）钻井液用量是影响可变载荷的最重要因素，以国外一口深水井为例，经计算

其总重量 8 000 t 左右。其中无隔水管段 DKD 加重钻井液用量巨大,重达 4 988 t;隔水管段 3 000 m 隔水管内容积为 592.5 m³,18″井眼以后每段最终的钻井液用量都是 1 000 多 m³。

(2) 经过对各钻具和钻材的分析与计算,得出 3 000 m 水深、10 000 m 井深一口井所用钻具和钻材总重达 14 000 多吨。

参考文献

[1] Scott McLeod Chevron USA, Frank J. Hartley Drilling/Production Editor. PART I: Poseidon 29, 000-ft well in 4, 800-ft depths harbinger of future for US Gulf. Offshore[C]. April 2001.

[2] Scott McLeod Chevron USA, Frank J. Hartley Drilling/Production Editor. PART II: Positive and negative events in drilling of Poseidon 29, 750-ft well[C]. Offshore, May 2001.

[3] IADC Deepwater Well Control Guideline. International Association of Drilling Contractors, 2002.

[4] Dieffenbaugher J, SPE, Dupre R, SPE, Chevron Corp. , Authement G, SPE, Mullen G, SPE, Y. Gonzalez, SPE, and P. B. Tanche-Larsen, Baker Hughes Drilling Fluids. Drilling fluids planning and execution for a world record water depth well [C]. SPE/IADC 92587, 2005.

[5] Roller P R, SPE, Ocean Energy, Inc. Riserless Drilling Performance in a Shallow Hazard Environment[C]. SPE/IADC 79878, 2003.

[6] Michael Johnson, Michael Rowden, Baker Hughes INTEQ Drilling Fluids. Riserless Drilling Technique Saves Time and Money by Reducing Logistics and Maximizing Borehole Stability [C]. SPE 71752, 2001.

7.4   深水钻井平台钻机大钩载荷计算方法

7.4.1   引言

一般而言,水深大于 500 m 的钻井作业则属于深水钻井[1],深水钻井一般采用浮式钻井平台,在波、流等海洋环境的作用下,浮式钻井平台会产生 6 个不同自由度运动。深水钻机大钩载荷确定与浅水有着很大不同,一方面,在深水钻井过程中,如起下隔水管/防喷器、悬挂隔水管、下采油树、下套管、起下钻柱等,由于钻井平台升沉运动,导致隔水管、套管、钻杆等产生很大的动载效应,在某些情况下,动载荷甚至会超过静载荷,深水钻机的大钩载荷必须考虑这种动载效应,如何合理地计算钻井平台运动的动载效应,是确定合理的大钩载荷的关键。另一方面,随着水深的增加,隔水管与 BOP 越来越重,在确定大钩载荷时,也需要考虑下隔水管、BOP 工况。如何合理地确定深水钻机所需的大钩载荷,是深水钻机选择与设计中所需要考虑的特殊问题,国外未见到公开文献报道,而国内这方面则是空白。

7.4.2 深水钻机大钩载荷的计算

为了满足深水钻井作业需求,确定深水钻机大钩载荷时需要考虑以下作业工况:
① 下隔水管/BOP;② 下套管;③ 起下钻杆,在这些作业中,需要考虑三类载荷,即静载荷、钻井平台升沉运动引起的动态载荷以及刹车载荷。

深水钻机大钩承受载荷的能力应满足以下条件:

$$1.2 \times F_{\text{pipe}} \leqslant Q_{\max} \tag{1}$$

式中:$Q_{\max}$ 为钻机最大钩载;F_{pipe} 为最大管柱重力载荷,包括管柱的静载荷与动态载荷,考虑三种作业工况,最大管柱重力载荷 F_{pipe} 取最大钻柱重力 F_{dpipe}、最大下套管柱重力 F_{cpipe} 与最大下隔水管及防喷器载荷 F_{rpipe} 三者中最大值,即 $F_{\text{pipe}} = \max(F_{\text{dpipe}}, F_{\text{cpipe}}, F_{\text{rpipe}})$。

1) 下隔水管/BOP 载荷计算

下隔水管及防喷器载荷 F_{rpipe} 可按照下式计算:

$$F_{\text{rpipe}} = W_{\text{rpipe}}^{\text{dead}} + W_{\text{rpipe}}^{\text{brake}} + W_{\text{rpipe}}^{\text{heave}} \tag{2}$$

式中:$W_{\text{rpipe}}^{\text{dead}}$ 为下隔水管与防喷器载时的静态荷;$W_{\text{rpipe}}^{\text{heave}}$ 为钻井平台升沉运动引起的动态载荷,在深水钻井中由于钻井平台升沉运动引起动载荷更为明显,需要重点进行考虑,本节将在后面详细说明计算方法;$W_{\text{rpipe}}^{\text{brake}}$ 表示刹车引起的动态载荷,与绞车的刹车曲线有关。

深水钻井中的隔水管一般都带有浮力块提供浮力,但是其自身也有一定的重量,应该加以考虑。隔水管需要配置浮力块的多少一般用浮力系数来衡量。浮力系数的计算公式为

$$\delta_{\text{F}} = \frac{-\Delta^{\text{BM}}}{(W^{\text{MP}} + W^{\text{AL}} + W^{\text{misc}})} \tag{3}$$

式中:δ_{F} 为浮力系数;Δ^{BM} 为浮力块的表观重量(水中重量,为负数);W^{MP} 为主管表观重量;W^{AL} 为辅助管表观重量;W^{misc} 为其他部件表观重量。

因此在下隔水管的过程中,隔水管与浮力块在水中的重量为

$$W^{\text{riserBM}} = W^{\text{MP}} + W^{\text{AL}} + W^{\text{misc}} + \Delta^{\text{BM}} = W^{\text{riser}}(1 - \delta_{\text{F}}) \tag{4}$$

式中:$W^{\text{riser}} = W^{\text{MP}} + W^{\text{AL}} + W^{\text{misc}}$

因此,下隔水管、BOP 时的大钩的静载荷为

$$W_{\text{rpipe}}^{\text{dead}} = W^{\text{riserBM}} + W^{\text{BOP}} \tag{5}$$

式中:W^{riserBM} 和 W^{BOP} 分别为带浮力块隔水管与 BOP 在水中的重量。

下隔水管、BOP 时的刹车载荷为

$$W_{\text{rpipe}}^{\text{brake}} = (m^{\text{riserBM}}L + m^{\text{BOP}})V/T_{\text{s}} \tag{6}$$

式中：m^{riserBM} 为隔水管（含浮力块）单位长度质量；m^{BOP} 为 BOP 的质量；V 为下放的速度；T_s 为刹车的时间。

2）下套管载荷计算

对于浅水平台钻机，最大管柱重力载荷的计算公式如下[2]：

$$F_{\text{Casing}} = \left[(L_1\,G_{\text{air}} + L_2\,G_{\text{air}}\,f)(1 - \gamma_{\text{mud}}/\gamma_{\text{steel}} \times 2/3) + 400\right] \times 1\,000 \tag{7}$$

式中：F_{casing} 为最大管柱重力，单位为牛（N）；L_1 为定向井中管柱垂直投影长度，单位为米（m）；L_2 为定向井中管柱水平投影长度，单位为米（m）；G_{air} 为管柱在空气中的单位长度的重量，单位为千牛每米（kN/m）；f 为摩擦系数，套管内取 0.25，裸眼取 0.3；γ_{mud} 为泥浆密度，单位为克每立方厘米（g/cm^3）；γ_{steel} 为钢铁密度，单位为克每立方厘米（g/cm^3），取 7.8 g/cm^3。

在平台钻机的基础上，考虑下套管过程的动态载荷，主要是平台升沉运动引起的动态载荷以及刹车载荷，则可以得到深水钻井平台下套管的最大管柱载荷为

$$F_{\text{cpipe}} = W^{\text{dead}}_{\text{cpipe}} + W^{\text{brake}}_{\text{cpipe}} + W^{\text{heave}}_{\text{cpipe}} \tag{8}$$

$W^{\text{dead}}_{\text{cpipe}}$ 为下套管的静态载荷，按照以下公式计算：

$$W^{\text{dead}}_{\text{cpipe}} = F_{\text{casing}} + F_{\text{drillpipe}} \tag{9}$$

式中：F_{casing} 为下套管过程中管柱重力载荷（考虑泥浆或海水的浮力）；$F_{\text{drillpipe}}$ 为下套管过程中钻杆重量（考虑泥浆或海水的浮力，在隔水管安装前为海水中浮重，隔水管安装后为钻井液中浮重）。

下套管时的刹车载荷为

$$W^{\text{brake}}_{\text{cpipe}} = m_{\text{cpipe}}V/T_{\text{s}} \tag{10}$$

钻井平台升沉运动引起的动态载荷计算方法将在后面给出。m_{cpipe} 为下套管管串的质量。

3）起下钻杆的载荷计算

综合考虑起下钻过程中的静态载荷、钻井平台引起的动态载荷以及刹车载荷，则大钩所需要承受的载荷为

$$F_{\text{dpipe}} = W^{\text{dead}}_{\text{dpipe}} + W^{\text{brake}}_{\text{dpipe}} + W^{\text{heave}}_{\text{dpipe}} \tag{11}$$

起下钻杆的载荷计算与下套管的载荷计算方法相同。在深水钻井中，如何选择合适的钻杆是需要重点考虑的问题。

7.4.3　钻井平台升沉运动引起的动态载荷分析

深水钻井中的起下隔水管/防喷器、悬挂隔水管、下采油树、下套管等作业，从本质而言，可以归结为同一类问题，都是在钻井平台的作用下，一管串（套管、钻杆、隔水管）下方悬挂集中质量的重物 M（防喷器、采油树、井口头或者是管内的泥浆等），统称为作业管串，可以用统一的模型进行描述。如图 7.4.1 所示，考虑两种不同的管柱组

合,设两种匀质等截面细长直杆,其长度分别为 L_1, L_2,单位长度质量为 m_1, m_2,波浪载荷考虑为规则波(随机波可以看做是规则波的叠加进行处理),钻井平台的升沉运动可表示为 $X_0 \sin \omega_{sea} t$, X_0 为钻井平台的运动幅值,ω_{sea} 为升沉运动周期。该系统为一弹性杆体系,它们具有连续分布的质量与弹性,由于确定弹性体上有无数质点的位置需要无限多个坐标,因此弹性体是具有无限多自由度的系统,这就意味着它具有无限多个固有频率,它的振动方程要用时间和空间坐标函数来描述。

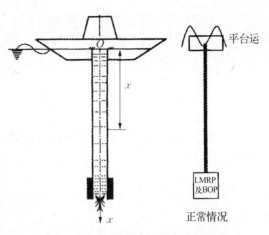

图 7.4.1　深水钻井作业分析模型

一般地,管柱的轴向振动满足波动方程[3]:

$$m \frac{\partial^2 u}{\partial t^2} = ES \frac{\partial^2 u}{\partial x^2} \quad \text{或者} \quad \frac{\partial^2 u}{\partial t^2} = c^2 \frac{\partial^2 u}{\partial x^2} \tag{12}$$

式中: c 为波速, $ES = mc^2$; E 为弹性模量; S 为管柱的横截面积。

采用分离变量法,该方程的通解可以写为

$$u(x, t) = U(x)T(t) \tag{13}$$

式中: $U(x)$ 为振型函数,可表示为 $U(x) = A\cos \frac{\omega x}{c} + B\sin \frac{\omega x}{c}$; $T(t)$ 为表示运动规律的时间函数:

$$T(t) = C\cos \omega t + D\sin \omega t$$

对于管柱 1 有

$$U_1(x) = A_1 \cos \frac{\omega x}{c} + B_1 \sin \frac{\omega x}{c} \tag{14}$$

对管柱 2 有

$$U_2(x) = A_2 \cos \frac{\omega x}{c} + B_2 \sin \frac{\omega x}{c} \tag{15}$$

式中: A_1, B_1, A_2, B_2 为待定系数,通过边界条件确定;ω 为系统固有频率。

由图 7.4.1,边界条件确定为

$$\begin{aligned} U_1 \big|_{x=0} &= 0 \\ U_1 \big|_{x=L_1} &= U_2 \big|_{x=L_1} \\ ES_1 \frac{dU_1}{dx} \Big|_{x=L_1} &= ES_2 \frac{dU_2}{dx} \Big|_{x=L_1} \\ ES_2 \frac{dU_2}{dx} \Big|_{x=L_1+L_2} &= \omega^2 MU \big|_{x=L_1+L_2} \end{aligned} \tag{16}$$

由此可得作业管串的固有频率方程为

$$f(\omega) = S_2 \sin\left(\frac{\omega L_1}{c}\right) \sin\left\{\frac{\omega L_2}{c} + \arctan\left(\frac{cM\omega}{-ES_2}\right)\right\} -$$

$$S_1 \sin\left\{\frac{\omega L_2}{c} + \arctan\left(\frac{ES_2}{cM\omega}\right)\right\} \cos\left(\frac{\omega L_1}{c}\right) = 0 \tag{17}$$

该式为超越方程,可以用数值的方法进行求解得到 ω,进而求得作业管串的固有周期

$$\tau = \frac{2\pi}{\omega} \tag{18}$$

当作业管串的自振频率与钻井平台的频率接近时,则会产生比较大的动力放大效应,甚至会出现共振。引入动力放大系数来计入作业管串在钻井平台作用下的动力放大效应。

对于不考虑阻尼的情况,动力放大系数为

$$af = 1/(1 - \delta^2) \tag{19}$$

式中: τ 为作业管串的自振周期; τ_{sea} 为钻井平台的运动周期;当 $\tau < \tau_{\text{sea}}$ 时 $\delta = \tau/\tau_{\text{sea}}$,当 $\tau > \tau_{\text{sea}}$ 时 $\delta = \tau_{\text{sea}}/\tau$。

对于考虑阻尼的情况,将图 7.4.1 所示的作业管串等效果为一带阻尼的弹簧振子模型,其等效刚度 k_{equ} 为

$$\frac{1}{k_{\text{equ}}} = \frac{1}{k_1} + \frac{1}{k_2} \tag{20}$$

式中: k_1, k_2 分别表示为管柱 1 与管柱 2 的弹性系数。

因而等效质量为

$$m_{\text{equ}} = \left(\frac{\tau}{2\pi}\right)^2 k_{\text{equ}} \tag{21}$$

则动力放大系数为

$$af = \frac{1}{\sqrt{(1-\delta^2)^2 + [2(n/n_c)\delta]^2}} \tag{22}$$

式中: $n = \lambda/(2m_{\text{equ}})$, λ 为阻尼系数; $n_c = \sqrt{\dfrac{k_{\text{equ}}}{m_{\text{equ}}}}$。

作业管串在钻井平台作用下的动态载荷主要来源于两方面,一是钻井平台的升沉运动在轴向有一个加速度,另外由于作业管串与平台的自振周期的相近引起的动力放大效应,在计算动态载荷时,这两方面均需要考虑。平台运动方程为

$$-X = X_0 \sin\omega_{\text{sea}} t \tag{23}$$

式中：X_0 为平台运动的幅值。则

$$\ddot{X} = -X_0 \omega^2 \sin \omega_{\text{sea}} t \tag{24}$$

由牛顿第二定理,不考虑动力放大系数的动态载荷为

$$F = m_{\text{equ}} a = m_{\text{equ}} X_0 \left(\frac{2\pi}{\tau_{\text{sea}}} \right)^2 \tag{25}$$

考虑动力放大系数,则动态载荷为

$$W^{\text{heave}} = af \cdot F = af \cdot m_{\text{equ}} X_0 \left(\frac{2\pi}{\tau_{\text{sea}}} \right)^2 \tag{26}$$

7.4.4　深水钻井平台大钩载荷计算示例

1) 例 1

已知一深水油田,水深 3 000 m,最大钻探深度 7 000 m 水平井,井底垂深 2 862 m,水平位移 5 058 m,主要套管参数如下：

20″套管深为 800 m,垂深 800 m,1 887 N/m 的套管；

13 - 3/8″套管深为 4 000 m,垂深 1 200 m,水平位移 3 200 m,1 050.76 N/m 的套管；

9 - 5/8″套管深为 6 300 m,垂深 2 846 m,水平位移 4 572 m,780.77 N/m 的套管；

5 - 7/8″钻杆外径 0.149 225 m,内径为 0.128 143 m,单位长度质量为 39.134 4 kg/m(也用来下套管),泥浆密度 10~15 ppg。

钻井隔水管的单位长度质量为 815.4 kg/m,BOP 的质量为 260 475 kg,外径为 21 in,壁厚为 0.75 in,其刚度为 209 557.09 N/m,若考虑阻尼,隔水管的单位长度阻尼取为 0.095 kN/m·s,BOP 的阻尼取为 30 kN/s[4]。

深水钻井作业的工况为：有义波高 H_s=6.0 m,谱峰周期 T_p=11.2 s,对应平台的升沉运动幅值(双边幅值)为 3.44 m,周期为 15 s。

(1) 下隔水管/BOP 的大钩载荷分析。

① 首先计算下隔水管、BOP 过程中钻井平台引起的动态载荷由公式(5)可以计算出其自振周期为 τ=4.9 s。考虑阻尼与不考虑阻尼动力放大系数分别为 1.115 509,1.118 385,钻井平台升沉运动引起的动态载荷分别为 $W_{\text{rpipe}}^{\text{heave}}$ = 417.182 7 kN,418.258 3 kN。可以看出,由于钻井平台的运动周期与隔水管(含 BOP)的固有周期相差比较远,所以动态放大系数不大,阻尼的影响也不大,在实际的计算中,可不考虑阻尼。

② 计算下隔水管、BOP 时的静载荷,由公式(4)下隔水管、BOP 时的静载荷与具体应用中浮力块配置有关,即与浮力系数有关,建议取为 90%。隔水管的水中重量为 20 899.329 kN, BOP 在水中的重量为 2 225.39 kN,则 $W_{\text{rpipe}}^{\text{dead}}$=4 315.32 kN。

③ 计算刹车载荷：

隔水管/BOP 的下放速度＝0.5 m/s,刹车时间 10 s,则下放时的刹车载荷

135.333 8 kN。

④ 下隔水管/BOP 的总载荷为

$$F_{\text{rpipe}} = W_{\text{rpipe}}^{\text{dead}} + W_{\text{rpipe}}^{\text{brake}} + W_{\text{rpipe}}^{\text{heave}} = 4\ 868.917\ \text{kN} = 496.83\ \text{t}$$

$$Q_{\text{max}} \geqslant 1.2 F_{\text{pipe}} = 1.2 \times 4\ 868.917 = 5\ 842.700\ 4\ \text{kN} = 596.19\ \text{t}$$

(2) 下套管过程的大钩载荷分析。

考虑 3 000 m 水深,用 5 - 7/8″钻杆下套管,采用前面提供的公式,分别计算下套管过程中钻井平台升沉运动引起的动态载荷、下套管过程静载荷、刹车载荷(下放速度＝0.5 m/s,刹车时间 10 s)等。

将计算结果整理如表 7.4.1 所示。

表 7.4.1　下套管与起下钻过程中钻机所需承受的大钩载荷　　　　单位：kN

载荷类型	下 20″套管	下 13″套管	下 9″套管	起下钻
下套管过程静载荷	3 060.151	3 469.404	4 349.801	2 939.856
钻井平台升沉运动引起的动态载荷	133.422 4	475.496 3	660.795	32.920
刹车载荷	13.572 2	29.458 65	35.420	27.240
合　　计	3 207.146	3 974.359	5 046.016	3 000.013

(3) 大钩载荷计算。

$$F_{\text{pipe}} = \max(F_{\text{dpipe}}, F_{\text{cpipe}}, F_{\text{rpipe}}) = 5\ 046.016\ \text{kN} = 514.90\ \text{t}$$

所以大钩载荷为 $Q_{\text{max}} \geqslant 1.2 \times F_{\text{pipe}} = 1.2 \times 5\ 046.016 = 6\ 055.22\ \text{kN} = 617.88\ \text{t}$

2) 例 2

井身结构考虑为直井,主要套管参数如下:

20″套管深度为 800 m,1 887 N/m 的套管;

13 - 3/8″套管深度为 4 000 m,1 050.76 N/m 的套管;

9 - 5/8″套管深度为 6 300 m,780.77 N/m 的套管。

按照例 1 相同的方法计算得到的结果如表 7.4.2 所示。

表 7.4.2　下套管与起下钻过程中直井钻机所需承受的大钩载荷　　　　单位：kN

	下 20″套管	下 13″套管	下 9″套管	起下钻
下套管过程静载荷	3 060.15	5 581.70	6 570.94	5 191.01
钻井平台升沉运动引起的动态载荷	133.42	475.50	660.79	32.92
刹车载荷	13.57	29.46	35.42	27.24
合　　计	3 207.14	6 086.66	7 267.15	5 251.17

此时,大钩载荷为 $Q_{max}=890$ t。

结合例 1 与例 2 的计算结果,根据钻机的基本参数表,选取该平台的最大钩载为907.2 t。

3) 几点讨论

(1) 本节的算例是针对某一深水平台钻井作业设计工况进行计算的,其作业的工况为:有义波高 $H_s=6.0$ m,谱峰周期 $T_p=11.2$ s,对应平台的升沉运动幅值(双边幅值)为 3.44 m,周期为 15 s。如果考虑不同的作业海况,则动态载荷会有很大的不同,图 7.4.2 分别给出了下 9 - 5/9″ 套管时不同钻井平台的周期与升沉运动幅值时的动态载荷。

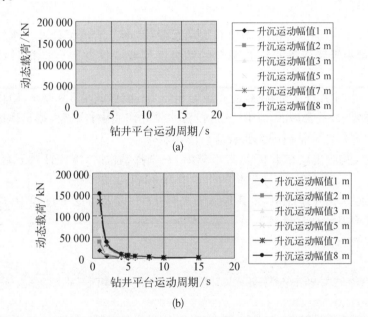

图 7.4.2　不同的钻井平台的运动周期与运动幅值的影响

(a) 不考虑阻尼时的动态载荷与钻井平台运动周期的关系
(b) 考虑阻尼时的动态载荷与钻井平台运动周期的关系

从图中可以看出,钻井平台的运动周期越长,动态载荷越大,运动的幅值越大,动态载荷也越大。有两方面的问题需要注意,一是如果钻井平台的作业海域与设计的作业工况不同,尤其是如果波浪的周期短、波高大的话则需要重新估算大钩载荷,以确定钻机的作业能力,另外 HY981 平台属于深水平台,运动的周期长,幅值小,其运动性能很好,在同样的环境条件下,如果选用其他的钻井平台进行钻井,则需要对其环境的适应性进行评估,以保证钻井作业的安全。

(2) 对于算例中的平台而言,在设计的作业工况下,其平台的运动周期达到 15 s,下隔水管时钻业管串的自振周期为 5 s 左右,两者相差比较大,因此,下隔水管过程的动态载荷不是很大,但是下套管时尤其是下 9 - 5/9″ 套管时的自振周期与平台的运动周期很接近,都在 15 s 左右,因此下套管过程中需要特别小心地控制动态载荷,避免系统出现共振,另外阻尼系数的选取也是需要特别考虑的问题。

(3)泥浆密度的影响。

在下套管过程中,泥浆密度对大钩载荷有重要影响,一方面影响钻井平台升沉运动引起的动态载荷;另一方面,影响套管在泥浆中的浮力,在选择新建钻井平台钻机时,为了保守起见,应该考虑可能用到的泥浆密度的范围,在计算钻井平台升沉运动引起的动载荷时,取泥浆密度的最大值;在计算浮力时,取泥浆密度的最小值,在针对具体的井位对钻机的能力校核时,可以考虑具体井用到的泥浆密度进行计算。

7.4.5　小结

(1)考虑钻井平台升沉运动引起的动态载荷,本节给出了计算深水钻机大钩载荷的方法,可用于新建深水钻井平台的钻机选型或者钻井平台选择时钻机能力的评估。

(2)算例中的钻机大钩在载荷确定为 907.2 t,能够满足 3 000 m 水深、10 000 m 井深的钻井要求,是合理的。用于实际的深水钻井作业中,应该根据具体的海况条件与作业条件重新评估钻机的大钩载荷与作业能力。

(3)最大钩载出现在下 9-5/8″套管时,在选择钻机时,应该针对下套管(一般为 13-3/8 与 9-5/8 套管)对于钻机的作业能力进行详细的评估。

(4)在深水钻井作业中,尤其是下隔水管/BOP 以及下套管过程中,应该注意避免出现过大的操作动载荷。

参考文献

[1] 王瑞和,王成文,步玉环,等. 深水固井技术研究进展[J]. 中国石油大学学报(自然科学版),2008,32(1):77-81.

[2] 中国海洋石油总公司企业标准:海上石油平台钻机,第 1 部分:选型方法[S]. 2007.

[3] 仇伟德. 机械振动[M]. 东营:石油大学出版社,2001.

[4] Sparks C,Cabillic J,Schawann J. Longitudinal Resonant Behavior of Very Deep Water Risers[C]. Offshore Technology Conference. 1982.

7.5　浮式钻井装置钻柱运动补偿系统研究

7.5.1　引言

浮式钻井装置主要包括半潜式钻井平台、圆筒形钻井平台、钻井船、钻井驳及其他类型钻井浮体等,对于浮在海面上的钻井作业需要解决的一个共同的问题就是:浮体本身的运动升沉而产生的与海底的相对运动,而钻柱作业需要相对海底静止的问题。本节对此问题的解决方案进行了初步的探讨分析。

浮式钻井装置钻井作业时,在波浪作用下会产生周期性的上下升沉运动,使钻柱随之做上下运动,并造成井底钻压变化,甚至钻头脱离井底,无法钻进。钻柱运动补偿系统主要是解决钻柱的升沉补偿问题,钻柱运动补偿系统能够在浮式钻井装置升沉运动时保持井底钻压,并按岩石性质随时调节钻压。

7.5.2　规范要求

对于钻柱运动补偿系统,船级社有关的规范要求比较较少,目前可以参照的船级社规范是中国船级社的《钻井装置发证指南》、美国船级社(ABS)的 *GUIDE FOR CERTIFICATION OF DRILLING SYSTEM* 及挪威船级社(DNV)的 *DRILLING PLANT*;对于补偿系统内部细节的设计主要还是依据相关的机械行业规范及规则开展执行。

1) 基本要求

浮式钻井装置的钻柱运动的补偿系统主要功用是消除平台上钻柱的升沉运动,以便稳定钻井压力、平稳下放防喷器组和平缓下放套管。钻柱运动补偿系统设计时的液压缸的设计既要考虑到内压载荷,又要考虑到作为结构件所招致的载荷。系统应在补偿器上设双向限流措施以防止由于钢丝绳断裂、软管破裂等情况下压力流体的迅速流失;应考虑到在作业期间,在某些流体损失的情况下,仍能保证系统正常工作。

2) 冗余要求

对于主动补偿装置,单一部件失效不应招致整个装置失效,在正常和应急作业的情况下都应能保证整个系统的动力供应;对于主动和被动联合的补偿装置,主动部分失效不应招致整个装置失效。

7.5.3　升沉补偿解决方案

对于浮式钻井装置钻柱运动补偿的问题从方法上概括起来有两种解决方案:一是增加伸缩钻杆,二是增设升沉补偿装置。增加伸缩钻杆的办法是在钻杆柱的钻铤上方增加一根可伸缩的钻杆,伸缩钻杆由内、外管组成,沿轴线可做相对运动,行程一般为 2 m。当船体做上下升沉运动时,由于伸缩钻杆的作用,只有伸缩钻杆以上的钻杆柱随着做上下轴向运动,而伸缩钻杆以下的钻铤则不受影响,使钻压维持一定,同时还避免平台上升时提起钻铤,而平台下沉时压弯钻杆柱的情况。伸缩钻杆存在钻压不能够调节、承载条件恶劣、操作困难等许多问题,使用受到了限制,所以目前浮式钻井装置广泛采用升沉补偿装置解决钻柱运动补偿问题。目前对于浮式钻井装置来说升沉补偿装置概括起来有四种解决方案。

1) 升沉补偿装置概述

对于浮式钻井装置的解决钻柱运动的升沉补偿装置来说,主要分为被动型和主动型两大类。所谓被动型,即在钻井装置受海浪或潮汐的作用上升时,靠钻井装置的举升力将蓄能器内的气体再度压缩以储存能量,在钻井装置下沉时,蓄能器释放能量,以补偿钻柱升沉或张紧绳缆,即补偿器和张紧器的工作能量来源于钻进装置的升沉,故其几乎不消耗外部的能量。所谓主动型,即当钻井装置上浮时,用泵将工作液缸的液体抽出(或使液压马达倒转);当钻井装置下沉时,用泵使工作液缸充油(或使液压马达正转)以达到补偿升沉或张紧钢缆的目的,即其补偿器或者张紧器的工作是依靠本身动力机的能源驱动工作的,消耗的能量较大。

被动型补偿装置主要有死绳或快绳恒张力补偿、游车型补偿、天车型补偿、液缸升降补偿四种类型。死绳或快绳恒张力钻柱运动补偿装置由于自身的缺点在目前用得不是很多;游车型钻柱运动补偿装置和天车型钻柱运动补偿装置存在于多数的浮式钻井装置上,属于常用的钻柱运动补偿解决方案。

主动型补偿装置主要有主动补偿液压系统及主动补偿绞车两种类型。主动补偿液压系统是一个位置控制系统,通常与被动补偿组合成天车型钻柱运动补偿装置;主动补偿绞车是钻机领域美国 NOV 公司的独创设计。而液压升降型钻机(ram rig)可以将起升系统与钻柱运动补偿系统合二为一,是欧洲 Aker Solution 公司的独创集成设计。主动补偿绞车及液压升降型钻机两种新型的钻柱运动补偿解决方案具有较大的实用性。

升沉补偿装置的设计能力主要按补偿与锁紧工况两种进行设计。补偿工况是补偿装置起作用的工况,此时的大钩实际载荷为钻柱的载荷,与钻井深度(钻柱类型及钻柱长度)有关;锁紧工况是补偿装置不起作用的工况,此时的大钩载荷为实际的大钩载荷,跟工作水深(隔水管长度)、水下防喷器组重量及钻井深度有关。

2)死绳或快绳恒张力补偿装置

死绳就是天车和游车上所穿的钢丝绳固定在井架底座的一端;快绳是绞车滚筒的一端。此恒张力补偿系统的特点是通过调节这两段钢丝绳的直线长度来补偿在波浪作用下游车与大钩随船体升沉的位移,从而保持和调节井底钻压。该装置是将死绳或快绳通过一套恒张力滑轮系统固定在井架底座或缠绕在滚筒上。当平台上升时,拉力上升,补偿装置就放松钢丝绳,使拉力恒定;平台下沉时,则相反。这样,就使井下钻具不随升沉而上下移动,保持正常钻井作业。调节储能器内的压力,推动活塞产生位移,带动滑轮运动,依此调节钢丝绳的拉力,进而可随时调节钻压。此种装置有一套电动自控系统传递钢丝绳上的拉力变化和调节蓄能器内的压力,比较复杂,而且对钢丝绳的磨损也比较严重,故在浮式钻井装置上实际应用的不多。

3)游车型补偿装置

游车型钻柱运动补偿装置结构组成如图 7.5.1 所示,安装在游车与大钩之间,上框架与游车相连,下框架与大钩相连,上下框架通过链条绕过气液缸的活塞杆顶部的链轮连接在一起,气液缸的有杆腔一端充满有低压液压油,无杆腔充满有高压压缩空气,有杆腔的一端的液压油通过调速阀接到气液蓄能器;无杆腔的气体通过气体安全阀接到空气瓶。调节空气瓶内的压力可以气液缸内的压力差。游车下的上框架和大钩上的下框架可以通过锁块锁紧成一体,使大钩和游车一同起下。在起下钻时不使用钻柱运动补偿装置。

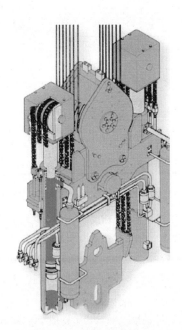 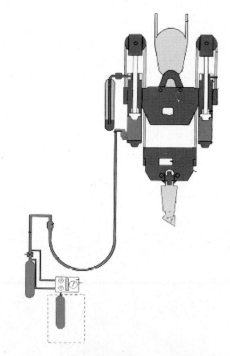

图 7.5.1　游车型钻柱运动补偿装置　　图 7.5.2　典型游车型补偿装置示意图

　　游车型钻柱运动补偿装置的工作原理如图 7.5.2 所示。当平台上升时游车框架带液压缸也随平台上升,这时液压缸内液体的压力并没有变化,对活塞的下推力也没有变化,因此,大钩不可能提着钻具跟随平台一起上升,只能停留在原来的位置,也就是说,大钩在空间的位置不受平台上升的影响。不过这时液压缸有杆腔的体积变大,气液蓄能器内的液压油进入液压缸。蓄能器内气体膨胀。当平台下降时,情况正好相反,游车框架带液压缸体随平台下降,液压缸内的液压油排出,气液蓄能器内气体受到压缩。所以为了保持钻压,只要保持气液缸内气体的压力为一恒定值即可。为了调节钻压,只要调节气液缸内气体的压力,改变气液缸内的压力差即可。为了实现自动钻进,只要调节进入气液缸内的气体压力,使气液缸内的压力差略小于整个钻柱的悬重,并使气液缸的活塞行程大于升沉位移。

　　游车型钻柱运动补偿装置是一种被动型的补偿装置,不需要特制的井架、天车、游车和大钩,只要把游车下的框架和大钩上的框架分别装上并连接起来就可以使用。游车型钻柱运动补偿装置已经系列化、标准化,业主可以根据大钩载荷情况直接选用标准的产品即可,如表 7.5.1 所示。

　　4) 天车型钻柱运动补偿装置

　　天车型钻柱运动补偿装置的特点是具有浮动天车,结构组成如图 7.5.3 所示。天车装在一个能浮动的框架内,有垂直轨道,天车可以通过滚轮在轨道内上下移动。天车上绕的钢丝绳一端通过辅助滑轮缠到绞车滚筒上,另一端通过辅助滑轮固定到井架底座死绳固定器上。两个辅助滑轮轴与天车滑轮轴有连杆连接,一同上下,所以钢丝绳与滑轮间无相对运动,可以提高钢丝绳寿命。

表 7.5.1   典型游车型钻柱运动补偿装置主要参数

型号参数	400 K 型				600 K 型	800 K 型
补偿行程 /ft（m）	15(4.57)	18(5.49)	20(6.10)	25(7.62)	25 (7.62)	25 (7.62)
补偿负荷 /lbf（kN）	400 000 (1 780)				600 000 (2 670)	800 000 (3 560)
锁紧负荷 /lbf（kN）	1 500 000 (6 675)				2 000 000 (8 900)	2 000 000 (8 900)

图 7.5.3   天车型钻柱运动补偿装置

天车型钻柱运动补偿装置的工作原理是：当平台上升时，天车相对于井架沿轨道向下运动，压缩主气缸内的气体；平台下沉时，主气缸气体膨胀推天车向上运动；起下钻时，有锁紧装置将天车锁住不随起下钻而上下运动；正常钻进时，通过气动调节阀，控制蓄能器内的压力，以保持井底钻压或调节钻压。天车的位置有行程指示器，当天车位于最低点时，可放松滚筒的钢丝绳使游车下放，继续钻进；当大钩载荷突变时，液压缸就支撑天车，使其缓慢移动，以保证安全。配有速度控制阀，当液压缸的速度超过最大允许的工作速度的15%时，此阀关闭限制液压缸伸缩的速度，以保证在钻柱突然断裂而蓄能器内充满压力油的情况下的天车型运动补偿器的安全。

天车型钻柱运动补偿装置为独立的模块化组件，可以直接安装在井架的天车台上，但此种装置主要机构都在天车台和井架上，所以，需要有强度大、结构复杂的特制井架。

天车型钻柱运动补偿系统由主动补偿装置与被动补偿装置组成。钻柱运动补偿器系统主要由补偿装置结构、液压缸、导向滑轮、空气阀箱、液压泵站、高压空气瓶、高压空压机等组成。补偿装置结构、液压缸、导向滑轮模块设计布置于井架的顶部。液压泵站是主动补偿与被动补偿两个互相独立的泵站。

被动补偿装置安装在井架上部，两组倾斜安装的液缸的柱塞顶端直接与天车相连。天车通过滚轮在井架内垂直移动，在天车的回转臂上装有四个导向滑轮，快绳和死绳分别从天车上引出，穿过导向滑轮，将大钩载荷先传递给天车。由于液缸的柱塞顶端与天车相连，天车将大钩载荷传递给液缸的内的液体介质，大钩载荷就被转化为液体压力实现被动补偿功能。被动补偿装置典型系统如图 7.5.4 所示。

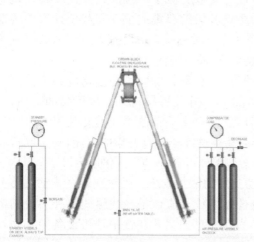

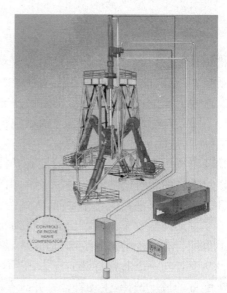

图 7.5.4　被动补偿装置典型系统示意图　　　图 7.5.5　主动补偿装置典型系统示意图

　　被动补偿装置最主要的作用是通过保持整个钻柱不随船体的升沉而上下运动,从而保持井底钻压的相对恒定;被动型补偿装置补偿器的补偿量总会有一个滞后时间,同时液缸柱塞运动的时候,不可避免地会产生一部分摩擦力和损耗,为了解决这些问题,采用主动与被动联合使用,为天车提供一个相对于海底稳定的位置,尽可能减少主动补偿天车的偏移量,使平台在任何恶劣天气条件下都能够安全进行操作。

　　主动补偿装置通过油缸施加在天车上的力来克服在被动补偿系统在执行过程中各个部分产生的摩擦力和被动补偿系统做补偿作用时产生的各种损耗。主动补偿系统是一个位置控制系统,在系统控制柜中安装有一个特殊的加速计(升沉传感器),可以测量船体相对于海底的三维速度,同时在 AHC 的油缸处安装有一个油缸位置传感器,将这两个量输入计算机,通过一系列的计算,向伺服阀发出一个动作的命令,伺服阀动作,液压泵站将液压油注入油缸中(活塞上方或活塞下方),使油缸的活塞运动,通过活塞柄将拉力或推力施加在天车上。主动补偿和被动补偿的联合作用使天车在整个平台相对于海底有上下 4 m 的移动时,天车的最大位移控制在 0.1~0.5 m 之内,在最大程度上保证了井底钻压的恒定。主动补偿装置典型系统图参见图 7.5.5。目前,天车型钻柱运动补偿装置的也已经系列化、标准化,业主可以根据大钩载荷情况直接选用或者补充新的要求订购即可,如表 7.5.2 所示。

表 7.5.2　典型天车型钻柱运动补偿装置主要参数

型号参数	600 K 型	800 K 型	1 000 K 型
补偿行程/ft(m)	25 (7.62)	25 (7.62)	25 (7.62)
补偿负荷/lbf(kN)	600 000 (2 670)	800 000 (3 560)	1 000 000 (4 450)
锁紧负荷/lbf(kN)	1 500 000 (6 675)	2 000 000 (8 900)	2 000 000 (8 900)

5）主动补偿绞车

随着世界钻井工业的发展,钻井设备设计者们突破了传统的钻柱运动补偿概念将钻柱补偿功能通过绞车的控制来实现,主动补偿绞车集成了控制和设计方面的最新技术,补偿精度更高,使用主动补偿绞车可以省去钻柱运动补偿器,此外,绞车刹车所产生的能量重新利用并反馈给钻井电控系统,提高了钻井效率。

主动补偿绞车是钻井工业领域独创的设计,它重新确立了补偿精度和工作范围的标准,增大了钻井平台的操作范围;它是浮式钻井装置钻机的一项重要的革新,主动补偿绞车除具有传统绞车的提升功能外,还具有主动补偿浮式钻井装置的升沉运动对钻柱的影响的功能。一般来说,由于主动补偿绞车具有补偿的功能,对于同样起升等级的绞车消耗的功率要高,大约为常规同级钻井绞车的 1.5 倍以上。

主动补偿绞车为新产生并且得到成功应用的钻井绞车。虽然现在浮式钻井装置上也配置有传统的钻井绞车,但是主动补偿钻井绞车应该是当代浮式钻井装置钻机设备配置的一个非常特殊的标志,它不失为新建浮式钻井装置中钻机设备中钻井绞车配置的最优选择,主动补偿钻井绞车既解决了提升系统的功能,又解决了钻柱运动补偿的功能。

7.5.4　结语

钻柱运动补偿系统是浮式钻井装置为保证钻井作业顺利进行所特有的且不可缺少的一个系统从最初的伸缩钻杆补偿方法,发展到现在正在浮式钻井装置上广泛使用的天车型或游车型钻柱运动补偿装置,经历了一个逐步发展完善的过程。

刚刚兴起的液压升降型钻机具有钻柱运动补偿装置功能,而主动补偿绞车自身可解决钻柱运动补偿问题;这些新型装备的产生象征浮式钻井装置的钻柱运动补偿系统研发工作进入一个新的时代。

参考文献

［1］　安国亭,卢佩琼.海洋石油开发工艺与设备[M].天津：天津大学出版社,2001.
［2］　廖谟圣.21 世纪初世界海洋石油钻采设备展望[J].中国海洋平台,1998,13(2)：1-4.
［3］　张阳春,石油工业,杨志康,等.国内外石油钻采设备技术水平分析[M].石油工业出版社,2001.
［4］　赵建亭.深海半潜式钻井平台钻机配置浅析[J].船舶,2006,4：37-45.
［5］　Aker Solution 及 NOV 公司.投标深水半潜式钻井平台项目钻机资料[C].

8   平台设计与建造技术

8.1   3 000 米水深半潜式钻井平台三维虚拟仿真设计

三维虚拟仿真设计技术是近年来快速发展的一项综合集成技术,它是利用计算机生成逼真的三维虚拟世界,使人作为参与者身临其境进行体验和交互,具有实际工程无法比拟的技术优势和低成本优势,其应用已逐步从航空航天、枪械制造等军工领域扩展到桥梁建设、大型机械加工制造等民用领域,但在海洋工程领域,尤其是在海洋石油平台方面的应用还很少见。然而,正是由于三维虚拟仿真设计具有交互性、构想性和可逆性,可部分取代样机而完成现场不允许的试验验证,因此非常适用于海洋石油平台设计。

3 000 m 水深半潜式钻井平台船体庞大、结构复杂、管线设备多、作业工艺要求高,给平台的设计、建造和作业流程设计带来新的挑战,在该平台设计过程中采用了三维虚拟仿真设计技术。三维虚拟仿真设计以平台工程模型为基础,通过建立结构、舾装和仿真模型库,灵活地布置和建立仿真设计模型。应用虚拟仿真设计技术,可以在三维立体虚拟现实环境中进行平台总体设计的干涉检查,以及设备和管线的布置优化;可以模拟平台在船坞和海上的装配过程,得到适用的平台装配流程和建造方案;还可以模拟平台海上钻井作业过程,验证为平台作业准备的机械设备和钻井系统运行的可行性,得到合理的作业方案。

8.1.1   数字模型的建立

3 000 m 水深半潜式钻井平台仿真设计模型源头是三维数字工程模型,模型建立采用船舶及海洋工程三维设计软件,充分考虑了优化设计方案和建造工艺,因此,设计建模是平台结构和舾装在计算机环境中进行的真实仿真制造过程。

由于海洋平台结构复杂,舾装设备外形曲面造型多样,设备数量多且体积较大,必须在有限空间进行结构、舾装设计布置。为适应海洋工程结构和舾装设备灵活快速布置,分别建立了三维设计基础结构小样(肘板、补板、孔、端部切割和型材)数据库、三维设计舾装设备(轮机及管系、电气、舾装件、舾装设备、元件)数据库以及舾装设备、复杂曲面设备、救生艇、工作船等的仿真模型库。

船体建模按照先下浮体,再立柱、横撑,然后是上船体和钻井系统支架的建造顺序,利用软件造型功能和船体小样库进行建模,其结构模型包括钢板和加强筋、面板、肘板、开孔、穿越孔、补板、支柱等。

舾装建模采用综合布置、区域化和功能单元化设计方法,在船体模型的背景上进行协同设计布置,设计模型包含部分工艺信息、作业计划、环境布置等。首先建立下浮体泵舱和动力舱设备、铁舾装件、风管电缆托架、管系等模型,然后建立立柱内和上船体的舾装,以及上船体主甲板钻井设备、隔水管和钻杆的堆场、起重设备、平台系泊设备、钻井甲板的井架及钻探设备等模型。舾装建模采用体素造型法,造型基本体素包括正方形、长方形、圆柱、圆台、圆冠、圆环、拉伸体、二维投影线、三维空间线、旋转体等,由若干个标准几何单元进行堆砌,形成三维的实体造型。

通过编制三维设计模型与虚拟仿真模型的接口,基于经验和知识进行重构和精简,直接将所建立的三维设计模型转换成虚拟仿真模型[1]。模型转换技术框架如图 8.1.1 所示。

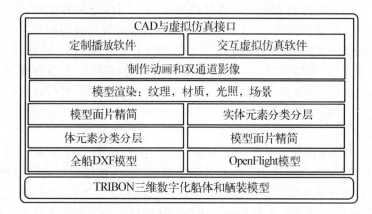

图 8.1.1   基于三维设计模型的虚拟仿真接口技术

8.1.2   总体布置方案优化

3 000 m 水深半潜式钻井平台的设计制造是一个大型复杂系统工程,其三维仿真设计是在二维图纸的基础上按照船厂建造工艺标准、区域化分段、系统布置合理性等进行。传统的平台总体布置优化是在方案设计阶段根据总体性能要求、工艺流程确立、功能区块划分、系统布置规划、设备参数落实、结构设计协调等方面进行综合设计[2],是基于经验采用二维图纸设计。三维仿真优化是在三维真实环境中模拟制造过程,及时发现二维设计布置缺陷,通过建立仿真设计建模标准、模型库标准、审核要求等使开展设计、仿真设计和制造协同进行。

通过三维仿真设计,解决了固井泵与应急发电室两层平台甲板间支撑不足,许多梯道口、人孔位置布置不合理,多个舱室设备、电缆、风管等与结构碰撞,以及管线设备与结构布置不协调,没有足够空间而影响施工、使用和维护等问题,并对各舱室进行了合理的布置,避免了船体结构与设备、管线间以及设备与设备间的碰撞。图 8.1.2 所示为 3 000 m 水深半潜式钻井平台总体三维设计模型,图 8.1.3 所示为3 000 m 水深半潜式钻井平台仿真模型。

图 8.1.2　3 000 m 水深半潜式钻井
平台总体三维模型

图 8.1.3　3 000 m 水深半潜式
钻井平台仿真模型

8.1.3　建造方案仿真设计

在平台数字化、模块化制造技术研究的基础上,考虑建造设备工艺、场地选择、分段建造方法及合拢方式、舾装及下水方式等,确定了平台建造初步方案。三维仿真设计应用沉浸化、多模式和集成等技术,建立工厂、船坞、海上、水下等装配设备建造环境,按照搭载模块的安装顺序,建立平台主船体分段、甲板分段及生活楼、飞机平台、钻井系统、救生系统、作业器具、定位系统等模型;通过数字化装配流程,模拟安装设备作业和搭载作业,进行作业的动态仿真。通过仿真设计,及时发现了工艺中存在的各种结构性和空间性问题,确定了整个建造方案的可行性,最后得到整个平台的建造方案。

平台的总体建造方案主要是根据目标平台的主要尺度,结合制造厂现有资源(如船坞、吊车等)的配置情况来确定。考虑到合拢精度、焊接应力释放等因素的影响,对合拢顺序进行了全面研究。另外,考虑到分段吊运方案,对尺度大、刚性差结构的分段吊运技术及接近吊车极限负荷的超大型分段、大型总段吊运技术也进行了研究。

三维虚拟仿真能够提供一个逼真的建造环境,能够非常有效地模拟结构分段合拢精度、合拢顺序、吊运技术及吊运过程,以及钻井系统的安装技术和组装作业。整个建造方案的三维虚拟仿真模拟内容包括:

(1) 工厂设备建造环境。对船坞、龙门吊、岸吊以及各种工装设备和它们的运行轨迹进行仿真模拟。

(2) 坞墩布置。对船坞内支撑平台的坞墩布置进行模拟和计算,以保证平台建造顺利进行。

(3) 搭载。对分段制造过程中舾装设备和管系吊运安装进行模拟,以了解分段制造中在哪个阶段必须安装哪些舾装设备和管系。

(4) 分段合拢。对合拢精度、焊接应力释放情况、分段无余量制造精度进行模拟。

（5）钻井系统安装。模拟将井架分为5段,用1 250 t 履带吊配合 600 t 龙门吊及 32 t 岸吊进行船坞和码头组装作业。

（6）动力定位 DP3 水下安装。模拟在水深15m环境中吊运安装设备,以确定吊运和安装过程。

图 8.1.4 所示为3 000 m 水深半潜式钻井平台在船坞内搭载的仿真,图 8.1.5 为 3 000 m 水深半潜式钻井平台在海上吊装井架的仿真。

图 8.1.4   3 000 m 水深半潜式钻井平台　　　图 8.1.5   3 000 m 水深半潜式钻井平台
　　　　　　在船坞搭载的仿真　　　　　　　　　　　　　　在海上吊装井架的仿真

8.1.4   钻井作业方案仿真设计

半潜式钻井平台的钻井作业主要包括钻井器具组装准备和主钻机作业等,其仿真设计以整个平台、甲板和水下作业为背景,建立吊车、行车、顶驱游车、台车、主动补偿绞车、钻井系统等设备的仿真模型,模拟钻杆连接成立根、隔水管与防喷器对接、隔水管张紧器补偿运动、防喷器运送至海底井口、海底钻进过程等。通过仿真设计,验证了钻井作业方案的可行性,得到了以下作业方案:

（1）钻杆连接。用折臂吊把钻杆吊放到猫道机上,然后用提升臂抓起钻杆,将4根钻杆依次拧紧连接成1根立根,并由桥吊移放到井架内的钻杆指梁中。

（2）隔水管与防喷器对接。用行吊把隔水管从指梁中吊出,移放到滑道上;用顶驱游车将隔水管吊起,由机械臂扶持移送至钻台中心;用行吊将防喷器移送至台车上,然后移送至钻台中心,将隔水管与防喷器对接。

（3）隔水管与防喷器下放。将连接好的隔水管与防喷器下放至海底,与海底井口连接;将隔水管顶部的伸缩节与张紧器连接,当平台随着海浪作用产生升沉运动时,隔水管张紧器自动适应平台运动作上下补偿运动。

（4）海底钻井。将钻杆沿着隔水管内下放至海底,按设计的井眼轨迹钻进。

图 8.1.6～图 8.1.8 所示分别为3 000 m 水深半潜式钻井平台钻杆连接成立根、隔水管与防喷器对接及水下钻探作业的仿真。

图 8.1.6   3 000 m 水深半潜式钻井平台   图 8.1.7   3 000 m 水深半潜式钻井平台隔水管
钻杆连接成立根的仿真   与防喷器对接的仿真

8.1.5   结论

由本节的研究与应用可得出以下结论：

(1) 通过三维虚拟仿真设计,可部分取代样机,先于制造阶段在设计阶段提出和验证 3 000 m 水深半潜式钻井平台设计制造的优化方案及流程,并对平台钻井作业方案进行优化。

(2) 由于虚拟仿真设计的模型和过程十分复杂,因此在建模初期就应考虑制造厂工艺、设备和场地,以及生产作业过程和环境,并反映在仿真模型中,以便真实有效地进行模拟和验证。

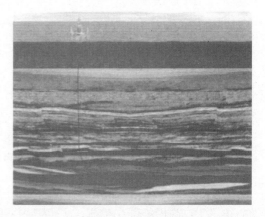

图 8.1.8   3 000 米水深半潜式钻井平台
水下钻探作业的仿真

参考文献

[1] 姚海.TRIBON 系统与视景仿真系统接口技术[J]. 中国造船,2008,49(4):130-134.
[2] 刘海霞.深海半潜式钻井平台的总布置[J]. 中国海洋平台,2007,22(3):7-11.

8.2   深水半潜式钻井平台甲板可变载荷及相关储存空间设计方法

8.2.1   引言

近年来,世界海洋石油正从近海、浅海向深海发展,深海开发中的油气勘探和生产活动大大增加。深水钻井目前已经成为海洋石油开发领域的热门技术。目前世界上能在深海进行钻井作业的,只有钻井船和半潜式平台两种移动式深海钻井装置。由于半潜式平台具有适用水深范围广、环境适应性强、适合油气开发的各个阶段、定位方式灵活等特点,广泛应用于海洋油气资源开发的钻井、采油等作业。

对于深水钻井作业,随着水深和井深的增加,作业区域离陆地越来越远,深海海况、天气等条件恶劣,后勤保障困难。因此,新型深水半潜式钻井平台技术发展的趋势之一就是平台具有大的甲板可变载荷和储存能力。

甲板可变载荷是深水半潜式钻井平台的关键性能指标之一,它的大小主要受平台最大作业水深和钻井深度的影响。通过对可变载荷影响因素的分析,本节给出了深水半潜式钻井平台甲板可变载荷及相关储存空间的确定方法,并给出了计算实例,以期对半潜式钻井平台的设计和建造有一定的参考作用。

8.2.2　深水半潜式钻井平台甲板可变载荷设计方法

甲板可变载荷主要包括人员、备品、钻井设备(防喷器组等)、钻具(隔水管、套管、钻杆等)、钻材(水泥、土粉、重晶石、泥浆)等的载荷。它们主要由平台的作业水深和钻井深度所决定。作业水深主要影响隔水管的数量;钻井深度主要影响钻杆、套管数量等,而这两者同时影响钻井液的用量,特别是深水隔水管中的钻井液用量。

由于深海环境条件恶劣,离岸较远,后勤供应困难,为保证钻井作业正常进行,要求新建钻井平台的可变载荷能够满足一口目标井的作业需要。依此为标准,结合世界深水半潜式钻井平台调研,确定钻井平台的甲板可变载荷可以用如下公式计算:

$$VDL \geqslant C_{L}(L_{m} + L_{r} + L_{dp} + L_{cs} + L_{t} + L_{ce} + L_{ba} + L_{be} + L_{o}) \qquad (1)$$

式中:VDL 为甲板可变载荷,t;L_m为钻井液载荷(日用和备用),t;L_r为隔水管与防喷器载荷,t;L_{dp}为钻杆载荷,t;L_{cs}为套管载荷,t;L_t为油管载荷,t;L_{ce}为水泥载荷,t;L_{ba}为重晶石载荷,t;L_{be}为土粉载荷,t;L_o为其他载荷,t;C_L为系数,1~1.5,根据各载荷的实际计算情况确定。

8.2.3　深水半潜式钻井平台泥浆池体积配置方法

钻井液用量大是深水钻井的主要特点之一,因此新一代的深水钻井平台都配有容量巨大的双用泥浆池。要根据井身结构、套管程序等确定不同时段内的最大钻井液用量,从而确定泥浆池的容积。

其中日用泥浆池的初步配置公式如下:

$$V_a \geqslant C_a V_{rh\,max} \qquad (2)$$

式中:V_a为日用泥浆池体积,m^3;$V_{rh\,max}$为隔水管和井眼最大体积,m^3;C_a为系数,1~1.5。

备用泥浆池初步配置公式为

$$V_r \geqslant C_r V_a \qquad (3)$$

式中：V_r 为备用泥浆池体积，m^3；V_a 为日用泥浆池体积，m^3；C_r 为系数，一般要求大于等于 1.5。

8.2.4　深水半潜式钻井平台灰罐体积配置

应根据地质条件、井身结构、套管程序等确定土粉、水泥、重晶石的用量，从而确定散装灰罐的体积。灰罐初步配置公式如下：

$$V_t \geq C_t L / d_s \tag{4}$$

式中：V_t 为灰罐体积，m^3；L 为干料载荷，t；d_s 为干料堆积密度，g/cm^3；C_t 为系数，1～1.5。

8.2.5　计算实例

假设在建目标平台设计最大作业水深：3 000 m，最大钻井深度 10 000 m。下面将以此为基础对目标平台的甲板可变载荷和储存空间配置进行分析计算。

1）目标平台甲板可变载荷计算

根据深水需要选取使用隔水管、钻杆、套管等的基本参数，然后根据表 8.2.1 假设的井身结构对各载荷分别进行分析计算。

表 8.2.1　假设深水井身结构

井眼尺寸/in	36	26	$17\frac{1}{2}$	$12\frac{1}{4}$	$8\frac{1}{2}$
井深/m	3 090	3 805	5 510	7 510	10 000
套管尺寸/in	36	20	$13\frac{3}{8}$	$9\frac{5}{8}$	—
套管下深/m	90	800	2 500	4 500	—

（1）钻井液载荷。

钻井液体积主要由：套管的内容积、井眼的内容积、隔水管的内容积、地面管汇、钻杆的排代体积等组成。根据文献[2]，地面管汇需要的钻井液量为 31.8 m^3（200 bbl）。

假设钻井液密度为 1.56 g/cm^3（13 ppg），钻井液备用量取日用量的 1.5 倍，则钻不同井段时钻井液载荷计算如表 8.2.2 所示。

表 8.2.2　钻井液载荷计算

井眼尺寸 /in	总体积 /m^3	密度 /(g/cm^3)	重量 /t	备用量 /t	合计 /t
$17\frac{1}{2}$	1 006.87	1.56	1 570.72	2 356.08	3 926.8
$12\frac{1}{4}$	937.24	1.56	1 462.09	2 193.14	3 655.23
$8\frac{1}{2}$	839.10	1.56	1 309.00	1 963.5	3 272.5

根据半潜式时钻井平台的特点,备用钻井液可以储存在下部浮体液仓中,对平台稳性影响不大,不算在甲板可变载荷之内。本次计算假设一半备用量储存在浮体,则对甲板可变载荷产生影响的钻井液载荷计算如表8.2.3所示。

表8.2.3　钻井液载荷最终计算表

密度/(g/cm³)	日用重量/t	备用重量/t	0.5倍备用量/t	合计/t
1.32	1 329.07	1 993.61	996.8	2 326
1.56	1 570.72	2 356.08	1 178	2 749

(2) 隔水管与防喷器载荷。

3 000 m 水深隔水管重量配置如表8.2.4所示。

表8.2.4　隔水管重量表

隔水管重量/t	2 772
BOPs,LMRP等重量/t	390
总重/t	3 162

(3) 钻杆载荷。

新建平台多选用 $5\frac{7}{8}''$ 钻杆,$5\frac{7}{8}''$ 钻杆重量计算如表8.2.5所示。

表8.2.5　钻杆重量计算表

钻杆类型	公称重量/(kg/m)	钻杆长度/m	钻杆重量/t
$5\frac{7}{8}''$	39.16	10 000	391.6

(4) 套管载荷。

根据不同井段套管下深,套管重量计算如表8.2.6所示。

表8.2.6　套管重量计算表

套管尺寸/in	公称重量/(N/m)	套管下深/m	套管重量/t	合计/t
36	5 456.64	90	50.11	
20	2 427.40	800	198.16	
$13\frac{3}{8}$	991.73	2 500	253	816.02
$9\frac{5}{8}$	685.46	4 500	314.75	

(5) 油管载荷。

油管重量计算如表 8.2.7 所示。

表 8.2.7　油管重量计算表

油管类型/in	公称重量/(N/m)	油管长度/m	油管重量/t
4	240.80	6 500	156.5

(6) 水泥载荷。

水泥重量计算公式如下[3]：

$$S_k = [V_o(1+E) + V_c + V_i]/Y_s \tag{5}$$

式中：S_k 为水泥袋数；V_o 为环空裸眼部分容积，L；E 为附加数；V_c 为套管与套管之间环形容积，L；V_i 为管内水泥塞容积，L；Y_s 为水泥造浆率，L/sx。

根据表 8.2.1 井身结构，36″导管喷射钻进，不固井；20″套管水泥浆返至泥线，水泥浆附加量 100%；$13\frac{3}{8}''$ 套管水泥浆返至 20″套管鞋，水泥浆附加量 50%；$9\frac{5}{8}''$ 套管水泥浆返至 $13\frac{3}{8}''$ 套管鞋，水泥浆附加量 50%。则各段所需水泥量如表 8.2.8 所示。

表 8.2.8　水泥重量计算表

套管尺寸/in	水泥浆体积/m³	袋数/sx	重量/t	合计/t
20	234.5	5 009	213	
$13\frac{3}{8}$	166.9	2 585	111	438
$9\frac{5}{8}$	88.4	2 669	114	

(7) 重晶石载荷。

重晶石用来加重钻井液。假设无隔水管段每钻一柱，打 20 m³ 稠浆，稠浆中重晶石含量为 310 kg/m³；假设隔水管段钻井液中重晶石含量 530 kg/m³，则配制钻井液所需重晶石重量计算如表 8.2.9 所示。

表 8.2.9　配制钻井液所需重晶石重量

类　别	钻井液体积/m³	含量/(kg/m³)	重量/t	总重/t
无隔水管段	394.4	310	122.3	656
隔水管段	1 006.87	530	533.6	

另外，根据文献[2]，重晶石的储备应至少使整个钻井液系统密度提高 0.12g/cm³，

计算公式如下：

$$W = V_{浆}\rho_3(\rho_2 - \rho_1)/(\rho_3 - \rho_2) \tag{6}$$

式中：W 为加入的加重材料重量，t；$V_{浆}$ 为原浆体积，m^3；ρ_1 为原浆密度，g/cm^3；ρ_2 为欲配的钻井液密度，g/cm^3；ρ_3 为加重材料的密度，g/cm^3。

根据表 8.2.1 数据，重晶石储备量计算如表 8.2.10 所示。

表 8.2.10　重晶石储备量计算

原浆体积/m³	原浆密度/(g/cm³)	加重后密度/(g/cm³)	重晶石密度/(g/cm³)	重晶石重量/t
1 006.87	1.56	1.68	4.2	201.37

则重晶石总重量如表 8.2.11 所示。

表 8.2.11　重晶石总载荷计算

钻井液密度/(g/cm³)	重晶石重量/t	重晶石储备/t	总重/t
1.56	656	201.37	857

（8）土粉载荷。

假设无隔水管段每钻一柱，打 20 m^3 稠浆，稠浆中土含量为 100 kg/m^3；假设隔水管段钻井液中土含量 30 kg/m^3，则土粉重量计算如表 8.2.12 所示。

表 8.2.12　土粉重量计算表

类　别	土浆体积/m³	土含量/(kg/m³)	重量/t	备用量/t	合计/t	总重/t
无隔水管段	394.4	100	39.44	59.17	98.61	174.13
隔水管段	1 006.87	30	30.21	45.31	75.52	

（9）深水目标井总甲板可变载荷。

根据公式（1），系数 C_L 取 1，不考虑其他载荷，作业水深 3 000 m，井深 10 000 m，目标井的总甲板可变载荷如表 8.2.13 所示。

表 8.2.13　深水目标井总甲板可变载荷

类别	钻井液	隔水管	钻杆	套管	油管	水泥	重晶石	土粉	总计
重量/t	2 749	3 162	391.6	816	156.5	438	857	174.13	8 744

因此，对于目标深水半潜式钻井平台，建议它的甲板可变载荷在 8 700 t 左右。

2）目标平台泥浆池体积配置

根据表 8.2.1，目标井各井段需要钻井液体积如表 8.2.14 所示。

表 8.2.14　目标井不同井段需要的钻井液体积

井眼尺寸/in	钻井液体积/m³
$17\frac{1}{2}$	1 006.87
$12\frac{1}{4}$	937.24
$8\frac{1}{2}$	839.10

根据式(2)和式(3),系数 C_a 取 1.1,C_r 取 1.5,泥浆池体积配置如表 8.2.15 所示。

表 8.2.15　目标平台泥浆池体积推荐配置

名　　称	系　　数	体积/m³
日用泥浆池	1.1	≥1 100
备用泥浆池	1.5	≥1 650
泥浆池总体积	—	≥2 750

3) 目标平台灰罐体积配置

(1) 水泥罐体积配置。

根据式(4),系数 C_t 取 1.1,水泥罐体积配置如表 8.2.16 所示。

表 8.2.16　散装水泥罐体积配置

水泥重量/t	堆积密度/(g/cm³)	计算体积/m³	系　　数	推荐体积/m³
438	1.4	313	1.1	≥344

因此建议目标平台水泥罐体积配置 340 m³ 以上。

(2) 土粉和重晶石罐体积配置。

根据式(4),土粉罐系数 C_t 取 1.1,重晶石罐系数 C_t 取 1.1,则体积配置如表 8.2.17 所示。

表 8.2.17　散装土粉和重晶石罐体积配置

项　　目	土　　粉	重晶石
重　　量/t	174.13	857
堆积密度/(g/cm³)	1.1	2.1
计算体积/m³	158	408
系　　数	1.1	1.1
推荐体积合计/m³	≥623	

土粉和重晶石罐联合使用,建议总体积620 m³以上。

4)深水半潜式钻井平台实际数据与计算结果对比

(1)深水半潜式钻井平台甲板可变载荷统计。

图8.2.1是2006年世界上作业水深大于2 286 m(7 500 ft)的动力定位半潜式钻井平台的甲板可变载荷对比情况[1]。可以看出深水半潜式钻井平台的甲板可变载荷大部分在6 000~8 000 t之间,最大超过10 000 t,甲板可变载荷比较大的一般是近几年建造或在建的平台。

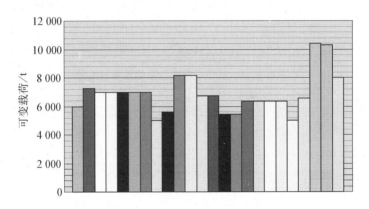

图8.2.1   动力定位半潜式钻井平台的甲板可变载荷对比柱状图

(2)深水半潜式钻井平台泥浆池体积对比。

图8.2.2所示是世界上作业水深大于2 286 m(7 500 ft)的动力定位半潜式钻井平台的泥浆池体积对比情况[1]。可以看出大部分泥浆池体积大于2 000 m³,最大超过3 500 m³,且大部分备用泥浆池体积超过日用泥浆池体积的1.5倍。近几年建造或在建的平台泥浆池体积都很大。

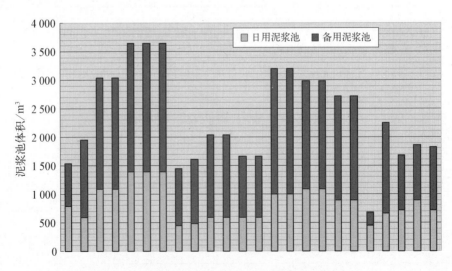

图8.2.2   动力定位半潜式钻井平台泥浆池体积对比

（3）中海油在建深水钻井平台数据与计算结果对比（见表8.2.18）。

表8.2.18　中海油在建平台数据与计算结果对比

项　　目	实际数据	计算结果
甲板可变载荷/t	9 000	8 700
泥浆池体积/m³	3 000	≥2 750
水泥罐体积/m³	350	≥344
土粉和重晶石罐体积/m³	553	≥623

从以上的统计对比可以看出，计算结果与实际数据还是比较吻合的。本方法计算结果比较准确合理，可以作为深水半潜式钻井平台的设计参考。

8.2.6　结论

（1）通过对深水半潜式钻井平台甲板可变载荷及其影响因素的分析，给出了深水半潜式钻井平台甲板可变载荷及相关储存空间的一种设计方法。

（2）深水半潜式钻井平台甲板可变载荷主要由平台的设计作业水深和钻井深度所决定。其中钻井液和隔水管载荷对其影响最大。

（3）依据平台可变载荷能够满足一口井作业需要的标准，最大作业水深3 000 m，最大钻井深度10 000 m的半潜式钻井平台的甲板可变载荷应在8 700 t左右。

（4）通过深水半潜式钻井平台实际数据与计算实例结果的对比，本方法的计算结果是比较准确合理的。

参考文献

[1]　Frank J. Fartley. 2006 Worldwide Survey of Deepwater Drilling Rigs[C]. Offshore，2006.

[2]　IADC Deepwater Well Control Guideline. International Association of Drilling Contractors [C]. 2002.

[3]　海洋钻井手册编审组. 海洋钻井手册[G]. 中国海洋石油总公司，1996.

8.3　深海半潜式钻井平台的总布置

8.3.1　引言

随着油气勘探开发日益向深水推进，深海半潜式钻井平台已发展到第六代，作业水深为2 500～3 000 m，钻井深度为9 000～12 000 m，甲板可变载荷（含立柱）为7 000～10 000 t，船型为双浮体/环形浮体、四/六立柱、含双层底的箱型甲板，配备动力定位、双井系统等先进装备，结构简洁、性能优良，作业自动化、智能化程度高，适应更深更恶劣海域的钻探工作。

为提高我国深水海洋工程装备能力,加快我国深水油气资源开发,已展开适用于南海海域的 3 000 m 水深半潜式钻井平台的技术研究,主要包括总体方案及设计基础、船型和主尺度、总布置、结构形式、定位系统、主要设备配置、南海特定条件等关键技术专题。

本节旨在阐述深海半潜式钻井平台的总布置专题,将在简要说明总布置原则的基础上,对可变载荷、双井系统、隔水管存放形式、机舱数目与布置等关键技术点进行探讨。

8.3.2 总布置原则

平台总布置是一个工艺流程确立、功能区块划分、系统布置规划、设备参数落实、结构设计协调等综合设计过程,是半潜式平台总体设计的重要内容之一,不但对平台的作业性能有十分重要的影响,而且是后续设计和计算的主要依据。通常在方案构思、船型、尺度、技术形态等要素确定时就需对总布置做初步规划,绘制总布置草图,以配合运动性能、稳性、定位能力等性能计算和总体方案的确定。在注意其构造、用途、作业等特殊要求的同时,遵循以下基本原则。

(1)满足作业要求。以平台的功能目的为核心和基本出发点,合理布置钻井设备,确保钻井作业的可行性、便利性。

(2)确保稳性、运动性能、定位能力等技术性能,这是平台安全运营的根本。

(3)妥善考虑平台的各部分重量分布,注意平台的重量平衡、合理性与施工工艺。

(4)防火及防爆等安全问题至关重要,在初步规划总布置时避免或降低在危险区域中布置机械、电气等设备所引起的安全隐患和成本费用增加。

(5)与主尺度、结构型式、系统要求等综合考虑。

(6)注意设备维护、升级空间,适当为钻井新技术的应用(如双梯度钻井、欠平衡钻井等)和平台的功能扩展预留空间,关注岩屑处理等环保问题。

8.3.3 关键技术点分析

1)可变载荷

可变载荷是深海半潜式钻井平台的关键性能指标之一,主要由平台的作业水深、钻井深度、船型、主尺度所决定。可变载荷通常指甲板(含立柱)可变载荷,主要包括人员、备品、钻井设备可变载荷(防喷器、采油树、测井设备等)、钻具(隔水管、套管、钻杆、油管等)、钻材(水泥、土粉、重晶石、袋装品、泥浆)。钻井水、盐水、基油等钻井液和燃油、淡水布置在下浮体内,从性质而言属可变载荷,从对平台性能的影响而言,其敏感相关度不如甲板可变载荷,所以一般所指的可变载荷并未计入此部分。而对于深海半潜式钻井船,可变载荷包括以上各部分。

可变载荷大,利于减少供应物资的运输次数,降低作业成本,保证连续钻井作业,提高经济效益。钻井平台的可变载荷随作业水深和钻井深度而增加,深海作业一次带足钻一口井所需的可变载荷是不现实的,应根据海域环境、油田开发整体规划、供应船能力、平台自持力、作业费用等确定合理的可变载荷大小,在船型尺度和总布置设计中细化可变载荷各分项的大小、布置。

可变载荷的布置应围绕钻井作业流程展开,确保工艺流程顺畅;注意平衡平台重量以减少调载量,降低平台重心以提高可变载荷量或平台稳性储备。常用钻具钻材(隔水管、套管、钻杆、日用泥浆等)、钻井专用设备(防喷器、采油树等)位于上层箱型甲板,备用泥浆设于立柱内。原料(重晶石、土粉、水泥)可设于上层甲板或立柱内,视具体布置情况而定。钻井水、盐水、基油、燃油、淡水布置在下浮体内。少数平台将隔水管、套管等钻具设于立柱内,平台重心虽可降低,但管子处理不方便,影响作业效率,现在一般不取。

2) 双井系统

新一代深海半潜式钻井平台,应用双联井架主辅井口作业的理念,在同一平台上配备两套钻井系统:主系统钻井;辅系统接管、维修、钻井等,以提高作业效率。

主系统的大钩提升能力一般为 2 000 klbf(907.2 tf),辅系统的大钩提升能力一般为 1 000 klbf(453.6 tf)。单井口作业时,辅系统可并行组装、拆卸井下组件、钻具和管子立根,可在开钻表层时下放套管、防喷器等。多井口水下模块作业时,主钻机通过防喷器/隔水管进行钻井作业,辅钻机可不通过防喷器/隔水管进行另一井口的表层钻井作业和下表层套管作业。

主辅井口横向布置于平台甲板,纵向处于平台中心,井口横向距约为 10 m,横向位置各有不同。

(1) 主井口在平台中心,辅井口位于平台左舷,中心点运动性能最佳,利于钻井作业。

(2) 主、辅井口距平台中心 3 m 和 7 m 或距离之比为 1:2,利于大钩载荷相应的重量平衡。主井口若偏于中心 3 m,垂荡增加量较小,并不影响钻井作业。

(3) 主辅井口对称布置于左、右舷,对实现双钻井的平台而言,主辅井均可获得较好的运动性能。

主辅井口的位置还要综合考虑辅井口的功能定位、管子堆场的布置等确定。月池(通海井)开口横向布置,具体大小和详细位置根据井口位置和防喷器、采油树的下放方式等确定。

3) 隔水管存放形式

隔水管的存放形式主要有三种:平放,立放,立放+平放。

立放隔水管(见图 8.3.1)可从立放状态直接移送到井架内;平放隔水管需通过输送机从平放状态转为立放状态后送到井架内,占用时间较多。立放可提高隔水管处理与整体作业效率,但同时提高了重心,对平台稳性不利。立放伸入箱型甲板,自下甲板始穿过中间甲板、主甲板,为专门存放区域,隔水管消耗后仍不易做其他布置。平放一般位于主甲板,其区域可与套管存放区域交替、综合使用。可见,立放和平放两种存放形式各有优缺点,而立放+平放的组合形式兼顾了作业效率、区域利用等。

根据目前海域开发和半潜式钻井平台使用情况,对于最大作业水深 10 000 ft(3 048 m)的平台,其常用作业水深多为 7 500 ft (2 286 m),隔水管等钻材可按 7 500 ft

水深设计平台自带量,若水深超过 7 500 ft 再行补给。组合存放形式可按 7 500 ft 立放+2 500 ft 平放。

图 8.3.1   隔水管立放

为了解隔水管存放形式对稳性的具体影响,作如下分析。

选用隔水管规格:内径 $\phi21''$(0.533 m),单根长度 75 ft(22.86 m),共 10 000 ft(3 048 m),外加 $\phi54''$(1.372 m)浮力材料,总重 2 700 t。

立放需深入箱型甲板内,其占用面积按双层计入,底端距下甲板取 0.5 m 间隙。10 000 ft 平放堆高为 8.2 m,2 500 ft 平放堆高为 2.05 m。为便于比较其对稳性的影响,重心高统一相对下甲板而言。平台上层甲板建筑层高一般为 3.45/3.5 m,本分析中下甲板距主甲板取为 7.0 m。表 8.3.1 中列入立放于主甲板的形式仅为分析比较用,由于处理系统不易设置、重心过高等,在布置上不作此选择。

表 8.3.1   隔水管存放形式对比

项 目	说明(布置区域)	面积/m²	重心高距下甲板/m
方式 1	立放(下甲板井口区前部)	520×2=1 040	0.5+22.86/2=11.93
方式 2	平放(主甲板)	1 280	7.0+8.2/2=11.1
方式 3	7 500 ft 立放 + 2 500 ft 平放(下甲板井口区前部+主甲板)	410×2+320=1 140	0.75×11.93+0.25×(7.0+2.05/2)=10.95
方式 4	立放(主甲板井口区前部)	520	7.0+22.86/2=18.43

通过数据分析,可见前三种存放形式在面积和重心方面略有不同,但并无较大区别。从提高作业效率而言,隔水管立放是较佳方式。对于目前最大作业水深10 000 ft 的平台,常用作业水深多为 7 500 ft,考虑平放区域与套管区域公用、作业效率与占用面积的综合,取 7 500 ft 立放+2 500 ft 平放较佳。

隔水管平放或立放均以横向对称布置为宜,避免增加平台横倾。

4) 机舱数目与布置

新一代深海半潜式钻井平台多采用动力定位+锚泊定位的双定位系统,动力定位级别为 DPS-2 或 DPS-3，相较 DPS-0 或 DPS-1 而言提高了动力定位的冗余，保证单个故障情况下的平台定位要求，对钻井作业的安全性、可靠性和作业效率有利。

DPS-2 一般设 2 机舱，以提高安全性。

根据规范要求，DPS-3 的主机及配电系统至少布置在两个舱室内，以满足一舱失火或浸水的单个故障发生时平台的定位要求。机舱数目多取为 2 个或 4 个，配机组 8 台。个别平台设计，机舱取为 3 个，配机组 6 台，但较少采用。

在同等功率要求、同等 DPS-3 条件下，由表 8.3.2 分析可知，主电站装机总功率和单机功率，二机舱方案比四机舱方案均需增大 50%。以某平台为例，根据电力负荷估算，在 DPS-3 单个故障情况下保持泥浆循环时总负荷为 3 万 kW，若设置 4 个机舱，需配置主机 $8\times(5\,000\sim5\,500\ \text{kW})$。若改为 2 个机舱，则需配置主机 $8\times(7\,500\ \text{kW})$，总功率增加 2 万 kW，机组总重量增大 150 t，初投资增加 600 万美元，且机组尺寸特别是长度增大将对总布置甚至主尺度产生不利影响。

动力定位 DPS-3 采用 4 机舱＋4 主配电板室的方案有利于降低总装机容量和单个发电机容量、单个推力器容量，提高安全性。先进的自动化监测、控制系统可以减少舱室分隔增多引起的常规现场巡视操作需要，并未给作业人员带来不便。

表 8.3.2 DPS-3 二、四机舱方案对比

项　　目	二机舱	四机舱	备　　注
一般布置	甲板艉部	集中/分散	共 8 台机组，各舱机组数平均分配
占用面积	S	$\sim1.5S$	
单个故障后可用主机数	4	6	
装机总功率	$2P\left(\dfrac{8}{4}P\right)$	$1.33P\left(\dfrac{8}{6}P\right)$	P：DPS-3 最大故障工况时功率总需求
装机总功率比	150%	100%	
功率冗余度	50%	25%	
单机功率比	150%	100%	
主配电板室	2	4	

2 机舱方案的布置比较确定，设于甲板尾部左右舷对称，与艏部的生活楼远离。每个机舱临近附设一配电板室，满足控制要求。

4 机舱方案布置形式有多种选择，需结合隔水管、泥浆区等关键布置及箱型甲板尺度、结构型式等主要技术形态综合考虑。常有 2 机舱位于甲板艉部，另 2 机舱位置变化较大。现对平台进行区块划分编号，分析另 2 机舱各种布置的可行性。

（1）2 机舱位于甲板艏部：生活楼一般设于艏部，机舱位于生活楼之下，噪声、振动等对生活模块的安全和舒适不利，且机舱占据了生活楼的部分区域导致生活楼上

移、主甲板以上层数增加,受风面积增大,对稳性不利。

(2)2机舱位于井口区前部两侧:对甲板横向尺度要求较大,视甲板结构呈井字形或口字形其难易度不同。

(3)2机舱位于井口区前部:与舰部2机舱分离,且避开生活楼,安全性较好。若隔水管立放则布置于该区域,机舱布置可转为井口区前部两侧。

(4)2机舱位于井口区两侧:此区域一般为钻井作业专用辅助区,设置泥浆区、BOP液压间、空压机间等,不宜布置机舱。

(5)2机舱位于井口区后部两侧:对甲板横向尺度要求较大,视甲板结构呈井字形或口字形其难易度不同。且该区域可能布置灰罐、配浆室等。

(6)2机舱位于井口区后部:4机舱集中可使布置紧凑、管系统一。若该区域布置泥浆区,机舱布置可考虑转为井口区后部两侧。

(7)2机舱位于甲板舰部:即在甲板尾部区域布置4机舱,均需A-60防火壁隔开,相应的配电板室布置在其前部,总面积占用较少。布置紧凑,管系统一,但安全性不如4机舱分散布置。

平台四角对应立柱区域,为梯道、管系、电缆等区域,不可做机舱布置。机舱位于井口区前部,与隔水管是否立放于此区域密切相关。机舱位于井口区后部,与泥浆区布置密切相关。若隔水管立放,机舱布置宜选择(2),(6),(7),若泥浆区布置于井口区后部,机舱布置宜选择(2),(3),(7)。每机舱附设的配电板室需临近布置。

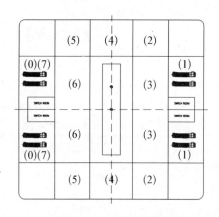

图8.3.2 机舱布置方案

平台采用DPS-3系统后可不另设应急发电机室,而设瘫船室(Dead Ship Generator Room),瘫船发电机组容量视负荷要求而定,向初始起动主发电机组和安全控制系统供电,同时兼停泊发电机使用(见图8.3.2)。

5)其他要点说明

甲板布置应整体进行功能区块划分,以井口区为核心布置管材、泥浆、设备等,围绕钻井工艺流程实现布置的可行性与优化,注意重量平衡、分系统要求、安全性要求等。

箱型甲板结构分为口字形结构强框和井字形结构强框。立柱延伸至箱型甲板,箱型甲板为口字形,甲板区块划分灵活,甲板布置灵活。立柱不延伸至箱型甲板,箱型甲板为井字形,甲板区块划分统一,区块尺度受立柱尺度局限,甲板布置统一。

钻井系统的布置综合考虑工艺流程、作业效率、全局布置、重量平衡、重心降低等。

生活楼位于舰部,左右对称布置。远离井口区等危险区,且和机舱相对分离。为降低受风面积,生活楼设置层数不应过多。生活楼布置应力求安全、舒适。

立柱、浮体的布置比较常规,无太大差异。立柱内垂向分舱按照作业吃水、破舱安全确定。外侧统一设置梯道、管系、电缆,内侧设置不同的功能区域以布置备用泥浆和部分原料罐等可变载荷,可变载荷量由立柱布置空间和总体性能而定。在立柱中层外边缘,应空间允许和安全要求,可设置隔离空舱以提高破舱稳性。立柱底层可根据平台配备不同,而分别布置压载舱、空舱、储存绞车舱、锚链舱等项。

双浮体内艏艉端布置泵舱、推力器舱等设备舱,纵中设管隧,其余为基油、盐水、钻井水、燃油、饮用水、压载水等液舱。基油舱、盐水舱、燃油舱宜布置在浮体内侧,以减少破损泄漏时造成的危害。推力器舱若设 8 个,每端 2 推力器舱宜错位布置,以减少相互干扰,提高效率。锚链舱也可布置于浮体艏艉端。

若采用杆形横撑连接立柱底部,横撑内部为空舱。若采用翼形横撑或板形横撑连接于浮体,横撑尺度较大,内部可布置压载舱。

8.3.4 结语

典型的新一代深海半潜式钻井平台,满足深海钻井的 7 000 t～10 000 t 可变载荷要求,配备横向布置的双井系统,隔水管以立放为主、平放为辅,以 8 机组、4 机舱达到动力定位 DPS-3,确保平台性能要求,实现安全高效作业。随着研究技术的提高和工程经验的积累,更优化的布置将应用于更先进的深海半潜式钻井平台,进一步推进深海能源的勘探开发。

参考文献

［1］ 刘海霞.深海半潜式钻井平台的发展[J].船舶,2007,3：6-10.
［2］ 潘斌.移动式平台设计[M].上海：上海交通大学出版社,1995.
［3］ ABS. Rules for Building and Classing Mobile Offshore Drilling Units[S]. 2006.
［4］ ABS. Rules for Building and Classing Steel Vessels[S]. 2006.
［5］ 赵建亭.深海半潜式钻井平台钻机配置浅析[J].船舶,2006,(4)：37-45.

8.4 深海半潜式钻井平台的重量控制

8.4.1 引言

深海半潜式钻井平台的空船重量对平台运动性能、可变载荷、结构强度等都有一定影响,尤其是平台的关键技术指标——可变载荷,受空船重量重心的影响更是直接而显著的。

如何在设计、建造过程中有效地控制空船重量大小、重心高低,以确保可变载荷等平台关键技术指标,是深海半潜式钻井平台工程项目中至关重要的环节。

8.4.2 重量分类

1) 重量分类之一
深海半潜式钻井平台的重量分类之一(见表 8.4.1):

总重量/排水量 = 空船重量+可变载荷+锚链重量/张力+消耗品+压载

（1）空船重量。

根据 IMO,ABS,CCS 的 MODU 规范,空船重量指整个平台连同安装的机械、设备和舾装,包括固定压载、备件以及机械和管系中至正常工作液面的各种液体的重量,但不包括贮存在液舱内的油、水、消耗品或可变载荷、贮存物品、船员和行李重量。

根据规范定义,空船重量包括设备、管系中至正常工作液面的各种液体的重量,即湿重或液重。应统计湿重的设备、管系,考虑计入的具体状态,计入液体的量,都是重量统计中的关键问题。该项数据在各平台的重量统计中有所出入,资料表明同类型平台的湿重从数十吨至数百吨不等。湿重的界定、统计有待工程资料的积累、分析,以达到合理、统一、准确。

（2）可变载荷。

可变载荷是衡量钻井平台作业能力和作业效率的主要技术指标,通常指甲板(含立柱)可变载荷,为钻井作业中可移动、消耗的项目,一般存储于上船体和立柱内,主要包括钻井载荷、钻井工具、钻井材料、第三方钻井设备、人员备品等。

表 8.4.1　深海半潜式钻井平台的重量分类之一

总重量 / 排水量				
空船重量	可变载荷	锚链重量 / 张力	消耗品	压载
结　构 钻　井 舾　装 内　装 轮机(含管系) 电　气 空调、冷藏、通风(HVAC)	钻井载荷：大钩载荷、隔水管张力 钻井工具：立根盒、钻杆、钻铤、套管、隔水管等 钻井材料：土粉、重晶石、水泥、袋装品、添加剂、日用泥浆、备用泥浆 钻井设备：防喷器、采油树、水下机器人、固井设备、测井装置、试油设备、录井房、离心机、岩屑回收装置、其他第三方设备 专用小液舱：各类专用液体小舱柜内的工作液,如除泥舱、除气舱、沉淀舱、泥浆泵滑油舱、防喷器液舱、燃油日用柜、燃油泄放舱、燃油沉淀舱、污油舱、滑油舱、撇油舱 其余甲板载荷：直升机、备件、人员、备品等	拖航/动力定位 锚链 锚 锚泊定位 锚链张力垂向分量	钻井水 盐水 基油 燃油 饮用水	

　　早期半潜平台的船型为多立柱、多支撑、单甲板,单个立柱尺寸较小、布置空间有限,可变载荷存放于上船体甲板,称为甲板可变载荷(Variable Deck Load,VDL)。随着平台的发展,6 立柱、4 立柱等结构形式简洁的船型成为主流,其单个立柱尺寸较大,除满足结构强度外,也提供了相当的布置空间。为降低重心、确保平台稳性、提高可变载荷以提升平台作业能力,同时充分地利用立柱空间,土粉、重晶石、水泥等钻井材料灰罐和备用泥浆等钻井液舱,部分设置于立柱内甚至下浮体内。鉴于此,仍普遍使用的甲板可变载荷(VDL)这一概念,实际包括甲板可变载荷、立柱可变载荷,统称为可变载荷。

　　(3) 锚链重量/系泊张力。

　　根据平台的工况及其定位状态不同,其含义有所不同:平台拖航或动力定位作业时指存储于平台上的锚链、锚的重量,平台锚泊定位时指系泊张力的垂向分量。若平台为纯动力定位,不配备锚泊定位系统,则该项取消。锚和锚链重量较大,且与平台的钻井作业能力并不直接相关,一般不计入可变载荷。

　　(4) 消耗品。

　　位于下浮体内的钻井水、盐水、基油等钻井液以及燃油、淡水,均为消耗品。钻井水、盐水、基油、燃油、淡水布置在下浮体内,对平台性能的影响不如甲板可变载荷敏感,一般不计入可变载荷,而作为消耗品或有效载荷进行装载计算。对于钻井船,可变载荷包括钻井水、盐水、基油等钻井液,所以钻井船的可变载荷在一定程度上多于同级别的半潜式钻井平台。

　　2) 重量分类之二

　　深海半潜式钻井平台的重量分类之二(见表 8.4.2):

$$总重量/排水量 = 空船重量+有效载荷+压载$$

　　经对比可知,有效载荷 = 可变载荷+锚链重量/张力+消耗品。

　　部分平台采用有效载荷这一概念,不再囿于钻井水、盐水、基油、备用泥浆、锚链重量/张力、燃油、淡水等的分类,而是统一定义为区别于空船重量、压载的有效载荷。装载时由作业者在满足稳性(许用重心高度)的前提下,根据需要灵活分配各项有效装载量,对平台的作业特别是拖航状态的装载更具有实际指导意义。

表 8.4.2　深海半潜式钻井平台的重量分类之二

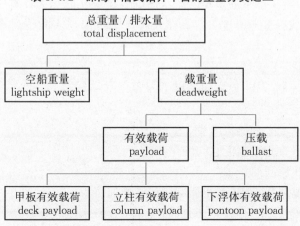

在进行重量分析、装载计算或不同平台的技术指标对比时,应注意甲板可变载荷、可变载荷、有效载荷等的定义、涵盖范围,以准确掌握平台的装载、作业能力。

8.4.3　重量统计

在项目前期方案阶段,主要基于母型平台进行空船重量重心估算,以校核目标平台的各项性能。进入设计、建造阶段,应按专业逐项统计重量,船东一般要求提供月度重量报告。随图纸升版、设备资料更新等项目的进展,相应更新重量重心数据,以便实时准确地掌握平台空船重量重心的状态,分析当前重量的变化和影响,并预测重量的变化趋势,适当调整重量控制策略。

1) 重量统计界面

重量统计,首要的是根据重量分类明确各项的涵盖范围、统计界面,做到无重复项、无遗漏项,确保统计项目、数量的准确性。重量统计界面和平台的设计、供货、建造界面同样复杂。在项目的不同阶段,设计方、建造方、设备供应方等各方统计界面,各专业统计界面、各系统统计界面都需界定清晰,特别是钻井系统的复杂性、多界面更应谨慎。

可变载荷和空船重量的界面混淆主要在于第三方设备。第三方设备为区别于OFE(owner furnished equipment),BFE(builder furnished equipment)。由船东、船厂之外的第三方采购的设备,通常由作业公司根据特定钻井作业要求在操作期安装于平台上,在设计建造阶段应预留布置空间、管线接口等。第三方设备包括固井设备、测井装置、试油设备、录井房、离心机处理系统、采油树脐带缆绞车、水下机器人、岩屑回收装置、燃烧臂等,计为可变载荷,而工程项目中的界定根据实际情况可能略有不同。

具体某一项重量的定义、归属并无绝对性,关键是界面清晰,无重复项、无遗漏项,统计数据准确。

在重量统计中,推力器和海水门的处理予以特别说明。若在静水力计算中,推力器外形难以模拟而无法在静水力表中考虑该部分浮力,可在空船重量统计中扣除其浮力,仅计入推力器在水中的重量。海水门的容量应在静水力计算中扣除,也可在空船重量中作为满载湿重考虑进去。具体处理方法可根据实际情况选择,但其对装载的影响不可忽略。

2) 重量控制报告

完整的重量控制报告,通常包括以下内容:

(1) 坐标系定义。

(2) 各项重量定义和涵盖内容。

(3) 各版重量重心数据汇总与变化曲线。

(4) 重量变化原因简析。

(5) 典型工况装载简表,以验证可变载荷指标。

(6) 详细的重量重心分项统计表,如表8.4.3所示。

表 8.4.3　重量分项统计

No.	Discipline	Area	Description	Dry WT(t)	Operating WT(t)	Contingency	Total WT(t)	LCG (m)
编号	专业	区域	项目	干重	湿重	裕度	重量	纵向重心

TCG (m)	VCG (m)	Status	Source	Reference	OFE BFE	Equip. No.	Updated	Remark
横向重心	垂向重心	数据状态	数据来源	参考文件	设备类型	设备编号	是否更新	备注

8.4.4　重量控制目标

重量控制目标就是可变载荷,即在设计、建造过程中将空船重量重心控制在方案预估的范围内,确保平台的可变载荷满足指标要求。

可变载荷/甲板可变载荷是衡量钻井平台作业能力和效率的主要技术指标,是深海半潜式钻井平台的关键性能指标之一,主要由平台的作业水深、钻井深度、船型、主尺度、总布置所决定。

可变载荷大,利于减少供应物资的运输次数,降低作业成本,保证连续钻井作业,提高经济效益。钻井平台的可变载荷要求随作业水深和钻井深度而增加,深海作业一次带足钻一口井所需的可变载荷是不现实的,应根据海域环境、油田开发整体规划、供应船能力、平台自持力、作业费用等合理确定所需的可变载荷大小,在船型尺度和总布置设计中细化可变载荷各分项的大小、布置,满足平台作业要求。

在前期方案和基本设计中,从主尺度、总布置、结构设计等方面降低空船重量的同时,从布置等角度降低空船重心、可变载荷重心,对控制平台重量、确保可变载荷是相当重要的。可变载荷的核准是根据空船重量由装载计算得出平台各状态的可变载荷。

总重量/排水量＝空船重量＋可变载荷＋锚链重量/张力＋消耗品＋压载。

关于重心,计入自由液面影响后,实际重心高度应低于该吃水状态下的许用重心高度,且保留一定的安全裕度。同时,初稳性高不应过小,以大于 1 m 为宜。许用重心高度由初稳性、完整稳性、破舱稳性计算得出,最终由船级社核准并写入平台操作手册。

关于重量重心的测定,根据规范要求,在同一平台制造厂按同一设计图纸同批建造的第一座平台,应在完工或接近完工时进行倾斜试验,以准确地测定空船重量和重心位置。后续平台可通过重量补偿计算,在第一座平台的基础上确认空船重量和重心位置,但 DNV 规范规定此方法不适用于柱稳式平台,由此可见柱稳式平台重量重心的关键性和敏感性。

8.4.5　重量控制方法

半潜式钻井平台,从方案规划、基本设计、详细设计到生产设计、施工建造的各阶段,都应严格控制空船重量重心,根据不同阶段、不同专项分别采取有效措施,将空船重量控制在目标范围内,确保平台可变载荷。

1) 重量控制管理

(1) 严格执行重量控制程序,在设计、采办、放样、建造等项目各环节,全程全面实施重量控制。

(2) 根据工程进展阶段,调整重量控制工作的核心,突出重点,抓大不放小,切实有效地控制平台重量。

(3) 设专人管理、跟踪重量重心统计,每月更新重量报告提交船东,并同步复核重量数据的准确性,分析重量变化的原因,落实重量控制的成效及工作前景,进一步改进重量控制工作。

(4) 详细设计、生产设计中,结构图、设备安装图、舾装布置图、管线三维图、电缆布线图等都应逐项计算重量,并将重量结果列于标题栏中。

(5) 项目月报应反映平台的重量变化,以引起各方重视,对重量变化做到预见性、可控性。

(6) 研究探讨倾斜试验的细则,提高重量重心测定的准确性,根据测定结果核准平台可变载荷。

2) 设计阶段

需要做重量控制的工作。

3) 简化功能

海洋工程的设计理念为安全、简单、实用的工程目标。满足平台基本功能、核心功能的前提下,考虑简化辅助功能,以确保重量控制、可变载荷,最终保障平台安全、功能、指标等综合效益的顺利实现。

(1) 钻井系统。

第六代深海半潜式钻井平台的钻井系统多为双井架系统或一个半井架系统,比较而言,一个半井架系统在作业效率受影响有限的前提下,其重量大大低于双井架系统(~1 000 t),且设备购置费和操作费用相对较少,有着独特优势。

(2) 定位系统。

第六代深海半潜式钻井平台的定位系统,以动力定位(DP2 或 DP3)为主,部分平台还配有 8 点或 12 点锚泊定位系统。

基于"大而全、高要求"思路主导产生的双定位系统:DP3 动力定位＋12 点锚泊定位,对平台重量、可变载荷、作业效率、作业能力与费用的综合影响需要更翔实的研究,不能简单断言高配置的双定位系统就一定优于动力定位的设计。某种程度而言,DP2 或 DP3 动力定位设计,可能更符合简单、实用的工程目标,更利于深海油田开发的整体运营效率。DP2 或 DP3,意味着动力定位相关系统的冗余要求是设备冗余还是舱室冗余。与动力定位有关的冗余设计原则:以满足船级社规范的基本要求为准,设备或管系切忌冗余过多。随着工程经验的积累与规范的明确细化,在 DP 设计中应更好地平衡动力定位的安全要求和重量控制问题,避免平台完工时某些指标过高某些指标过低的不合理状况,保障平台各关键指标的全面实现。

(3) 其他功能要求。

在简化平台钻井系统、定位系统的基础上,进一步在细节功能要求上挖掘潜力,贯彻简单、实用、安全的设计原则,对重量控制也有一定效用,如:在满足功能要求与规范要求的前提下减少泵等设备的备用台数;取消立柱内除湿机及相关系统管线;降低钻台挡风墙高度;取消非必要的设备间行车、下浮体和横撑上的永久栏杆;简化重型工具间吊口盖设计;取消其液压、遥控功能。

4) 优化设计

在满足规范规则安全要求和平台功能要求的基础上,设计裕度应合理,忌过于保守引起不必要的重量增加。优化设计涵盖总体布置、结构、舾装、轮机、空冷通、电气、钻井等各专业。

(1) 在确保总体性能的前提下,合理减少液舱的数量,适当减少设备舱室、处所的划分。

(2) 总布置合理平衡,流程顺畅,简化管系、电缆布局。

(3) 主要受力构件使用超高强度钢或高强度钢代替普通强度钢,以减少板厚和型材尺寸。重视钢板厚度正公差对重量的负效应,对于强度有余度的区域的板材可以考虑负公差($-0.3\sim0$ mm)。在钢厂已有钢材规格的基础上适当细分钢材规格。

(4) 部分非强力舱壁可采用压筋板替代板材型材组合结构,在减重的同时可减少焊接工作量。

(5) 所有设备基座均应进行计算,满足强度、刚度和振动等要求,避免保守的经验设计。甲板吊机等基座的受力分析组合工况应科学合理,不应采用所有极限工况的组合。

(6) 大型肘板宜采用弯月形的曲线肘板,既可减重,又可改善受力状况。

(7) 在可行的处所考虑使用支柱设计,以减小梁的跨度,降低梁的重量。

(8) 生活区内尽可能少用钢围壁,多用轻型舾装板围壁,并考虑在轻型围壁处设支柱的可能。

(9) 推进器舱、泵舱、机舱、泥浆泵舱等设备舱室的中间平台尽量采用格栅结构。

(10) 上船体主甲板的外延平台应少设,并多采用桁架结构、格栅结构代替钢质平台。

(11) 通风系统在主甲板上少设风机房。风机房、电梯间、工作间等层高尽量降低,以满足使用要求为准。

(12) 平台吊机的吊臂托架设置借助主甲板已有舱室结构,同时注意符合 CAP437 有关直升机的安全要求。

(13) 在允许的构件上,多开减轻孔。次要舱壁和次要结构的不必要加强应取消。

（14）可能冗余设计的结构应加强优化，如非主要结构的壁厚，信号桅、雷达桅等桅杆结构。

（15）主甲板套管、隔水管存放区域挡柱的数量与高度满足存放要求即可，忌过量设计。

（16）除规范规定外，水密门尽量采用手动关闭型而非液压遥控型。

（17）电缆、管线应选用较短的路径，船厂在三维放样和生产设计中应充分考虑路径的优化。

（18）管支架需经过计算，避免保守的经验设计。管线少用膨胀弯，尽量采用膨胀节。

（19）研究同类液舱多舱共用一根透气管或者同一液舱测深管与透气管合二为一的可行性，减少管线数量。

（20）合理采用管线与阀门的压力等级，避免设计压力等级过高，这一点主要适用于低压系统。

（21）采用轻质材料。

玻璃钢、铝合金等轻质材料的使用是重量控制中的重要环节，其减重效果显著。对于第六代深海半潜式钻井平台，采用轻质材料，尤其是管系多采用玻璃钢，减重可达数百吨乃至上千吨。

玻璃钢是一种新型复合材料，以高分子有机树脂为基体，用玻璃纤维增强。玻璃钢材料的优点：

① 重量轻。玻璃钢的密度只有 1 900 kg/m³，而钢的密度为 7 800 kg/m³，两者拉伸强度接近。

② 耐腐蚀性能好，对于大气、海水和一般浓度的酸碱盐及多种油类和溶剂都有较好的抵抗能力。

③ 玻璃钢是优良的绝缘材料，具有良好的韧性，并可在其表面进行防滑处理。

重量控制中轻质材料的采用，可从以下方面着手：

① 直升机平台使用钛合金或铝合金结构代替钢结构。

② 走道、梯子、栏杆、格栅多用玻璃钢或铝合金等轻质材料。大舱内直梯、栏杆、格栅等舾装件可分两种：压载舱、钻井水舱内采用玻璃钢，其他如泥浆舱、燃油舱等舱内采用船用 Q235‐A 钢质材料。

③ 波纹板壁考虑采用轻质材料。住舱之间的轻型舱壁可选用铝箔蜂窝芯的舾装板代替岩棉芯的复合岩棉板；天花板、围壁板采用蜂窝芯板，但要注意隔音效果的改善措施；升高地板采用铝质面板。

④ 单元卫生间的本体用玻璃钢制造，内侧壁用镀塑或特殊涂料等轻型新材料而不贴瓷砖。

⑤ 防火区域尽量采用轻质绝缘代替甲板敷料。

⑥ 平台分潮湿区域和非潮湿区域。生活楼潮湿区域的传统水泥敷料（密度为 2 500 kg/m³）拟改用新型轻质敷料（环氧甲板敷料密度为 1 050 kg/m³）。潮湿区域的家具采用不锈钢材质，地板可使用瓷砖；非潮湿区域的家具采用防火处理的木质家

具,少用或不用金属家具,地板不用瓷砖。

⑦ 减少房间内搁架设置,并尽量采用铝合金或其他外购轻型材料代替钢质焊接搁架。

⑧ 无防火要求的水密舱口盖,面板采用轻质材料。

⑨ 饮用水管使用不锈钢管,压载管、海水管、盐水管和消防水管尽量采用玻璃钢管和铜镍管。泵舱等管系众多的处所,采用玻璃钢管将增加管系修改和现场调整时的施工难度,可能影响到工程进度和建造成本。

⑩ 生活楼采用网状电缆托架。在满足规范要求的前提下,生活楼以外区域的室内电缆托架采用铝合金或玻璃钢等轻型复合材料,室外电缆托架采用不锈钢或玻璃钢。

5) 采办、建造中的重量控制

设备、材料的采办也是平台重量控制的关键环节之一,必须特别关注,应注意以下几点。

(1) 在设备、材料的采办招标中,明确要求厂家提供设备、材料的准确重量。

(2) 设备招标中,在满足设计要求的前提下,优先选用重量轻的设备。

(3) 选用材质好、重量轻的材料。

建造阶段若不严格控制重量,往往会引起重量的大量增加,这是船舶建造中的常见问题。平台建造过程、建造工艺的重量控制,可从以下方面实施:

(1) 生产设计若修改了详细设计,特别是引起重量增加的项目,须经业主批准。

(2) 每张生产设计图应计算设备、材料的重量,并汇入月度重量报告,提交业主。

(3) 严格控制材料代用。一般情况下,不建议材料代用。若因建造工期等现场问题需使用替代材料,应尽可能在同等材质、同等重量、同等强度的条件下选用。

(4) 机舱及部分机械处所考虑取消绝缘白铁皮包覆。

(5) 船名标识的减重方案:减小钢板厚度、采用铝合金、空心字刷油漆,其中空心字刷油漆的减重效果最显著。

(6) 船厂在建造中不得随意增加肘板、管支架、马脚、垫板、补板等,若需增加,须报业主批准。

(7) 建造中临时使用的支架、吊耳、马脚、踏脚板、临时支撑等在使用完毕后必须拆除,并将焊接处铲平、磨光,避免不必要的重量增加。

6) 超重的应对措施

对于深海半潜式钻井平台,设计建造全程的重量控制工作是重要而困难的。资料表明,平台后期的超重并非偶然现象。若重量增加超出前期设计预估值,并影响到可变载荷,需及时采取应对措施。

(1) 逐项复核数据,分析增重原因。

逐项复核重量数据的准确性,分析重量增加的原因,准确掌握当前重量状态,确保后续应对措施的合理决策、正确实施。

(2) 全面评估影响,专题研究改善。

全面评估重量增加对平台整体性能的影响,涉及可变载荷、稳性、装载、总强度、关键节点局部强度等,对受影响的项目进行专题研究,采取针对性措施予以改善。一般而言,作业状态不变,结构强度受影响较小,不至于超出设计裕度储备。在限定排水量、保障稳性的前提下,空船重量增加的直接后果就是可变载荷被迫减少。

(3) 加大重控力度,推进减重措施。

加大重量控制力度,立足于当前阶段实施减重措施,避免重量的继续增加。在已经实施的重量控制基础上,通过头脑风暴、集思广益,寻求更多的减重措施,经船级社等各方技术认可、全面分析现场可行性、综合平衡利弊得失、确认采纳实施,从而达到进一步减重的效果,缓解重量控制的严峻形势。

(4) 调整定位方案,减少自带锚链。

对于配备锚泊定位、动力定位双定位系统的平台,可调整定位方案,锚泊定位采用预抛锚操作方案,或者锚泊定位水深较大的作业海域改为动力定位,从而减少锚链自带量,避免可变载荷的降低。定位方案的调整,对平台定位系统操作要求以及三用工作船配置等有所影响,需做综合评估。

(5) 维持平台结构,调整作业吃水。

在不改变平台结构的前提下调整作业状态,通过增加作业吃水从而增加排水量,以抵消重量增加对可变载荷的影响。作业状态的调整,应对稳性、结构强度、运动性能等进行计算分析和技术评估,确保平台的总体性能,其中需要特别注意的是气隙。相对钻井作业状态而言,拖航状态可变载荷的降幅较为严重,可考虑增加深吃水拖航工况,通过大幅提高排水量从而实现可变载荷。但深吃水拖航的阻力增大,水线面由下浮体升至立柱对稳性裕度有所影响,此方案的取舍需综合利弊、具体评定。

(6) 增加附体结构,提高排水量。

下浮体增加大型附体结构,扩大下浮体尺度,从而显著提高排水量。这一改动较大,影响其广,可变载荷损失不严重的情况下一般不予考虑。如果重量增加引起可变载荷大幅减少,空船减重数量有限,定位方案、作业状态等的调整无法明显改善可变载荷指标,严重影响到平台的自持作业能力,此时增加附体结构不失为推进工程项目实施的有效途径。

8.4.6　结语

重量控制,是深海半潜式钻井平台工程项目成败的关键要素之一。在前文专项研究重量控制各方面的基础上,现补充说明几点:

(1) 重心的控制包括重量的平衡分布以及重心的降低,降低重心是重量控制中不容忽视的重要一环。

(2) 重量控制一定程度上意味着设计、建造成本的增加,需从平台整体运营效率分析其利弊。

(3) 钻井平台安全的重要性毋庸置疑,但没有绝对的安全概念。对于超出规范规则安全标准的冗余设计,应就其对平台各方面的影响进行综合评定而取舍,忌冗余、保守的经验设计引起重量过度增加。

(4) 安全、功能、技术指标对平台而言都相当重要,全面分析、综合平衡的全局观念才是平台设计、建造、作业中的有效途径。

参考文献

[1] 中国船舶工业集团公司第 708 研究所. 工信部高技术船舶科研计划"深海半潜式钻井平台工程开发"课题报告《总体综合性能研究》[R]. 2010.

[2] 刘海霞. 深海半潜式钻井平台的总布置[J]. 中国海洋平台,2007;22(2).

[3] 中国船级社. 海上移动平台入级与建造规范[S]. 北京:人民交通出版社,2005.

[4] ABS. Rules for Building and Classing Mobile Offshore Drilling Units [S]. 2006.

[5] IMO. Code for the Construction and Equipment of Mobile Offshore Drilling Units [S]. 2001.

8.5 动力定位 DP - 3 在钻井平台上的设计与应用

8.5.1 引言

动力定位系统在船舶和海洋工程有着大量的应用,特别是在深水石油开发钻井平台中成为必备的关键重要的设备。

海洋钻井平台在钻井作业过程中要求其不受海洋气象环境的影响保持在一个相对确定的海面位置上。早期浅水浮式钻井平台采用锚定位的方式可以胜任该项作业要求,但随着水深的增加,特别在大于 1 000 m 水深时,从技术和经济角度考虑已不能适应实际的需要,例如深水抛锚作业困难加大,布链作业变得复杂,锚泊系统的抓地力随水深增大而减小,锚链长度、强度和重量随水深特别是在深水环境下急剧增加,锚泊系统的造价和安装费用猛增等因素均限制了锚泊定位系统在深水浮式钻井平台上的应用。

动力定位系统是一种闭环的控制系统,其功能是通过各种传感器不断检测出钻井平台的实际位置与需要的目标位置的偏差以及风浪流的外界干扰影响,计算出使钻井平台恢复到目标位置所需推力的大小、方向,并对平台上各推力器进行推力分配,产生推力,从而使钻井平台保持在所要求的目标位置上。动力定位的优点是能适应各种水深的定位要求,定位成本不会受水深的增加而增大,操作简便。动力定位操作系统能使平台始终处于受风浪作用力最小的方向上以减少系统能源的消耗和机械磨损,同样动力定位系统也可以与平台上的锚泊系统配合,在浅水或中浅水深的海域钻井作业时,用锚泊系统补充动力定位,实现最少的能源消耗,具有绿色环保的意义。

8.5.2 动力定位的规范要求

1) 船级符号

船级符号是船级社授予船舶的一个等级标志。对于动力定位系统来说,各船级社根据船东对动力定位系统的功能和设备冗余度的不同要求授予不同的附加标志,这对钻井平台工程项目的国际投标和向保险公司投保具有重大意义。

各船级社授予动力定位系统的附加标志如表 8.5.1 所示。

表 8.5.1 船级社动力定位附加标志比较表

船级社		附 加 标 志				
DNV	符号	DYNPOS T	DYNPOS AUTS	DYNPOS AUT	DYNPOS AUTR	DYNPOS AUTRO
	说明	设备无冗余,半自动保持船位	设备无冗余,自动保持船位	具有推力遥控备用和位置参考备用,自动保持船位	在技术设计中具有冗余度,自动保持船位	在技术设计和实际使用中具有冗余度,自动保持船位
LR	符号		DP(CM)	DP(AM)	DP(AA)	DP(AAA)
	说明		集中手控	自动控制和一套手动控制	动力系统的单个故障,布置导致失去船位	一舱失火或浸水时,能自动保持船位
BV	符号		SAM	AM/AT	AM/AT R	AM/AT RS
	说明		半自动模式	自动模式,自动跟踪,要求Ⅰ级设备	自动模式,自动跟踪,要求Ⅱ级设备	自动模式,自动跟踪,要求Ⅲ级设备
ABS	符号		DPS-0	DPS-1	DPS-2	DPS-3
	说明		集中手动控制船位,自动控制艏向	自动保持船位和艏向,还具有独立集中手控船位和自动艏向控制	单个故障(活动部件和系统)情况下,自动保持船位和艏向	一舱失火或浸水时,能自动保持船位和艏向
GL	符号			DP1	DP2	DP3
	说明			发生单个故障,会造成位置丢失	单个故障(活动部件和系统)情况下,不造成位置丢失	一舱失火或浸水时,不造成位置丢失
CCS	符号			DP-1	DP-2	DP-3
	说明			自动保持船位和艏向,还具有独立集中手控船位和自动艏向控制	单个故障(活动部件和系统)情况下,自动保持船位和艏向	一舱失火或浸水时,能自动保持船位和艏向
IMO	符号			1级设备	2级设备	3级设备
	说明			发生单个故障,会造成位置丢失	单个故障(活动部件和系统)情况下,不造成位置丢失	一舱失火或浸水时,不造成位置丢失

2) 动力定位系统设备配置要求

为了实现钻井平台在海上作业位置和艏向方位的定位,动力定位系统主要包括下列几个分系统。

(1) 电力系统包括:发电机组;主配电板;与推力器供电相适应的变频器。

(2) 测量系统包括:环境风浪流的检测传感器;钻井平台运动传感器;位置测量系统。

(3) 控制系统包括:控制计算机;信号采集传输网络;操作控制台、打印机等。

(4) 推力器系统:产生抵抗外界干扰力,维持钻井平台目标位置所需的推力。

船级社授予不同的动力定位附加标志,其要求的设备配置也不同,主要区别在设备配置的冗余度上,表8.5.2列出了动力定位系统设备配置的要求(以CCS要求为例)。

表 8.5.2 动力定位系统的设备配置要求

附加标志		DP-1	DP-2	DP-3
动力系统	发电机和原动机	无冗余	有冗余	有冗余,舱室分开
	主配电板	1	1	2,舱室分开
	功率管理系统	无	有	有
推力器	推力器布置	无冗余	有冗余	有冗余,舱室分开
控　制	自动控制,计算机系统数量	1	2	3(其中之一在另一控制站)
	手动控制,带自动定向的人工操纵	有	有	有
	各推力器的单独手柄	有	有	有
传感器	位置参照系统	2	3	3(其中之一在另一控制站)
	垂直面参照系统	1	2	2
	陀螺罗经	1	2	3
	风速风向	1	2	3
UPS 电源		1	1	2,舱室分开
备用控制站		没有	没有	有

3) 动力定位附加标志的选择

在20世纪90年代末以来世界上建造或更新改造具有动力定位系统的半潜式钻井平台约有49艘,其中绝大多数具有DP-3的等级标志。如表8.5.3所示。

表 8.5.3　1998 年以来建造更新的半潜式钻井平台入级标志等级统计

No.	DP-3	DP-2	DP-1	Σ
1	28 艘	17 艘	4 艘	49 艘
2	57.1%	34.6%	8.1%	
3	钻井作业水深 1 250～3 600 m	钻井作业水深 1 500～3 000 m	钻井作业水深 1 500～3 000 m	

首先,从表 8.5.2 可以看出,不同动力定位附加标志对于设备的配置和放置位置的区别很大。概括而言有以下几点:

(1) DP-1 的附加标志:不考虑系统设计的冗余。仅考虑自动保持船位和艏向即可。

(2) DP-2 的附加标志:相对于 DP-1 来说,除了考虑自动保持船位和艏向,还需考虑设备的冗余,不应因为单点故障使得动力定位系统失效。

(3) DP-3 的附加标志:要求相对较高,相对于 DP-2 来说,除了考虑设备的冗余,冗余的设备之间需用 A60 进行分隔。

再者,深水半潜式钻井平台属于高附加值的海洋工程,造价十分昂贵,工作环境十分恶劣。在平衡了对于安全性和经济性和分析,DP-3 的附加标志已成为深水半潜式钻井平台的主流。

综上所述,本节将对深水半潜式钻井平台对于 DP-3 附加标志的构成及优化进行研究。

4) 动力定位附加标志 DP-3 要求

以 CCS 为例,根据 CCS:钢质海船入级规范 2006 第 8 篇 第 11 章 动力定位系统。

DP-3 附加标志有如下说明。

DP-3:安装有动力定位系统的船舶,在出现任一故障(包括由于失火或进水造成一个舱室的完全损失)后,可在规定的环境条件下,在规定的作业范围内自动保持船舶的位置和艏向。

8.5.3　动力定位系统 DP-3 对动力系统的影响

1) 推进器系统

以目前正在设计和建造的 3 000 m 深水半潜式钻井平台——"海洋石油 981"为例,根据动力定位能力分析报告,平台选用 8 台全回转推进器,分别布置在平台的四个角落,每个角落两台(见图 8.5.1)。为了满足钻井工况和生存工况的定位要求,需考虑舱室的损失,平台最多可以失去对角布置的两台推进器,使用剩余的 6 台推进器仍应有足够的横向和纵向推力以及控制首向的转向力矩。根据 DP 分析报告,在失去对角布置的两台推进器的情况下,满足 360°定位能力,电机的最高使用系数为 85%左右。

2) 中压柴油发电机组

平台配置 8 台主柴油发电机组,柴油发电机配置独立的燃油输送泵,用于发电机的燃油供给。机带滑油泵用于柴油发电机运行时滑油的正常循环。4 台主机海水冷却水泵工作于环网的形式,对 4 套主机冷却器进行海水供给。4 台主机海水冷却水泵分别布置在 4 个角落,失去任何一台不会影响发电机系统的正常工作。4 套主机冷却器放置在 4 个机舱,每套用于两台主发电机的淡水冷却。8 台主柴油发电机放置在 4 个独立机舱内,平均 2 台位于一个机舱。机舱之间使用 A60 分割,以保证一个机舱失火后短时内不会影响到其他处所。每个机舱的两台发电机

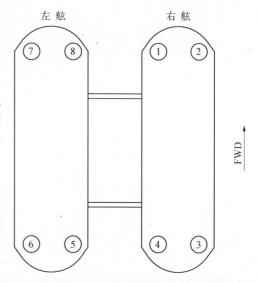

图 8.5.1　平台推进器布置

分别对应对角布置的两台推进器。由于动力定位分析报告得出结论,平台可以在失去任意两台对角布置的推进器的情况下,满足恶劣海况下的定位要求。也就是说,失去任意一个机舱可以不会影响平台的定位能力。

3) 中压配电板

中压配电板是整个电力地系统的中心,负责发电机的保护、中压变压器的保护、发电机组的自动手动同步并车、接地系统的保护等工作。为了设计和配置满足 DP3 规范要求,平台配置了 4 套独立的中压配电板,分别放置在 4 个独立的配电板室中,其中配电板室之间使用 A60 划分成不同防火区(见图 8.5.2)。

每个中压配电板负责放置在一个机舱的两台主发电机和对角布置的两台主推进器。分配如下:

1 号中压配电板——1 号/5 号主发电机,1 号/5 号主推进器;
2 号中压配电板——2 号/6 号主发电机,2 号/6 号主推进器;
3 号中压配电板——3 号/7 号主发电机,3 号/7 号主推进器;
4 号中压配电板——4 号/8 号主发电机,4 号/8 号主推进器。

其中每个中压配电板负责的主推进器都为对角布置。根据动力定位分析报告,在最恶劣的情况下,只能失去对角的两个推进器,才能满足动力定位的最低要求。因此考虑每个机舱,每个中压配电板对应负责对角的推进器,使得在失去任何一舱的情况下满足动力定位要求,从而符合 DP-3。

4) 中压船用变压器

船用负载变压器共有 4 台,11 kV/480 V,分别连接在 4 台中压配电板上,负责对 480 V 低压配电板的供电。

由于连接船用负载变压器的相应 480 V 低压配电板上连接着推进器、主发电机的马达控制中心,因此在放置船用负载变压器时也需要考虑 DP-3 的因素。4 台船

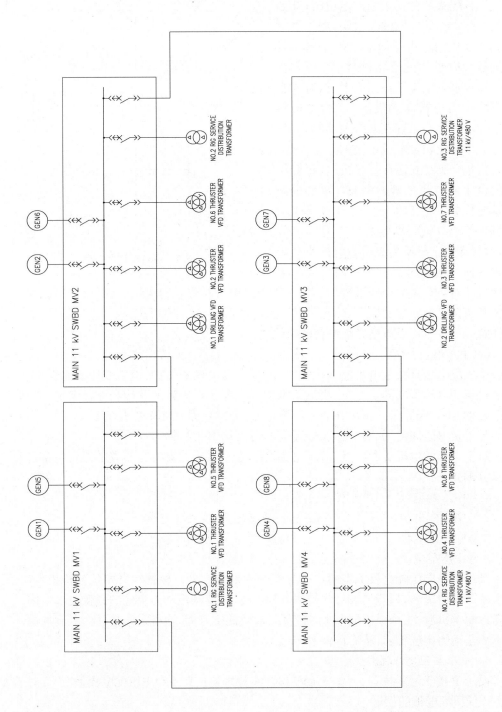

图 8.5.2 中压电力系统单线图

用负载变压器分别放置在 4 个独立的配电板室中,其中配电板室之间使用 A60 划分成不同防火区。

5）接地装置

平台使用中性点经高阻接地,优点在于:能减少电弧接地过电压的危险性;可以使灵敏而有选择性的接地保护得以实现;接地电流比较小,对邻近通信线路的干扰也比较弱。

由于中压配电板由 4 段母排构成,因此配置 4 台接地变压器,4 台接地电阻接于每段母排之上。4 台接地变压器、4 台接地电阻分别放置在 4 个配电板间内,配电板之间用 A60 隔开。因此即使失去一个配电板间也不会使得动力定位能力失效。

6）不间断电源

中压配电板采用冗余的 DC110V 不间断电源作为控制和应急脱扣电源,为了满足 DP-3 的要求,需要配置 4 块 DC110V 不间断电源,分别用于 4 块中压配电板。这 4 台不间断电源分别放置在 4 个配电板间,不会因为失去一个配电板间而导致中压配电板失效。

同时,主发电机就地控制箱也需要 AC 220V 不间断电源完成应急操作。因此,配置 4 台 AC 220V 发电机不间断电源分别放置在 4 个配电板间不会因为失去一个配电板间而导致发电机系统失效。

8.5.4 动力定位系统 DP-3 控制系统

动力定位系统本质上是一套控制系统,由计算机根据平台的数学模型和姿态输出控制信号给推进控制器系统,进而操作全回转推进器克服环境变化的力量,使平台保持选定的航向和位置。根据 IMO DP3 的要求,本平台的动力定位系统设有冗余的主 DP 系统和非冗余的后备 DP 系统,并配有手动的单手柄操作系统。主 DP 系统和后备 DP 系统应位于不同的防火区域。

动力定位系统(DP)是中央控制系统的组成部分之一。中央控制系统的拓扑结构如图 8.5.3 所示。其中控制站可分为动力定位控制站、数据记录控制站、模拟器控制站三种。控制站作为中控系统的一部分,连接于冗余的网络 A,B 和管理网络 C,也就是说每个控制站都可以通过 A 网络或者 B 网络传输数据。这样就能保证在单一故障的情况下,不影响动力定位系统的正常工作。

动力定位控制站设置对推进器的手动和自动控制。手动控制可以完成:起动、停车、方位和螺距/转速控制。推进器手动控制在任何时候都能起作用,包括自动控制和联合操纵杆控制出现故障的情况下。

动力定位控制站设置对于每一推进器的独立的应急停止装置。

根据 DP 附加标志的不同所配备的控制站系统是有区别的。要求如下:

DP-2——在计算机系统或其辅助设备出现任何个别故障后,执行推力自动控制的计算机系统应能控制推力器,这个要求可通过两个或两个以上并行工作的计算机系统来完成,可选择一个计算机系统在线工作,其他的计算机系统作为热备用。这种

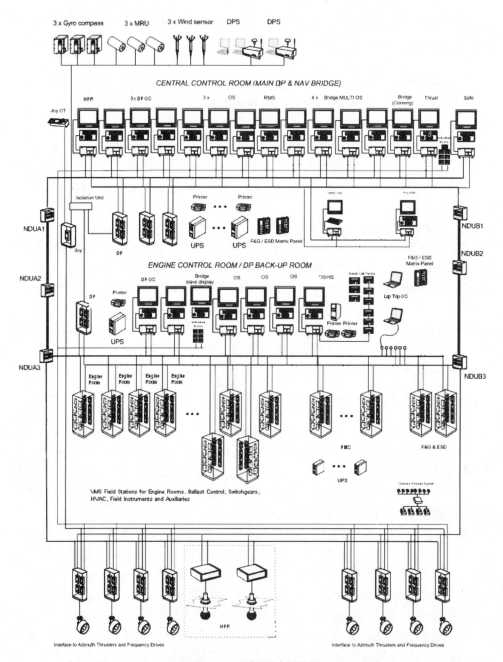

图 8.5.3　中控系统拓扑图

选择可手动完成;计算机系统应执行探测故障的自检程序;如在线工作的计算机系统失效,应自动转换至备用计算机系统;如备用系统或与备用系统相连的传感器或位置参照系统中的任何一个出现故障时,应发出报警;在操作板上应显示正在实施控制的控制系统的标志。

　　DP-3——计算机系统应满足 DP-2 附加标志的要求;应设有一个自动备用系

统,该备用系统所在控制站与主系统所在控制站之间的分隔应为 A‑60 级;如主系统选用的是一个三联计算机系统,并满足备用系统的独立条件,则这些计算机中的一台可作为备用计算机;备用系统应由操作者在主 DP 控制站或备用控制站起动,这种转换应确保任何单个故障不会造成主控制系统和备用控制系统同时失效。

动力定位系统由以下几个部分组成:

- 主 DP 控制系统;
- 后备 DP 控制系统;
- 单手柄操作系统(Joystick);
- DP 传感器系统。

分系统描述如下:

(1) 主 DP 控制系统。

主 DP 控制系统是一个冗余设计的控制系统,收集所有传感器信息,经过表决作为推进器控制命令的输出依据。系统满足 DP‑3 附加标志的要求,不同系统控制站之间使用冗余的工业互联网进行高速数据传输,使用光纤电缆作为数据传输的工具。

主 DP 控制系统相关的辅助系统,如罗经、不间断电源等也需要放置在中控室或者相邻的电气设备间。每个 DP 控制台和 DP 控制站都拥有自己的不间断电源用于应急时的操作。

DP 控制系统配置一台规划控制站。该控制站有以下几个功能:离线操作训练模拟功能,定位能力模拟功能,显示电子海图功能。

(2) 备用 DP 控制系统。

备用 DP 控制系统安装在集控室/备用 DP 控制室。备用 DP 控制系统与主 DP 控制系统之间使用 A60 进行分隔。备用 DP 控制系统使用单独的传感器系统和不间断电源进行工作。备用 DP 控制系统中不同系统控制站之间,以及备用 DP 控制站与主 DP 控制站之间使用冗余的工业互联网进行高速数据传输,使用光纤电缆作为数据传输的工具。

(3) 单手柄操作系统(Joystick)。

在单手柄操作模式,操作者使用三轴单手柄对船位进行操作控制。单手柄操作使得平台在横向和纵向移动,旋转手柄使得平台旋转。当电力系统过负荷时,DP 控制系统会减少定位要求以满足电力系统的需要。

(4) DP 传感器系统。

在有风、浪、流共同作用的复杂海况下,钻井平台具有 6 个自由度的运动特征,即纵荡、横荡、艏摇、纵摇、横摇和垂荡。动力定位系统是否满足钻井平台的作业要求,很自然地取决于动力定位系统所用的测量系统,要求以足够的速度和精度获取所需的信息,以便控制系统计算出推力器指令。动力定位控制钻井平台的运动主要是水平面的三个自由度:纵荡、横荡和艏摇,因此控制系统所需的信息包括平台位置,艏向以及外部干扰力的信息。对于深海钻井平台来说主要有如下几种适用的测量装置。

- 风速仪:

测量风向和风速,安装的理想位置,在敞开的甲板和桅杆上,不受周围建筑物的影响。

● 电罗经：

测量平台的艏向，通常安装在中央控制室内。

● 钻井平台运动参考单元：

测量平台的纵摇、横摇和垂荡，安装位置选择在平台的回转中心。

● 差分全球定位测量系统：

测量平台的地理位置，利用海事卫星定位精度可达 1～5 m。

● 水声探测系统：

测量平台相对于海底应答器的位置，从而精确定位，此系统的传感器由安装于平台下沉垫的水声发射接收器和布于海底的应答器组成。系统依靠信号从发射器经过水传播和应答器到达接收器，然后根据接收到的信号计算出船体的位置。

8.5.5 动力定位系统 DP-3 对电缆走向的设计要求

1) DP-3 附加标志对电缆走向的设计要求

根据各个船级社对于 DP-3 附加标志的要求，冗余设备或系统的电缆不应与主系统一起穿越同一个舱室，当不可避免时，电缆应安装在 A-60 级电缆通道内，电缆的接线箱不应设置在这类电缆通道内。

这样的要求对于电缆走向的设计要求很高，首先要分析得出哪些种类的电缆与动力定位有关，也就是如果某个舱室失火或者浸水，该舱室中电缆的故障会使动力定位能力失效，就必须采取措施加以保护，如使用 A60 舱壁进行分隔或使用 A60 电缆通道。

经过分析得出：

(1) 用于推进器系统的电缆与 DP 有关。即用于 8 个推进器的电缆不能经过同一个舱室，若交叉需用 A60 通道隔开。

(2) 用于中压配电板的电缆与 DP 有关。即用于 4 个中压配电板的电缆不能经过同一个舱室，若交叉需用 A60 通道隔开。

(3) 用于低压主配电板的电缆与 DP 有关。即用于 4 个低压主配电板的电缆不能经过同一个舱室，若交叉需用 A60 通道隔开。

(4) 用于主发电机的电缆与 DP 有关。即用于 4 个主发电机的电缆不能经过同一个舱室，若交叉需用 A60 通道隔开。

(5) 用于中压船用变压器的电缆与 DP 有关。即用于 4 个中压船用变压器的电缆不能经过同一个舱室，若交叉需用 A60 通道隔开。

(6) 用于中控系统的电缆与 DP 有关。即用于 A,B 网络的电缆不能经过同一个舱室，若交叉需用 A60 通道隔开。

(7) 用于钻井系统的电缆与 DP 无关，不需要考虑分隔问题。

2) 举例

图 8.5.4 为平台 4 个主配电板间至 4 个发电机舱的电缆走向。点画线为中压电缆，粗实线为低压电缆，细实线表示 A60 舱壁，细虚线表示增加的 A60 舱壁。服务于不同推进器的电缆需用 A60 舱壁进行隔开，以满足 DP-3 附加标志的要求。

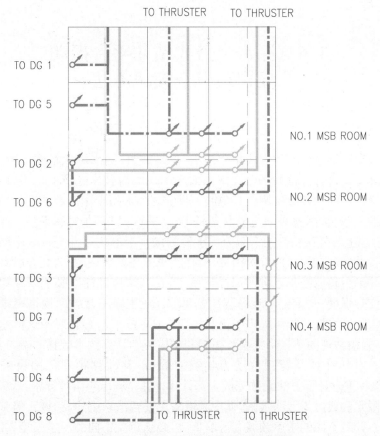

图 8.5.4　配电板至发电机电缆走向图

　　用于 8 个推进器的电缆不能经过同一个舱室,若交叉需用 A60 通道隔开。当 4 块中压配电板相邻,且每块中压配电板连接对角布置的推进器时,大量的 A60 通道会被使用到用于电缆与电缆之间的隔开。显然对于空船重量极其敏感的平台而言是十分不利的。对于 DP－3 的平台来说,合理的布置 4 个机舱和 4 个主配电板间的重要性就显得尤其突出。

8.5.6　结束语

　　总之,DP－3 动力定位系统在系统设计上需要充分考虑到 DP－3 系统冗余和分隔。作为国内首创的第六代深水半潜式平台,DP－3 动力定位系统在"海洋石油 981"上的设计及应用,将为我国在高技术、高附加值的海洋工程领域的发展起着重大的推动作用,并对今后动力定位系统在深水海洋工程装置上的广泛使用奠定了良好的基础。

参考文献

[1]　中国船级社. 钢质海船入级规范[S]. 2006.
[2]　美国船级社. ABS MODU Rules[S]. 2006.
[3]　KONGSBERG. DP 分析报告[R]. 2008.

8.6　深水半潜式钻井平台振动噪声预报全频域方法

8.6.1　引言

　　传统的导管架平台和重力式平台由于自重和造价随水深大幅度地增加,不适应深水油气开发。自升式钻井平台在水深大于 150 m 时技术经济上也不可行,而钻井船由于其稳定性问题实际应用受到限制。目前国际上用于深海石油勘探钻井的主要装备是半潜式平台,深海采油主要装备是 Spar 平台、TLP 张力腿平台与浮式采油船 FPSO 等[1]。上海外高桥造船有限公司承建的深水半潜式钻井平台是中国在深海石油钻采装备设计制造领域的首次探索,填补了我国在该领域的空白。众所周知,深水半潜式钻井平台长期处于恶劣的海洋环境中,在其结构设计中必须采取相应的设计措施满足疲劳强度、安全生产及舒适性等要求。业主在平台技术规格书中对平台上层建筑舱室和环境振动噪声提出了更高的要求(见表 8.6.1)。对于这样超大型海洋工程结构,采用常规的减振降噪设计措施和相应声学计算技术既耗时费力,又有较大技术难度。声学计算是宽频域动力学响应分析,其计算频率范围覆盖 16 Hz～20 kHz,单一声学计算方法无法完成全部计算。在全频域声学计算中,低频域一般采用声学有限元法或边界元法求解;低中频域采用混合法求解;高频域一般采用统计能量法求解。针对不同的求解频域和求解算法,必须建立不同的声学模型,如声学有限元/边界元模型、杂交模型和统计能量子系统模型等,配备不同的声学分析软件[2]。对于深水半潜式钻井平台这样大型复杂的结构,软件接口、求解规模与求解效率是难以逾越的难题。

表 8.6.1　深水半潜式钻井平台噪声限值标准

位　　置	噪声限值 /dB(A)	位　　置	噪声限值 /dB(A)
Washing facilities(洗衣设备间)	60	Workshops(工作间)	70
Changing Room,Toilet(更衣室/厕所)	60	General stores(储藏室)	70
Dining Rooms(餐厅)	55	Kitchens(厨房)	60
Recreation Rooms(娱乐室)	50	Control rooms（控制间）	55
Theatre/meeting rooms(会议室)	45	Offices(办公室)	55
Television rooms(电视间)	45	Laboratories(图书馆)	55
Sleeping areas(居住舱室)	45	Communications rooms(通信间)	45
Medical rooms(医务室)	45	Quiet rooms(静音室)	45

VA One 是法国 ESI 集团于 2005 年推出的全频段振动噪声分析的模拟环境,把有限元分析(FEA)、边界元分析(BEM)、统计能量分析(SEA)及其混合分析(hybrid)集中于统一的模拟环境。同时,VA One 提供有限元、边界元和统计能量分析的耦合形式,能够统一而可靠地进行全频谱范围的求解。VA One 本身包含有一系列的内部求解器,从而可以满足对振动噪声分析的需要。另外,VA One 软件还包括有与外部求解器的接口,以确保与目前振动噪声分析和设计过程的兼容性。VA One 具有很大的灵活性,可以让用户选择基于成本、时间和计算资源的最佳模拟方案。

本节通过基于声学有限元法、混合法和统计能量法的全频域结构振动声学分析软件 VA One,实现同一计算软件平台下全频域大型海洋工程结构声学建模与计算,为深水半潜式钻井平台声学设计提供新的解决途径。

8.6.2 振动噪声计算基本方程与解法

1) 声学基本方程

在瞬态声源激励 $q(\boldsymbol{r}, t)$ 作用下产生的瞬态声场中,声压 $p(\boldsymbol{r}, t)$ 满足波动方程:

$$\nabla^2 p(\boldsymbol{r}, t) - \frac{1}{c^2} \frac{\partial^2 p(\boldsymbol{r}, t)}{\partial t^2} = q(\boldsymbol{r}, t) \tag{1}$$

若声源激励为简谐激励,即 $q(\boldsymbol{r}, t) = \bar{q}(\boldsymbol{r}) \mathrm{e}^{i\omega t}$,则所产生的声场为稳态声场。此时波动方程可简化为 Helmholtz 方程:

$$\nabla^2 p(\boldsymbol{r}, \omega) + k^2 p(\boldsymbol{r}, \omega) = \bar{q}(\boldsymbol{r}) \tag{2}$$

振动是噪声产生的根源。由结构振动产生的结构声场的声压仍满足上述方程。在船舶和海洋平台结构声学计算中常考虑 Helmholtz 方程。

方程(1)为双曲型方程,方程(2)为椭圆型方程。对应的不同类型声学边界条件见表 8.6.2。

表 8.6.2　不同类型声学边界条件

边界类型	波 动 方 程	Helmholtz 方程
Dirichlet(压力边界)	$p(\boldsymbol{r}, t) = \bar{p}(\boldsymbol{r}, t)$	$p(\boldsymbol{r}, \omega) = \bar{p}(\boldsymbol{r}, \omega)$
Neumann(速度边界)	$\dfrac{\partial p(\boldsymbol{r}, t)}{\partial n} = -\rho \dfrac{\partial v_n(\boldsymbol{r}, t)}{\partial t}$	$\dfrac{\partial p(\boldsymbol{r}, \omega)}{\partial n} = -\mathrm{i}\rho\omega \bar{v}_n(\boldsymbol{r}, \omega)$
Robin(混合边界)	$\dfrac{\partial p(\boldsymbol{r}, t)}{\partial n} = -\bar{A}(\boldsymbol{r}) \dfrac{\partial p(\boldsymbol{r}, t)}{\partial t}$	$p(\boldsymbol{r}, \omega) = \bar{Z}(\boldsymbol{r}, \omega) v_n(\boldsymbol{r}, \omega)$

式中: $k = \omega/c$ 为波数; ω 为圆频率; c 为流体介质中的声速; ρ 为流体介质的密度; n 为结构表面外法向; v_n 为结构表面外法向振速; $\bar{A}(\boldsymbol{r})$ 为结构表面的导纳; $\bar{Z}(\boldsymbol{r}, \omega)$ 为结构表面的阻抗。

考虑结构振动与声场的流固耦合关系,振动声学基本方程中应加入结构振动方程。

2) 振动声学基本方程数值计算方法

理论、数值计算和实验是声学研究的主要方法。求解声学方程常用的方法有两类：解析法和数值法。其中解析法局限于求解较为规则简单结构在特殊激励下的振动声学问题，如分离变量法、摄动法。声学数值计算的主要任务就是求给定振动、声学和几何约束边界条件下上述偏微分方程组的数值解，包括能量法、阻抗分析法、有限差分法、有限元法、无限元法、边界元法、双渐近展开法以及波动法等。

(1) 考虑流固耦合的结构振动噪声问题有限元解法。

空腔结构振动有限元动力学方程为

$$\boldsymbol{M}_e \ddot{\boldsymbol{U}}_e + \boldsymbol{C}_e \dot{\boldsymbol{U}}_e + \boldsymbol{K}_e \boldsymbol{U}_e = \boldsymbol{F}_e + \boldsymbol{F}_e^{P_r} \tag{3}$$

式中：$\boldsymbol{M}_e$，$\boldsymbol{C}_e$，$\boldsymbol{K}_e$，$\boldsymbol{F}_e$ 分别为结构质量矩阵、结构阻尼矩阵、结构刚度矩阵和结构外载荷激励，$\boldsymbol{F}_e^{P_r}$ 为空气与结构界面声压向量。

声学有限元法是用有限单元将声传播的空气域离散化，根据声学波动方程求解空气域中的声特性。声学波动方程的空腔声学有限元状态方程为

$$\boldsymbol{M}_e^p \ddot{\boldsymbol{p}}_e + \boldsymbol{C}_e^p \dot{\boldsymbol{p}}_e + \boldsymbol{K}_e^p \boldsymbol{p}_e + \rho \boldsymbol{R}_e^{\mathrm{T}} \ddot{\boldsymbol{U}}_e = \{0\} \tag{4}$$

式中：$\boldsymbol{M}_e^p$，$\boldsymbol{C}_e^p$，$\boldsymbol{K}_e^p$，$\rho \boldsymbol{R}_e^{\mathrm{T}}$ 分别为空气质量矩阵、空气阻尼矩阵、空气刚度矩阵和结构-声学耦合质量矩阵。$\boldsymbol{p}_e$ 为空气单元节点声压向量，$\boldsymbol{U}_e$ 为节点位移向量，$\boldsymbol{F}_e^{P_r} = \boldsymbol{R}_e^{\mathrm{T}} \boldsymbol{p}_e$。

将空气与结构两方程联立得结构-声学耦合问题的状态方程式：

$$\begin{bmatrix} \boldsymbol{M}_e & 0 \\ \rho \boldsymbol{R}_e^{\mathrm{T}} & \boldsymbol{M}_e^p \end{bmatrix} \begin{bmatrix} \ddot{\boldsymbol{U}}_e \\ \ddot{\boldsymbol{p}}_e \end{bmatrix} + \begin{bmatrix} \boldsymbol{C}_e & 0 \\ 0 & \boldsymbol{C}_e^p \end{bmatrix} \begin{bmatrix} \dot{\boldsymbol{U}}_e \\ \dot{\boldsymbol{p}}_e \end{bmatrix} + \begin{bmatrix} \boldsymbol{K}_e & -\boldsymbol{R}_e^{\mathrm{T}} \\ 0 & \boldsymbol{K}_e^p \end{bmatrix} \begin{bmatrix} \boldsymbol{U}_e \\ \boldsymbol{p}_e \end{bmatrix} = \begin{bmatrix} \boldsymbol{F}_e \\ 0 \end{bmatrix} \tag{5}$$

(2) 振动噪声问题的 FE - SEA 混合计算方法。

对于中频域内声学计算，单纯使用统计能量法、有限元法或边界元法都有效率和计算精度问题。最佳的方法是采用 R. S. Langley，P. J. Shorter 和 V. Cotoni 提出的声学有限元与统计能量混合方法[3~5]。根据该方法，结构振动噪声可由下列公式得到：

$$\omega(\eta_j + \eta_{d,j}) E_j + \sum_n \omega \eta_{jk} n_j \left(\frac{E_j}{n_j} - \frac{E_k}{n_k} \right) = P_{\mathrm{in},j}^{\mathrm{ext}} \tag{6}$$

$$< S_{qq} > = \boldsymbol{D}_{\mathrm{tot}}^{-1} \left[S_{ff} + \sum_k \frac{4 E_k}{\omega \pi n_k} \mathrm{Im}\{\boldsymbol{D}_{\mathrm{dir}}^{(k)}\} \right] \boldsymbol{D}_{\mathrm{tot}}^{-H} \tag{7}$$

其中方程(6)代表耦合统计能量方程，方程(7)代表耦合动力学有限元方程。S_{ff} 为载荷 f 的正交形式，$< S_{qq} >$ 为 S_{ff} 的正交谱分解形式的期望值，$\boldsymbol{D}_{\mathrm{tot}}$ 为系统总体动态刚度矩阵，$\boldsymbol{D}_{\mathrm{dir}}^{(k)}$ 为第 k 个统计能量子系统直接场动态刚度矩阵。$P_{\mathrm{in},j}^{\mathrm{ext}}$ 为第 j 个统计能量子系统直接场的耦合平均输入能量。其中

$$P_{\mathrm{in},j}^{\mathrm{ext}} = \frac{\omega}{2} \sum_{rs} \mathrm{Im}\{\boldsymbol{D}_{\mathrm{dir},rs}^{(j)}\} (\boldsymbol{D}_{\mathrm{tot}}^{-1} S_{ff} \boldsymbol{D}_{\mathrm{tot}}^{-H})_{rs} \tag{8}$$

$$\omega\eta_{jk}n_j = \frac{2}{\pi}\sum_{rs}\mathrm{Im}\{\boldsymbol{D}_{\mathrm{dir},\,rs}^{(j)}\}(\boldsymbol{D}_{\mathrm{tot}}^{-1}\mathrm{Im}\{\boldsymbol{D}_{\mathrm{dir}}^{(k)}\}\boldsymbol{D}_{\mathrm{tot}}^{-H})_{rs} \tag{9}$$

$\omega\eta_{jk}n_j$ 表示第 j 个子系统反射场单位模态密度中,第 k 个子系统直接场的耦合平均输入能量。

$$\omega\eta_{d,\,j} = \frac{2}{\pi n_j}\sum_{rs}\mathrm{Im}\,\{\boldsymbol{D}_d\}_{rs}(\boldsymbol{D}_{\mathrm{tot}}^{-1}\mathrm{Im}\{\boldsymbol{D}_{\mathrm{dir}}^{(j)}\}\boldsymbol{D}_{\mathrm{tot}}^{-H})_{rs} \tag{10}$$

式中: $\omega\eta_{d,\,j}$ 为第 j 个反射场每模态密度上确定性子系统的能量损耗, $\boldsymbol{D}_d$ 为确定性子系统的动态刚度矩阵,其他细节见参考文献[2~4]。

目前用于声学计算的软件有 LMS/SYSNOISE 振动声学软件、AutoSEA/VA One 声学软件、MSC/ACTRAN 声学有限元分析模块、ANSYS 软件声学有限元分析模块和 ABAQUS 软件声学分析模块等。以往的船舶及浮式生产储油船(FPSO)振动噪声数值预报一般采用多个软件分别建模接力分析,最后综合评价,计算结果的兼容性和交互性非常差,计算效率也比较低。VA One 声学软件是近年来推出的实现声学有限元法与声学混和法的软件,可进行同一软件环境下的一体化声学建模与计算。但在深水半潜式钻井平台这样超大型复杂海洋工程结构设计中还没有应用先例,本节尝试利用 VA One 软件对深水半潜式钻井平台的低中频噪声进行了计算和预报,验证了 VA One 软件的计算可行性、计算效率和计算精度。

8.6.3　深水半潜式钻井平台振动噪声预报流程

该深水半潜式钻井平台具有自航能力,双体船型带有一个连续甲板,配备 DP3 动力定位系统,是一个超大型的复杂海洋工程设施。主甲板月池区域布置用于钻井的井架、立管固定设备及起重设备等设备。生活区布置在平台首部,直升机平台布置于生活楼顶部。另外,主甲板上还布置着应急发电机、振动筛房、空调/通风和控制室等模块。该平台上与振动噪声有关的振源、噪声源包括电站设备、各种泵、压缩机、空调器和油气水处理动力机械等。

进行振动声学计算时,除需要上述振源和噪声源初始数据外,还需要钻井平台结构总布置图、舱室设计图、船上隔声构造的典型方案图等相关图纸,以及门、窗、地板、隔板的材料列表及其几何参数、物理参数、质量和声学特性等数据。

参考船舶噪声计算预报的一般流程,以及文献[2]提出的浮式生产储油船(FPSO)振动噪声混和数值预报技术,本研究中同一软件环境平台下(VA One 声学软件)深水半潜式钻井平台振动噪声数值计算预报流程如下:

(1) 确定深水半潜式钻井平台在有关载荷条件下的振动源和噪声源,并得到相关振动、噪声源谱数据(如厂家提供的设备倍频程振动谱、空调设备噪声功率谱等;也可以通过现场测量获得相关谱数据)。

(2) 进行深水半潜式钻井平台振动、噪声预报模型建模。具体内容包括:

① 建立低频域深水半潜式钻井平台结构有限元模型与质量模型(根据设计图和布置图)。模型中包含给定平台振动激励源载荷、船体材料或结构的(模态)阻尼系

数、减(隔)振阻尼材料的损耗因子和相关位移、速度约束边界条件。

②建立低频域深水半潜式钻井平台声学有限元或边界元模型(根据设计图和隔声方案)。模型中包含给定深水半潜式钻井平台声学模型中相应表面及构件的声学特性参数,如材料声阻抗、吸声降噪材料的吸声系数等。定义空气噪声源。

③建立中频域深水半潜式钻井平台 FEA-SEA 混合模型。

④建立高频域统计能量分析子系统模型。

(3)进行全频域深水半潜式钻井平台振动、噪声预报。具体内容包括:

①低频域内,采用有限元法/边界元法进行船体振动、噪声频响分析(计算所有选定的结构振动和空气噪声激励下各舱室的噪声谱)。

②中频域深水半潜式钻井平台 FEA-SEA 混合模型船体振动、噪声频响分析。

③高频域内,采用统计能量法 SEA 进行船体振动频响分析、噪声频响分析。

(4)确定噪声传递路径,评价噪声水平。在给定的倍频程和指定位置,计算其噪声谱,并与规格书对比,确定减振降噪措施。

上述振动噪声预报流程是基于目前国际上声学数值分析软件发展先进成果提出的,它可以考虑同一工况下含多个振源和同时含有结构噪声源与空气噪声源的状况。

8.6.4　钻井平台振动噪声预报算例

本研究所依托的深水半潜式钻井平台主尺度:

全　长 L_{OA}		114.07 m
船　宽 B		78.68 m
高　度 H(Keel to water table)		112.30 m
作业吃水 D_W		19.00 m
生存吃水 D_S		16.00 m

根据平台技术规格书,半潜式钻井平台静力学强度计算中应考虑两种工况:

(1)作业工况,即钻井设备、HVAC 室内的机组与各甲板舱室内空调/通风设备正常运转;

(2)生存工况,即主要动力设备停止工作,仅维持必要的照明和通风。

对于振动噪声计算,由于生存工况下主要动力设备停止工作,仅维持必要的照明和通风,人员不在平台上生活,因此噪声状况可以满足要求,无需计算。所以实际研究过程中仅考虑作业工况的计算即可。

1)半潜式钻井平台低频域有限元模型

在该深水半潜式钻井平台结构设计过程中,采用 MSC/NASTRAN 软件建立了该平台的结构有限元模型,对平台的结构强度进行了计算分析。低频域振动噪声分析建模时,利用已有的结构有限元模型,导入 VA One 软件,并建立相应的舱室声腔有限元/边界元模型,加入相应的振源、噪声源和声学边界条件,即可完成低频域振动声学模型的建立。半潜式钻井平台三维声学有限元模型如图 8.6.1 所示,模型中节点总数为 67 624,单元总数为 158 834,流体特性为空气。

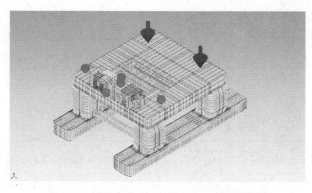

图 8.6.1　半潜式钻井平台低频域有限元模型

　　利用 VA One 软件计算低频域(0~20 Hz)下该深水半潜式钻井平台结构及内外场声学特性。平台振型图如图 8.6.2 所示,表 8.6.3 给出了该平台的模态、频率响应计算结果。

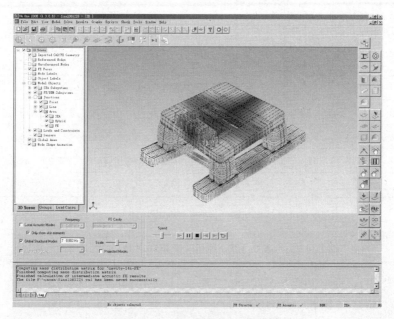

图 8.6.2　半潜式钻井平台振型图

表 8.6.3　半潜式钻井平台模态计算结果

模态阶次	固有频率/Hz	模态阶次	固有频率/Hz	模态阶次	固有频率/Hz	模态阶次	固有频率/Hz
1	0.802 21	5	1.088 3	9	1.654	150	4.640 1
2	1.004 3	6	1.155	10	1.682 6	200	5.117 3
3	1.016 9	7	1.199 3	50	3.365 5	250	5.457 2
4	1.037 7	8	1.53	100	4.205 5		

2) 半潜式钻井平台中频域混合模型

建立半潜式钻井平台声学混合法模型,定义声阻抗边界条件和振动噪声源,船体钢材声阻抗 $\rho_c = 3.9 \times 10^7 \ \mathrm{kg/m^2 \cdot s}$。计算中考虑的噪声源种类包括 HVAC 室内的压缩机组、回风机组和空调设备噪声,也包括主机与其他机舱内的冷却风机,具体数值如表 8.6.4～表 8.6.8 所示。

表 8.6.4　HVAC ROOM 噪声声功率谱

风机型号	63 Hz	125 Hz	250 Hz	500 Hz	1 000 Hz	2 000 Hz	4 000 Hz	8 000 Hz	LwA /dB(A)
AE-1A/B	63	74	81	84	85	82	75	67	90
AE-2A/B	59	70	76	80	81	77	71	63	85
AE-3A/B	56	67	74	77	79	75	69	60	83
AE-4	56	67	74	77	78	75	68	60	83
AE-5A/B	54	65	72	75	77	73	67	58	81
AE-6	50	61	67	71	72	68	62	54	76
AE-7A/B	57	68	74	78	79	75	69	61	83
AE-8A/B	60	71	78	81	82	79	72	64	87
AC-1A/B	83.2	91.2	87.2	89.2	92.2	91.2	85.2	79.2	96.3
AC-2	84.4	90.4	87.4	90.4	87.4	88.4	81.4	74.4	93.6
AC-3	81.3	84.3	79.3	82.3	78.3	77.3	72.3	67.3	84.2
AC-4	81	86	82	87	83	83	77	69	89.1

以上一半设备为备用。

表 8.6.5　风机噪声声功率谱

风机型号	63 Hz	125 Hz	250 Hz	500 Hz	1 000 Hz	2 000 Hz	4 000 Hz	8 000 Hz	LwA /dB(A)
30HXC230PH3-op150+60	/	63	75	86	96	98	92	81	101

表 8.6.6　风机噪声声压谱

风机型号	63 Hz	125 Hz	250 Hz	500 Hz	1 000 Hz	2 000 Hz	4 000 Hz	8 000 Hz	总声压级/dB(A)
S-10	87	88	92	89	90	88	86	82	95
S-07	90	89	96	90	89	88	85	80	95
S-04	89	88	94	89	88	87	85	80	94

（续表）

风机型号	63 Hz	125 Hz	250 Hz	500 Hz	1 000 Hz	2 000 Hz	4 000 Hz	8 000 Hz	总声压级/dB (A)
S-02/05/08/11	89	88	92	89	88	87	85	80	94
S-01	90	89	97	90	90	88	85	80	95
E-11	89	88	92	89	88	87	85	80	94
E-10	90	89	96	90	89	88	85	80	95
E-08	90	88	94	89	89	88	85	80	95
E-05/07/11	89	88	92	89	88	87	85	80	94
E-04	90	89	96	90	89	88	85	80	95
E-01	89	88	94	89	88	87	85	80	94
E-02	89	88	92	89	88	87	85	80	94
E-35	70	73	87	85	85	85	81	75	90
E-36	70	73	87	85	85	84	80	75	90

表 8.6.7　振动筛房噪声声功率谱

风机型号	63 Hz	125 Hz	250 Hz	500 Hz	1 000 Hz	2 000 Hz	4 000 Hz	8 000 Hz	LwA /dB(A)
BEM-650	76.5	72	75.3	71.6	69.5	61.6	60.9	62.4	92.1

表 8.6.8　主机、应急发电机噪声声压谱

型　号	63 Hz	125 Hz	250 Hz	500 Hz	1 000 Hz	2 000 Hz	4 000 Hz	8 000 Hz	总声压/dB(A)
H1188	94	103	113	119	122	117	117	111	121
LA4474	106	120	116	108	107	108	108	106	115

　　舱室防火隔声降噪设计中所用防火吸声材料和隔声材料的特性参数如表 8.6.9 所示。声学设计中使用的隔热绝缘吸声材料为 38 mm 厚和 50 mm 厚的生物可溶性防火纤维毡，按照 A-60 级防火标准。围壁板隔声特性为：25 mm 厚围壁板 30 dB 隔声量，50 mm 厚围壁板 42 dB 隔声量，天花板 32 dB 隔声量。

表 8.6.9　防火材料吸声性能表

频率/Hz	A60 防火毯 (25 mm, 96 kg/m³)	A60 防火毯 (50 mm, 64 kg/m³)	Glass Fiber (50 mm, 40 kg/m³)
250	0.18	0.91	0.5
500	0.61	1.21	0.7

（续表）

频率/Hz	A60 防火毯 (25 mm, 96 kg/m^3)	A60 防火毯 (50 mm, 64 kg/m^3)	Glass Fiber (50 mm, 40 kg/m^3)
1 000	0.9	1.09	0.65
2 000	1.04	1.09	0.75
降噪系数(NRC)	0.70	1.10	0.65

利用 VA One 软件计算低中频域(20～63 Hz)半潜式钻井平台结构及内外场声学特性。声学频响分析中采用 1/3 倍频程频率,具体计算频率为 20 Hz 时板梁子系统、声腔子系统内噪声能量传递路径如图 8.6.3～图 8.6.4 所示。

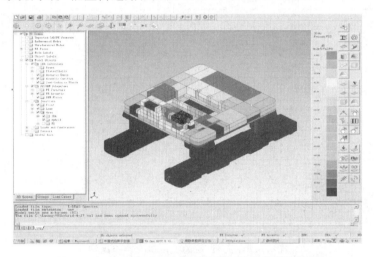

图 8.6.3　20 Hz 时声腔子系统声振能量传递路线图

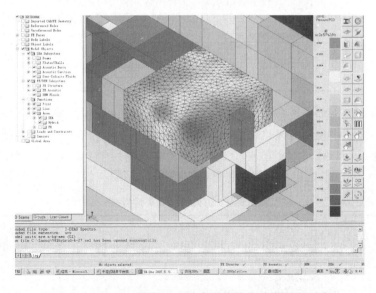

图 8.6.4　20 Hz 时声腔子系统声振能量传递路线图(局部)

3) 半潜式钻井平台高频域统计能量模型

半潜式钻井平台统计能量模型如图 8.6.5 所示,其中声腔子系统模型如图 8.6.6 所示。模型中节点总数为 69 105,子系统数为 16 846,子系统与连接元总数为 38 201。

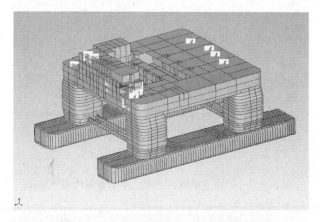

图 8.6.5　半潜式钻井平台统计能量模型

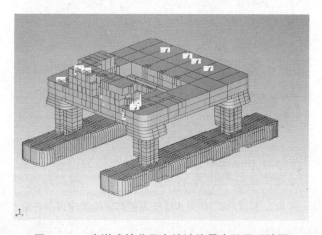

图 8.6.6　半潜式钻井平台统计能量声腔子系统图

利用 VA One 软件计算高频域(63~10 000 Hz)半潜式钻井平台结构及内外场声学特性。声学频响分析中采用 1/3 倍频程频率。1 000 Hz 时板梁子系统、声腔子系统内噪声能量传递路径如图 8.6.7 和图 8.6.8 所示。

采用上述三种低、中、高频域结构声学模型,计算了四种减振降噪设计方案,得到推荐方案的计算结果如表 8.6.10 所示。对半潜式钻井平台振动噪声形成与传播机理也进行了研究。计算表明,该半潜式钻井平台内主要噪声源来自主甲板和中间甲板 HVAC 系统内压缩机、回风设备和各甲板上风机(空调)。这些噪声能量主要通过空气噪声形式向平台其他部位传播,能量的衰减取决于传播路径上吸声材料和传播距离,而舱室隔声措施好坏将影响最终舱室噪声水平。通过结构噪声形式传播的能量较少。噪声能量传播路径基本上由主甲板和中间甲板 HVAC 系统→01 DECK→

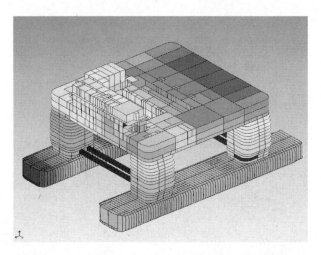

图 8.6.7　1 000 Hz 板梁子系统声振能量传递路线图

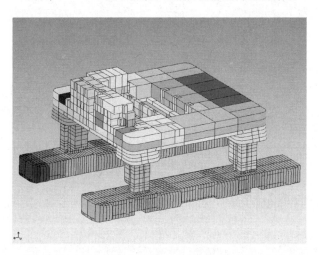

图 8.6.8　1 000 Hz 时声腔子系统声振能量传递路线图

02 DECK，中间甲板 HVAC 系统→TOP DECK→立柱→下浮体。主机和应急电机等设备距离生活服务区较远，其辐射噪声对生活区影响非常小。振动筛房（泥浆室）是较大的振动源和噪声源，它对邻近的中间甲板上的舱室有一定影响，对生活区其他甲板舱室噪声影响非常小。

表 8.6.10　推荐设计方案典型舱室声压计算结果规范检验

位　　　　置	总声压级/dB(A)		
	推荐方案	IMO 噪声限值	建造规范噪声限值
02 DECK CHANGE ROOM(02 甲板更衣室)	40.6	√	√
INTERMEDIATE DECK CHANGE ROOM(中间甲板更衣室)	50.0	√	√
02 DECK OFFICE(02 甲板办公室)	46.5	√	√

（续表）

位　　置	总声压级/dB(A)		
	推荐方案	IMO 噪声限值	建造规范噪声限值
02 DECK CONF. /WAR/MAP RM(02 甲板会议室/海图室)	39.4	√	√
01 - DECK - 2 MEN - 10(01 甲板 2 人间/10 号房间)	33.8	√	√
MAIN - DECK - COFFEE BAR(主甲板咖啡间)	41.4	√	√
MAIN - DECK - 2 MEN - 11(主甲板 2 人间/11 号房间)	36.5	√	√
INTERMEDIATE - DECK - 4 MEN - 7(中间甲板 4 人间/7 号房间)	45.6	√	√
INTERMEDIATE - DECK - 4 MEN - 3(中间甲板 4 人间/3 号房间)	33.5	√	√
INTERMEDIATE - DECK LAUNDRY(中间甲板洗衣间)	37.6	√	√
TOP - DECK - TECHNICAL LIBRARY - MAINTENANCE OFFICE	35.5	√	√
TOP - DECK - MESS ROOM (Tank - Top 杂物间)	50.1	√	√
TOP - DECK - SAUNA ROOM(Tank - Top 桑拿房)	41.9	√	√
TOP - DECK - GYM (Tank - Top 健身房)	36.4		√

8.6.5　结论

（1）本节通过基于声学有限元法、混合法和统计能量法的结构振动声学分析软件 VA One,实现同一计算软件平台下全频域大型海洋工程结构声学建模与计算,为深水半潜式钻井平台声学预报提供新的解决途径。结果表明,该技术实践中可行,对噪声预报精度基本准确,可以在半潜式钻井平台的舱室设计中作为通用技术流程推广。

（2）该型钻井平台上居住舱室较多,有些居住舱室紧邻高噪声源设备,总体布置直接造成舱室噪声较大;另外,从控制空船重量的角度,生活楼区域 90% 的居住舱室间分隔采用隔声量较小并且无法进一步采取降噪处理措施的非金属围壁板。计算结果表明,原始设计导致 45% 的舱室噪声超过技术规格书要求的限值,不满足合同建造规范要求,而生活区外钻井模块原油生产过程产生的振动、噪声进一步恶化舱室噪声环境,必须采取新的降噪设计措施;在相关区域应用吸声材料和高隔声材料后,有效降低了居住舱室的噪声,达到了合同规格书的要求。

参考文献

[1]　Randall R E. Elements of ocean engineering [M]. Jersey City: The Society of Naval

Architects and Marine Engineering. 1999.

［2］ 杨德庆,戴浪涛. 浮式生产储油船振动噪声混和数值预报技术. 海洋工程,2006,24(1):
1-8.

［3］ Langley R S, Bremner P. A hybrid method for the vibration analysis of complex structural-acoustic systems [J]. J. Acoust. Soc. Am, 1999, 105: 1657-1671.

［4］ Langley R S, Shorter P J, Cotoni V. A hybrid FE-SEA method for the analysis of complex vibroacoustic systems [J]. Journal of Sound and Vibration, 2005, 288: 669-699.

［5］ Shorter P J, Gardner B K, Bremner P G. A hybrid method for full spectrum noise and vibration prediction [J]. Journal of Computational Acoustics, 2003, 11: 323-338.

［6］ 姚德源,王其政. 统计能量分析原理及其应用[M]. 北京:北京工业大学出版社. 1995.

8.7 焊接工艺对 EQ56 高强钢接头性能的影响

8.7.1 序言

EQ56 高强钢是为了满足各种大厚度、高强度结构钢在新型海洋平台结构中的性能要求,促使焊接结构向高参数、大型化方向发展,而开发的具有良好的综合力学性能和加工工艺性能的新钢种,以期能够满足海洋平台这种特殊钢结构的建造要求,这种高强度、大厚度的材料对焊接技术提出了更高的要求[1-2]。本节针对海洋平台用 EQ56 高强钢,重点研究了焊接工艺及焊后热处理对其焊接接头性能的影响。

8.7.2 试验材料及方法

本节采用的 44.5 mm 厚的 EQ56 钢,其化学成分和力学性能如表 8.7.1 和表 8.7.2 所示。焊接材料选用 Lincoln electric 的 Excalibur 9018M MR 手工电焊条,其化学成分和力学性能如表 8.7.3 和表 8.7.4 所示。

表 8.7.1　EQ56 钢的化学成分(质量分数)(%)

C	Si	Mn	P	S	Al	Ni	Cr	Cu	Nb	V	Ti	Mo	Ceq
0.05	0.41	1.51	0.009	0.001	0.033	0.73	0.33	0.71	0.04	0.04	0.009	0.22	0.51

表 8.7.2　EQ56 钢的机械性能

屈服强度 Y. S. /(N/mm²)	抗拉强度 T. S. /(N/mm²)	延伸率 /(%)	冲击吸收功 A_{kv}/J(−40℃)			
			1	2	3	4
579	798	17	184	203	226	204

表 8.7.3 E9018‑M 熔敷金属的化学成分(质量分数)(%)

C	Mn	Si	S	P	Mo	Ni
0.4～0.7	0.9～1.0	0.30～0.50	0.005～0.15	0.01～0.02	0.25～0.35	1.5～1.8

表 8.7.4 E9018‑M 熔敷金属的力学性能

牌　　号	屈服强度 Y.S. /(N/mm²)	抗拉强度 T.S. /(N/mm²)	延伸率 /(%)	冲击吸收功 A_{kv}/J(−51℃)
E9018‑M 标准	540～620	≥620	≥25	27
E9018‑M 测试	540～620	620～703	24～27	27～122

从表 8.7.2 和表 8.7.4 中可以看到 Excalibur 9018M MR 熔敷金属强度的最低保证值稍低于 EQ56 钢,但塑性较好,故 Excalibur 9018M MR 和 EQ56 是等强匹配。EQ56 钢采用手工电弧焊焊接,焊接试样坡口为 X 型坡口,坡口角度 60°。在装配焊接之前,坡口先进行打磨,保证没有氧化皮和油污等杂质,装配间隙为 2～4 mm。采用对称焊接的方法进行焊接,以保证试板的平直。

为了研究预热温度、焊接电流和焊后热处理对 EQ56 高强钢焊接接头力学性能的影响,这里拟定的 EQ56 钢试验工艺参数如表 8.7.5 所示。

表 8.7.5 EQ56 钢焊接工艺参数

试验序号	焊接电流 /A	预热温度 /℃	焊接层间温度 /℃	是否 热处理
1	150	室温	150	否
2	150	室温	150	250℃/2 h
3	150	室温	250	否
4	150	100	150	否
5	180	室温	150	否

8.7.3 研究结果及分析

1) 预热温度对焊接接头性能的影响

对焊接后的试板进行取样,其中两个拉伸试样、六个冲击试样、两个侧弯试样。取样标准根据 GB2649—1989《焊接接头机械性能取样法》。

预热温度是焊接淬硬倾向高的钢板(特别 E 级及 E 级以上)的一个重要的工艺参数,焊前合理的预热有利于焊缝中扩散氢的逸出,降低焊接接头的冷却速度,从而防止产生淬硬的马氏体组织,有效地防止冷裂纹的产生。预热温度的确定主要与母材成分、焊缝中扩散氢含量等因素有关。但过高的预热温度又会造成现场的施工条件恶劣[3]。采用 $\phi 4.0$ 的 Excalibur 9018M MR 焊条,焊接工艺参数为 $I=150$ A,$U=22$ V,层间温度为 150℃ 的条件下,在不同预热温度下焊接的 EQ56 钢接头的力学性能如表 8.7.6 所示。

表 8.7.6　采用不同预热温度下焊接接头的力学性能

预热温度 /℃	抗拉强度 $T.S.$ /(N/mm²)	缺口位于焊缝的 试样冲击吸收功 $A_{kv}/J(-40℃)$	缺口位于热影响区的 试样冲击吸收功 $A_{kv}/J(-40℃)$
常温	776，778	80，68，102/83	182，152，222/185
100℃	744，752	122，121，104/115	200，194，195/196

　　由表 8.7.6 可以看出,在 100℃预热的条件下,焊接接头的抗拉强度较不预热的有所下降,而冲击性能无论在焊缝区还是热影响区都有所提高。这是因为,在 100℃预热之后,焊接的冷却速度降低,减少了淬硬组织的出现,造成强度降低但塑韧性有所提高。

　　室温不预热及 100℃预热条件下的 EQ56 钢焊接接头微观组织如图 8.7.1 所示。从图可以看出,焊缝中心 100℃的预热后得到的组织,晶粒相对细小,晶界处的先析铁素体较少,晶粒内部有很多细小的针状铁素体。而不预热处理的焊缝中则出现大量的板条马氏体。故焊前预热可使接头组织得到很大的改善。

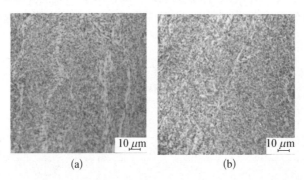

图 8.7.1　不同预热温度下 EQ56 钢焊接接头的微观组织

(a) 室温焊缝金属焊态区　　(b) 100℃预热焊缝金属焊态区

　　2) 焊接电流对焊接接头性能的影响

　　采用 $\phi4.0$ 的 Excalibur 9018M MR 焊条,焊接工艺参数为 $U=22$ V,层间温度为 150℃,预热温度为常温的条件下,不同焊接电流下焊接的 EQ56 高强钢接头力学性能如表 8.7.7 所示。

表 8.7.7　采用不同焊接电流下焊接接头的力学性能

焊接电流 /A	抗拉强度 $T.S.$ /(N/mm²)	缺口位于焊缝的 试样冲击吸收功 $A_{kv}/J(-40℃)$	缺口位于热影响区的 试样冲击吸收功 $A_{kv}/J(-40℃)$
150	776，778	80，68，102/83	182，152，222/185
180	762，756	134，145，139/139	191，180，196/189

　　由表 8.7.7 可以看出,焊接电流变化对焊缝金属拉伸性能及焊接接头的冲击性

能均有一定影响。随着焊接电流增加,焊缝金属强度略有降低。但对焊接接头冲击性能影响较大,特别是对焊缝区的冲击性能。这主要是对于 44.5 mm 的钢材,30 A 的电流差别不足以造成组织的明显变化。室温 150 A 和 180 A 电流条件下的 EQ56 钢焊接头微观组织如图 8.7.2 所示。由图看出,较大电流下焊缝区的柱状晶组织较为粗大。

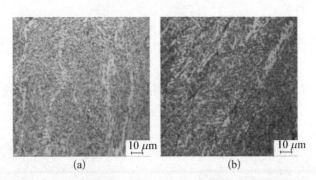

图 8.7.2 不同焊接电流下 EQ56 钢焊接接头的微观组织

(a) 150 A 焊缝金属焊态区 (b) 180 A 焊缝金属焊态区

3) 焊后热处理对焊接接头性能的影响

采用 $\phi 4.0$ 的 Excalibur 9018M MR 焊条,焊接工艺参数为 $I=150$ A,$U=22$ V,层间温度为 150℃的条件下,在不同焊后热处理温度下焊接的 EQ56 钢接头的力学性能如表 8.7.8 所示。

表 8.7.8 焊后热处理的接头力学性能

热处理	抗拉强度 T. S. /(N/mm²)	缺口位于焊缝的试样冲击吸收功 A_{kv}/J(-40℃)	缺口位于热影响区的试样冲击吸收功 A_{kv}/J(-40℃)
否	776,778	80,68,102/83	182,152,222/185
250℃/2 h	770,774	120,73,107/100	198,217,174/196

试板焊后进行 250℃×2 h 焊后热处理。由表 8.7.8 可见,焊后热处理对焊接接头的拉伸性能影响不大,对焊缝金属的冲击性能有所提高。这是由于焊后热处理使焊接接头中的残余应力和扩散氢有所降低,从而使得组织、性能得到明显的改善。焊后不热处理和 250℃×2 h 后处理条件下的 EQ56 钢焊接头微观组织如图 8.7.3 所示。

4) 冲击试样断口的微观分析

缺口分别位于焊缝区和热影响区的冲击试样,其断口纤维区的微观形貌如图 8.7.4 和图 8.7.5 所示。从图中可以看到大量的等轴韧窝,在韧窝底部基本能看到有微小质点存在,这是 EQ56 钢中微量合金元素 Nb,V 形成的沉淀强化相,使材料具有很高的强韧性。

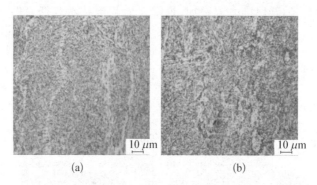

(a)   (b)

图 8.7.3　焊后不热处理和热处理条件下 EQ56 钢焊接接头的微观组织

（a）不热处理焊缝金属焊态区　（b）250℃热处理焊缝金属焊态区

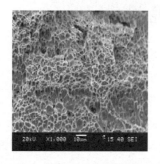
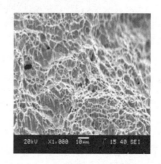

图 8.7.4　焊缝区冲击试样断口形貌　　**图 8.7.5　热影响区冲击试样断口形貌**

8.7.4　结论

（1）采用 Excalibur 9018M MR 焊条手工电弧焊接 EQ56 钢,可以得到综合性能满足要求的焊接接头。

（2）采用 100℃的预热温度相对于不预热条件,接头抗拉强度降低,延伸率上升,冲击性能也有所提高;焊缝中心晶粒相对细化,先析铁素体减少,针状铁素体增多。

（3）焊接电流对焊接接头的拉伸性能及冲击性能均有一定影响。随焊接电流增加,焊接接头的强度略有降低,但对焊接接头冲击性能影响较大,特别是对焊缝区的冲击性能。

（4）焊后 250℃×2 h 的热处理有利于降低接头的残余应力和扩散氢,同时对组织有一定的改善,从而提高接头韧性。

参考文献

［1］　李润培,谢永和,舒志深. 海平台技术的研究现状与发展趋势［J］. 中国海洋平台,2003,18
　　　（3）：1-5.

［2］　黄欣秋,张海军. 含钛可焊接海洋结构用钢［J］. 宽厚板,2003,9（3）：38-43.

［3］　李刚,张涛,相珺. 高强钢 EQ56 和 EH36 焊接工艺［OL］. http：//www. paper. cn.

8.8　海洋平台用 EQ70 高强钢焊接性研究

8.8.1　引言

目前已探明的世界海洋石油储量的 80% 以上在水深 500 m 以内,而全部海洋面积的 90% 以上水深在 200~6 000 m 之间,因而大量的海域面积有待探明。此外,世界上除了少数海域以外,大部分地区的近海油气资源已日趋减少,向深海发展已成必然趋势,深海平台技术已成为国际海洋工程界的一个热点[1]。为了减轻海洋工程结构的质量,同时又增加结构整体的安全性,采用材料的强度级别也越来越高,材料厚度也不断增加。为了满足各种大厚度、高强度结构钢在新型海洋平台结构中的性能要求,促使焊接结构向高参数、大型化方向发展,各国都在大力开发具有良好的综合力学性能和加工工艺性能的新钢种,以期能够满足海洋平台这种特殊钢结构的建造要求[2,3]。新一代低合金高强钢的主要特点是超细晶粒、超洁净度、高均匀性,其强度和寿命比原同类钢种提高一倍。超细晶粒是指钢材晶粒尺寸达到 0.1~10 μm;超洁净度是指钢中 S,P,O,N 和 H 等杂质元素的含量降低到 0.005% 以下;高均匀性是指钢材的成分、组织和性能的高度均匀,并强调了组织均匀的主导地位。新一代低合金高强钢主要通过冶金处理和各种强化途径来实现其强韧性。这种高强度、大厚度材料对焊接技术提出了更高的要求[4-6]。本节针对海洋平台用 EQ70 高强钢,重点研究焊接工艺及焊后热处理对其焊接性的影响。

8.8.2　试验材料及方法

本节采用的 60 mm 厚 EQ70 钢的化学成分和力学性能如表 8.8.1 和表 8.8.2 所示。

表 8.8.1　EQ70 钢的化学成分(质量分数)(%)

牌号	C	Si	Mn	P	S	Al	Ni	Cr	Cu	Nb	V	Ti	Mo
EQ70	0.12	0.08	0.85	0.010	0.003	0.048	0.74	0.74	0.24	0.016	0.04	0.005	0.35

表 8.8.2　EQ70 钢的力学性能

牌　号	屈服强度 Y.S. /(N/mm^2)	抗拉强度 T.S. /(N/mm^2)	伸长率 δ_5 /(%)	冲击功(−40℃) ave/J
EQ70	690	770~940	14	69

本文采用的焊条为美国 Lincoln 公司生产的 CONARC80,其化学成分和力学性能如表 8.8.3~表 8.8.5 所示。

表 8.8.3   CONARC 80 的化学成分(%)

C	Si	Mn	P	S	Cr	Ni	Mo	Nb	Cu	V
0.06	0.47	1.54	0.018	0.013	0.06	2.30	0.38	0.01	0.01	0.01

表 8.8.4   焊缝金属的力学性能

温度 /℃	屈服强度 /(N/mm²)	抗拉强度 /(N/mm²)	断面收缩率 /%
室温	764	820	17

表 8.8.5   焊缝金属的冲击性能

温度 1/℃	冲击吸收功/J	温度 2/℃	冲击吸收功/J
—40	109	—50	87

EQ70 高强钢采用手工电弧焊焊接,焊接试样坡口为 X 型坡口,坡口角度 60°。在装配焊接之前要先用酒精对坡口内的油污进行清洗,装配时间隙为 2~4 mm。采用对称焊接的方法进行焊接,保证试板的平直。

为了研究预热温度、焊接电流和焊后热处理对 EQ70 高强钢焊接性的影响,本文拟定的 EQ70 高强钢试验工艺参数如表 8.8.6 所示。

表 8.8.6   EQ70 钢焊接工艺参数

序 号	预热温度 /℃	焊接电流 /A	焊后热处理温度与时间 /(℃/h)	焊接工艺
1	150	200	N/A	1. 焊接坡口采用机械加工的方法进行加工
2	150	200	250/2	
3	150	180	250/2	
4	150	160	250/2	2. 试板两面对称焊接,保证焊接试板的平整
5	80	200	250/2	
6	80	160	N/A	3. 同一个焊接电流的试板,其焊接的道次和层次尽量一致
7	室温	160	N/A	
8	室温	160	250/2	
9	室温	180	N/A	

对焊接后的试板进行取样,其中两个拉伸试样、六个冲击试样、两个侧弯试样。取样标准根据 GB2649—1989《焊接接头机械性能取样法》。

8.8.3　试验结果与分析

不同焊接工艺条件下焊接接头的抗拉强度如表 8.8.7 所示。从表中可知，EQ70钢焊接接头的抗拉强度为 755～790 MPa，且全部断在焊缝。分析表 8.8.7 中数据，焊接电流对接头抗拉强度影响较大，表中接头强度的最低值均出现在焊接电流为220 A 时，在相同条件下，随焊接电流减小，接头强度提高。

表 8.8.7　不同焊接工艺下 EQ70 钢焊接接头的抗拉强度

预热温度 /℃	焊接电流 /A	焊后热处理 温度与时间 /(℃/h)	抗拉强度 R_m （上层） /MPa	抗拉强度 R_m （下层） /MPa
150	220	N/A	775	775
150	220	250/2	760	763
150	200	250/2	770	778
150	180	250/2	778	778
80	220	250/2	773	758
80	180	N/A	778	778
常温	180	N/A	788	783
常温	180	250/2	773	770
常温	200	N/A	775	768

焊后热处理使接头强度稍有降低，在 180 A 的电流下，预热 150℃比不预热条件下的接头强度稍有提高。由表 8.8.2 知，EQ70 钢母材的抗拉强度为 770～940 MPa，在焊后热处理的条件下，焊接电流为 180 A 或 200 A 时，接头强度基本均能和母材等强，当焊接电流达到 220 A 时，则接头强度低于母材。

不同焊接工艺条件下焊接接头各区域的冲击值如表 8.8.8 和表 8.8.9 所示。表 8.8.8 为室温条件下的冲击值。在相同条件下，EQ70 钢焊缝的冲击值最低，热影响区外 1 mm 处的冲击值最高；从预热温度 150℃、焊接电流 220 A 和不预热、焊接电流 180 A，焊后热处理和不热处理的结果对比发现，焊后热处理有利于提高韧性。

表 8.8.8　EQ70 在室温时焊接接头各区域的冲击值和焊接参数的关系

预热温度 /℃	焊接电流 /A	焊后热处理 /(℃/h)	焊缝中心 /J	熔合线 /J	熔合线+1 mm /J
150	220	N/A	116	139	178
150	220	250/2	143	145	177
150	200	250/2	137	145	181
150	180	250/2	147	178	180

（续表）

预热温度/℃	焊接电流/A	焊后热处理/(℃/h)	焊缝中心/J	熔合线/J	熔合线+1 mm/J
80	220	250/2	118	164	173
80	180	N/A	130	164	165
常温	180	N/A	125	153	165
常温	180	250/2	133	149	171
常温	200	N/A	125	171	196

表 8.8.9　EQ70 在−40℃ 时焊接接头各区域的冲击值和焊接参数的关系

预热温度/℃	焊接电流/A	焊后热处理温度与时间/(℃/h)	焊缝中心/J	熔合线/J	熔合线+1 mm/J
150	220	N/A	56	78	76
150	220	250/2	67	67	82
150	200	250/2	67	66	84
150	180	250/2	61	41	66
80	220	250/2	47	61	74
80	180	N/A	51	77	144
常温	180	N/A	53	126	141
常温	180	250/2	47	33	40
常温	200	N/A	61	105	139

在焊接电流 180 A、焊后热处理的条件下，当预热温度提高 150℃，EQ70 钢焊接接头的韧性明显提高。在相同条件下，焊接电流的变化对 EQ70 钢接头韧性的影响规律较复杂。总的来说：EQ70 钢焊接接头在室温均具有很好的冲击韧性。EQ70 钢焊缝中心冲击值最低为 102 J，平均值最低为 116 J。在预热温度 150℃、焊接电流 180 A、焊后热处理的条件下，焊缝冲击值最高，达到最低值 144 J，平均值 149 J。热影响区的冲击值同时达到最高，达到最低值 176 J，平均值 178 J。热影响区外 1 mm 处的冲击值在室温、焊接电流 200 A、焊后不热处理时为最高，达到最低值 190 J，平均值 196 J。

不同焊接工艺条件下，EQ70 钢在−40℃ 时焊接接头各区域的冲击值如表 8.8.9 所示。从表 8.8.9 中可以发现，在 150℃ 预热、200 A 焊接电流和焊后热处理的条件下，焊接接头各区域在−40℃ 的冲击值最佳。其中焊缝中心在−40℃ 冲击值的平均值 67 J，最低值 66 J，熔合线处在−40℃ 冲击值的平均值 66 J，最低值 64 J，和表 8.8.2 中 EQ70 钢在−40℃ 的冲击值标准值 69 J 相比，EQ70 钢焊接接头在−40℃ 的冲击值低于母材 2~3 J，相当于母材的 95% 以上。分析表 8.8.9 中相关数据，过小的焊接电流、过低的预热温度均不利于接头的韧性，适当的焊后热处理有利于改善接头韧性。

焊接接头侧弯试验结果表明：所有工艺条件下的侧弯试样均未出现裂纹，冷弯性能全部达到要求。

在150℃预热、200 A焊接电流和焊后热处理的焊接工艺条件下，EQ70钢焊接接头的宏观形貌和硬度分布如图8.8.1所示。可以看到焊缝、熔合线、热影响区均未发现裂纹、未熔合、气孔、夹渣等焊接缺陷。从硬度分布来看，EQ70钢热影响区的硬度值偏高，超过平均水平5%～10%，焊缝的硬度和母材相当，这和EQ70配用CONARC80焊条接头强度匹配较好有关。

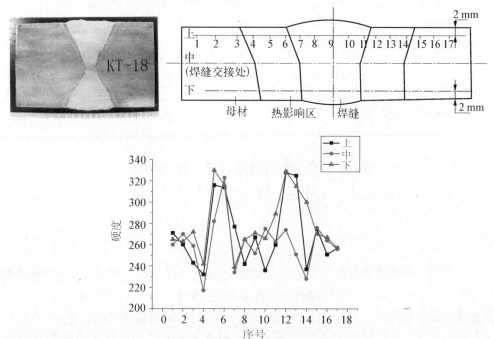

图8.8.1 EQ70钢焊接接头的宏观形貌和硬度分布

综合上述分析，结合海洋平台工作环境对低温韧性的高要求，在制定EQ70钢焊接工艺参数时，主要以−40℃的冲击值为依据，同时考虑接头强度基本和母材等强条件，故推荐EQ70钢焊接工艺为150℃预热、200 A焊接电流以及250℃/2H焊后热处理的规范。

8.8.4 结论

（1）采用CONARC80焊条，手工电弧焊接EQ70钢，在焊后热处理的条件下，其接头强度在焊接电流为180 A或200 A时，均能和母材等强，当焊接电流达到220 A时，则接头强度低于母材。

（2）EQ70钢焊接接头在室温均具有很好的冲击韧性；在150℃预热、200 A焊接电流和焊后热处理的条件下，焊接接头各区域在−40℃的冲击值最佳，达到母材的95%以上。适当增大焊接电流、提高预热温度和焊后热处理有利于改善接头韧性。

（3）EQ70钢焊接接头的冷弯性能均合格。焊缝硬度和母材相当，但热影响区的硬度值偏高，超过平均水平5%～10%。

(4) 结合海洋平台工作环境对低温韧性的高要求,推荐 EQ70 钢焊接工艺为 150℃预热、200 A 焊接电流以及 250℃/2 h 焊后热处理的规范。

参考文献

[1] 李润培,谢永和,舒志. 深海平台技术的研究现状与发展趋势[J]. 中国海洋平台,2003,18 (3):1-5.

[2] 黄欣秋,张海军. 含钛可焊接海洋结构用钢[J]. 宽厚板,2003,9(3):38-43.

[3] 任强,林波. 海洋平台结构用钢的性能及其选择[C/EB]. 万方数据:http://d.g. wanfangdata.com.cn/Conference_5300587.aspx.

[4] 李刚,张涛,相珺. 高强钢 EQ56 和 EH36 焊接工艺. 中国科技论文在线:http://www. paper.cn.

[5] 陈家本. 造船业应用先进焊接技术的几点思考[J]. 造船技术,2002,(1):29.

[6] 徐亚军,王国法,孙守山. 高强度结构钢的焊接性与液压支架结构强度的研究[D]. 北京:煤炭科学研究总院,2003.

8.9   深水半潜式钻井平台生活楼整体吊装方案

8.9.1   引言

生活楼是半潜式平台的主要结构,为了提高建造效率和建造质量,无论船舶还是钻井平台的生活楼都积极采用整体建造技术,而整体吊装是其中的关键问题,目前已经有很多成功的先例。但对于深水半潜式平台而言,由于要远离陆地作业,生活区的设置比起其他项目有尺寸大,但又需要考虑重量控制而使结构强度和刚度都比较弱的特点,因此,在深水半潜式平台的建造中采取整体吊装技术有其特殊性。本文以国内首制的 3 000 m 水深半潜式钻井平台的生活楼为依托产品,按照船厂"工序前移"以及"楼子成品化"的建造原则,在该生活楼整体建造完工后,进行整体吊装合拢。

该生活楼的主尺度如下:

长度:24.6 m;

宽度:48 m;

高度:9 m;

层数:3 层;

定员:200 人。

8.9.2   生活楼整体吊装方案的设计难点

海洋工程产品由于其固有的特殊性,与船舶产品相比较,深水半潜式钻井平台生活楼的整体吊装设计难点非常多,总结后主要有以下三个方面:

1) 生活楼整体跨度大导致的吊装设计难度大

在设计过程中,考虑到平台整体布置以及稳性要求,深水半潜式钻井平台生活楼为3层结构,整体跨度加大,达到了48 m,是一般的超大型油轮(VLCC)的楼子跨度的1.6倍以上,由于楼子结构本身的强度较弱,在大跨度下,如何设计吊点,既要保证结构强度,又要防止结构变形,解决大跨度下的吊装设计难度大的问题。

2) 生活楼结构局部强度和刚度差导致的设计难度大

重量控制是海洋工程设计中的关键环节,在生活楼设计中,为了降低平台的重量,该平台的生活楼普遍采用了以6 mm为主要板材的结构设计,部分中间隔壁采用的是3 mm板厚的"瓦垄"壁子设计形式,这样的设计形式,虽然可以控制结构重量,但是由于结构强度和刚度较弱,在吊装设计时,需要认真核算每个吊点的结构强度,防止结构失稳和变形,加大了生活楼整体吊装设计的难度。生活楼结构如图8.9.1～图8.9.3所示。

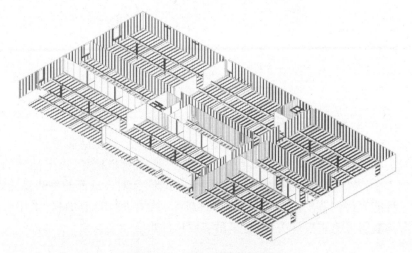

图 8.9.1　第二层结构平面图

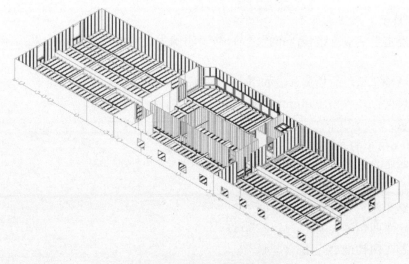

图 8.9.2　第三层结构平面图

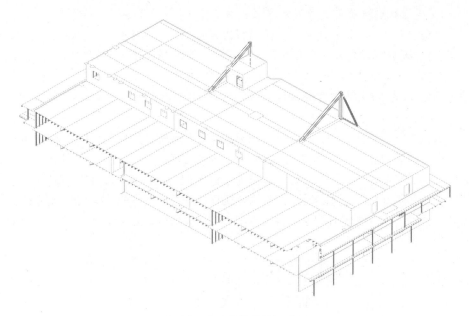

图 8.9.3　楼子整体结构平面图

3）生活楼整体的重量大而导致吊装设计难度大

按照"生活楼建造成品化"的建造思路，在总组阶段，只要吊装重量允许，所有舾装件以及关联设备都应当在总组阶段安装结束。按照初步核算，该生活楼的吊装重量将达到 720 t 左右，已经接近船厂吊车的极限负荷，针对大载荷的吊装设计而言，如何在吊车性能允许的范围内布置吊点、均布载荷、结构进行有效加强、采用合适的吊装方法等均变得尤为重要和关键，也是吊装设计的难点所在。

8.9.3　生活楼整体吊装方案设计与论证

1）楼子总组整体布置

在确定生活楼总组整体布置之前，需要明确生活楼的相关参数以及吊车的性能参数。

生活楼总组后的相关参数如下：

主尺度：24.6 m×48 m×9 m；

重量：720 t 以下。

900 t 吊车的参数如下：

上跑车起重能力：270 t×2；

下跑车起重能力：270 t；

上跑车两钩最大差值：≤150 t；

上跑车两钩最大间距：17.272 m；

上跑车两钩最小间距：13.412 m；

上跑车两钩相对吊车中心不对称允差：1.52 m；

斜拉限位要求：≤5％。

根据以上参数以及半潜式钻井平台在坞内的建造位置状态，最后确定的生活楼总组整体布置，如图 8.9.4 所示。

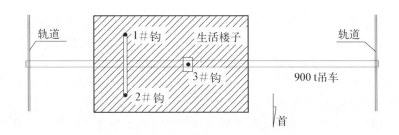

图 8.9.4　生活楼总组整体布置图

通过整体布置图可以看出，在生活楼整体吊装方案设计的前期，根据吊车和楼子结构的具体情况，初步确定生活楼的整体吊装方法为：1♯/2♯钩吊生活楼的右舷，3♯钩吊生活楼的左舷，该方法后来经过论证并得到实施。具体见下文。

2）生活楼总组重量与重心计算

该半潜式钻井平台生活楼总组段由 15 个分段组成，总组重量和重心是进行生活楼整体吊装设计的基础和关键，如果重量和重心不准确，其结果无异于沙滩上建楼房，对吊装方案设计的影响将是灾难性的。

（1）该半潜式钻井平台生活楼的总组重量确定依据以下原则：

① 从三维模型的结构和系统计算详细重量；

② 选择性称量少于 500 lb 的项目；

③ 在安装前称量 OFE/BFE 提供的超过 500 lb 的设备和组成，为减少实际必要称重总量，需要 OFE/BFE 供应商在交货时提供实际重量值或重量报告书；

④ 按一定比例称量材料和组件，比如合金、绝缘体、管、电缆等，以确定单位重量或密度，用于重量计算。

（2）重量及重心计算方法如下：

$$W = \sum_{i=1}^{n} W_i \quad X = \frac{\sum_{i-1}^{n} W_i X_i}{W} \quad Y = \frac{\sum_{i=1}^{n} W_i Y_i}{W} \tag{1}$$

式中：i 为重量统计项目序号；n 为重量统计项目总数；W 为楼子总重量；W_i 为单项重量；X_i，Y_i 分别为单项的 X，Y 坐标，X，Y 分别生活楼总组后的 X，Y 坐标。

（3）按照生活楼总组实际施工状态，总组重量包括：主要结构重量，次要结构重量，设备重量及舾装重量，电气重量，工装重量以及其他重量。最后的重量统计如表 8.9.1 表述。

表8.9.1　生活楼子总组最后重心计算结果

分段重量/t	X_c/mm	Y_c/mm
718.9	FR24＋400	CL‐380

3) 生活楼整体吊装吊点布置

(1) 吊点布置是整个吊装方案设计的核心,通过有效合理的吊点布置,主要解决以下两个问题:

① 在技术条件允许的情况下,尽可能地使吊车的3个钩头负荷均匀,最大限度的发挥吊车的吊装能力,以满足楼子的吊装总重(718.9 t)的要求。

② 解决楼子跨度大、薄板设计带来的局部强度以及整体强度不足导致的结构容易失稳的难题。

(2) 通过研究生活楼本身结构(长度方向呈L型,如图8.9.5所示)以及吊车性能分析,在半潜式钻井平台生活楼整体吊装吊点设计中,按照如下思路:

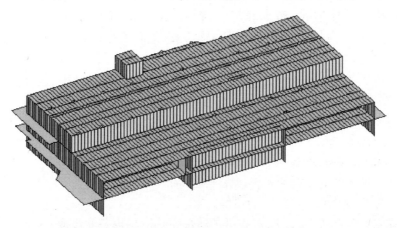

图8.9.5　生活楼总组后形状图示

① 吊点布置按照"品"字形进行布局。3♯钩中心位于顶甲板的左舷三分之二处,1♯钩和2♯钩的中心分别位于右舷顶甲板和中间甲板处,其中心线位于右舷三分之一处。这样做最大的好处是对均布3个钩头的载荷有利,只有这样布置才能满足楼子总组后整体吊装的总重量要求,但是同时,这样布置存在的问题也很突出,就是由于甲板面上舾装件较多,空间有限,对吊点的布置位置有很大的影响,对载荷分配有利的吊点位置,可能已经焊接了舾装件,或是位于强结构位置的吊点位置,对均布载荷不利,如此种种问题交叉在一起,需要设计者通过计算分析比较后,对有利因素和不利因素进行取舍,以使设计有效利益最大化。

② 吊点布置在顶甲板和中间甲板上。这主要是从吊点载荷设计考虑的,如前项所述,由于受甲板舾装件以及结构形式影响,这样做对吊点布置非常困难,需要进行各种计算以便于取舍,但是如果按照常规做法,把吊点位置布置到前后或左右围壁上,虽然可以大大减少甲板舾装件以及结构强度的影响,但是满足不了718.9 t的楼

子整体吊装目标,通过核算,把吊点位置布置到围壁上,最大的吊装重量仅可以达到560 t 左右,而采用甲板布置,可以达到720 t,是常规方法的1.3倍。

③ 吊环形式采用D型。采用D型吊环的好处是安装及使用方便,如果甲板结构强度不够,进行结构加强也比较容易。通过计算,我们最后确定的吊环形式为D40吊环,外观形式如图8.9.6所示。

图 8.9.6　D40 吊环

④ 吊点布置采用"多吊点"的设计方式。对于吊装设计而言,吊点越少,越方便设计;吊点越多,设计难度越大,但是对于720 t 左右的总体结构强度较弱的庞然大物来说,为防止变形和结构失稳,多吊点是必需的选择。按照最初的设想,1#钩和2#钩各设置 8 个吊点,3#钩设置 16 个吊点,后来经过核算,改为 1#钩、2#钩和3#钩各设置 8 个吊点,总计 24 个吊点。

(3)按照上面的思路开展设计,设计团队最终完成了楼子整体吊装吊点布置设计,该布置方案采用 24 个吊点,每个吊点使用 D40 t 吊环,按照式(1)中的重量和重心进行计算,得出如下结果:1#钩吊装载荷为 234.5 t,2#钩吊装载荷为 256.5 t,3#钩吊装载荷为 227.9 t,总吊装载荷为 718.9 t,而吊环的设计能力达到了 960 t,是理论吊装重量的 1.33 倍。由此可见,该吊装设计的安全性也是非常高的。具体参见图8.9.7所示。

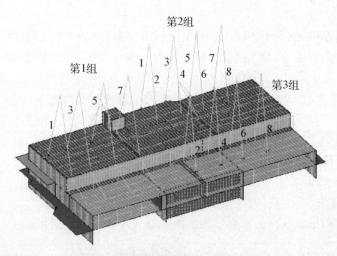

图 8.9.7　楼子整体吊装吊点布置示意图

4)楼子整体吊装结构加强方案

楼子结构强度较弱,在完成了吊点布置以后,必须对楼子的整体结构以及局部结构进行加强设计,以满足吊装时的强度要求。总体的结构加强方案设计思路如下。

(1)吊点下面没有强壁子结构的,均需要在吊环所处的甲板下面用槽钢垂直加强,以方便吊装时结构局部受力后的力能够有效传递。

(2)在楼子下面的敞口部位,进行纵向和横向加强,以加强楼子的整体结构强度。

5）楼子整体吊装结构强度校核

在进行了吊点设计以及结构加强方案设计以后，为验证吊点的受力状态、楼子整体结构强度以及吊点处的局部结构强度是否满足吊运要求，保证吊装施工的安全性，我们采用 ANSYS 软件，对整个楼子的吊装设计方案进行有限元计算分析。

（1）分析方法。

结构强度和刚度分析的方法是有限单元方法（FEM），采用的分析程序是 ANSYS。

（2）分析工况。

分析工况仅包含吊运过程的静止工况，此工况下的分析载荷为结构（包括附属结构和设备等）的自重载荷。

（3）许用应力。

生活楼结构的材料特性如下：

密度　　　　　　7 800 kg/m^3；

弹性模量　　　　2.11×10^{11}N/m^2；

泊松比　　　　　0.3；

屈服极限　　　　360 MPa；

许用相当应力　　288 MPa。

（4）分析模型。

分别采用壳单元（SHELL63）、梁单元（BEAM188）、杆单元（LINK8）和管单元（PIPE16）来模拟生活楼结构的板、桁材、横梁、立柱和加强结构。壳单元（SHELL63）、梁单元（BEAM188）和管单元（PIPE16）单元具有拉压、扭转和弯曲能力，单元具有 6 个自由度，分别是沿 x,y,z 方向的线位移和绕 x,y,z 轴的转角。杆单元（LINK8）具有拉压能力，单元具有 3 个自由度，分别是沿 x,y,z 方向的线位移。将生活楼中非结构质量均匀分布在结构的板上（通过改变密度实现）。

结构分析模型参见图 8.9.9～图 8.9.12。

（5）分析结果。

① 吊绳载荷：

吊绳布置和吊绳载荷的计算结果如图 8.9.8 和表 8.9.2 所示。

表 8.9.2　吊绳载荷表

组号	吊绳载荷/t							
	1 号	2 号	3 号	4 号	5 号	6 号	7 号	8 号
第 1 组	30.11	22.40	25.84	27.65	26.06	31.06	33.11	32.30
第 2 组	17.89	35.17	16.02	28.46	18.74	23.49	20.02	27.09
第 3 组	36.70	25.33	34.16	25.57	32.89	19.39	35.30	19.84

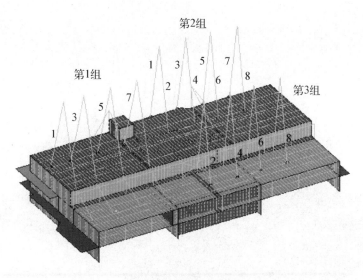

图 8.9.8　吊绳布置图

② 生活楼吊装过程强度和刚度分析结果：

根据上述分析模型和分析载荷完成生活楼吊装过程强度和刚度分析，其结果汇总如表 8.9.3 表述（见图 8.9.11、图 8.9.12）。

模型采用直角坐标系统，其中：

X 轴纵向，指向船艏为正。

Y 轴横向，指向右舷为正。

Z 轴垂向，向上为正。

表 8.9.3　计算结果汇总表

项目	应力结果/MPa				位移结果/mm				相对位移结果/mm			
	S_{eqv}	S_x	S_y	S_z	U_{sum}	U_x	U_y	U_z	U_{sum}	U_x	U_y	U_z
数值	164	155	85	186	589	16	589	27	20	2	4	20

（6）结论。

分析结果表明：

① 生活楼在吊装过程中具有足够的强度，最大相当应力为 164 MPa。

② 生活楼在吊装过程中具有足够的刚度，最大垂向相对位移 20 mm。

③ 吊装过程中吊绳的最大静载荷为 36.69 t。

如图 8.9.9～图 8.9.12 所示。

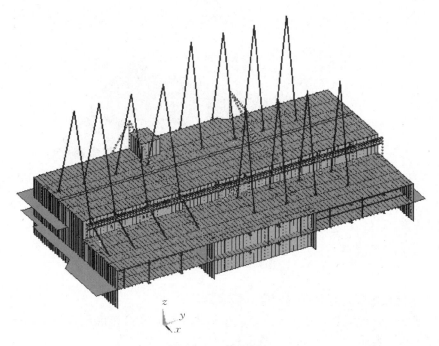

图 8.9.9　模型图 A

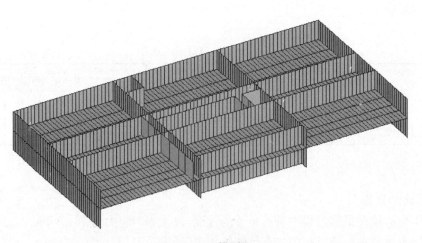

图 8.9.10　模型图 B

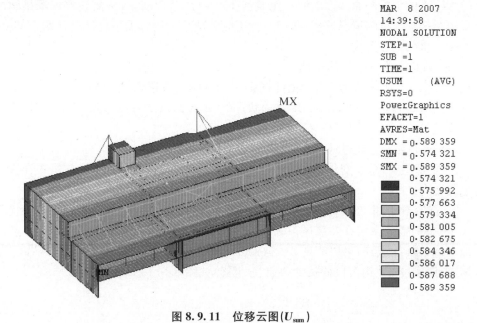

MAR　8 2007
14:39:58
NODAL SOLUTION
STEP=1
SUB =1
TIME=1
USUM　　(AVG)
RSYS=0
PowerGraphics
EFACET=1
AVRES=Mat
DMX = 0.589 359
SMN = 0.574 321
SMX = 0.589 359
　　0.574 321
　　0.575 992
　　0.577 663
　　0.579 334
　　0.581 005
　　0.582 675
　　0.584 346
　　0.586 017
　　0.587 688
　　0.589 359

图 8.9.11　位移云图(U_{sum})

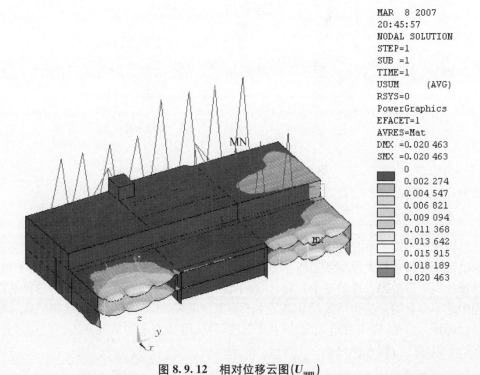

MAR　8 2007
20:45:57
NODAL SOLUTION
STEP=1
SUB =1
TIME=1
USUM　　(AVG)
RSYS=0
PowerGraphics
EFACET=1
AVRES=Mat
DMX =0.020 463
SMX =0.020 463
　　0
　　0.002 274
　　0.004 547
　　0.006 821
　　0.009 094
　　0.011 368
　　0.013 642
　　0.015 915
　　0.018 189
　　0.020 463

图 8.9.12　相对位移云图(U_{sum})

6）楼子整体吊装应急预案设计

为防止由于各种原因而引起的重量或重心和计算有偏差,从而导致现场吊运时出现单个钩头超重的情况发生,我们设计了应急预案。应急预案设计包括两个部分,即重量超重和重心变化。

（1）重量超重。按照吊车性能,每个钩头的最大负荷为 270 t,由于 2♯钩头已经达到了 256.5 t,满负荷为 270 t,依此推算,在 2♯钩负荷达到 270 t 时,1♯钩和 3♯钩分别负荷为 246.5 t 和 239.4 t,即目前状态下,最大起重量可以达到 755.4 t,最大超出计算重量 36.5 t。

（2）重心偏差。通过计算分析,得出结论如下:

① 重量不变,重心变化向左或向尾,范围在 1 m 之内,各个钩头均在吊车允许载荷范围之内;

② 重量不变,重心变化向右或向首,范围在 500 mm 内,2♯钩头均接近负荷极限(270 t),此时需要采取在左舷尾口加压载的方式来使 2♯钩头负荷减少。在左舷尾口加配载 20 t 压载物,可以实现 2♯钩头负荷减少约 19 t,在左舷尾口加配载 30 t 压载物,可以实现 2♯钩头负荷减少约 30 t。具体如图 8.9.13 所示。

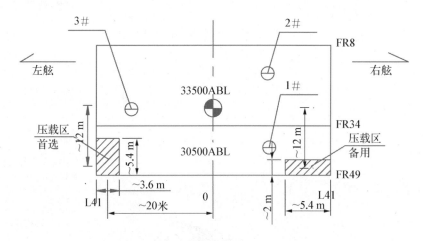

图 8.9.13 楼子压载区布置示意图

8.9.4 结束语

该深水半潜式平台楼子整体吊装工作已经于 2008 年在国内成功实施,由于前期的吊装设计以及相关的准备工作非常准确和充分,使得楼子在吊装过程中非常平稳,现场的钩头读数和设计的基本一致,体现了设计的精确性,这在大型结构件的吊装过程中是不多见的。整个吊装设计满足生产施工的需要,缩短了坞内周期,得到业主的一致好评。但是,应当看到,由于吊装资源的不同,生活楼子的吊装方法还有很多种,有待于以后进行深入探讨。

参考文献

［1］　张应立.起重工实用技能手册［M］.北京：化学工业出版社,2007：659－663.

［2］　成大先.机械设计手册［M］.第一卷,第一篇.北京：化学工业出版社,2008.

［3］　银建中.工程力学［M］.大连：大连理工大学出版社,2006：99－113.

［4］　单辉祖.材料力学教程［M］.北京：国防工业出版社,1997：195－223.

索 引

DP‐3　423

EQ56 高强钢　446

EQ70 高强钢　451

k‐ω 湍流模型　218

Navier‐Stokes 方程　218

Weibull 形状参数　185

白云凹陷　69

表面风压　51

波浪力谱　197

波浪载荷　71,104,147,155

布锚方式　41

参数方程　304

传递函数　91

垂荡板　136

垂向运动　110

大钩　381

带通滤波　254

弹性悬链线　303

等效水深　335

典型节点　162,179

动力定位　208,423

动态载荷　381

短期预报　91

二阶波浪力　46

发展趋势　6

分段外推　296

分析软件　84

风洞实验　52

风浪预报　21

风载荷　51,62,349

浮式钻井装置　388

辅助工具　41

附加质量　227

复合锚泊线　321

概念设计　13

隔水管　409

功率谱密度　125

关键部位　74

关键技术　1

光纤光栅　253

光纤光栅传感器　278

海床摩擦　309

焊接工艺　446

焊接性　451

横撑结构　104

机舱数目　410

畸形波　19

极端环境事件　19

技术特点　6

甲板可变载荷　400

简化疲劳寿命　189

交流变频电驱动　360

结构模型　141

经验模型　208

井架　62

静力等效　336

静力分析 302

聚酯纤维 321

可变载荷 379

可靠性 195

空船重量 413

控制杆 244

控制系统 429

立管涡激振动 207

流速分布 320

流线迎风有限元 218

码头系泊 346

锚泊定位系统 36

锚泊线 304

锚泊阻尼 319

锚索布置形式 36

敏感性 73

模态分解 255

南海 13,67

南海海况 186

内波 15

内潮波 19

内孤立波 67

黏滞阻尼 134

耦合分析 48

疲劳分析 174

疲劳分析流程 176

疲劳寿命 172

频谱分析 256

强度评估 156

全频段振动噪声 435

热带气旋 13

冗余结构强度 200

冗余强度 201

柔性立管 207

三维仿真设计 396

设备型式 37

设计优化 25

深水平台 12

深水悬链锚泊 296

深水钻井 374

生活楼整体吊装 456

声学有限元法 436

竖向位移 303

数值计算 120

数值模拟 53,58

双井系统 409

双联井架 357

水动力 25

水动力分析 82

水动力性能 44

水深半潜式钻井平台 1

锁频 236

台风 287

统计能量模型 443

涡激振动 217

涡尾流振子 227

系泊缆 348

系泊系统 290

系泊系统运动响应 47

细长柔性立管 270

行波 237

演化模型 67

应力分布 144,203

油气开发 6

有限元 144

约化速度 268

运动补偿 391

运动性能 90

载荷边界 165

振动响应 234

振动抑制 244

质量比 265

重量控制 413

重量统计 416

驻波 237

总体强度 146

钻机 357

钻井平台 381

钻井设备 373

钻井作业方案 398

钻具和钻材用量 374

钻柱 389